개정증보판

항공기 개념설계

항공기설계교육연구회

KM 경문사

머리말

항공선진국에 비해서는 일천하지만 우리나라도 1970년대 중반부터 면허생산을 시작으로 초등훈련기와 고등훈련기 같은 고정익 항공기의 개발생산뿐만 아니라 수리온과 같은 회전익 항공기의 개발 경험을 통하여 범국가적 항공기 설계개발체계를 수립하여 경험을 축적하였으며 더 나아가 세계시장진입장벽을 무너뜨리고 항공선진국과 경쟁을 할 수 있는 단계에 이르렀고 이를 위해 국가적인 역량을 기르고 있다. 그동안 설계교재들은 대부분 외국 교재들로 교육을 하는 입장이나 받는 입장에서 어려움을 느끼던 바 전국의 항공우주공학과 설계담당교수들이 항공기 설계교육을 위한 국문판 교재개발을 위해 서울대학교 정밀기계공동연구소에서 1997년 추운 겨울날 최초의 미팅를 한 후 항공기설계교육연구회를 결성하여 최초로 항공기개념설계라는 제목으로 국문판 교재를 2001년 출간한 이래 개정판을 거듭하여 왔다. 이때까지는 주로 고정익항공기에 국한하여 왔으나 이번 출판의 방향을 회전익항공기의 설계까지 범위를 확장하는 것이 바람직하다는 결론을 내리고 지난 2년반에 걸쳐 모임을 거듭하고 숙의한 후 집필을 수행하여 개정증보판이라는 이름으로 출판하였다.

효율이 좋은 항공기를 설계하기 위해서는 공기역학적 효율뿐만 아니라 추진기관의 고효율, 좋은 재료의 선택, 효율적인 구조설계 등이 모두 합목적적으로 어우러져야 하는데 이를 종합하여 체계적으로 수행하는 과정이 항공기설계이다. 이러한 항공기 설계과정은 개념설계 기본설계 상세설계로 단계별로 수행되는데 본 교재는 이중 개념설계에 해당되는 교육을 목적으로 출간되었다. 이 책은 항공공학을 전공하는 학생들을 주 대상으로 기초과목인 항공역학, 비행역학, 구조재료역학, 추진기관 및 비기동력학 등을 이수한 전공심화과정 학생들의 항공기 개념설계에 대한 교재를 주목적으로 집필되었으며 해당분야의 수행내용과 설계과정이 한 학기 교재에 적합하도록 집필하였으나 내용이 너무 방대하여 한 학기에 수행하기에 무리인 경우 교육자의 입장에서 각 장별 내용의 취사선택에 의해 진행하면 될 것으로 보인다. 또한 산업체 현장의 설계엔지니어 뿐만 아니라 민간항공분야와 군용항공분야의 항공기운영 관리자 그리고 항공공학적 지식을 어느 정도 가진 일반인도 충분히 참고할 수 있을 것으로 생각된다.

제1편은 항공기 설계라는 거대한 일을 어디서부터 시작하고 풀어가야 하는지에 대한 이해를 돕는데 주안점을 두었으며 개념설계 전반에 대한 흐름을 이해하도록 현재 현장에서 사용하는 개념과 용어들을 서술하였다. 제1장에서는 항공기설계의 과정 그리고 수행내용이 기본설계 상세설계를 염두에 두고 체계개발이 어떻게 이뤄지는지 이에 대해 설명하고 이에 대한 관련법규와 규정에 대해 설명하였다. 제2장에서는 개발대상항공기의 운용임무를 충족하는 설계요구도를 정의하고 이를 만족하는 임무형상의 도출하는 과정이 기술되었다. 제3장에서는 앞에서 도출된 설계요구도와 임무형상을 만족하는 공학적 요소들의 판단을 통계에 근거를 둔 항공기의 계열별 흐름 속에서 취사선택하여 이륙총중량을 결정한다. 그 후 임무를 수행하기 위한 비행단계별 요구성능을 모두 만족하는 설계변수인 날개하중과 추력대중량비를 결정하는 과정, 즉 설계점을 정하는 과정이 기술되고 예제를 통해 그 과정을 습득할 수 있도록 하였다.

제2편은 항공기 형상설계에 대한 구체적인 내용으로 제4장에서는 항공기 외부형상의 설계와 통합을 내용으로 항공기의 요소별 형상설계결과들이 어떻게 이뤄져야 하는지를 설명하고 이를 바탕으로 배치도면과 삼면도를 작성하는 과정이 기술된다. 제5장은 동체형상설계시 내부탑재물을 수용할 내부공간의 고려사항과 이를 만족하는 내부설계와 이를 만족하는 외부형상설계과정을 설명한다. 제6장에서는 엔진의 선정기준과 크기 및 배치를 결정하는 과정이며 현실에서 접합한 엔진이 없는 경우 이를 만족하는 가상의 엔진을 결정하는 방법이 기술된다. 아울러 전체적인 효율의 극대화를 위한 공기흡입구와 배기가스노즐의 요소도 다뤄졌다. 제7장에서는 공기역학적 효율의 극대화와 조종성의 확보를 위한 주날개, 꼬리날개 및 조종면의 형상과 배치 설계요소를 결정하는 과정을 다뤘다. 제8장에서는 착륙장치의 설계과정과 함께 비행조종계통, 항공전자계통, 연료계통, 유공압계통, 전기계통, 환경제어계통, 이차동력계통, 무장계통과 같은 세부계통의 설계요소를 기술하였다.

제3편은 제2편의 설계내용을 확인하기 위한 설계해석과정이 기술되었다. 제9장에서는 결정된 외부설계형상의 공기역학적인 해석과정으로 양력항력 및 모멘트의 특성을 도출하여 항공기 성능과 안정성 및 조종성의 해석을 위한 자료를 구축하는 과정을 기술하고 또한 예제를 통하여 습득할 수 있게 하였다. 제10장은 기체 추진기관 탑재물의 중량을 추정하는 방법과 과정을 제시하였으며 항공기 무게중심을 구하는 방법 그리고 최소중량과 최대중량사이의 무게중심 포위선도를 작성하는 과정을 기술하였다. 제11장에서는 항공기의 세로방향과 가로방향의 안정성과 조종성을 확보하는 과정을 기술하였으며 제12장에서는

이착륙 상승 순항 선회 하강 등의 비행성능을 해석하는 과정이 기술되었으며 이 과정을 통해 앞에서 정한 설계임무의 달성여부를 검증하는 과정을 기술하였다. 제13장에서는 항공기 개발비용 추정방법과 판매단가를 계산하는 방법을 기술하였고 제14장에서는 설계항공기의 초기설계점을 재설계하여 중량과 성능을 극대화하는 최적화 과정이 기술되었다.

제4편은 고정익항공기기와 비행원리가 전혀 다른 회전익항공기의 설계교육을 위해 추가된 것으로 제15장에서는 헬리콥터의 특징을 설명하고 제자리 비행부터 전진비행까지 성능해석을 위한 개념을 설명하였다. 제16장에서는 회전익항공기의 개념설계를 수행하기 위한 전산응용 설계도구들을 설명하고 국내에서 개발된 헬리콥터 개념설계도구인 RISPECT의 개요 및 해석기법을 설명하고 최적화과정 및 사용예제를 설명하였다.

부록으로 설계에 사용되는 물리적인 값들의 단위환산표, 표준대기표, Airfoil Data를 실었으며 설계요구조건에서는 적용되는 각종 법규들을 실었고, 제4편의 이해를 돕고자 로터 공력성능해석(운동량이론), RISPECT 사용설명서, RISPECT 경험적 파라미터, RISPECT 검증결과를 실었으며, 끝으로 Nomenclature, Subscript를 실었다.

본 교재를 한 학기에 개념설계의 교재로 사용하려면 2편까지의 내용이 설계이므로 형상설계까지 절반 그리고 설계를 검증하는 단계를 나머지로 하면 될 것이나 일정은 조절이 필요할 것이며 이를 위해 각 장들의 선택적 운용이 필요할 것이다. 회전익항공기의 설계는 과제수행 과정이 고정익 항공기와 같으나 세부 이론과 결과만 다를 뿐 유사한 과정과 결론을 가질 것으로 보인다. 끝으로 본 교재가 우리나라 항공기 설계교육을 내실화하여 국내의 항공기설계 능력을 제고하고 이를 바탕으로 국가적인 항공기개발 역량을 높여 세계 항공시장을 진입하는데 일조하여 항공선진국으로 가는데 기여하길 기대한다. 또한 내용상의 오류나 수정보완사항에 대해서는 연구회에 연락 바라며 향후 개정판에 적극 반영할 것을 약속드린다. 아울러 본 교재 출간과 관련하여 기개발된 기종의 사진자료를 사용할 수 있도록 도움을 준 한국항공우주산업과 관련 연구기관에 심심한 감사의 말씀을 전하며 2년 반 동안 집필하시느라 수고하신 각 장의 저자분들에게 감사의 마음을 전한다.

2016년 7월

항공기설계교육연구회 일동

집필편집장 인하대학교 항공우주공학과 이승수 교수

항공기설계교육연구회장 조선대학교 항공우주공학과 이상기 교수

《항공기 개념설계》, 개정증보판 집필진

성명	학교	소속학과
김인걸	충남대학교	항공우주공학과
김학봉	한국항공대학교	항공우주 및 기계공학부
박찬우	경상대학교	기계항공정보융합공학부(항공우주 및 소프트웨어공학전공)
손명환	청주대학교	항공기계공학과
이관중	서울대학교	기계항공공학부(우주항공공학전공)
이동호	서울대학교	기계항공공학부(우주항공공학전공)
이상기	조선대학교	항공우주공학과
이승수	인하대학교	항공우주공학과
이재우	건국대학교	항공우주정보시스템공학과
조환기	청주대학교	항공운항학과

차례

제1편 항공기 설계의 개요

제1장 항공기 설계의 개요

제2장 설계 요구

제3장 설계 파라미터의 초기 추정

제2편 항공기 형상설계

제4장 형상설계 및 통합

제 3 편 항공기 설계해석

제9장 항공기 공력해석

제10장 항공기 중량 및 무게중심 추정

제11장 안정성 및 조종성 해석

제12장 비행성능

제13장 비용분석

제14장 비교분석연구 및 설계 최적화

제 4 편 헬리콥터 설계해석

제15장 헬리콥터 공력해석

제16장 헬리콥터 개념설계 설계기법

부 록

KT-1 (웅비)

KT-1은 T-37C 중등훈련기를 대체하기 위하여 국방과학연구소와 한국항공우주산업이 10년간의 노력으로 개발한 첫 양산 군용기이다. 인도네시아, 터기 및 페루에 KT-1을 수출함으로써 우리나라는 항공기 수출국의 지위를 획득하였다. 950마력 터보프롭 엔진을 장착한 KT-1은 우수한 조종안전성 및 이착륙 성능을 갖추고 있으며, 특히 스핀진입과 회복조작이 용이하여 초보 조종사의 훈련에 적합하다. 또한 KT-1은 자동 리더트림 장치를 갖추고 있어 조종사의 부담을 경감할 수 있다. 파생형으로는 첨단의 항전장비와, 기총 및 로켓발사관의 무장을 장착할 수 있는 KA-1 전술통제기가 있다. 또한, 수출을 위한 파생형으로는 인도네시아 훈련기인 KT-1B, 터키 훈련기인 KT-T와 페루의 훈련기 및 무장기인 KT/A-1P가 있다.

AIRCRAFT CONCEPTUAL DESIGN

제 1 편

항공기 설계의 개요

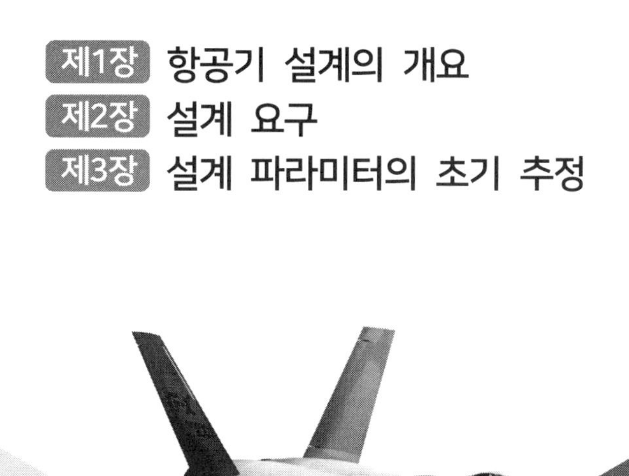

제1장

항공기 설계의 개요

항공기 설계는 여러 분야가 참여하는 체계활동이다. 그러므로 항공기 설계자는 설계 과정에 대한 전반적인 이해와 설계 단계별 주요 업무 및 설계 분야 간의 연관성을 이해하는 것이 매우 중요하다. 항공기 설계는 수요자의 요구를 만족하면서 개발 목적에 맞는 임무를 성공적으로 수행할 수 있도록 이루어져야 한다. 과거에는 항공기를 개발한 후 그 특성에 맞는 후속 지원체계를 수립하였으나 지금은 설계 초기 단계에서부터 설계에 직접 관련되는 분야는 물론 개발 항공기의 운용 및 지원체계에 이르기까지 동시적으로 고려하여 개발하는 통합개발(Integrated Product Development) 개념을 채택하고 있다. 따라서 항공기 설계는 설계 전 과정을 통하여 수요자의 요구를 만족시키면서 각 분야별 균형 있는 설계가 이루어질 수 있도록 개발의 전 과정을 통하여 체계적인 기술관리(Engineering Management)가 이루어져야 한다. 즉 초기 항공기 설계 단계에서부터 어떠한 특정 요구 내용이나, 요구 목표를 충족시키기 위하여 제공되는 하드웨어와 소프트웨어, 그리고 이에 관련되는 인력, 물자, 자료, 기술, 설비 등의 제 요소들까지도 고려해야 한다. 따라서 항공기 설계는 단순한 항공학에 관한 지식뿐만 아니라 기계, 전기/전자, 재료, 화학, 환경공학 등의 전문분야별 공학과 시스템에 영향을 주는 신뢰성 공학(Reliability Engineering), 안전 공학(Safety Engineering), 생산성 공학(Manufacturing Engineering), 인간 공학(Human Factors Engineering), 물류 공학(Logistics Engineering) 등의 특수 공학(Specialty Engineering) 분야들이 함께 통합·적용되는 종합공학이라 할 수 있다. 특히 간과해서 안 되는 점은, 항공기 설계가 단순히 각 항공 분야의 조합이 아니라 분야별로 유기적인 연관성을 가지며 분야별 이해를 통해 이루어지는 독자적인 학문 분야라는 것이다.

$$\text{Design} \neq \text{Aerodynamics} + \text{Structure} + \text{Propulsion}$$
$$+ \text{Stability and Control} + \text{Electronics} \cdots$$

설계는 각 분야 지식의 단순 합이 아닌 시스템을 다루는 체계적 종합적 사고가 요구된다고 할 수 있다.

그러므로 항공기 설계는 부분보다 전체를 생각하고 부분은 어디까지나 전체의 부분일 뿐이며 전체는 부분의 합 이상의 창조력을 발휘해야 한다. 특히 운영 요구도(Operational Needs)를 실제 운용 가능한 현시적 체계(Configured System)로 구체화하면서 시스템의 개발 비용 및 개발 일정, 그리고 요구 성능을 충족시키기 위한 각 분야별 노력을 결집하고 각 기능간의 적절한 연관성을 유지하여 요구도 충족을 위한 최적의 설계를 도모하여야 한다. 그림 1.1은 항공기 설계의 전체적인 조화를 무시하고 어느 한 분야만을 강조했을 때 나타날 수 있는 극단적인 예들을 보여주고 있다. 설계자는 "항공기 중량이 가볍고, 성능과 조종성이 좋고, 탑재물을 많이 실을 수 있으며, 제작하기 용이하고" 등의 조건을 모두 만족하는 항공기를 설계하기 원한다. 이러한 각각의 요구 사항은 서로 상충되며 한 가지 조건만을 만족했다고 해서 좋은 설계라 할 수 없다. 따라서 각각의 요구 조건을 어느 정도 만족하며 시스템 전체가 좋아지도록 상호 간에 협력하여야 한다.

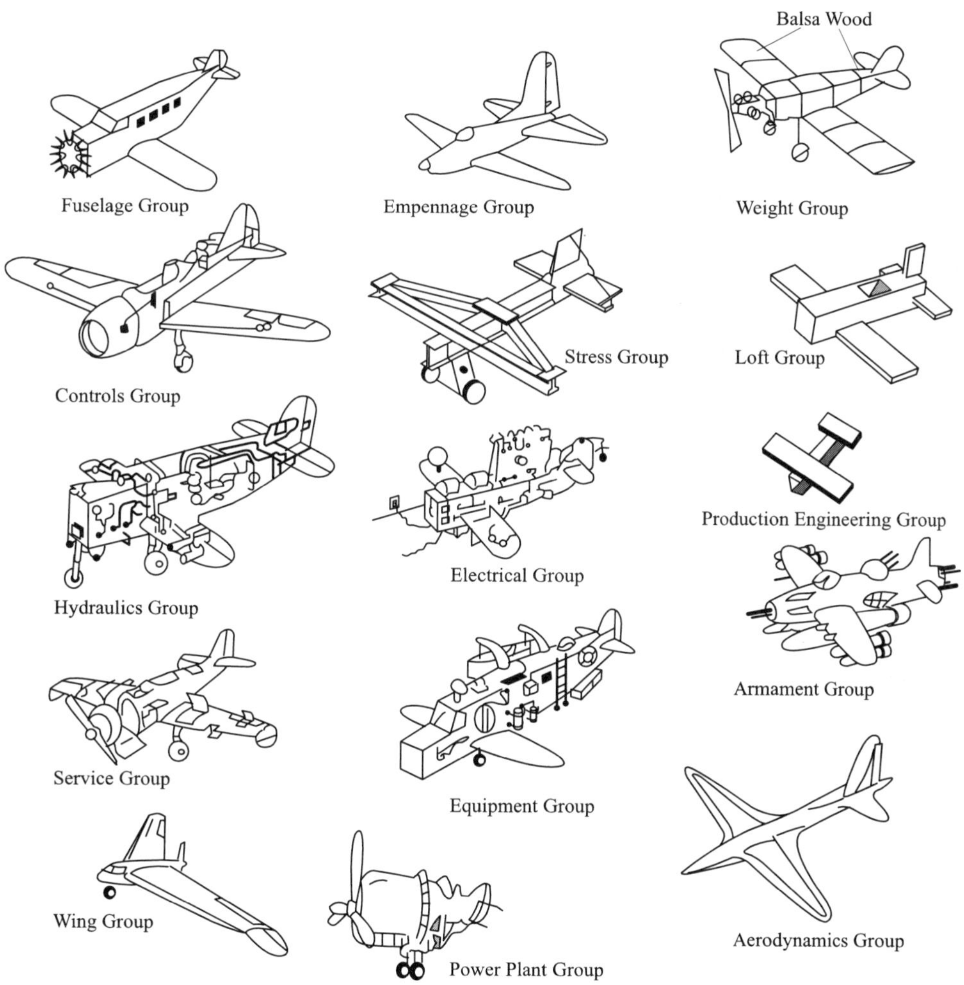

| 그림 1.1 | Dream Airplanes

1.1 항공기 개발 과정

항공기를 설계, 개발, 획득, 폐기하여 운영하는 일련의 총순기(Life-Cycle)는 수요자의 요구에 대한 개념연구로부터 시작하여 개념설계 단계(Conceptual Design Phase), 기본설계 단계(Preliminary Design Phase) 상세설계 및 개발 단계(Detail Design and Development Phase), 생산 단계(Production and Construction Phase), 그리고 운영유지(Operation and Maintenance Phase) 및 폐기 단계(Phaseout and Disposal Phase)로 나누어진다.

각 단계별 주요 내용은 표 1.1과 같다.

| 표 1.1 | 항공기 개발 및 운영 단계별 주요 내용

개념설계 단계	기본설계 단계	상세설계 및 개발 단계	생산 단계	운영유지 단계
• 운영/정비요구 시장성 분석 • 개발가능성 분석 • 항공기 개념설계 • 사업추진계획	• 기능분석 • 기능배분/할당 • 대안분석/최적화 • 항공기 기본설계 • 세부사업계획	• 구성품/계통설계 • 대안분석 비교 • 공학모형/시제품 • 개발 시험평가 • 생산계획	• 주장비, 부품 생산 • 생산업체 관리 • 사용자 지원 • 운용시험평가 • 지원체계개발	• 체계운영 • 사용자 환경 • 군수지원 • 운용시험평가 • 개량 및 보완

1.2 항공기 설계 과정

새로운 항공기를 개발하기 위해서는 먼저 이에 관한 기초이론 및 기본원리를 바탕으로 새로운 개념의 항공기술을 검증하는 기반기술, 이로부터 도출되는 핵심기술과 각종 구성품 개발에 소요되는 요소기술, 항공기를 설계하고 항공기의 각종 성능을 해석하는 설계 및 해석기술, 시험 및 평가기술, 그리고 설계된 항공기를 설계도면에 따라 가공, 제작하여 조립하는 생산기술, 끝으로 이를 정비하고 운영하는 운용유지 기술이 필요하다. 물론 항공기 설계자는 설계에 임할 때 이러한 모든 사항에 관해 이해하고 있어야 하지만 여기에서는 항공기 설계 및 해석 기술에 대해서만 언급한다.

통상 항공기 설계라고 하면 설계 요구조건의 정립으로부터 개념설계, 기본설계, 상세설계 및 개발까지의 과정을 말한다. 개념설계와 기본설계를 묶어 탐색개발(Exploratory Development)이라 하고 상세설계, 시제항공기(Prototype) 제작 및 개발시험을 체계개발(Full Scale Development)이라 하기도 하는데, 이 책에서는 항공기 설계교육에 적합하도록 탐색개발에 해당하는 개념설계를 중심으로 설명하도록 한다. 여기에서 그림 1.2는 전체적인 항공기 설계절차를 나타낸 것이다.

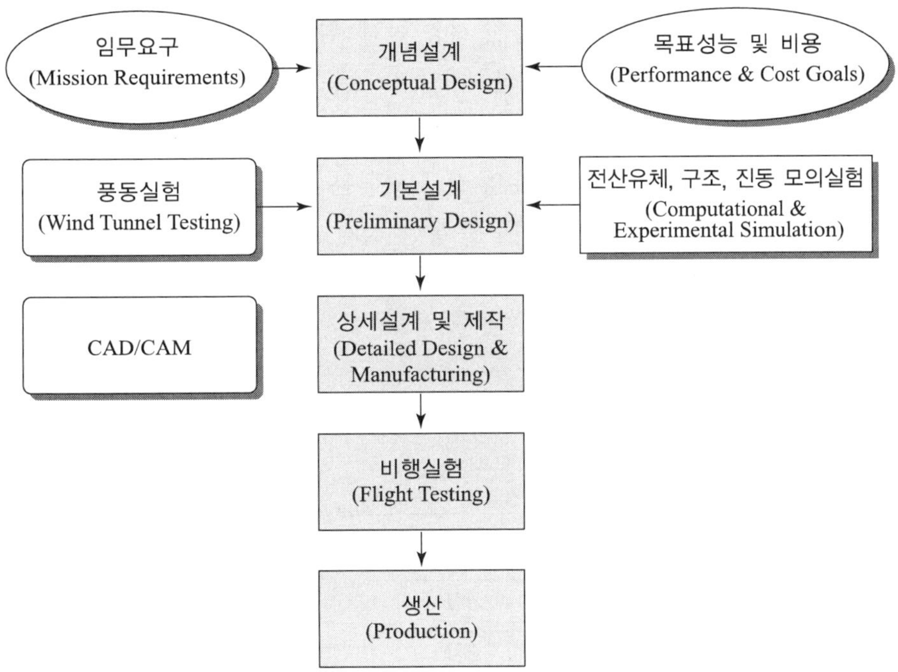

| 그림 1.2 | 항공기 개발단계

1.2.1 개념설계 과정

항공기 개념설계 과정은 그림 1.3과 같다. 항공기 개념설계는 설계 요구조건의 설정으로 시작된다. 설계 요구조건은 항공기 고객의 요구 또는 미래 잠재 고객의 예상 요구를 반영하여 설정한다. 설계 요구조건 또는 설계에 반영할 아이디어가 결정되면 어떤 기술을 적용할 것인지를 검토한다. 가까운 미래에 설계될 예정이면 현재 가용한 기술들만으로 설계해야 하지만 먼 미래에 설계될 항공기라면 향후 개발될 기술들의 적용도 검토한다. 실제 설계는 스케치로부터 시작된다. 이를 바탕으로 초기 형상설계가 진행되며 결정된 초기 크기 및 형상으로부터 공기역학, 중량, 추력 등에 대한 해석을 통해 설계 요구조건을 만족시킬 수 있도록 설계 파라미터들을 조정하여 수정된 형상설계를 진행한다.

1. 설계 요구조건

설계 요구조건은 임무 요구(Mission Requirement), 성능 요구(Performance Requirement), 운영 요구(Operation Requirement), 신뢰성, 정비성, 지원성 요구조건이 있으며 이와 아울러 비용 및 경제성 분석, 시장 분석이 병행된다.

전형적인 항공기의 요구조건에는 항공기 사용 목적, 임무형상, 유상하중(Payload), 순항속도 및 최고속도, 순항고도, 항속거리, 항속시간, 이착륙거리, 실속속도, 구조설계한계, 잔류연료의 양 등이 포함된다.

개념설계 단계의 주요 설계 업무는 운영 요구도의 분석, 형상개념설계 및 비교 분석을 통한 각 세부계통의 선정, 이와 같은 연구를 통한 설계 기준형상의 선정 및 요구도 정립 등이 포함된다.

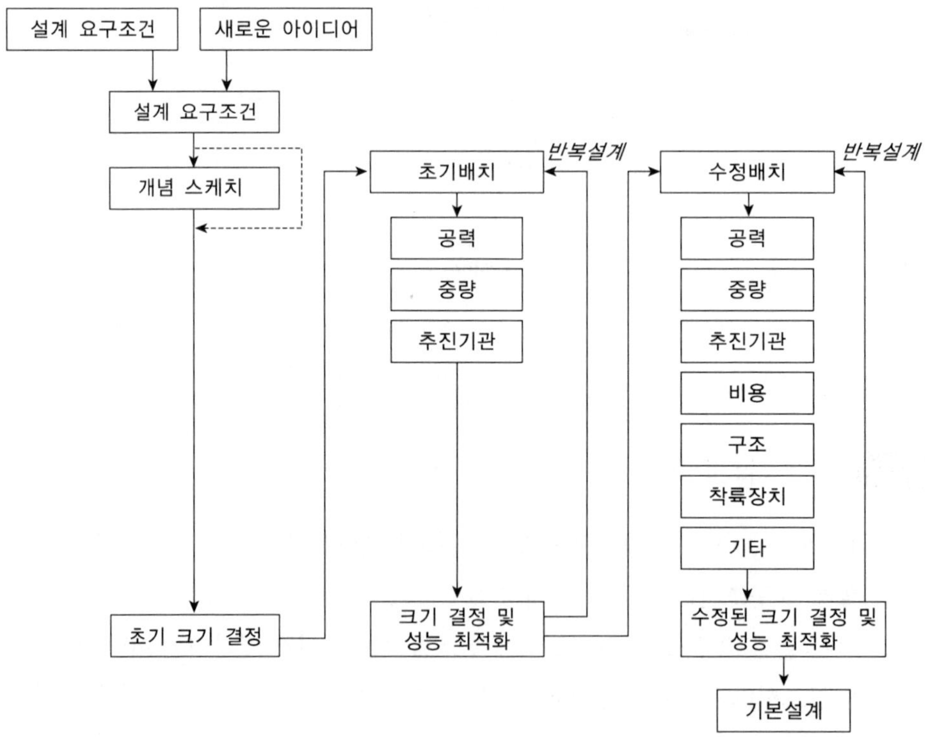

| 그림 1.3 | 항공기 개념설계 과정

2. 개념 스케치

주어진 요구조건과 새로운 아이디어를 바탕으로 맨 먼저 개념스케치를 하게 된다. 개념스케치란 개략적인 형태를 그려보는 것으로 날개, 동체, 꼬리날개, 그리고 착륙장치 같은 외부형태와 엔진, 조종석, 탑재화물과 승객의 좌석, 연료탱크와 같은 주요 구성품의 내부배치를 개념적으로 그려 도시해보는 것이다. 그림 1.4는 개발하고자 하는 전투기의 개념 스케치의 모습을 보여주고 있다. 이러한 개념 스케치는 기존의 항공기 설계 자료를 이용하여 공력해석이나 중량 예측 때 사용되며, 이러한 예측자료는 초기 중량 추정 자료로 이용된다. 그리고 이 결과는 더욱 구체적인 외부형상 및 내부배치를 결정하는데 기초가 된다. 이 때 어떠한 기술들이 활용될 것인가를 결정하고 현재 또는 가까운 미래에 가용한 기술인가를 검토해야 한다. 만약 주어진 설계 요구조건을 충족시키는 기술 가용성을 너무 낙관하게 될 경우 그만큼 개발 위험도는 증가한다.

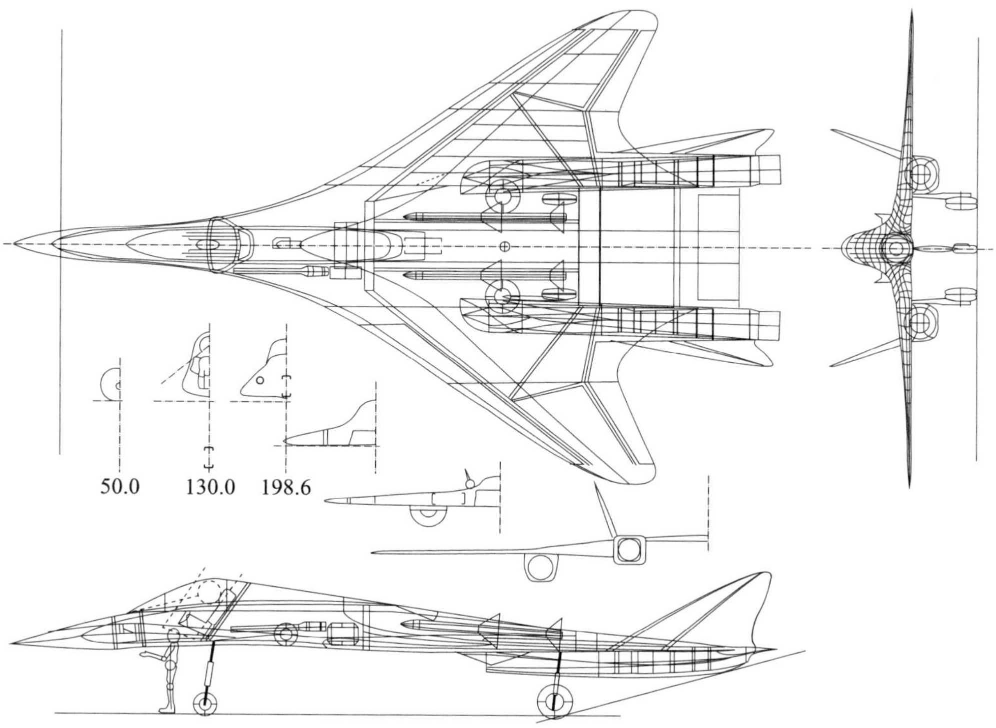

| 그림 1.4 | 개념 스케치의 예

3. 개념설계를 위한 비교 분석 연구

우리가 상상할 수 있는 항공기의 형상은 무한히 많으며 동일한 성능을 유지할 수 있는 항공기라 할지라도 그 형상은 여러 가지 있을 수 있으므로 초기 개념 스케치를 더욱 구체화한 몇 가지 후보 형상으로 선정하여 기준형상으로 삼기 위한 비교검토를 실시한다. 예를 들어 항공기의 외형을 날개-꼬리날개의 일반형(A계열, Conventional Type), 삼각날개(B계열, Delta Type), 그리고 커나드-날개형(C계열, Canard Type) 계열로 나누고 엔진의 개수, 수직꼬리날개의 개수(하나 또는 둘), 날개의 위치(고익, 중익, 저익) 그리고 흡입구의 위치(Chin Type 또는 Bifurcated Type) 등에 관하여 비교 분석 연구를 실시하여 항공기의 개념적인 형상을 도출한다. 이와 같은 항목에 대한 비교연구는 선정된 계열의 모든 반복설계에 대하여 각각 수행되어 비교되어야 하나, 이 경우 수많은 조합이 발생되므로 이를 피하기 위하여 선정된 소수의 형상에 대하여 부가적으로 수행된다. 이와 같은 방법을 통하여 형상 변화에 따른 가격 등에 대한 민감도를 알 수 있게 된다. 선정된 계열군에 대한 설계 순기 및 세부 사항에 대한 비교연구를 위하여 표 1.2와 같은 형상 비교 분석 연구 조합표(Configuration Trade Study Matrix)를 구성한다.

도출된 개념설계 형상들에 대한 각 설계분야 평가항목은 다음과 같다.

- 공력: 항력 및 양력특성, 날개 모양, 표면적 등
- 조종, 안정성: 조종성, 방향 및 세로 안정성 등

| 표 1.2 | 형상 비교 분석 연구 조합표(예)

		A 계열	B 계열	C 계열
		일반형	델타형	커나드–날개형
속도	초음속	✔	✔	✔
	아/천음속	✔		
엔진 개수	단발	✔	✔	✔
	쌍발	✔		
꼬리날개 개수	한개	✔	✔	✔
	두개		✔	
날개 위치	고익	✔		
	중익	✔	✔	✔
	저익			✔
흡입구 형태	기수 밑		✔	
	양쪽 흡입구	✔	✔	✔

- 중량 분석: 설계중량 감소 가능성 등
- 추진계통: 흡입구 위치, 엔진 장착성 등
- 구조: 구조배치 용이성, 중량감소 및 하중경로 등
- 세부계통: 내부공간 확보, 세부계통 장착성 등
- 신뢰성/정비성/지원성: 날개, 흡입구 위치, 착륙장치 작동 형상 등
- 무장: 날개위치, 장착점 위치 등
- **체계종합**: 기술적 위험도, 설계일정 충족 가능성, 시장성 및 요구도 충족 가능성 등

4. 항공기 크기결정(Initial Sizing)

형상설계 외형을 근거로 하여 공력해석, 추진기관 및 세부 계통 등의 각 분야별로 내부배치, 중량예측, 공력자료 생산 등의 해석을 하게 되며 이를 근거로 항공기의 성능을 예측한다. 설계한 항공기는 일반적으로 설계 요구조건을 충족하지 못하거나 과다하게 충족하는 경우가 대부분이므로 이것을 최적화하기 위하여 설계된 항공기를 중심으로 크기결정(Sizing)의 단계를 거친다.

항공기의 크기가 달라지면 공력 특성이 달라지므로 이를 다시 계산해야 하나, 항공기 외형의 변화가 크지 않으므로 일반적으로 항공기 공력/성능 핸드북(각 항공사별로 보유) 등에 수록되어 있는 공력, 중량, 그리고 성능과 관련된 간단한 경험식 등을 이용하여 그 차이를 보정한다. 외형상의 작은 변화라 할지라도 변화할 수 있는 인자가 여러 가지이므로 이를 변화시키면서 다시 크기를 결정한다. 결과적으로 항공기 외형의 여러 인자의 변화에 따른 크기의 변화와 이에 수반되는 성능의 변화를 구하여 이를 분석한다. 일반적으로 이러한 방법은 실제에 가까운 설계 결과를 얻기 위하여 과거 항공기 개발을 통한 경험식을 많이 이용한다. 이것을 크기 결정 과정이라고 하고 우리가 원하는 항공기는 Sizing Chart 상에서 주어진 성능요구도를 만족시키는 형상 중에서 중량 또는 가격이 가장 작은 항공기가 된다.

5. 설계/해석 반복 과정

개념설계 단계에서의 항공기 설계는 외형설계 및 개념적 계통구성에 집중하여 궁극적으로 설계 가능한 최적 기준형상을 도출함에 있다. 이와 같은 목적을 위하여는 가능한 한 많은 형상에 대하여 빠른 설계싸이클(Design Cycle)을 가지는 것이 중요하나, 이는 설계인력 및 설계 기간 등에 제약된다.

기본설계 기준형상 도출을 위하여 통상 약 3 ~ 4차례의 설계 반복 연구가 수행된다.

6. 기본설계를 위한 기준형상 선정

최종적인 기준형상은 지금까지 모든 설계 결과, 비교연구 결과 및 고려 가능한 기타 사항들을 종합하여 객관적이며 공정한 기준 하에 선정되며, 다음과 같은 절차를 거친다.

- 선정에 대한 각 설계분야별 선정기준 및 평가표 마련
- 각 분야별로 이를 검토하여 선정 검토 항목 결정
- 형상 선정 항목에 대하여 가중치 부여
- 각 설계 분야는 항목별로 각 형상에 대한 점수 부여
- 각 항목별 설계 결과를 경쟁 기종과 비교, 가산점 부여
- 채점된 점수를 종합하고, 사전에 부여된 가중치를 적용하여 최적 형상 선정

선정된 형상은 개념설계 단계의 최종 설계 반복 연구를 통하여 수정되며, 세부계통 설계 결과와도 종합하여 기본설계의 기준형상으로 제시된다. 설계 요구도 역시 수정, 발전되어 기준형상과 함께 제시되며, 기본설계의 지침으로 이용된다.

7. 항공기 각 부 계통별 개념설계

개념설계 동안 각 계통별 중점 연구사항은, 개념설계 형상수정을 위한 기본장비 선정, 형상자료 제공 및 최적 계통설계를 위한 각 계통별 비교 분석 연구 등이다. 개념 설계가 완료되면 각 계통별 설계개념 및 개략적 계통구성도, 비교 분석 연구 결과, 그리고 기본설계 기준형상에 장착되는 각 부 계통일람표가 작성된다. 자세한 각 세부계통 분야별 개념설계 연구항목은 제8장을 참고하도록 한다.

8. 각 설계분야별 활동 내용

항공기 개념설계는 형상설계팀 및 성능해석팀을 주축으로 하여 이루어지나 크기 결정 단계에서 필요한 자료의 준비 및 최종 형상에 대한 내부설계를 위해서는 기타 분야의 도움이 필요하다. 개념설계 단계에서 이루어지는 각 분야별 활동 내역을 정리하면 표 1.3과 같다.

|표 1.3| 각 기능분야별 개념설계

분 야	세부 활동 내용	설계 결과
체계 종합	- 항공기 성능에 따른 요구도 조정 - 각 분야 업무 협조, 자료 통제 - 경제성 분석 및 비용 분석 - 설계 전체 업무 통제	- 세부 설계 일정 - 수정된 설계 요구도 - 설계검토 결과 및 설계 수정 건의
형상설계	- 외형 설계 - 내부 배치 개념 설계 - 형상설계 방향 정립	- 삼면도, 오측면도 - 내부 배치도, 공력 데이터
공력설계/해석	- 주요 외형에 대한 설계검토 및 방향 제시 - 최소 항력 계산 - 항공기의 양항력 특성 계산 - 안정성 해석, 풍동시험 수행	- 최소 항력 및 유도 항력 - 양항력 곡선
성능해석	- 성능 해석 - 크기 결정	- 임무성능, 기동성능 및 저속성능 등
중량 분석	- 중량 산정 및 중량 감소 방안	- 중량 분석표, 연료소모곡선
구조설계/해석	- 설계에 따른 무게 추산 - 주요 구조물에 대한 개념 설계	- 구조배치도 - 하중경로 예측
추진계통	- 엔진, 추진자료 생성 - 흡입구 외형에 따른 추진효율 계산	- 흡입구 외형 - 엔진 성능표
세부 계통	- 주요 부품에 대한 선정	- 내부 배치도, 세부계통 구성도

9. 개발 및 양산 가격 추정(Cost Estimation)

항공기의 설계과정에서 설계 요구도와 아울러 성능 및 크기에 가장 큰 영향을 미치는 인자가 바로 항공기의 가격이다. 아무리 어려운 설계 요구도라 할지라도 가격제한이 없다면 기술적으로 설계가 가능하며, 이러한 항공기는 특수한 경우 외에는 개발되지 않을 것이다. 항공기를 설계할 때 고려되는 주요 가격 항목은 양산단가(Flyaway Cost)와 여기에 항공기 전 수명기간 동안의 운영유지비 및 개발비를 포함한 총순기 비용(Life Cycle Cost)이다. 총순기 비용은 양산 대수에 크게 좌우되며, 적절한 가정 하에 이를 산출한다.

개념설계 단계에서는 항공기에 사용되는 세부부품 및 가격이 밝혀진 상태가 아니므로 사용 부품에 근거한 가격 산출은 불가능하며, 주로 이미 개발된 항공기의 경험에 의거하여 만들어진 경험식을 사용한다. 이와 같이 항공기 가격을 추산하는 방법은 설계된 형상에 의거하여 항공기의 중량을 추산하는 방법과 매우 유사하여, 실제로 중량 추정과 가격 추정은 매우 긴밀하게 연관되어 있다. 항공기의 중량 또는 가격은 추후 설계가 발전되고 세밀하여

짐에 따라 실제 사용부품 및 그 가격을 참고함으로써 더욱 실제에 가까운 수치를 얻고, 궁극적으로 개발이 완료되면 최종적인 가격수치를 얻을 수 있다.

개념 및 기본설계 단계에서의 가격추정은 항공기의 실제 생산가격을 추정하고자 하는 목적보다는 각종 비교연구에 대하여 상대적인 비교자료(Figure of Merit)를 만들어주는 데 있다. 다시 말하면 설계가 변화할 때 동일한 방법으로 가격을 추산하여 그 설계 변화에 대하여 어느 정도의 비용(Cost) 증감이 있는지를 평가함으로서 성능 및 가격기준에 대한 설계변경 여부 판단을 하기 위해서이다. 이러한 목적을 위해서는 수많은 설계형상에 대하여 신속하게 가격을 계산하여 그 결과를 설계팀에 제공할 수 있어야 하며, 따라서 가격추정 방법도 항상 사용하여 믿을 수 있는 결과가 나올 수 있으면서도 비교적 간단한 방법이어야 한다.

1.2.2 기본설계 과정

기본설계 단계는 기술적 수준을 나타내는 예비설계 단계로서 기본절차는 기능분석, 요구배분, 대안분석 수행 및 최적화, 시스템 종합 그리고 각종 세부 규격서에 대한 형상을 제시하는 활동을 포함한다. 기본설계 단계는 기술적 위험도에 대한 검증이 필요한 경우와 그렇지 않은 경우로 구분할 수 있으며, 기술적 위험도가 커서 주요 핵심기술 분야에 대한 검증이 필요한 경우, 시제품 혹은 시제항공기의 제작 과정이 기본설계 업무에 포함된다. 기본설계 단계에는 개념설계 결과로서 주어진 기준 형상에 대한 각 계통별, 분야별 세부 비교분석 연구가 수행되며 개념설계를 통하여 파악된 수요자의 요구도(Operational Requirements)로부터 설계 요구도가 정립되며, 각 계통에 대한 세부설계가 수행된다.

기본설계 단계의 설계결과로서는, 추후 상세설계를 수행하기 위한 기준항공기(Baseline Aircraft)의 외부형상(External Configuration), 내부배치(Internal Arrangement), 구조배치(Structural Arrangement) 등과 각 세부계통 설계가 집약된 개발 규격서(Development Specification, Type B), 또한 체계개발 수행을 위한 체계 개발 제안서(Full Scale Development Proposal) 및 비용 분석 결과 등이 작성된다. 이러한 기본설계의 결과는 기본설계 종료 시에 수행되는 체계 기본설계 검토회의(System Design Review, SDR)를 통하여 면밀히 검토된다.

1. 형상설계

(1) 형상 기본설계 개념

형상 세밀화(Configuration Refinement)로 특징되는 기본설계 과정은 반복적이면서도 지속적으로 수행된다. 항공기 각 계통별 설계 세밀화(Design Refinement)는 관련되는 타 계통의 연구결과를 적용하면서 서로 다른 일정으로 진행되어야하기 때문에 동일한 시점에서 동일한 수준의 세부 연구결과를 종합할 수는 없다. 그러나 개발 전체 일정(Systems Engineering Master Schedule)에 비추어 적절한 시점에서 기준형상 정의 및 수정이 이루어지며, 이렇게 수정된 형상은 분야별 해석 및 설계 수정을 위한 기준형상으로 사용된다. 형상 정의 시점 사이의 설계 변경 사항이나 두 분야 이상이 연관된 주요 설계 현안 등은 시스템 엔지니어 통제 하에 수시로 토의 및 의견 수렴 과정을 거친다. 형상 세밀화는 각 정의 시점에서 불연속적으로 이루어지는 것이 아니라, 정의 시점 사이에서 발생하는 여러 가지 설계 사안들과 세부 연구결과에 의거하여 여러 가지 수정 형상(Revised Configuration)을 만들고 이를 기준 형상과 비교 분석함으로써 형상 정의 개념을 연속적으로 발전시켜 나아가는 것이다.

기준 형상 정의 시점 사이에서 수행되는 이러한 형상수정 연구(Revision Study)를 통하여 얻는 결과는 다음 정의 시점에서 개발 및 설계의 여러 측면의 검토를 거쳐 기준형상 변경 개념으로 확정된다. 항공기 전체의 면적곡선(Area Curve), 공력해석에 필요한 각종 데이터(가로세로비, 날개면적, 조종면, 표피면적 등), 운용분석용 데이터(취약부분 면적 등), 외형삼면도, 각 Section 별 단면도, 연료탱크를 포함한 내부 배치도, 항전계통, 비행조종계통 등을 포함한 각 부 계통 내부배치도 및 구조배치도 등이 작성되어 그림 1.5와 같은

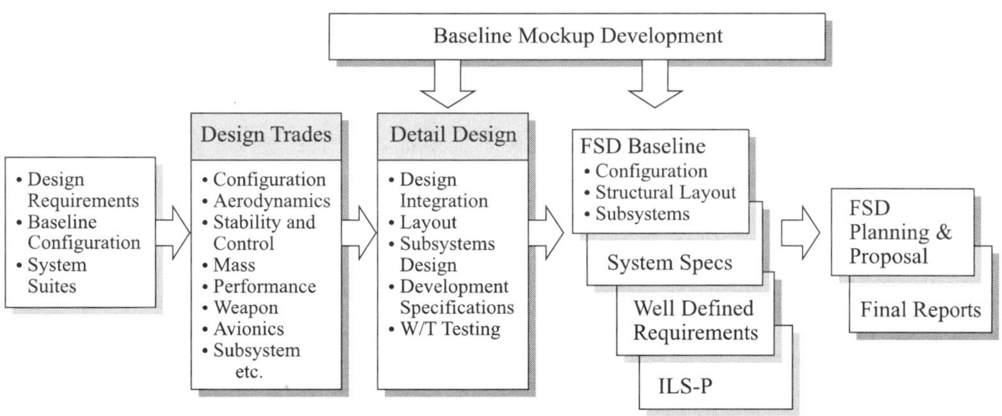

| 그림 1.5 | 기본설계 과정의 설계 업무 흐름도

반복설계 과정을 거쳐 다음 단계에서 형상기술서(Configuration Description Document)에 기록, 유지된다. 기준형상에 대한 연구결과는 형상 발전 방향을 제시한다.

(2) 주요 형상설계 변경 사항

개념설계를 통하여 정립된 기준형상에 대하여 기준형상 설계 시 수행되어야 할 주요 설계 및 수정사항은 항공기 주요부분의 크기, 위치 및 모양과 관련된 사항으로서 전투기의 예를 들면 다음과 같은 설계변경 사항들을 들 수 있다.

- 날개, 스트레이크 형상 및 위치
- 엔진 흡입구 위치 및 형상, ECS 흡입구 및 경계층 분리기(Diverter)의 형상
- 동체 단면적 분포
- 동체 돌출부 및 날개 접합부 페어링
- 동체 연료 공간 조정
- 세부 계통 및 구조배치 조정
- 주/보조 착륙장치 설계 및 위치 조정
- 날개 붙임각, 최적 익형선정
- 수직꼬리날개 및 수평꼬리날개 형상 및 위치
- 캐노피 형상
- 스피드브레이크 형상 및 위치
- 기총 위치 및 배치 조정
- Tail Hook 설계 및 위치 조정

(3) 풍동시험

기본설계 단계에서 정의된 항공기의 기준형상에 대한 공력특성의 검증을 위하여 통상 약 500 ~ 1000시간 가량의 풍동시험이 필요하며, 시험 결과는 추후 형상설계 수정에 반영된다. 기본설계 기간 중에는 먼저 6분력 시험을 통하여 기준형상의 공력특성을 확인하며, 흡입구 풍동시험을 수행하여 저속과 고속에서의 흡입구 성능 특성을 확인한다. 이후의 풍동시험은 기준형상 변경 시점과 함께 계획되고 수행되어 기준형상을 정립하게 된다. 이와 병행하여 높은 받음각 및 스핀 특성 등을 확인하기 위한 Rotary Balance 시험 등이 수행된다. 여러 번의 풍동시험 결과를 토대로 공력설계 및 해석 팀은 기본설계 최종형상을 추천한다.

(4) 모형 제작 및 형상 검증

기본설계 형상의 검증을 위하여 여러 가지 설계모형(Mockup)이 제작된다. 전시를 위한 실물 크기의 전시용 모형(Display Mockup) 그리고 실물 크기의 기체설계용 모형(Engineering Mockup), 그리고 항공전자 계통과 조종석과의 인터페이스 및 조종사의 인체공학적 측면의 검증을 위한 조종실 모형(Cockpit Mockup) 등이 제작된다.

기체설계용 모형은 기체구조설계 개념에 따라 몇 개의 모듈(전방동체, 중앙동체, 후방동체, 주날개, 수평 꼬리날개 및 수직 꼬리날개 등)로 나누어 제작되어, 구조 하중경로, 각 세부계통 배치 및 장착성 등을 검증하게 되며, 엔진의 장·탈착, 착륙장치의 폄/접힘성, 조종석 배열의 적절성 및 조종석 시계(Visibility) 등을 검사하여 필요하면 형상의 수정 혹은 내부배치의 재배열 등이 이루어진다. 수정의 용이를 위하여 모형의 재질은 나무, 마분지, 스티로폼 혹은 복합재 등이 사용된다. 최근에는 실물 모형이 아닌 전자식 모형(Digital Mockup)을 많이 사용한다. 설계용 모형제작을 통한 형상 검증결과는 기본설계 형상수정에 중요하게 반영된다.

2. 구조설계

항공기 기체구조는 몇 개의 모듈 개념으로 설계되며, 개발 및 제작 비용을 절약하기 위해 좌우 형상에 동일한 부품을 많이 사용한다. 설계수명과 한계 등의 설계구속요건들과 외부형상 및 각 세부계통의 내부배열 등을 고려하여 구조배치 및 설계를 수행한다.

기본설계 동안에는 주요 구조물(론저론, 킬 빔, 벌크헤드, 날개 구조물 등)에 대한 조립도 및 배치도 등이 주로 작성되며 응력집중이 예상되는 부분에 대하여 하중해석 및 기본적인 응력해석 등이 이루어진다. 기본설계를 통하여 작성되는 기체구조 도면으로는, 조종실 및 전방동체, 중앙동체, 주익, 수평 및 수직 미익 등의 조립도면과 앞착륙장치, 엔진 장·탈착 및 주익, 수평, 수직 미익의 주 구성품 등에 대한 배치도면 등이 있다.

3. 세부계통 설계

설계 요구도를 설계지침으로 각 세부계통의 설계기준을 정립하여 세부계통 일람(Subsystem Suite)을 작성하고, 항공전자, 전기계통, 이차동력 계통, 유압계통, 연료계통, 환경제어계통, 착륙계통 등의 배치도면을 종합하여 각 수정형상에 대한 내부배치도를 작성한다. 각 계통별로 세부설계 비교분석을 수행하여 계통설계 기준(System Baseline)을 정립하고 부품공급업체(Vendor) 등을 조사, 계통설계에 반영하며, 기본설계의 결과로서 각 계통별 규격서 및 중요 품목에 대한 개발 규격서(Development Specification) 및 계통구성도 및 배치도 등을 작성한다.

개념설계 결과로서 주어진 비행조종계통의 개발개념, 구성도 등을 바탕으로 비행제어계통에 대한 최적 비교연구를 수행한다. 구성품, 비행조종 프로그램, 컴퓨터의 프로세서 및 개발비를 포함하는 순기비용 등과 시스템별 중량 및 크기의 차이가 항공기 형상설계에 미치는 영향과 그것으로 인한 항공기의 성능에 미치는 영향 등을 검토하여 계통 세부구성개념을 정립하며 기준형상 설계에 반영한다. 전기제어 비행조종 계통의 경우, System Redundancy, 비행제어 컴퓨터, Air Data 계통, Actuation Type 및 비행조종 소프트웨어 등이 주요 설계 고려 대상이 된다.

항공전자체계는 각종 항공전자 구성품 및 이를 제어하는 소프트웨어 등으로 구성된다. 또한 컴퓨터 기능에 따라 항공전자 체계구성이 달라진다. 기본설계에는 탐지(레이더), 전자전 능력, 항법/공격계통, 무선항법, 통신 및 식별 그리고 자료기록 등에 대한 운용 요구를 충족할 수 있도록 계통구성과 장비선정을 위한 세부 비교분석 연구가 수행된다.

4. 체계개발 세부계획의 작성

기본설계 결과를 토대로 체계개발제안서를 준비하며, 체계개발제안서의 작성은 기본설계 업무의 일부로서 수행된다. 체계개발제안서에는, 연도별, 분야별, 수행업무별 세부예산 및 인력계획과 개발대상 항공기 기준형상, 각 계통별 개발규격서 및 설계도면 등의 기술적 내용과, 체계개발 기술업무규정서, 체계기술관리 계획, 기체 건전성 계획, 도면 관리계획, 위험도 관리계획, 자료관리 계획 등 분야별 계획 및 국내외 부품공급 대상업체 자료분석 및 평가 등의 내용이 망라되어야 한다.

1.3 항공기 설계 관련 규정

한국 정부는 민항기의 설계 및 운항을 관리하기 위한 항공기기술기준 KAS(Korean Airworthiness Standard)를 제정하여 사용하고 있으며 그 구성은 표 1.4와 같다. 구성 방법 및 내용은 미국의 FAA(Federal Aviation Administration)에서 제정한 FAR(Federal Aviation Regulation)과 유사하다. 미국정부는 규격서(Specifications), 표준서(Standards), 규정(Regulations) 체계에 의해서 미국 내의 모든 항공기기준을 규정하고 있다. 따라서 항공기를 설계 제작하여 판매하고자 하는 자는 항공기의 임무요구뿐만 아니라 규격서, 표준서, 규정을 잘 이해하고 있어야 한다.

| 표 1.4 | 항공기 기술기준 (KAS, FAR)

Part	기준 내용
1	총칙
23	감항분류가 보통(N), 실용(U), 곡기(A), 커뮤터(C)류인 비행기에 대한 기술기준
25	감항분류가 수송(T)류인 비행기에 대한 기술기준
27	감항분류가 보통(N)인 회전익항공기에 대한 기술기준
29	감항분류가 수송(TA 또는 TB)인 회전익항공기에 대한 기술기준
30	활공기에 대한 기술기준
31	비행선에 대한 기술기준
33	항공기발동기에 대한 기술기준
34	항공기 엔진의 연료·배기가스 배출기준
35	프로펠러에 대한 기술기준

미국의 군용기의 규정은 국방규격서 및 표준체계(DODSSS: Department of Defense Specifications and Standards System)에 근거하여 국방부(DOD: Department of Defense)와 교통부에서 통제하고 있다. 표 1.5는 표준체계에 있는 관련 문서들의 목록을 보여주고 있다.

| 표 1.5 | Documents in the DOD Specification and Standards System

Military Specifications Military Standards Federal Specifications Federal Standards Qualified Products List Industry Documents AIA - Aerospace Industrials Assn. Of America AMS - Aerospace Materials Specs ANSI - American Society for Testing And Materials AWS - American Welding Society Assoc.	Military Handbooks Federal Handbooks Air Force - Navy Aeronautical Standards Air Force - Navy Aeronautical Design Standards Air Force - Navy Aeronautical Specifications USAF Specifications Bulletins USAF Regulations DOD Manuals USAF Manuals Navy Manuals AFSC Design Handbooks Tech Orders

제2장

설계 요구

2.1 운용 요구도의 결정

먼저 수요자가 요구하는 임무 요구(Mission Needs) 및 운용개념(Operational Concepts) 등을 포함하는 기본적인 운용 요구도(Operational Requirements)가 준비되어야 한다. 이러한 운용 요구도를 기준으로 설계 요구도(Design Requirements)가 설정되는데, 설계 요구도는 수요자가 요구하는 운용 요구조건을 만족시키면서 실제 항공기로 설계가 가능한 최소 조건으로 주어진다. 따라서 항공기에 대한 요구사항을 설계자 입장에서 설계의 입력자료로 구현하는 방법은 대단히 중요하다. 항공기 개발에 앞서 다음과 같은 요구사항이 항공기의 종류나 크기 또는 상용기나 군용기의 기종에 상관없이 운용 요구사항에 포함된다.

- 개발하고자 하는 항공기의 기능적 성능특성과 운용특성은 무엇인가?
- 항공기는 언제 운용 가능해야 하고 기대 수명은 몇 년인가?
- 운용횟수 및 사용주기는 얼마인가?
- 어떻게 전개되며 얼마나 어떠한 곳에 배치되어 운용될 것인가?
- 기대효과는 무엇인가?
- 항공기가 노출되어 운용될 환경조건인 온도, 습도, 진동 등은 어떠한가?
- 항공기를 총 수명 기간에 어떻게 정비·유지할 것인가?

이에 대한 해답은 가능성 연구, 운용 요구의 개발 및 정비개념 그리고 체계규격을 준비해나가는 과정에서 얻어진다. 그리고 이러한 요구사항들은 항공기 설계 및 개발 과정에서 하나의 준거를 제공하게 된다. 일반적으로 고등훈련기 및 전투기급 항공기의 경우 초기 설계 요구도는 아래와 같은 사항을 고려하여 도출된다.

- 안보환경 및 지정학적 분석
- 수요군의 운용개념 및 운영체계
- 기존 보유자료 및 운용군의 기술규격
- 최신 항공기의 설계경향 분석
- 훈련 및 전투체계와 임무
- 기존 항공기의 설계 경험

이렇게 하여 얻은 설계 요구조건들로는 최대속도, 최저속도(실속속도), 순간선회율, 지속선회율, 최대상승율, 이착륙거리와 가속성능 등의 기동성능과 임무시간, 작전반경 등의 임무 요구도 등이 정립된다. 설계 요구도는 운용 및 임무 요구에 대한 분석으로부터 도출되기 때문에 초기 요구도를 설정할 때는 많은 부분을 임무 분석에 의존해서 작성한다. 예를 들면 적 항공기를 요격해야 한다는 임무 요구로부터 가속성능에 대한 설계 요구도가 도출될 수 있으며, 이 요구조건을 충족할 수 있는 추력 발생이 가능한 엔진이 결정된다. 아울러 신뢰성, 정비성, 지원성 및 지상훈련체계 요구조건 등도 함께 설계지침이 된다.

요구도를 분석하는 목적은 항공기의 임무와 운용환경 등을 포함하는 수요자의 필요성을 구체화하고, 설계기술이나 개발비용 및 항공기 가격, 그리고 개발에 소요되는 기간과 같은 제한 사항들을 도출하여 구체화하며, 기능평가나 성능평가기준을 설정하여 설계결과에 대한 효과도를 측정하기 위해서이다. 따라서 각 단계별 요구도, 즉 체계임무 요구도, 기능 및 성능 요구도순으로 분석하게 된다. 시스템 요구도 분석기법으로는 동시공학에서 주로 사용하고 있는 품질기능 분석기법을 많이 사용한다. 이 기법을 사용하게 되면 수많은 요구도와 설계인자 중에서 수요자의 요구에 가장 잘 부합되는 항목을 추출할 수 있다.

초기 설계 요구도는 설계 가능성보다는 운용 요구 측면과 시장성 등을 고려하여 정립되었으므로, 실제 개념설계를 진행하면서 수정·보완되어야 한다. 개념설계는 설계 전 과정을 통하여 설계 결과와 설계 요구도를 비교하여, 설계 방향과 설계 요구도, 성능과 가격이 타협하면서 이를 정립해나가는 과정이라 할 수 있다. 이러한 과정을 통해 개념설계가 완료되면 설계결과로서 기준형상과 함께 설계 요구도가 제시된다. 개념설계 동안의 빈번한 설계 요구도의 수정, 변경 등을 관리, 추적하기 위하여 요구도 추적표(Requirements Traceability List: RTL)가 작성·유지된다.

2.2 주요 요구항목

2.2.1 임무형상

일반적으로 개발하고자 하는 항공기는 운용요구에 따라 임무가 주어지며 항공기의 임무형상(Mission Profiles)을 기준으로 개념설계 업무는 진행된다. 설계 항공기 종류에 따른 전형적인 임무 형상을 그림 2.1에서 보여주고 있다.

임무 형상에는 임무를 수행하기 위한 각 단계별 비행거리와 임무 성격이 주어진다. 가장 간단한 임무 형상은 그림 2.1의 첫 번째 그림이며 단순한 순항비행 임무만을 수행하는 항공기로써 일반적으로 경항공기나 여객기가 여기에 속한다. 그러나 다른 임무 형상을 갖는 항공기들은 각 임무에 맞는 비행 형상이 주어지는데, 전투기인 경우는 공중전 및 대지 공격임무를 수행해야 하고, 전략폭격기는 장거리 전략목표를 타격할 수 있는 항속거리가 주어지게 된다.

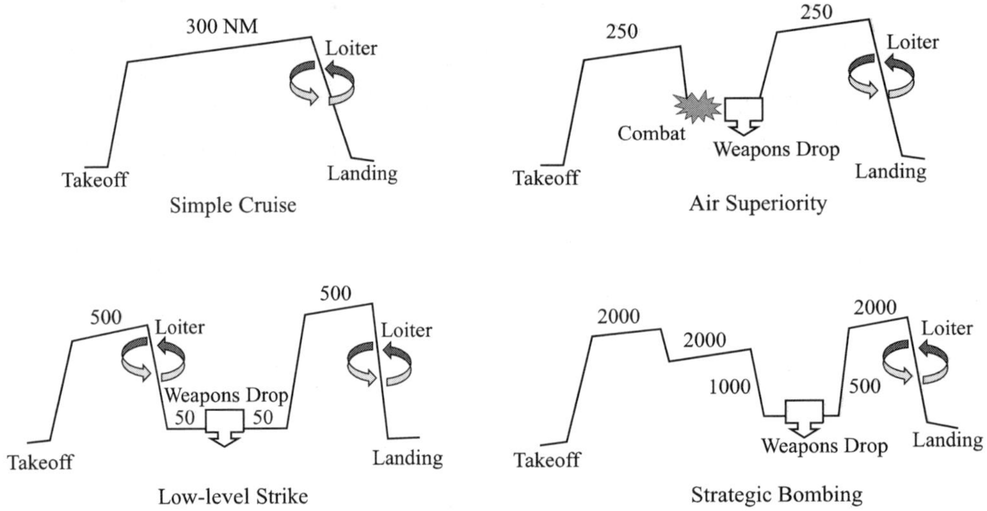

| 그림 2.1 | 전형적인 항공기 임무 형상

2.2.2 유상하중(Payload)

유상하중은 항공기의 임무에 따라 항공기에 탑재되어 운반되는 것을 말한다. 일반적인 유상하중으로 승객, 화물, 무장이 해당된다. 승객과 화물은 비소모성 유상하중이고 폭탄, 로켓, 미사일, 탄약과 같은 무장은 소모성 유상하중이다. 소형항공기에서는 조종사도 승객, 화물과 같이 유상하중으로 구별하며 비즈니스기, 커뮤터기, 수송기 등에서는 조종사, 승무원을 유상하중으로 구별하지 않고 별도 승무원 하중으로 간주한다.

2.2.3 순항속도

항공기 임무는 주로 항공기 속도로 구별된다. 프로펠러 항공기의 일반적인 순항속도는 150-300 노트이다. 제트항공기의 순항속도는 이보다 크며 보통 마하수로 표시된다. 비즈니스기나 수송기의 순항 마하수는 보통 0.8-0.85이다. 이 정도의 속도가 유상하중, 항속거리,

순항속도를 동시에 감안한 최적 속도이다. 초음속 수송기의 경우는 순항속도를 가장 주요한 설계인자로 하여 유상하중과 항속거리를 희생시키기도 한다. 현대의 제트 군용기의 경우 마하수 0.85-0.9 정도의 순항속도를 갖도록 설계한다.

2.2.4 순항고도

순항고도는 순항속도, 추진시스템, 객실가압 정도에 영향을 받아 결정된다. 객실 가압을 하지 않으면 고도 10,000피트 이하에서 운행하여야한다. 프로펠러 항공기의 경우 터보차저가 장착된 피스톤 엔진을 사용하는 경우 고도 20,000피트 정도 까지 일정한 마력을 유지할 수 있다. 20,000피트 이상의 고도에서 순항하고자 하면 터보프롭 엔진을 사용해야 한다. 터보제트 엔진을 사용하는 경우 고도 36,000피트 정도에서 연료소비를 최소화할 수 있다. 그러므로 항속거리가 긴 터보제트 항공기의 경우 순항고도는 36,000피트 근처이다.

2.2.5 항속거리

항속거리는 항공기가 연료 재급유 없이 최대로 비행할 수 있는 거리이다. 항속거리는 항공기 이륙총중량에 크게 영향을 미치는 중요한 설계 파라미터이다. 표 2.1은 항공기 종류에 따른 평균 항속거리이다.

| 표 2.1 | 전형적인 항공기별 항속거리

항공기 종류	항속거리(nm)
Personal/Utility	500-1000
Regional Turboprop	800-1200
Business Jets	1500-1800
Smaller Jet Transports	2500-3500
Larger Jet Transports	6500-7200

2.2.6 항속시간

항속시간은 항공기가 연료 재급유 없이 최대로 비행할 수 있는 시간이다. 정찰기의 경우 항속시간이 가장 주요한 설계 파라미터이다. 민항기의 경우 착륙 전에 공중에서 체공하는 시간이 임무 형상에 포함된다. ICAO(International Civil Aviation Orgarnization) 규정은 제트기의 경우 착륙 전 30분간 체공할 수 있는 연료를 확보하는 것을 요구하고 왕복 엔진을 사용하는 경우는 착륙 전 45분간 체공할 수 있는 연료를 확보하는 것을 요구한다.

2.2.7 이륙거리

이륙거리는 지상활주거리, 천이거리, 장애물 고도에 도달하기 위한 상승거리로 구성된다. 장애물 고도는 군용항공기(military aircraft)와 민간항공기(civil aircraft)의 경우는 50피트 이며 상용항공기(commercial aircraft)의 경우는 35피트 이다. 이륙거리는 추력대중량비, 최대 양력대중량비, 활주로 마찰계수에 의해 영향을 받는다. 정상 이착륙 항공기(CTOL)의 경우는 이륙거리가 1,000피트 이상이 되고, 단거리 이착륙 항공기(STOL)의 경우는 이륙거리가 1,000피트 이하가 된다. 표 2.2는 전형적인 항공기 종류별 이륙거리이다.

| 표 2.2 | 전형적인 항공기별 이륙거리

항공기 종류	이륙거리 (ft)
Personal/general Aviation Propeller Driven	1,200- 2,000
Larger Twin Engine Propeller Commuter	3,000- 5,000
Business/Small Commercial Jet	5,000- 7,500
Larger Commercial Jet	8,000-11,000

2.2.8 착륙거리

착륙거리는 장애물고도 50피트에서 플레어고도에 이를 때까지의 접근거리, 플레어 고도에서 접지까지의 플레어거리, 지상활주거리로 구성된다. 착륙거리는 최대 양력대 중량비 및 활주로 마찰계수에 의해 영향을 받는다. 최대 양력대중량비는 항공기 실속속도에 직접적인 영향을 미친다. 상용항공기의 경우 최악의 조건으로 착륙하는 경우는 이륙시 연료의 절반으로 착륙하며 최대 안전거리인 착륙거리의 2/3를 더한 경우이다. 이 경우에도 착륙거리는 이륙거리 보다 짧다. 그러므로 공항의 활주로 길이를 감안할 때는 착륙거리 보다 이륙거리를 기준으로 공항 사용 가능 여부를 판단한다.

2.2.9 항공기 가격

항공기 가격은 연구개발 및 시험평가 비용과 생산 비용으로 구성된다. 연구개발비는 초기에 생산하는 일정량의 항공기 대수로 나누어 항공기 가격에 포함시킨다. 그러므로 초기에 생산할 항공기 댓수가 항공기 가격에 크게 영향을 미치게 된다.

2.3 주요 요구항목의 예

2.3.1 초음속 전투기 요구항목의 예

설계하고자 하는 항공기의 주요 운영 요구조건을 기초로 최소한의 성능 요구조건과 구속 조건들을 도출하게 되는데 전투기의 경우를 예시하면 다음과 같다.

1. 운용 요구

현재 운용되고 있는 F-16 전투기는 약 20 ~ 30년 전의 기반기술을 바탕으로 개발되었다. 탑재장비와 무기체계의 발전으로 F-16은 지속적으로 성능개량을 해왔지만 2000년대의 전투환경을 대비하기 위해서는 F-16을 대체할 새로운 차세대 전투기의 개발이 절실한 실정이다. 이 차세대 전투기는 기존의 F-16이나 F-15보다 성능면에서나 작전 수행 능력면에서 우수해야 하며, 스텔스 능력, CCV(Controlled Configured Vehicles), 복합재료, Fly-By-Light, 와류 플랩(Vortex Flap), 초음속 순항성능 등과 같은 최첨단 기술을 이용한 차세대 전투기를 개발하여 F-16전투기의 후속기로 운용하고자 한다.

2. 성능 요구조건 및 구속조건

- 제공전투임무(Air Superiority Mission) 수행
- 기온이 35℃의 해면고도에서 예열 및 이륙하기 위해 1분 동안 예열하고 1500 ft의 활주로를 지상활주하여 이륙하는데 3초 소요
- 최소시간으로 가속상승하여 최상의 순항마하수(BCM: Best Cruise Mach Number)와 최적 순항고도(BCA: Best Cruise Altitude)에 도달

• 출격임무시 초음속 순항(Supercruise Egress) 마하수는 1.8
• 단좌조종석에 단발엔진
• 임무 형상

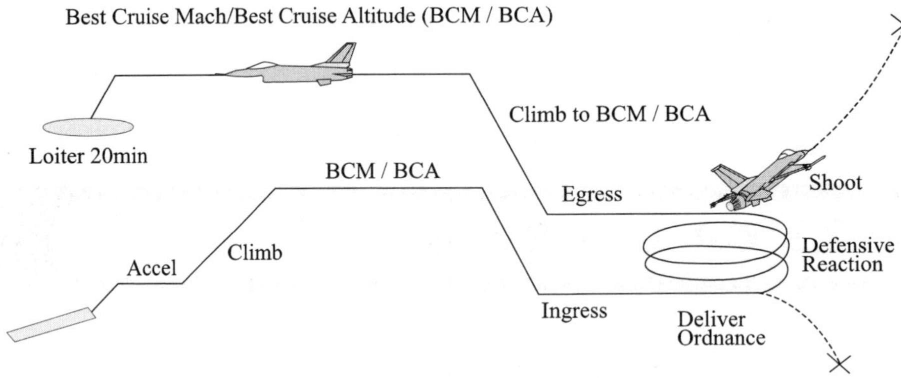

| 그림 2.2 | 설계 초음속 전투기의 임무 형상

3. 성능 요구조건

| 표 2.2 | 성능 요구조건

항 목	요구 성능
전투행동반경	400 nm
이륙거리	2000 ft
착륙거리	2000 ft
최대 마하수	M= 1.8 최적고도에서 기동 가능 중량일 때
순간선회율	18 deg/s at M= 0.9, 20,000 ft
비행 잉여 동력	800 ft/s at M= 0.9, 5,000 ft
가속도 내성	4 g at M= 1.2, 20,000 ft 9 g at M= 0.9, 5,000 ft
무장탑재능력	2×AIM−120 4×2000 lb MK−84 600발 장착: 20 mm 기관포

2.3.2 쌍발 프로펠러 소형비행기 요구항목의 예

• 유상하중: 승객 6명(각 175 lb, 조종사 포함), 총 수하물 (200 lb)
• 항속거리: 최대 유상하중에서 1,000mile, 잔여연료는 임무요구연료의 25%이다.

- 순항고도: 10,000 ft (for the Design Range)
- 순항속도: 고도 10,000 ft에서 75% 동력으로 250 kts
- 상승율: 최대 이륙중량에서 1,000 ft/min 상승
- 이륙 및 착륙거리: $W_L = 0.95\,W_{TO}$, 표준대기, 해면고도에서 1500 ft의 활주길이
- 엔진: 왕복엔진/프로펠러
- 여압장치: 비설치
- 인증형식: FAR 23
- 임무 형상:

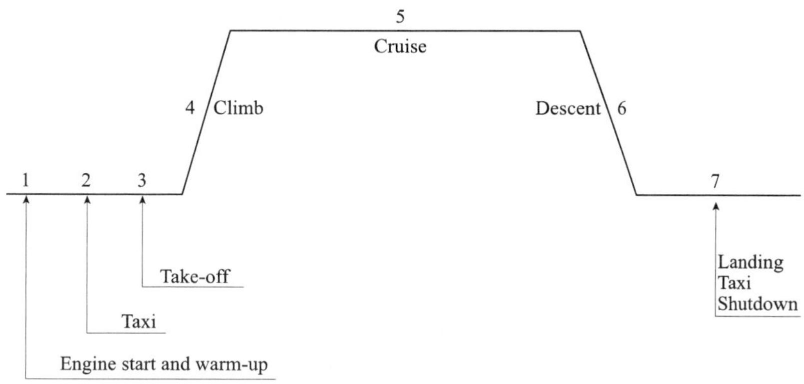

| 그림 2.3 | 소형비행기의 임무 형상

2.3.3 제트여객기 요구항목의 예

- 유상하중: 승객 150명(각 175 lbs, 각각 수하물 30 lbs 포함)
- 승무원: 조종사 2명, 승무원 3명(각 175 lbs, 수하물은 각 30 lbs)
- 항속거리: 1,500 nm이고, 1시간의 로이터와 100 nm의 우회비행
- 순항고도: 35,000 ft (for the Design Range)
- 순항마하수: 35,000 ft에서 M= 0.82
- 이륙 및 착륙거리: FAR 25에 의해 고도 5,000 ft, 온도 95°F, $W_L = 0.85\,W_{TO}$에서
- 이·착륙 활주거리: 5,000 ft
- 엔진: 터보팬 엔진 2기
- 여압장치: 35,000 ft에서 5,000 ft의 여압
- 인증기준: FAR 25
- 임무 형상:

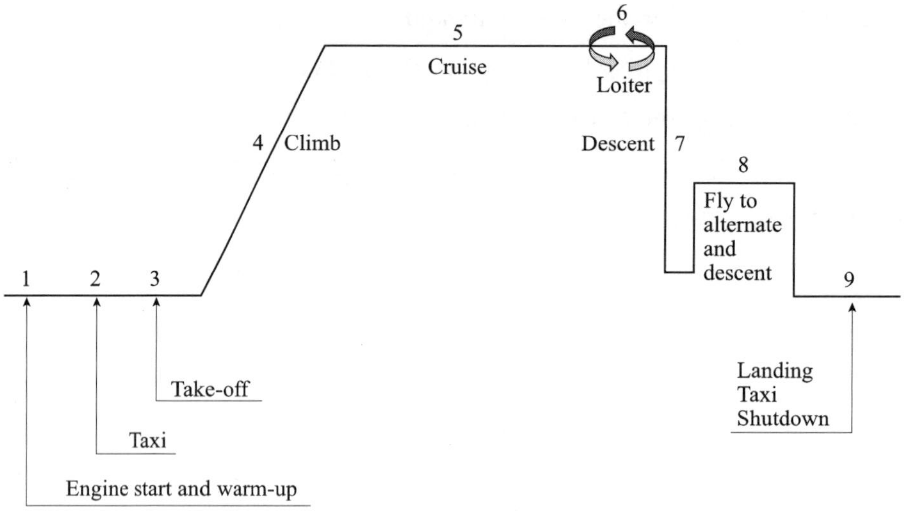

| 그림 2.4 | 제트여객기의 임무 형상

2.3.4 전투기 요구항목의 예

- 유상하중: 20,500 lbs 폭탄, GAU-18A 기관포 - 탄약 2,000 lbs 포함하며 기관포 총무게 4,000 lbs
- 승무원: 조종사 1명(200 lbs)
- 항속거리 및 순항고도: 임무 형상도 참조
- 순항속도:

  해면고도 - 외부장착물이 있는 상태: 400 kts

  - Clean상태: 450 kts

  40,000 ft - 외부장착물이 있는 상태: M= 0.8

  - Clean상태: M= 0.85
- 상승율: 8분 내에 최대이륙중량으로 40,000 ft까지 지속상승, 최대이륙중량 상태에서 한 쪽 엔진으로 상승률이 500 fpm 이상
- 이륙 및 착륙거리: 해면고도, 온도 95°F일 때 활주거리가 2,000 ft 이내
- 엔진: 터보팬 2기
- 여압장치: 50,000 ft의 고도에서 5,000 ft의 여압
- 인증기준: 군사규격(MIL Specifications)
- 임무 형상:

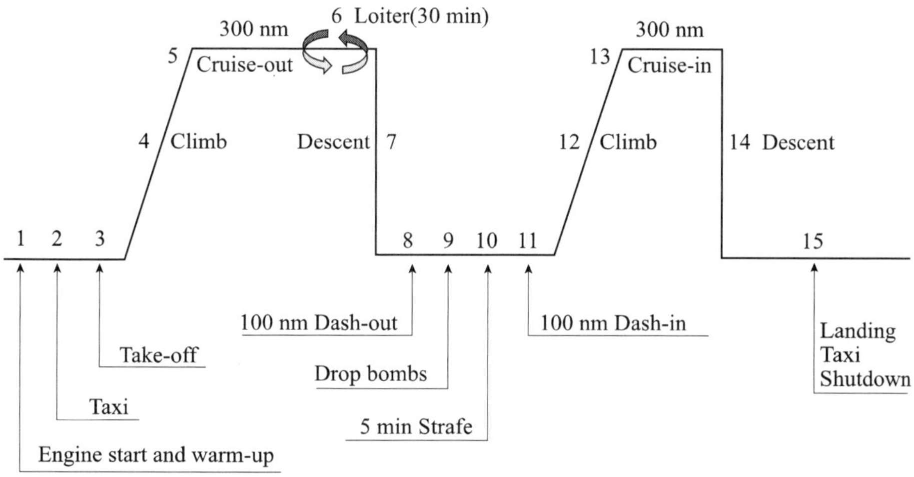

| 그림 2.5 | 전투기의 임무 형상

제3장

설계 파라미터의 초기 추정

항공기 설계는 앞 장에서 논의한 서로 상충되는 여러 설계요구사항을 만족하기 위해 통계적인 자료, 풍동시험 결과, 비행시험 결과 등 많은 항공 관련 데이터베이스를 이용하여 반복설계와 해석의 과정을 통해 이루어진다. 따라서 설계초기에 복잡한 설계 및 해석과정을 모두 고려한다는 것은 불가능하므로, 설계 이륙총중량(Design Take-off Gross Weight), 추력 대 중량비(Thrust to weight Ratio), 그리고 익면하중(Wing Loading)을 설계파라미터로 선택하여 되도록 간략한 방법으로 항공기의 초기 크기결정(Initial Sizing)을 수행하는 것이 바람직하다. 초기 크기결정은 설계 임무형상을 만족하기 위한 설계 이륙총중량과 임무수행을 위한 연료중량(Fuel Weight), 공허중량(Empty Weight)을 결정하고, 각 비행성능 요구도를 만족하는 설계점, 즉, 추력 대 중량비 및 익면하중의 크기를 예측하여 날개의 크기 및 요구추력을 결정하는 과정이다.

3.1 항공기 중량 예측

3.1.1 설계 이륙총중량의 선정

설계 이륙총중량(Design Take-off Gross Weight, W_0)은 설계 임무형상을 완수하기 위한 이륙 시 항공기 전체 중량으로서 항공기 개념설계의 초기단계에서 설정된 설계요구에 따른 임무사항을 고려하여 항공기의 전체 크기를 결정하는 설계변수이다. 설계 이륙총중량은 승무원 하중(W_{crew}), 유상하중($W_{payload}$), 연료중량(W_f), 그리고 공허중량(W_e)으로 구분할 수 있다면 식 3.1로 표현된다.

$$W_0 = W_{crew} + W_{payload} + W_f + W_e \tag{3.1}$$

여기에서 승무원 체중과 유상하중은 설계요구사항으로부터 이미 주어져 있으므로 결정되어야 할 미지수는 연료중량 및 공허중량이다. 공허중량이란 승무원 체중, 유상하중 및 연료중량을 제외한 구조물, 엔진, 착륙장치, 고정장비(Fixed Equipment) 및 전자장비의 중량과 기타 중량을 포함한다. 연료중량 및 공허중량은 설계 이륙총중량의 함수이므로 W_0의 결정은 반복계산의 과정을 거친다. 계산의 편리를 위하여 식 (3.1)에서 연료중량 및 공허중량을 설계 이륙총중량의 비로 나타내면 다음과 같이 된다.

$$W_0 = W_{crew} + W_{payload} + \left(\frac{W_f}{W_0}\right) W_0 + \left(\frac{W_e}{W_0}\right) W_0 \tag{3.2}$$

$$W_0 = \frac{W_{crew} + W_{payload}}{1 - (W_f / W_0) - (W_e / W_0)} \tag{3.3}$$

3.1.2 공허중량 추정

지금부터 설계임무 요구사항을 만족하는 공허중량의 크기의 추정을 위한 간략화된 방법을 다룬다. 설계 이륙총중량에 대한 공허중량비(W_e / W_0)는 그림 3.1에 나타난 통계적인 경향으로부터 추론할 수 있으며 대략적인 경향은 $0.3 - 0.7$ 사이의 값을 갖는다.

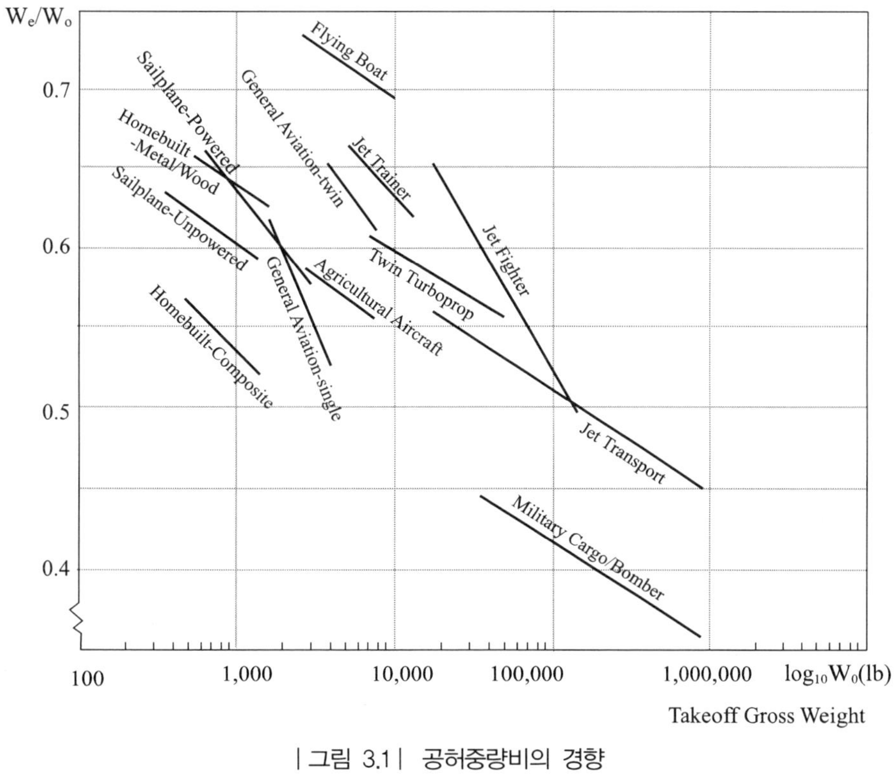

| 그림 3.1 | 공허중량비의 경향

그림 3.1의 공허중량비(W_e / W_0)에 대한 통계적인 경향을 수식으로 나타내면 다음과 같다.

$$W_e / W_0 = A\, W_0^C K_{vs} \tag{3.4}$$

여기서

$$\begin{aligned} K_{vs} &= \text{variable sweep constant} \\ &= 1.04 \text{ if variable sweep} \\ &= 1.00 \text{ if fixed sweep} \end{aligned}$$

그림 3.1의 경향을 통계 처리한 경험식의 상관계수(A, C)를 표 3.1에 나타내었으며 여기에서 지수 C는 음의 값으로 이는 설계 이륙총중량이 증가하는 경우 공허중량비가 작아져야 함을 의미한다. 탄소섬유-에폭시와 같이 최근의 진보된 복합소재를 채택한 항공기의 경우 전통적인 알루미늄합금재에 비하여 대략 5% 정도의 공허중량비의 감소를 기대할 수 있어 공허중량비의 통계치에 0.95를 곱하도록 한다. 또한, 유리섬유와 같은 일반적인 복합소재를 채택한 자작(Home-Built) 항공기의 경우 알루미늄 합금재에 비해 공허중량비는 대략 0.85를 곱한 값을 사용하면 된다.

| 표 3.1 | 설계 이륙총중량비에 대한 공허중량비의 통계적인 경향

Type	A	C
Sailplane-unpowered	0.86	−0.05
Sailplane-powered	0.91	−0.05
Homebuilt-metal/wood	1.19	−0.09
Homebuilt-composite	0.99	−0.09
General Aviation-single engine	2.36	−0.18
General Aviation-twin engine	1.51	−0.1
Agricutural aircraft	0.74	−0.03
Twin turboprop	0.96	−0.05
Flying Boat	1.09	−0.05
Jet Trainer	1.59	−0.1
Jet Fighter	2.34	−0.13
Military cargo/bomber	0.93	−0.07
Jet Transport	1.02	−0.06

3.1.3 연료중량 추정

전체 연료의 중량은 설계 요구사항에 따른 각 임무를 수행하는데 필요한 임무연료 중량 이외에 민간 또는 군용규격에 따른 예비연료 및 연료탱크에서 빼낼 수 없는 갇힌 연료중량(Trapped Fuel Weight)을 합산한 것이다. 임무연료 중량은 수행해야 할 설계 임무, 항공기의 공기역학적 특성, 그리고 엔진의 비연료소모율에 의해 결정된다.

1. 설계 임무형상

임무형상(Mission Profile)은 항공기가 이륙하여 착륙할 때까지 수행할 임무를 항속거리와 고도의 2차원 평면에 간략히 나타낸 선도를 말한다. 임무형상은 여러 개의 동일한 운동부분으로 나눌 수 있다. 이 동일한 운동부분을 단위임무(Mission Segment)라 한다. 단위임무에는 웜업과 이륙(Warm-up and Take-off, WUTO, 또는 Start, Taxi, and Take-off, STTO), 상승, 순항, 로이터(Loiter), 하강, 가속, 진퇴(Dash-in and Dash-out), 공중작업(Airwork), 무장투하, 우회(Divert) 및 착륙 등이다. 설계 임무형상은 항공기 설계 시 설계의 기준이 되는 임무형상으로 설계 이륙총중량와 연료량을 구하는데 사용된다.

항공기 크기결정을 위한 여러 가지 항공기의 설계 임무형상에 대한 예를 그림 3.2에 나

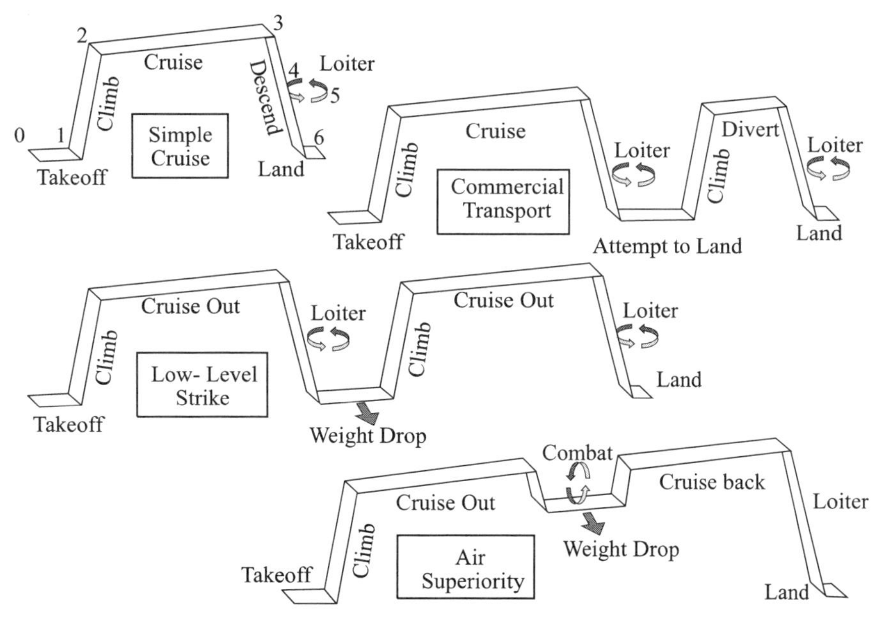

| 그림 3.2 | 항공기 크기결정을 위한 설계 임무형상의 예

타내었다. 여기에서 설계자는 구매자의 요구에 따라 임무형상을 선정하여야 한다. 설계자는 비행 중 연료 고갈을 방지하기 위해, 단순한 순항의 경우 기착예정 공항의 폐쇄를 대비하여 20-30분의 로이터를 위한 연료를 추가하거나, 인접 공항으로 우회를 위한 일정시간 비행에 필요한 연료를 추가할 수 있다. 실제로 미연방항공규정은 경 항공기(General Aircraft)의 경우 30분의 순항을 위한 추가연료를 의무적으로 요구한다.

제공권 확보를 위한 임무형상의 특징은 순항 후 여러 번의 선회, 수분 동안의 최대가속, 기총 또는 미사일의 발사로 이루어지는 무장투하, 발진기지로의 귀환을 위한 순항, 그리고 로이터로 이루어지는데 설계자는 이 경우 연료를 계산하는 데 있어서 무장을 투하하지 않은 경우를 가정하여 연료중량을 추정하여야 하는데 그 이유는 설계자는 자신에게 유리한 경우보다 불리한 경우를 고려해야 하기 때문이다. 저공침투 항공기의 경우 목표점에 접근하면 생존성을 높이기 위하여 지상에서 수백 피트 고도로 진퇴를 해야 하는데 이 경우 공기역학적 효율도 떨어지고 엔진의 효율도 떨어지므로 연료소비가 증대하게 된다. 전략폭격기의 임무 형상의 특징은 초기 순항 후 "R"로 표현되는 공중재급유를 받고 이차 순항을 하기도 한다.

2. 단위임무의 중량비

각 단위임무에서 임무수행 후의 중량을 임무초기의 중량으로 나눈 값을 W_i / W_{i-1}로 표현하며 이를 단위임무 중량비라 한다. 임무형상의 경우 초기 중량은 설계 이륙총중량이므로 W_0이며 하나의 단위임무 종료할 때의 총중량을 순차적으로 하첨자를 이용하여 표시한다. 예를 들면 W_3는 세 번째 단위임무를 완료한 후의 총중량이다. 따라서 모든 단위임무의 중량비가 계산되면 설계 임무수행 후와 설계 이륙총중량의 비(W_x / W_0)를 구할 수 있다. 즉, 설계 임무형상 수행에 필요한 전체 연료비가 구해진다. 현재의 설계단계에서는 하강, 전투, 유상하중의 투하, 그리고 공중재급유와 같은 임무는 고려되지 않으나 세분화된 크기결정 단계에 가면 이와 같은 임무들도 고려되어야 한다. 웜업 및 이륙, 상승, 그리고 착륙의 단위임무에 대한 중량비(W_i / W_{i-1})에 대한 전통적인 통계치를 표 3.2에 나타내었다.

| 표 3.2 | 이륙, 상승, 및 착륙에 대한 무게비(W_i/W_{i-1})

임무 형상	(W_i/W_{i-1})
웜업 및 이륙	0.97
상승	0.985
착륙	0.995

순항임무에 대한 중량비는 브레게(Breguet)의 항속거리에 대한 공식을 이용하여 다음과 같이 구한다.

$$\frac{W_i}{W_{i-1}} = \exp\frac{-RC}{V(L/D)} \tag{3.5}$$

여기에서 R은 순항거리, C는 비연료소모율(Specific Fuel Consumption), V는 대기속도, L/D는 양항비를 나타낸다. 로이터에 대한 중량비는 브레게의 항속시간에 대한 공식을 이용하여 다음과 같이 구한다.

$$\frac{W_i}{W_{i-1}} = \exp\frac{-EC}{L/D} \tag{3.6}$$

여기에서 E는 항속시간 또는 로이터 시간을 나타낸다. 아직 언급되지 않은 사항인 비연료소모율 및 양항비에 대해서는 다음 절에 설명할 예정이다.

3. 비연료소모율의 추정

제트엔진의 경우 비연료소모율(C)은 단위시간당 연료소모율을 추력으로 나눈 값으로 그 단위는 $lb/(hr-lb)$이며 엔진의 종류에 따른 경향을 그림 3.3에 나타내었다.

프로펠러 항공기의 경우 비연료소모율(C_{bhp})은 단위시간당 연료소모율을 프로펠러 구동축에서 제동마력($1bhp = 550\ lb-ft/s$)으로 나눈 값으로, 이를 제트엔진에 대한 등가 비연료소모율로 환산하기 위해서는 프로펠러의 효율(η_p)을 고려하여 다음과 같은 식을 이용한다.

$$C = C_{bhp}\frac{V}{550\eta_P} \tag{3.7}$$

제트엔진의 비연료소모율에 대한 전형적인 값을 표 3.3에, 프로펠러 항공기의 경우 비연료소모율 및 프로펠러 효율에 대한 전형적인 값을 표 3.4에 각각 나타내었다.

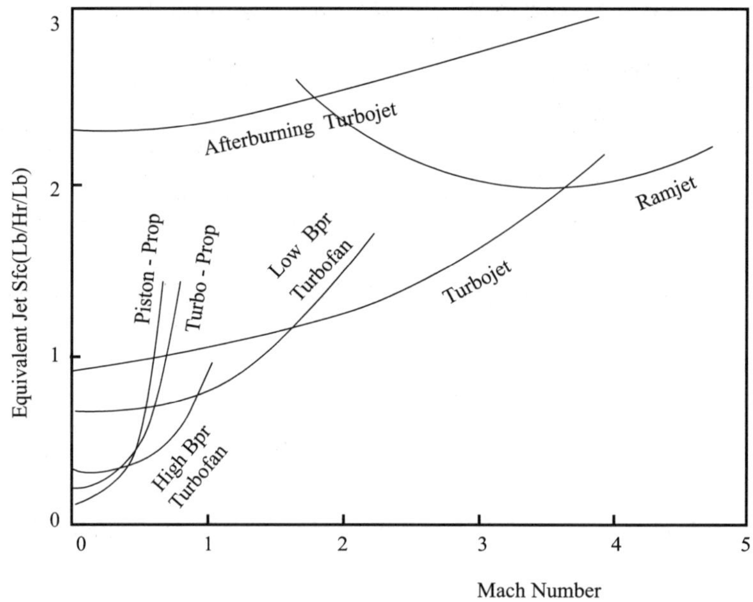

| 그림 3.3 | 비연료소모율의 경향

| 표 3.3 | 제트엔진의 비연료소모율(C: $lb/(hr-lb)$)

엔진의 종류	순항 상태	로이터 상태
터보제트	0.9	0.8
저 바이패스 터보팬	0.8	0.7
고 바이패스 터보팬	0.5	0.4

| 표 3.4 | 프로펠러 엔진의 비연료소모율(C_{bhp} : $lb/(hr-bhp)$)과 프로펠라 효율(η_p)

엔진의 종류	순항 상태(C_{bhp}/η_p)	로이터 상태(C_{bhp}/η_p)
왕복엔진(고정피치각)	0.4/0.8	0.5/0.7
왕복엔진(가변피치각)	0.4/0.8	0.5/0.8
터보프롭	0.5/0.8	0.6/0.8

4. 양항비의 추정

양항비는 항공기 설계문제에서 공기역학적 효율의 척도로서 항공기 외부형상에 의해 결정된다. 아음속기의 경우 양항비는 날개의 스팬 및 표피면적(Wetted Area)에 의해 직접적으로 결정된다. 즉 항공기 전체 항력 중 양력에 의해 발생되는 유도항력은 날개폭의 함수이고, 표면마찰항력이 주성분인 유해항력은 공기에 노출된 항공기 전체의 표피면적에 비례한다. 이와 같은 이유로 날개의 면적(S_{ref})에 대한 항공기 표피면적(S_{wet})의 비(S_{wet}/S_{ref})는 가로세로비와 함께 양항비를 결정하는 주요 변수이다. 그림 3.4에는 항공기 형상에 따른 표피면적비(S_{wet}/S_{ref})의 경향을 도시하였다. 날개의 가로세로비를 표피면적비로 나눈 값을 표피면적 가로세로비(Wetted Aspect Ratio)라고 하며, 그림 3.5에는 항공기 종류에 따라 최대양항비와 표피면적 가로세로비의 상관관계를 나타내었다.

설계자는 양항비의 추정을 위해 날개, 동체, 꼬리날개, 엔진, 유상하중, 객실, 착륙장치, 연료탱크, 및 기타 설계에 필요한 부분에 대한 대략적인 도면을 그려 본 후 그림 3.4에서 표피면적비에 대한 대략적인 값을 선정하고 그림 3.5를 이용하여 최대양항비를 추정한다. 제트항공기의 경우 항속시간의 최대효율은 최대양항비의 조건에 해당하고 항속거리의 최대효율은 최대양항비의 86.6%에 해당하며, 프로펠러 항공기의 경우 항속거리의 최대효율은 최대양항비의 조건에 해당하고 항속시간의 최대효율은 최대양항비의 86.6%에 해당한다. 따라서 순항 및 로이터에 대한 단위임무 계산에서 이를 반영하여 중량비를 구하게 된다.

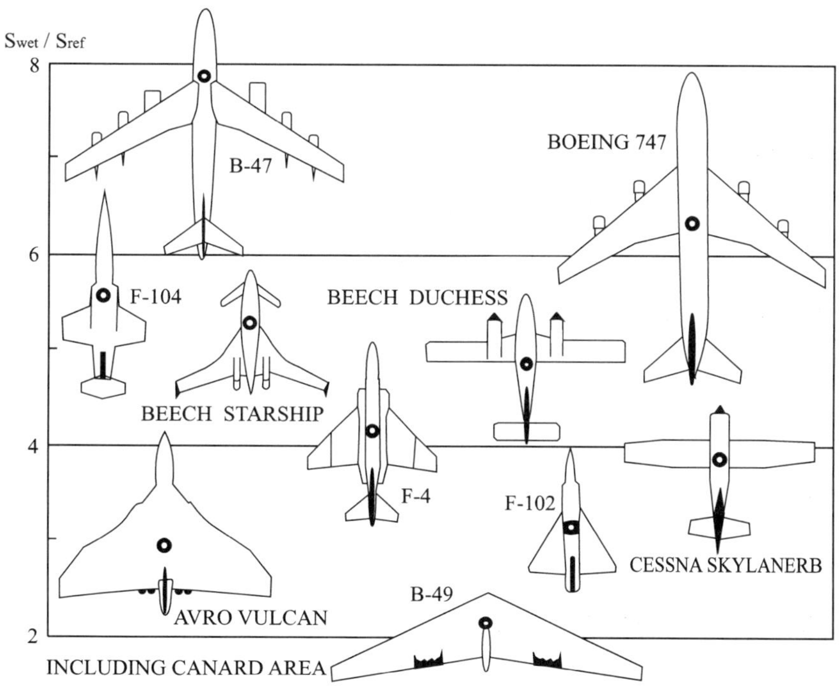

| 그림 3.4 | 항공기 형상에 따른 표피면적비

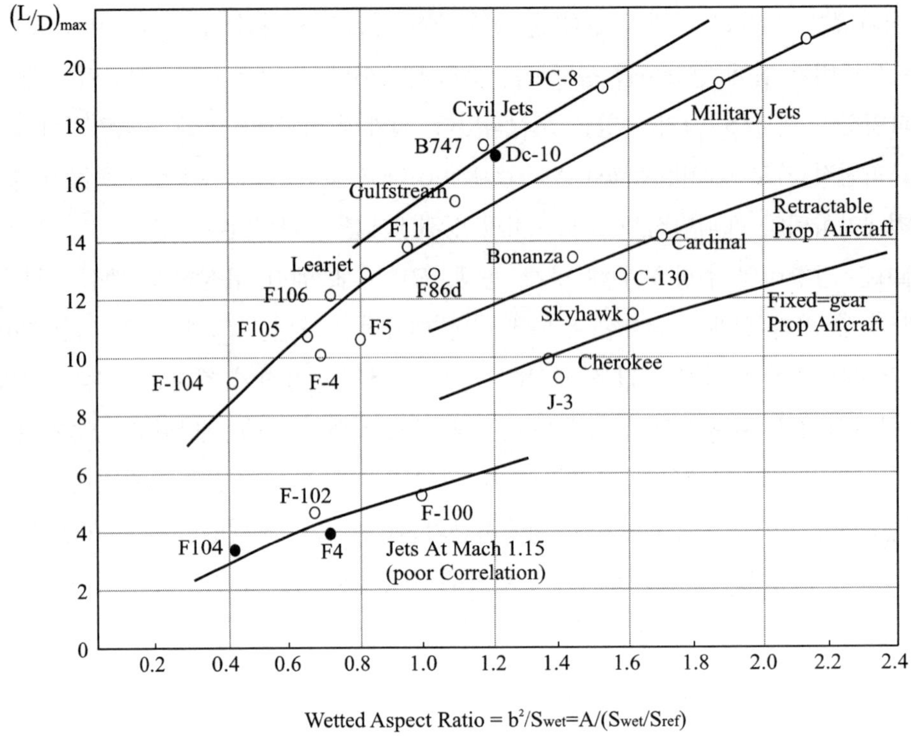

| 그림 3.5 | 최대 양항비의 경향

5. 연료중량비의 산출

지금까지의 각 단위임무의 중량비를 모두 곱하면 설계 임무형상을 완료한 후의 중량비 즉 W_x / W_0가 구해진다. 따라서 설계 임무수행에 필요한 전체연료의 중량비는 $1 - W_x / W_0$이고 예비연료(5%)와 갇힌 연료(1%)의 6%를 고려하면 전체 연료중량비는 다음과 같이 구해진다.

$$\frac{W_f}{W_0} = 1.06\left(1 - \frac{W_x}{W_0}\right) \tag{3.8}$$

3.1.4 설계 이륙총중량의 선정

제트항공기의 경우 익면하중(Wing Loading, W/S)과 추력 대 중량비(Thrust to Weight Ratio, T/W)가 항공기의 성능을 결정하며, 프로펠러 항공기의 경우 익면하중과 동력하중(Power Loading, W/hp)이 항공기의 성능을 결정한다. 항공기의 개념설계는 이

두 값을 결정하는 것으로부터 시작한다. 그런데 익면하중과 추력 대 중량비(또는 동력하중)는 연료소모에 의한 항공기의 중량의 변화, 드로틀 조절에 따른 추력의 변화, 비행고도의 변화에 따라 변화한다. 그러므로 여기에서는 익면하중과 추력 대 중량비는 설계 이륙총중량과 표준대기, 해면고도, 최대 정지추력으로 정의된 값을 사용한다. 앞 절에서 보았듯이 설계 이륙총중량은 항공기가 만족해야할 임무형상으로부터 결정되며, 익면하중과 추력 대 중량비(또는 동력하중)는 항공기의 비행성능 요구도에 의해 결정된다. 비행성능 요구도는 2.2절에서 기술한 항공기의 임무를 만족하기 위해 설정된 비행성능을 말한다. 비행성능 요구도는 종종 중량조건 및 고도조건이 포함된 경우가 있다. 이럴 경우에는 익면하중과 추력 대 중량비(또는 동력하중)를 구할 때 이를 보정하여야 한다. 익면하중과 추력 대 중량비(또는 동력하중)가 구해지면, 앞 절에서 구한 설계 이륙총중량을 곱하면 항공기의 날개면적과 항공기에 장착할 엔진의 크기가 결정된다. 그 다음 단계로는 형상설계가 된다. 표 3.5와 3.6에는 참고로 제트 항공기의 일반적인 추력 대 중량비와 프로펠러 항공기의 동력하중을 도시하였다. 또한 표 3.7에는 항공기 종류에 따른 익면하중을 나타내었다.

| 표 3.5 | 항공기 종류에 따른 추력 대 중량비

항공기 종류	추력 대 중량비
Jet Trainer	0.4
Jet Fighter(Dogfighter)	0.9
Jet Fighter(Other)	0.6
Military Cargo/Bomber	0.25
Jet Transport	0.25

| 표 3.6 | 항공기 종류에 따른 중량당 마력비 및 동력하중

항공기 종류	중량당 마력비 (hp/lb)	동력하중 (lb/hp)
Powered Sailplace	0.04	25
Homebuilt	0.08	12
General Aviation-Single engine	0.07	14
General Aviation-Twin Engine	0.17	6
Agricultural	0.09	11
Twin Turboprop	0.2	5
Flying Boat	0.1	10

| 표 3.7 | 항공기 종류에 따른 익면하중

항공기 종류	익면하중(lb/ft^2)
Sailplane	6
자작항공기	11
다발 왕복엔진 일반 항공기	17
쌍발 왕복엔진 일반 항공기	26
쌍발 터보프롭 항공기	40
제트훈련기	50
제트전투기	70
제트수송기 및 폭격기	120

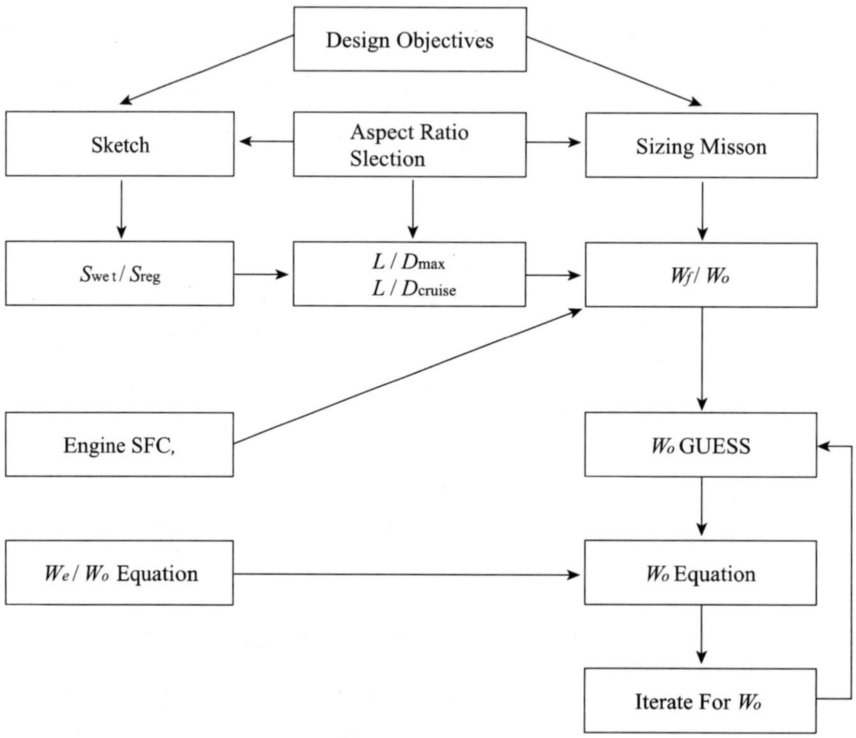

| 그림 3.6 | 초기 이륙총중량 사이징

3.2 익면하중, 추력 대 중량비의 선정

3.2.1 개 요

익면하중과 추력 대 중량비는 항공기의 성능을 결정하는 가장 중요한 값으로 설계문제에서 이 두 값은 모두 설계변수가 된다. 설계가 구체화됨에 따라 두 변수의 최적화된 값을 결정하는 일은 초기 외형설계와 초기 내부설계가 진행된 후 수행되는 해석적 설계의 가장 핵심적인 부분이 된다. 그러나 현재의 설계 단계는 세부적인 설계작업이 수행되지 않은 상태로 기 결정된 설계 요구사항을 고려하여 익면하중과 추력 대 중량비를 결정하는 일은 바로 설계대상 항공기의 설계점을 선정하는 작업이다. 익면하중과 추력 대 중량비에 앞 절에서 구한 이륙총중량을 곱하면 항공기의 날개면적과 필요한 추력의 크기가 결정되고, 그 다음의 설계작업은 형상설계로 넘어가게 된다. 따라서 익면하중과 추력 대 중량비의 적절한 선정은 항공기 크기결정에서 매우 중요한 일로 여기서의 시행착오는 전체 설계과정의 시행착오로 이어진다. 예를 들어 초기 익면하중이 너무 낮으면 이는 날개면적이 크다는 것을 의미하고 내부설계 시 착륙장치 또는 연료탱크의 공간 확보에 유리하게 된다. 그러나 만약 최적화 결과에서 익면하중이 크면 이는 날개가 작아지고 결국 착륙장치 및 연료탱크의 공간 확보에 어려움이 따르게 되며, 동체에 이러한 공간을 확보할 수 있어도 표피면적의 증가로 이어지고 항력의 증가를 의미하여 결국 성능의 저하를 초래하는 결과가 된다. 상호간에 영향을 미치는 익면하중과 추력 대 중량비의 여러 가지 설계 요구사항을 만족시키다보면 상충되는 경우가 발생하므로 모든 설계 요구사항을 만족시키는 익면하중과 추력 대 중량비 값의 결정은 최적화 과정을 거쳐야 한다.

3.2.2 엔진의 추력특성 및 항공기의 양항곡선 예측

비행성능 요구도로부터 익면하중과 추력 대 중량비(또는 동력하중)을 결정하기 위해서는 설계 중인 항공기의 비행성능을 해석해야 한다. 비행성능은 항공기에 장착될 엔진의 특성과 공력성능에 의하여 결정되므로 이 절에서는 항공기 설계 초기에 필요한 엔진의 특성과 공력 성능해석에 대하여 간단히 설명하고자 한다.

1. 피스톤 엔진과 프로펠러

피스톤 엔진에서 발생하는 축 동력(Shaft Power)은 실린더의 수, 크랭크 축의 회전수와 공기의 밀도에 따라 변한다. 일반적으로 축 동력의 단위는 마력(Horsepower, $1hp$=550 $lb-ft/s$=745.7watt)로 표시한다. 엔진의 축 동력은 항상 해면고도에서 엔진이 설계된 회전수에서의 축 동력을 의미한다. 그러므로 해면고도가 아닌 경우의 축 동력(SHP)은 해면고도에서의 축 동력(SHP_{SL})과 다음의 식으로 근사할 수 있다.

$$SHP = \sigma SHP_{SL} \tag{3.9}$$

여기에서 σ는 밀도비로 특정고도 밀도와 해수면 고도 밀도의 비이다.

$$\sigma = \frac{\rho}{\rho_{SL}} \tag{3.10}$$

피스톤 엔진에서 발생한 축 동력은 프로펠러에 의해 추력으로 바뀐다. 이때 축 동력의 일부가 항공기를 추진하는데 사용된다. 축 동력과 속도 V로 항공기를 추진하는데 필요한 추력 동력(Thrust Power) 의 비를 프로펠러 효율(Propeller Efficiency)라 한다.

$$\eta_p = \frac{TV}{SHP} = \frac{TV}{550hp}, \text{ 또는 } T = 550\,\sigma\, hp_{SL}\frac{\eta_p}{V} \tag{3.11}$$

2. 터보제트 엔진

터보제트 엔진은 흡입구로 흡입된 공기에 연료를 가해 연소시켜 배기가스의 속도를 크게함으로써 추력을 얻는 기구이다. 터보제트 엔진의 추력은 흡입된 공기의 운동량 증가율과 비례한다.

$$T = \dot{m}(V_e - V_\infty) \tag{3.12}$$

여기에서 $\dot{m}$은 연료가 포함된 엔진을 통과하는 유량이고, V_e는 배기가스의 속도이며, V_∞는 흡입구에서의 유속(또는 근사적으로 항공기의 속도)이다. 위 식은 흡입구와 노즐에서의 압력이 거의 같다는 가정이 적용되었다. 연료의 양을 무시하면 $\dot{m} = \rho A V_\infty$ 이다. 그러므로 공기의 밀도에 터보제트 엔진의 최대추력은 비례한다. 그러므로 해면고도가 아닌 경우의 엔진추력은 다음 식으로 근사할 수 있다.

$$T = \sigma T_{SL} \tag{3.13}$$

고정 노즐을 사용하는 터보제트 엔진은 최대 추력에서 $V_e = a$(음속)이 되도록 설계한다. 그러므로 항공기의 속도가 증가하면 $\dot{m}$은 증가하나 $V_e - V_\infty$가 감소하여 터보제트 엔진의 추력은 거의 일정하다. Afterburner를 사용하는 터보제트 엔진의 경우는 일반적으로 가변노즐을 갖는다. Afterburner가 사용될 때는 가변노즐의 면적을 변화시켜 $V_e - V_\infty$가 일정하게 되도록 유지한다. 이러한 특성으로 afterburner를 사용하는 터보제트 엔진은 항공기의 속도가 증가함에 따라 추력이 증가하게 된다. 이를 간단한 식으로 근사하여 다음과 같이 쓸 수 있다.

$$T = \sigma T_{SL}(1 + 0.7M_\infty) \tag{3.14}$$

그림 3.7 (a)에는 터보제트 엔진이 afterburner가 작동하지 않을 때의 속도와 고도에 따른 추력의 특성을 도시하였고, 그림 3.7 (b)에는 터보제트 엔진이 afterburner가 작동할 때의 속도와 고도에 따른 추력특성을 도시하였다. 이 그림으로부터 식 (3.13)과 (3.14)로 근사된 식은 실제 터보제트 엔진의 추력 특성을 잘 나타내고 있음을 알 수 있다.

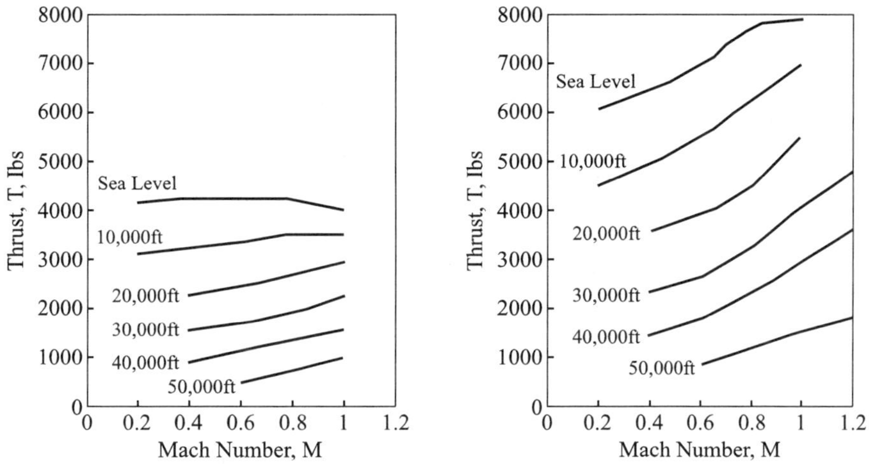

| 그림 3.7 | 터보제트 엔진의 속도와 고도에 따른 추력특성

3. 터보팬 엔진

터보팬 엔진은 엔진의 전면에 fan과 compressor를 장착하여 흡입된 공기를 엔진 내부로 보내지 않은 bypass air를 이용하여 엔진의 추력을 향상시킨다. Bypass air와 엔진 내부를 통과하는 공기유량의 비를 bypass ratio라 한다. 터보팬 엔진은 터보제트 엔진에 비해 그 효율이 높으나 엔진 전면에 장착된 fan이나 compressor에 의해 엔진의 단면이 커져 장착 시 터보제트 엔진에 비해 항력이 커진다. 그림 3.8에는 afterburner를 사용하지 않을 경우 low bypass ratio 터보팬 엔진과 high bypass ratio 터보팬 엔진의 고도와 속도에 따른 특성을 도시하였다. 그림에서 볼 수 있듯이 bypass ratio가 작은 터보팬 엔진은 터보제트 엔진의 추력 특성을 보이나 높은 bypass ratio 터보팬 엔진의 추력 특성은 속도에 따라 변화한다. Low bypass ratio 터보팬 엔진은 식 (3.13)의 식으로 그 특성을 모델링할 수 있고, high bypass ratio 터보팬엔진의 특성은 다음의 식 (3.15)로 모델링할 수 있다.

$$T = \frac{0.1}{M_\infty} \sigma T_{SL} \tag{3.15}$$

여기에서 M_∞는 항공기의 속도를 마하수로 표시한 것이다. 식(3.15)를 적용할 때, $M_\infty < 0.1$이면 $M_\infty = 0.1$로 사용한다. Afterburner를 사용할 경우 bypass ratio가 낮은 터보팬 엔진의 추력특성은 식(3.13)을 사용하여 추정할 수 있다.

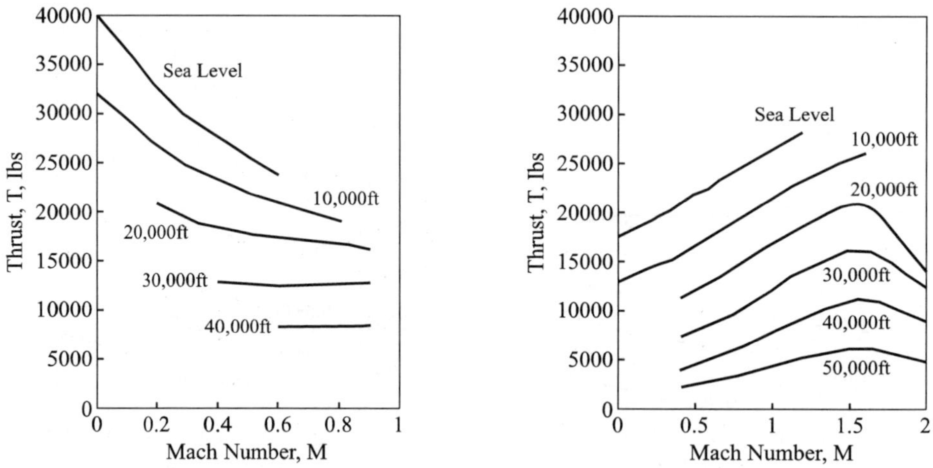

(a) Low Bypass Ratio with Afterburner (b) High Bypass Ratio, No Afterburner

| 그림 3.8 | 터보팬 엔진의 속도와 고도에 따른 추력특성

4. 터보프롭 엔진과 프로펠러

터보프롭 엔진은 높은 bypass ratio 터보팬 엔진의 fan을 프로펠러로 대치한 엔진이다. 엔진 추력의 대부분을 프로펠러를 회전시켜 얻기 때문에 프로펠러를 장착한 piston 엔진의 축 동력 특성과 유사하다. 그러나 터보프롭 엔진의 배기구에서도 약간의 추력이 발생한다. 그러므로 터보프롭 엔진의 크기는 배기구 축 동력으로 변환한 유효 축 동력(Effective Shaft Power, ESHP)을 사용한다.

$$T = \sigma ESHP_{SL}\frac{\eta_p}{V} = 550\,\sigma\, hp_{SL}\frac{\eta_p}{V} \tag{3.16}$$

5. 양항곡선 예측

여기에서 소개하는 양항곡선 예측방법은 매우 적은 수의 형상변수를 이용하기 때문에 개념설계 초기에 사용하기 적절한 방법이다. 항공기의 항력이 이상적인 양항곡선을 따른다면 다음과 같이 쓸 수 있다.

$$C_D = C_{D_0} + KC_L^2 \tag{3.17}$$

여기에서 $K = 1/(\pi A e)$. 이때 e는 Oswald span efficiency로 일반적으로 0.7에서 0.85의 값을 갖는다. 타원형 양력분포를 갖는 날개에서는 $e = 1$이다. Oswald span efficiency는 다음의 경험식을 이용하여 예측할 수 있다.

아음속 날개의 경우 :

$$e = 1.78\left(1 - 0.045A^{0.68}\right) - 0.64 \tag{3.18}$$

앞전 후퇴각이 30°보다 큰 날개의 경우 :

$$e = 4.61\left(1 - 0.045A^{0.68}\right)\left(\cos\Lambda_{LE}\right)^{0.15} - 3.1 \tag{3.19}$$

개념설계의 초기에는 승강타의 설계가 되어 있지 않기 때문에 식 (3.17)의 양항곡선은 항공기를 trim하는데 항력(Trim Drag)이 포함되어 있다고 가정한다.

항공기의 최소항력계수는 점성에 의한 표면마찰과 관계가 있다.

$$C_{D_0} = \frac{f}{S_{ref}} \tag{3.20}$$

여기에서 f는 등가유해면적(equivalent parasite area)이며, 항공기의 표피면적과 다음과 같은 관계가 있다.

$$\log_{10} f = a + b \log_{10} S_{wet} \tag{3.21}$$

상관계수 a와 b는 등가표면마찰계수(equivalent skin friction coefficient, c_f)에 따라 표 3.8에서 찾을 수 있다. 이때 c_f가 작을수록 항공기의 표면이 매끄럽게 제작된 것을 의미한다.

| 표 3.8 | S_{wet}와 f 상관식의 계수

Equivalent Skin Friction Coefficient, c_f	a	b
0.0090	−2.0458	1.0000
0.0080	−2.0969	1.0000
0.0070	−2.1549	1.0000
0.0060	−2.2218	1.0000
0.0050	−2.3010	1.0000
0.0040	−2.3979	1.0000
0.0030	−2.5229	1.0000
0.0020	−2.6990	1.0000

항공기의 표피면적은 항공기의 설계 이륙총중량과 다음과 같은 관계가 있다.

$$\log_{10} S_{wet} = c + d \log_{10} W_0 \tag{3.22}$$

여기에서 상관계수 c와 d는 항공기 종류에 따라 표 3.9에서 찾을 수 있다.

| 표 3.9 | S_{wet}과 W_0 상관식의 계수

Airplane Type	c	d
Homebuilts	1.2362	0.4319
Single Engine Propeller Driven	1.0892	0.5147
Twin Engine Propeller Driven	0.8635	0.5632
Agricultural	1.0447	0.5326
Business Jet	0.2263	0.6977
Regional Turboprops	−0.0866	0.8099
Transport Jets	0.0199	0.7531
Military Trainers	0.8565	0.5423
Fighters	−0.1289	0.7506
Mil. Patrol, Bomb and Transport	0.1628	0.7316
Flying Boat, Amph. and Float	0.6295	0.6708
Supersonic Cruise Airplanes	−1.1868	0.9609

3.2.3 비행성능 요구도

비행성능은 활주성능(Field Performance)와 기동성능(Maneuver Performance)로 나눌 수 있다. 활주성능은 실속속도와 이착륙거리에 대한 항공기의 성능을 말하고 기동성능은 그 밖의 성능을 의미한다. 비행성능 요구도는 몇몇 경우를 제외하고는 모두 그 고도에서의 최대 추력(또는 이용추력, available thrust)을 사용할 경우를 의미한다. 예외의 경우는 실속성능과 착륙성능과 같이 추력이 그 성능에 그리 큰 영향을 미치지 않는 경우이다.

1. 활주성능 요구도

1.1 실속속도

민간항공규정 및 군규정은 항공기 유형별로 최대허용 실속속도를 정하고 있다. 그 예로 FAR23은 총 이륙중량 12,500lb 이하의 항공기는 특별한 경우(다발엔진을 채택하거나 특별한 상승률을 요구하는 경우)가 아니면 실속속도가 61$knots$를 넘어서는 안 된다고 요구한다. 비행시간이 많지 않은 조종사에 의해 운용되는 민간훈련기는 특별한 규정은 없지만 실속속도는 50$knots$가 최대한계이다.

실속상태의 항공기는 등속 수평상태로 최대양력계수의 상태에서 실속속도로 비행한다. 이 조건으로부터 익면하중은 다음과 같이 구해진다.

$$\frac{W}{S}=\frac{1}{2}\rho V_{stall}^2\, C_{L_{\max}} \tag{3.23}$$

실속속도는 규정에 의해 결정되므로 남은 것은 최대양력계수 $C_{L_{\max}}$의 결정이다. 플랩이 없는 통상적인 날개의 최대양력계수는 1.2-1.5사이의 값을 가지며, 프로펠러 후류나 제트 후류에 놓인 큰 플랩을 채택한 날개의 최대양력계수는 5.0까지도 된다. 단거리 이착륙기(STOL)의 전형적인 최대양력계수는 대략 3.0이며, 플랩과 슬랫이 있는 통상적인 수송기의 최대양력계수는 약 2.4정도이고, 날개 안쪽에 플랩만 있는 항공기의 경우 이 값은 대략 1.6-2.0의 값을 갖는다. 최대양력계수는 날개의 기하학적 형상, 익형 종류, 플랩의 형상, 슬롯 및 슬랫의 형상, 레이놀즈 수, 표면의 거칠기, 그리고 동체 및 나셀 등의 간섭효과에 의해 결정된다. 또한 프로펠러 후류 또는 제트후류 속에 날개 및 플랩이 놓인 경우 동력상태에 따라 최대양력계수는 크게 변하게 된다. 대부분의 항공기는 이착륙 시 플랩의 위치가 다르다. 착륙 시 에는 양력과 항력을 최대로 하기 위하여 플랩을 최대로 전개하나, 이륙

시에는 플랩을 최대로 전개하면 항력이 커져 가속 및 상승이 어려워 대략 최대 전개의 절반 정도만 사용한다. 일반적으로 이륙 시 최대양력계수는 대략 착륙 시의 80% 정도이다.

가로세로비가 5 이상인 통상적인 날개의 최대양력계수는 양력분포가 타원분포와 비슷한 경우 같은 레이놀즈수의 익형의 최대양력계수에 비해 대략 90% 정도이다. 그러나 플랩이 날개의 부분만 있는 경우 플랩을 전개하면 양력의 분포가 크게 변하고 이에 따라 스팬위치에 따른 유효 받음각이 변하게 된다. 일반적으로 플랩이 있는 부분이 먼저 실속에 이르게 되도록 설계되어야 한다. 따라서 최대양력계수는 플랩이 있는 부분과 없는 부분의 최대양력계수에 대해 플랩이 있는 부분과 없는 부분의 면적으로 가중치를 주어 다음과 같이 구해진다.

$$C_{L_{\max}} \cong 0.9\left\{\left(C_{l_{\max}}\right)_{flapped}\frac{S_{flapped}}{S_{ref}} + \left(C_l\right)_{unflapped}\frac{S_{unflapped}}{S_{ref}}\right\} \tag{3.24}$$

여기에서 $(C_l)_{unflapped}$는 플랩이 있는 부분이 실속에 도달했을 때의 받음각에서 플랩이 없는 부분의 익형의 양력계수이며, $S_{flapped}$는 플랩에 의해 영향을 받는 날개 면적이다. 설계 초기에 이러한 사항들을 자세히 고려하여 최대양력계수를 결정하기가 어려우므로 과거의 설계경향에 대한 자료를 이용하여 대략적인 값을 결정하고 나중에 설계가 구체화되어가는 단계에서 정확한 값을 사용한다. 그림 3.9에는 가로세로비가 4 내지 8정도의 항공기의 경우 여러 가지 고양력장치 종류에 대하여 날개의 후퇴각에 따른 최대양력계수의 통계치를 나타내었다.

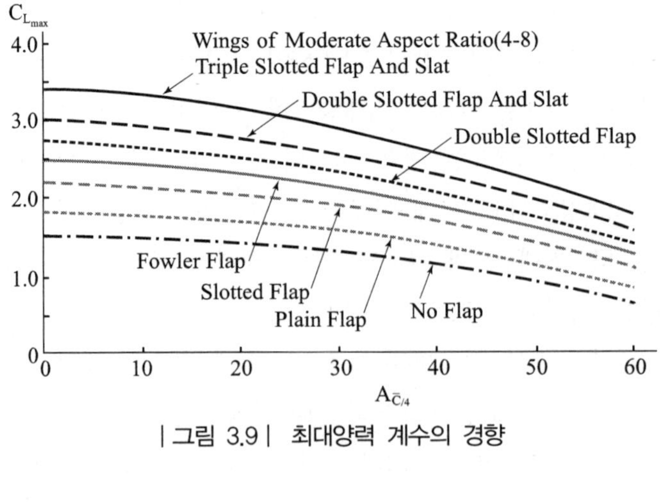

| 그림 3.9 | 최대양력 계수의 경향

1.2 이륙거리

이륙거리와 관련된 용어를 먼저 설명하자. 지상활주거리(Ground Roll)는 정지상태에서 가속하여 속도가 이륙속도(V_{TO}, 통상 실속속도의 1.1배)에 이르렀을 때, 즉 바퀴가 지면을 떠날 때까지의 활주거리이다. 장애물 통과 이륙거리(Obstacle Clearance Distance)는 항공기가 정지상태에서 지상활주하여 이륙고도에 도달할 때까지의 이륙거리를 의미하는데 여기서 이륙고도란 소형 민간기와 군용기의 경우 $50ft$이고, 상용 민간기의 경우 $35ft$이다. 표 3.10에는 군용항공기와 민항기의 이륙에 관한 규정을 정리하였다. 이때 V_s은 이륙 시의 실속속도를, V_{CL}은 이륙고도에서의 항공기 속도(Climb Speed)를 의미한다.

| 표 3.10 | 이륙과 관련된 규정

Spec	V_{TO}	V_{CL}(Climb Speed)	Obstacle
MIL-C-005011B	1.1 V_s	1.15 V_s	50 ft
FAR23 (Civil)	1.1 V_s	1.2 V_s	50 ft
FAR25 (Commercial)	1.1 V_s	1.2 V_s	35 ft

다발항공기의 경우 이륙 중 엔진이 고장 났을 경우, 조종사가 이를 감지하고 감속하여 정지하는 경우와 OEI(One Engine Inoperative) 상태로 이륙하여 이륙고도에 도달하는 두 가지 경우를 가정할 수 있다. 이때 이 두 거리가 같아지는 이륙거리를 균형 활주로 길이(Balanced Field Length)라 한다. 조종사가 엔진이 고장을 감지할 때 항공기의 속도가 결심속도(Decision Speed, V_1)보다 작으면 감속하여 정지하는 것이 결심속도보다 크면 계속하여 이륙하는 것이 더 안전하다. BFL은 FAA(Federal Aviation Authority)에서 규정하는 활주로 길이(Field Length)이다.

설계초기에 이와 같이 이륙거리 대한 요구사항이 결정되면 그림 3.10으로부터 이륙 매개변수(TOP: Takeoff Parameter)를 구하여 다음 식을 이용하여 익면하중을 결정한다.

제트항공기 경우:

$$\frac{W}{S} = (TOP)\sigma C_{L_{TO}} \frac{T}{W} \tag{3.25}$$

프로펠러 항공기의 경우:

$$\frac{W}{S} = (TOP)\sigma C_{L_{TO}} \frac{hp}{W} \tag{3.26}$$

여기에서 이륙속도는 실속속도의 1.1배이므로 이륙양력계수는 최대양력계수를 1.21로 나눈 값이다. 나중에 설계가 구체화 되면 이륙 시 속도변화에 따른 추력, 지면마찰, 중량, 공기력의 변화를 고려하여 이륙거리를 계산하는 더 상세한 방법을 이용한다.

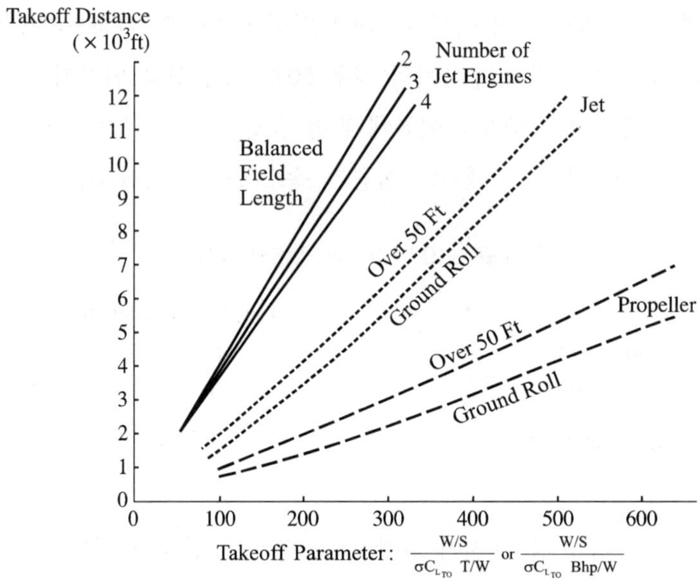

| 그림 3.10 | 이륙거리 추정

1.3 착륙거리

착륙거리에 대한 용어를 먼저 정리하자. 먼저 지상활주거리는 바퀴가 접지하여 정지할 때까지의 활주거리를 나타낸다. FAR23에 의하면 착륙 활주로 길이(Landing Field Length)는 진입속도로 통상 활공각 3°에서 고도 $50ft$의 장애물을 통과하여 접지속도(실속속도의 1.15배)로 감속하여 접지한 후 정지할 때까지의 거리를 의미한다. 표 3.11에는 군용항공기와 민항기의 착륙에 관한 규정을 정리하였다. 이때 V_s은 착륙 시의 실속속도를 의미한다. FAA에서 규정하는 활주로 거리는 전체 착륙거리(approach + flare + ground roll)의 1.66배이다. 군용기의 경우 RFP(Request for Proposal)에 명시되지만 FAR23규정과 비슷하다.

지상활주 거리는 진입속도에 의해 결정되는 접지속도의 제곱에 비례한다. 대략적인 착륙거리의 산정으로서 흔히 $knots$단위의 진입속도를 제곱하여 0.3배하면 장애물통과를 고려한 착륙거리(단위 : ft)와 비슷하다. 이는 FAR23의 민간기 및 역추진장치를 사용하지 않은 군용기에 근사적인 추정치를 제공하며 FAR25의 항공기는 안전상의 거리가 합산

| 표 3.11 | 착륙과 관련된 규정

Spec	V_A (Approach Speed)	V_{TD}
MIL-C-005011B	1.2 V_s	1.1 V_s
FAR23 (Civil)	1.3 V_s	1.15 V_s
FAR25 (Commercial)	1.3 V_s	1.15 V_s

되나 대부분의 규정적용 대상 항공기가 역추진장치를 사용하므로 이 만큼 줄어들게 되어 결국 근사적인 추정치와 비슷하게 된다. 조금 더 나은 추정치는 다음의 경험식을 이용하여 구한다.

$$S_{landing} = 80\frac{W}{S}\left(\frac{1}{\sigma C_{L_{\max}}}\right) + S_a \tag{3.27}$$

여기에서 첫 항은 지상활주거리를 나타내고, 상수항은 장애물 통과거리로 다음과 같은 값을 쓴다.

$$\begin{aligned} S_a &= 1{,}000(\text{여객기 등급, 여기서 활공각은 3도}) \\ &= 600(\text{경항공기, Power-off Approach}) \\ &= 450(\text{단거리 이착륙기, 활공각은 7도}) \end{aligned}$$

역추진장치 또는 가변피치 프로펠러를 장착한 항공기의 경우 첫 항에 0.66을 곱하여 전체 착륙거리를 구한다. 착륙 시 항공기의 중량 조건은 설계요구조건에서 규정하는 것이 일반적이다.

2. 기동성능

2.1 최대속도

특정고도에서 이용 추력(Available Thrust)이 T라고 할 때, 항공기가 최대속도로 수평비행 중에는 다음 식을 만족한다.

$$T = qSC_D = qSC_{D_0} + KC_L^2 qS \tag{3.28}$$

그런데 $W = qSC_L$이므로 식 (3.28)은 다음과 같이 쓸 수 있다.

$$\left(\frac{T}{W}\right)=\frac{qC_{D_0}}{(W/S)}+\frac{K}{q}\left(\frac{W}{S}\right) \tag{3.29}$$

위의 추력 대 중량비에서는 최대속도를 얻을 수 있다.

2.2 상승률

항공기의 비행경로각이 작을 경우 상승률은 다음과 같이 쓸 수 있다.

$$R/C=V\left(\frac{T}{W}-\frac{D}{W}\right)=V\left\{\left(\frac{T}{W}\right)-\frac{qC_{D_0}}{(W/S)}-\frac{K}{q}\left(\frac{W}{S}\right)\right\} \tag{3.30}$$

상승률은 항공기 속도의 함수이므로 최대상승률이 발생하는 속도에서 상승률에 대한 요구조건을 적용한다. 터보제트엔진을 사용할 경우에는 (T/W)가 상수이므로 최대 상승률이 발생하는 속도는 다음과 같다.

$$V=\sqrt{\frac{(W/S)}{3\rho C_{D_0}}\left\{\left(\frac{T}{W}\right)+\sqrt{\left(\frac{T}{W}\right)^2+12C_{D_o}K}\right\}} \tag{3.31}$$

식 (3.30)과 (3.31)은 서로 연계되어 있어 주어진 R/C을 얻을 수 있는 T/W를 구하기 어렵다. 그런데 식 (3.30)을 변형하면 다음과 같다.

$$\left(\frac{T}{W}\right)=\frac{R/C}{V}+\frac{qC_{D_0}}{(W/S)}+\frac{K}{q}\left(\frac{W}{S}\right) \tag{3.32}$$

주어진 (W/S)와 R/C에 대하여 식 (3.31)과 (3.32)를 반복계산하면 쉽게 (T/W)를 구할 수 있다. 이때 (T/W)의 초기값으로는 0을 사용하면 된다.

2.3 상승시간

고도 h_1에서 고도 h_2까지 t_{climb}동안 상승을 비행성능 요구도로 제시하는 경우도 있다. 이 경우에는 근사적으로 상승률을 다음 식으로 구하여 앞 절의 상승률방법을 적용한다.

$$R/C=\frac{h_2-h_1}{t_{climb}} \tag{3.33}$$

이때 R/C는 h_1과 h_2에서의 평균을 사용하고 이용추력도 고도를 적절히 보정하여야 한다.

2.4 상승한계

항공기의 상승한계는 다음의 표 3.12와 같이 상승률로 정한다. 민간항공기의 상승한계에 대한 요구도로 35,000ft가 제시되었다면, 이를 35,000ft에서 상승률 500fpm이상을 갖는다는 요구도로 변환하여 설계에 적용한다.

| 표 3.12 | 상승한계의 정의

Ceiling Type	Minimum required R/C
Absolute ceiling	0 fpm
Service ceiling	
Commercial/Piston-propeller	100 fpm
Commercial/Jet	500 fpm
Military at maximum power	100 fpm
Combat ceiling	
Military/subsonic/maximum power	500 fpm at $M<1$
Military/supersonic/maximum power	1,000 fpm at $M>1$
Cruise ceiling	
Military/subsonic/max. cont. power	300 fpm at $M<1$
Military/supersonic/max. cont. power	1,000 fpm at $M>1$

2.5 가속성능

성능요구도로 t_{accel}동안 V_1에서 V_2까지 가속을 요구할 수 있다. 항공기의 가속도는 다음과 같이 쓸 수 있다.

$$a = g\left\{\left(\frac{T}{W}\right) - \frac{C_{D_0}q}{(W/S)} - \frac{K}{q}\left(\frac{W}{S}\right)\right\} \tag{3.34}$$

근사적으로 가속도는 다음과 같이 계산한다.

$$a = \frac{V_2 - V_1}{t_{accel}} \tag{3.35}$$

식 (3.34)의 오른쪽 항의 속도는 V_1과 V_2의 평균을 사용한다.

2.6 선회성능

지속선회(sustained turn) 중에는 $L = nW$이므로 항공기는 다음을 만족한다.

$$\left(\frac{T}{W}\right) = \frac{qC_{D_0}}{(W/S)} + \frac{n^2K}{q}\left(\frac{W}{S}\right) \tag{3.36}$$

터보제트 엔진을 사용할 경우에는 위 식의 오른쪽 항이 최소가 되는 속도 V에서 (T/W)를 정하는 것이 적절하다.

$$V = \sqrt{\frac{2}{\rho}\left(\frac{W}{S}\right)\sqrt{\frac{K}{C_{D_0}}}} \tag{3.37}$$

물론 항공기의 최대 양력계수 $C_{L_{\max}}$는 다음 조건을 만족해야 한다.

$$C_{L_{\max}} \geq \frac{n}{q}\left(\frac{W}{S}\right) \tag{3.38}$$

3.3 예 제

3.3.1 초등훈련기

1. 성능요구도

초등훈련기의 비행성능 요구도는 표 3.13과 같다.

| 표 3.13 | 초등훈련기의 비행성능 요구도

항목	요구성능	조건
최대속도	150*knots*	해면고도, 70% 내부연료
상승률	1,000*fpm*	해면고도
항속거리	620*nmile*	8,000*ft*
착륙거리	1,500*ft*	해면고도, 100% 내부연료
이륙거리	1,500*ft*	해면고도, 100% 내부연료
실속속도	51*knots* 이하	해면고도, 70% 내부연료

2. 설계 임무형상

그림 3.11에는 초등훈련기의 설계 임무형상을 도시하였다. 또한 표 3.14에는 임무의 특이 사항을 정리하였다.

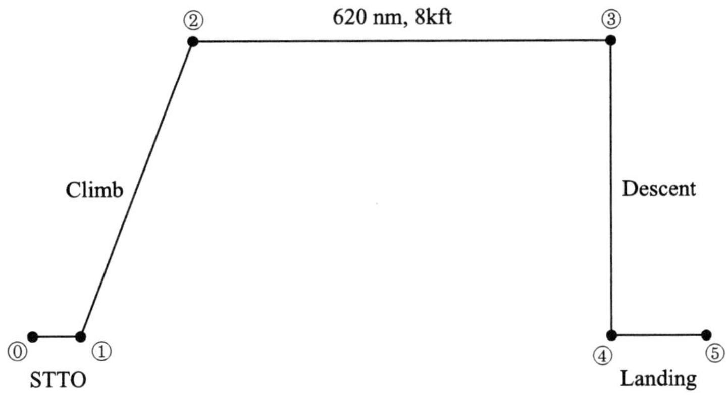

| 그림 3.11 | 초등훈련기의 설계 임무형상

| 표 3.14 | 임무형상 사양

임무형상 사양	
승무원	2명
순항거리	고도 8,000ft에서 620$nmile$
Reserve	착륙 후 30분 순항 가능한 여분의 연료 보유

3. 항공기의 형상 개념도

초등훈련기의 개념을 그림 3.12와 같이 정하였다. 이 항공기는 단발 피스톤 항공기로 동체-날개-꼬리날개의 전통적인 항공기이다.

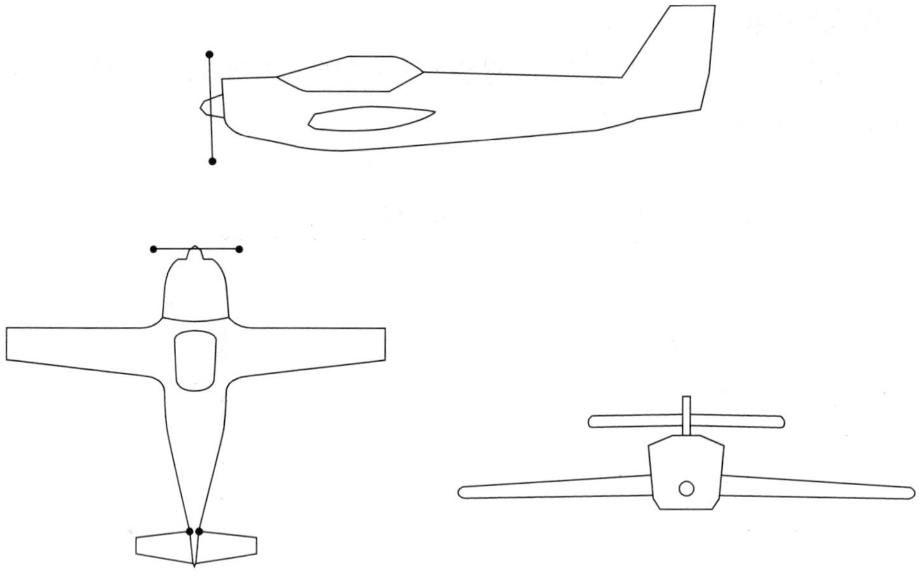

| 그림 3.12 | 초등훈련기 개념도

4. 설계 이륙총중량 예측

4.1 최대 양항비 추정

표피면적비를 그림 3.4의 유사항공기의 표피면적비를 이용하여 추정한다.

$$\frac{S_{wet}}{S_{ref}} = 3.8$$

항공기의 가로세로비를 $A = 6.4$로 정하면, 표피면적 가로세로비는 다음과 같다.

$$A_{wet} = 6.4/3.8 = 1.7$$

그러므로 최대 양항비를 그림 3.5로부터 $\left(\frac{L}{D}\right)_{\max} = 11.5$로 정한다.

4.2 연료중량비

임무형상의 각 단위임무별로 연료중량비를 구한다.

- STTO

$$W_1/W_0 = 0.97$$

• 상승

$$W_2 / W_1 = 0.985$$

• 순항 (고도 8,000ft에서 620$nmile$ 순항)

$$R = 620 \times 6076.12 = 3,767,194.4 ft$$

$$W_3 / W_2 = e^{-\frac{RC}{V(L/D)}}$$

프로펠러 항공기의 경우 비연료소모율은 다음과 같다.

$$C = C_{bhp} \frac{V}{550 \eta_p}$$

그러므로 순항 단위임무 중 연료중량비는 다음과 같다.

$$W_3 / W_2 = e^{-\frac{RC_{bhp}}{550 \eta_p (L/D)}}$$

표 3.5로부터 프로펠러 항공기의 비연료소모율과 프로펠러 효율은 다음과 같이 정한다.

$$C_{bhp} = 0.4 lb/(hr - hp), \ \eta_p = 0.8$$

프로펠러항공기의 최적 순항 시 양항비는 $(L/D)_{cruise} = (L/D)_{\max}$이다.
앞에서 구한 값들을 대입하여 순항 시의 중량비를 구하면 다음과 같다.

$$W_3 / W_2 = 9.2061 \times 10^{-1}$$

• 하강
연료의 소모가 작아 무시한다.

$$W_4 / W_3 = 1$$

• 착륙

$$W_5 / W_4 = 0.995$$

- Reserve (30분간 비행 가능)

착륙 후 80$knots$로 30분 동안 순항할 수 있도록 여분의 연료를 정한다.

$$R_r = 80 \times 1.6878 \times 1800 = 243,043.2 ft$$

비연료소모율과 프로펠러 효율 등은 순항 단위임무과 같은 값을 사용한다.

$$W_6 / W_5 = 9.9468 \times 10^{-1}$$

- 임무중량비

$$\frac{W_6}{W_0} = 8.7054 \times 10^{-1}$$

연료중량비는 5%의 예비연료와, 1%의 갇힌 연료를 더하여 다음과 같다.

$$\frac{W_f}{W_0} = 1.06\left(1 - \frac{W_6}{W_0}\right) = 1.06(1 - 8.7054 \times 10^{-1}) = 1.3723 \times 10^{-1}$$

4.3 공허중량비

표 1.3으로부터 단발 프로펠러 항공기에 대한 공허중량비는 다음과 같다.

$$W_e / W_0 = 2.36\, W_0^{-0.18}$$

4.4 설계 이륙총중량

Crew 한명의 무게를 200lb라고 가정하면 다음 식과 같다.

$$W_0 = \frac{400}{1 - 1.3723 \times 10^{-1} - 2.36\, W_0^{-0.18}}$$

10번의 반복계산을 통하여 $W_0 = 1,657.6 lb$로 계산된다. 그러므로 연료량은 다음과 같다.

$$W_f = 1.3723 \times 10^{-1}\, W_0 = 227.5 lb$$

5. 양항곡선 추정

단발 프로펠러 항공기일 경우 다음과 같다.

$$\log_{10} S_{wet} = 1.0892 + 0.5147 \log_{10} W_0$$
$$S_{wet} = 557.53 ft^2$$

표면마찰계수를 $C_f = 0.0050$일 때로 가정하면 아래의 식이 나온다.

$$\log_{10} f = -2.3010 + \log_{10} S_{wet}$$
$$f = 2.7878 ft^2$$

먼저 $\frac{W_0}{S_{ref}} = 16$로 가정하자.

$$S_{ref} = \frac{W_0}{18} = 103.60 ft^2$$

따라서 C_{D_0}는 다음과 같다.

$$C_{D_0} = \frac{f}{S_{ref}} = 2.6910 \times 10^{-2}$$

Oswald Span Efficiency는 다음과 같다.

$$e = 1.78(1 - 0.045 \times 6.4^{0.68}) - 0.64 = 8.5697 \times 10^{-1}$$

양항곡선은 다음과 같이 예측된다.

$$C_D = 2.6910 \times 10^{-2} + 5.8037 \times 10^{-1} C_L^2$$

예측된 양항곡선을 그림 3.13에 나타내었다.

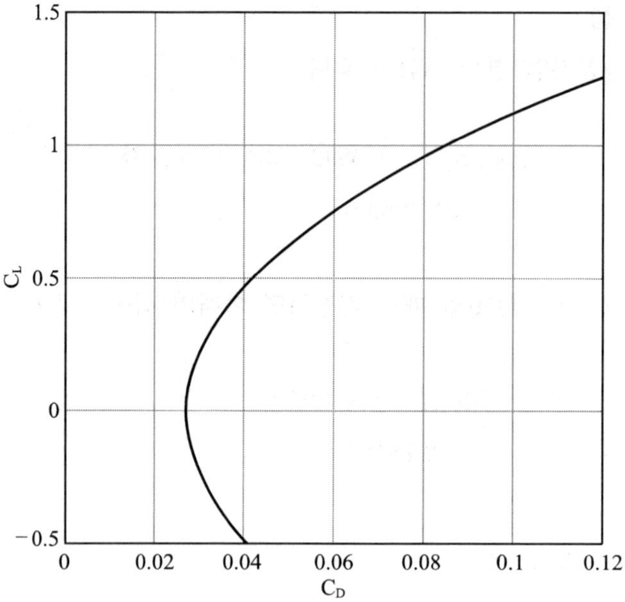

| 그림 3.13 | 초등훈련기의 양항곡선

6. 기동성능 요구도

6.1 최대속도

최대 속도, V에서는 이용 추력이 항력보다 크다. 즉 해면고도($\sigma=1$)에서 최대속도 $V=150knots$를 얻기 위해서는 다음과 같은 관계를 만족해야 한다.

$$\frac{T_{SL}}{W_{70\%}} \geq \frac{C_{D_0}q}{W_{70\%}/S} + \frac{K}{q}\frac{W_{70\%}}{S}$$

피스톤엔진과 프로펠러 항공기의 추력특성과 중량조건을 보정하자.

$$T_{SL} = 550\,hp_{SL}\frac{\eta_p}{V},\quad W_{70\%} = \left(\frac{W_{70\%}}{W_0}\right)W_0$$

결과는 다음식과 같다.

$$\frac{550\,\eta_p}{V}\left(\frac{W_0}{W_{70\%}}\right)\left(\frac{hp_{SL}}{W_0}\right) \geq \left(\frac{W_0}{W_{70\%}}\right)\frac{C_{D_0}q}{(W_0/S)} + \frac{K}{q}\left(\frac{W_{70\%}}{W_0}\right)\left(\frac{W_0}{S}\right)$$

$\eta_p = 0.8$을 대입하여 정리하면 다음과 같다.

$$\left(\frac{hp_{SL}}{W_0}\right) \geq \frac{1.1795}{(W_0/S)} + 4.0302 \times 10^{-4}\left(\frac{W_0}{S}\right) \quad \text{(a)}$$

6.2 상승률

항공기의 상승률에 대한 요구조건은 최대 설계총중량 시 해면고도에서 1,000$ft/\min$이다. 상승률은 다음 식과 같다.

$$R/C = V\left\{\left(\frac{T_{SL}}{W_0}\right) - \frac{qC_{D_0}}{(W_0/S)} - \frac{K}{q}\left(\frac{W_0}{S}\right)\right\}$$

피스톤엔진과 프로펠러 항공기의 추력특성을 대입하자.

$$T_{SL} = 550\,hp_{SL}\frac{\eta_p}{V}$$

$$R/C = 550\eta_p\left(\frac{hp_{SL}}{W_0}\right) - \frac{1}{2}\rho V^3\frac{C_{D_0}}{(W_0/S)} - \frac{2K}{\rho V}\left(\frac{W_0}{S}\right)$$

그러므로 최대상승률이 발생하는 속도는 다음과 같다.

$$V = \sqrt{\frac{2}{\rho}\left(\frac{W_0}{S}\right)\sqrt{\frac{K}{3C_{D_0}}}}$$

최대상승률 $R/C \geq 1000fpm = 16.7ft/s$를 얻기 위해서는 다음과 같은 관계를 만족해야 한다.

$$\left(\frac{hp_{SL}}{W_0}\right) \geq 7.2683 \times 10^{-8}\frac{V^3}{(W_0/S)} + 1.1098 \times 10^{-1}\frac{1}{V}\left(\frac{W_0}{S}\right) + 3.7879 \times 10^{-2} \quad \text{(b)}$$

여기에서

$$V = 2.6710 \times 10^1\sqrt{\left(\frac{W_0}{S}\right)}$$

7. 활주성능 요구도

7.1 이륙거리

그림 3.10으로부터 이륙거리가 1,500ft보다 작기 위해서는 $TOP \le 170$임을 알 수 있다. 활주로가 sea level에 있고 이륙 시 $C_{L_{\max}} = 1.8$로 가정하자. 그러면, $\sigma = 1$, $C_{LTO} = C_{L_{\max}}/1.1^2$이다.

$$\left(\frac{W_0}{S}\right) \le (TOP)\sigma C_{L_{TO}}\left(\frac{hp_{SL}}{W_0}\right),\ \text{또는}\ \left(\frac{hp_{SL}}{W_0}\right) > 3.9543 \times 10^{-3}\left(\frac{W_0}{S}\right) \qquad \text{(c)}$$

7.2 착륙거리

착륙 형상에서의 최대 양력계수를 $C_{Lmax} = 2.2$로 가정하자. 그리고 $S_a = 450ft$로 정하자.

$$\frac{W_0}{S} \le \frac{S_{landing} - S_a}{80}\sigma C_{Lmax},\ \text{또는}\ \left(\frac{W_0}{S}\right) \le 2.8875 \times 10^1 \qquad \text{(d)}$$

7.3 실속속도

실속속도의 정의와 내부연료 70%를 고려하면, 다음과 같은 식을 얻는다.

$$\left(\frac{W_0}{S}\right) \le \frac{1}{2}\rho V_{stall}^2 C_{L_{\max}}\left(\frac{W_0}{W_{70\%}}\right)$$

$C_{L_{\max}} = 2.2$이므로,

$$\left(\frac{W_0}{S}\right) \le 2.0205 \times 10^2 \qquad \text{(e)}$$

8. 설계결과(Sizing Chart)

식 (a), (b), (c), (d)와 (e)를 그림 3.14에 도시하였다. 여기에서 설계공간(Design Space)은 식 (a), (c)와 (e)로 경계된 공간으로 이중 엔진의 크기가 가장 작은 부분을 선정하면 다음과 같다.

$$\frac{W_0}{S} = 18.2,\ \ \frac{W_0}{hp_{SL}} = 13.8$$

설계 이륙총중량 $W_0 = 1,657.6lb$을 이용하면 다음과 같이 날개의 면적과 필요한 엔진의 축 동력을 구할 수 있다.

$$S = 91.1ft^2,\ hp_{SL} = 120.1hp$$

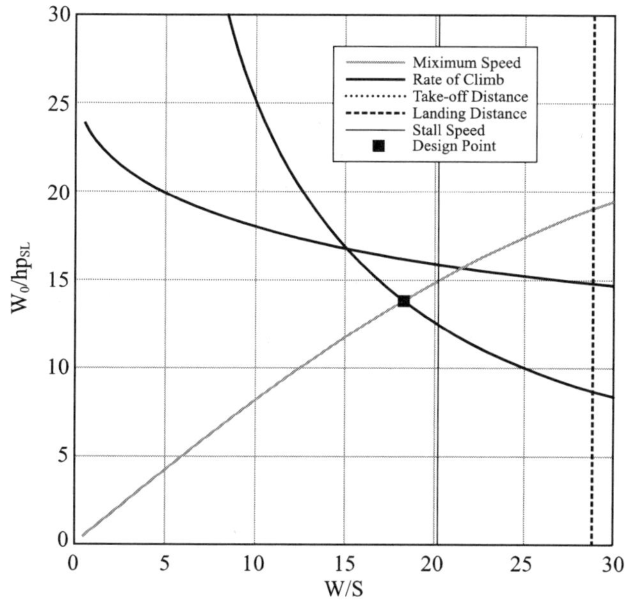

| 그림 3.14 | 초등훈련기의 설계결과

3.3.2 차세대 대잠항공기(Anti-Submarine Warfare Aircraft)

1. 성능요구도

대잠초계기의 비행성능 요구도를 표 3.15에 나타내었다.

| 표 3.15 | 대잠항공기의 비행성능 요구도

항목	요구성능	조건
수평 최대속도	$365knots$	$11,000ft$, 30% 내부연료
상승률	$1,500fpm$	$1,500ft$, 30% 내부연료
상승한계	$30,000ft$	20% 내부연료
착륙거리	$3,600ft$	20% 내부연료
이륙거리	$5,500ft$	100% 내부연료
실속속도	$115knots$ 이하	해면고도, 70% 내부연료

2. 설계 임무형상

대잠초계기의 임무형상과 특이 사항을 그림 3.15와 표 3.16에 각각 나타내었다.

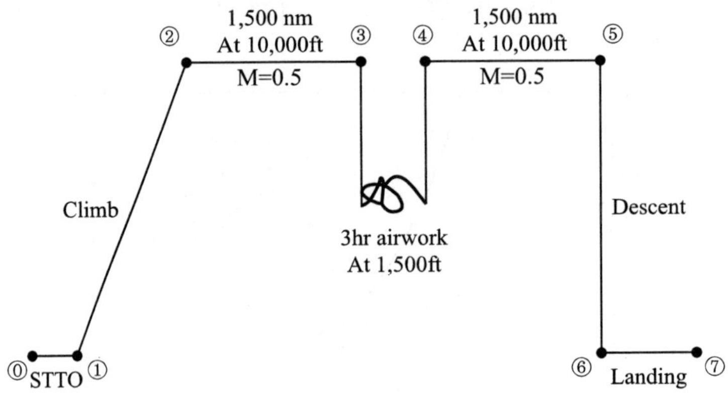

| 그림 3.15 | 대잠항공기의 설계 임무형상

| 표 3.16 | 임무형상 사양

임무형상 사양	
유상하중	10,000lb : 전자 장비 (전자장비 크기12ft×6ft×6.5ft)
	5,000lb의 무장 내부장착
승무원	조종사 2명, 장비운용요원 2명 (800lb)
순항거리	고도 10,000ft에서 2번의 1,500$nmile$ 순항
고도	10,000ft(순항), 1,500ft(airwork)
순항속도	10,000ft에서 마하수 0.5
Airwork time	at 1,500ft에서 3시간
Reserve	착륙 후 총 내부 연료의 10%의 여분의 연료 보유

3. 항공기의 형상 개략도

대잠초계기의 개념도를 그림 3.16에 나타내었다. 날개에 장착된 2개의 high bypass ratio 터보팬 엔진을 장착한 동체-날개-꼬리날개의 항공기이다.

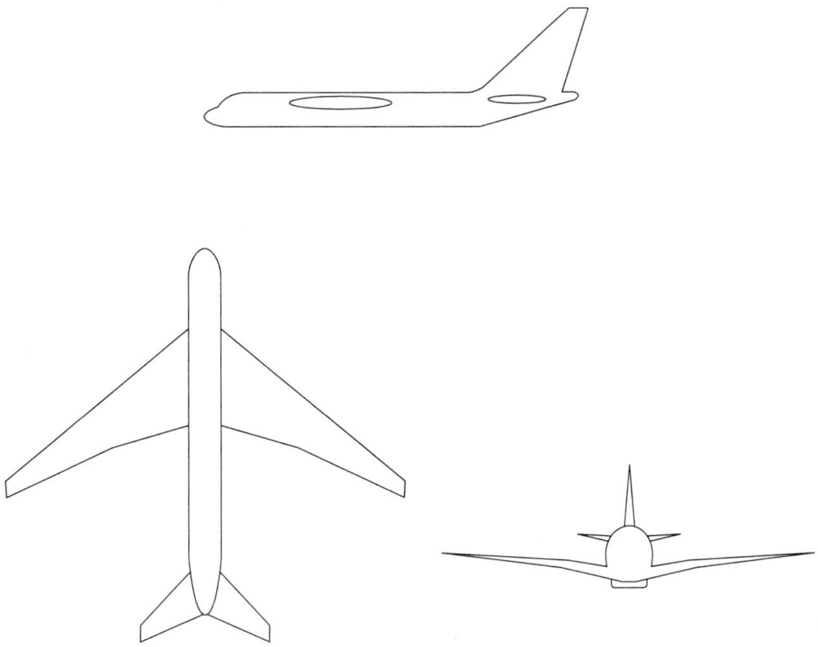

| 그림 3.16 | 대잠 초계기의 개념도

4. 설계 이륙총중량 예측

4.1 최대 양항비 추정

그림 3.4에서 개념도와 유사한 항공기의 표피면적비를 다음과 같이 정하였다.

$$\frac{S_{wet}}{S_{ref}} = 6.1$$

ASW의 가로세로비를 $A = 7.7$로 정하였다. 그러므로 표피면적 가로세로비는 다음과 같다.

$$A_{wet} = 7.7/6.1 = 1.26$$

그림 3.5로부터 $A_{wet} = 1.26$일 때 최대 양항비는 다음과 같이 추정할 수 있다.

$$\left(\frac{L}{D}\right)_{max} \simeq 18$$

4.2 연료중량비

임무형상의 각 단위임무별로 연료중량비를 구한다.

- STTO

$$W_1/W_0 = 0.97$$

- 상승

$$W_2/W_1 = 0.985$$

- 순항 (고도 10,000ft에서 $M=0.5$로 1,500$nmile$ 순항)

$$R = 1,500nmi = 9,114,180ft$$
$$V = Ma = 0.5 \times 1077.39 = 538.6950ft/s$$

표 3.4로부터 high bypass ratio 터보팬 엔진의 비연료소모율은 순항 시 0.5 $lb/(hr-lb)$

$$C = 0.5lb/(hr-lb) = 1.3889 \times 10^{-4} lb/(s-lb)$$

제트 항공기의 최적의 순항 시의 양항비는 $(L/D)_{cruise} = 0.866(L/D)_{max} = 15.588$이다.

$$W_3/W_2 = e^{-\frac{RC}{V(L/D)}} = 8.6004 \times 10^{-1}$$

- 로이터 (1,500ft에서 3시간 로이터)

$$E = 3hr = 10,800s$$

표 3.4로부터 high bypass ratio 터보팬 엔진의 비연료소모율은 로이터 시 0.4 $lb/(hr-lb)$

$$C = 0.4lb/(hr-lb) = 1.1111 \times 10^{-4} lb/(s-lb)$$

제트 항공기의 최적의 로이터 시의 양항비는 $(L/D)_{cruise} = (L/D)_{max} = 18$이다.

$$W_4/W_3 = e^{-\frac{EC}{L/D}} = 9.3551 \times 10^{-1}$$

- 순항 (고도 10,000ft에서 $M=0.5$로 1,500$nmile$ 순항)

단위임무 2-3과 동일하다.

$$W_5/W_4 = e^{\frac{-RC}{V(L/D)}} = 8.6001 \times 10^{-1}$$

- 하강

하강 단위임무에서는 연료소모가 매우 적다고 가정하자.

$$W_6/W_5 = 1$$

- 착륙

$$W_7/W_6 = 0.995$$

그러므로 임무를 완성하는데 필요한 연료량과 설계 이륙총중량비는 다음과 같다.

$$\frac{W_7}{W_0} = \left(\frac{W_1}{W_0}\right)\left(\frac{W_2}{W_1}\right)\left(\frac{W_3}{W_2}\right)\cdots\left(\frac{W_6}{W_5}\right)\left(\frac{W_7}{W_6}\right) = 6.5787 \times 10^{-1}$$

연료중량비은 10%의 예비연료와 1%의 갇힌 연료를 더하여 다음과 같다.

$$\frac{W_f}{W_0} = 1.11\left(1 - \frac{W_7}{W_0}\right) = 1.11\left(1 - 6.5787 \times 10^{-1}\right) = 3.7976 \times 10^{-1}$$

4.3 공허중량비

군용 수송기/폭격기의 공허중량비를 이용한다.

$$\frac{W_e}{W_0} = 0.93\, W_0^{-0.07}$$

4.4 설계 이륙총중량

항공기 중량 추정식은 다음과 같다.

$$W_0 = \frac{W_{crew} + W_{payload}}{1 - (W_f/W_0) - (W_e/W_0)}$$

윗 식에 연료중량비와 공허중량비를 대입하면 다음과 같다.

$$W_0 = \frac{800 + 10000 + 5000}{1 - 3.7976 \times 10^{-1} - 0.93\, W_0^{-0.07}}$$

10번 반복 계산을 통하여 다음 값을 얻을 수 있다.

$$W_0 = 79,726lb$$

그러므로 연료량은 다음과 같다.

$$W_f = 0.379764 \times W_0 = 30,277lb$$

5. 양항곡선 추정

군용 수송기/폭격기에 대한 W_0와 S_{wet}의 관계식은 다음과 같다.

$$\log_{10} S_{wet} = 0.1628 + 0.7316 \log_{10} 83915$$

$$S_{wet} = 5608.0ft^2$$

또한 표면마찰계수를 $C_f = 0.0020$로 가정하면 S_{wet}와 f의 상관관계는 다음과 같다.

$$\log_{10} f = -2.6990 + \log_{10} S_{wet}$$

$$f = 11.2153ft^2$$

먼저 $\dfrac{W_0}{S} = 95$로 가정하자.

$$S_{ref} = \frac{W_0}{95} = 885.85ft^2$$

따라서 C_{D_0}는 다음과 같다.

$$C_{D_0} = \frac{f}{S_{ref}} = 1.2661 \times 10^{-2}$$

앞전 후퇴각을 30° 이하고 $A = 7.7$이므로 Oswald span efficiency는 다음과 같이 계산한다.

$$e = 1.78(1 - 0.045 \times 7.7^{0.68}) - 0.64 = 8.1904 \times 10^{-1}$$

그러므로

$$K = \frac{1}{\pi A e} = 5.0472 \times 10^{-1}$$

따라서 양항곡선은 다음과 같다.

$$C_D = C_{D_0} + KC_L^2 = 1.2661 \times 10^{-2} + 5.0472 \times 10^{-1} C_L^2$$

그림 3.17에는 ASW의 양항곡선을 도시하였다.

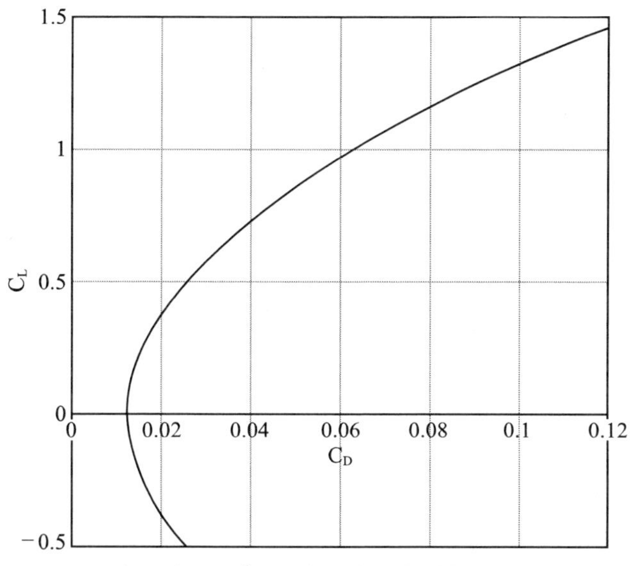

| 그림 3.17 | 대잠초계기의 양항곡선

6. 기동성능 요구도

6.1 최대속도

최대 속도, V에서는 이용 추력이 항력보다 크다. 고도 $11kft$에서 최대속도 V를 얻기 위해서는 다음과 같은 관계를 만족해야 한다.

$$\frac{T_{11k}}{W_{30\%}} \geq \frac{C_{D_0} q}{W_{30\%}/S} + \frac{K}{q} \frac{W_{30\%}}{S}$$

그런데 high bypass 터보팬엔진의 경우 고도와 속도에 따른 추력은 다음과 같이 쓸 수 있다.

$$T_{11k} = \left(\frac{0.1}{M_\infty}\right)\sigma T_{SL} = \frac{a\sigma}{10V}T_{SL}$$

또한, 내부 연료탱크의 연료가 30%인 경우는 설계 이륙총중량과 다음과 같은 관계를 갖는다.

$$W_{30\%} = \left(\frac{W_{30\%}}{W_0}\right)W_0$$

그러므로 최대속도 조건은 다음과 같이 쓸 수 있다.

$$\left(\frac{W_0}{W_{30\%}}\right)\left(\frac{a\sigma}{10V}\right)\left(\frac{T_{SL}}{W_0}\right) \geq \left(\frac{W_0}{W_{30\%}}\right)\frac{C_{D_0}q}{(W_0/S)} + \left(\frac{W_{30\%}}{W_0}\right)\frac{K}{q}\left(\frac{W_0}{S}\right)$$

따라서 11,000ft, $\rho = 0.00170099 slug/ft^3$에서의 최대 속도 조건은 다음과 같다.

$$\frac{T_{SL}}{W_0} \geq \frac{3.2774 \times 10^1}{W_0/S} + 6.7596 \times 10^{-4}\frac{W_0}{S} \tag{a}$$

6.2 상승률

항공기의 상승률에 대한 요구조건은 내부연료가 30%일 경우 고도 1,500ft에서 1,500 $ft/\min$이다. 상승률은 다음 식과 같다.

$$R/C = V\left\{\frac{T_{1.5k}}{W_{30\%}} - \frac{1}{(L/D)}\right\} = V\left\{\left(\frac{T_{1.5k}}{W_{30\%}}\right) - \frac{qC_{D_0}}{(W_{30\%}/S)} - \frac{K}{q}\left(\frac{W_{30\%}}{S}\right)\right\}$$

High bypass ratio 터보팬엔진의 추력특성으로부터 $T_{1.5k} = \frac{a\sigma}{10V}T_{SL}$이다. 또한, 내부 연료 30%조건을 이용하여 총이륙중량으로 변환한다.

$$W_{30\%} = \left(\frac{W_{30\%}}{W_0}\right)W_0$$

그러므로

$$R/C = V\left\{\left(\frac{W_0}{W_{30\%}}\right)\frac{a\sigma}{10V}\left(\frac{T_{SL}}{W_0}\right) - \left(\frac{W_0}{W_{30\%}}\right)\frac{qC_{D_0}}{(W_o/S)} - \frac{K}{q}\left(\frac{W_{30\%}}{W_0}\right)\left(\frac{W_0}{S}\right)\right\}$$

R/C을 속도로 미분하여 상승률이 최대가 되는 속도를 얻으면 아래와 같다.

$$V = \sqrt{\frac{2}{\rho}\left(\frac{W_{30\%}}{W_0}\right)\left(\frac{W_0}{S}\right)\sqrt{\frac{K}{3C_{D_0}}}}$$

그러므로 고도 1,500ft에서 1,500fpm을 얻을 조건은 다음과 같다.

$$\left(\frac{T_{SL}}{W_0}\right) \geq 1.3548\times 10^{-7}\frac{V^3}{(W_0/S)} + 2.2507\times 10^{-1}\frac{1}{V}\left(\frac{W_0}{S}\right) + 1.7269\times 10^{-1} \quad \text{(b)}$$

여기에서

$$V = 2.7279\times 10^1\sqrt{\left(\frac{W_0}{S}\right)}$$

6.3 상승한계

상승한계에 대한 요구조건은 항공기의 상승률에 대한 요구조건으로 대체한다. 그러므로 내부연료가 20%일 경우 고도 30,000ft에서 상승률 100$ft/\min$갖는 조건을 적용한다. 상승률 요구조건과 유사하게 다음과 같은 조건을 얻을 수 있다.

$$\left(\frac{T_{SL}}{W_0}\right) \geq 1.5128\times 10^{-7}\frac{V^3}{(W_0/S)} + 1.4781\frac{1}{V}\left(\frac{W_0}{S}\right) + 3.1178\times 10^{-2} \quad \text{(c)}$$

여기에서

$$V = 4.2482\times 10^1\sqrt{\left(\frac{W_0}{S}\right)}$$

7. 활주성능 요구도

7.1 이륙거리

그림 12로부터 이륙거리가 5,500ft보다 작기 위해서는 $TOP \le 270$임을 알 수 있다. 활주로가 해면고도에 있고 이륙 시 $C_{L_{\max}} = 2.5$로 가정하자. 그러면, $\sigma = 1$, $C_{LTO} = C_{L_{\max}}/1.1^2$이다.

$$\left(\frac{W_0}{S}\right) \le (TOP)\sigma C_{L_{TO}}\left(\frac{T_{SL}}{W_0}\right),\ \text{또는}\ \left(\frac{T_{SL}}{W_0}\right) \ge 1.7926 \times 10^{-3}\left(\frac{W_0}{S}\right) \tag{d}$$

7.2 착륙거리

착륙형상에서의 최대 양력계수를 $C_{Lmax} = 2.7$로 가정하자. 그리고 $S_a = 1,000ft$로 정하자. 그러면, 내부연료 20%에서 $S_{landing} \le 3,600ft$이므로

$$\left(\frac{W_0}{S}\right) \le \frac{S_{landing} - S_a}{80}\sigma C_{Lmax}\left(\frac{W_0}{W_{20\%}}\right),\ \text{또는}\ \frac{W_0}{S} \le 1.2604 \times 10^2 \tag{e}$$

7.3 실속속도

실속속도의 정의와 내부연료 70%를 고려하면, 다음과 같은 식을 얻는다.

$$\left(\frac{W_0}{S}\right) \le \frac{1}{2}\rho V_{stall}^2 C_{L_{\max}}\left(\frac{W_0}{W_{70\%}}\right)$$

$C_{L_{\max}} = 2.7$이므로,

$$\left(\frac{W_0}{S}\right) \le 1.3644 \times 10^2 \tag{f}$$

8. 설계결과

그림 3.18에 비행성능 요구도를 만족하는 영역을 도시하였다. 이 그림으로부터 다음과 같이 설계점을 선정하였다.

$$\frac{W_0}{S} = 82.5,\quad \frac{T_{SL}}{W_0} = 0.455$$

그러므로

$$S = 866ft^2,\ \ T_{SL} = 36,275lb$$

두 개의 엔진을 사용하므로 엔진 당 추력이 $T = 18,138lb$보다 큰 high bypass ratio 터보팬 엔진을 선정하면 된다.

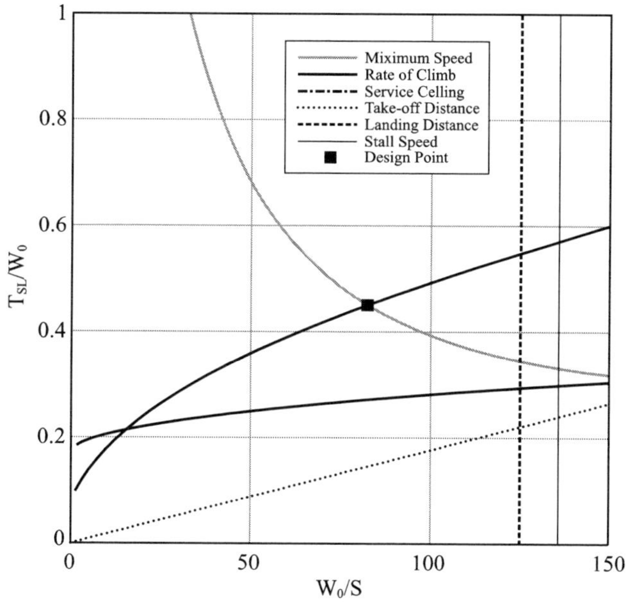

| 그림 3.18 | 대잠항공기의 설계결과

I T-50 (황매)

T-50 고등훈련기는 한국항공우주산업이 미 록히드마틴사와 공동으로 개발한 초음속 훈련기이다. T-50을 개발함으로써 우리나라는 12번째로 초음속 항공기를 개발한 국가가 되었다. 탐색개발은 1992년부터 시작되었으며 본격적인 개발은 1997년 10월부터 체계개발이 시작되면서 본격화되었다. After burner를 사용하면 최대 17,700lbf의 추력을 내수 있는 GE F404 엔진을 장착하며 수평 최대속도는 음속의 1.5배이다. 기동성의 증대를 위해 완화된 안정성을 갖도록 설계되어 중력의 8배의 기동이 가능하다. 우수한 성능으로 이라크, 필리핀, 인도네시아 및 태국에 수출을 달성하기도 하였다. 파생형으로는 공군 특수비행팀 블랙이글스가 사용하는 곡예비행용 T-50B, 경공격이 가능한 전술훈련기 TA-50과 경공격기인 FA-50이 있다.

AIRCRAFT CONCEPTUAL DESIGN

제 2 편

항공기 형상설계

제4장

형상설계 및 통합

4.1 개 요

항공기 개념설계 단계에서 기준형상(Baseline Configuration) 선정을 위한 항공기 설계는 주로 형상설계를 중심으로 이루어지게 된다. 항공기 형상설계의 결과는 배치도면(Layout Drawing), 설계의 기본적 특성 및 기하학적 형상의 정리 자료, 성능/비행특성/운영비의 예측 자료로 표현된다. 본 장의 4.1절~4.3절에서는 항공기의 형상설계 과정을 통하여 결정할 사항과 그 순서, 항공기 설계에서 형상설계그룹과 다른 분야와의 관계와 형상설계 그룹의 위치, 4.4절에서는 항공기의 형상별 특성을 4.5절에서는 형상설계 시에 고려되어야 하는 사항을 설명한다. 그리고 4.6절에서는 형상설계를 통해 도출되어야 하는 항목들과 마지막으로 4.7절에서는 항공기 형상설계에서 사용되는 CAD 소프트웨어와 그 특성에 대해 설명하고자 한다.

4.2 형상설계 순서

일반적인 항공기의 형상설계 순서를 정리하면 그림 4.1과 같다. 초기 설계 및 사이징으로부터 구해지는 이륙중량(W_o), 공허중량(W_e), 유상하중($W_{Payload}$), 연료중량(W_f), 날개면적(S), 날개 가로세로비(A), 이륙 추력 또는 동력(T_{TO}, P_{TO}), 그리고 각 조건에서의 최대양력계수(Clean: C_{Lmax}, Take-off: $C_{Lmax,\ TO}$, Landing: $C_{Lmax,\ L}$)들은 형상설계를 위한 초기 값으로 사용된다.

형상설계 단계별 세부내용은 다음과 같다.

‖1단계‖ 임무 요구조건 분석/기 개발 유사항공기 비교분석 / 설계할 항공기의 유형분석

임무 요구조건을 분석하고 이 중에서 형상에 큰 영향을 미치는 사항을 정리하고 기존에 개발된 유사항공기의 설계 내역과 비교 분석하여 설계할 항공기의 종류를 결정한다. 여기서, 일반적인 항공기의 유형으로는 자작항공기(Homebuilt), 농업용 항공기, 비즈니스제트기(Business Jet), 지역간 터보프롭항공기, 제트여객기, 군용훈련기, 전투기, 군용정찰기, 폭

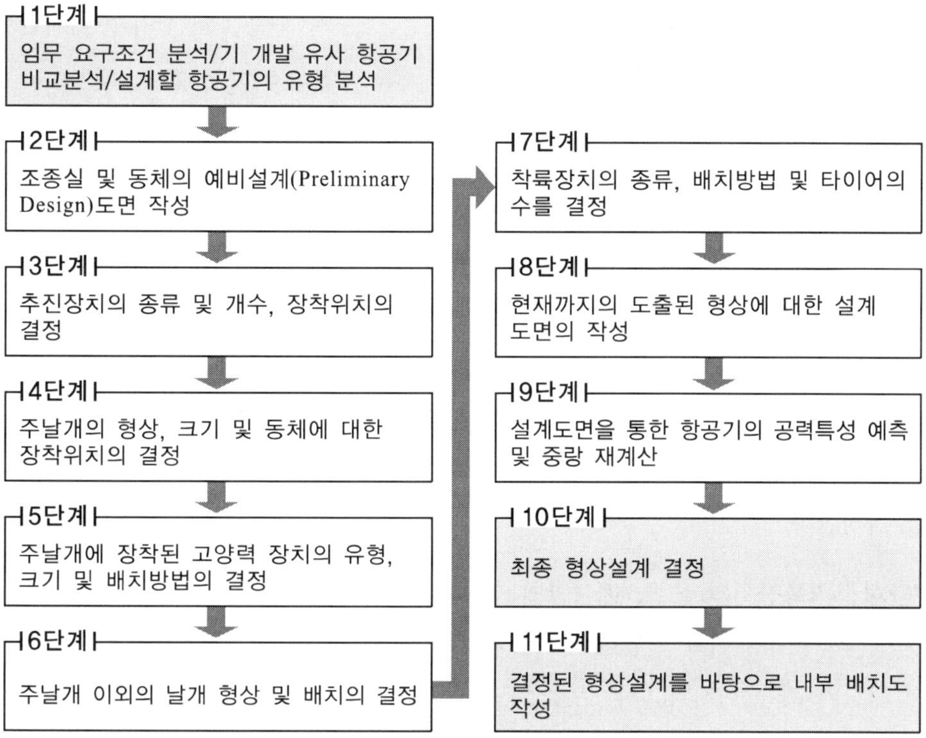

| 그림 4.1 | 형상설계 순서

격기, 수송기, 비행정(Flying Boats), 수륙양용기(Amphibian), 수상기(Float Airplane), 초음속 순항항공기 등으로 구분할 수 있다.

‖ 2단계 ‖ 조종실 및 동체의 예비설계(Preliminary Design) 도면 작성

이 단계에서 작성되는 조종실 및 동체에 대한 예비 설계도면은 임무 요구조건 중 승무원, 승객, 유상하중에 관한 요구조건을 만족시킬 수 있어야 한다. 별도로 군용기의 경우에는 탑재되는 무장에 대한 배치 도면도 작성한다.

‖ 3단계 ‖ 추진장치의 종류 및 개수, 장착위치의 결정

이 단계에서 이루어지는 추진장치의 선정 및 배치는 동체와 날개 등의 항공기 주요 부품의 배치에 큰 영향을 미치기 때문에 주의 깊은 고려가 필요하다.

‖ 4단계 ‖ 주날개의 형상, 크기 및 동체에 대한 장착위치의 결정

날개 면적(S)과 가로세로비(A)는 앞선 설계단계에서 이미 대략적으로 결정되어 있는 상태이다. 이 단계에서는 이 수치를 바탕으로 테이퍼비(λ), 후퇴각(Sweep Angle, Λ), 두께비(Thickness Ratio, t/c), 익형의 종류 등 구체적인 날개의 형상과 붙임각(Incidence

Angle, i_W), 상반각(Dihedral Angle, Γ_W)과 같은 동체에 주날개를 붙이는 위치를 결정한다.

‖ **5단계** ‖ 주날개에 장착되는 고양력장치의 유형, 크기 및 배치방법의 결정

‖ **6단계** ‖ 주날개 이외의 날개 형상 및 배치의 결정

주날개 이외의 수평꼬리날개 및 수직꼬리날개의 형상들을 결정한다. 꼬리날개의 설계를 위해 결정되어야 하는 내용들은 주날개와 동일하게 각 꼬리날개의 면적과 가로세로비, 테이퍼 비, 후퇴각, 두께비, 익형의 종류와 같은 형상 그리고 붙임각, 상반각 등이다. 또한 꼬리에 부착되는 조종면(Control Surface)의 종류, 크기 및 배치 방법도 결정한다. 만약 카나드를 장착하고 있는 항공기라면 꼬리날개와 마찬가지로 이 단계에서 카나드의 형상과 배치를 결정한다.

‖ **7단계** ‖ 착륙장치의 종류, 배치방법 및 타이어 수의 결정

고정식 착륙장치가 아닌 인입식 착륙장치의 경우에는 착륙장치의 수납시에 필요한 내부 공간의 확보가 가능한 지와 다른 부품 또는 구조물과의 간섭이 없는지를 확인해야 한다.

‖ **8단계** ‖ 현재까지 도출된 형상에 대한 설계도면의 작성

작성된 도면을 통해 각 부분품들의 추정중량과 무게중심의 위치를 이용하여 항공기 전체의 무게중심의 위치를 확인하고 설계된 항공기가 안정성 측면에서 문제가 없는지를 확인한다. 항공기의 임무 형상 중에서 연료의 소비, 혹은 무장이나 외부장착물의 투하에 의한 무게중심 변화를 분석하여 설계된 항공기가 운항 전 구간에 대하여 세로안정성, 가로안정성이 확보되는지 확인한다. 추가적으로 착륙장치가 펴진 혹은 접힌 상태가 안정성에 영향을 주는지 또한 2개 이상의 엔진이 장착된 경우에는 한 개 엔진의 작동불능 시에도 안정성이 유지되는지를 확인한다.

‖ **9단계** ‖ 설계도면을 통한 항공기의 공력특성 예측 및 중량 재계산

설계도면으로부터 항공기의 표피면적을 계산하고 이착륙 및 순항 조건에 대하여 양항곡선(Drag Polar)을 도시한다. 도시된 양항곡선 상에서 각 운항조건에 대한 양항비(L/D)를 구하여 이륙중량(W_o), 공허중량(W_e), 연료중량(W_f)을 재계산하고 초기설계에서 사용한 양항비 값으로 계산한 항공기 중량과 비교하여 차이가 5% 이상이 되면 예비설계 도면을 변경하여 양항비 및 항공기 중량을 재계산한다. 재계산된 양항비로부터 구한 중량이 설계 초기에 예측한 중량과 차이가 5% 이내가 될 때까지 반복한다.

‖10단계‖ 최종형상설계 결정

결정된 최종형상에 대하여 삼면도를 작성하고 형상설계의 결과를 정리하여 보고서를 작성한다.

‖11단계‖ 결정된 형상설계를 바탕으로 내부 배치도 작성

항공기 내부에 장착할 세부계통을 선정하고 배치하여 내부 배치도를 작성한다.

4.3 형상설계 관련 분야

항공기 설계는 그 시스템이나 요구조건의 복잡성으로 인해 여러 다양한 기술분야에서 많은 전문가들의 참여를 필요로 하는 다중 분야적 작업(Multi-disciplinary Task)이다. 일반적으로 각 분야에서 적용되는 설계요구사항들은 서로 충돌하는 경향이 있다. 그러므로 이들 중 가능한 한 많은 부분이 상승효과적으로 타협되도록 설계하는 것이 중요하다. 이러한 통합의 중요성은 니콜라이(L.M. Nicolai)가 "하나의 완성된 항공기 설계는 많은 전문 엔지니어들의 최선의 노력을 타협한 결과"라고 한 말에서도 잘 나타난다.

설계조직에서 통합을 주도하는 핵심적인 역할을 담당하는 사람은 물론 설계총괄책임자(Chief Engineer)이다. 설계책임자는 모든 기술분야의 활동을 조정하면서 주요 사안에 대해서나 주요시점에서 설계 중요사항을 결정하는 역할을 한다. 그 역할이 설계에서 매우 중요하기 때문에 설계책임자는 설계 전반에 대한 폭 넓은 이해력과 경험 그리고 이를 바탕으로 한 기술적 지도력을 갖추지 않으면 안 된다. 그러나 아무리 유능한 설계책임자라 하더라도 다양한 분야에서 제기되는 방대한 설계입력 자료를 종합, 소화하여 '요구조건에 부합하는 신뢰할 만한 설계결과'를 도출하는 모든 과정을 단독으로 수행할 수는 없다. 설계를 결정하기 위한 잠재적 방안도출에 필요한 많은 활동을 담당하는 전문성을 가진 기술그룹이 반드시 필요하며 이러한 필요성으로부터 형상설계 그룹의 역할이 정의된다. 일반적인 설계 그룹의 종류 및 역할은 다음과 같다.

1. 설계총괄책임자

설계 일정에 맞추어 각 기술 분야들이 설계 작업을 진행하고 있는지를 점검, 관리하며

이를 위해서 각 기술 분야간의 필요한 사항들이 상호 지원되고 있는지를 점검하고 관리한다. 또한 설계 과정 중에 결정해야 할 설계변수들에 대하여 장단점을 비교하고 결정하여 다음 설계 과정으로 진행될 수 있도록 한다.

2. 형상설계 그룹

설계 요구사항들을 만족시키는 항공기 형상을 도면 또는 CAD 자료화하고 형상설계 결과를 해석 그룹에 전달한다. 해석 그룹으로부터 제기되는 형상변경 요구를 평가하고 이를 도면에 반영한다.

3. 해석 그룹

형상설계 그룹으로부터 전달된 항공기 형상을 바탕으로 각 분야별 해석을 담당한다. 해석을 통해 현재의 형상설계가 설계 요구조건을 전반적으로 혹은 각 분야별로 만족하지 못하는 경우, 해석 그룹에서는 현재 항공기의 형상설계의 변경 요구를 제기한다. 이러한 해석 그룹에는 다음과 같이 중량 그룹, 임무 형상 및 성능분석 그룹, 공기역학 그룹, 조종안정성 그룹, 추진시스템 그룹, 구조 및 재료 그룹, 항공기 세부계통 그룹, 비용분석 그룹 등의 분야가 포함되어 있다.

(1) 중량 그룹

임무 형상과 각 조건에서 항공기 중량, 무게중심, 관성력을 예측하며 비행조건 및 하중에 따른 무게중심의 이동을 분석하고 이 결과를 형상설계 그룹에 제공하며 항공기 총중량이 증가하지 않도록 각 기술 분야들과 협력한다.

(2) 임무 형상 및 성능분석 그룹

임무 형상을 설정하고 설계할 항공기가 임무 수행시 임무 요구조건을 만족시킬 만큼 충분한 성능을 발휘할 수 있는지를 확인한다. 설계에서 주어진 추력과 중량, 그리고 공력특성을 바탕으로 이착륙거리, 기동성 및 가속성능 조건 등 설계 요구성능의 만족 여부를 판단한다.

(3) 공기역학 그룹

공기역학적 관점에서 주어진 임무 요구조건을 만족하는 형상설계 개념 및 효율적인 항공기 형상을 형상설계 그룹에 제공한다. 유도항력(Induced Drag), 유해항력(Parasite Drag), 조파항력(Wave Drag), 표면마찰, 형상항력, 기타 항력계수의 추정 및 순항 및 이착륙시의 C_{Lmax} 값의 계산, 이착륙시에 요구되는 C_{Lmax} 를 만족시킬 수 있는 고양력장치의 설계 개념 등을 형상설계 그룹에 제공한다.

(4) 조종안정성 그룹

필요한 조종력(Control Force)의 크기를 계산하고 이를 바탕으로 수평, 수직 꼬리날개와 조종면의 형태 및 크기를 결정하며 조종성 및 안정성, 비행성 평가를 수행하여 설계 요구조건 및 각종 규격에 합당한지를 판단한다.

(5) 추진시스템 그룹

설계 요구조건을 만족하는 추진 시스템을 선정하고 비행포위선도(Flight Envelope)에 대한 추력 및 연료 소비율을 예측하고 적절한 연료 공급 방식을 선정하며 프로펠러, 공기 흡입구, 노즐 등의 추진시스템의 형식 및 크기를 선정한다.

(7) 구조 및 재료 그룹

날개, 착륙장치 등에 대한 하중경로(Load Path)를 판단하여 항공기 형상을 지탱할 수 있는 구조적 개념을 설정하며 구조 해석을 위한 외부하중의 종류 및 크기를 파악하고 구조물 각 부위에 사용할 재료를 선정한다.

(8) 항공기 세부 계통 그룹

착륙장치, 전기시스템, 유/공압시스템, 항공전자시스템, 기타 기계적시스템을 선정하고 조종석 및 계기의 배치, 승객을 위한 공간 및 화물실의 배치를 담당한다.

(9) 비용분석 그룹

항공기 자체의 가격 및 운영비, 정비비 등을 계산하고 설계변경에 의한 항공기 가격에 미치는 영향을 분석하여 가격 요구조건에 부합하는 항공기가 설계될 수 있는지를 판단한다.

4.4 항공기 형상별 특성

형상설계에서는 항공기의 전체적인 형상이 결정된다. 구체적으로는 날개, 동체, 엔진, 착륙장치 등의 개수, 형태, 크기 및 위치를 선택하게 되는데 이는 항공기의 전체적인 성능을 결정하기 때문에 중요하다. 또한 항공기 전체의 형상은 육상, 수상, 수륙양용과 같이 운용 환경이나 조건에 의해서도 영향을 받는다. 이러한 항공기의 전체 형상을 결정하는 여러 가지 요소 중에서 가장 중요한 것은 날개와 동체의 배치방식이라고 할 수 있다.

날개와 동체를 조합하는 방식은 꼬리날개가 뒤에 있는 일반적 형상, 수평꼬리날개나 카나드가 없는 플라이윙, 카나드 또는 병렬날개 형상, 카나드/날개/꼬리날개로 구성되는 삼면 형상 등으로 구별된다. 대개 항공기의 하나의 동체를 사용하지만 경우에 따라 두 개 이상의 동체를 날개와 조합하거나 아예 날개가 동체를 대체하는 특수한 형상도 있다.

4.4.1 일반적인 형상 항공기

한 개의 동체를 중심으로 앞쪽에 주날개를 배치하고 뒤쪽에 수직 및 수평 꼬리날개를 배치하는 형태로 가장 일반적으로 흔히 볼 수 있는 항공기 형상이다. 항공기가 개발된 이래 많은 기술적인 진보가 있었지만 이와 같은 날개, 동체 및 조종면의 배치는 크게 변하지 않았다. 일반적인 형상 배치는 많은 운용을 통해 이미 그 형상이 검증이 되었으며 그에 따라 이와 같은 형상에 대해 해석을 하기 위한 다양한 방법론 및 해석도구들이 개발되어 왔다. 그렇기 때문에 다른 형상배치보다 그 개발 및 운용에 있어서 비용과 시간을 절감할 수 있다. 주로 안정성을 우선으로 하는 민항기를 중심으로 70%에 가까운 항공기들이 채용하고 있는 형태이다.

‖ **장점** ‖
- 주날개가 앞쪽에 배치되어 있기 때문에 공기의 흐름이 다른 물체나 날개에 의해 방해받지 않음
- 무게중심으로부터 꼬리날개까지의 모멘트 팔의 길이가 다른 형상에 비해 상대적으로 길기 때문에 작은 면적의 꼬리날개로도 제어가 가능하다. 꼬리날개 면적의 감소는 전체 항공기의 항력을 감소시키는 데에도 기여

‖ **단점** ‖
- 순항시 트림조건을 맞추기 위하여 수평꼬리날개에서 아래쪽으로 양력을 발생시켜 되기 때문에 항공기 전체 양력은 그만큼 감소
- 받음각이 큰 비행자세에서 주날개에서 떨어져 나온 후류에 꼬리날개가 잠길 수 있어 조종성이 감소할 수 있음

Airbus, A380 　　　　Boeing, Dreamliner

| 그림 4.2 | 일반적인 형상 항공기의 예

4.4.2 카나드 항공기

일반적인 형상의 항공기와는 반대로 주날개가 뒤에 있고 조종면이 앞에 있는 형상으로 마치 꼬리날개가 기수에 붙어 있는 형태처럼 보여서 선미익기(先尾翼機)라고도 한다. 개념적으로는 라이트 형제의 플라이어 I에도 적용되었을 만큼 오래된 형상이다. 그러나 기동성은 우수하나 상대적으로는 기체의 안정성이 떨어지는 현상이 있기 때문에 이후 항공기 개발 단계에서의 적용은 많이 이루어지지 않았었다. 최근에는 기체의 불안정성을 감당하기 위한 전기식 비행조종계통인 플라이-바이-와이어(Fly-By-Wire)와 같은 기술의 발전으로 카나드 형상은 전투기와 같은 고기동성이 요구되는 항공기에 많이 채용되고 있다.

‖ **장점** ‖

- 카나드의 붙임각을 주날개보다 크게 함으로써 높은 받음각 비행조건에서 카나드에서 우선 실속이 발생시킴. 이를 통해 주날개 전체가 실속상태에 접어들어 항공기 전체가 조종 불능이 되는 현상을 방지
- 순항시 트림조건을 맞추기 위해서 양력손실을 감수해야 하는 일반적인 형태의 항공기와는 달리 카나드에서 발생된 양력으로 트림 상태를 이루면서 전체 양력이 증가
- 일반적인 형태의 항공기에서는 주날개에서 양력이 발생하면 무게중심에 상대적으로 기수를 드는 불안정한 모멘트가 발생하나 카나드 항공기의 경우 주날개가 무게중심에 대해 후방에 위치하므로 전체적으로 기수를 하강시키는 안정한 모멘트가 발생

‖**단점**‖ • 카나드에서 발생하는 후류가 후방의 주날개에 영향을 미치며 항공기 전체의 방향안정성을 저하시킴. 그러므로 주날개에 미치는 영향을 최소화하는 고려가 카나드의 크기 결정과 배치시 필요
• 카나드에 의한 레이더 파 반사는 스텔스 특성을 저하시킴
• 무게중심으로부터 카나드까지의 모멘트 암의 길이가 짧기 때문에 동일한 조작을 위해서 더 큰 면적의 카나드가 필요

이러한 카나드는 크게 양력형(Lifting)과 조종형(Control) 카나드로 나눌 수 있다.

1. 조종형 카나드

• 대부분의 양력 발생은 주날개에서 카나드는 일반적인 형상의 꼬리날개처럼 조종만 담당
• 날개의 받음각을 조종하고 피칭 모멘트의 균형을 맞추는 역할 수행

2. 양력형 카나드

• 조종형 카나드보다 넓은 카나드를 채용하여 주날개와 양력발생을 분담
• 카나드에서 발생하는 유도항력의 감소를 위해 조종형 카나드보다 높은 종횡비와 캠버를 가짐
• 카나드에서 발생하는 과도한 양력 때문에 추가적인 플랩 조작이 필요

카나드가 적용된 항공기는 대표적으로 다음의 그림 4.3과 같은 항공기들이 있다. 주로 고기동성을 요구하는 전투기에 적용되어 왔으며, 그 외에 스포츠 및 레저 용도로 사용하는 경항공기 등에 적용되고 있다.

좌측 위에서부터 시계방향으로 Eurofighter, Flyer I(Wright), Velocity(Velocity), Vigen(SAAB)

| 그림 4.3 | 카나드 항공기의 예

4.4.3 탠덤윙(Tandem Wing) 항공기

양력형 카나드를 확장시킨 개념으로 비슷한 크기의 두 개의 주익이 동체 앞, 뒤로 배치되어 있는 형태로 두 날개는 각각 비슷한 양력을 발생시킨다. 역사적으로는 라이트 형제와 경쟁상대였던 랭글리(Samuel Langley) 박사의 에어로드롬(Aerodrome)이 이러한 탠덤 형태의 날개를 지니고 있었다. 두 개의 주날개를 가지고 있다는 점 때문에 일반적인 복엽기처럼 생각할 수 있지만 실은 확연한 차이를 지니고 있다. 복엽기의 경우 두 날개의 배치는 수직 높이가 차이가 있을 뿐 두 날개의 공력중심은 거의 차이가 없기 때문에 일반적인 단엽기와 유사하게 무게중심과 공력중심을 구할 수 있다. 하지만 탠덤날개의 경우에는 두 날개의 공력중심의 위치가 항공기의 앞 뒤 방향으로 놓여 있어 이 두 공력중심과 무게중심간의 균형을 맞추는 것이 중요하다.

앞에 있는 날개에는 승강타(Elevator)와 고양력장치(High Lift Device)가 장착되어 있어 카나드와 같은 역할을 수행하여 주로 피치 컨트롤을 담당한다. 탠덤날개의 경우도 카나드에서와 마찬가지로 앞에서 발생하는 후류가 뒷날개에 영향을 미치기 때문에 뒷날개는 더 높은 붙임각을 지니도록 설계해야 한다. 이 때문에 비록 두 날개에서 비슷한 양력을 발생시키고 무게를 분산시켰지만 무게중심이 앞쪽에 위치해야 안정성을 지닐 수 있다.

‖ **장점** ‖ • 동일한 주날개 면적을 가지는 일반적인 형상의 항공기에 비해 가로세로비(AR)가 2배가 되는 효과가 있으므로 유도항력을 최대 50%까지 감소시키는 효과가 있음

• 두 날개 사이의 거리가 멀수록 상호 간섭 효과가 줄어들므로 더 좋은 성능을 기대

• 무게중심의 이동 범위가 상대적으로 적다

‖ **단점** ‖ • C.G. envelope가 작아 한계를 넘는 하중이 작용하게 되면 조종불능에 빠질 수 있음

Samuel Langley, Aerodrome　　Westland, P12　　Quickie, Q200

| 그림 4.4 | 텐덤윙 항공기의 예

4.4.4 테일리스 항공기

일반적인 형태의 항공기에서 수직 혹은 수평 꼬리날개, 또는 꼬리날개 모두를 제거한 형태이다. 통상적으로는 무미익기(無尾翼機) 혹은 테일리스(Tailless) 항공기라고 한다. 이와 같은 형상의 항공기는 세로 안정성을 위해서 무게중심이 날개의 공력중심 앞에 위치해야 한다. 또한 일반적으로 후퇴각을 가지고 외부 날개의 붙임각을 줄이게 되는데 이는 일

반적인 항공기 형상에서 꼬리날개와 같은 역할을 수행하기 위함이다.

‖ **장점** ‖ • 일반적인 항공기 형상에 비해 저항을 유발하는 요소가 적으므로 공력특성이 양호

‖ **단점** ‖ • 세로 안정성을 위해 날개 끝에 부여한 비틀림 각으로 날개 전체의 양력효율 감소

• 전반적으로 안정성이 낮은 형상이 되기 때문에 항공기의 비행조건에 따라 플랩의 제어가 필요

• 무게중심의 이동에 대단히 민감한 형상이므로 연료와 탑재물의 위치를 최대한 공허중량 무게중심(Empty Center of Gravity)에 가깝게 배치해야 함

• 꼬리날개를 모두 제거한 순수한 테일리스 형상의 안정성 확보가 어렵기 때문에 가로 안정성을 위해 수직꼬리날개를 추가하거나 날개 끝에 익단판(Endplate) 등을 추가

그 형상의 독특함과 형상 채용시의 위험 부담 때문에 아직까지는 주로 양산형 항공기보다 실험용 항공기들에 많이 적용되어 연구되고 있다.

Northrop/McDonnell Douglas, YF-23　　NASA, X-31　　NASA, X-36

| 그림 4.5 | 테일리스 항공기의 예

4.4.5 플라이윙 항공기

동체는 연료, 엔진, 탑재물, 착륙장치 등 항공기에 있어서 주요한 계통의 수납을 담당하고 있으나 공기역학적인 측면에서만 본다면 항력발생의 주된 원인이다. 그러므로 동체를 없애고 항공기의 주요 파트를 날개에 탑재하여 높은 효율성을 가진 항공기를 목표로 한

것이 플라이윙(Flying Wing)의 개념이다. 플라이윙 항공기의 전체적인 형상은 테일리스 항공기와 거의 유사하나 테일리스 형은 주로 일반적인 항공기에서 주로 꼬리날개를 제거한 형상이라면 플라이윙 항공기는 동체마저 완전히 제거한 형상일 때 주로 언급된다.

‖ **장점** ‖ • 다른 형상에 비해 높은 트림 양항비를 갖음(공력특성이 우수)

- 여객기의 경우, 넓은 날개 내부에 승객들을 배치하여 일반적인 형상보다 더 많은 탑승객을 태울 수 있음
- 날개에 배치한 객실은 동체의 경우보다 넓은 공간을 공간을 확보할 수 있어 쾌적성을 향상. 확보된 공간을 이용한 추가적인 승객편의 시설설치가 가능
- 탑재물로 인해 발생하는 하중을 넓은 날개에 분산시킬 수 있어 구조하중 감소
- 항력발생의 주된 요소인 동체가 없음으로 높은 양항비를 달성
- 레이더 반사 단면이 작기 때문에 스텔스성이 높아 군용항공기로써도 적합

‖ **단점** ‖ • 현재까지는 기술적으로 미성숙한 분야가 많기 때문에 형상의 채용에 위험부담이 큼

- 날개에 모든 장착물 및 계통을 수납하기 때문에 충분한 공간 확보를 위해서는 날개의 두께가 상당히 두꺼워져야 함. 또한 주로 사용되는 델타익 형상은 안정성에는 기여하지만 양력곡선 기울기를 감소시켜 저속에서의 최대 양력계수 확보가 어려움
- 일반 항공기에 비해 부피가 커지므로 원활한 운용을 위해 공항시설의 확충이 필요
- 흔히 보는 항공기의 형상과 상당한 차이가 있고 객실창문의 확보가 어렵기 때문에 승객의 입장에서 심리적인 거부감을 유발할 수 있음

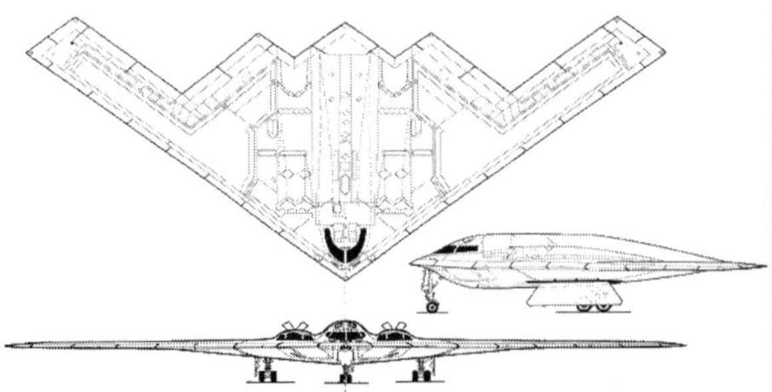

Northrop-Grumman, B-2

Northrop, YB-49

| 그림 4.6 | 플라이윙 항공기의 예

4.4.6 Three Surfaces 항공기

카나드와 주날개, 꼬리날개 모두를 지니고 있는 항공기 형상으로 카나드만 있는 형상과 달리 유도항력을 줄이기 위해 주익 플랩의 영향을 고려하지 않아도 된다. 카나드를 장착한 항공기는 수동으로 조종하였을 때 조종사에 의한 요동(Pilot - Induced Oscillations: PIOs)가 발생할 위험이 있지만 최근에는 플라이-바이-와이어 기술을 적용하여 조종 안정성을 얻을 수 있다.

‖**장점**‖ • 무게중심의 위치를 더 넓게 가질 수 있다.
• 카나드를 통하여 더 나은 이착륙 성능을 가질 수 있음
• 기동에 있어서 더 폭넓은 운용이 가능하다.
• Three Surfaces는 순항시 트림 항력을 줄일 수 있다.

‖**단점**‖ • 순항시 카나드와 꼬리날개에서 발생하는 양력의 방향이 반대여서 서로의 힘을 상쇄
• 조종면의 증가로 인하여 무게가 증가하고 조작계통이 더욱 복잡해진다.
• 추가적인 조종면으로 인해 항력 증가

카나드와 꼬리날개의 조합을 통해 높은 기동성을 얻을 수 있기 때문에 플라이-바이-와이어 기술과 함께 전투기에 주로 적용이 되고 있다.

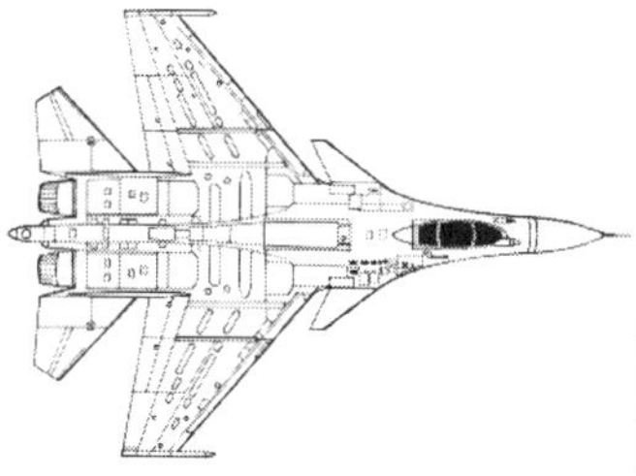

Sukhoi, SU-33

Sukhoi, S-34

Piaggio P-180

| 그림 4.7 | Three Surfaces 항공기의 예

4.4.7 다중동체 항공기

동체를 제거해버린 플라이윙 형상과는 반대로 두 개 이상의 동체를 갖는 형상이다. 이러한 다중동체를(Multi-fuselage) 갖는 항공기는 플라이윙 형상의 항공기가 가지는 단점인 낮은 익면하중을 확보하기 위해 항공기 자체의 크기가 커져야 하는 문제점을 극복할 수 있는 장점을 가진다. 특히 최근의 항공운송계에서 1000명 이상의 승객이 탑승할 수 있는 항공기의 수요가 발생하자 일반적인 동체 형상을 사용하면서도 기존의 항공기에 비해 더 많은 승객을 수송할 수 있을 것으로 기대되는 형상이기도 하다. 또한 공허중량을 줄이면서 더 많은 연료를 채울 수 있는 공간의 확보를 요구하는 장거리 비행을 목적으로 하는 항공기에도 적용이 되었다. 그 대표적인 예가 2차 대전에서도 활약한 바 있는 P-38 Lighting과 P-82 Twin Mustang 등이 있다. P-82는 소수만 생산되어 시험적으로 운용이 되었지만 P-38 Lighting과 같은 경우는 긴 항공거리를 장점으로 전시에 많은 활약을 하였다. 이러한 군용 항공기뿐 아니라 최근에는 Scaled Composites사의 Global Flyer와 Voyager 같은 민간용의 장거리 운항 항공기에도 이러한 형상이 사용되고 있다.

‖ **장점** ‖
- 동체의 중심선에서 벗어나 있는 동체 배치로 공허중량에 있어 8% 정도의 감소 효과가 있음
- 다수의 동체에 연료 및 화물 적재공간을 확보 가능. 이로 인한 장거리 비행능력 확보

‖ **단점** ‖
- 두 개의 동체를 사용하는 경우, 조종석이 한쪽에 치우치기 때문에 인간공학적인 측면에서 조종사에게 불리. 긴급상황시 대처가 어려움
- 대형 항공기의 경우에는 이착륙이 필요한 별도의 활주로가 확보되어야 함
- 다수의 동체 간에서 발생하는 간섭을 최소화하기 위한 설계상의 고려가 필요
- 동체 연결 부위의 굽힘 하중이 크게 걸리는 부분에 대한 구조 설계상의 고려가 필요

North American, P-82 Burt Rutan Boomerang Scaled Composites 311 Global Flyer

| 그림 4.8 | 다중동체 항공기의 예

4.5 형상설계시 주요 고려사항

4.5.1 전반적인 고려사항

1. 공기역학적 고려사항

항공기의 전체적인 배치나 동체의 곡선은 공기역학적 효율에 주된 영향을 줄 수 있다. 잘못 설계된 항공기는 과도한 공기흐름의 박리나 천음속 영역에서의 항력의 증가 그리고 초음속 조파 항력을 초래한다. 또한 날개와 동체의 좋지 못한 조합은 가능한 양력의 손실과 날개 위에서 타원형 양력분포를 방해하며 항공기가 스핀에 빠졌을 때의 경향성을 포함한 조작성을 해칠 수 있다.

주어진 항공기 형상에 대한 공기역학적 해석은 이후의 장에서 별도로 다룰 예정이고 이 장의 범위를 벗어난다. 그러므로 항공기 형상설계 단계에서 설계자는 공기역학적인 요구조건을 만족시키는 형상을 그의 경험과 눈을 통해 찾아야만 한다.

항공기의 표피면적(Wetted Area)을 최소화하는 것은 사실상 모든 항공기에 있어서 가장 중요한 공기역학적 고려라고 할 수 있다. 표피면적은 마찰저항에 직접적으로 영향을 준다. 동체의 표피면적은 동체를 세장비(Fineness Ratio)가 작은 눈물방울과 같은 형상으로 만드는 것으로 최소화할 수 있다. 그러나 이러한 형상도 극단적일 경우에는 다음에 언급될 정비성 문제를 악화시키게 된다. 또한 세장비가 작은 뚱뚱한 형상은 초음속 비행시 매우 큰 초음속 조파조항을 유발한다.

각 구조물간의 공기역학적 간섭의 영향에 대해서도 항공기 형상설계 시에 고려되어야 한다. 예를 들어 카나드는 항공기가 갖는 받음각 영역에서 내에서 엔진의 공기흡입구로 그 후류를 보낼 수 있는 위치에 있어서는 안 된다. 이러한 후류의 유입이 제트엔진의 블레이드를 실속시키거나 경우에 따라서는 엔진 자체를 파괴할 수도 있기 때문이다.

항공기의 전방동체의 형상이 매우 날카로운 예각으로 되어 있는 경우에는 높은 받음각 자세에서 그 모서리에서 와류가 발생될 수 있다. 이 와류 역시 엔진의 공기흡입구로 유입될 때 카나드의 경우와 동일한 악영향을 엔진에 미치게 된다. 또한 이런 와류는 주날개나 꼬리날개 등에도 예상치 못한 영향을 미칠 수 있다는 점 역시 고려되어야 한다.

2. 구조역학적 고려사항

대부분의 대형 항공기 제작사에서는 형상설계자는 항공기의 구조 배치에 대한 전반적인 책임을 가지고 있지는 않으며 대개 이러한 책임은 구조그룹이 담당하고 있다. 그러나 유능한 형상설계자라면 항공기의 전반적인 배치에서 구조적인 충격을 고려하며 최소한 기능적인 구조배치에 대한 기본적인 아이디어를 제시할 것이다.

항공기 개발에서 양호한 구조 배치에 대한 일차적인 고려는 효과적인 '하중경로(Load Path)'를 예측하는 것이다.

일차적으로 해결되어야 하는 하중은 날개에서 발생하는 양력과 항공기의 엔진이나 탑재물과 같은 주요 부분품의 무게에 의해 발생하는 하중들이다. 이를 지지해야 할 구조 부재의 크기와 무게는 지지해야 하중 부근에 이들을 잘 배치함으로써 최소화시킬 수 있다.

이러한 관점에서 보았을 때 도달하는 극단적인 형태가 바로 항공기 전체가 날개만으로 이루어진 플라이윙 개념이다. 플라이윙 형상에서는 날개에서 발생하는 양력과 날개의 무게로 인한 하중이 대체로 같은 장소에 있게 된다. 이상적인 경우, 항공기의 무게 분포는 날개의 스팬 방향으로 분포하는 양력분포와 정확하게 같게 된다. 이것을 '스팬 로딩(Span Loading)'이라고 하는데 이 경우 동체의 무게를 지탱하기 위한 무거운 날개의 구조에 대한 요구가 제거된다. 그러므로 전체적인 날개 구조는 착륙장치 하중과 같은 동체보다는 훨씬 부담이 적은 요구조건을 달성할 수 있는 훨씬 작은 크기로 만들 수 있다.

물론 이런 이상적인 스팬 로딩의 경우는 거의 드물지만, 스팬 로딩의 개념은 날개를 따라서 엔진과 같은 무거운 부분품을 잘 배치함으로써 플라잉윙이 아닌 일반적인 항공기에도 적용될 수 있다. 이런 개념은 항공기의 무게를 전체적으로 감소시킬 수 있지만, 반대급부로 엔진이 작동하지 않는 경우 안정성을 담보하기 위한 더 큰 수직꼬리날개를 가져야 한다는 식으로 항력의 증가에 대한 고려도 필요하게 된다.

3. 제작성에 대한 고려사항

항공기 제작 시 복잡하고 어려운 제작은 가급적 피할 수 있도록 형상설계 시 고려되어야 한다. 구형상의 복합곡률 구조물은 스트레칭이나 스템핑 작업에 의해서 형상을 제작해야 하므로 비싼 공구와 제작 공정을 필요로 한다. 따라서 이러한 구조물이 가급적 적게 포함되도록 함이 바람직하다. 부품의 공용성(Part Commonality)도 양산비용을 감소시킨다. 오른쪽 착륙장치와 왼쪽 착륙장치를 같도록 하는 것, 수평꼬리날개를 캠버가 없도록 하는 것, 날개 단면을 약간 변화시켜 양쪽날개에 동일한 에이러론을 사용할 수 있도록 하는 것 등이 부품의 공용성을 갖도록 하는 좋은 예이다.

단조(Forging)는 가장 비싼 형태의 구조물이며, 생산공정에서도 가장 긴 선행시간(Lead Time)을 요구한다. 따라서 좁은 구간에서 높은 하중경로를 갖는 구조물에 제한적으로 단조 구조물을 사용하는 것이 바람직하다.

내부선로의 경로작업은 단순하고 집중된 경로를 사용하면 간단해진다. 그러나 집중된 경로는 사고시의 취약성을 증가시킬 수 있다.

항공기는 여러 개의 부분으로 나뉘어 제작된 후 하나의 완성된 기체로 조립된다. 예를 들면 대형항공기는 조종석, 후방동체, 몇 개의 중앙 동체로 나뉘어 제작된다. 따라서 각 부분 기체를 나누는 곳(Subassembly Breaks)에 구성품이 나뉘어 위치하지 않도록 항공기를 설계하여야 한다.

4. 정비성에 대한 고려사항

정비성(Maintainability)이란 간단하게 말하면 항공기가 제 성능을 유지할 수 있도록 얼마나 쉽게 정비될 수 있느냐를 의미한다. '신뢰성 및 정비성'(Reliability and Maintainability, R&M)은 종종 함께 묶어서 언급되는데 흔히 '단위 비행시간당 정비 인시'(Maintenance Man hours Per Flight hour, MMH/FH)라는 척도로 표현한다. MMH/FH의 범위는 1보다 작은 소형의 개인용 항공기로부터 수백에 달하는 복잡한 초음속 폭격기나 요격기에 이르고 있다.

사실, 신뢰성(Reliability)은 흔히 개념설계에서 고려되는 범위를 넘는 것이다. 그 이유는 신뢰성은 항공전자장비, 엔진 그리고 여러 서브시스템의 상세설계에 크게 의존하고 있기 때문이다. 그러므로 개념설계 단계에서 형상설계자는 주로 열과 진동에 민감한 항공전자부품과 같은 정밀부품들이 엔진과 같은 진동이나 열원으로부터 지나치게 가까운 곳에 위치함으로써 신뢰성에 악영향을 주지 않도록 배치하는 정도를 고려할 수 있다.

자동차를 정비해본 사람이라면 정비성에 영향을 주는 주요인자가 무엇인지 이미 알고 있을 것이다. 흔히 어떤 부품을 정비하는 일 자체보다 정비를 위해 안쪽에 있는 부품을 꺼내는 일이 더 오래 걸릴 때가 있다. 접근성(Accessibility)은 수납하는 밀도, 점검창의 수와 위치 그리고 부서진 부품을 빼내야 할 때 들어내야만 하는 부품의 숫자에 의존한다.

대형항공기에 대해서는 점검창을 확보하는 것만으로도 큰 일이 된다. 많은 여객기들은 보조추진장치(APU)를 지상으로부터 무려 20 ft(6 m)에 위치한 꼬리부분에 장착하는 경우가 많다. 이것은 여객기의 경우에는 문제가 없는데 왜냐하면 여객기들이 운항하는 대부분의 공항에서는 이 위치에 작업대가 닿을 수 있기 때문이다. 그러나 이런 점은 모기지로부터 떨어진 곳에서 운용되는 경우를 상정해야 하는 군용항공기에는 문제를 야기할 수 있는 것이다.

B-70 초음속 폭격기의 경우, 항공기는 상당한 대형이라 장신인 사람이라도 쉽사리 항공기의 밑부분이 손에 닿지 않는다. 그러나 그러한 크기에도 불구하고 B-70의 엔진은 25분 만에 완전히 교체될 수 있는데 이것은 오늘날의 기준으로도 매우 양호한 것이다.

일반적으로, 가장 자주 파손되거나 정기적으로 점검을 받아야 하는 부품에 가장 접근하기 쉽도록 설계되어야 한다. 엔진 점검창을 이용해서는 엔진의 대부분을 들어낼 수 있어야 한다. 또한 항공전자파트, 유압펌프, 액츄에이터, 발전기, 환경제어시스템, 보조추진장치, 무장 탑재부에는 커다란 점검창이 필요하다.

항공기의 정비성 입장에서 가장 좋지 않은 설계는 부품에 접근하기 위해서 혹은 부품을 들어낼 때 주 구조물을 제거해야 하는 경우이다. 예를 들어, 수직이착륙기인 AV-8B 해리어는 엔진을 들어내기 위해서 그 전에 날개 전체를 제거해야만 한다. 몇몇의 항공기는 날개를 떼어내기 위해 론저론의 일부를 제거해야 한다.

이와 유사하게 설계자는 하나를 들어내기 위해서 다른 것을 제거해야 하는 것과 같은 내부 부품들의 배치를 피해야 한다. F-4 팬텀 II의 경우, 라디오를 들어내기 위해서는 사출좌석을 먼저 제거해야 하는데 이 과정에서 사출좌석이 손상되는 경우는 드문 일이 아니다. 'One-Deep' 설계는 이런 문제를 피하는데 도움이 된다.

5. 추락 안전성에 대한 고려사항

항공기의 추락시에 주의 깊은 설계는 어느 정도의 추락에서 탑승원이 다칠 확률을 낮출 수 있다. 프로펠러 항공기의 경우, 프로펠러 블레이드가 사람을 다치게 하지 않도록 프로펠러의 위치 선정 등을 포함한 몇 가지의 방법이 제시되었다. 같은 이유로 여객기의 동체에는 연료탱크를 탑재하지 않는 방안도 또한 제기되었다.

추락시에 조종사와 승객들을 보호하기 위해 항공기는 일종의 충격흡수장치처럼 거동하도록 설계되어야 한다. 충격흡수장치는 미리 정해진 방식으로 변형되어 갑작스런 충격이 가해졌을 때 하중을 분산시키는 역할을 한다. 항공기의 구조물 역시 추락시에 같은 방식으로 작동하도록 설계되어야 한다. 헬리콥터 역시 고정익 항공기와 마찬가지로 추락시에 구조의 변형에 대한 해석과 테스트를 거쳐 같은 방식으로 설계된다.

항공기의 경우, 저익형 일반항공기의 사고를 토대로 충돌시 변형되는 구조가 이점을 가지고 있음을 확인할 수 있다. 변형되지 않는 날개 박스 위에 앉은 조종사나 앞쪽에 앉은 승객이 생존하지 못하는 경우에도 뒤쪽의 좌석에 앉은 승객이 추락으로부터 생존하는 일이 종종 일어난다. 매우 강도가 높아서 추락 시에 전혀 변형되지 않는 경향을 가진 복합재료를 사용한 항공기가 사고 시에는 오히려 조종사나 승객을 보호하는 데에는 부작용이 있을 수 있다는 점은 주목할 필요가 있다.

프로펠러 항공기의 통상적인 수직 방열판은 날카로운 코너를 가지고 있어 추락 시에 땅에 처박히는 경향이 있어 항공기를 매우 급하게 멈추게 한다. 뒤로 기울어진 아래쪽 부분이 있는 방열판은 항공기가 땅에 파고드는 것을 막아줘서 급격한 감속을 방지한다.

대형여객기의 경우, 항공기의 내부는 동체의 아랫부분으로부터 지지대로 받쳐지도록 설계되어서는 안 된다. 만약 지지대가 사고시에 변형되지 않는 타입이라면 이러한 지지대는 추락 시에 항공기의 바닥을 위로 밀어 올리는 일이 발생한다.

사실, 추락에서 발생하는 많은 문제를 피하기 위한 상식적인 방법이 있다. 예를 들어 추락 시에 무거운 물건들은 관성 때문에 쉽게 정지하지 않는다. 그러므로 사람의 머리 위나 뒤쪽에 무거운 장비를 위치시키지 않는 것이 좋다. 그러나 실제로는 엔진이 조종석 위쪽이나 후방의 포드에 설치되어 있거나 조종석 뒤에 대형의 연료탱크가 위치해 있어 추락 시에 연료가 조종석 쪽으로 쏟아질 가능성이 있는 몇몇 군용제트기들도 있다. 그러나 이런 군용항공기의 경우라면 조종사는 추락 후에 파열된 연료탱크로부터 파열된 연료가 새어 나오는 경우를 걱정하기보다는 그 전에 항공기로부터 탈출하려고 할 것이다.

추락시에 발생하는 2차적인 영향에 대해서도 고려할 필요가 있다. 예를 들어, 추락시에 파괴된 착륙장치와 엔진 나셀이 이런 과정에서 이들이 연료탱크를 파손하지 않도록 배치되어야 한다. 또한 추락 시에 항공기가 전복되는 것과 같은 바람직하지 않은 상황에 대한 대비가 필요하다. 사실 이점은 소형의 자작항공기에서는 부족한 점이기도 하다.

6. 소음감소에 대한 고려사항

소음감소(Noise Reduction)에 대한 고려는 서로 다른 관점에서 민항기와 군용기에 모두 중요한 요소이다. 민간 공항의 경우, 소음제한 법령에 의해 종종 몇몇 항공기의 취항을 제한하기도 한다.

| 그림 4.9 | 항공기의 소음발생 요인

항공기에서 소음은 1차적으로 엔진에 의해 발생한다. 잘 설계된 엔진 마운트, 머플러 그리고 방음재는 이러한 소음을 감소시킬 수 있다. 내부 소음은 만일 피스톤 엔진으로부터의 배기가스가 항공기의 다른 부분, 특히 조종실과 부딪히는 경우에 발생한다. 새로운 기술인 '능동 소음 억제기술'(Active Sound Suppression)은 조종석에서 소음발생을 감지하는 마이크를 사용하여 소음의 위상과 180도 차이를 이루는 소음을 보내는 스피커를 채용하여 소음을 상쇄시킨다. 완벽하지는 않지만, 이러한 시스템은 사브(SAAB) 2000과 같은 항공기에서 잘 작동하고 있다.

날개에 장착된 프로펠러에서 발생하는 소음 역시 무시할 수 없다. 모든 프로펠러들은 동체로부터 여유거리를 가져야 하는데 이것은 최소한 프로펠러 반지름의 절반 정도는 되어야 한다. 만약 더 큰 프로펠러가 여유를 가지는 경우, 엔진이 작동하지 않을 때 발생하는 요우현상을 방지하기 위해서 더 큰 수직꼬리날개가 필요하게 된다. 또한 DC-9, B727과 같이 후방동체에 설치된 제트 엔진은 조종실의 소음을 감소시키기 위해 구조적으로 허용되는 범위에서 가능한 한 동체로부터 거리를 두고 설계되어야 한다.

7. 취약성에 대한 고려사항

항공기의 취약성(Vulnerability)을 산정할 때의 첫 번째 단계는 항공기가 어떻게 손실되느냐를 정의하는 것이다. 이것을 파괴모드와 영향분석(Failure Modes and Effects Analysis, FMEA) 혹은 피해 모드와 영향분석(Damage Modes and Effects Analysis, DMEA)이라고 한다. 이 단계는 일반적으로 개념설계 후반 혹은 기본설계단계부터 고려된다. FMEA는 어떤 전투손상이 개개의 항공기 부품에 영향을 주며, 각 부품의 손상이 다른 부품에게 어떤 방식으로 영향을 미칠 것이냐에 대한 두 가지 방식으로 고려된다.

취약성을 감소시키는 방법으로는 주요 구성품을 중복시키는 방법(Component Redundancy), 구성품의 위치(Component Location)에 대한 고려, 수동적 손상 억제(Passive Damage Suppression), 능동적 손상 억제(Active Damage Suppression), 구성품 차폐(Component Shielding), 구성품 제거(Component Elimination) 등이 있으며, 이를 위한 주요 설계 및 배치개념으로는 ① 비 중요부품 혹은 단단한 부품을 중요 부품에 대한 보호 장치로 배치하고, ② 중복성 부품은 완전히 분리시킴으로써 한쪽이 피탄되었을 때 남은 부품이 완전한 기능을 할 수 있도록 배치하며, ③ 중요 부품들을 간소하게 그룹을 짓고 중복시킴으로써 항공기 취약부분을 줄이고 손상수단에 최소한의 노출을 하고, ④ 치명적 손상의 가능성이 없거나 적은 부품을 독립적으로 위치시키는 것이다. 수동적 손상억제 방법으로는 손상허용 설계법(Damage-tolerant Design), 탄환저항(Ballistic Resistance) 설계법, 고장 지연법(Delayed Failure), 누출억제(Leakage Suppression) 방법, 화재 및 폭발방지 기법 등이 있다. 능동적 손상억제 방법으로는 화재 및 과열 탐지계통으로써 센서를 이용해서 점화 부분 혹은 과열부분을 탐지하여 조종사에게 경고를 준다.

구성품의 차폐는 손상수단을 흡수하거나 저항하는 특성을 가진 코팅이나 판재를 이용하여 이루어지며 항공기 설계 당시부터 항공기의 일부분으로 고려되어 구조물의 한 기능을 담당하게 하면서 차폐의 역할을 수행하는 것이 가장 좋은 방법이나, 부득이 하게 개조를 통해서 장착하게 될 경우도 있다. 구성품의 제거에 의한 취약성 감소는 특정 주요 구성품을 완전히 제거하거나 취약성이 낮으면서도 동일 기능을 수행할 수 있는 다른 구성품으로 대체하는 방법을 말한다. 군용기의 취약성은 전투 생존성과 밀접한 관련이 있다. 그러므로 군용기에 대한 생존성을 고려한 형상설계의 예는 다음 절에서 좀더 자세히 다루도록 한다.

군용항공기에서 일반적으로 고려되기는 하지만 취약성의 감소는 민간항공기에서도 똑같이 적용될 수 있다. FMEA는 하나의 시스템이 항공기의 추락을 유발하는 파괴나 손상확률을 최소화하는데 적용될 수 있다.

4.5.2 민항기 설계 시 고려사항

민간여객기를 성공적으로 설계하기 위해선 시장 요구조건에 맞는 적절한 크기의 항공기를 선정해야 하며, 직접운용비를 줄이기 위해서 추진기관, 공기역학, 구조재료, 세부계통, 제작 등 각 분야에 있어서 현재 가용한 기술들을 효율적으로 활용할 수 있도록 해야 한다.

일반적으로 동체형상은 여객의 편의성과 제작의 용이성을 합쳐서 단면이 일정한 동체형상이 기본적인 형상의 주류를 이루어 왔다. 화물 물동량의 증가로 인하여 민간여객기 설계에 있어서 화물운송은 중요한 요소로 자리잡고 있다. 보잉사에서 개발한 747화물기는 컨테이너를 탑재하기 위해서 조종석을 객실바닥의 상부에 위치시키면서 기수부분을 위아래로 여닫는 방식을 채택하였다. 민항기 형상설계시 고려해야 하는 주요한 요소 중의 또 다른 하나는 항공기의 확장성 문제이다. 형상설계자들은 새로운 항공기를 설계할 때 설계된 항공기를 기본으로 한 확장기 또는 파생기에 대한 고려를 염두에 두어야 하고 관련기술에 대한 세심한 검토를 해야 한다.

최대이륙중량, 공허중량, 최대착륙중량, 추력, 연료탑재량, 탑재하중, 새로운 엔진의 장착, 날개의 확장 등과 관련된 여러 조건들에 대한 문제점 및 해결책 등을 고려하여 기본형상을 설계해야 한다. 이 외에 민간여객기 형상설계 시 고려해야 할 지상서비스 및 객실, 날개와 추진장치의 배치에 대한 내용을 살펴본다.

1. 지상서비스 및 객실

민간여객기가 착륙하여 여객터미널에 도착하면 수화물 트럭과 물 보충, 화장실 청소, 동력과 공조 시스템, 음식물 운송 등을 위한 차량들이 항공기에 접근하여 서로간에 방해 없이 원활하게 각자의 역할을 수행하여 다음 비행을 신속하게 준비할 수 있도록 항공기 설계 시 고려되어야 한다.

민간 여객기에서의 안전성은 설계 시 고려해야 할 가장 중요한 요소이다. 충분한 비상출구가 있어서 승객과 승무원의 신속한 탈출을 보장해야 하고 안전규정을 만족시켜야 한다.

좌석이 너무 촘촘히 배치되면 승객과 승무원이 동시에 좌석 사이의 복도를 이용하는데 공간이 없을 것이다. 따라서 좌석배치를 유연성 있게 설계하는 것이 요즘의 추세이다. 간단한 조절로 객실의 형태를 다른 운용 요구사항에 맞게 빨리 바꿀 수 있고 모듈 형태로 생산하여 수시간 내에 변형이 가능하도록 설계가 이루어져야 한다.

2. 날개와 추진장치의 배치

항공기 날개의 형상은 1970년대 중반에서 1980년대 중반까지는 항공연료의 고비용 때문에 날개중량의 증가에도 불구하고 비교적 높은 가로세로비의 날개가 선호되었다. 그러나 최근 들어 이러한 경향이 점차 바뀌는 추세로 설계 순항속도나 최대 운용 마하수를 만족하고 적당한 구조적 중량을 갖도록 날개 후퇴각과 날개의 두께비를 적절히 조합한 날개형상을 선택한다.

일단 날개의 면적이 결정되면 이륙성능 요구조건으로부터 일반적으로 필요한 추력 대 중량비가 계산되고 설계자는 계획된 고도에서의 순항성능에 대하여도 검증한다. 필요한 전체 추력이 계산되면 설계자는 엔진을 선정할 수 있고 기체에 어떻게 장착할 것인가를 결정하게 된다. 엔진의 수가 많으면 많을수록 하나의 엔진이 고장나도 항공기가 생존할 가능성이 커지며 승객에게는 더 안전하다. 그럼에도 불구하고 대양 항로로 운항하는 2개의 엔진이 장착된 장거리 민항기가 증가하는 추세이며 하나의 엔진이 고장난 경우 항공기가 인근 공항에 도착할 수 있는 특정 시간(일반적으로 90분 또는 60분)에 대한 규제 완화를 요구하고 있다. 그러나 쌍발 엔진 항공기가 통계적으로 아무리 안전하다고 하더라도 상당수의 승객들은 대양 항로를 운항하는 장거리 여객인 경우에는 적어도 3개 이상이 장착된 항공기를 선호할 것이다. 하나의 엔진이 고장나서 나머지 엔진만으로 회항할 비상상황에서는 3개의 엔진이 2개의 엔진보다는 유리할 것이다.

반면에 3개의 엔진을 장착할 경우 중심축에 장착될 엔진의 장착은 그리 간단한 일이 아니다. 엔진이 후방 동체 안에 장착될 경우에는 정비나 수리를 위한 접근이 어렵고 엔진 입구에서 만족할 만한 공기흐름을 제공할 수 있는 S자 형태의 긴 흡입관(Intake)의 개발 문제가 있다. 수직꼬리날개에 엔진을 장착할 경우에는 정비사가 엔진에 접근할 수 있는 특별한 장비가 필요하다.

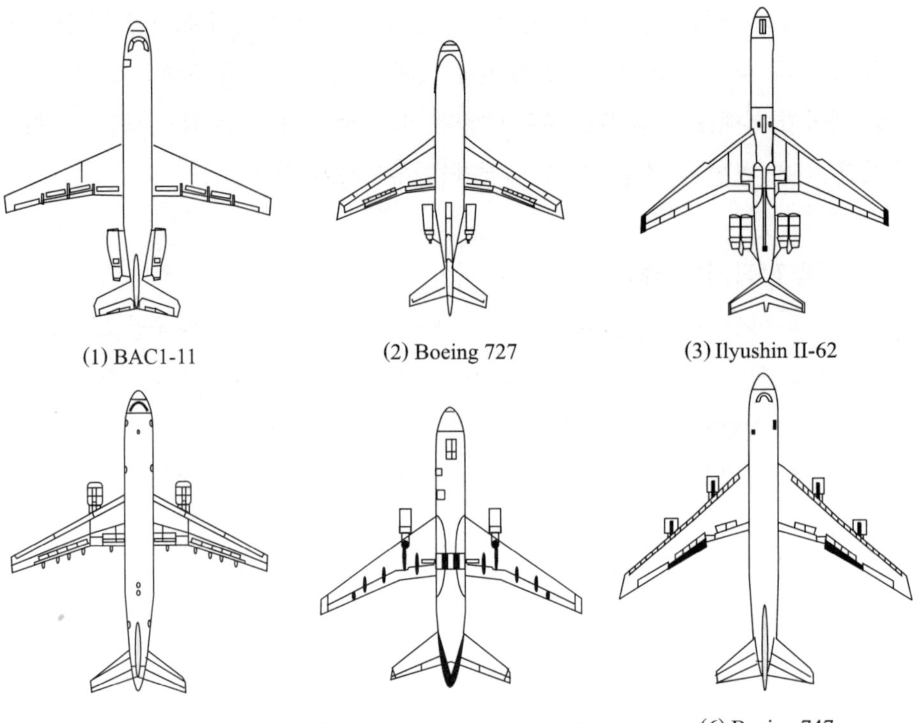

| 그림 4.10 | 항공기 엔진 장착 위치

3개의 엔진이 장착된 항공기는 4개의 작고 장착이 비교적 쉬운 엔진이 장착된 항공기보다 비용면에서 유리하다. 이륙시 하나의 엔진 고장을 허용하므로 쌍발 엔진인 경우 3개 또는 4개 엔진이 장착된 경우보다 엔진추력에 비교적 여유가 있다. 2개의 엔진이 정상적으로 작동할 경우에는 이륙 시 매우 높은 상승각을 유지할 수 있으므로 3개나 4개의 엔진이 장착된 항공기에 비하여 쌍발 엔진인 경우 공항 주변에서의 소음 궤적을 상당히 줄일 수 있는 장점이 있다. 날개의 구조중량은 양력을 견딜 수 있는 굽힘 강도에 주로 영향을 받고 엔진 중량은 양력에 의한 굽힘모멘트를 줄여줄 수 있기 때문에 날개의 아래에 엔진을 장착하는 것이 경제적인 이점이 있다. 날개에 장착된 엔진에 의한 하중은 날개의 스파에 직접 전달되는 반면 후방동체에 엔진을 장착할 경우에는 엔진에 의한 추력, 중량, 관성력 등의 하중이 구조물에 작용하므로 장착부분의 구조물에 대한 보강이 필요하다. 날개장착 엔진은 플랩이 장착된 후면부의 일부분이 제 기능을 못하게 할 수 있다. 동일한 양력계수를 얻기 위하여는 플랩의 구조가 복잡해진다.

후방동체 장착 엔진은 객실 소음을 최소로 줄일 수 있을 뿐 아니라 엔진 고장에 의한 요잉 모멘트의 영향이 적어 수직꼬리날개의 크기를 줄일 수 있다. 엔진을 후방동체에 장착하는 경우, 엔진을 피해 수평꼬리날개를 높게 위치시켜야 한다. 이러한 수평 꼬리날개는 세로운동에 필요한 모멘트암의 길이가 길어지고 날개에서 생긴 후류의 영향을 받지 않게 된다. 그러나 높은 받음각에서는 날개와 엔진 나셀에 의한 공기흐름 속에 수평꼬리날개가 위치하여 항공기는 회복이 불가능한 더 깊은 실속 상태로 진행될 수 있다. 결과적으로 이러한 상황을 피하기 위하여는 조종장치에 특별한 실속 경고장치가 필요하다. 반대로 꼬리날개를 낮은 위치에 장착하면 받음각이 증가함에 따라 안정성은 증대하지만 정상 비행시에는 날개에 의한 후류 안에서 작동하기 때문에 버펫이나 비선형적인 조종반응을 보일 수도 있다.

동체 관통형 날개구조는 날개구조가 객실 바닥 아래의 화물칸을 관통하여 객실과의 간섭이 없기 때문에 장거리 대형여객기는 대부분 저익기 형태이다. 소형여객기는 동체의 단면적에서 화물공간이 차지하는 비중이 적기 때문에 고익기 형태를 선호한다. 고익기인 경우 엔진 입구가 지상으로부터 높게 위치해 있기 때문에 이착륙시 깨끗한 공기를 흡입할 수 있으며 비교적 파일런을 깊게 설치할 수 있기 때문에 엔진의 배출 가스에 의한 영향을 최소화하여 후면의 80% 이상을 플랩으로 사용 가능하다. 저익기 형태로 엔진이 날개에 부착된 보편적인 형상은 잘 포장된 활주로에서 운항할 수 있도록 설계되었다. 엔진 나셀에 장착된 긴 착륙장치를 갖는 형상의 고익기는 포장이 잘되지 않은 활주로에는 부적합하다. 반면에 고익기의 낮은 바닥은 작은 공항에서는 중요한 요소인 항공기에의 접근성이 뛰어나다.

4.5.3 군용기 설계시 고려사항

본 절에서는 현대 전투기 설계의 주요한 고려 요소인 전투 생존성, 초기동성, 스텔스성에 대하여 그 개념 및 적용방법에 대하여 기술한다.

1. 전투 생존성

전투생존성(Combat Survivability)은 항공기가 전투손상을 견디고 비행을 계속하여 기지로 돌아올 수 있는 능력을 의미한다. 항공기는 여러 가지 방식으로 손실될 수 있는데 엘리베이터 엑츄에이터를 관통한 탄환 하나에 의한 손상이 테일파이프를 직격한 대형 미사일에 맞먹을 정도로 기체를 손상시킬 수도 있는 것이다.

전투생존성에 있어서 '취약부분'의 언급은 매우 중요하다. 이것은 항공기 부품의 투영면적에 각 부품이 만약 명중되었을 경우, 항공기의 추락을 야기할 확률을 곱한 것으로 나타난다. 취약면적은 각 위협방향에 따라 다르다. 높은 항공기 손실확률(거의 1에 가까운)을 가진 전형적인 부분들은 조종석, 단발 엔진, 셀프실링 방식이 아닌 연료탱크, 무장 탑재부 등이다.

기본형상을 정립하는 동안, 형상설계자는 전투 생존성에 악영향을 미치는 취약성 문제를 유발할 것으로 알려진 특징을 피하도록 노력해야만 한다. 화재는 항공기의 전투 손상에서 가장 큰 위협이 된다. 이것은 가연성이 높은 연료뿐 아니라 유압액인 경우도 포함한다. 해브블루 스텔스 기술 구현 제2호기는 연료를 엔진에 분사하는 유압라인에서 용접시에 발생한 균열에 의해 추락하였다.

또한 전투용 항공기는 기관포 탄창, 폭탄, 미사일 등을 탑재하는데 항공기는 기관포탄의 폭발에도 생존할 수도 있지만 탄창에서 발생한 화재에 의해 폭발할 수도 있다.

가능한 한 연료는 엔진이나 공기흡입도관 주변이나 부근에 위치하지 않도록 해야 한다. 연료탱크가 어느 정도의 손상으로부터는 복구가 가능하지만, 커다란 구멍이 발생하는 경우에는 연료가 뜨거운 엔진으로 누출되어 그 위에서 연소되는 상황을 초래할 수 있다. A-10에 탑재된 파일론으로 지지된 엔진 형상은 누출된 연료가 연소되지 않도록 하는 장점이 있다.

방화벽은 엔진으로부터 불꽃이 다른 부분으로 확산되는 것을 방지하는 역할을 한다. 엔진 구역, 연료 구역, 그리고 무장 구역에는 방화시스템을 갖추어야 한다.

엔진이 파괴되었을 때, 터빈과 압축기의 블레이드는 고속으로 날아간다. 폭발하는 엔진에 의해 손상을 입을 수 있는 위치에 유압라인이나 무장과 같은 치명적인 부품들을 위치시키는 것을 피해야 한다. 또한 쌍발 엔진 항공기는 손상을 입은 엔진으로부터 다른 엔진이 영향을 받지 않도록 양 엔진 사이에 충분한 간격을 두어야 한다. 만약 쌍발 엔진이 모두 동체에 수납되어 있다면 방화벽과 분리 외피를 함께 사용해서 이들을 분리해야 한다. 양 엔진 사이의 간격은 최소 1 ft(30 cm) 이상이 되어야 한다.

프로펠러 항공기의 경우에는 전투손상 혹은 그로 인한 동체착륙시에 프로펠러 블레이드가 날아가 버릴 수도 있다. 이 경우 치명적인 부분들, 특히 조종사와 승무원들이 있는 구획이 프로펠러 디스크의 5도 각 이내에 위치하지 않도록 해야 한다.

조종사가 있는 구역 부근에 기관포, 폭탄, 혹은 연료를 위치시켜서는 안 된다. 특히 여객기의 경우에는 동체 내부에 연료가 위치하지 않도록 한다. 치명적인 부품을 여분으로 배치하는 것은 해당 부품이 어떤 이유로 인해 저격이나 파손되었을 때에도 항공기의 생존성을 높일 수 있다. 백업의 부품이 사용되는 일반적인 부품은 유압 시스템과 전기 시스템, 비행 제어 시스템 그리고 연료 시스템 등이다. 여기서, 백업은 생존성과 신뢰성을 높여주는 반면에 고장날 수 있는 부품의 숫자가 늘어나므로 정비유지성 측면에서는 좋지 않다는 점을 기억할 필요가 있다.

2. 초기동성

전투기의 초기동성(Supermaneuverability)은 일반적으로 '매우 높은 받음각에서 갑자기 혹은 전혀 예기치 않은 방향과 방법으로 비행할 수 있는 기동 능력'으로 정의된다. 이러한 초기동성은 레이더와 사정거리가 긴 유도무기의 발전으로 시계거리 밖에서의 전투를 주된 상황으로 상정하고 있는 오늘날에도 전투기가 가져야 할 중요한 성능으로 평가되고 있다.

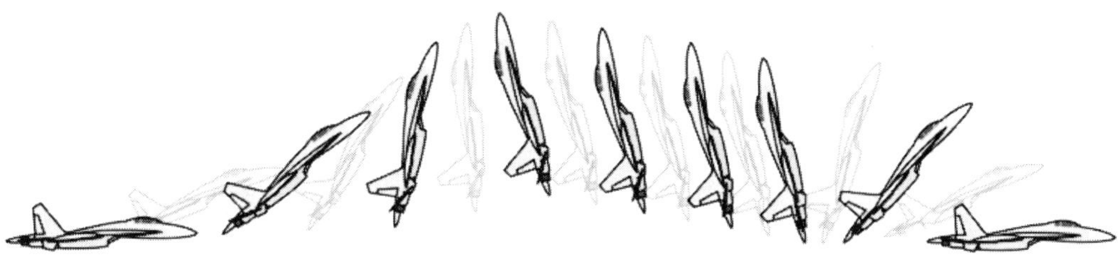

| 그림 4.11 | 초기동성 항공기의 기동의 예(Su-27)

이러한 전투기의 초기동성은 고받음각에서 항공기 전체의 양력손실을 감소시켜 항공기의 자세를 유지시켜주는 효과를 하는 Leading Edge Extension(LEX), 카나드, 블랜디드 윙 바디, 2차원 및 3차원 추력벡터 노즐 등에 의해 뒷받침된다.

LEX는 앞부분 동체에서 발생하는 와류의 강도 및 안정성을 크게 증가시켜 높은 받음각에서 와류 양력에 의한 양력 증가와 안정성 향상 효과를 가져올 뿐만 아니라, 날개 바깥쪽의 분리된 흐름과 LEX 와류가 유익한 상호작용(Beneficial Interaction)을 하여 실속이 유연하게 발생하고, 높은 받음각에서 가로 안정성과 방향안정성을 향상시킨다. 전투기나 미사일 등의 형상에서 뾰족한 앞 끝(Pointed Nose Tip)을 갖는 뭉툭한 전방동체는 높은 받음각에서 전방동체 와류(Forebody Vortex)가 발생하게 되며, 이 전방동체 와류의 비대칭적인 발달과 붕괴, 전방동체 와류와 LEX/스트레이크/날개 와류와의 간섭 등은 높은 받음각에서 정적 안정성을 나쁘게 할 뿐만 아니라 Wing Rock 등 동적 안정성 문제도 야기시키게 된다. 또한 높은 받음각에서는 러더 등과 같은 조종면이 동체와 날개의 실속 후류(Stalled Wake)에 잠기게 되어 요오 조종력이 급격히 저하된다. 동체의 앞 끝 부분에 설치한 접혀짐/펴짐이 가능한 스트레이크(Retractable and Deployable Forebody Strake)는 높은 받음각에서 전방동체 와류의 조절을 통하여 강력하고 정확한 요오 조종력을 제공할 수 있는 것으로 알려져 있다.

| 그림 4.12 | 카나드 장착 항공기의 예

그림 4.12와 같은 카나드 날개 형태는 익면하중을 증가시키지 않으면서 높은 트림 양력(Trimmed Lift)을 제공하고 피치조정 특성을 향상시키는 등의 장점을 갖고 있어 X-29나 CCV(Control Configured Vehicle) 같은 고기동성 항공기뿐만 아니라 Beech Starship, Vari-Eze 등과 같은 경량항공기에도 성공적으로 사용되고 있다. 주날개 앞에 설치된 카나드의 내리흐름은 주날개의 유효받음각을 감소시키고, 카나드에서 발생한 와류가 주날개에서 발생하는 앞전 와류의 붕괴를 지연시키는 것으로 알려져 있다.

3. 스텔스성

스텔스의 개념은 전파, 가시광선, 적외선, 자외선, 음향 탐지 장치 등 모든 수단에 의한 탐지 및 추적을 피하기 위한 것이다. 물체가 전자파를 반사시키는 정도는 레이더 반사면적(Radar Cross Section, RCS)에 의해 결정되며, 전형적인 전투기의 RCS를 형성하는 주요 구성품들이 그림 4.13에 나타나 있다.

기체의 RCS에 가장 큰 영향을 미치는 부분은 평평한 동체 표면으로서 이 표면들은 레이더빔에 대하여 수직한 방향으로 만들어져 있다. 만약 항공기가 적의 레이더에 의하여 탐지되는 것을 최소화하기 위한 것을 주목적으로 하여 설계된다면, 주날개와 꼬리날개는

| 그림 4.13 | 항공기에서 레이더 반사를 크게 하는 부분들

RCS를 감소시키기 위하여 F-117의 예와 같이 상당히 큰 후퇴각을 갖게 된다. 또한 모퉁이 반사를 피하기 위하여 거의 직각으로 교차되는 부위도 최소한으로 줄여야 한다. 주날개나 꼬리날개의 뒷전과 같은 불연속적인 부분은 전방에서 탐지되는 것을 최소화하기 위하여 후퇴각을 갖게 한다.

만약 모든 방향에 대하여 낮은 피탐지성을 가져야만 한다면, 후퇴각을 주거나 굴곡을 주는 것에만 전적으로 의지할 수 없다. 그러한 경우에는 모양 자체에 의하여 전체적인 피탐지성을 감소시키는 두 가지 방법이 있다. 첫 번째 방법은 수직 반사와 같이 레이더 빔을 강하게 반사시키는 모든 면의 반사 각도를 특정한 몇 개의 방향으로만 편중시키고, 두 번째 방법은 레이더 반사를 모든 방향으로 골고루 산란시킴으로써 특정 방향에서 탐지되는 것을 방지하는 것이다. 이렇게 하기 위해서는 항공기 표면에서 직선 형태의 모양은 없어지고, 주날개, 동체, 꼬리날개, 그리고 엔진 나셀 등 모든 부분들이 서로 부드럽게 이어지는 이른바 혼합 형태의 외형 설계가 이루어져야 한다. 만약 이러한 방식의 설계가 적절하게 이루어진다면, 공기역학적인 면에서도 유익한 효과를 가질 수 있다.

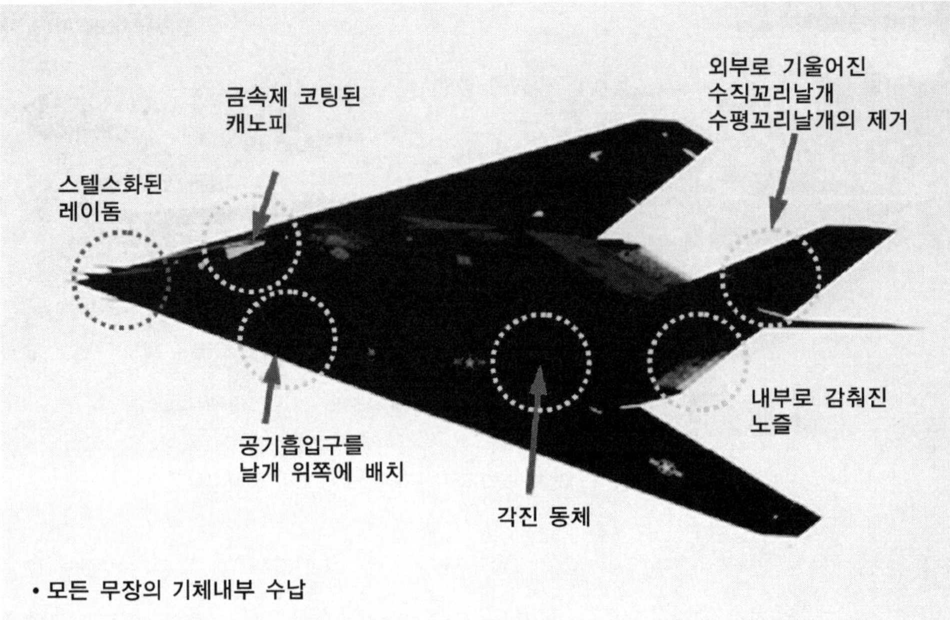

| 그림 4.14 | 레이더 노출면적 축소 방안

RAM은 단순히 투사되는 전자파를 흡수해 버리는 역할을 한다. 실제로 물체 표면의 RAM 입자는 전자파에 의하여 가열되므로 흡수된 전자파 에너지는 열로 전환되지만 그 에너지가 매우 작으므로 열로 인한 온도 증가는 거의 감지되지 않는다. 여러 가지 종류의 물질들에 탄소나 철과 같은 전도성 물질을 주입함으로써 전자파 에너지를 흡수하는 물질로 만들 수 있다.

항공기 설계자들이 고심하는 것 중의 또 하나는 적외선에 대한 피탐지성이다. 많은 수의 공대공 그리고 지대공 미사일들은 이 적외선 감지 장치에 의존하고 있다. 현대의 적외선 감지 장치들은 엔진 배기가스와 고온 부품에서 방사되는 적외선 뿐만 아니라, 천음속과 초음속 비행시의 공기역학적 가열에 의하여 항공기 표면 전체에서 방출되는 적외선도 감지하는 능력을 갖추고 있다. 또한 이러한 감지 장치들은 항공기 표면에서 반사되는 태양열까지도 감지할 수 있는 것으로 알려져 있다. 적외선 피탐지성을 감소시키기 위한 방법으로 고 바이패스 비(Bypass-Ratio)을 갖는 엔진을 사용함으로써 엔진 배기가스의 온도를 낮추는 방법이 있다. 그러나 이 방법은 배기가스와 고온 부분의 온도를 낮출 수는 있지만, 항공기에 적합하지 않은 엔진을 선택해야 하는 경우 항공기의 중량과 가격을 증가시키는 결과를 초래할 수도 있다. 엔진 부분품 중 대기로 노출되어 있는 고온부에서의 열방출은 엔진 압축기로부터 추출한 공기로 냉각시킴으로써 감소시킬 수 있다. 이것은 또한 연료 소비율을 약간 증가시킬 수도 있다. 다른 방법은 항공기의 노즐을 적의 적외선 감지 장치가 기대하고 있는 위치로부터 다른 위치로 이동시키는 것이다. 예를 들면, A-10 항공기의 H형 꼬리날개는 어느 정도의 감지 각도에 대하여 노즐을 숨겨주는 역할을 한다. 그러나 최악의 상황은 적의 적외선 감지 장치가 후방으로부터 탐지하는 경우이며, 이러한 방향에 대하여 노즐을 숨기는 것은 매우 어려운 일이다. 엔진 배기가스를 자유류의 방향에 대하여 위쪽 또는 아래쪽으로 방향 전환시키는 방법도 있으나, 이 방법은 추력을 감소시키는 결점이 있다.

사람의 눈동자는 여전히 항공기를 발견하는데 있어서 가장 기본적인 센서이다. 맑게 갠 날이라면 레이더에 의해 적기를 발견하기 전에 항공기나 그 비행운은 육안으로 관측될 수도 있다. 또 전투기의 레이더는 전방에 위치한 항공기만을 탐지할 수 있는데 비하여 조종사의 눈은 모든 방향을 탐지할 수 있다. 그러므로 조종사의 육안은 나란히 있거나 후방에 있는 적기를 찾아내는데 여전히 유효한 수단이 된다.

육안에 의한 탐지에 영향을 미치는 요소는 조종사의 숙련도, 시정거리, 항공기의 크기와 색깔, 주변 배경과의 대비 등이다. 모의 항공전에서 크기가 작은 F-5의 조종사는 종종 더 큰 크기의 F-15가 자신을 발견하기 전에 먼저 적기를 발견하는 경우가 있다. 그러나 항공기의 크기는 임무 요구조건에 의해 결정이 되므로 임의적으로 크기를 줄일 수는 없는 일이다.

그러므로 전투기를 주변 배경과 비슷한 색깔과 반사 강도를 갖도록 위장색을 사용하여 적 조종사의 눈으로부터 은닉하는 방법이 사용되고 있다. 예를 들면 항공기의 배면은 침침

| 그림 4.15 | 전투기의 표면의 적절한 위장도장의 효과(Bf-109)

한 청회색(Dull Blue-Grey)으로 도색하여 하늘 배경과 대비를 줄이고, 항공기의 윗부분은 칙칙하고 얼룩덜룩한 회갈색(Dull Mottled Grey-Brown)으로 도색하여 지면 배경과의 대비를 줄인다. 또한 항공기의 인접한 서로 다른 구성품이 대비되지 않도록 하기 위하여 밝은 부분은 좀더 어둡게, 어두운 부분은 좀더 밝게 도색한다.

야간에는 항공기의 엔진과 배기가스로부터의 발광이 가장 큰 육안에 의한 탐지 요소이다. 이와 같은 요소는 적외선 탐지의 감소방법과 동일한 방법에 의하여 감소시킬 수 있다. 육안에 의한 탐지의 감소 방법은 심리적인 착각을 사용하기도 한다. 항공기의 진행방향과 자세를 적기 조종사가 일시적으로 착각하도록 도색함으로써 근접 전투시 유리한 시간을 벌게 하기도 하며, 항공기 같지 않도록 도색하여 적기 조종사가 착각하게 하기도 한다.

4.6 형상설계 결과

형상설계 과정을 통하여 결정된 설계기준은 다음 단계의 상세 설계로 진행하기 위한 기준이 된다. 그러므로 설계 결과 및 설계 과정상의 주요 자료를 보고서 형태로 잘 정리해야 한다. 형상설계의 결과는 일반적으로 배치도면(Layout Drawing), 항공기 특성 및 형상 요약, 성능 및 가격 예측의 세 가지로 정리한다.

4.6.1 항공기 특성 및 형상요약

항공기 특성 및 형상요약은 설계된 항공기의 삼면도와 "Jane's All the World's Aircraft"에 나오는 형태의 요약자료로 표현한다. 그림 4.16과 4.17은 설계된 항공기의 일반적인 삼면도 예이다. 이때 작성된 삼면도는 항공기 개념설계 단계에서 선정된 기준형상(Baseline Configuration)을 표현하여 이후에 진행될 기본설계(Preliminary Design) 단계에서 각 기능별 설계 그룹들이 기준으로 삼기 위한 것이며 상세한 해석 및 시험 결과 또는 상세설계 단계로의 진행에 따라 지속적으로 수정, 보완될 것이다.

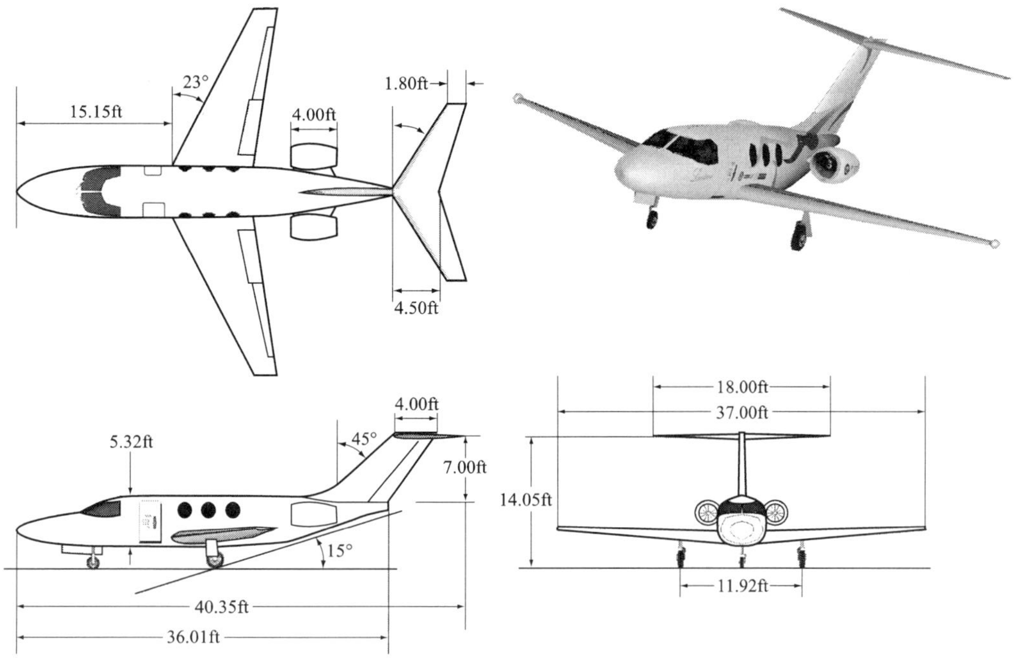

| 그림 4.16 | 비즈니스 제트항공기 삼면도의 예

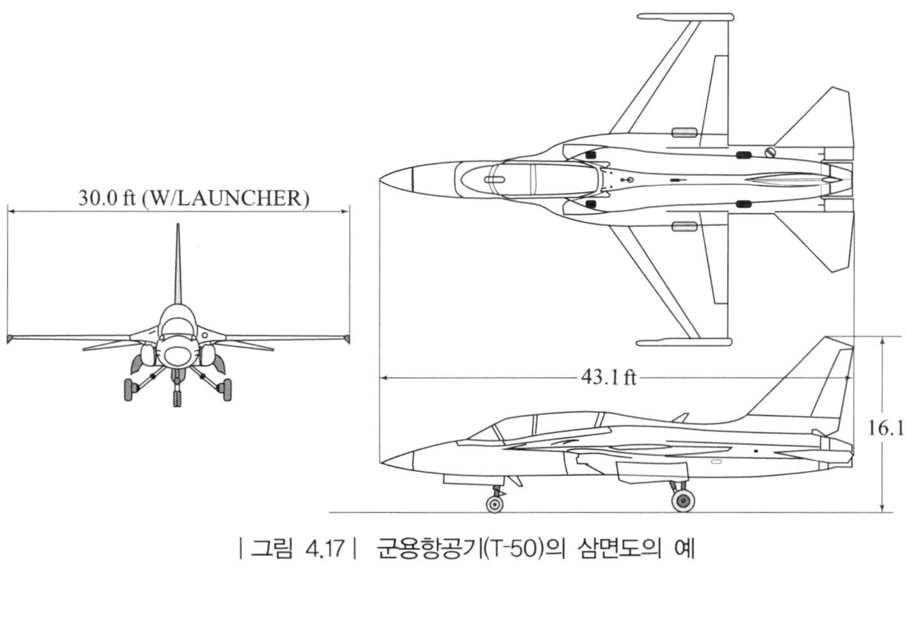

| 그림 4.17 | 군용항공기(T-50)의 삼면도의 예

| 표 4.1 | 설계된 항공기에 대한 설계 요약

	Wing	Horizontal Tail	Vertical Tail
Area	1,296 sqft	254 sqft	200 sqft
Span	113.8 ft	35.6 ft	19.0 ft
MGC	12.5 ft	7.75ft	11.5 ft
MGC L.E. : F.S.	88.8 ft	124.9ft	123.5ft
Aspect Ratio	10	5	1.8
Sweep Angle	35 deg.(c/4)	35 deg. (L.E.)	45deg. (L.E.)
Taper Ratio	0.32	0.32	0.32
Thickness Ratio	0.13 root, 0.11 tip	0.12	0.15
Airfoil root	NACA 64A413 mod.	NACA 0012	NACA 0015
tip	NACA 64A411 mod.		
Dihedral Angle	3 deg.	0 deg.	Not appl.
Incidence Angle	+1.5 deg.Root −0.5deg. tip	variable	0 deg.
Aileron chord ratio	0.30	Elevator chord	Rudder Chord
Aileron span ratio	0.23−0.34	Ratio 0.30	Ratio 0.45
Flap chord ratio	0.30		
Flap span ratio	0.11−0.23 and 0.34−1.00		

	Fuselage	Cabin Interior	Overall
Length	1,243 ft	90.8 ft	1,270 ft
Max. height	13.2 ft	7.5 ft	38.3 ft
Max. width	13.2 ft	12.4 ft	113.8 ft

| 표 4.2 | 기존 항공기와 설계된 단거리 여객기의 특성 비교

	dimension	Airbus A-300B2	Boeing 727-200	Mcdonnell Douglas DC-9/30	Dassault Mercure	New Transport
Wing span	ft	147.02	107.93	93.34	100.16	132.13
Wing area	sqft	2,795	1,697	1,000	1,247	2,064
Wing aspect ratio	-	7.71	7.67	8.73	8.00	8.46
Length overall	ft	167.08	153.08	114.25	111.48	159.18
Height overall	ft	54.30	33.47	27.48	37.25	45.41
Length fuselage	ft	161.90	136.90	106.89	110.16	139.89
Outside fuselage width	ft	18.49	12.33	10.95	12.79	17.21
Approx.height of cabib floor above apron	ft	15.4	8.9	7.2	9.8	12.8
Cabin length	ft	119.67	92.59	70.98	81.47	104.92
Cabin height	ft	8.33	7.15	6.75	7.20	8.52
Floor area	sqft		979	645	863	1,548
Passenger, all tourist	-	259	163	105	134	185
high density	-	286	189	120	155	235
Total cargo hold volume	cuft	4,229	1,503	892	1,181	2,467
Powerplant: No of engine	-	2	3	2	2	3
Type	-	GE-CF650A	JT-8D-15	JT-8D-7	JT-8D-15	M-56-40
SL/ISA static takeoff thrust	lb	48,953	15,500	14,000	15,500	22,050
Operational empty weight	lb	176,406	101,000	55,788	63,727	123,484
Max. weight limited payload	lb	69,900	39,030	26,240	35,500	52,922
Max. zero fuel weight	lb	240,353	140,000	82,030	99,226	176,406
Total fuel capacity	lb	75,854	65,270	24,476	22,933	52,922
Max. takeoff weight	lb	291,070	190,518	98,126	144,644	211,687
Max. landing weight	lb	264,609	159,868	93,495	108,049	201,764
Max. wing loading	lb/sqft	104	112.4	98.0	91.9	102.6
Max. thrust loading	-	2.97	4.10	3.51	3.70	3.20
Max. cruising speed	kts	506	521	491	500	486

	dimension	Airbus A-300B2	Boeing 727-200	Mcdonnell Douglas DC-9/30	Dassault Mercure	New Transport
At weight of	lb	291,070		98,126	110,254	198,456
At cruise altitude of	ft	25,000	30,000	25,000	25,000	30,000
Cruise mach no. at these Conditions	-	0.84	0.84	0.816	0.83	0.825
Max. operating Mach no. (M_{M0})	-	0.86	0.90	0.89	0.85	0.85
Max. Operating limit speed (V_{M0}, EAS)	kts	360	390	340	380	380
Takeoff safety speed At MTOW	kts	141	159	147		132
Approach speed At MLW	kts	132	137	129	124	132
FAR takeoff field length at SL/ISA, MTOW	ft	6,030	8,740	6,810	6,510	5,250
FAR landing field length at SL, MLW	ft	5,840	5,330	4,920	4,740	5,110
Max. payload range(high-speed cruise)	nm	865	1,365	910	180	738
Max. fuel range (long-range cruise)	nm	2,240	2,415	1,465	825	1,920
Range with max no. of Passengers in all tourist class	nm	1,185	1,510	1,105	657	1,205

4.6.2 배치도면과 단면적 분포

배치도면(Layout Drawing)은 항공기 내부 및 외부 형상의 배치, 주요 장비의 장착 위치를 표시하기 위하여 작성한다. 후속적으로 진행될 상세설계 단계에서 문제를 사전에 방지하는 차원에서 주요 구조물의 위치가 표현되어야 한다. 그림 4.18과 같은 단면도가 작성되며, 그림 4.19와 4.20은 배치도면의 예를 보여주고 있다.

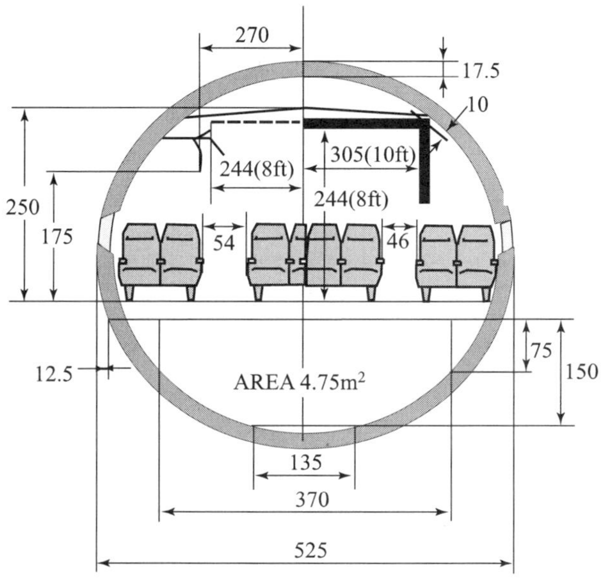

| 그림 4.18 | 단거리 여객기의 동체 단면도(좌측: 2등석, 우측: 일반석)
(별도로 표시된 이외의 치수는 모두 cm임)

그림 4.19, 4.20과 4.21은 설계된 항공기의 특성의 하나인 단면적 분포와 면적곡선이다. 이는 구성품의 배치와 형상의 분야별 해석을 위한 기초 자료로서 사용된다.

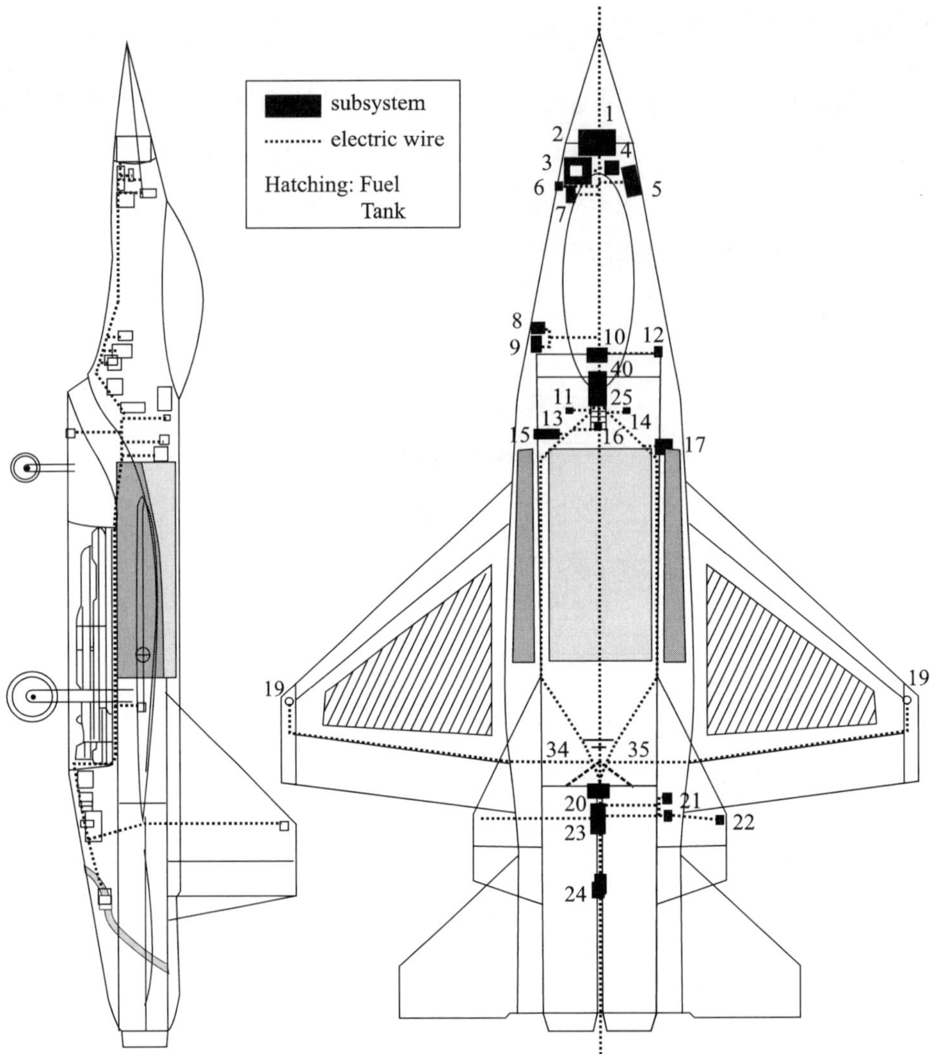

ID	Component	ID	Component	ID	Component
1	RADAR	9	Jam Electronic Cont	17	BATTERY
2	INS	10	OBOGS	18	Taxi Light
3	RWR	11	OBIGGS	19	Navigation Light
4	LWR	12	Radar Altimeter	20	Jammer Head
5	MWR	13	TACAN UHF Antenna	21	AC/DC Generator
6	TACAN	14	IFF	22	Anti Collision Light
7	GPS	15	TRUS	23	Chaff/Flare Dispenser
8	Jam Cont Unit	16	Anti Collision Light	24	APU

| 그림 4.19 | T-50 배치도 (1)

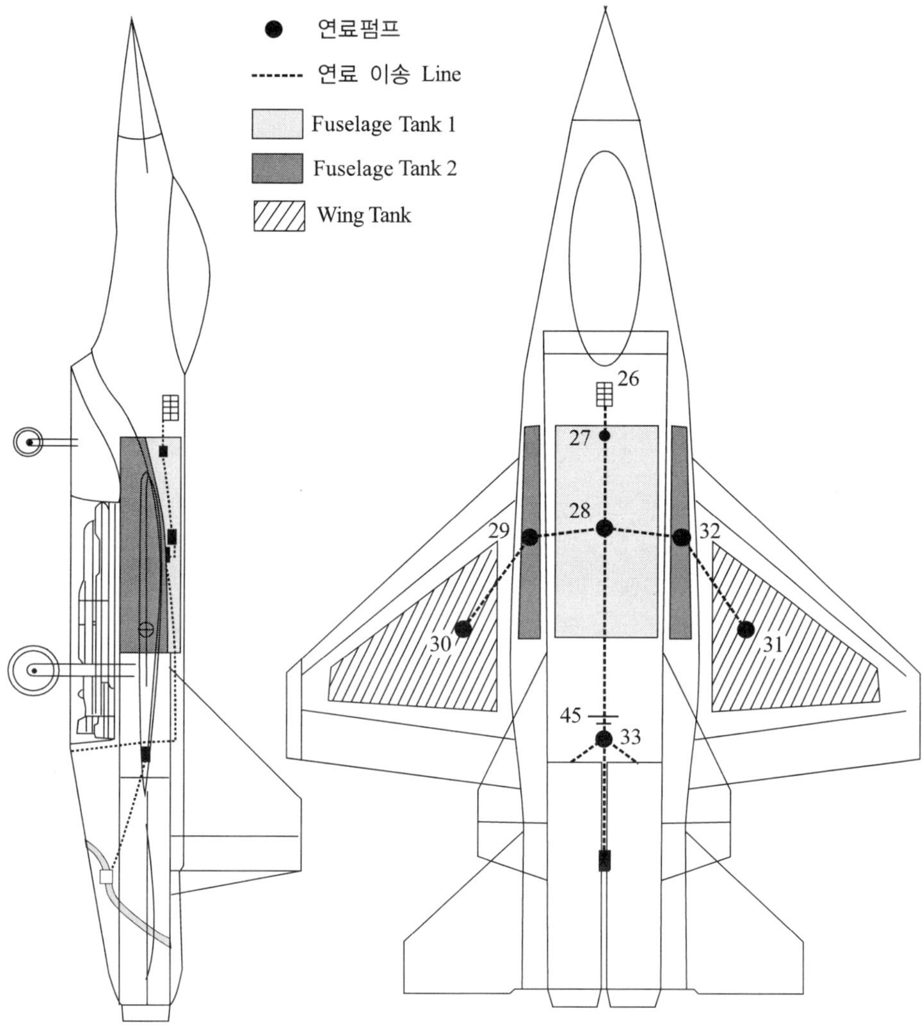

ID	Component	ID	Component
26	Refueling system	30	Left Wing Pump
27	Refueling Pump	31	Right Wing Pump
28	Fuselage Tank 1 Pump	32	Fuselage Tank 3 Pump
29	Fuselage Tank 2 Pump	33	Engine Pump
		45	Defueling Valve

| 그림 4.20 | T-50 배치도(2)

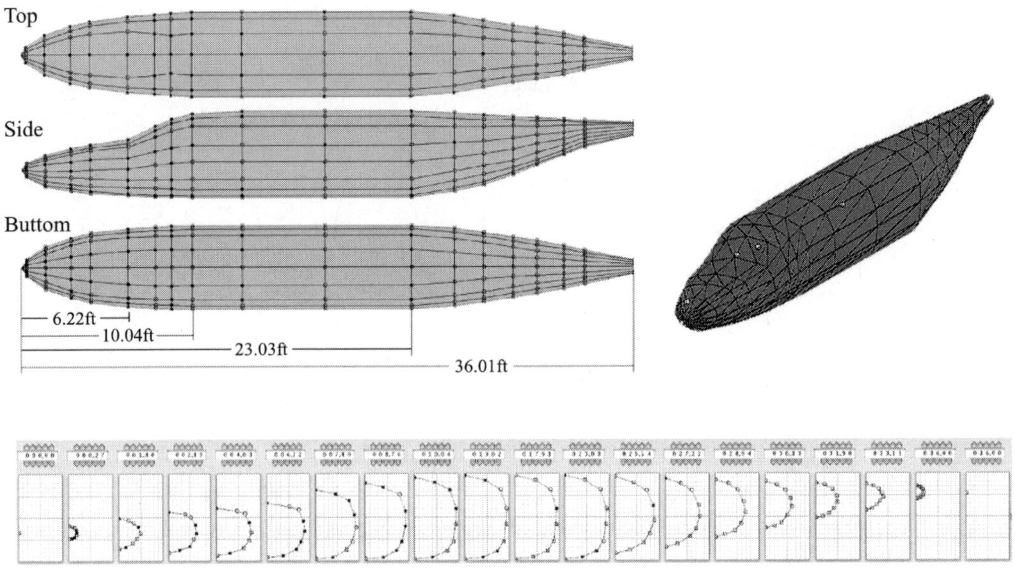

| 그림 4.21 | 항공기 동체의 단면적 분포

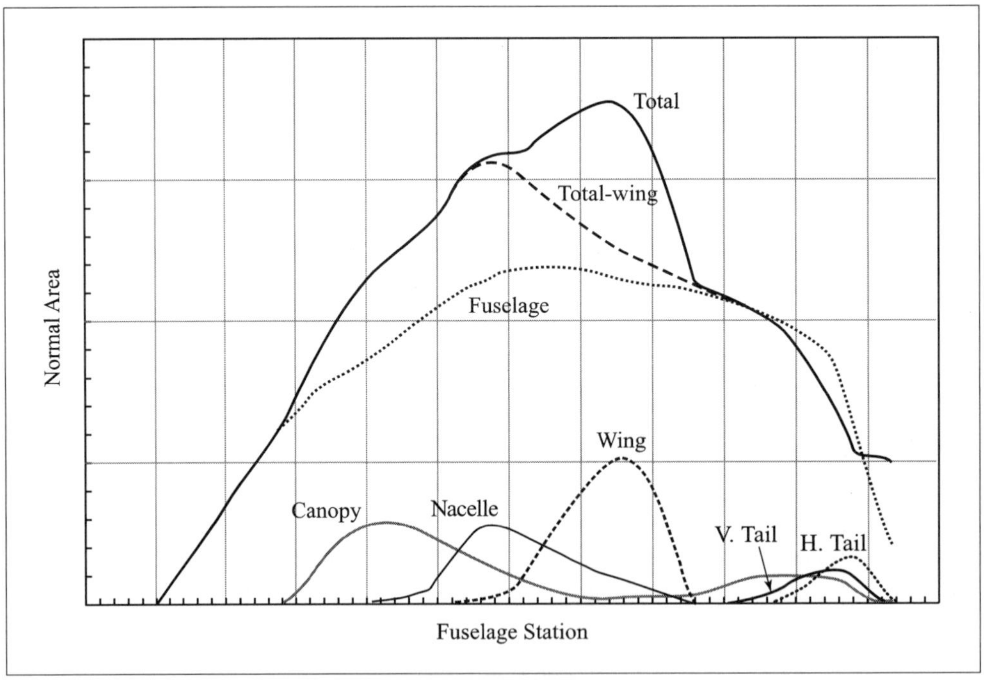

| 그림 4.22 | T-50의 단면적 분포 곡선

4.7 형상설계에서 사용되는 소프트웨어

4.7.1 항공기 형상설계용 소프트웨어의 요구특성

항공기의 형상설계를 위한 CAD 소프트웨어는 다른 분야와의 협업과 항공기의 형상 통합을 위해 다음과 같은 특성이 요구된다.

1. 파라미터 기반 설계(Parameter Based Design)

항공기 형상설계 CAD 소프트웨어를 이용할 때, 설계 요구도, 초기 사이징에서 결정된 기본적인 설계 변수만을 가지고 본격적인 형상설계를 할 수 있어야 한다. 이를 위해 형상 데이터베이스, 계통 데이터베이스 등을 이용하여 자동적으로 날개(Lifting Surface), 동체(Fuselage), 공기흡입구(Intake), 노즐(Nozzle) 등과 같은 구성 요소들의 형상을 파라미터화(Parameterize)하여 표현할 수 있어야 하며 이를 이용한 자유로운 형상설계 및 수정이 가능하여야 한다.

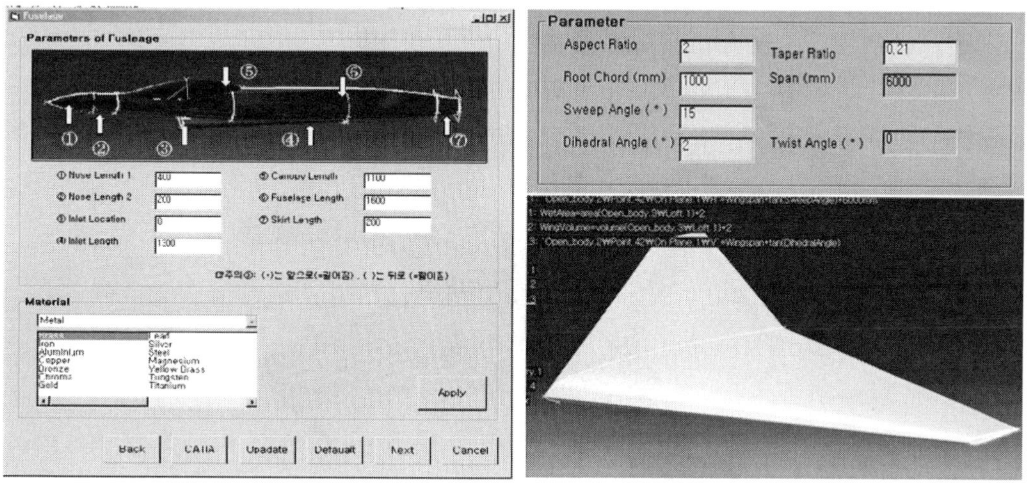

| 그림 4.23 | 동체(왼쪽)와 날개(오른쪽)에 대한 파라미터 기반설계의 예

2. 이차원/삼차원 도면의 자유로운 구현

형상설계시 사용할 항공기 CAD 소프트웨어는 설계한 항공기를 이차원 및 삼차원 형태로 자유롭게 구현할 수 있어야 한다. 또한 설계자가 설계결과를 직관적으로 판단할 수 있도록 외부형상 역시 삼차원으로 랜더링(Rendering)이 가능해야 한다. CAD 소프트웨어를 통해 삼차원 형상파일은 설계자가 필요로 하는 모든 방향에 대한 결과를 확인할 수 있어야 하며 각 분야별 해석에서 이를 자유롭게 이용할 수 있어야 한다.

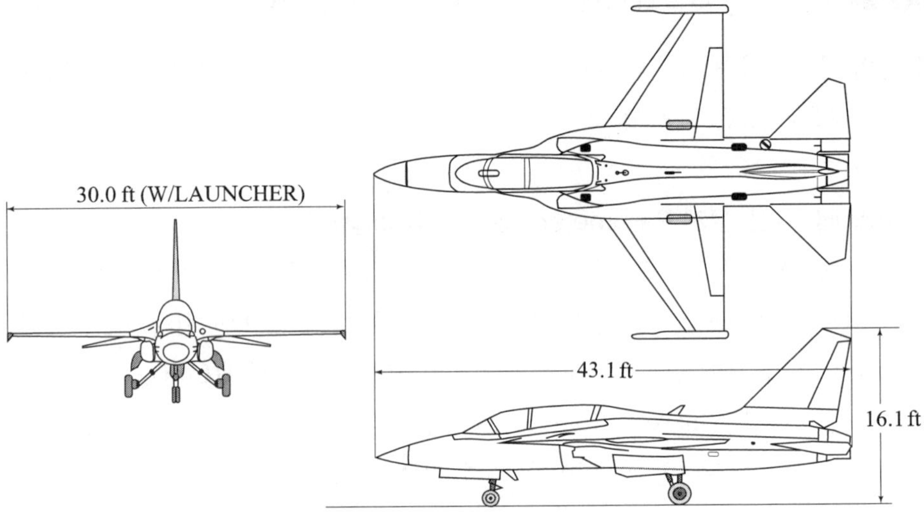

| 그림 4.24 | CAD 소프트웨어를 통해 구현된 이차원 삼면도 도면

| 그림 4.25 | 삼차원 View를 통한 내/외부 배치 확인

3. 내부 및 외부 배치도(Internal/External Layout)의 용이한 표현

형상설계로 구현된 항공기는 외형뿐만 아니라 내부배치 등도 이차원 View 혹은 삼차원 View의 형태로 가시화된 결과를 확인할 수 있어야 한다. 이러한 과정에서 시간과 노력을 최소화할 수 있도록 내부배치에 주로 사용되는 구성요소는 라이브러리 형태로 만들어져 데이터베이스를 통해 이용할 수 있다면 더욱 편리할 것이다.

4. DMU 기능

형상설계로 구현된 항공기에 대해 도면뿐만 아니라 DMU(Digital Mock-Up)를 구현할 수 있는 기능이 필요하다. 특히 DMU를 통해 설계된 항공기 각 파트의 내부/외부의 배치상에서 상호간섭이 발생하는지를 확인할 수 있어야 한다. 내부/외부 배치 서브시스템(Subsystem)들과 구조부재들의 배치 적절성과 간섭(Interference)을 확인하기 위한 기능으로써 Structure Modeling 기능과 Subsystem Modeling 기능이 요구된다. 여기서도 구조배치와 계통배치를 원활하게 하기 위하여 주요 구조물 라이브러리와 계통라이브러리의 데이터베이스를 활용할 수 있는 기능이 있다면 편리하게 사용할 수 있다.

5. 형상에 대한 기하학적 해석(Geometry Analysis) 기능

항공기 형상 설계를 위한 CAD 소프트웨어에서는 설계 중, 혹은 설계된 형상으로부터 각 해석 분야에서 필요로 하는 여러 가지 측정 데이터 값들을 유도하고 계산해 낼 수 있어야 한다. 그리고 그 결과를 가시화하고 추후 작업의 입력 데이터로서 사용될 수 있게 지원하는 기능을 제공해야 한다. 기본적으로 형상으로부터 추정해야 하는 데이터는 다음과 같다.

- 부품의 길이, 지름, 단면적, 표피면적, 부피, 각도
- 각 파트의 무게, 무게중심, 관성(Inertia), 모멘트

4.7.2 항공기 형상설계용 소프트웨어

현재, 항공기의 형상설계를 위한 다양한 CAD 소프트웨어가 개발되어 있다. 주요 항공기 제작사의 경우, 자체적으로 개발한 형상설계용 소프트웨어를 보유하고 있으며 그 밖에도 범용의 CAD 소프트웨어들이 항공기의 형상설계를 위해 사용되기도 한다.

1. 항공기 형상설계에 사용되는 CAD 소프트웨어

(1) 항공기 제작사에서 사용되는 항공기 형상설계 전용 CAD/CAM 소프트웨어

- CADD: 맥도넬 항공(McDonnell Aircraft)
- ACAD: 제너럴 다이내믹(General Dynamics), (현) Lockheed
- NCAD/NCAL(Northrop Computer Aided Design/Lofting): 노스롭(Northrop)
- CDS(Conceptual Design System): 록웰(Rockwell)
- CADAM(Computer Aided Design and Manufacturing): 록히드(Lockheed)

(2) 범용 CAD 소프트웨어

- 유니그래픽스(Unigraphics)
- 컴퓨터비전(Computer Vision)
- 프로E(Pro-Engineer)
- CATIA(Computer-Graphics Aided Three Dimensional-Interactive Application): 다소(Dassault) 시스템즈

2. CATIA

CATIA(Computer-Graphics Aided Three Dimensional-Interactive Application)는 프랑스의 항공기 제작사 다소(Dassault)사에서 개발한 형상설계를 위한 CAD 프로그램이다. 다소사에서 개발한 전투기인 라팔(Rafale)은 이 CATIA를 이용해서 제작되었으며 설계부터 생산까지의 과정에서 일어날 수 있는 문제점들을 미리 발견하고 예방할 수 있었다. CATIA의 특징은 삼차원 인터액티브한 설계가 가능하다는 점이다. 즉, 생산 중에 실제로 볼 수 없는 배선의 구성이나 항공기 내부의 구조적 문제점을 삼차원 도면을 통해 확인하여 문제가 발생하지 않도록 하는 것이다. 그리고 삼차원 모델에 직접 물성치를 적용함으로써 구조에 작용하는 응력이나 공기역학적 실험을 DMU를 통해 가능하게 한 것이다. 또한 실제 비행을 통해서 획득할 수 있는 유체의 흐름과 표면에 작용하는 공기압 등의 기체 조종 사이의 상호 관련성을 이 프로그램을 통해서 해석할 수 있었던 것이다. 각 부품을 디지털화하여 양산에 필요한 요소를 미리 조립하여보고 부품 사이의 간섭을 방지할 수 있으며 또한 이를 데이터베이스화함으로써 손쉽게 모든 공정을 관리할 수 있는 강력한 기능을 가지고 있다.

이러한 CATIA는 현재 보잉사와 나사와 같은 항공우주 분야뿐 아니라 다임러 벤츠, 현대 자동차 등의 다양한 분야에서 세계 굴지의 제조업체들이 폭넓게 사용하고 있다.

제5장

동체 형상설계

5.1 개 요

개념설계 단계에서 항공기 구성품의 일반적 배치는 동체와 밀접히 관련되므로 동체의 주요 치수가 비교적 상세히 결정되어야 한다. 동체는 항공기가 운반해야 하는 탑재물들을 담는 역할을 한다. 특히 전방 동체는 조종실을 보호하는 역할을 하며 항공전자 장비 등 기능품이 가장 집중적으로 배치된다. 또한 대부분의 항공기 시스템들이 동체 내부에 장착되며 엔진, 연료, 인입식 착륙장치 등이 설치되기도 한다. 동체 구조물은 추위, 낮은 압력, 높은 바람속도, 외부 소음으로부터의 보호 기능을 수행하며 날개, 꼬리날개, 엔진 등이 결합되는 항공기의 중심이 되는 구조물이다. 동체를 설계할 때는 다음과 같은 설계 요구조건들을 주의 깊게 살펴 형상설계에 반영해야 한다. 동체에서 발생하는 항력은 항공기 전체에서 발생하는 영양력항력(Zero-lift Drag)의 20 ~ 40%를 차지하므로 충분히 작아야 한다. 주어진 동압에서 발생하는 유해항력의 크기는 외부형상과 표피면적에 의해 좌우된다. 만일 동체 직경을 필요 크기보다 10% 크게 하면 항력이 1.5 ~ 3% 증가한다. 항력이 증가하면 연료 소비량의 증가, 항속거리의 감소, 이륙중량의 증가, 양력증가에 따른 유도항력의 증가가 연쇄적으로 발생한다. 이와 같은 항공기 중량 증가의 눈덩이 효과(Snowball Effect) 크기는 항공기 운항형태에 따라 다르며 항력의 최소화를 위한 노력의 정도를 결정한다. 즉, 운항속도가 작고 운항횟수가 많지 않은 화물기의 경우는 화물의 적재와 하역의 용이성을 위하여 좋은 공력특성을 갖는 형상을 포기할 수 있다. 항력의 크기를 좌우하는 설계변수는 세장비(동체 길이 대 직경 비)이다. 아음속기는 항력을 줄이기 위한 세장비를 설정하기보다는 탑재물을 효율적으로 담을 수 있는 형태의 확보에 주안점을 두나 초음속기는 항력을 줄이기 위한 세장비의 최적값에 맞추어 동체를 설계하는 것이 일반적인 경향이다.

동체구조는 충분히 강하고, 단단하며, 가볍고, 수명이 길며 검사와 수리가 용이해야 한다. 승객의 편의성이 보장되어야 하나 운항비용을 낮추기 위해서는 동체를 가능한 한 작고, 조밀한 구조로 설계해야 한다.

5.2 동체의 설계 순서

일반적인 조종실 및 동체의 설계 순서는 다음과 같다.

‖1단계‖ 동체 내에 수용해야 하는 승무원, 승객 및 탑재장비에 대한 목록을 작성한다. 일반적으로 다음의 항목들이 목록에 포함된다.

- 조종실 승무원, 객실 승무원, 특수임무 승무원, 승객의 수 및 중량
- 기내 휴대 수화물, 탑승 수화물, 일반 화물의 중량 및 부피
- 화물 컨테이너의 수, 중량 및 부피
- 특수 탑재장비의 중량 및 부피
- 군용 무장시스템 관련 장비의 중량 및 부피
- 동체 내에 설치하는 연료의 중량 및 부피
- 레이더 장비, 보조동력장치
- 수상기의 경우 접안장치

‖2단계‖ 1단계에서 정리한 목록을 동체 내부배치 도면에 삽입한다. 동체 단면의 크기 및 형태를 결정하고 객실 바닥의 위치를 결정하며 1단계에서 정리한 항목들이 장착될 수 있는 부피가 되는지 점검한다. 각종 점검창, 출입문, 비상탈출구들도 이때 설계한다. 여객기, 수송기, 비즈니스 제트기에서는 다음 사항들을 결정한다.

- 복도의 크기와 수 및 나란히 설치할 좌석 수
- 설치 좌석의 종류와 수: 일등석, 비즈니스클래스, 이코노미클래스
- 옷장, 화장실, 기내 화물칸, 요리실, 객실 승무원석의 배치

  화물기의 경우는 항공기 동체의 양 끝에 화물을 선적, 하역할 수 있는 대형 문을 설치하며 동체의 구조가 크게 달라진다. 군용기의 경우는 기관총, 탄약용기, 미사일 등 무장장치들을 설치할 수 있도록 고려한다.

‖3단계‖ 동체 객실 부분의 외곽선을 완성한다. 이때 동체의 프레임, 격벽(Bulkhead), 외피 등 구조물들을 설치하기 위하여 객실 내부 배치는 동체 외곽선으로부터 일정 간격을 유지하도록 한다. 일반적인 간격의 크기는 다음과 같다.

- 소형민항기: 1.5 in
- 전투기, 훈련기: 2 in
- 대형수송기: $0.02\,d_f + 1\text{in}$ (d_f : 동체 직경)

‖ **4단계** ‖ 조종실, 승무원실에 대한 요구사항을 정리하고 도면화 한다.

‖ **5단계** ‖ 후방동체의 원뿔형을 포함한 동체 전체를 도면화 한다.

5.3 동체 형상의 설계

5.3.1 공간확보를 고려한 형상설계

동체의 크기는 동체 내부에 담을 내용물의 크기, 양, 위치에 의해 결정되며, 다음의 내용들을 고려해야 한다.

1. 승객 요구조건

객실 배치를 위해 결정해야 할 주요 치수들이 그림 5.1에 표시되어 있다. 객실의 배치는 규제 사항들에 의하기보다는 영업적 관점에서 결정되지만 기본적 사항들은 FAR 등에서 규제하고 있다. 그림 5.2는 최소한의 복도 폭을 규제한 내용이며 FAR 25.817에서는 복도 한쪽의 좌석수를 3개 이내로 규제하고 있다. 따라서 6개 이상의 좌석을 나란히 배치하려면 2개의 복도가 필요하다. 객실 벽의 두께는 항공기 종류에 따라 1 ~ 4 in가 필요하므로 객실의 직경은 동체 외형의 직경보다 3 ~ 8 in가 작아진다. 좌석 사이의 간격(Pitch)은 승객에 대한 여행의 안락성을 보장해주는 차원에서 결정한다.

화장실 및 조리실은 항공기 종류나 승객의 수에 따라 확보면적이 다르나 화장실의 경우는 일반적으로 승객 20명당 1개를 확보하며, 승무원실은 항공기의 종류에 따라 다르다.

표 5.1에 일반적인 객실 배치를 위한 데이터가 주어져 있으므로 초기설계 단계에서는 이 값들을 사용할 수 있으며 그림 5.3에는 DC-10 여객기에 대한 객실 배치의 예를 나타낸다.

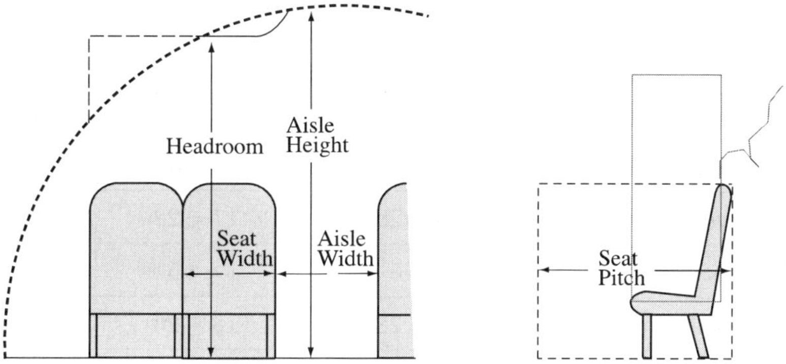

| 그림 5.1 | 여객기 객실 배치 여유

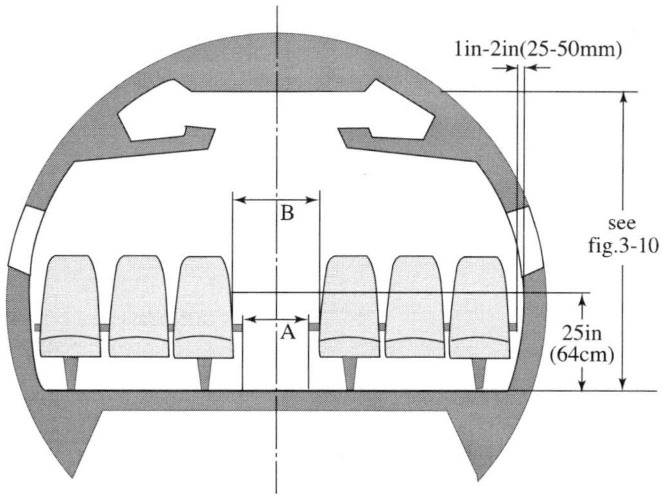

number of seats	A minimum	B minimum
10 or less	12 in, 305 mm	15 in, 381 mm
11 through 19	12 in, 305 mm	20 in, 508 mm
20 or more	15 in, 381 mm	20 in, 508 mm

그림 5.2 여객기복도 폭의 최소값
(참조: FAR 25.815, BCAR D4-3, FAR 5.2.6)

| 표 5.1 | 객실 배치를 위한 일반적인 치수

	First class	Economy	High density/ Small aircraft
Seat pitch(in.)	38 − 40	34 − 36	30 − 32
Seat width(in.)	20 − 28	17 − 22	16 − 18
Headroom(in.)	> 65	> 65	−
Aisle width(in.)	20 − 28	18 − 20	≥ 12
Aisle height(in.)	> 76	> 76	> 60
Passenger per cabin staff (international-domestic)	16 − 20	31 − 36	≤ 50
Passenger per lavatory (40"×40")	10 − 20	40 − 60	40 − 60
Galley volume per Passenger (ft^3/pass)	5 − 8	1 − 2	0 − 1

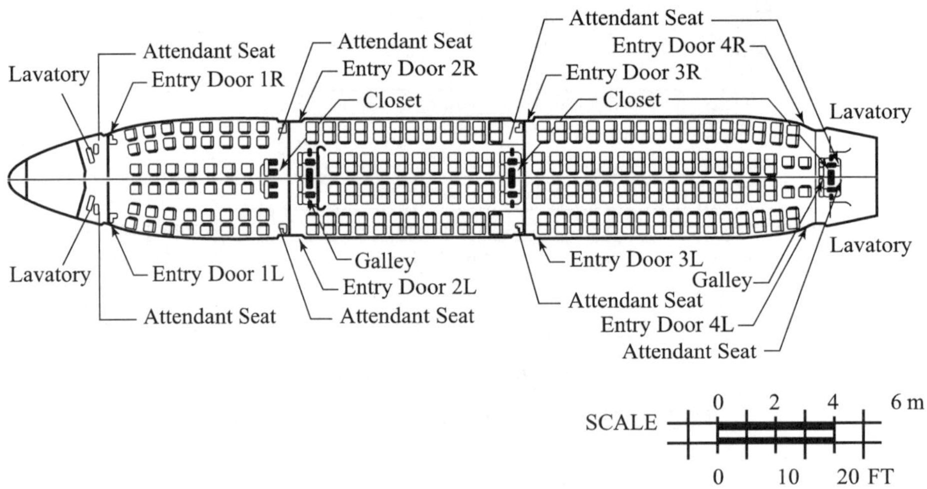

| 그림 5.3 | McDonell Douglas DC-10의 객실 배치

최근에 A380과 같은 항공기에는 새로운 형태의 객실 디자인이 검토되었다. 그림 5.4는 설계 초기에 검토된 내용의 일부를 나타낸다.

| 그림 5.4 | A380의 객실 내부 디자인

2. 화물 요구조건

화물은 항공기 운항 중에 움직이지 않도록 안전하게 운송되어야 한다. 대형민항기들은 컨테이너에 화물을 싣고 컨테이너를 항공기 화물실에 설치한다. 설계 시에 새로운 규격의 컨테이너를 사용하기보다는 표준 컨테이너를 사용하는 것이 유리하다. 일반적으로 많이 사용되는 컨테이너를 그림 5.5에 나타내었다. LD-3 컨테이너는 모든 광폭(Wide Body) 항공기에 사용된다. B-747의 경우 30개의 LD-3 컨테이너와 추가로 1,000 ft^3의 화물을 실을 수 있다. DC-10과 에어버스(Airbus)의 경우는 14개의 LD-3컨테이너와 추가로 각각 805 ft^3와 565 ft^3의 화물을 실을 수 있다. 컨테이너의 선적 및 하역을 위하여 동체 양쪽에 약 70 in 폭의 문이 필요하다. 저익의 경우 화물실은 날개 앞과 뒤에 각각 1개씩 배치된다. 소형항공기에서는 컨테이너를 사용하지 않으며 개개의 화물을 화물실에 직접 싣는다. 군용수송기의 경우는 컨테이너 대신 평평한 팔레트를 사용하며 화물실 바닥은 특별한 화물 운반장치 없이도 선적과 하역을 할 수 있도록 지상으로부터 4 ~ 5 ft 위에 있도록 설계한다. 군용수송기의 화물실 단면 형상은 어떤 화물을 실을 수 있느냐를 결정하기 때문에 매우 중요하다. 미국에서 가장 큰 군용수송기인 C-5는 M-60 탱크, 헬리콥터, 대형 트럭 등을 수송할 수 있도록 화물실 후미를 폭 19 ft, 높이 13.5 ft, 길이 121 ft로 크게 설계하였다. C-130의 경우는 중대 병력을 수송할 목적으로 설계되었으며 화물실 후미는 폭 10 ft 3 in, 높이 9 ft 2 in, 길이 41 ft 5 in이다.

3. 조종실

조종실의 크기는 항공기마다 다르나 일반적으로 장거리 군용 또는 민항기의 경우 2명에서 4명의 승무원을 수용할 수 있도록 정한다. 조종실의 길이는 2명의 승무원 기준으로 100인치, 3명의 승무원 기준으로 130인치, 4명의 승무원 기준으로 150인치 정도로 한다.

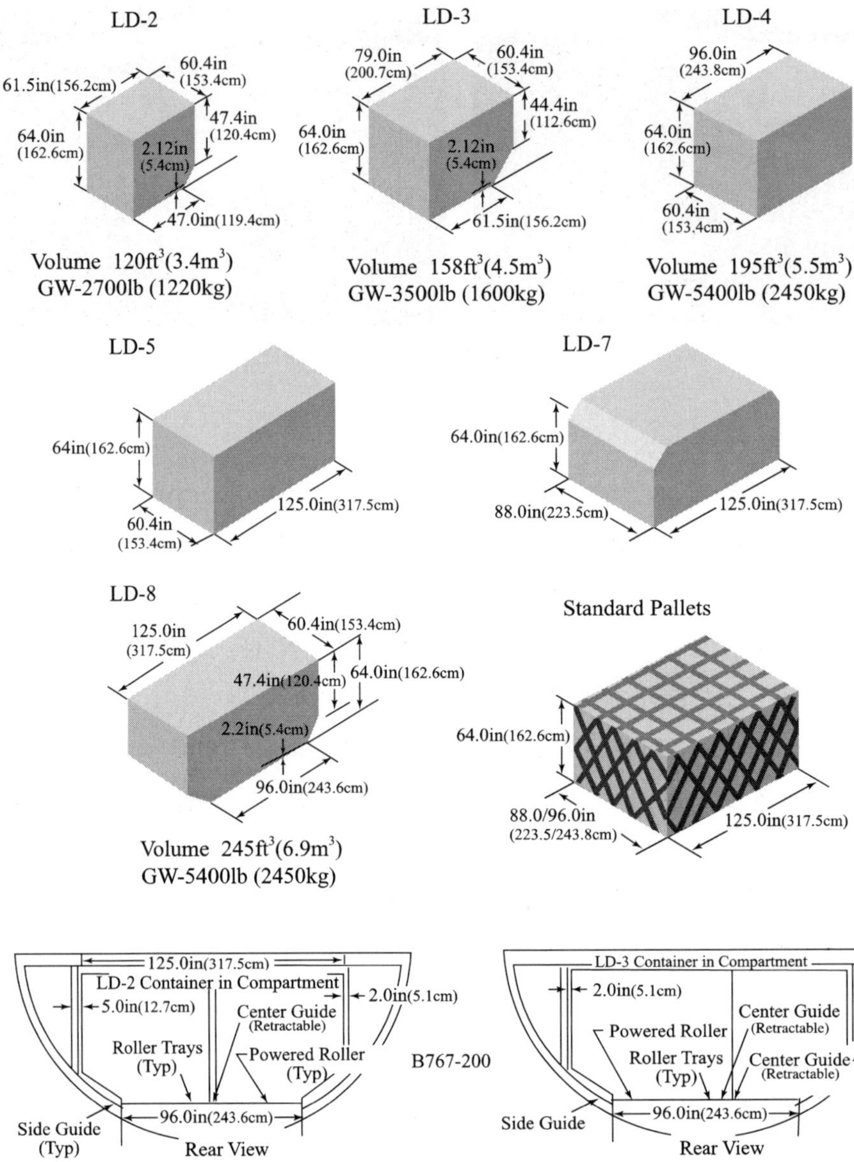

Up Restraint Provided by Floor Beams
Side Restraint Provided by Side, Center and
Container Guides

| 그림 5.5 | 일반적인 화물 컨테이너 형태

조종석 시계는 개념설계시에 주로 고려할 부분으로 조종사의 시계 관련 설계요구를 설정하고 이에 따라 조종실의 위치, 높이, 조종석의 위치, 그리고 전방 동체의 모양 등이 결정된다. 조종석 시계 관련 설계 요구로는 통상, 착륙을 위한 최종 접근(Final Approach)

시에 활주로의 착륙점(touchdown Point)이 보이도록 하방 시계각(overnose angle)이 확보되어야 한다는 것이다. 하방 시계각 $\alpha_{overnose}$은 그림 5.6과 같이 정의된다.

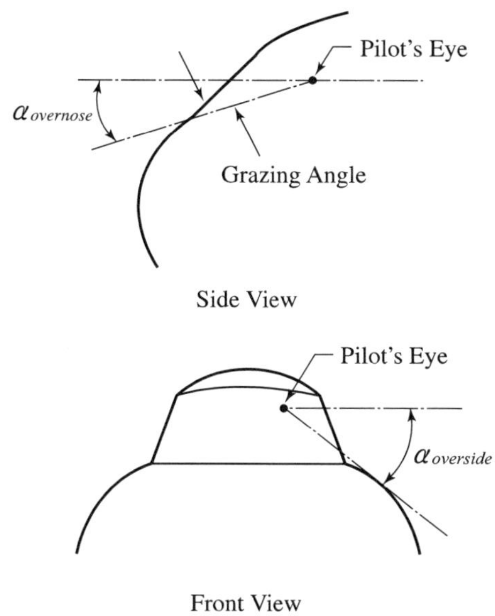

| 그림 5.6 | 조정석에서의 시계각

하방 시계각은 다음과 같은 경험식으로 계산한다.

$$\alpha_{overnose} = \alpha_{approach} + 0.07\,V_{approach} \quad (\alpha: \mathrm{deg},\, V: \mathrm{knots}) \tag{5.1}$$

이때 접근각 $\alpha_{approach}$는 다음 식으로 구한다.

$$\alpha_{approach} = \sin^{-1}\left(\frac{-D}{W}\right) \tag{5.2}$$

식 (5.2)에서 D는 항력이고 W는 착륙 시의 항공기 중량이다. 접근속도 $V_{approach}$는 장애물 회피 고도에서의 항공기 속도이며 일반적으로 실속속도의 1.3배이고 단위는 knots이다. 조종석 시계는 전방시계뿐만 아니라 측면의 시계(Side Vision Angle) 또한 중요하며 카나드 날개 부착점의 결정에도 중요한 영향을 미친다. 항공기 종류별로 일반적인 하방 시계각과 측방 시계각을 표 5.2에 나타내었다.

상방 시계각(Upward Vision Angle) 또한 중요하며 수송기나 폭격기 등은 수평선 위

20°까지의 시계를 확보해야 하며, 전투기의 경우에는 상방각에 제한이 없어야 한다. 캐노피 구조물(Frame)의 너비는 2 in 이하이어야 하며 상방 시계각을 확보하기 위해서 F-16은 일체형 캐노피를 채용하고 있다.

| 표 5.2 | 항공기 종류별 하방 시계각과 측방 시계각

	$\alpha_{overnoise}$	$\alpha_{overside}$
군용수송기/폭격기	17°	35°
전투기	$11^\circ - 15^\circ$	40°
소형 상용항공기	$5^\circ - 10^\circ$	35°
민간수송기	$11^\circ - 20^\circ$	35°

4. 연료탱크

연료는 날개나 동체에 탑재한다. 연료를 어디에 탑재하느냐 하는 문제는 항공기 중량, 안정성, 전투 취약성 등에 큰 영향을 미친다. 개념설계 단계에서 전투기는 모든 연료가 동체 내에 탑재된다고 가정하고 동체의 소요 부피를 계산하는 것이 일반적이며 여객기의 경우는 모든 연료가 날개 내부에 탑재된다고 가정한다. 연료 탑재에 필요한 부피는 표 5.3에서 주어진 밀도 자료로 계산할 수 있다.

| 표 5.3 | 항공연료의 부피 대 중량

	JP-4	JP-5	Aviation gasoline
1 gal (3.8 l)	6.5 lb (2.9 kg)	7.1 lb (3.2 kg)	5.75 lb (2.6 kg)
1 ft^3 (28.3 l)	48.6 lb (22 kg)	53 lb (24 kg)	43 lb (19.5 kg)

실제 연료 탑재에 활용되는 부피는 어떤 연료탱크를 사용하느냐에 따라 다르다. 연료탱크는 독립 연료탱크, 블래더 형 연료탱크, 일체형 연료탱크가 있다. 연료탱크의 종류에 따라 가용 부피의 몇 퍼센트가 연료를 저장할 수 있는지가 다르다. 독립 연료탱크는 소형 상용항공기에 주로 사용되며 별도로 제작된 탱크를 날개의 뿌리, 앞전 가까이에 장착한다. 동체에 장착될 때는 엔진 뒤, 조종사의 발 윗부분에 설치한다. 블래더형 연료탱크는 두꺼운 고무 백으로 날개나 동체의 빈 부분에 장착한다. 블래더형 연료탱크의 장점은 피탄되었을 때 연료가 새지 않는다는 것이다. 일반적으로 날개에 장착할 때는 빈 공간의

77%, 동체에 장착할 때는 빈 공간의 83%를 연료 보관으로 사용할 수 있다. 일체형 연료 탱크는 항공기 구조물의 빈 공간을 밀폐하여 연료탱크로 사용한다. 날개의 경우 외부 스킨으로 측정한 부피의 85%를 연료 탑재에 사용할 수 있으며 동체의 경우 외부 스킨으로 측정한 부피의 92%를 연료 탑재에 사용할 수 있다.

5. 내부엔진 및 공기흡입구

전투기나 소형상용기의 경우 엔진이 동체 내에 설치되기도 한다. 그러나 B-727, L-1011의 경우와 같이 장거리 민간수송기의 경우에도 엔진이 동체 내에 설치되는 경우가 있다. 이 경우 엔진과 공기흡입구가 차지하는 부피가 동체 내의 탑재물 부피에 포함되어 설계되어야 한다. 개념설계 단계에서 엔진의 크기를 예측하기가 쉽지 않으므로 유사 항공기의 경우를 참조하여 설계한다. 공기흡입구의 형식은 항공기의 운항 속도에 따라 결정된다. 일반적으로 공기흡입구의 역할은 엔진 압축기에 마하수 0.4 ~ 0.5 정도의 공기가 공급될 수 있도록 흡입 공기 속도를 낮추는 것이다. 아음속기의 경우 디퓨저를 사용하고 초음속기에서는 압축 충격파가 발생하도록 흡입구 단면적을 조절하여 공기 속도를 낮춘다. 개념설계의 단계에서 공기흡입구의 크기를 예측하기가 어려우므로 경험적으로 공기흡입구의 단면적은 엔진 압축기의 단면적과 같이 하고 길이는 엔진 길이의 60%로 한다.

6. 날개부착

날개를 동체에 부착하는 방법에 따라 동체 설계가 많이 달라진다. 구조적 안정성을 위해서는 날개를 일체형으로 하는 것이 가장 좋다. 이때 동체를 관통하는 부분을 날개 케리-드루(carry through) 구조라고 부른다. 날개의 굽힘 모멘트를 견디기 위하여 날개 뿌리 부분의 에어포일 두께를 가장 두껍게 설계하므로 날개 케리-드루 구조가 동체에서 차지하는 부피가 매우 크게 된다. 날개 설계 과정에서 날개 뿌리 부분의 에어포일 두께가 결정되므로 동체에서 케리-드루 구조가 동체에서 차지하는 부피를 계산할 수 있다.

7. 착륙장치

대부분의 항공기에서 착륙장치를 접어들일 때 착륙장치의 전부 또는 일부를 동체 내에 위치시켜야 한다. 그러므로 동체 설계 시 이에 소요되는 부피를 감안해야 한다. 착륙장치의 크기와 위치는 항공기에 따라 다르며 설계 초기에는 유사 항공기를 참조하여 설계한다. 유사 항공기를 선택할 때 설계 이륙 총중량이 비슷한 항공기를 선택하는 것이 중요하다. 대부분의 민간 수송기나 전투기는 접이들이식 삼각착륙장치를 사용한다. 이 경우 앞착륙장치는 동체에 장착되고 동체에 접어들게 되며 주착륙장치는 날개에 장착되고 날개나 날개/동체 접속 부위에 접어들이게 된다. 무거운 항공기의 경우는 다중 보기(boggi)형 착륙장치를 사용한다. 두 바퀴 보기형 착륙장치는 설계 이륙총중량이 50,000－150,000 lbs일 때 사용하고 네 바퀴 보기형 착륙장치는 설계 이륙총중량이 200,000－400,000 lbs일 때 사용한다. 착륙장치 부피의 대부분은 바퀴가 차지한다. 이때 바퀴는 허브와 타이어를 의미한다. 바퀴의 크기는 바퀴가 감당하는 항공기 무게에 비례한다. 대부분의 경우 주착륙장치가 항공기 무게의 90%를 담당하며 앞착륙장치가 나머지 10%를 담당한다. 주착륙장치 바퀴의 직경과 폭을 통계치를 활용하여 다음과 같이 예측할 수 있다.

$$\text{Main Wheel Diameter or Width (in)} = A\,W_{main}^{B} \tag{5.3}$$

이때 A와 B는 표 5.4와 같이 주어진다.

| 표 5.4 | 주착륙장치 바퀴 크기 계수

	직경		폭	
	A	B	A	B
General Aviation	1.510	0.349	0.715	0.312
Business Twin Jet	2.690	0.251	1.170	0.216
Transport/Bomber	1.630	0.315	0.104	0.480
Fighter/Trainer	1.590	0.302	0.098	0.467

각 바퀴가 감당하는 항공기 무게는 바퀴의 수에 따라 다르므로 다음 식으로 계산할 수 있다.

$$W_{main} = \frac{0.9\,W_{TO}}{N_{wheels}} \tag{5.4}$$

주착륙장치 바퀴의 크기를 예측한 후에 앞착륙장치 바퀴는 주착륙장치 바퀴의 크기의 40% 정도로 예측한다. 4륜 착륙장치의 경우는 앞착륙장치 바퀴와 주착륙장치 바퀴의 크기가 같다. 항공기가 포장되지 않은 활주로에서 운영될 경우는 예측된 바퀴 크기에 30%

를 증가시킨다.

8. 무장장착위치

전투기의 경우 장착될 기관총, 폭탄 및 미사일의 종류, 크기, 개수를 결정하고 장착위치, 투하 방식을 고려한다. 무장을 항공기 외부에 설치하면 동체의 크기를 줄일 수 있으나 항력이 증가한다. 경우에 따라서 외부 무장으로 인한 항력이 항공기 전체의 항력과 그 크기가 비슷해지기도 한다. 동체 내부에 무장을 장착하면 항력은 최소화할 수 있으나 무장이 차지하는 부피를 포함해야 하며 무장의 장탈착을 위한 설계도 반영해야 한다.

9. 항공전자 부품

항공전자 부품들은 통신항법장치, 레이더 및 사격통제 시스템, 침투장비, 자동항행 시스템 및 각종 계기류들이다. 항공기 설계 요구조건에 따라 또는 설계자의 선택에 의해 소요 항공전자장비를 선택하게 되며 표 5.5에서 일반적인 중량과 부피를 구할 수 있다.

| 표 5.5 | 항공전자 장비의 크기 및 중량

Item	Model Designation	Volume(ft^3)	Weight(lb)
Intercom System	AIC-25	–	19.2
UHF Communications	ARC-109	–	51.0
	ARC-150	0.21	11.0
UHF DF Homing	705 CA	–	5.0
Air to Ground IFF	APX-64	–	53.0
	APX-92	0.11	13.0
TACAN	ARN-52	–	61.0
	ARN-100	1.10	46.0
ILS-VOR	ARN-584	–	27.0
	RCS-AVN-220	0.05	3.5
Gyro Compass	ASN-89	0.21	8.4
Gyro Compass	ASN-89	0.21	8.4
Internal Navigation System	AJQ-20	–	207.0
	Ln-30	1.08	44.0
HF Radio	ARC-123	–	78.4
Autopilot System	–	–	168.5

Item	Model Designation	Volume(ft^3)	Weight(lb)
Air Data Computer	AXC-710	0.50	14.0
Radar Warning and Homing	APS-109	–	182.0
ECM Equipment	APR-41	0.17	22.0
	ECM-ALQ-103	–	637.0
Counter Measures Dispensing Set	ALE-28	–	117.0
Counter Measures Receiving Set	ALR-23	–	94.0
Radar Altimeter	APN-167	–	38.2
Attack Radar	APQ-113	–	387.2
Range only Radar	SSR-1(GE)	0.55	25.0
Terrain Following Radar	APQ-110	–	249.0
Head-Up Display	TSP-2199	1.60	37.0
Gun Camera	16mm Telford	0.03	2.0
Lead Computing Optical Sight	ASG-23	–	5.0
Flight Data Recorder	–	0.30	15.6

5.3.2 공력특성을 고려한 형상설계

1. 동체의 세장비

동체 형상을 길고 가늘게 혹은 짧고 땅달막한 형태로 설계할 것인가는 중요한 설계변수이다. 동체의 세장비는 동체길이/동체직경 (l/d)로 표현한다. 동체의 최적 세장비는 아음속과 초음속의 경우에 따라 각기 다르다. 아음속의 경우 유해항력계수 C_{D_0}는 표면마찰항력 C_F와 점성박리에 의한 압력항력 $C_{D_{Pmin}}$으로 구성된다.

그림 5.7에서 C_{D_0}는 최대단면적을 기준면적으로 한 값이다. $l/d=1$은 구형을 나타내며 이때는 C_{D_0}의 대부분을 $C_{D_{Pmin}}$이 차지하며 세장비 $l/d=3$에서 C_{D_0}는 최소값을 갖는다. 초음속의 경우 유해항력계수 C_{D_0}는 표면마찰항력 C_F와 조파항력 C_{D_w}으로 구성된다.

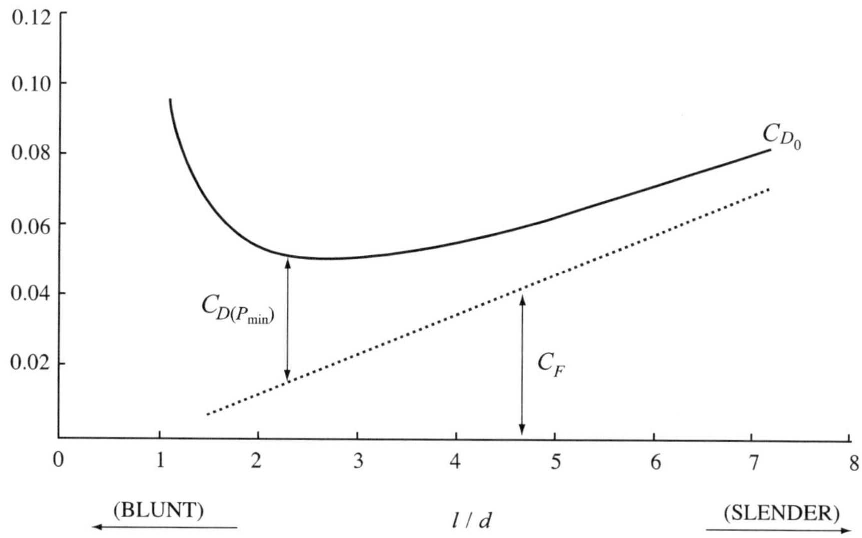

| 그림 5.7 | l/d 변화에 따른 아음속 C_{D_0}의 변화

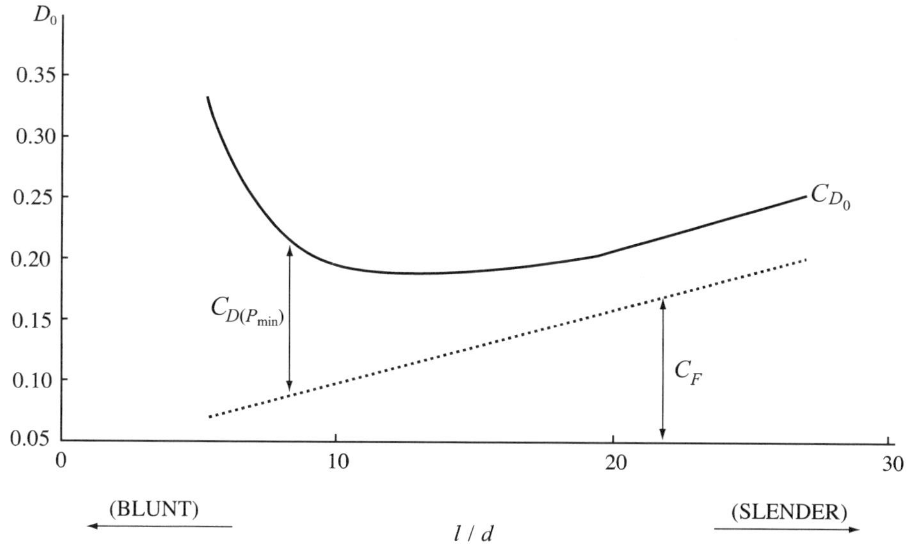

| 그림 5.8 | l/d 변화에 따른 초음속 C_{D_0}의 변화

그림 5.8에서와 같이 세장비 $l/d = 14$에서 C_{D_0}는 최소값을 갖는다. 아음속과 초음속 영역 모두에서 운항하는 경우 운항의 대부분을 차지하는 조건에 맞는 세장비를 선택한다. 예로 초음속여객기의 경우는 세장비 $l/d = 14$로 한다. 아음속과 초음속 영역을 절반씩 운항하는 항공기가 있다면 세장비 $l/d = 3$과 세장비 $l/d = 14$ 사이에서 절충해야 한다. 전투기의 경우는 세장비가 $l/d = 8 \sim 10$정도이다.

2. 동체의 형상

그림 5.9은 동체의 주요 치수에 대한 변수들을 나타내며 표 5.6에서는 이 변수들의 크기를 항공기 유형별로 나타낸 것이다. 특별한 사유가 없는 한 표 5.3에서 주어진 변수의 범위를 벗어나지 말아야 한다. 동체의 끝 부분 원뿔 모양은 유선형이어야 한다. 동체 끝의 l_{fc}가 작아서 뭉툭한 형상이면 동체의 중량은 작아지나 기체유동의 박리가 발생하여 C_{D_0}가 크게 증가한다. 동체 끝의 l_{fc}가 너무 커진 뾰족한 형태이면 동체의 중량이 커지고 표면마찰 항력도 증가한다. 또한 l_{fc}가 커지면 모멘트 암이 커져서 꼬리날개의 면적이 작아진다. 반대로 l_{fc}가 작아지면 모멘트 암이 작아져서 꼬리날개의 면적이 커진다.

| 표 5.6 | 항공기 유형별 일반적 동체치수의 변수값

Airplane Type	l_f/d_f	L_{fc}/d_f	θ_{fc}
Homebuilts	4 − 8	3	2 − 9
Single Engine	5 − 8	3 − 4	3 − 9
Twins	3.6 − 8	2.6 − 4	6 − 13
Agricultural	5 − 8	3 − 4	1 − 7
Business Jets	7 − 9.5	2.5 − 5	6 − 11
Regionals	5.6 − 10	2 − 4	15 − 19
Jet Transports	6.8 − 11.5	2.6 − 4	11 − 16
Mil. Trainers	5.4 − 7.5	3	Up to 14
Fighters	7 − 11	3 − 5	0 − 8
Mil. Transport, Bombers, Patrol Airplanes	6 − 13	2.5 − 6	7 − 25
Flying Boats	6 − 11	3 − 6	8 − 14
Supersonics	12 − 25	6 − 8	2 − 9

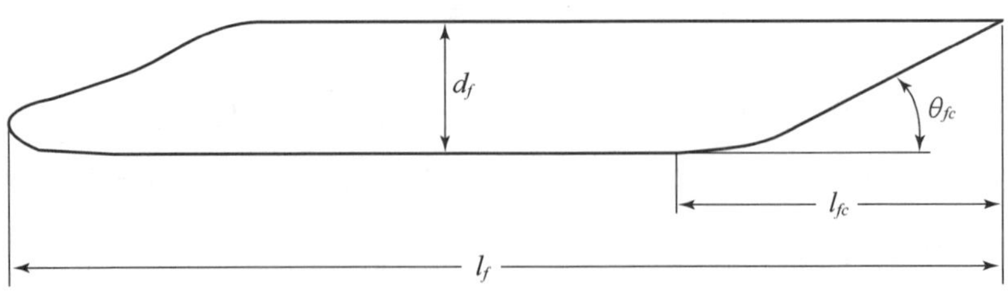

| 그림 5.9 | 동체 치수 관련 변수

제6장

추진 계통 설계

6.1 개 요

주날개, 동체 및 꼬리날개 등 설계 항공기의 전체 항력이 구해지면 이를 극복하기 위한 추력이 필요하다. 따라서 항공기의 추진 계통은 항공기의 계속적인 비행을 위해서는 반드시 필요한 장비이다.

여기서는 추진 기관의 종류 및 형상 그리고 항공기의 종류와 임무에 연관된 추진 기관의 선정 기준, 추진 기관의 위치, 여러 가지 공기흡입구의 형태 및 장단점에 대하여 설명한다. 또한 추진 기관의 배치를 정하기 위한 실제 기관의 크기 및 장착 요구조건을 비롯하여 분사 추진 기관 또는 프로펠러의 추력 추정방법과 장착 추력 보정방법에 대하여 알아보고 추진 계통의 설계 예를 다룬다.

6.2 추진 기관의 종류 및 선정 기준

6.2.1 추진 기관의 종류

항공기에 사용되는 추진 계통은 크게 분사 추진 계통과 프로펠러 추진 계통으로 나눌 수 있다. 분사 추진 계통에 사용되는 추진 기관은 가스터빈 기관(gas-turbine engine)으로 분류되는 터보제트(turbo-jet), 터보팬(turbo-fan) 기관과 고 초음속 비행(M=3 ~ 4)에 사용되는 램제트(ram jet) 및 스크램제트(scram jet) 기관이 있다. 프로펠러 추진 계통에는 왕복 기관과 터보 프롭(turbo-prop) 기관이 사용된다.

가스터빈 기관은 압축기(compressor), 연소기(burner, combustor), 터빈(turbine)으로 구성되며 이를 가스 발생기(gas generator)라 한다. 압축기는 흡입된 공기를 압축하여 연소기에 공급하는 기능을, 연소기는 연료를 연소시켜 연료의 화학에너지를 열에너지로 바꾸어 공기의 온도를 높이는 기능을, 터빈은 연소기에서 발생한 고온·고압 가스의 열에너지로부터 기계적 에너지를 뽑아내 압축기를 회전시키는 기능을 수행한다. 가스 발생기에서 만들어진 고온, 고압의 연소 가스를 이용하여 추력을 발생시키는 방법에 따라 가스터빈 기관은 터보제트, 터보팬, 터보프롭 기관으로 구분한다.

가스터빈 기관에서 연료의 연소에 필요한 공기와 연료의 혼합비는 약 15대 1이나, 이와 같은 혼합비에서 연소된 연소 가스의 온도는 매우 높으므로 이를 냉각시켜 터빈에 공급하여야 한다. 압축기에서 연소기에 공급된 공기의 대략 75% 정도는 연소 가스와 혼합되어 냉각에 사용되기 때문에 터빈을 지난 연소 가스에 연료를 분사시키면 또다시 연소가 이루어질 수 있다. 터보제트 기관이나 낮은 바이패스비의 터보팬 기관의 터빈 출구에 별도의 연소기를 두어 연료를 분사 연소시켜 추력을 증가시킬 수 있는데 이를 후연소기(afterburner)라 하며, 후연소기는 추력을 크게 증가시킬 수 있으나 효율이 낮기 때문에 이륙 또는 초음속 비행시와 같이 큰 추력이 요구될 때 사용하며 주로 군용 초음속기에서 후연소기를 갖도록 설계한다.

비행 마하 수 3 이상의 매우 높은 초음속 비행을 하는 항공기의 경우에는 초음속 흐름의 단열 압축을 사용하여 압축기 및 터빈이 없이 고온·고압의 공기를 연소기에 공급하는 램제트(ram-jet) 또는 스크램제트(scram-jet) 기관이 주 추진 기관으로 사용되기도 한다.

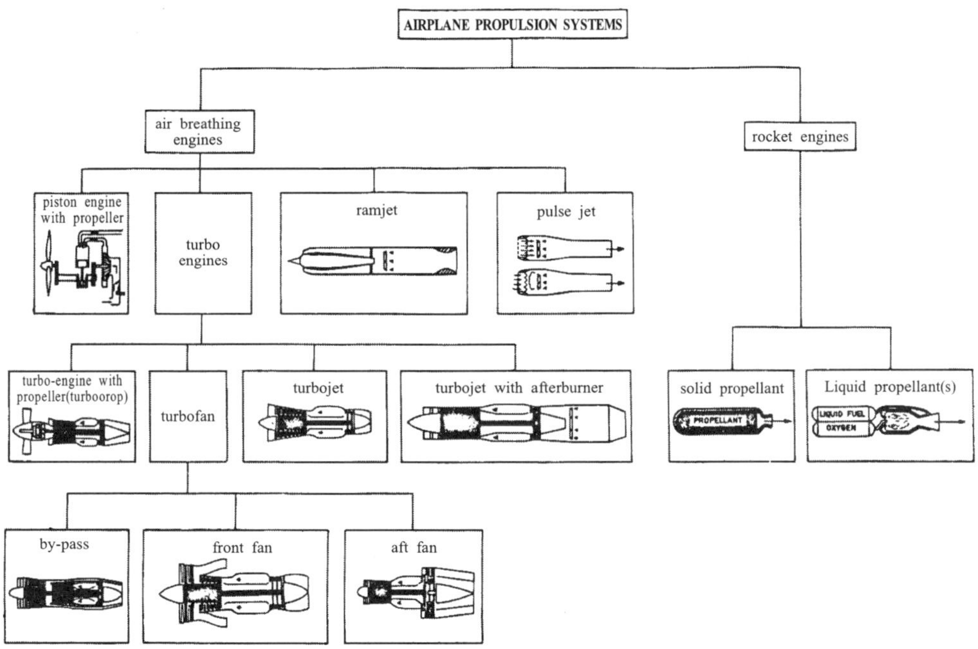

| 그림 6.1 | 항공기 추진 장치의 분류

6.2.2 추진 기관의 선정 기준

항공기 추진 기관의 선정은 항공기의 크기 및 비행 고도와 속도 범위에 따라 기준이 정해진다.

비행기의 추진 계통의 추력은 추진 계통에 의해 흡입되는 공기 유량과 공기의 속도 변화율의 곱에 비례한다. 터보제트 기관은 적은 유량의 공기를 빠른 속도로 분사시키기 때문에 버려지는 배기 가스의 운동 에너지가 많아 추진 효율이 낮다. 반면에 프로펠러 추진 계통은 많은 양의 공기를 비교적 작은 속도로 가속하므로 추진 효율이 높다. 그러나 프로펠러 추진은 비행 속도가 커지게 되면 공기의 압축성 효과로 인하여 프로펠러 효율이 급격히 감소하기 때문에 프로펠러 추진 계통은 마하수 0.6 미만의 중, 저 아음속 비행에 효율적이다. 프로펠러 추진 계통에 사용되는 기관은 저고도 비행을 하는 약 500마력급 이하의 소형 항공기에는 왕복 기관이 사용된다. 왕복 기관은 가스터빈 기관에 비하여 값이 싸고 연료 소모율이 매우 낮은 장점이 있지만, 출력에 비하여 무게가 크고 소음과 진동의 문제가 있기 때문에 현대의 대부분 저 아음속 중, 대형항공기에는 가격은 비싸지만 마력당 무게비가 작고 고고도 비행이 가능한 터보프롭 기관이 사용된다.

반면에 분사 추진 기관은 비행 속도가 커질수록 효율이 증가하고 높은 추력을 발생시킬 수 있으므로 현대의 고속·고성능 항공기는 대부분 가스터빈 기관을 사용하고 있다.

가스터빈 기관의 가스 발생기에서 만들어진 배기 가스의 에너지 중 일부를 터빈에 의해 흡수하여 팬을 구동함으로써 배기 노즐에서 분사 속도를 낮추는 대신 팬에 의하여 많은 양의 공기를 가속시킴으로써 동일한 추력을 유지하면서 추진 효율을 높일 수 있도록 한 것이 터보팬 기관이다. 터보팬 기관에서 흡입된 전체 공기 중 연소에 참여한 공기량과 팬을 지나가는 공기량의 비를 바이패스비(by-pass ratio, BPR)라 한다. 바이패스비가 커질수록 추진 효율은 증가하고 추력도 커지지만 고속에서는 그 성능이 저하되고 기관의 크기 및 무게가 증가한다.

항공기의 추진 기관을 결정하는 기준 요소는 최대 비행 속도, 연료 소모율, 기관의 크기 및 무게 등이다. 대부분 고 아음속의 대형기는 고 바이패스비의 터보팬 기관, 초음속 소형기는 저 바이패스비의 터보팬 또는 터보제트 기관을, 그리고 저 아음속의 중, 소형기는 터보프롭이나 왕복 기관을 선택하는 것이 일반적인 경향이다.

6.3 분사 추진 계통

6.3.1 분사 추진 계통의 크기 및 형태

1. 기관의 크기 및 수

기관의 크기는 발생 추력에 따라 다르다. 항공기에 필요한 추력은 항공기의 임무에 따라 달라진다. 순항 효율이 중요시되는 장거리 수송기인 경우 추력중량비(thrust to weight ratio, T/W)비는 0.20 ~ 0.35이고 중·단거리 수송기인 경우에는 0.30 ~ 0.45이다. 순항 성능을 어느 정도 무시할 수 있는 군용기인 경우에 추력중량비는 근접 지원기 0.4 ~ 0.6, 전투기 0.8 ~ 1.3 그리고 고속 요격기는 0.55 ~ 0.8 정도이다.

기관의 수는 설계 항공기의 임무 요구에 필요한 충분한 추력과 기관당 발생 추력에 의해 구할 수 있다. 기관의 수는 가능한 적은 것이 단순하고, 가볍고, 효율적이며 경비면에서 유리하다. 그렇지만 상업용 여객기인 경우에는 2개 이상의 기관을 사용하도록 권장하며, 이 경우 한 개의 기관이 작동치 않을 시에도 최소한의 항공기 성능이 유지되어야 한다.

여러 조건하에서 기관의 최대 성능은 기관 정격(engine rating) 출력에 의해 정해진다. 기관의 정격 출력에는 최대 이륙(maximum take-off), 최대 상승(maximum climb), 최대 순항(maximum cruise) 출력으로 구분된다.

이륙 정격 출력은 기관의 인준된 최대 추력으로 이륙시와 같이 단 시간 큰 추력이 필요할 때 사용이 허가된 것으로 대략 5분 정도의 짧은 시간 동안만 작동이 가능하다. 최대 이륙 추력은 가스터빈 기관의 지상 정지 추력(sea-level static thrust: SLST)으로 정해지며 기관의 크기 산정에 사용된다. 이륙 추력은 가스 터빈 기관의 기준 추력(100% 추력)이 되며, 흡입 공기 온도가 높아지면 제한을 받는다. 보통 대기 온도가 30℃ 이하에서는 일정한 값을 유지하나 온도가 더 높아지면 추력은 선형적으로 감소한다. 후연소기가 있는 기관은 후연소기 사용시와 비사용시로 최대 이륙 추력을 나누어 취급한다.

최대 상승 추력은 정상 상승 비행을 위해 인준된 최대 추력으로 이륙 추력의 90 ~ 93%의 값을 갖는다.

최대 순항 추력은 정상 순항 비행을 위해 인준된 최대 추력으로 이륙 추력의 약 80% 정도이고 작동 시간에 있어서 제한 없이 연속 작동 가능하다.

기관의 크기란 기관의 무게와 기하학적 크기를 의미한다. 현존하는 기관 중에서 선택하여 사용하는 경우 기관의 크기는 제작 회사로부터 구할 수 있으나, 가상 기관(rubber engine)인 경우에는 표준 기관(normalized engine)으로부터 적절한 축척(scaling)을 적용하여 추정하여야 한다. 예를 들면 새로운 전투기에 사용될 기관은 1990년대의 F-15나 F-16에 사용된 프랫 앤 휘트니(Pratt & Whitney)사의 F-100 터보팬 기관을 표준 기관으로 사용할 수 있다. 이때 기술의 발전을 고려하여 무게와 연료 소모율이 10 ~ 20% 감소할 것으로 예상하는 것도 가능하다. 축척에는 스케일 계수(scale factor, SF)가 사용된다. Raymer는 다음과 같은 기관 크기 요소에 대한 스케일링 식을 제시하고 있다.

$$L = L_{actual}(SF)^{0.4} \tag{6.1}$$

$$D = D_{actual}(SF)^{0.5} \tag{6.2}$$

$$W = W_{actual}(SF)^{1.1} \tag{6.3}$$

여기서 L, D, W는 각각 그림 6.2에 표시된 기관의 길이, 지름, 무게를 나타내고 스케일 계수는 다음과 같이 설계 항공기의 필요 추력과 표준 기관의 추력의 비로 정의한다.

$$SF = T_{req}/T_{actual} \tag{6.4}$$

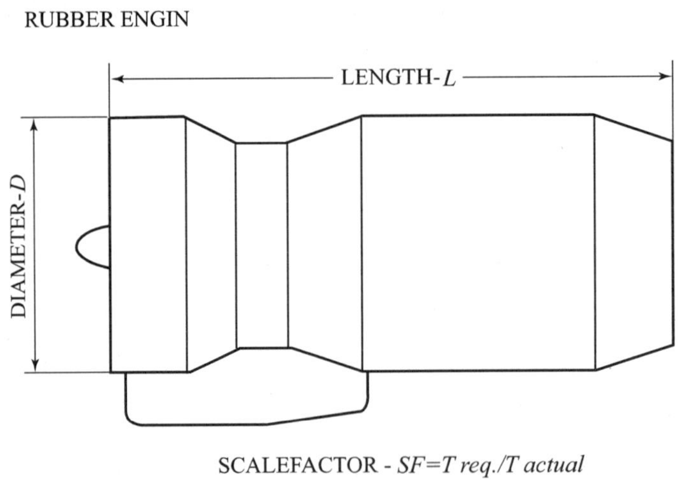

| 그림 6.2 | 기관의 크기

표준 기관을 사용할 수 없는 경우에는 통계 자료에 입각한 근사식을 사용해야 하며, Raymer는 다음과 같은 식을 제시하고 있다.

(1) 후연소기가 없는 아음속 항공기 기관($0 \le BPR \le 6.0$)의 경우

$$W = 0.084\,T^{1.1} e^{(-0.045BPR)} \quad \text{(lb)} \qquad (6.5)$$

$$L = 2.22\,T^{0.4} M^{0.2} \quad \text{(inch)} \qquad (6.6)$$

$$D = 0.3937\,T^{0.5} e^{(0.04BPR)} \quad \text{(inch)} \qquad (6.7)$$

$$SFC_{\max T} = 0.67 e^{(-0.12BPR)} \quad \text{(1/hr)} \qquad (6.8)$$

$$T_{cruise} = 0.60\,T^{0.9} e^{(0.02BPR)} \quad \text{(lb)} \qquad (6.9)$$

$$SFC_{cruise} = 0.88 e^{(-0.05BPR)} \quad \text{(1/hr)} \qquad (6.10)$$

(2) 후연소기가 있는 초음속 전투기 및 폭격기($1 \le M \le 2.5,\ 0 \le BPR \le 1.0$)의 경우

$$W = 0.063\,T^{1.1} M^{0.25} e^{(-0.81BPR)} \quad \text{(lb)} \qquad (6.11)$$

$$L = 3.06\,T^{0.4} M^{0.2} \quad \text{(inch)} \qquad (6.12)$$

$$D = 0.288\,T^{0.5} e^{(0.04BPR)} \quad \text{(inch)} \qquad (6.13)$$

$$SFC_{\max T} = 2.1 e^{(-0.12BPR)} \quad \text{(1/hr)} \qquad (6.14)$$

$$T_{cruise} = 1.6\,T^{0.74} e^{(0.023BPR)} \quad \text{(lb)} \qquad (6.15)$$

$$SFC_{cruise} = 1.04 e^{-(0.186BPR)} \quad \text{(1/hr)} \qquad (6.16)$$

여기서 T는 설계항공기의 이륙 추력(단위: lb), SFC는 비연료 소모율(specific fuel consumption, 단위: [(lb/hr)/lb])을, BPR은 바이패스비, M은 최대 비행 마하수를 나타내며, 순항 조건은 $M = 0.9$에서 고도 36,000 ft이다.

2. 기관 흡입 계통의 형태

흡입 계통(inlet system)은 흡입구(inlet)와 흡입 도관(inlet duct)으로 구성되어 있으며, 비행 속도와 같은 고 아음속이나 초음속의 공기 속도를 압축기 입구에서 마하수가 0.4에서 0.5 정도가 되도록 공기 속도를 감속하고 압력을 높이는 기능을 수행한다. 흡입 계통은 비행기의 정지 상태로부터 이륙 및 최대 비행 속도까지 모든 고도, 자세 및 비행 속도에서 기관에서 요구하는 공기 유량을 가능한 손실이 적으면서 압축기 입구에서 균일한 압력 및 속도 분포를 갖도록 공급해야 한다. 흡입구를 통과하여 유입되는 공기 흐름의 전압 손실

(total pressure loss), 공기 흐름의 찌그러짐(distortion) 정도는 기관 성능을 크게 좌우하며, 카울(cowl)과 경계층 분리장치(boundary-layer diverter)의 형태는 추진 시스템에 의한 항력의 크기에 영향을 미친다.

흡입 계통의 크기, 길이 및 형태 등은 항공기에서 기관의 위치에 종속되며, 흡입구 형태의 기본형상은 그림 6.3과 같이 NACA flush inlet, conical (or spike or round) inlet, pitot (or normal shock) inlet, 2-D ramp inlet 등이 있으며, 이들 4가지 기본형상은 다음과 같은 각각의 적용 속도 범위와 장단점을 갖고 있다

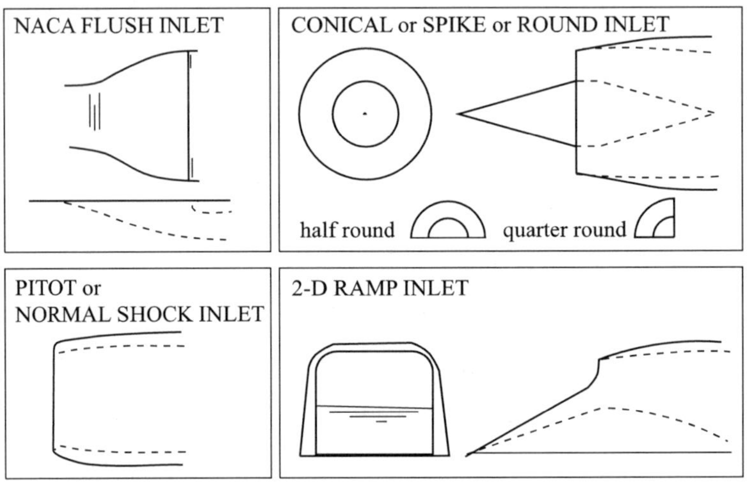

| 그림 6.3 | 흡입구의 종류

(1) NACA 플러시 흡입구와 피토 흡입구

NACA 플러시(flush) 흡입구는 전 압력 손실은 크나 표피 면적(wetted area)과 무게를 작게 할 수 있어서 비행 속도가 작은 초창기의 제트 항공기에서 많이 사용되었다. 최근 냉각 공기나 터빈 구동 보조 동력 장치(turbine powered auxiliary power unit) 외에는 거의 사용되지 않는다.

피토(pitot) 흡입구는 아음속이나 낮은 초음속 비행 속도를 갖는 항공기에서 사용되며, 잘 설계된 피토 흡입구는 아음속 비행의 경우 전압력 손실이 거의 없다. 반면 높은 초음속 비행의 경우에는 입구 수직 충격파에 의하여 전압력 손실이 급격히 커지게 된다. 이때 흡입구 전면에 수직 충격파가 형성되므로 수직 충격파 흡입구라고도 한다.

그림 6.4는 피토 흡입구의 기본적인 설계를 보여주고 있다. 피토 흡입구의 카울 립 반경(cowl lip radius)은 기관의 성능과 항공기 항력에 큰 영향을 주는 요소이다. 카울 립 반경

을 크게 하면 높은 받음각 또는 옆 미끄럼각(sideslip angle) 비행에서도 흡입구도관을 통과하는 공기 흐름의 찌그러짐을 최소화할 수 있으나, 충격파로 인한 흐름 분리(shock-induced separation)가 흡입구 밖에 발생하여 항공기의 항력을 증가시킬 수도 있다.

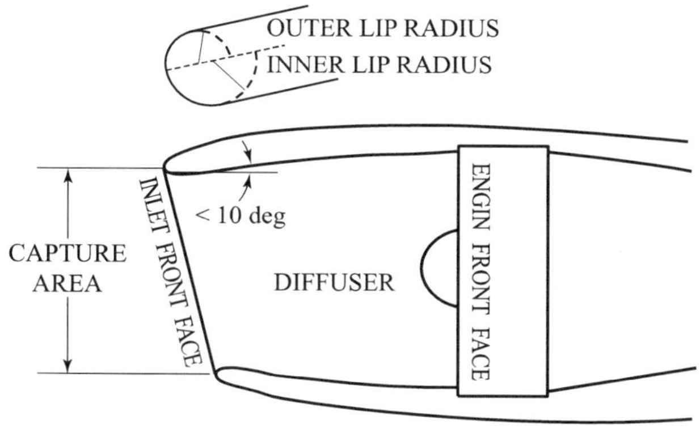

| 그림 6.4 | Pitot(Normal Shock) 흡입구 형상

초음속 항공기의 경우 카울 립 반지름은 입구 전면 반지름의 3 ~ 5%, 아음속 항공기의 경우에는 입구 전면 반지름의 6 ~ 10%가 적절한 것으로 알려져 있다. 또한 내부 카울 립 반지름은 외부 카울 립 반지름보다 커야 이착륙시 받음각의 영향을 감소시킬 수 있다. 그림 6.4와 같이 입구 전면의 방향은 기관 축에 수직한 것이 아니라 입구 유동에 수직하도록 설계한다.

(2) 스파이크 흡입구와 2-D 램프 흡입구

스파이크 흡입구(혹은 conical inlet, round inlet, axisymmetric inlet)는 원뿔을 지나는 초음속 흐름의 특성을 활용하는 흡입구로 무게와 전압력 손실을 작게 할 수 있으나 입구 면적을 변화시키기 위한 기구가 복잡해지는 단점이 있다. 2-D 램프 흡입구는 직사각형의 단면을 갖는 흡입구로서 단면 면적을 변화시키기 위한 기구가 단순하여 최근 초음속 항공기의 흡입구로 널리 사용된다. 2-D ramp 흡입구는 다음과 같은 외부 압축(external compression) 방식에도 매우 적합하다.

(3) 외부 압축(external compression) 흡입구

초음속 비행에서는 흡입구 입구를 통하여 유입된 공기 흐름을 내부 도관만을 사용하여 흐름 속도를 감소시키고 압력을 증가시키기가 어렵게 된다. 왜냐하면 초음속 흐름이 입구에 도달하는 순간 입구에 강한 수직 충격파가 발생하여 큰 전압력 손실이 발생하기 때문이다. 따라서 흡입구 전면에 외부로 돌출된 스파이크나 램프를 설치하여 전압력 손실이 적은 경사 충격파들을 이용, 유동속도를 음속 가까이로 감소시키고, 입구에서 약한 수직 충격파에 의하여 아음속으로 감속함으로서 커다란 전압력 손실 없이 속도를 줄이고 압력을 높일 수 있도록 한 방법이 외부 압축흡입구이다. 그림 6.5는 여러 가지 가능한 외부 압축의 형태를 나타내고 있다.

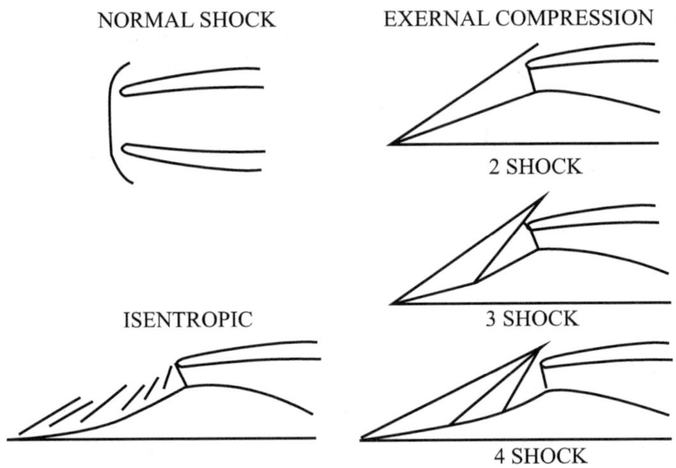

| 그림 6.5 | 초음속시 흡입구 입구에서의 충격파

아음속으로부터 초음속까지 변하는 비행 속도에 따라 효율이 좋은 흡입구가 되도록 하기 위해서는 경사 충격파가 카울 립에 항상 닿도록(shock on lip) 해야 하며 흡입구 목의 면적이 비행 속도에 따라 변하도록 하는 것이 필요하다. 그림 6.6은 이와 같은 가변 단면 흡입구의 개략도로 초음속 비행시 램프에서 경사 충격파를 통하여 외부 압축이 되도록 하고, 아음속 비행에서는 가변 램프의 위치 변경을 통하여 아음속 흡입구 형태가 되도록 하고 있다.

흡입구의 목(throat)을 지난 아음속 흐름은 확산 통로(diffuser)를 지나면서 더욱 감속 압축된다.

아음속 항공기의 경우에는 확산 통로의 길이는 가능한 짧을수록 마찰 손실과 무게의 감소를 꾀할 수가 있다. 일반적으로 확산 통로의 확장 각이 10°를 초과하지 않도록 하는 범위에서 확산 통로의 길이를 정하며, 피토 흡입구의 경우 그 길이는 기관 전면 지름 정도이다. 흡입구 목의 면적은 기관 전면 면적의 70 ~ 80% 정도가 적절하다. 초음속 항공기의 경우에는 이론적인 확산 통로의 길이는 기관 전면 지름의 8배이나, 이와 같이 큰 확산 통

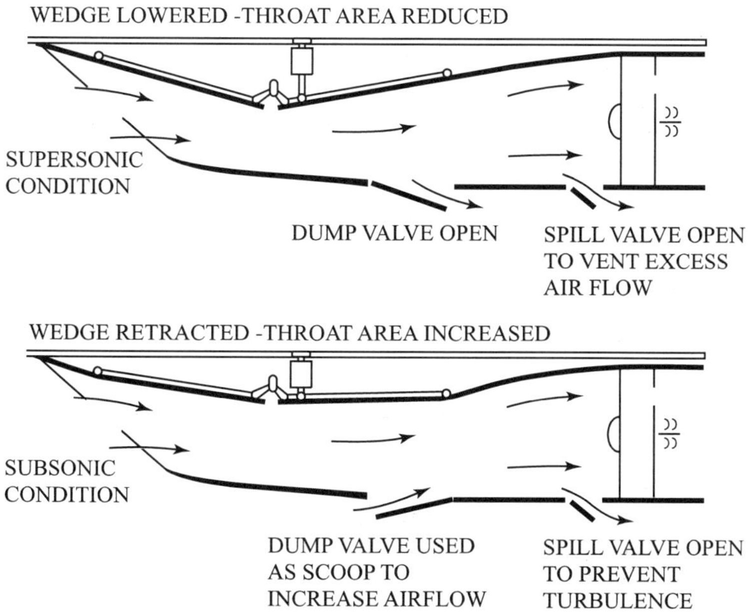

| 그림 6.6 | 가변 단면 흡입구

로 길이는 마찰 손실과 무게 증가를 초래하므로 일반적으로 기관 전면 지름의 2 ~ 4배가 되는 길이를 사용한다.

3. 흡입구의 위치

흡입구의 위치는 흡입구의 형태만큼이나 기관 성능에 영향을 미치며, 위치 선정의 기본 요소는 가능한 모든 비행 영역에서 동체나 날개에서 분리된 흐름이나 와류(vortex)가 기관으로 흡입(wake Ingestion)되지 말아야 한다. 또한 외부 손상 물질 흡입 문제(foreign-object ingestion by suction)도 위치 선정에서 고려해야 하는 기준이 된다. 그림 6.7과 그림 6.8에 예시된 흡입구 위치에 대하여 각각의 장점과 문제점 등을 간략히 기술한다.

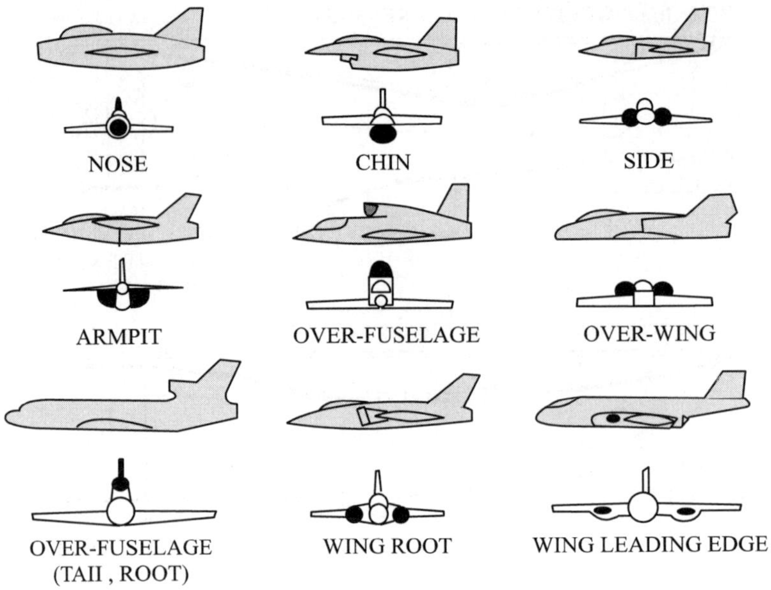

| 그림 6.7 | 흡입구의 위치 - Buried Engines

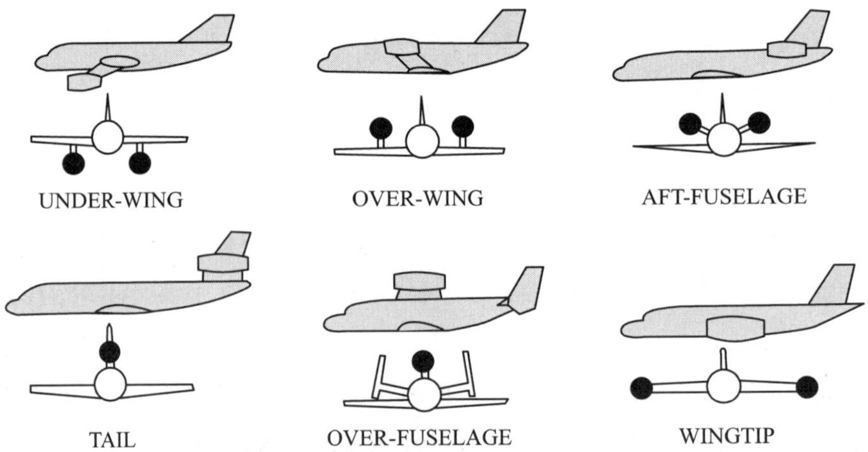

| 그림 6.8 | 흡입구의 위치 - Podded Engines

기수(nose) 위치는 동체의 영향을 받지 않는 깨끗한 공기 흐름을 제공한다는 장점이 있어서 초창기의 제트전투기(F-86, MIG-21 등)에 많이 사용되었다. 그러나 기수 위치의 흡입구는 매우 긴 내부 도관을 필요로 하여 마찰 손실, 무게의 증가, 동체 공간의 많은 부분을 차지한다는 단점이 있다.

F-16 등에 사용된 chin 위치는 기수 위치에 비하여 내부 도관의 길이를 짧게 할 수 있고 높은 받음각에서 공기 흡입을 원활히 할 수 있다는 장점이 있으나, 전방착륙장치(nose landing gear)의 장착 위치가 문제가 된다. 일반적으로 흡입구 바로 뒤에 앞바퀴 다리를 설치하고 흡입구의 카울(cowl)에 바퀴 다리를 접어 넣는 형태를 취한다.

쌍발 기관 항공기에서 흔히 취하는 형태인 side-mounted 흡입구는 짧은 도관 길이와 비교적 깨끗한 공기 흐름을 제공하나, 높은 받음각에서 전방 동체에서 분리되어 나오는 와류가 흡입구로 유입되는 문제점을 해결해야 한다. 이와 같은 와류 유입의 문제는 전방 동체가 각이 진 경우(square fore-body)에 특히 심각하다. 단발 기관의 경우에도 side-mounted 흡입구를 사용하는 경우가 있으며, 이와 같은 경우에는 기관 전면까지 두 개의 도관이 분리되어 있어야 pressure instability 문제를 피할 수 있다.

동체와 높은 날개(high wing)와의 접합 위치에 흡입구를 설치하는 armpit 흡입구는 내부 도관의 길이를 매우 짧게 할 수 있으나, 흡입구가 전방 동체와 날개와의 접합부에 형성되는 두꺼운 경계층 속에 잠길 위험이 있으며, 높은 받음각과 옆 미끄럼각에서 흐름의 찌그러짐이 심하다.

F-107 등에 설치된 over-fuselage 흡입구는 chin 흡입구의 반대와 같은 형상으로 전방착륙장치의 설치 문제없이 매우 짧은 도관 길이를 갖는다는 장점이 있으나 높은 받음각에서 공기 흡입 성능이 나빠지는 단점이 있다.

L-1011, B-727 등과 같은 여객기에 사용된 꼬리날개에 위치한 흡입구는 동체의 흐름 분리와 항력을 감소시키는 효과를 얻을 수 있으나, 특별한 도관 형태(s-duct)가 필요하며 경계층이 흡입구에 유입될 가능성이 있다.

날개의 앞전에 설치되는 흡입구는 별도의 흡입구 카울이 필요 없게 되므로 항공기 전체의 표피 면적(wetted area)을 줄일 수 있으나 흡입구가 날개를 지나는 흐름을 변화시키고 날개의 무게를 증가시킨다는 단점이 있다.

기관을 동체나 날개의 일부분에 묻히게 하는 것이 아니라 그림 6.8에 표시된 것과 같이 별도의 파드(pod)로 설치하는 것은 표피 면적을 증가시킨다는 단점이 있으나 다음과 같은 많은 장점을 갖고 있다. 동체나 날개로부터 떨어진 곳에 설치하므로 동체나 날개의 영향을 받지 않는 깨끗한 흐름의 공급이 가능하며, 도관 길이와 조종석이나 객실에 전달되는 소음을 줄일 수 있고, 유지 관리가 쉽다.

파드 기관 중 가장 많이 사용되는 방법은 wing-mounted 파드 기관으로, 이는 span-loading 효과를 통하여 날개 하중을 감소시킬 수가 있으며, 배기 가스를 플랩 위로 지나가게 하면 이착륙시 양력을 증가시킬 수가 있다. 그러나 wing-mounted 파드 기관은 날개 주위의 흐름을 변화시켜 항력을 증가시키고 양력은 감소시킬 수가 있으므로 날개와 기관의 상대적인 위치와 기관 파드의 형상 설계에 주의를 기울여야 한다. 일반적으로 날개와 기관을 연결하는 파일론(pylon)이 날개의 앞전까지 오지 않도록 하고 날개와의 수직 거리는 기관 지름 정도가 되도록 하면 간섭 효과를 방지할 수 있다. 또한 지상으로부터 외부 물질 흡입(foreign-object ingestion) 방지를 위해서 기관은 지상에서 기관 지름의 절반 이상 거리가 있어야 한다.

Over-wing 파드 기관은 착륙 장치의 높이를 작게 할 수 있고 지상에서 소음을 작게 할 수 있으나 정비성이 나빠진다는 단점이 있다.

후미 동체(aft-fuselage)에 설치된 파드 기관은 날개와의 흐름 간섭을 없애고 착륙 장치의 높이를 작게 할 수 있으나 동체 후방의 객실소음이 증가되는 단점이 있다. 또한 무게중심이 뒤로 이동하게 되므로 날개에 대한 동체의 전체적인 위치가 전방으로 이동하게 된다. 따라서 조종면과 무게중심과의 거리(moment arm)가 작아지게 되어 궁극적으로 수평 꼬리날개와 수직꼬리날개의 면적을 증가시켜야 한다.

4. 배기 노즐의 형태

분사 추진 기관의 노즐은 가스 발생기에서 생성된 고온·고압의 가스를 팽창시켜 고속(높은 아음속 혹은 초음속)으로 분사하여 추력을 발생시킨다. 분사 추진 기관의 추력은 배기 가스의 속도와 질량 유량의 곱에 비례하므로 배기 가스의 속도와 질량 유량을 조절하는 것은 바로 추력을 조절하는 것과 같으며, 배기 가스의 속도와 질량 유량 조절은 노즐의 출구 면적의 변화로 이루어진다. 분사 추진 기관 비행기의 노즐 설계에서 근본적인 사항은 속도, 고도, 추력에 따라 변하는 가장 적합한 노즐 출구 면적과 실제 고정된 노즐 출구 면적이 일치하지 않는(mismatch) 문제를 어떠한 방법으로 어느 정도까지 해소할 것인가 하는 것이다.

그림 6.9는 여러 가지 형태의 배기 노즐을 보여주고 있다. 터보팬 기관을 갖는 아음속 여객기에서는 거의 노즐 출구 면적이 고정된 고정 수축 노즐(fixed convergent nozzle)을 사용하며, 이때 노즐 출구 면적은 순항 조건에 적합하도록 결정된다. 따라서 고정 수축 노즐에서는 순항시를 제외한 비행에서 항상 추력에 따른 적합한 노즐 출구 면적과 일치하지 않는(mismatch) 문제가 존재하게 된다. 그러나 고정 수축 노즐이 갖는 단순성과 무게 감소라는 이점은 저속에서 기관 성능의 비효율성을 보상할 수 있다. 초음속 비행이나 후연소기를 가진 비행기는 하나의 고정된 출구 면적 노즐로는 기관 성능의 비효율성이 너무 크다. 후연소기 작동시 적합한 노즐 출구 면적은 그렇지 않은 경우 노즐 출구 면적의 3배 가까이

되며, 배기 가스의 출구 속도를 초음속으로 하기 위해서는 반드시 수축 확산(convergent-divergent) 형태의 노즐이 필요하다.

새로운 항공기의 설계시 기존의 기관 중 선택하여 사용하는 경우에는 각 비행 영역에서 노즐 출구 면적이 주어지며, 그렇지 않은 경우에는 노즐 출구 면적의 근사치를 계산하여야 한다. 왜냐하면 노즐 출구 면적에 따라 항공기의 조파 항력(wave drag)과 후미 항력(boat-tail drag)의 크기가 크게 달라지기 때문이다. 수축 혹은 수축-확산 노즐의 경우에 노즐 출구 면적은 흡입구 면적의 0.5 ~ 0.7배의 값을 사용하며, 후기 연소 기능을 갖는 초음속 항공기의 노즐 출구 면적은 흡입구 면적의 1.2 ~ 1.6배의 값이 대략적인 노즐 출구 면적이 되고 상세 설계 시 수정한다.

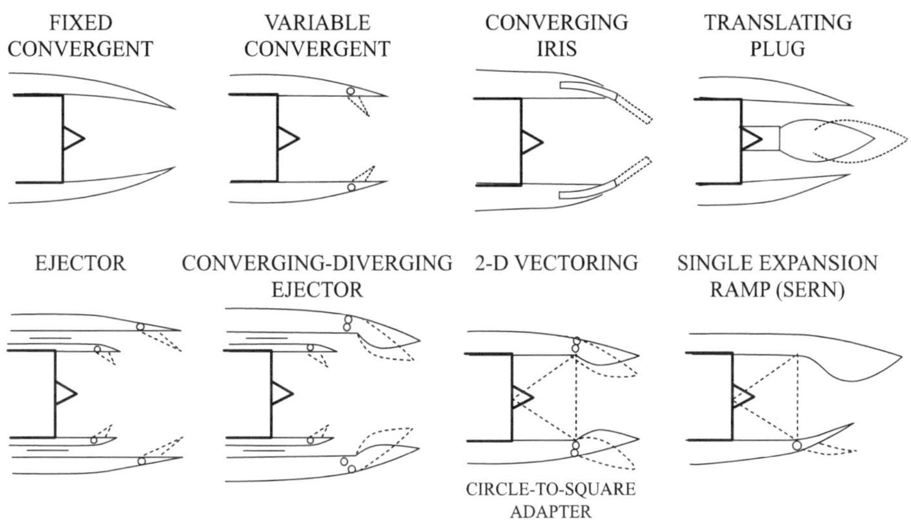

| 그림 6.9 | 노즐의 형태

후미 항력의 감소를 위하여 동체 후미의 마침각(closure angle)은 15° 이하로 하는 것이 필요하며, 노즐 끝부분의 외부각은 20° 이하로 설계하는 것이 바람직하다. 2개의 노즐이 있는 경우에 두 노즐간의 간격은 노즐 지름의 1 ~ 2배가 되는 것이 바람직하나, 노즐간의 간격이 커지게 되면 항공기 무게와 표피 면적의 증가를 초래하므로 적절한 절충이 필요하다.

6.3.2 고도-속도에 따른 추력 추정

모든 형태의 항공기 추진력은 프로펠러에 의하여 공기를, 혹은 분사 추진 기관의 배기 가스를 후방으로 밀어냄으로써 추력을 얻는다. 추력은 식 (6.17)과 같이 비행 속도 V_o로 유입되는 운동량과 속도 V_j로 후방으로 나가는 운동량의 차이로 발생한다.

$$T = \rho S V_o (V_j - V_o) \tag{6.17}$$

여기서 ρ는 흡입 공기의 밀도이고, S는 흡입 유동의 단면적이다. 전 추력(gross thrust)은 고속의 배기 가스의 전체 운동량과 같으며, 순 추력(Net Thrust)은 전 추력에서 흡입 공기의 운동량인 램 항력(ram drag)을 뺀 값이다.

기관의 발생 동력과 추력 동력의 비인 추진 효율은 다음과 같이 정의된다.

$$\eta_{PE} = (P_T/\Delta E) = 2V_o/(V_j + V_o) = 2/(V_j/V_o + 1) \tag{6.18}$$

추진 기관에서 발생된 동력은 흡입 공기의 운동 에너지와 분사 가스의 운동 에너지의 차로 $\Delta E = \rho S V_o (V_j^2 - V_o^2)$이고, 추력 동력은 식 (6.17)의 추력과 비행 속도의 곱으로 $P_T = TV_O$이다. 위 식을 살펴보면 추력과 추진 효율은 비행 속도와 배기 가스 속도의 비에 의해 결정됨을 알 수 있다.

추진 효율을 증가시키기 위하여 배기 가스 속도를 줄이면 식 (6.17)에서 추력이 감소한다. 이 경우 추력을 증가시키기 위해서는 유동 면적 S를 증가시켜 질량 유량을 증가시켜야 함을 알 수 있다. 터보팬 기관은 배기 가스의 에너지를 추출하여 팬을 구동함으로써 배기 가스의 속도를 감소시켜 추진 효율을 증가시키고 동시에 팬을 통해 많은 양의 공기를 가속시킴으로써 추가의 추력을 얻는다. 터보팬 기관의 바이패스비를 증가시키면 추진 효율과 추력이 증가하게 된다. 그러나 고 바이패스비 기관은 팬 단독으로는 공기를 효과적으로 천음속 혹은 초음속으로 가속시킬 수 없기 때문에 고 아음속에서만 사용 가능하다.

분사 추진 기관의 추력은 식 (6.17)에 따라 비행 속도 및 공기 밀도의 영향을 받는다. 공기의 밀도는 고도 증가로 감소하기 때문에 추력은 고도 증가로 감소한다. 공기 밀도는 대기 압력(p)과 온도(θ)에 의하여 구할 수 있고 공기를 이상 기체라고 하면 고도 h에서 추력은 다음과 같이 보정한다.

$$T_h = T_{SL} \frac{p_h \theta_{SL}}{p_{SL} \theta_h} \tag{6.19}$$

비행 속도가 증가하게 되면 기관으로 흡입되는 속도 V_o는 증가하고, 분사 추진 기관의 배기 속도 V_j는 음속에 가까운 속도로 비행 속도에는 거의 영향을 받지 않으므로 비행 속도가 증가하면 $(V_j - V_o)$의 감소 효과로 추력은 감소한다. 그러나 비행 속도가 증가하면 램 효과(ram effect)에 의하여 질량 유량($\rho S V_o$)이 증가하기 때문에 전체적으로 비행 속도에 따라 추력은 증가한다. 보통 아음속에서는 비행 속도에 따라 추력은 거의 변화가 없으나, 초음속 비행 속도에서는 램 효과가 크게 증가되어 추력은 별도로 구해져야 한다.

6.3.2 장착 추력 보정

항공기에 장착되지 않은 기관에 관한 성능 자료는 기관 제작사로부터 얻을 수 있으며, 새로 설계될 기관에 관한 자료는 사이클 해석을 통하여 예측할 수 있다. 기관 제작자가 제공하는 추력은 기관시험 대(test stand)에서 얻어진 지상 정지 추력(SLST)이다. 따라서 선택한 기관의 추력으로부터 항공기에 장착함으로써 발생되는 여러 항력 및 손실들을 계산하여 장착 추력으로 보정하게 된다.

장착 효과는 다음과 같다.

- 비행 속도로부터 압축기 입구 속도로 감속됨으로 실제 압력 증가 효과를 나타내는 흡입구 압력 회복(inlet pressure recovery)
- 냉각 및 객실 여압을 위한 블리드 공기 및 보기류 구동을 위한 축동력 추출량
- 흡입구 유동의 찌그러짐
- 배기 노즐의 성능

추진 계통 추가 항력의 원인은 다음과 같다.

- 비행 조건에 따라 달라지는 흡입 공기 유량과 기관이 요구하는 공기 유량과의 불일치에 기인한 흘림(spillage)에 의한 흡입구 항력
- 배기 노즐 항력
- 기관의 장착 위치에 따라 추력에 기인한 모멘트를 상쇄시키기 위해 추가로 필요한 조종 면의 트림 항력

개념 설계 단계에서 추진 계통 추가 항력의 산정은 어렵기 때문에 고려하지 않는다. 장착 추력의 보정에서 흡입구의 압력 회복과 블리드 공기 추출 효과는 가장 중요하다.

미장착 추력은 입구 압력 회복이 $p_i/p_o = 1.0$으로 가정한다. 아음속 항공기인 경우 입구 압력 회복은 $p_i/p_o = 1.0$으로 하고 초음속 비행인 경우에는 장착 추력은 낮아진다. 추력 손실은 다음과 같이 구한다.

$$\%\,Thrust\,Loss = C_{ram}\left[(p_i/p_o)_{ref} - (p_i/p_o)_{actual}\right] \times 100\% \tag{6.20}$$

여기서

$$C_{ram} = 1.35 - 0.15(M-1) \tag{6.21}$$

$$(p_i/p_o)_{ref} = 1 - 0.075(M-1)^{1.35} \tag{6.22}$$

$$(p_i/p_o)_{act} = 1.0 \ \text{for}\ M < 2.5 \tag{6.23}$$

$$(p_i/p_o)_{act} = -0.1M + 1.25 \ \text{for}\ M \geq 2.5 \tag{6.24}$$

여기서 C_{ram}은 램 회복 수정 계수로 고도, 속도, 온도 및 추력에 따른 값들을 기관 제작자 자료로부터 구할 수 있으며, 1.2 ~ 1.5의 범위에 있고, 아음속에서는 대략 1.35이며 초음속은 식 (6.21)을 사용하여 얻을 수 있다. 식 (6.22)는 MIL-E-5008B에 근거한 것이다.

상업용 여객기인 경우에는 객실 여압을 위하여 무시할 수 없을 정도의 압축 공기를 블리드 공기(bleed air)로 추출한다. 통상적으로 이 양은 기관 전체 공기 유량의 1 ~ 5% 정도이고 분사 추진 기관의 추력은 배기 질량 유량에 영향을 받으므로 블리드 공기에 의해 추력은 감소한다. 이 경우 추력 손실은 다음과 같이 구한다.

$$\%\,Thrust\ \ Loss = C_{bleed}\left[\dot{m}_{bleed}/\dot{m}_{engine}\right] \times 100\% \tag{6.25}$$

여기서 $C_{bleed} \approx 2.0$ 정도이다.

6.4 프로펠러 추진 계통

6.4.1 프로펠러 크기

프로펠러 깃의 모양이나 비틀림 같은 세부 사항은 항공기의 개념 설계 단계에서는 필요하지 않다. 그러나 프로펠러의 지름, 기관의 크기는 이 단계에서 결정되어야 할 사항이다.

일반적으로 프로펠러의 지름이 커질수록 프로펠러는 효율적이지만 프로펠러의 깃 끝 속도(tip speed)가 음속 이하가 되어야 하기 때문에 지름이 제한된다. 비행 중에 프로펠러의 깃 끝의 운동은 나선형 경로를 지나간다. 따라서 깃 끝 속도는 회전 선속도(rotational speed)와 항공기의 전진속도(forward speed)의 벡터 합이다. 정지 상태에서 깃 끝 속도는 다음과 같다.

$$(V_{tip})_{static} = \pi\, nd/60 \quad (\mathrm{m/sec},\ ft/\mathrm{sec}) \tag{6.26}$$

여기서 n은 기관 자료에서 얻은 분당 회전 수(RPM)이고 d는 프로펠러 지름이다. 항공기가 속도 V_o로 비행 중일 때의 깃 끝 속도는 다음과 같다.

$$(V_{tip})_{helical} = \sqrt{V_{tip,\,static}^2 + V_o^2} \tag{6.27}$$

해면 고도에서 금속 프로펠러의 깃 끝 속도는 290 m/sec(950 ft/sec)를 넘지 않아야 한다. 더 두꺼운 목재 프로펠러의 경우는 260 m/sec(850 ft/sec)이하로 유지해야 한다. 만약 소음의 문제까지 고려한다면 금속이나 목재 프로펠러 모두 이륙시 깃 끝 속도를 210 m/sec(700 ft/sec) 이하로 한다.

다음 식들은 통계적으로 프로펠러 지름을 기관 축마력(shaft horse-power, SHP)의 함수로 제시한 것이다.

$$\text{Two Blade: } d = 0.5588\,(SHP)^{0.25}\,(\mathrm{m}) \tag{6.28}$$

$$\text{Three Blade: } d = 0.4572\,(SHP)^{0.25}\,(\mathrm{m}) \tag{6.29}$$

$$\text{Three Blade (Agricultural)}: d = 0.5080\,(SHP)^{0.25}\,(\mathrm{m}) \tag{6.30}$$

이 식들을 사용하여 얻은 프로펠러 지름은 깃 끝 속도의 제한에서 얻은 지름과 비교하여 초기 개념 설계 단계에서는 두 값들 중 작은 값을 사용하게 된다.

6.4.2 프로펠러 추력 추정

프로펠러는 날개가 양력을 발생하는 것처럼 회전하는 날개로써 추력을 발생한다. 날개와 같이 프로펠러는 순항, 이륙 등과 같은 특수한 비행 조건에 의하여 설계된다. 프로펠러 단면은 설계 조건에서 회전하면서 최적의 받음각을 가지도록 비틀림이 있으며 피치각(pitch-angle)이 깃뿌리에서 깃끝까지 감소된다. 프로펠러의 기준 피치각은 보통 반지름 75% 위치에서 피치 각으로 정의된다. 프로펠러의 성능을 구하기 위하여 항공기 설계시에는 프로펠러 제작사에서 제공되는 프로펠러 실험 자료가 사용된다. 날개에서와 마찬가지로 프로펠러의 성능도 무차원 계수들이 사용되며 요약하면 다음과 같다.

진행비(Advance ratio): $J = V/nd$ (6.31)

동력 계수(Power coefficient): $C_P = \dfrac{P}{\rho n^3 d^5} = \dfrac{550SHP}{\rho n^3 d^5} = \dfrac{745.7SHP}{\rho n^3 d^5}$ (6.32)

추력 계수(Thrust coefficient): $C_T = T/\rho n^2 d^4$ (6.33)

토크 계수(Torque coefficient): $C_Q = Q/\rho n^2 d^5$ (6.34)

작용 계수(Activity factor): $AF = \dfrac{10^5}{d^5}\displaystyle\int_{0.15R}^{R} cr^3 dr$ (6.35)

프로펠러 효율(Propeller efficiency):

$$\eta_P = \frac{TV}{P} = \frac{TV}{550SHP} = \frac{TV}{745.7SHP} = J\frac{C_T}{C_P} \quad (6.36)$$

추력: $T = \eta_P \dfrac{550SHP}{V} = \dfrac{C_T}{C_P}\dfrac{550SHP}{nd} = \dfrac{C_T}{C_P}\dfrac{745.7SHP}{nd}$ (6.37)

여기서 T는 추력(lb 또는 N), V는 비행 속도(ft/s 또는 m/s), P는 동력 (ft−lb/s 또는 W=N−m/s), Q는 토크(ft−lb 또는 N−m), SHP는 기관 축마력(1 hp= 550 ft−lb/s 또는 745.7 watts), n은 초당 회전수(1/s), d는 프로펠러 지름(ft 또는 m), c는 프로펠러 반지름 위치에 따른 시위 길이(ft 또는 m)이다. 진행비 또는 진행율은 비행 속도와 깃끝 속도비를, 프로펠러 효율은 추력 동력과 프로펠러에 공급되는 동력, 즉 기관의 축마력과의 비를, 그리고 작용 계수는 프로펠러에 의하여 하나의 깃당 동력 흡수 능력을 의미하며 경비행기는 90 ~ 200, 터보프롭인 경우에는 140 정도의 값을 갖는다. 식 (6.37)은 비행 속도 $V = 0$인 경우 정지 추력을 구하는데 사용할 수 있다.

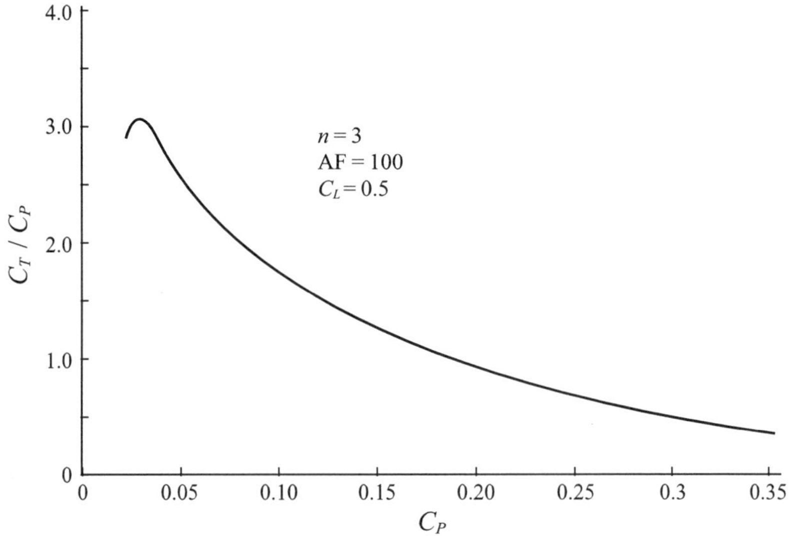

| 그림 6.10 | 프로펠러 정지 특성 예(깃 수 = 3)

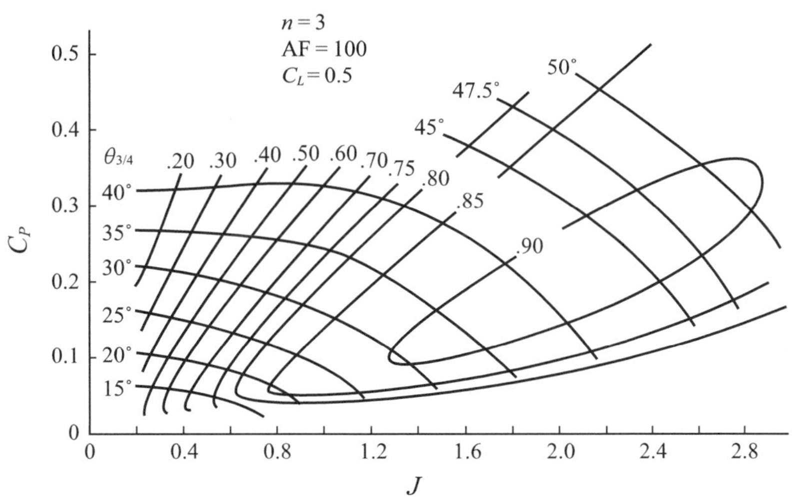

| 그림 6.11 | 전진 비행시 프로펠러 효율 예(깃 수 = 3)

그림 6.10 및 그림 6.11은 깃 수 3개, 설계 깃 양력 계수 $C_{Ld}=0.5$이고 작용 계수 $AF=100$인 프로펠러의 정지 특성(static characteristics)과 전진 비행시 프로펠러 효율의 예이다.

순항 비행시 프로펠러의 추력 추정은 다음의 순차적인 절차에 따라 행해질 수 있다.

① 항공기의 순항 비행 조건, 즉 순항 고도, 마하수 등으로부터 구해진 공기 밀도 ρ 및 비행 속도 V로부터 시작한다.

② 항공기의 필요 추력, 즉 전 항력이 알려진 상태에서 프로펠러 효율을 대략 $\eta_P \approx 0.8$ 정도로 가정하고 식 (6.36)에 대입하여 축마력 SHP을 가정한다. 기존 생산된 기관들 중에서 제동 마력을 만족하는 표준 기관을 정하고, 표준 기관의 회전 속도(rpm), 무게, 크기 등 성능을 정한다.

③ 식 (6.26) 및 식 (6.27)으로부터 깃 끝 속도 제한을 고려하여 프로펠러의 지름 d을 구한다.

④ 식 (6.31)으로부터 진행비 J를 구한 다음, 식 (6.32)에 의하여 동력 계수 C_P를 구한다. 이 때 단위 환산에 주의하여야 한다.

⑤ 구해진 동력 계수와 진행비를 이용하여 그림 6.11과 같은 프로펠러 성능 도표로부터 프로펠러 효율을 구한다. 그림 6.11은 3/4R에서 비틀림 각 $\theta_{3/4}$에 따라 등효율곡선으로 표현되었다. 이것은 프로펠러 성능 도표를 구할 수 없을 때 사용이 가능하며 자가용 또는 단거리 실용(short utility)급 항공기에 유용하다. 프로펠러 깃 수가 3개인 경우이므로 그림 6.11에서 읽은 값보다 프로펠러 깃 수가 2개인 경우에는 3% 더 크게, 깃 수가 4개인 경우에는 3% 적게 산정한다. 이 값을 수정된 프로펠러 효율 η_{Pcor}로 정한다.

⑥ J, C_P 및 η_{Pcor}를 이용하여 식 (6.36)으로부터 추력 계수 C_T를 구한다.

⑦ 식 (6.37)으로부터 추력을 구하고, 필요 추력과 비교하여 같지 않다면 앞의 세 번째 항으로 되돌아가 프로펠러 효율, 제동 마력을 다시 가정하여 절차를 반복한다. 기존 생산된 기관 중에서 축마력을 맞출 수 없을 경우에는 깃끝 속도 또는 프로펠러 지름 등을 변화시킨다.

정지 추력은 이륙 거리를 구하기 위해 필요하다. 이륙시 비행 속도는 0이므로 정지 추력은 식 (6.37)로부터 구할 수 있다. 이때 C_T/C_P의 값이 필요한데 이 비는 동력 계수 C_P의 함수로 주어지며 그림 6.10과 같다. 그림 6.10은 그림 6.11의 프로펠러에 대한 것이다. 순항 비행 프로펠러 자료와 기관 성능 자료를 이용하여 식 (6.32)으로부터 동력 계수를 구하여 그림 6.10에서 C_T/C_P을 읽어 식 (6.37)에서 정지 추력을 구한다. 그림 6.10은 깃 수가 3개인 프로펠러에 대한 식이므로 깃 수가 2개인 경우에는 정지 추력은 5% 적어져야 하고 4개인 경우는 5% 증가시켜야 한다.

터보프롭 기관은 배기 가스의 분사에 의해서도 추력을 얻는다. 터보프롭 기관의 분사 추력은 순항 비행시 대략 전체 추력의 20% 정도이다. 따라서 기관의 동력 또는 마력을 정할 때 분사 추력을 고려하여야 한다. 이때 구해지는 마력을 등가 축마력(equivalent shaft horsepower, ESHP)이라 하며 다음과 같이 구한다.

$$V \geq 50 \text{ ft/s일 때} \quad ESHP = SHP + T_j(\text{lb})\,V(\text{ft/s}) \tag{6.38}$$

$$V \leq 50 \text{ ft/s일 때} \quad ESHP = SHP + \frac{T_j(\text{lb})}{2.5(\text{lb/hp})} \tag{6.39}$$

여기서 SHP는 축마력(shaft horsepower), T_j는 배기 분사 추력이다.

왕복 기관은 고도가 증가하게 되면 공기 밀도가 감소하여 출력이 감소하며 다음 식으로 고도에 따른 출력을 구한다.

$$SHP = SHP_{SL}\left(\frac{\rho}{\rho_o} - \frac{1-\rho/\rho_o}{7.55}\right) \tag{6.40}$$

6.4.3 프로펠러/기관 장착 위치

그림 6.12에 가능한 프로펠러 위치를 나타내었다. 견인식 비행기(Tractor)는 프로펠러가 기관 위치보다 앞에 있고, 추진식 비행기(Pusher)는 프로펠러가 기관보다 뒤에 있다. 전통적인 견인식 비행기에서는 무거운 기관을 비행기의 앞쪽에 두어 무게중심이 앞쪽에 있기 때문에 동체 길이가 짧으며 꼬리날개의 면적을 줄일 수 있고, 비행 안정성이 높다. 또한 프로펠러로 교란되지 않은 기류가 들어오기 때문에 프로펠러 효율이 높고, 후류는 기관 냉각용으로 바로 사용될 수 있다는 장점이 있다.

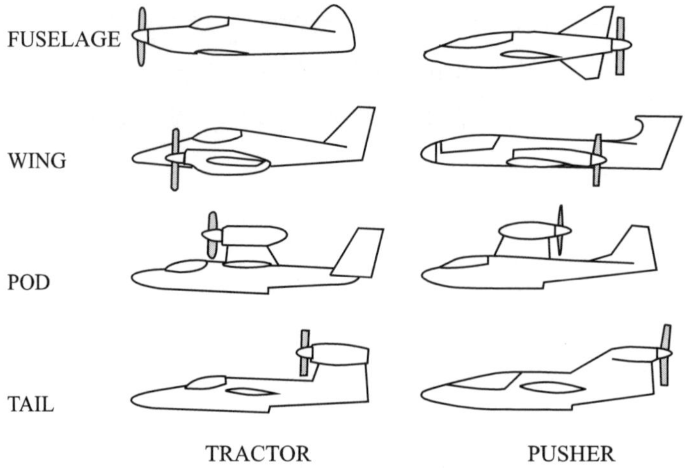

그림 6.12 프로펠러의 장착 위치

추진식 비행기는 또 다른 여러 가지 장점 때문에 오늘날 많이 볼 수 있다. 가장 중요한 장점은 항공기를 프로펠러에 의해 교란되지 않은 기류 속에 둠으로써 표면 마찰 항력(skin friction drag)을 줄일 수 있다는 점이다. 동체에 장착된 추진식 프로펠러는 항공기의 표피면적(wetted area)을 줄일 수 있다. 카나드와 추진식 프로펠러의 결합은 카나드 때문에 꼬리날개의 길이가 짧아져서 훨씬 효과적이다.

추진식 프로펠러는 기관의 배기 가스가 객실에서 멀어지는 방향으로 나가고 앞 유리창(windshield)이 프로펠러 후류에 의해서 진동하지 않으므로 객실의 진동이 작으며 조종사의 시야를 좋게 한다. 반면 추진식 프로펠러를 사용하면 이륙시에 기수를 상승시킬 때 프로펠러가 활주로에 닿지 않게 하기 위해서 바퀴 다리가 더 길어야 한다. 이때 프로펠러는 모든 비행 자세에서 지면에서 9인치(약 23 cm) 이상 떨어져야 한다. 추진식 프로펠러는 또한 바퀴에서 튕겨져 나온 돌 등에 의해서 손상되기 쉽다. 터보프롭 프로펠러를 추진식으로 장착할 때는 기관 배기 가스가 프로펠러에 부딪치는 문제를 야기시킬 수도 있다.

기관이 복수일 때는 보통 날개에 기관을 매다는 방법을 사용한다. 이 방법은 날개에 스팬 하중 효과(span loading effect)를 주기 때문에 비행 중 날개의 구조적 하중을 줄여주고 프로펠러 후류에 의한 동체의 항력을 줄여준다. 날개에 기관을 다는 경우 기관이 꺼졌을 때 조종성을 유지하기 위하여 러더와 수직꼬리날개의 크기를 증가시켜야 한다. 또한 안전을 위해서 승무원 객실이 프로펠러 디스크에서 $\pm 5°$ 이내의 위치에서 벗어나도록 해야 한다.

대부분의 쌍발 기관 항공기는 저익기이므로 기관과 프로펠러가 날개에 부착되면 바퀴 다리가 길어져야 한다. 종종 바퀴 다리의 높이를 줄이기 위해서 프로펠러를 날개 위로 올리기도 하지만 이 경우는 날개와 프로펠러 사이에 부가적인 간섭이 발생한다. 날개에 장착된 추진식 배치는 Beech Starship과 B-36에서 볼 수 있다. 이 방식은 동체의 길이를 늘릴 수는 있지만 바퀴 다리의 길이도 길어져야 한다. 또한 프로펠러가 반은 날개 아래의 후류 속에 있고 나머지 반은 날개 위의 후류에 놓이게 되므로 위아래 면의 압력 차에 의해서 프로펠러 효율이 떨어지고 진동을 유발할 수도 있다. 따라서 프로펠러를 가능한 한 날개 뒤로 멀리 둠으로써 이러한 영향을 최소화한다.

6.4.4 프로펠러 구동 기관 형상 및 크기(터보프롭/피스톤 추진 기관 형상/크기)

항공기 설계에서 rubber-engine sizing 방식이 흔히 사용되는데 반해서, 프로펠러 항공기를 설계할 때는 항공기의 크기를 이미 알려진 고정된 기관의 크기에 맞추어 결정하는 fixed-engine sizing 방식을 사용하는 경우가 많다.

fixed-engine sizing 방식에서 기관의 크기와 설치에 대한 자료는 기관 제작자로부터 구할 수 있다. 만약 rubber-engine sizing 방식을 사용한다면 표 6.1에 정의된 축척식(scaling equation)을 이용하여 현존하는 기관을 표준 기관으로 선정하여 크기를 산정할 수 있다. 표준 기관이 있는 경우에 크기 산정은 다음 식을 이용한다.

$$X_{scaled} = X_{actual} SF^{b} \tag{6.41}$$

여기서 b는 표 6.1을 이용하고, $SF = SHP_{scaled} / SHP_{actual}$이며 폭과 높이는 $\pm 50\%$ 마력 범위 내에서 변한다.

| 표 6.1 | 왕복 기관과 터보프롭 기관의 크기 예측 법칙(b)

X	왕복기관			터보프롭
	수평대향형	직렬	성형	
무게	0.780	0.780	0.809	0.803
길이	0.424	4.24	0.310	3.730
지름	–	-	0.130	0.120

표준 기관을 활용하기 어려운 경우에는 통계 모델을 이용하며 다음 식으로 구한다.

$$X = a(SHP)^b \text{ (lb or in.)} \tag{6.42}$$

여기서 a 및 b값은 표 6.2의 값을 이용한다.

| 표 6.2 | 왕복 기관과 터보프롭 기관의 통계 모델

<table>
<tr><th rowspan="2">X</th><th colspan="6">왕복기관</th><th rowspan="2" colspan="2">터보프롭</th></tr>
<tr><th colspan="2">수평대향형</th><th colspan="2">직렬</th><th colspan="2">성형</th></tr>
<tr><td rowspan="2">무게
길이
지름</td><td>a
5.47
3.86</td><td>b
0.780
0.424</td><td>a
5.22
5.83</td><td>b
0.780
0.424</td><td rowspan="2">a
4.90
6.27
20.2</td><td rowspan="2">b
0.809
0.310
0.130</td><td rowspan="2">a
1.67
4.14
9.48</td><td rowspan="2">b
0.803
0.373
0.120</td></tr>
<tr><td colspan="2">너비 32 − 34 in.
높이 22 − 25 in.</td><td colspan="2">너비 17 − 19 in.
높이 24 − 26 in.</td></tr>
<tr><td>Typical Propeller (rpm)</td><td colspan="2">2770</td><td colspan="2">2770</td><td colspan="2">2300</td><td colspan="2"></td></tr>
<tr><td>적용 bhp 범위</td><td colspan="2">60 − 500</td><td colspan="2">100 − 300</td><td colspan="2">200 − 2000</td><td colspan="2">400 − 5000</td></tr>
</table>

6.5 추진 계통 설계 예(예제)

6.5.1 분사 추진 계통 설계 예

분사 추진 계통의 설계 예를 보이기 위하여 설계 항공기의 순항 비행 마하수 $M = 0.8$, 고도 $h = 40{,}000$ ft에서 항공기 전체 항력과 같은 필요 추력이 $T = 1900$ lb로 하고, 표준 기관은 다음 표와 같은 자료를 가지는 Allied Signal TFE 731-5 터보팬 기관 2개를 사용하는 것으로 한다.

해면 정지 추력(SLST)	4300 lb
바이패스비(BPR)	3.34
비연료 소모율(SFC)	0.8(lb/lb/h)
기관 무게(W)	900 lb
기관 길이(L)	65.4 inch
기관(팬) 지름(D)	29.7 inch

(1) 표준 대기표로부터 순항 고도 40000 ft에서 압력비는 $p/p_{SL} = 0.185$, 온도비는 $\theta/\theta_{SL} = 0.752$임을 알 수 있다. 따라서 표준기관의 고도 40000 ft에서 추력은 식 (6.19)에 의하여

$$T_H = T_{SL}\frac{p_H}{p_{SL}}\frac{\theta_{SL}}{\theta_H} = 4300 \cdot 0.185/0.752 = 1057.85\,\text{lb}$$

순항 비행시 추력은 최대이륙 추력의 80%이므로

$$T_{ref} = 1057.85 \cdot 0.8 = 846.28\ \text{lb}$$

순항 비행 마하수가 0.8로서 1보다 적으므로 램 효과에 의한 추력 증가는 고려하지 않는다.

(2) 2개의 기관이 사용되므로 기관당 필요 추력은

$$T_{req} = 1900\ \text{lb}/2Eng. = 950\ \text{lb}/Eng.$$

따라서 $SF = T_{req}/T_{actual} = 950/846.28 = 1.12$이므로 이륙 추력은 다음과 같이 된다.

$$T_{SL} = T_{SL,actual}(SF) = 4300(1.12) = 4816\ \text{lb}$$

식 (6.1), (6.2), (6.3)으로부터

$$L = L_{actual}(SF)^{0.4} = 65.4(1.12)^{0.4} = 68.43\ \text{inch}$$

$$D = D_{actual}(SF)^{0.5} = 29.7(1.12)^{0.5} = 31.43 \text{ inch}$$

$$W = W_{actual}(SF)^{1.1} = 900(1.12)^{1.1} = 1019.49 \text{ lb}$$

이륙 거리 산정을 위해 필요한 전체 이륙 추력은 다음과 같이 된다.

$$T_{take-off} = T_{SL}(No.of\,Eng.) = 4816 \cdot 2 = 9632 \quad \text{lb}$$

후연소기가 없는 아음속 항공기이므로 식 (6.5) ~ (6.10)에 의하여 계산할 수도 있다.

$$W = 0.084^{1.1}e^{(-0.045BPR)} = 0.084(4816)^{1.1}e^{(-0.045 \cdot 3.34)} = 812.7 \text{ lb}$$

$$L = 2.22T^{0.4}M^{0.2} = 2.22(4816)^{0.4}(0.8)^{0.2} = 63.1 \text{ inch}$$

$$D = 0.3937T^{0.5}e^{(0.04BPR)} = 0.3937(4816)^{0.5}e^{(0.04 \cdot 3.34)} = 31.17 \text{ inch}$$

$$SFC_{\max T} = 0.67e^{(-0.12BPR)} = 0.67e^{(-0.12 \cdot 3.34)} = 0.4487 \quad \text{lb/lb/h}$$

$$SFC_{cruise} = 0.88e^{(-0.05BPR)} = 0.88e^{(-0.05 \cdot 3.34)} = 0.7446 \text{ lb/lb/h}$$

두 가지 방법에 의하여 계산된 결과는 기관의 무게에서만 차이가 있고 기관의 크기는 거의 비슷한 값을 보임을 알 수 있다.

6.5.2 프로펠러 추진 계통(기관)설계 예

설계 항공기의 순항 비행 자료는 다음과 같다.

순항 고도	20000 ft
순항 속도	240 knot = 405.36 ft/s
항공기 전체 항력	400 lb

표준 대기표로부터 해면 밀도 $\rho_{SL} = 0.0023769\,\text{slug/ft}^3$, 고도 20,000 ft에서 밀도비 $\rho/\rho_{SL} = 0.5328$, 밀도 $\rho = 0.001267\text{slug/ft}^3$, 음속 $a = 1036.9\ \text{ft/s}$로 구할 수 있다.

1. 순항 필요 마력

식 (6.36)에서 프로펠러 효율을 $\eta_P \approx 0.8$로 가정하면 순항 필요 축마력은 다음과 같이 된다.

$$SHP_{cruise} = \frac{TV}{550\eta_P} = \frac{400 \cdot 405.36}{550 \cdot 0.8} = 368.5 \text{ hp}$$

2. 표준 기관 선정

순항 마력은 최대 이륙 마력의 80% 정도이므로 무과급(non-supercharged) 왕복 기관을 사용할 경우 식 (6.40)에서 지상 최대 이륙 마력은 다음과 같다.

$$\begin{aligned} SHP_{take\text{-}off} &= \frac{SHP_{cruise}}{0.8} \bigg/ \left(\frac{\rho}{\rho_o} - \frac{1-\rho/\rho_o}{7.55} \right) \\ &= \frac{368.5}{0.8} \bigg/ \left(0.5328 - \frac{1-0.5328}{7.55} \right) = 978.14 \text{ hp} \end{aligned}$$

Turbo-charger 왕복 기관을 사용할 경우 20000 ft 고도에서도 지상 출력을 유지할 수 있으므로 최대 이륙 마력은 다음과 같다.

$$SHP_{take\text{-}off} = \frac{SHP_{cruise}}{0.8} = \frac{368.5}{0.8} = 460.6 \text{ hp}$$

터보프롭 기관을 사용할 경우 출력은 식 (6.19)과 같이 대기 밀도에 비례할 것이므로 지상 최대 이륙 마력은 다음과 같다.

$$ESHP_{take\text{-}off} = \frac{ESHP_{cruise}}{0.8} \frac{\rho_{SL}}{\rho_H} = \frac{368.5}{0.8 \cdot 0.5328} = 864.5 \text{ hp}$$

여기서 순항 고도, 속도 및 최대 이륙 마력을 고려할 경우 왕복 기관보다는 터보프롭 기관을 사용하는 것이 효율적일 것이다. 따라서 이륙 마력을 고려하여 표준 기관을 Pratt & Whitney Canada사의 PT6A-41 계열 터보프롭 기관을 선정할 수 있다. PT6A-41 터보프롭 기관의 성능 자료는 다음과 같다.

지상 최대 이륙 마력	ESHP = 903 hp(SHP = 850 hp)
이륙 마력 회전 수(rpm)	2000
비연료 소모율(SFC)	0.591(lb/ESHP/h)
기관 무게(W)	403 lb
기관 길이(L)	67 inch
기관(팬) 지름(D)	19 inch

3. 이륙 축마력

표준 기관으로부터 이륙 축마력은 다음과 같다.

$$SHP_{take\text{-}off} = ESHP_{take\text{-}off}\left(\frac{SHP}{ESHP}\right)_{rated} = 864.5\left(\frac{850}{903}\right) \approx 814 \text{ hp}$$

4. 프로펠러 지름

순항 비행시 프로펠러 깃끝 마하수를 0.7로 하면 깃끝 속도는 다음과 같다.

$$V_{tip} = 0.7 \cdot 1036.9 \text{ ft/s} = 725 \text{ ft/s}$$

식 (6.27)에 의하여 정지 깃끝 속도는 다음과 같이 된다.

$$V_{tip,static} = \sqrt{V_{tip}^2 - V_o^2} = \sqrt{725^2 - 405.36^2} = 601.1 \text{ ft/s} \approx 600 \text{ ft/s}$$

식 (6.26)에 의하여 프로펠러 지름은 다음과 같이 된다. 여기서 순항 비행시 프로펠러 회전수는 이륙시의 80%로 하였다.

$$d = \frac{60\,V_{tip,static}}{\pi n} = \frac{60 \cdot 600}{1600\pi} = 7.2 \text{ ft}$$

또는 식 (6.29)에 의하여

$$d = 0.4572(SHP)^{0.25}(\text{m}) = 0.4572(\text{m}) \cdot (814)^{0.25} \cdot 3.281 \text{ (ft/m)} = 8.0 \text{ ft}$$

두 값을 비교하여 깃수 3개이고 지름 $d = 7.5$ ft인 프로펠러를 사용하는 것으로 정한다.

이 경우 순항 비행시 깃끝 마하수는 $M_{tip} = 0.72$ 정도이다.

5. 진행비 및 동력 계수

식 (6.31) 및 (6.32)에 의하여 진행비 및 동력 계수는 다음과 같다.

$$J = V/nd = \frac{405.36 \cdot 60}{1600 \cdot 7.5} = 2.02$$

터보프롭 기관의 축마력은 필요 마력 중 배기에 의한 추력을 제외해야 하므로 순항 비행시 축마력은 다음과 같이 환산할 수 있다.

$$SHP = ESHP\left(\frac{SHP}{ESHP}\right)_{rated} = 368.5\left(\frac{850}{903}\right) \approx 347 \text{ hp}$$

$$C_p = \frac{550\, bhp}{\rho n^3 d^5} = \frac{550 \cdot 347}{0.001267 \cdot (1600/60)^3 \cdot 7.5^5} = 0.335$$

6. 프로펠러 효율

그림 6.11에서, $J = 2.02$, $C_P = 0.335$인 경우 $\theta_{3/4} = 46°$에서 $\eta_P \approx 0.87$인 값을 읽을 수 있다.

7. 추력 계수

식 (6.36)으로부터 추력 계수 C_T는 다음과 같이 된다.

$$C_T = \frac{C_P}{J}\eta_P = \frac{0.335}{2.02}0.87 = 0.144$$

8. 순항 추력

식 (6.37)으로부터 추력을 구하면 다음과 같이 된다.

$$T = \frac{C_T}{C_P}\frac{550ESHP}{nd} = \frac{0.144}{0.335}\frac{60 \cdot 550 \cdot 368.5}{1600 \cdot 7.5} = 436 \text{ lb}$$

구해진 추력이 필요 추력과 같지 않으므로 프로펠러 효율을 위 6번 항에서 구해진 $\eta_P = 0.87$로 가정하여 위의 과정을 반복하면 다음과 같은 결과를 얻는다.

$ESHP_{cruise} = 338.8$ hp, $ESHP_{take\text{-}off} = 795$ hp, $SHP_{take\text{-}off} = 748$ hp, $d = 7.5$ ft, 프로펠러 깃수 $n = 3$, $J = 2.02$, $SHP_{cruise} = 319$ hp, $C_P = 0.307$, $\theta_{d/4} = 45°$에서 $\eta_P \approx 0.88$, $C_T = 0.132$로 설계 추력은 $T = 400.6$ lb로 계산된다. 따라서 반복 계산된 값들을 설계값으로 정한다.

9. 정지 추력

정지 추력을 얻기 위하여 식 (6.32)에서 정지 추력 계수는 다음과 같이 된다.

$$C_P = \frac{550 ESHP_{take\text{-}off}}{\rho n^3 d^5} = \frac{550 \cdot 795}{0.0023769 \cdot (2000/60)^3 \cdot 7.5^5} = 0.209$$

$C_P = 0.209$일 때 그림 6.10에서 $C_T / C_P \approx 0.8$의 값을 읽을 수 있다. 따라서 식 (6.37)에서

$$T_{static} = \frac{C_T}{C_P}\frac{550 ESHP}{nd} = 0.8\frac{60 \cdot 550 \cdot 795}{2000 \cdot 7.5} = 1399.2 \text{ lb}$$

이 값은 이륙 거리를 산정하기 위해 사용할 수 있다.

10. 기관 크기 산정

표준 기관이 PT6A-41 터보프롭 기관이므로 식 (6.41)을 이용하여 기관의 크기를 산정하면 다음과 같이 된다.

$SF = ESHP_{scaled} / ESHP_{actual} = 795/903 = 0.88$

기관 무게: $W_{scaled} = W_{actual} = SF^b = 403 \cdot 0.88^{0.803} = 363.7$ lb

기관 길이: $L_{scaled} = L_{actual} = SF^b = 67 \cdot 0.88^{0.373} = 63.9$ inch

기관 지름: $D_{scaled} = D_{actual} = SF^b = 19 \cdot 0.88^{0.120} = 18.7$ inch

여기서 b값은 표 6.1을 이용하였다.

제7장

주날개, 꼬리날개 및 조종면 설계

7.1 개 요

항공기의 날개는 항공기를 공중에 뜨게 하고 항공기의 운동을 조정하는 기능을 수행하는 가장 중요한 항공기 구성품 중 하나이다. 항공기의 운항 목적과 운항 속도에 따라 날개의 단면 형태와 평면 형태는 크게 달라진다. 크게는 저속항공기와 고속항공기의 날개는 단면과 평면 형태가 판이하게 다르며, 같은 고속항공기라 할지라도 전투기와 폭격기의 날개는 평면 형태가 매우 다르다. 따라서 항공기의 날개 형태를 보면 그 항공기의 용도와 속도를 어림할 수 있다고 해도 과언이 아니다. 날개는 항공기의 각종 성능에 결정적인 영향을 미치는 요소이며, 구조적으로도 심각한 하중을 받는 구성품이다. 본 장에서는 이와 같은 날개의 형태와 위치를 결정하는 과정을 소개한다.

7.2 날개 설계시 고려사항

7.2.1 성능상의 요구조건(Performance Requirements)

날개는 항공기 수명 기간 동안 안전하게 운용할 수 있어야 한다. 따라서 운용시의 안전성, 순항 속도, 항속 거리 등은 날개 설계시의 일차적인 고려 요소이다. 또한 실속속도, 이착륙 속도, 이착륙 거리 등의 이착륙 성능도 날개 설계 시 고려해야 하는 주요한 요구조건이다.

7.2.2 비행특성(Flying Qualities)

비행특성(Flying Quality) 중 우선적인 고려 요소는 실속속도, 실속 전후의 비행특성이다. 날개 하중, 최대양력계수, 날개 단면의 형태, 날개의 평면 형태 및 비틀림 분포 등이 실속속도와 실속 전후의 비행특성을 결정짓는 요소이다. 고속기의 경우에는 버펫 현상(Buffet), 세로 안정성과 관련된 턱크 언더(Tuck Under), 속도 불안정성, 가로 안정성 및 방향 안정성과 관련된 Dutch Roll Damping, Wing Drop과 Wing Rocking, 공탄성 변형으로 인한 가로 조종력의 결손 등을 추가적으로 고려해야 한다. 양호한 저속 비행특성을 갖게 하는 날개 형상과 고속 비행에 적합한 날개 형상의 조건은 서로 상충되는 경우가 많다. 따라서 고속항공기의 경우 상세한 날개의 형상은 풍동시험이 끝난 후에야 가능하며, 때로는 비행 시험의 단계에서 최종적인 형상설계가 완성될 수도 있다.

7.2.3 구조물로서 날개(Structural Framework)

날개 구조 설계의 기본원칙은 높은 하중을 지지하는 구성품(엔진 마운트, 외부 장착물, 연료탱크 등)이 주 구조물과 잘 연관되어 하중의 전달을 위해 복잡한 구성품이 되지 않도록 하는 것이다. 고속항공기의 경우에는 공탄성과 관련된 문제와 후퇴각으로 인한 세로 안정성의 감소 등을 고려하여야 한다.

7.3 익형 선정

항공기 날개의 단면인 익형은 항공기의 각종 성능에 결정적인 영향을 미치는 요소이다. 즉 순항 속도, 실속속도 및 이착륙 거리, 조작특성(Handing Qualities), 모든 비행 과정에서의 전반적인 공력 효율(Aerodynamic Efficiency)이 익형의 형태에 의하여 영향을 받는다. 따라서 익형은 항공기의 심장으로 간주될 수 있다. 익형의 형태는 앞전과 뒷전, 앞전 반경, 시위, 캠버 및 평균 캠버선, 두께 등으로 표현되며, 이들 형태 요소가 공력 성능에 미치는 영향은 다음과 같다.

두께는 항력, 최대 양력, 실속 특성, 구조 무게 등에 영향을 미친다. 대부분의 익형은 두께비가 커질수록 항력 계수는 증가하며, 임계 마하수는 감소한다. 특히 천음속 영역이나 초음속 영역을 비행 영역으로 갖는 항공기 날개의 두께비는 저속기나 아음속기의 날개의 두께비에 비하여 현저하게 작아야 날개면에서 발생하는 충격파로 인한 급격한 항력의 증가를 방지할 수 있다. 지금까지의 통계 자료에 의하면 설계 마하수가 1 이상인 항공기의 날개의 두께비는 6% 이하이며, 천음속 영역의 설계 마하수를 갖는 항공기의 날개의 두께비도 10% 전후이다. 천음속 영역의 설계 마하수를 갖는 항공기에 많이 사용되는 초임계 익형(Supercritical Airfoil)은 이와 같은 통계 자료에 의한 두께비보다 10% 가까이 크게 하는 것이 가능하다. 두께비가 최대 양력계수에 미치는 영향은 각 익형마다 최대의 양력계수를 갖게 하는 최적의 두께비가 있다. 예를 들면 NACA 24계열의 익형은 12 ~ 13% 정도, NACA 65-2 계열의 익형은 15% 정도의 두께비에서 최대양력계수를 갖는다. 항공기 날개의 구조 무게는 날개 두께비의 제곱근에 반비례하여 증가하는 경향을 갖고 있다. 따라서 날개의 두께비를 절반으로 줄이게 되면 날개의 구조무게는 41% 증가하며, 이는 항공기 전체 무게의 15%가 날개 무게라고 간주할 때 항공기 전체의 무게가 6% 증가하는 것을 의미한다. 최대 두께의 위치가 뒷전으로 갈수록 형상 항력(Profile Drag)은 감소하며 임계 마하수는 증가한다.

최대 캠버는 영의 받음각에서의 양력 및 피칭 모멘트 계수값, 최소 항력에서 양력계수값, 최대 양력계수값 등에 영향을 미친다. 커다란 캠버는 최대 양력계수값의 증가를 가져오지만, 피칭 모멘트값을 크게 하여 트림 항력(Trim Drag)의 증가를 초래한다. 최대 캠버가 앞전 쪽으로 이동하면 최대 양력계수값은 증가하지만 실속이 부드럽지 않게 될 수 있다. 앞전 반경은 실속 특성과 최대 양력계수값에 영향을 미치는 요소로 앞전 반경이 크게 되면 실속이 부드럽게 진행되며, 앞전 반경이 작은 뾰족한 날개는 급격한 실속의 경향성을 갖게 된다.

익형의 선정에 기준이 되는 요소는 다음과 같다.

- 순항비행시의 양력범위에서 낮은 형상 항력을 가질 것
- 플랩이 장착되는 날개 안쪽 단면은 플랩 작동으로 인한 고양력 조건에서 항력이 작고 높은 최대 양력계수값을 가질 것
- 익단 단면은 높은 양력계수와 부드러운 실속특성을 가질 것
- 강하 속도가 M= 0.65 이상이 되는 항공기의 경우 날개면의 임계흐름을 피할 수 있도록 충분히 높은 임계 마하수를 가질 것
- 높은 동압(Dynamic Pressure)에서 피칭 모멘트값이 커져서 과도한 트림 항력과 비틀림 모멘트를 초래하지 않도록 할 것
- 제작상의 변형이나 표면의 오염 등으로 인하여 공력 특성이 나빠지는 경향에 지나치게 민감하지 않을 것
- 충분한 내부 공간과 구조상의 무게 감소를 가지도록 가능한 최대 두께를 가지도록 할 것

NASA의 전신인 NACA는 1930년대 집중적인 풍동시험을 통하여 형상이 수학적으로 정의되는 4계열 익형을 개발하였으며, 이어 5계열 익형과 6계열 익형을 개발하였다. 4계열 NACA 익형은 오늘날 항공기 날개의 단면으로 사용되고 있지 않지만 여전히 아음속기의 꼬리날개 단면으로 사용되고 있으며, 6계열인 64A NACA 익형은 오늘날도 여전히 고속 항공기의 날개단면의 기본 형상으로 사용되고 있다. NACA 계열 익형의 자세한 사항은 참고문헌 "The Theory of Wing Sections, IRA H. Abbott and Albert E. Bon Doenhoff" 에 기술되어 있다.

7.4 날개 형상 선정

이 절에서는 3차원 날개의 평면형태와 상반각(Dihedral Angle), 붙임각(Incidence Angle), 비틀림 각 분포(Twist Angle Distribution), 날개의 위치 등이 항공기 특성에 미치는 영향을 기술한다. 3차원 날개의 형상을 정의하는데 사용되는 기본적인 용어는 다음과 같다.

기준 날개면적(Reference Wing Area)은 항공기의 대칭선과 익단에 이르는 가상면적으로 동체면적의 일부가 포함되고 페어링은 제외된다(그림 7.1 (a)). 앞전 기준 후퇴각(Leading Edge Sweep Angle)은 항공기 대칭선에 수직한 기준선과 앞전선간의 각도로 초음속 비행의 관점에서 의미가 있는 후퇴각이다(그림 7.1 (b)). 1/4시위 후퇴각(Quarter Chord Sweep Angle)은 항공기 대칭선에 수직한 기준선과 1/4시위선 간의 각도로 아음속 비행의 관점에서 의미가 있는 후퇴각이다(그림 7.1 (b)). 평균 공력시위(Mean Aerodynamic Chord, MAC 혹은 $\overline{C}$)는 다음의 식으로 정의된다.

$$\text{MAC} = \overline{C} = \frac{2}{S}\int_{y=0}^{y=b/2} C(y)^2 dy \tag{7.1}$$

이 식에서 $C(y)$는 스팬 방향 좌표 y에 따라 변하는 날개의 시위길이이다.

테이퍼 날개의 평균공력시위 MAC는 기하학적으로 그림 7.1 (b)에 표시된 방법으로 구할 수도 있다.

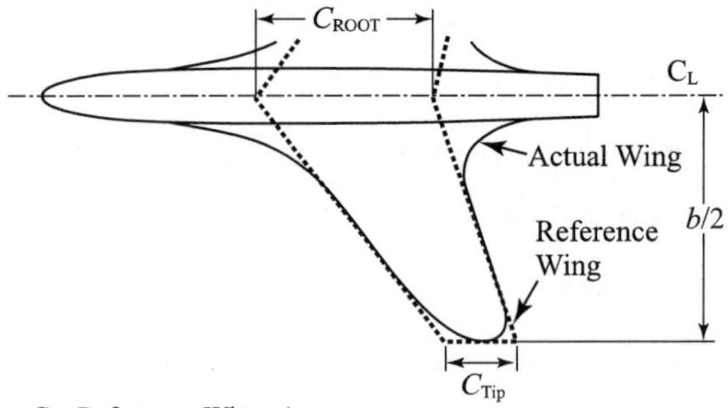

S = Reference Wing Area
C = Chord
AR = Aspect Ratio = b^2/S
t/C = Airfoil Thickness Ratio (Maximum Thickness/Chord)
λ = Taper Ratio (C_{Tip}/C_{Root})
b = Span

W/S, AR, λ가 주어짐	→	$S = W/(W/S)$ $b = (AR \times S)^{1/2}$ $C_{Root} = S/[(b/2)(1+\lambda)]$ $C_{Tip} = \lambda \times C_{Root}$

(a) 날개 형상

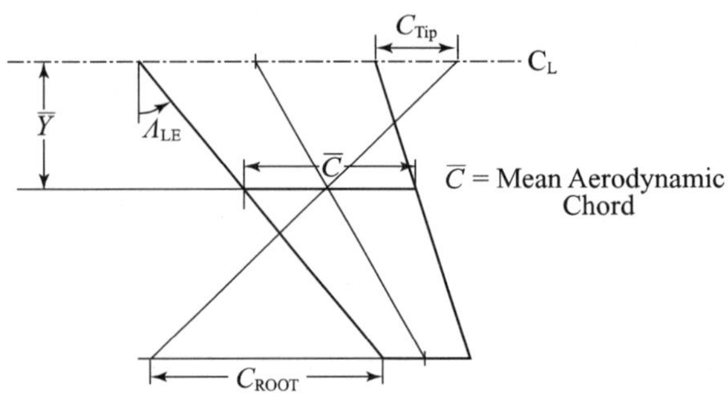

$\overline{C}=(2/3)C_{Root}(1+\lambda+\lambda^2)/(1+\lambda)$
$\overline{Y}=(b/6)(1+2\lambda)/(1+\lambda)$
Typical Wing Aerodynamic Center = $0.25\,\overline{C}$ for subsonic flow
= $0.40\,\overline{C}$ for supersonic flow

(b) 평균공력시위의 기하학적 계산 방법

| 그림 7.1 | 날개 평면 형상 변수

7.4.1 가로세로비

날개의 가로세로비(Aspect Ratio) AR는 $AR = b^2/S$ (b: 스팬, S: 날개면적)로 정의되며, 날개의 3차원성을 나타내는 형상변수로 가로세로비가 큰 날개는 평균공력시위는 작고 스팬이 큰 형상이 된다. 가로세로비가 작은 날개는 날개의 3차원 효과가 증가하고 날개 끝 와류(Wing Tip Vortex)의 영향을 받는 날개 면적이 증가한다. 이와 같은 3차원 효과와 날개 끝 와류의 영향은 양력곡선의 기울기 감소, 실속 받음각의 증가, 유도 항력의 증가 등을 초래한다. 그림 7.2는 가로세로비가 양력계수-받음각 곡선에 미치는 효과를 보여주고 있는데, 가로세로비가 작아질수록 양력곡선의 기울기가 감소하고, 실속 받음각은 증가하여 최대 양력계수 값이 작아지는 3차원 효과를 관찰할 수 있다.

큰 가로세로비를 갖는 날개는 무게와 날개 길이가 상대적으로 커지게 되며, 작은 가로세로비를 갖는 날개는 무게는 감소하지만 유도항력이 증가하게 된다. 순항조건만을 고려한다면 주어진 날개면적에서 큰 가로세로비를 갖는 날개가 전체 항력을 감소시켜서 순항에 필요한 연료의 무게를 감소시킬 수 있다. 그러나 이와 같은 무게 경감은 큰 가로세로비로 인한 날개 무게의 증가로 전체 항공기 무게에 미치는 긍정적인 영향이 상쇄될 수 있다. 따라서 최적의 가로세로비에 대한 선택은 가로세로비의 변화가 항공기 전체의 무게 변화와 운영비(operating cost) 변화에 미치는 영향에 대한 절충(trade-off)을 통하여 결정되어야 한다.

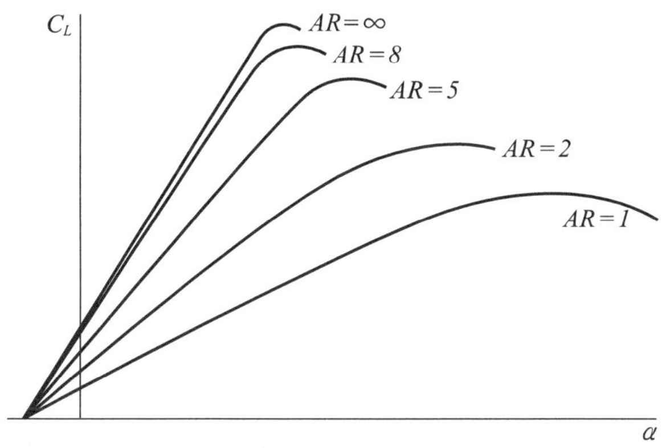

| 그림 7.2 | 가로세로비에 따른 양력계수-받음각 곡선의 변화

프로펠러 항공기와 제트 항공기의 전형적인 가로세로비 값은 다음과 같다.

• 프로펠러 항공기

항공기 종류	등가 가로세로비($AR_{등가} = b^2/S_{ref}$) ($S_{ref} = S_{wing} + S_{canard}$)
자작기	6.0
일반 경항공기(단발 엔진)	7.6
일반 경항공기(쌍발 엔진)	7.8
쌍발 터보프롭	9.2
수상기	8.0

• 제트 항공기

항공기 종류	$AR = \mathrm{aM}_{\max}^{c}$	
	a	c
제트 훈련기	4.737	−0.979
제트 전투기(근접공중전용)	5.416	−0.622
제트 전투기(기타임무)	4.110	−0.622
군용 수송기 / 폭격기	5.570	−1.075
제트 여객기	7.50	0

7.4.2 후퇴각

고아음속 항공기나 초음속 항공기는 임계 마하수(Critical Mach Number)와 항력 발산 마하수(Drag Divergence Mach Number)를 증가시키기 위하여 날개에 후퇴각을 주게 된다. 후퇴각의 효과에 대한 이론은 "날개의 충격파 발생은 날개의 앞전에 수직한 흐름 속도 성분에 의해서만 결정된다."는 Simple Wing Sweep 이론에 의하여 확립되었으며, 제2차 세계대전 이후 후퇴각을 갖는 초음속 항공기의 집중적인 개발을 통하여 이 이론은 입증되었다. 원하는 임계 마하수를 얻기 위한 날개의 후퇴각은 다음과 같은 요소와 관련되어 정확한 값이 결정된다.

• 선정된 익형과 두께: 초음속 흐름으로 가속되는 정도는 선정된 익형과 두께에 의하여 달라지므로, 가속의 정도가 큰 익형이나 두께가 큰 익형의 경우에는 후퇴각이 보다 커져야 원하는 임계 마하수를 얻을 수 있다.
• 테이퍼 비(Taper Ratio): 후퇴각이 커지면 테이퍼 비를 작게 하여야 익단에 공력하중이

집중되는 것을 피할 수 있다.

- 무게중심의 이동, 안정성 및 조종성: 무게중심이 후방으로 이동이 필요한 경우에는 후퇴각을 공기역학적인 필요 이상으로 크게 할 수 있다. 후퇴각은 상반각 효과를 가져오므로 과도한 가로 안정성을 갖지 않도록 후퇴각이 큰 항공기는 날개의 상반각을 영으로 하거나 음의 상반각을 갖도록 하여야 한다. 후퇴각이 크면서 동시에 가로세로비가 큰 날개는 실속 받음각 근처에 도달하면서 급격한 기수올림 모멘트가 발생하는 'Pitch-Up' 현상을 갖는 경향이 있게 되므로 이와 같은 불안정성을 제거하기 위하여 후퇴각이 큰 항공기는 가로세로비를 작게 해야 한다.

그림 7.3은 이와 같은 Pitch-Up 위험을 피하기 위한 후퇴각과 가로세로비의 조합 경계를 보여주고 있다. 실제적으로 수평 꼬리날개, 카나드 등과 같은 세로 안정 및 조종면이 부착되는 전체 항공기는 그림 7.3에 표시된 Pitch-Up 위험 경계선을 어느 정도 초과하여 후퇴각을 크게 할 수 있다.

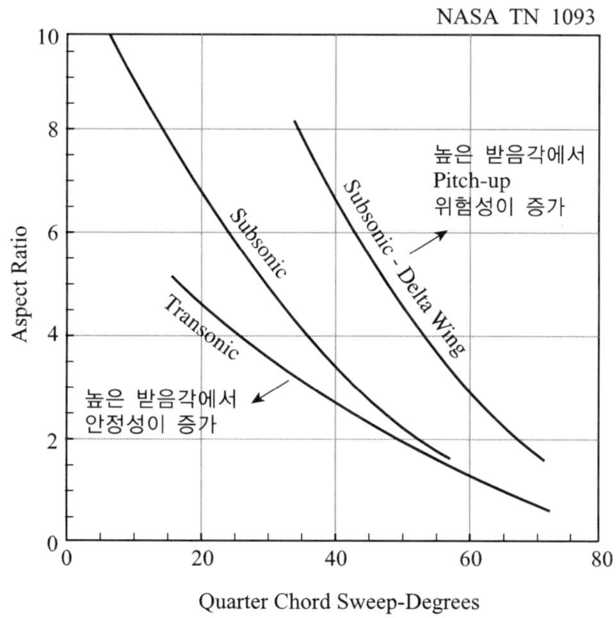

| 그림 7.3 | 후퇴각과 가로세로비의 조합

후퇴각의 주된 목적은 항공기의 임계 마하수 혹은 항력발산 마하수를 증가시키기 위한 것이다. 그러나 후퇴각을 가진 날개는 필연적으로 날개표면에서 스팬방향 흐름을 발생시

키며, 이 스팬방향 흐름은 전체적인 양력의 감소, 경계층의 두께 증가, 항력의 증가, 에어론 효과의 감소, 날개 끝 실속 위험의 증가 등과 같은 항공역학적인 불이익을 초래한다. 이와 같은 항공역학적 불이익을 감소시키기 위한 방법으로 펜스의 설치, kink를 갖는 날개의 평면 형태 등이 있다. 또한 후퇴각을 갖는 날개는 동일한 단면의 후퇴각이 없는 날개에 비하여 상대적으로 최대양력계수 값이 작아진다. 따라서 후퇴각의 크기는 익형의 형태 특히 두께비와 연관하여 결정되어야 한다.

고속 순항 비행을 위해서는 후퇴각이 커야 하지만 이착륙이나 저속 순항 비행을 위해서는 후퇴각이 작거나 없는 것이 공기역학적으로 유리하다. 고속 비행과 저속 비행에서 모두 양호한 공기역학적 특성을 갖도록 하기 위하여 후퇴각을 비행속도에 따라 변형할 수 있는 날개가 가변익 날개이다. 가변익 날개는 후퇴각 변형을 위한 구조 무게로 인해서 무게 증가가 있게 되며, 이때 날개만의 무게 증가는 19%, 항공기 전체의 무게 증가는 4% 정도가 통계적인 자료이다.

항공기 날개의 후퇴각은 날개가 동체와 접합하는 부분에서 날개의 스파에 응력집중현상을 발생시키고 이에 대한 구조적 보강으로 인한 무게의 증가를 초래한다. 또한 날개 끝에서 압력 중심이 스파 반작용점(reaction point)보다 뒤로 이동함으로써 이로 인한 추가의 토크를 상쇄하기 위한 날개 표피 두께가 증가한다.

7.4.3 테이퍼 비

항공기 날개에 테이퍼를 주는 목적은 스팬 방향을 따라 양력분포가 타원형 양력분포(Elliptic Lift Distribution)에 가깝도록 하는 것과, 후퇴각이 있는 날개를 구조적으로 안정시키는 것이다. 타원형 양력분포를 갖도록 하기 위하여 날개의 시위 분포를 타원형으로 하는 것은 제작상 비현실적인 방법이다. 날개 끝의 시위가 날개 뿌리의 시위보다 작게 되면 이상적인 타원형 양력 분포에 접근하는 양력분포를 가질 수 있으므로 대부분 항공기는 날개 끝 쪽으로 가면서 시위가 선형적으로 작아지는 테이퍼 비를 갖게 한다. 그림 7.4는 테이퍼 비가 양력분포에 미치는 영향을 나타내고 있다. 0.4에서 0.5 정도의 테이퍼 비를 가진 날개는 동일한 면적을 갖는 타원형 날개에 비하여 공력효율이 2 ~ 3% 정도 밖에 저하되지 않는 것으로 알려져 있다. 또한 날개에 테이퍼를 주게 되면 양력 중심의 위치가 스팬 안쪽으로 이동하게 되므로 날개 뿌리 부분의 굽힘 모멘트가 감소하여 날개의 구조 무게를 감소시킬 수 있다.

후퇴각이 큰 날개에서는 날개 끝 쪽으로 갈수록 단위스팬 당 양력이 더욱 커지는 현상이 발생한다. 따라서 후퇴각이 큰 날개가 테이퍼가 없게 되면 스팬에 따른 양력분포가 날개를 구조적으로 불안정하게 하는 공력하중 분포가 된다.

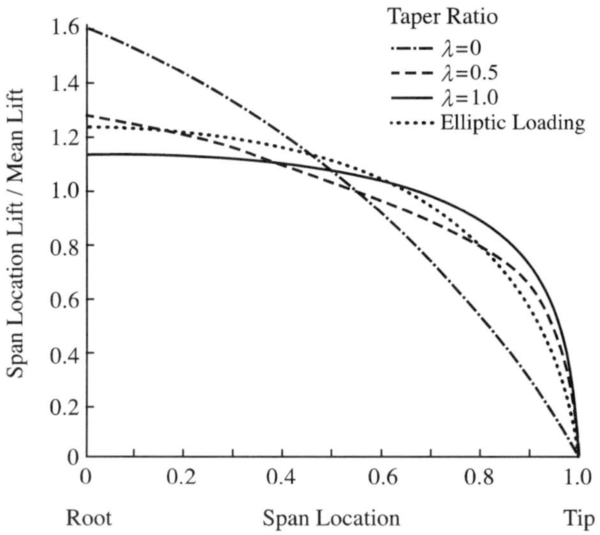

| 그림 7.4 | 테이퍼 비가 양력분포에 미치는 영향

그림 7.5는 후퇴각에 따른 적절한 테이퍼 비의 경향을 나타낸 그림으로서 후퇴각이 40° 이상인 항공기들의 테이퍼 비는 0.2 이하임을 알 수 있다.

테이퍼비가 작아지면 날개 끝에서 레이놀즈수(Reynolds number)가 작아지게 되므로 날개 뿌리 쪽 보다 날개 끝에서 먼저 실속이 일어난다. 날개 끝의 실속은 양력의 감소와 더불어 항공기의 롤(roll) 운동을 하게 되고, 이와 같은 현상은 스핀 운동을 유발하게 된다. 날개 끝 실속은 또한 에어론의 효과를 감소시키게 되므로 롤 조종을 어렵게 한다. 이와 같은 날개 끝 실속으로 인한 문제점을 해결하기 위하여 washout, 스팬 위치에 따라 익형을 변화시키는 방법, stall trip을 장착하는 방법 등이 사용되기도 한다.

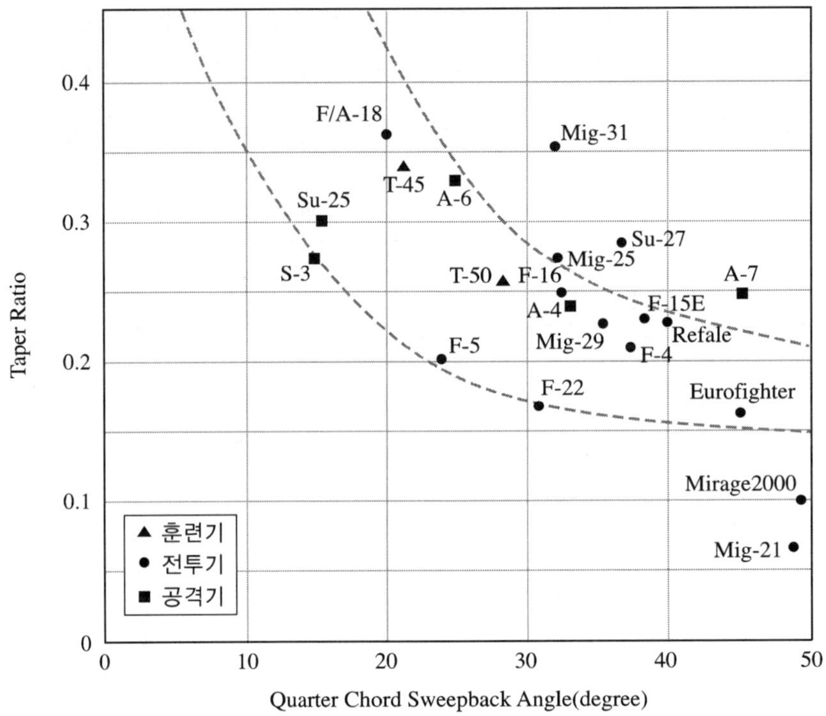

| 그림 7.5 | 후퇴각에 따른 테이퍼 비의 경향

7.4.4 붙임각

날개의 붙임각은 보통 동체 기준선과 날개 뿌리 단면의 시위선과 이루는 각으로 정의된다. 날개에 붙임각을 주는 목적은 날개가 선택된 공기역학적 조건에 알맞는 받음각을 가졌을 때 동체의 항력을 가장 작게 하기 위함이다. 붙임각의 크기는 여객기의 경우에는 1° 정도, 경비행기나 자작(Homebuilt)항공기의 경우에는 2° 정도가 일반적이다. 군용 항공기는 붙임각을 0°에 가깝게 한다.

7.4.5 상반각

날개의 상반각은 날개가 수평면과 이루는 각도로 수평면에서 날개가 위쪽으로 들어 올려 졌을 때를 양의 상반각(Positive Dihedral Angle)으로 정의한다. 날개에 상반각을 주는 목적은 비행기가 경사각을 가졌을 때 경사각을 없애려는 롤링 모멘트가 발생하도록 하여 가로 정안정성(Lateral Static Stability)을 갖게 하기 위함이다. 상반각 이외에도 날개의 후퇴각과 날개의 수직위치도 상반각 효과를 발생시키는 요소이다. 10°의 후퇴각은 +1°의 상반각에 해당하는 상반각 효과를 발생시키는 것으로 알려져 있다. 동체의 위쪽에 날개가 위치하는 고익은 상반각 효과를 증가시키는 요소가 된다. 따라서 후퇴각이 크거나 고익을 갖는 항공기는 과도한 가로 정안정성을 피하기 위하여 날개의 상반각을 영으로 하거나 오히려 음의 값이 되도록 해야 한다.

7.4.6 날개의 동체 부착 위치

그림 7.6 (a)와 같은 고익은 동체를 지면에 가깝게 하여 화물의 올림이나 내림이 용이하며, 날개에 위치한 제트 엔진이나 프로펠러가 지면에서 충분한 거리를 갖게 하여 이들 구성품의 손상 가능성을 감소시키고 안전성을 향상시키게 된다. 또한 후퇴각이 큰 항공기의 경우 받음각이 크고 경사각이 있는 상태에서 익단의 지면 여유(Ground Clearance)를 증가시킨다. 단거리 이착륙 항공기(STOL)의 경우 커다란 플랩 설치가 가능하며, 지면 효과(Ground Effect) 감소시키는 효과가 있다. 고익은 구조적으로도 Wing Box를 동체를 관통시키지 않고 동체 상부에 위치시킬 수 있도록 하여 구조적으로 가볍게 날개와 동체를 접합할 수 있다는 장점이 있다. 그러나 고익은 착륙 장치 설치 부위의 강도 보강, 평평한 동체 바닥으로 인한 동체 구조 무게의 증가, 동체와 날개의 접합부에 대한 페어링(Fairing) 등으로 동체 무게가 증가하는 단점이 있으며, 또한 소형항공기의 경우 받음각이 크거나 선회비행 시에 날개가 조종사의 후방 및 측방 시야를 가리게 된다.

그림 7.6 (b)와 같은 중익은 고익이 갖는 지면 여유를 제공하면서 고익의 단점인 높은 받음각이나 선회 비행시 조종사 시야가 제한되는 점을 해소할 수 있는 형태이다. 또한 중익은 고익이나 저익이 배면 비행을 하게 되면 정상 비행시의 상반각 효과와 반대되는 상반각 효과를 갖게 되므로 발생되는 비행 조작상의 어려움을 해소하는데도 도움이 된다. 따라서 전투기나 곡예기(Acrobatic Aircraft)는 중익의 형태를 취하는 것이 일반적이다. 중익의 가장 큰 단점은 날개에 작용하는 하중을 전달하는 구조물(Wing Carry Through Box)을 사용하지 못하기 때문에 구조상의 중량 증가를 피할 수 없다는 점이다.

그림 7.6 (c)와 같은 저익의 가장 큰 장점은 착륙 장치를 장착하는 부위에 대한 별도의 구조 강도 보강 장치가 필요 없으며, 접은 후 착륙 장치를 날개나 날개-동체 접합부, 나셀 등에 보관할 수 있다는 점이다. 저익의 경우에는 엔진과 프로펠러가 지면 여유를 갖도록 동체가 지면에서 충분히 떨어지도록 하여야 하며, 이는 착륙 장치의 무게 증가를 요구한

다. 저익은 동체가 지면으로부터 높기 때문에 화물이나 승객을 싣거나 내릴 때 특별한 보조 장치가 필요하며, 지면 여유가 근본적으로 작다는 단점이 있다.

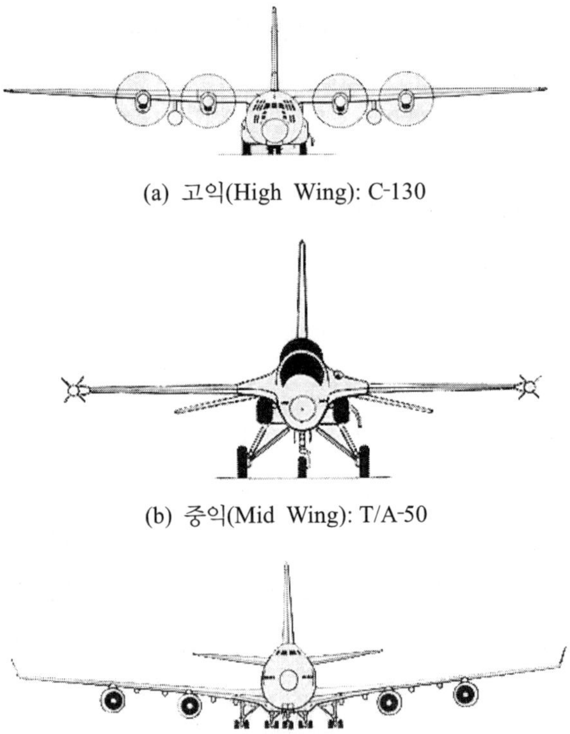

(a) 고익(High Wing): C-130

(b) 중익(Mid Wing): T/A-50

(c) 저익(Low Wing): Boeing 747-400

| 그림 7.6 | 날개의 동체 부착 위치

7.4.7 날개끝 형상

날개끝 형상은 항공기의 유도 항력에 영향을 주는 요소 중 하나이다. 양력이 발생하는 날개의 아랫면과 윗면 사이에는 압력의 차이가 있게 되고, 이 압력 차이에 의한 스팬 방향으로의 흐름은 자유 흐름과 결합하여 강한 3차원 순환흐름인 날개끝 와류(Wing-tip Vortex)로 발전하게 된다. 익단 와류는 내리흐름(Downwash)을 유도하는 근원이 되므로 날개끝 와류는 유도 항력의 물리적 원인이 된다. 날개끝의 형상은 이와 같은 날개끝 와류의 강도와 구조에 영향을 주어 유도 항력을 변화시키게 된다. 날개끝의 단면이 각이 지지 않도록 한 Rounded 날개끝보다는 날카롭거나 각이 진 날개끝 단면이 스팬 방향으로의 흐름을 방해하여 유도항력을 감소시킨다. 그림 7.7 (d), (e), (f)에 나타낸 것과 같은 Horner 날개끝이나 Drooped 날개끝, Upswept 날개끝 등은 실제 스팬은 증가시키지 않으면서 유효 스팬은 증가되는 효과를 가져올 뿐만 아니라, 날개끝 와류의 강도를 약화시켜 유도 항력을 줄이므로 널리 사용되어온 날개끝 형태 중 하나이다. 그림 7.7 (i)와 그림 7.7 (j)와 같은 날개끝 판(End Plate)이나 윙렛(Winglet)은 날개의 유효 스팬을 증가시키고 날개끝 와류를 약화시키는데 가장 효과적인 날개끝 형태이다. 그러나 날개끝 판이나 윙렛은 표피면적의 증가로 인한 유해 항력의 증가, 날개의 탄성축(Elastic Axis) 뒤에 무게를 추가하여 플러터(Flutter) 경향이 나빠지는 문제, 날개 뿌리의 굽힘 모멘트가 증가함으로 인한 구조무게의 증가 등과 같은 불리한 점도 수반하게 한다. 그러나 윙렛은 이와 같은 불리한 점을 최소화하면서 현저한 유도 항력의 감소 효과를 가져오므로 오늘날 널리 사용되는 날개끝 형태 중 하나이다. 잘 설계된 윙렛은 양항비를 20% 이상 증가시킬 수도 있으며, 가로세로비가 작거나 날개끝 와류가 강한 조건에서는 그 효과가 더욱 현저하다.

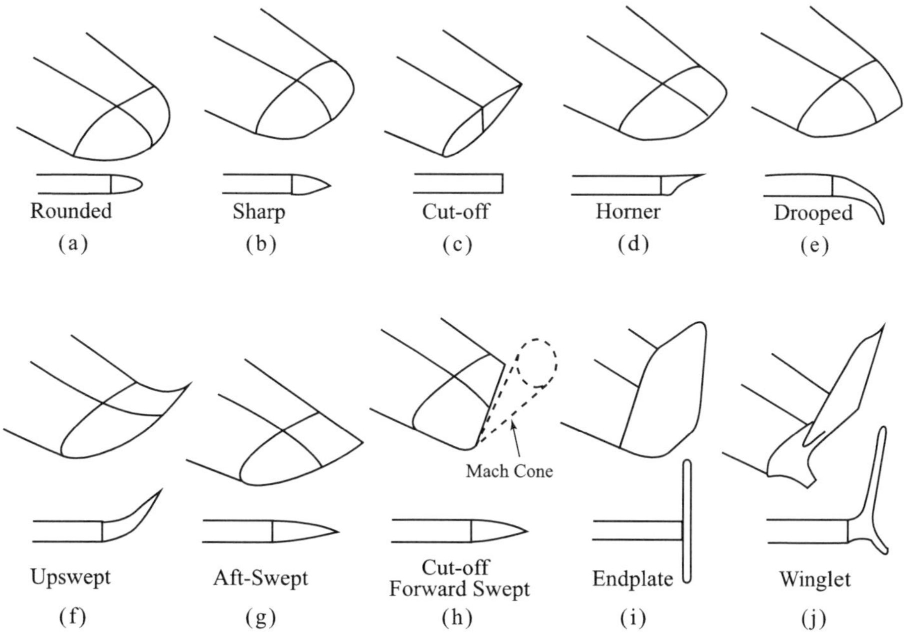

| 그림 7.7 | 날개끝 형상

7.5 꼬리날개 형상 결정

7.5.1 꼬리날개의 기능

꼬리날개는 다음과 같은 기능들을 수행하는 공기력 발생면이다. 먼저 꼬리날개는 안정성을 제공하는 안정판(Stabilizer)의 역할을 수행하는데, 수평꼬리날개는 세로 안정성을, 수직꼬리날개는 방향 안정성을 제공한다. 꼬리날개에 부착된 엘리베이터나 러더 등과 카나드는 항공기의 조종력을 제공하는 조종면이 된다. 이들 조종면은 모든 비행 조건에서도 충분한 조종력을 제공할 수 있어야 한다. 즉 수평꼬리날개는 앞 착륙장치 바퀴가 들려진 상태, 플랩을 내리고 저속 비행을 하는 상태, 천음속 기동의 상태 등에서도 충분한 공기력을 제공하여야 하며, 수직꼬리날개는 저속에서 한쪽 엔진이 작동되지 않은 상태, 최대의 롤 율(Roll Rate), 스핀시의 회복 등에서 충분한 공기력을 발생시켜야 한다. 꼬리날개의 마지막 기능은 트림(Trim)이다. 수평꼬리날개는 날개나 기타 요소에 의한 피칭 모멘트의 변화를 긴 모멘트 팔을 통하여 미세하게 균형을 잡도록 하며, 프로펠러기의 수직꼬리날개는 여러 개의 엔진 중 하나가 고장 난 경우에 발생하는 비대칭 추력이나 프로펠러 후류에 의한 요잉 모멘트를 상쇄시키는 기능을 수행하게 할 수 있어야 한다.

7.5.2 꼬리날개의 배열

꼬리날개의 배열은 그림 7.8과 같은 다양한 모습이 사용되고 있으며, 각 배열 방법의 특성은 다음과 같다.

- Conventional Tail: 가장 전형적인 꼬리날개의 배열 형태이다.
- T-Tail: 날개 후류나 프로펠러 후류로부터 수평꼬리날개가 영향을 받지 않으므로 수평꼬리날개의 면적을 작게 할 수 있으며, 또한 수평꼬리날개의 버펫(Buffet)을 감소시킬 수 있다. 수평꼬리날개가 수직꼬리날개의 익단판 역할을 하게 되므로 수직꼬리날개의 크기를 작게 할 수 있으며, 동체 뒤 쪽에 엔진을 장착하는 것이 가능하고 외형상 모양이 좋다. 그러나 T-Tail은 Conventional Tail에 비하여 무게가 증가하게 된다.
- Cruciform Tail: Conventional Tail과 T-Tail의 중간 특성을 갖는다.

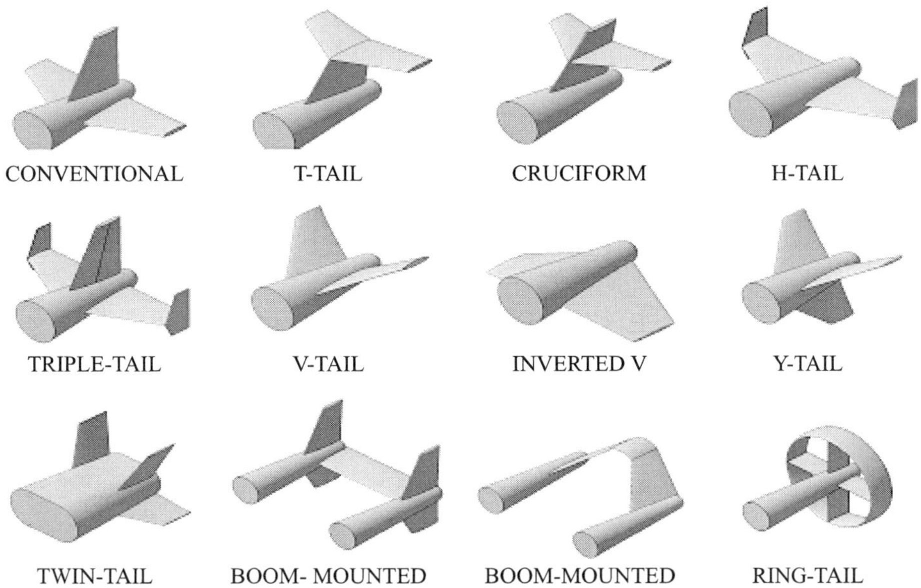

| 그림 7.8 | 꼬리날개의 유형

- H-Tail: 수직꼬리날개를 높은 받음각 상태에서 동체 후류에서 벗어나도록 하며, 수직꼬리날개가 수평꼬리날개의 날개끝 판 역할을 하게 된다. 엔진 배기구를 숨기는 역할을 하는데도 유리하다.
- V-Tail: 표면적이 작아져 항력을 감소시킬 수 있으며, 레이더 반사단면적(Radar Cross Section)을 감소시키는 데도 유용하게 사용될 수 있다. 롤링 모멘트와 요잉 모멘트의 커플링(Coupling)에 의한 조종력 발생의 복잡성이 단점이다.
- Inverted V-Tail: V-Tail과 Adverse Roll-yaw Coupling현상을 제거, Spiral 경향성의 감소 등 장점이 있으나 지면 여유가 작은 단점이 있다.
- Y-Tail: V-Tail은 피치 조종에만 사용하고, 제3의 수직면을 설치하여 요잉 조종에 사용하여 V-Tail의 조종력 발생 복잡성을 제거하는 형태이다.
- Twin-Tail: 높은 받음각에서 동체 후류에 수직꼬리날개가 잠기게 되는 것을 방지하고, 커다란 수직꼬리날개 면적이 요구되는 경우 수직꼬리날개의 높이를 작게 한다는 장점이 있어서 기동성이 큰 초음속 전투기에서 많이 사용하는 형태이다.
- Boom-Mounted Tail: 추진식 프로펠러기에 사용될 수 있으며 일반적으로 테일붐은 단일 동체보다는 무거우므로 엔진을 항공기 무게중심 가까이에 놓도록 한다.
- Ring-Tail: 익형으로 단면이 이루어진 링을 후방 동체에 부착하여 링의 모든 면이 꼬

리날개의 기능을 수행하도록 하는 날개로 개념은 멋져 보이지만 실제적으로는 적용하기가 부적절한 형태이다.

수평꼬리날개의 위치 선정에 있어서 한 가지 중요한 요소는 주날개와 수평꼬리날개의 상대적인 위치로, 이 상대적인 위치는 실속 특성에 결정적인 영향을 미치게 된다. 예를 들어 T-Tail은 높은 받음각에서 수평꼬리날개가 주날개의 후류에 잠기게 되어 깊은 실속(Deep Stall)이 일어나게 된다(그림 7.9 (a)). 그림 7.9 (b)는 주날개의 후류 속에 수평꼬리날개가 잠기는 것을 방지하기 위한 수평꼬리날개의 상대적 위치를 보여주고 있다.

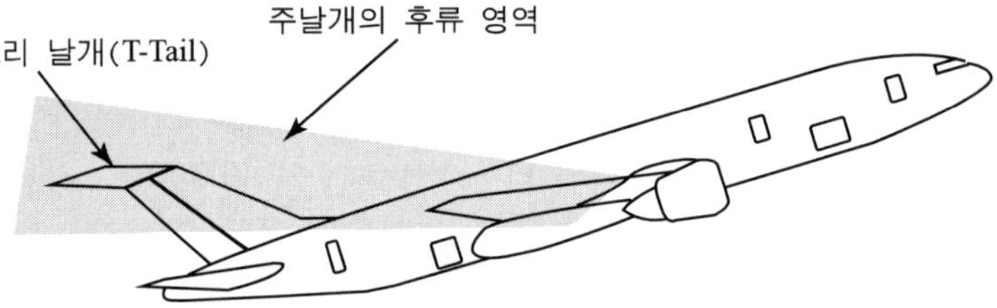

(a) 수평꼬리 날개의 깊은 실속(Deep Stall) 위험

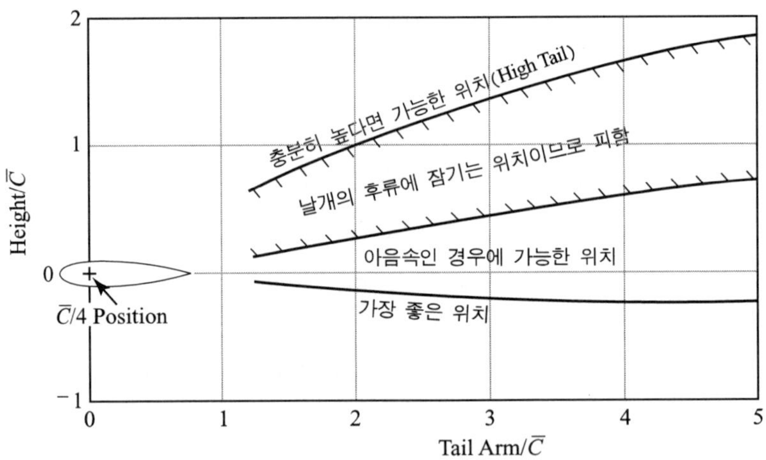

(b) 수평꼬리 날개의 위치 선정

| 그림 7.9 | 수평꼬리날개의 장착 위치

꼬리날개의 배열에서 또 하나의 고려 요소는 스핀 회복성이다. 스핀 상태에서 항공기는 3개의 축에 대하여 모두 각운동을 하면서 실속과 옆미끄럼을 하게 된다. 이와 같은 스핀으로부터 회복하기 위해서는 우선적으로 수직축에 대한 회전과 옆 미끄럼을 멈추도록 해

야 하는데 이를 위해서는 수직꼬리날개가 가장 결정적인 역할을 하게 된다. 스핀 상태에서는 수평꼬리날개도 실속 상태가 되며, 실속한 수평꼬리날개의 후류에 수직꼬리날개가 잠기게 되면 수직꼬리날개의 효과가 없어지게 되므로, 스핀 상태에서도 수직꼬리날개에 장착된 방향타의 1/3 이상이 수평 꼬리날개의 후류에 잠기지 않도록 설계하는 것이 필요하다(그림 7.10).

수직꼬리날개와 후방 동체를 연결하는 Dorsal Fin과 꼬리 부분 동체 아래에 수직으로 설치된 Ventral Fin(그림 7.10)은 수직꼬리날개에 부착되는 와류를 발생시켜, 커다란 옆미끄럼각에서도 수직꼬리날개의 효과를 향상시키는 기능을 제공하여 스핀 회복에 도움이 된다. 또한 Ventral Fin은 고속 비행에서 가로 불안정성(Lateral Instability)을 방지한다.

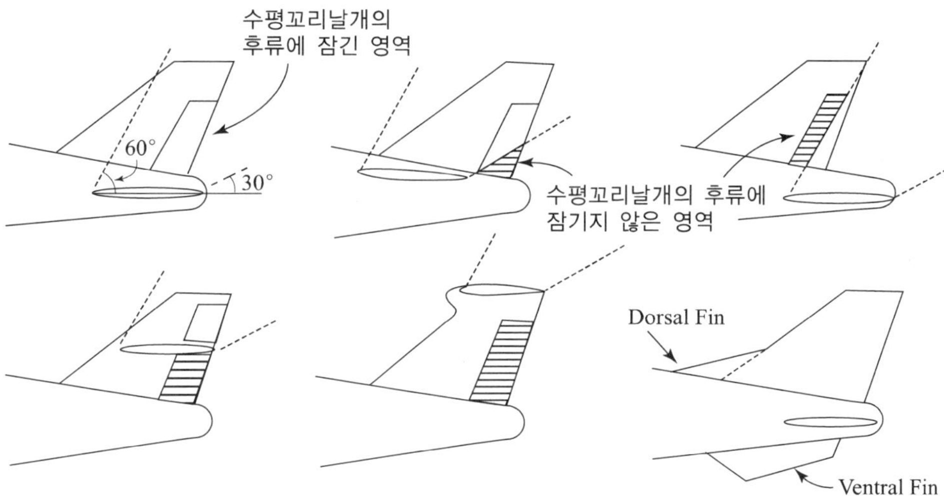

| 그림 7.10 | 스핀 회복성을 갖기 위한 꼬리날개 배열의 예

7.5.3 꼬리날개의 형상 및 크기 결정

항공기 날개 면적은 항공기의 무게에 비례하여 증가하며, 꼬리날개의 면적은 날개의 면적에 비례하여 증가한다. 따라서 꼬리날개의 설계는 초기 무게 추정 단계 후 곧바로 이루어져야 한다. 수평꼬리날개와 수직꼬리날개의 평면형상은 표 7.2에 제시한 가로세로비와 테이퍼 비의 값으로부터 출발하면 큰 무리가 없다.

| 표 7.2 | 꼬리날개에 대한 가로세로비와 테이퍼 비

항공기 종류	수평꼬리날개		수직꼬리날개	
	가로세로비	테이퍼 비	가로세로비	테이퍼 비
전투기	3 − 4	0.2 − 0.4	0.6 − 1.4	0.2 − 0.4
Sailplane	6 − 10	0.3 − 0.5	1.5 − 2.0	0.4 − 0.6
기타 항공기	3 − 5	0.3 − 0.6	1.3 − 2.0	0.3 − 0.6
T-tail 항공기	−	−	0.7 − 1.2	0.6 − 1.0

수평꼬리날개의 후퇴각은 주날개의 후퇴각보다 5° 정도 크게 하여 꼬리날개 가 주날개보다 더 큰 임계 마하수를 갖도록 하고 실속 진입이 늦게 되도록 한다. 저속 항공기에서는 엘리베이터 힌지선이 직선이 되도록 후퇴각을 결정한다. 수직꼬리날개 후퇴각도 주날개의 후퇴각보다 크게 하여 수직꼬리날개의 임계 마하수가 크도록 하며, 보통 35°에서 55°의 후퇴각을 갖도록 하는 것이 일반적이다. 고속 항공기의 꼬리날개 두께는 주날개 두께보다 10% 정도 작은 값을 사용한다. 꼬리날개의 크기는 다음과 같이 정의되는 꼬리날개 부피계수(Tail Volume Coefficient)의 통계적인 값과 다른 설계 조건으로부터 주어지는 모멘트암(Moment Arm)의 크기로부터 결정한다.

$$\text{수평꼬리날개 부피계수,}\ C_{HT} = (L_{HT}\,S_{HT})/(\overline{C}_w S_w) \tag{7.3}$$

$$\text{수직꼬리날개 부피계수,}\ C_{VT} = (L_{VT}S_{VT})/(b_w S_w) \tag{7.4}$$

위 식에서 L_{HT}와 L_{VT}는 그림 7.11에 표시된 것과 같이 정의되는 모멘트 암이며, $\overline{C}_w$는 주날개의 평균시위, b_w는 스팬, S_w는 주날개의 면적이다.

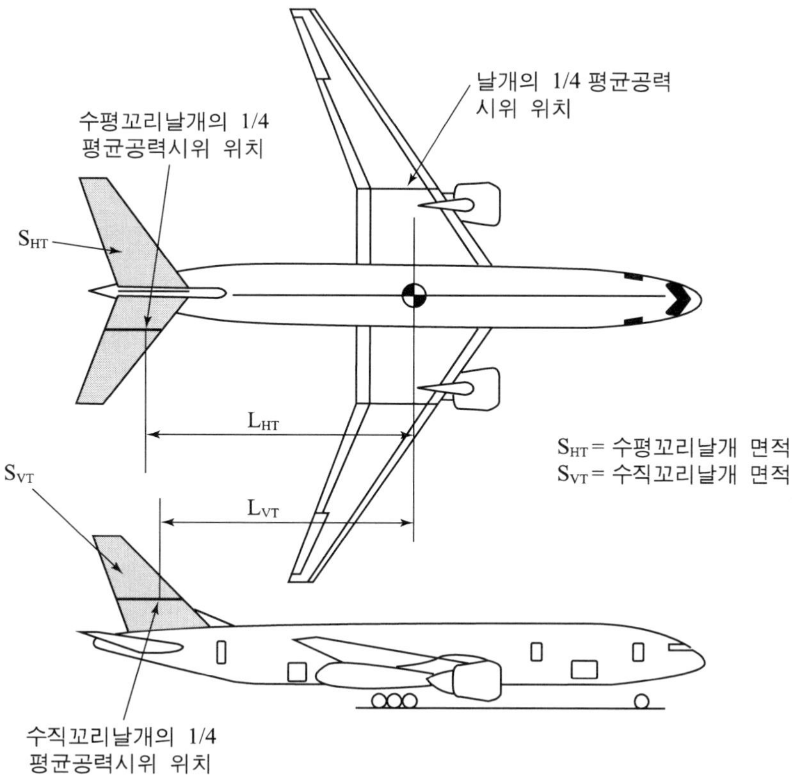

| 그림 7.11 | 수평꼬리날개 부피계수 및 수직꼬리날개 부피계수 결정 요소

항공기 종류에 따른 C_{HT}와 C_{VT}의 값을 표 7.3에 나타내었다.

| 표 7.3 | 항공기 종류에 따른 C_{HT}와 C_{VT}

항공기 종류	C_{HT}	C_{VT}
Sailplane	0.50	0.02
자작항공기	0.50	0.04
일반 경항공기－단발엔진	0.70	0.04
일반 경항공기－쌍발엔진	0.80	0.07
쌍발 터보프롭	0.90	0.08
제트 훈련기	0.70	0.06
제트 전투기	0.40	0.07
군용수송기 / 폭격기	1.00	0.08
제트 여객기	1.00	0.09

7.6 고양력장치

순항 성능의 향상을 위해서는 캠버가 작고 날개 하중이 큰 날개이어야 하고, 이착륙 등과 같은 저속 비행을 위해서는 캠버가 크고 날개 하중은 작은 날개가 필요하다. 그러나 날개 하중은 정해진 하나의 값이므로 이착륙 등과 같은 저속 비행시는 양력계수값을 최대로 하고, 순항 비행시는 저속 비행시보다 훨씬 작은 양력계수 값을 갖도록 하여야 한다. 최대 양력계수 값은 날개만으로 발생시킬 수 있는 최대 양력계수인 $C_{L_{\max}}$, 고양력장치를 사용한 이륙양력계수 $(C_{L_{\max}})_{TO}$ 및 착륙양력계수 $(C_{L_{\max}})_L$ 등으로 구분하여 고양력장치의 설계에 편리하게 사용할 수 있다. 아래의 표는 항공기 종류에 따른 전형적인 $C_{L_{\max}}$, $(C_{L_{\max}})_{TO}$, $(C_{L_{\max}})_L$ 등의 값을 제시하고 있다.

| 표 7.4 | 항공기 종류에 따른 전형적인 양력계수

항공기 종류	$C_{L_{\max}}$	$(C_{L_{\max}})_{TO}$	$(C_{L_{\max}})_L$
자작기(Home-built Airplane)	1.2 − 1.8	1.2 − 1.8	1.2 − 2.0
전투기	1.2 − 1.8	1.4 − 2.0	1.6 − 2.6
군용 폭격기 및 수송기	1.2 − 1.8	1.6 − 2.2	1.8 − 3.0
초음속 순항 항공기	1.2 − 1.8	1.6 − 2.0	1.8 − 2.2

표 7.5와 그림 7.12에 항공기에 사용되는 대표적인 고양력장치의 종류와 개략적인 형태, 항공역학적 특성을 제시하였다. 뒷전 플랩(Trailing-Edge Flap)은 최대 양력계수값은 증가시키지만 날개의 실속 받음각이 감소한다. 날개의 실속 받음각을 증가시키면서 최대 양력계수를 증가시키기 위해서는 앞전 플랩을 사용하여야 한다. 표 7.5에서 $\Delta C_{l_{\max}}(2D)$는 2차원 날개에서 얻을 수 있는 양력계수 증가 최대치를 의미한다. 따라서 3차원 날개의 양력계수 증가 최대치는 날개의 가로세로비나, 플랩의 스팬과 날개의 스팬의 비 등을 고려하여 산출하여야 하며, 표에 제시된 값보다 작아지게 된다. C'은 플랩의 시위, C는 날개의 시위이다. Plain Flap, Split Flap, Slotted Flap은 캠버와 최대양력계수를 증가시키고 영양력 받음각(Zero-Lift Angle of Attack)과 받음각은 감소시킨다. Fowler Flap 등과 같은 확장 플랩(Extending Flap)은 Plain Flap 등과 같은 비확장 플랩(Non-Extending Flap) 특성에 추가하여 양력계수 기울기를 증가시킨다. Leading Edge Slot는 실속을 지연시켜 실속 받

음각을 증가시키며, Leading Edge Flap과 Slat는 실속을 지연시키고 주어진 받음각에서 양력을 감소시키며, 양력계수 기울기를 증가시킨다.

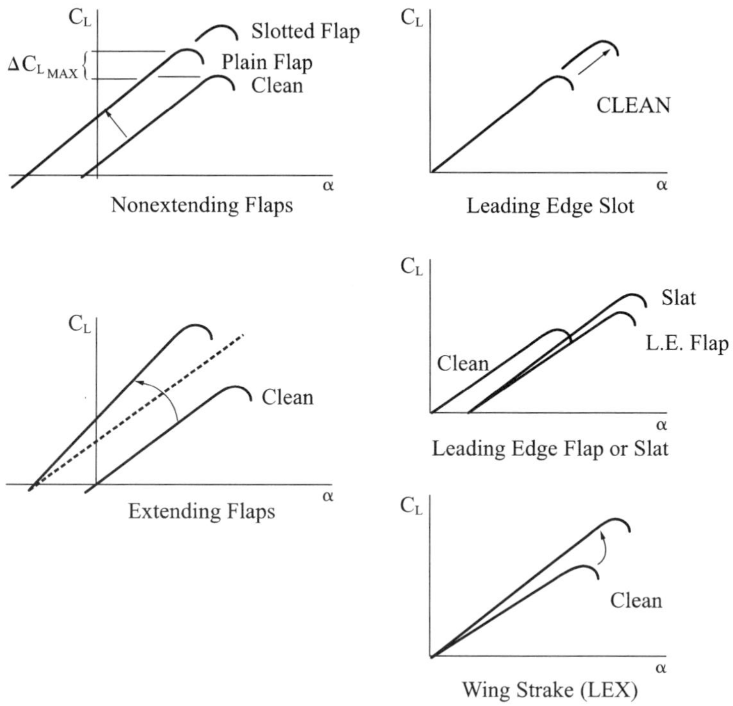

| 그림 7.12 | 고양력장치의 항공역학적 특성

앞전 고양력장치는 단독으로는 이착륙시에 양력의 증가에 크게 기여하지 못한다. 왜냐하면 앞전 고양력장치는 높은 받음각에서만 효과가 크기 때문이다. 그러나 앞전 고양력장치는 뒷전 플랩과 병행하여 사용될 때 매우 유용한 결과를 가져오므로 대형여객기 및 수송기, 기동성이 요구되는 전투기 등에서 매우 보편적으로 사용되는 고양력장치이다.

| 표 7.5 | 고양력장치의 종류와 특성

구분	종류	형태	특징	$\Delta C_{l_{max}}(2D)$
뒷전 플랩	Plain flap		-뒷전의 일부를 힌지로 구부림 -날개의 캠버를 증대시키는 효과	0.9
	Split flap		-뒷전의 아랫면만을 변형하여 날개 윗면 흐름은 그대로 유지 -형상 항력 증대	0.9
	Slotted flap		-슬롯을 통한 흐름 분리 완화 -큰 받음각에서 날개 윗면의 흐름을 유지시켜, 양력은 증가하고 형상항력은 감소	1.3
	Fowler flap		-플랩의 이동으로 날개의 면적을 넓히는 효과 발생 -양항비의 극대화가 가능하나, 기구가 복잡	$1.3\,C'/C$
	Double slotted flap		-fowler flap 및 slotted flap과 유사 -최대 양력계수를 크게 할 수 있으나, 기구가 복잡하고 중량이 커지는 단점	$1.6\,C'/C$
	Triple slotted flap		-double slotted flap보다도 최대양력계수를 더욱 증대 -양력계수의 극대화가 필요한 경우 사용(대형수송기 및 민항기에 주로 사용)	$1.9\,C'/C$
앞전 플랩	Fixed slot		-앞전에 특별한 작동기구 없이 슬롯만 설치 -흐름 분리와 항공기 실속 방지	0.2
	LE flap		-앞전에 힌지를 장치하고 아랫 방향으로 변위를 주어 캠버를 증대시키는 효과 -초음속 전투기에 많이 사용	0.3
	Kruger flap		-앞전 곡률이 증가 -장치가 간단한 장점이 있으나, 형상항력이 증대되는 단점	0.3
	Slat		-전투기의 고양력장치로 사용 -최대 양력계수, 종 및 횡 안정성이 증대하나, 장치가 복잡	$0.4\,C'/C$

그 밖에 높은 받음각에서 날카로운 앞전 모서리가 발생시키는 와류(Vortex)가 날개를 지나는 흐름으로 분리를 지연시켜 날개 윗면에 낮은 압력장을 형성하도록 하는 Leading Edge Extension(LEX), Wing Strake가 있다. 그림 7.12는 이들 고양력장치의 항공역학적 특성을 보여준다.

플랩의 종류뿐만 아니라 플랩 시위의 상대적인 비율도 날개의 최대양력계수 값에 영향을 미치게 된다. 플랩 시위와 날개 시위의 비에 대한 현실적인 값은 다음과 같다.

Split flap : 25%

Plain flap : 30%

Slotted 혹은 Fowler flap : 30-40%

플랩의 변위각(deflection angle)도 효과가 한계에 달하는 제한치가 있으며, 그 값은 다음과 같다.

Split flap : 55-60°

Plain flap : 40-50°

Fowler flap : 30-40°

Leading edge flap : 15-20°

7.7 조종면의 크기 결정

항공기 주조종면의 설계는 안정성 및 조종성을 고려하여 구조적인 공탄성의 해석과 함께 설계되어야 하나 초기 사이징 단계의 조종면 설계는 대략적인 경향과 함께 공력 탄성학적 특성 및 제작상의 난이도를 고려하여 결정한다. 에일러론과 플랩의 시위는 통상 주익 시위의 12~25%, 방향타 및 승강타는 25~50% 사이에서 결정한다. 먼저 에일러론의 경우 통상 날개 끝 쪽으로 스팬의 50~90% 사이에 위치하며 조종면은 주날개 또는 꼬리날개의 테이퍼 비와 같은 테이퍼 비를 갖는 것이 일반적이다.

에일러론 스팬의 크기 및 시위 크기에 대한 통계적인 경향을 그림 7.13에 나타냈다. 어떤 항공기는 에일러론이 날개 끝까지 연장한 경우도 있는데 이 경우 에일러론의 끝단은

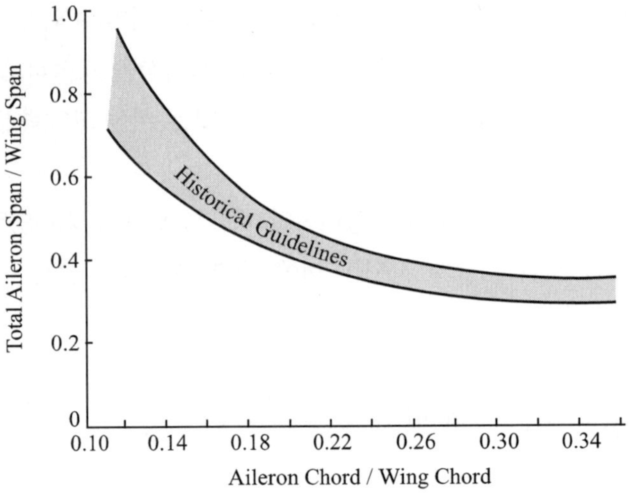

| 그림 7.13 | 에일러론 크기의 통계적 경향

날개 끝에서 익단 와류에 의해 조종성에 기여는 적으며 이는 오히려 에일러론의 플러터 및 조종력 경감을 위한 질량 균형 효과 또는 공기역학적 균형 효과를 기대하기 위함이다. 고속의 항공기는 에일러론 역전 현상(Aileron Reversal)이 나타나는데 이를 피하기 위해 날개 안쪽에 또 하나의 고속용 에일러론을 두어 롤링 조종 모멘트를 조절한다. 어떤 전투기는 수평꼬리날개의 좌우를 비대칭적으로 조타시켜 롤링 조종 모멘트를 부여하는 'Rolling Tail'을 채택하기도 한다.

날개의 플랩은 에일러론의 안쪽에 있으며, 최대 양력계수값을 크게 하기 위해서는 플랩의 면적이 가능한 커야 한다. 플랩을 크게 하기 위한 방법으로 에일러론을 없애고 대신 스포일러를 채택하기도 한다. 스포일러는 날개 윗면에 플랩보다 앞부분에 위치하며 스포일러가 작동된 날개는 양력은 감소하고 항력은 증가하여 롤링 모멘트를 발생시킨다. 스포일러는 공기역학적 반응 특성이 매우 비선형적이므로 인력 조종방식의 항공기는 롤 조종성의 확보에 어려움이 따른다.

승강타와 방향타는 동체에서 시작하여 꼬리날개 끝까지 또는 90%까지 위치한다. 인력 조종방식의 항공기에서는 승강타의 힌지선은 거의 대부분 동체 중심선에 수직하게 설계되어야 하는데 이는 하나의 Torque Tube로 좌우의 승강타를 함께 구동시켜야 하는 점과 함께 승강타의 플러터 현상을 줄이기 위함이다. 전투기의 경우 승강타를 없애고 수평꼬리날개 전체가 구동되는 전동익(All-movable Tail)을 채택하여 수평꼬리날개의 받음각을 직접 변화시켜 조종하는 방식을 사용한다. 공기력에 의해 조종면이 빠르게 진동하는 현상인 플러터는 조종면의 파괴 또는 전체 날개의 파괴를 초래하기도 하는데 이와 같은 플러터 현상은 질량 균형(Mass Balancing)이나 공기역학적 균형(Aerodynamic Balancing)으로 완화시킬 수 있다. 질량 균형은 힌지선 후방의 질량에 맞대응하는 질량을 힌지선 전방에 부착하는데 이 방법은 매우 효과적인 플러터 감소 방법이다. 그러나 이 방법은 중량 증가를 가져오므로 중량 증가를 최소화하기 위해서는 균형 질량이 가능한 힌지선에서 멀리 위치하도록 설계되어야 하나 형상의 제약으로 한계가 있다.

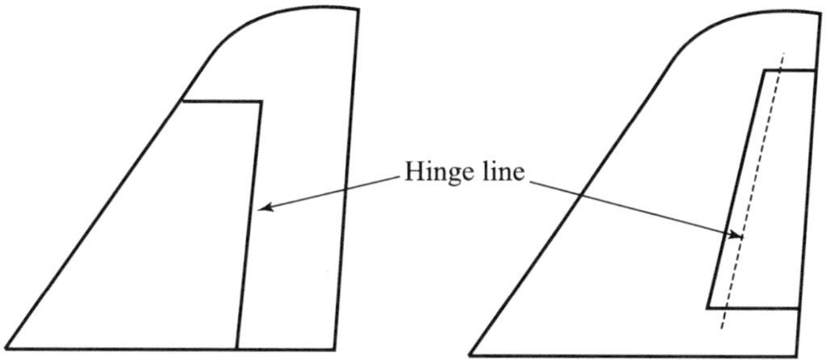

| 그림 7.14 | 방향타의 공기역학적 균형

공기역학적 균형은 그림 7.14 (a)에 보인 바와 같이 돌출된 부분으로 부여하는 방식과 그림 7.14 (b)에 보인 바와 같이 힌지선 전방의 부분으로 부여하는 방식이 있다. 에일러론의 경우 또는 고속기의 모든 조종면에 대해 (a) 방식은 적절하지 못하며, (b) 방식에서는 힌지선이 전방에서 전체 조종면의 20%를 넘지 않아야 한다.

제8장

착륙장치 및 세부 계통

8.1 개 요

항공기 개념설계 기준형상(Baseline Configuration) 선정을 위한 개념설계 동안의 항공기 설계는 주로 형상설계를 중심으로 이루어진다. 항공기의 형상은 외부 형상(External Configuration)과 내부 형상(Internal Configuration)으로 나누어지며, 외부 형상의 결정을 위해서는 내부 형상에 대한 고려가 반드시 함께 이루어져야 한다. 따라서 개념설계 동안의 항공기 세부계통 설계는 주로 내부 형상설계를 위한 각 계통의 필요 공간, 위치, 무게 등에 대한 자료를 제공하고 항공기 성능해석 및 무게 추정, 비용분석 그리고 RM&S(Reliability, Maintainability, and Supportability) 등의 해석에 요구되는 각 계통의 설계 결과를 제시하는 수준에서 이루어진다.

최상위 수준의 설계 요구(Top Level Design Requirements)에 따라 각 계통에 대한 설계 요구(System Requirements)가 정해지게 되며 이러한 각 계통별 설계 요구를 바탕으로 세부 계통의 설계와 계통선정이 이루어진다. 개념설계에서 고려해야 할 각 부 계통으로는 타이어와 착륙장치를 포함하는 착륙 계통, 비행조종 하드웨어(Hardware)와 제어법칙(Control Law) 해석을 포함하는 비행조종 계통, 항법과 무장제어 등을 포함하는 항공전자 계통, 연료 계통, 유압 계통, 발전기와 와이어 하네스 등의 전기 계통, 여압, 공압, 냉각, 산소 계통을 포함하는 환경제어 계통, 보조동력장치와 비상동력 계통을 포함하는 이차동력 계통, 외부 연료탱크와 무장을 포함하는 외부장착물 계통, 조종실 배열 및 사출 계통(Ejection System)을 포함하는 조종실 계통 그리고 앞에서 열거한 모든 세부 계통간의 통합(Integration) 및 외부 형상과의 연관성(Interface)을 설계에 반영하는 세부 계통 종합(Subsystem Integration)을 들 수 있다.

8.2 착륙장치

항공기의 착륙장치는 보통 주착륙장치(Main Gear)와 앞착륙장치(Nose Gear)의 두 가지 형태로 이루어져 있다.

주착륙장치는 항공기의 착륙시에 충격 하중의 대부분을 흡수하고, 지상에서 항공기의 중량을 주로 지탱하도록 하는 장치이다. 고정식과 인입식(Retractable Type)이 있는데, 고정식은 경비행기에 주로 사용되며, 대부분의 항공기는 비행 중에 공기 저항을 감소하기 위하여 인입식을 채택하고 있다. 그림 8.1은 대형여객기의 주착륙장치의 예를 보여주고 있다.

앞착륙장치는 대형여객기의 대부분이 채택하고 있으며 그림 8.2와 같다. 앞착륙장치는 착륙 중에 충격흡수 및 지상에서 항공기 중량의 일부를 지탱하고 항공기가 지상에서 활주 중에 항공기의 방향조절 역할을 하는 조향장치가 갖추어져 있다.

앞착륙장치 및 주착륙장치는 지상 활주 중 지면과 타이어 사이의 마찰에 의한 타이어 밑면의 가로축 방향의 변형과 바퀴의 선회축 둘레의 진동과 합성된 진동이 좌우 방향으로 발생하는데 이러한 진동을 시미(Shimmy)라 한다. 이러한 현상은 앞착륙장치에서 특히 많이 발생한다. 시미 댐퍼(Shimmy Damper)는 이와 같은 시미 현상을 감쇠, 방지하기 위한 장치로써, 완충장치의 피스톤과 연결되어 있다

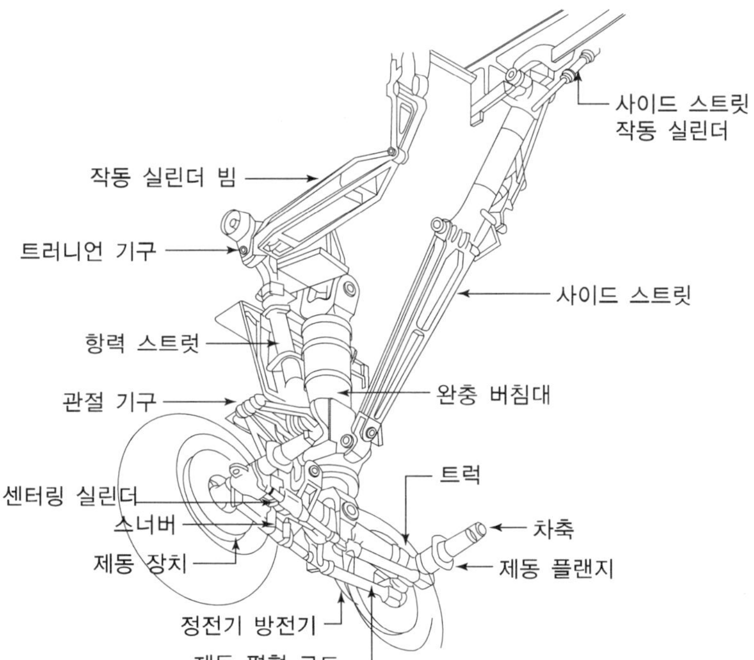

| 그림 8.1 | 대형여객기의 주착륙장치

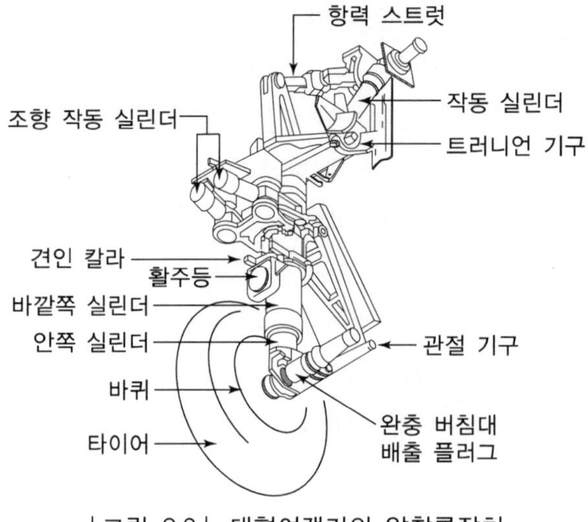

| 그림 8.2 | 대형여객기의 앞착륙장치

8.2.1 착륙장치 선정 시 고려사항

바퀴의 숫자와 타이어 치수 등은 최대이륙중량에 대해 지탱할 수 있는 요구조건에 의하여 결정되며 타이어의 치수와 타이어 내압은 지상에 접지되는 접지면적(Footprint Area)에 의하여 결정되고, 바퀴에 의하여 부가되는 하중이란 접지면상에 걸리는 접지압, 즉 접지면의 응력으로 표현된다.

다음은 착륙장치 설계 시에 일반적으로 고려해야 할 사항들이다.

- 특정한 착륙상태에서의 충격흡수성
- 지상 활주 중에 승객 및 승무원에게 안락감을 주기 위한 기체의 적절한 서스펜션(Suspension) 제공
- 지상활주 중의 모든 속도 상태에서 안정성과 방향 조종성 제공
- 지상장비를 사용한 조작에서의 원활한 지상 취급성의 제공
- 특정한 작동상태에서 착륙장치에 부과되는 하중 부담능력의 제공
- 제동장치에 의한 적절한 제동성 제공
- 제작단가 및 정비성

8.2.2 착륙장치의 선정

1. 착륙장치 배열

그림 8.3은 착륙장치의 형태별 종류를 보여주고 있다. 여기서 그림 8.3 (a)는 단일주바퀴(Single Main Gear)형 착륙장치로서 그 단순성에 의하여 글라이더와 같은 비행기에 사용되며, 바퀴(Wheel)는 중심의 앞쪽에 놓이거나, 조종석 아래 스키드가 있는 경우는 바퀴가 중심의 뒤쪽에 놓일 수도 있다. 그림 8.3 (b)와 같은 주바퀴 2개인 것을 자전거형(Bicycle) 착륙장치라고 하며, 중심의 앞뒤에 각각 주바퀴를 두고 좌우의 균형을 위하여 외곽지지 바퀴를 배치해 두고 있다. 자전거형 착륙장치를 갖는 항공기는 이착륙시에 비행기의 자세를 지면에 평행하게 하여야 하므로 낮은 받음각에서 높은 양력을 가져야 한다.

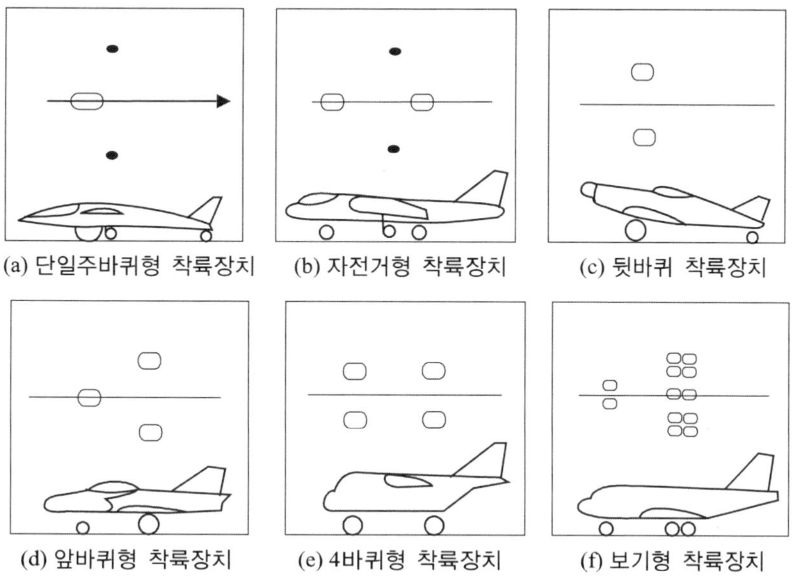

| 그림 8.3 | 형태별 착륙장치의 종류

이러한 착륙장치는 날개 스팬이 넓고 동체가 좁은 항공기에 주로 채택될 수 있다. 그림 8.3 (c)는 뒷바퀴형(Tail Dragger) 착륙장치로서 중심 앞에 2개의 주바퀴를 가지며 비행기의 꼬리부분에 보조바퀴를 장착한 경우로서 재래식 일반형 착륙장치이다. 이러한 형태의 착륙장치는 처음 항공기가 개발되면서부터 1950년대에 이르기까지 주로 많이 채택하여 왔기 때문에 이를 재래식 착륙장치라고 한다. 이 뒷바퀴형 착륙장치는 그림 8.3 (d)와 같은 앞바퀴형(Tricycle) 착륙장치에 비해 프로펠러 끝과 지면 사이에 더 넓은 간격을 갖게 하고 더 낮은 항력과 중량을 가지며, 지면상태가 거친 곳에서의 지상 활주 중에 더 큰 양력을

발생하도록 하는 이점이 있다. 그러나 뒷바퀴형 착륙장치는 중심위치가 뒤쪽에 있는 관계로 해서 착륙활주 중에 지상편향(Ground Loop) 경향이 있으며, 뒷바퀴의 작동으로 인하여 원하지 않는 방향전환이 일어나 활주로의 외곽으로 비행기가 빠지려는 경향이 있기도 한다. 그림 8.4는 앞바퀴형 착륙장치와 뒷바퀴형 착륙장치의 지상편형 현상의 차이를 보여준다. 이러한 현상의 방지를 위하여 뒷바퀴형 착륙장치를 채택한 비행기는 앞바퀴와 기체 무게중심을 연결하는 직선이 추력선의 수직선과 일정한 각도 이상을 유지하도록 설계해야 하며 활주시에 기축선과 지면이 이루는 각(꼬리내림각, Tail Down Angle) 또한 일정한 각도가 유지되도록 설계되어야 한다. 그리고 조종사는 활주 중에 비행기가 방향 전환되는 경향을 방향키 페달을 이용하여 잡아주어야 한다.

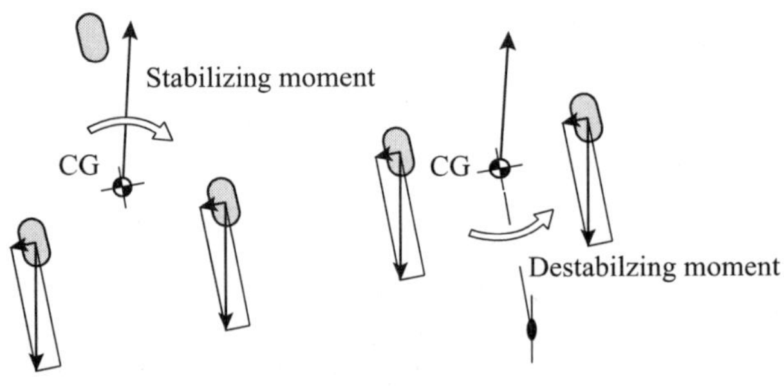

| 그림 8.4 | 앞바퀴형과 뒷바퀴형 착륙장치의 지상편형 비교

앞바퀴형 착륙장치는 중심의 뒤쪽에 2개의 주바퀴를 갖고 중심 앞쪽에 보조바퀴인 앞바퀴를 장착하고 있다. 이 앞바퀴형 착륙장치는 주바퀴의 앞쪽에 중심이 있어 비행기가 지상 활주 중에 안정하며, 착륙시에 기수가 활주로와 수평이 되지 않고 훨씬 높은 각을 가진 상태에서 접지가 가능하게 된다. 더욱이 지상 활주 중에는 조종사가 안정감과 편안한 상태를 유지케 하며 탑재화물에도 영향을 주지 않는 장점이 있다. 4바퀴형 착륙장치는 그림 8.3 (e)와 같이 동체의 양 옆에 각각 2개씩의 주바퀴를 갖게 하여 이착륙시에 비행기가 지면에 대해 평행을 이루도록 한다. 이러한 형태의 착륙장치는 지면에 대해 매우 낮은 위치에 화물칸을 두게 할 수 있어 화물기에 많이 이용된다.

최근 들어 점점 증가하는 항공기의 중량을 하나의 주바퀴가 담당하기 위해서는 타이어의 크기가 너무 크게 되어 이러한 하중을 담당할 수 있도록 여러 개의 타이어를 사용하여 큰 하중을 분담하도록 할 필요가 있게 되었다. 이러한 착륙장치는 그림 8.3 (f)와 같이 2개의 앞바퀴로 된 앞착륙장치와 보기(Bogey)라고 하는 충격흡수 스트럿(Shock-Absorber

Strut)에 4개 이상의 주바퀴를 장착하여 대형 항공기의 중량을 감당하도록 하였다.

2. 착륙장치의 위치 결정에 대한 기하학적 고려

착륙장치의 길이와 위치는 지상 활주 및 이착륙시에 지면에 부딪히지 않도록 고려되어야 한다. 이 외에도 주요하게 고려되어야 하는 것이 다음에 언급할 Tip-back Angle과 Overturn Angle이다.

(1) Tip-back Angle

Tip-back Angle이란 그림 8.5와 같이 항공기의 착륙장치를 전개한 상태로 접지시에 가질 수 있는 최대 각도를 의미한다. 착륙시 높은 받음각을 가지는 자세를 취하는 경우, 항공기가 뒤로 전복되는 것을 방지하기 위하여 주착륙장치의 바퀴로부터 항공기의 무게중심간의 각도가 Tip-back Angle 아니면 적어도 15도 이상은 되어야 한다.

함재항공기(Carrier-base Aircraft)의 경우 단거리 착륙의 필요성에 의해 이 각도가 종종 25도를 초과하기 때문에 이러한 부류의 항공기의 경우 주착륙장치보다 상당히 전방에 무게중심이 위치하도록 하여야 한다. 이러한 고려는 또한 함상의 요동에 의해 항공기가 뒤집히는 것을 막아주기도 한다.

그러나 이 경우 이륙 활주시에 기수를 올리는 동작이 어려워지며, 만일 앞착륙장치에서 항공기 전체 무게의 20% 이상을 분담한다면 주착륙장치의 위치는 항공기의 무게중심에 대하여 상당히 후방에 위치하게 될 것이다. 반대로 만일 이와 반대로 앞착륙장치에서 전체 무게의 5% 미만을 분담하는 경우라면 방향조종을 하기에 앞착륙장치의 항공기의 견인력이 불충분하게 된다. 이러한 문제점을 해결하기 위하여 앞착륙장치에 분담되는 항공기의 무게의 범위는 무게중심의 최후방점과 최전방점에 대하여 8%에서 15% 사이에 들어 있어

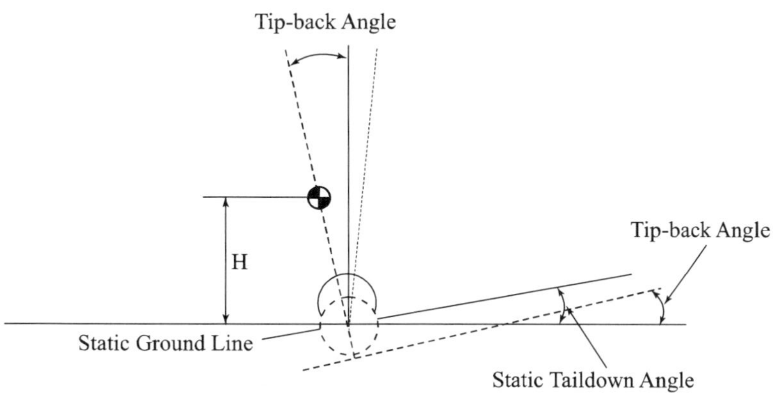

| 그림 8.5 | Tip-back Angle의 기하학적 정의

야 한다.

이와 더불어 이착륙시에 중요하게 고려되어야 하는 것으로 Ground Clearance Angle에 대한 고려가 필요하다. Tip-back Angle이 이착륙시의 항공기의 전복을 방지하기 위한 고려라면 Ground Clearance Angle은 이착륙시에 항공기의 후방 동체가 지면에 닿지 않도록 일정한 각도를 부여하는 것으로 대부분의 항공기의 경우 약 15도 이상이 되어야 한다.

(2) Overturn Angle

Overturn Angle은 지상 활주시에 항공기가 전복되는 경향에 대한 척도가 된다. 이것은 주착륙바퀴가 앞착륙바퀴에 정렬되어 있는 상태에서 후방에서 보아 주착륙바퀴와 항공기의 무게중심 간의 각도로 측정된다. 대부분의 항공기에서 Overturn Angle은 63도 이상을 넘지 않도록 하여야 한다(함재 항공기의 경우는 함의 요동 등에 대한 고려로 좀더 작은 각도를 적용하여 54도를 사용하는 것이 일반적이다).

그림 8.6은 Tricycle 착륙장치를 가진 항공기의 Overturn Angle에 대한 기하학적 정의를 나타내고 있으며 만약 Tail Dragger 형식의 착륙장치인 경우에는 그림에서 무게중심을 Most Aft C.G. 대신에 Most Fwd. C.G.를 적용한다.

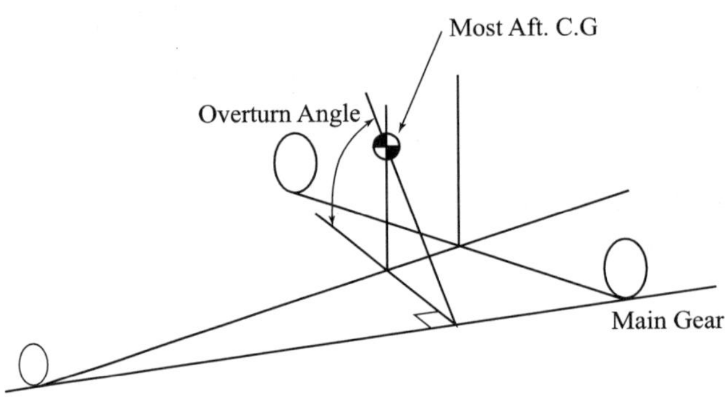

| 그림 8.6 | Overturn Angle의 기하학적 정의

3. 착륙장치 인입방식의 선정

공기저항력을 감소시키기 위해 기어의 인입이 이루어지게 되는데 잘못된 설계로 인한 내부 연료공간의 감소와 불필요한 추가 공기역학적 항력을 발생시키지 않기 위해 적절한 인입 방법을 선택하여야 한다. 그림 8.7은 다양한 착륙장치 인입방식을 보여주고 있다.

착륙장치를 날개 내부, 동체 내부 또는 날개와 동체 연결부에 인입시켜 위치하는 경우 항공역학적 손실은 줄일 수 있으나 주요 구조물의 연결을 방해하여 구조적 문제로 인한 중량의 증가를 야기할 수 있다. 날개 내부에 설치하는 경우는 날개 중량을 증가시키고 연료적재량을 감소시킬 수 있다. 또, 동체 내부나 날개와 동체 연결부에 착륙장치의 인입 위치를 설계하는 경우 세로대(Longeron)와 간섭을 일으키게 되지만 고속 항공기에서는 항공역학적 이점으로 항공기 내부에 인입 위치를 설계한다. 거의 모든 민간 제트 수송기는 인입 위치를 날개와 동체 사이에 설계한다. 대부분 저익(Low-Wing) 전투기는 날개 내부나 날개와 동체연결부에 설계하는 반면에 중익(Mid-Wing) 및 고익(High-Wing) 전투기는 동체 내에 설계하게 된다.

항공기 A-10 및 러시아 제트기나 폭격기 설계에서 간혹 볼 수 있는 방식인 날개에 독립된 접개기구가 있는 경우는 날개 끝단에 공간을 설치하여 항공역학적 손실을 최소화하였다. 그리고 화물 공간을 확보하기 위해 동체 외부에 독립공간을 설치하는 경우는 군용의 고익 수송기에서 볼 수 있는데 이 경우 항력에 의한 손실은 감안하여야 한다.

엔진 뒤의 나셀(Nacelle)에 접개 기구를 설계하는 경우는 프로펠러 항공기에서 주로 이용되며, 제트항공기의 경우는 엔진 옆에 접개 기구가 설계되어 항력의 증가를 초래하게 된다.

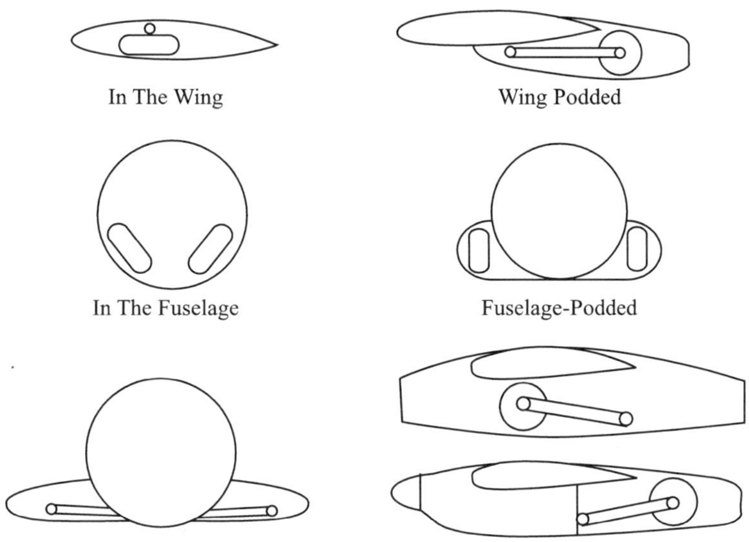

| 그림 8.7 | 착륙장치 인입방식

대부분 착륙장치의 접개기구 구조는 그림 8.8과 같이 4절 기구의 연결에 기초하고 있다. 이것은 한 개의 동체 부재에 3개의 부재가 회전 가능하도록 연결되어 있는 기구로서 이러한 구성은 하중이 강체 부재와 회전을 통해 전달되는 단순하면서도 경량인 구조를 이루도

록 하는 이점이 있다.

그림 8.8 (a)는 평행한 암(Arm)에 연결된 수직 착륙장치 부재에 바퀴가 연결되고 평행한 암의 회전부는 동체에 부착되어 착륙장치는 위아래 방향으로 접개되도록 한 것이다. 이는 1930년대 주로 사용되었으며 MiG-23의 경우에서 볼 수 있다. 그림 8.8 (b)는 DC-3나 제2차 세계대전 당시 폭격기에서 주로 볼 수 있는 접개기구로서 수직 부재가 드래그 브레이스 대신 접개를 위해 접히도록 되어 있는데 이 경우 접개 기구의 길이는 짧아질 수 있지만 중량은 무거워진다. 그림 8.8 (c)는 전형적인 앞바퀴형에서의 접개기구의 배열이다. 드래그 브레이스(Drag Brace)라고 불리는 대각선 부재는 항공역학적 하중 및 제동하중을 담당하며, 이 부재는 착륙장치의 접개를 위해 중간부가 접히도록 되어 있다. 드래그 브레이스는 착륙장치가 접힌 경우 바퀴의 뒤나 앞에 있을 수 있으나 착륙장치의 유압시스템 고장시 바람에 의해 펴질 수 있도록 바퀴의 앞에 오도록 하고 있다. 그림 8.8 (d)는 4절기구라기보다는 미끄럼 피벗을 사용한 접개기구로서 웜스크류(Worm screw)가 회전하여 착륙장치의 접개가 이루어지도록 미끄럼이 발생한다. 이 경우는 4절기구 접개 장치에 비하여 중량이 더 무거운데 그 이유는 웜스크류의 전체 길이가 착륙장치 하중을 충분히 담당할 수 있어야 하기 때문이다.

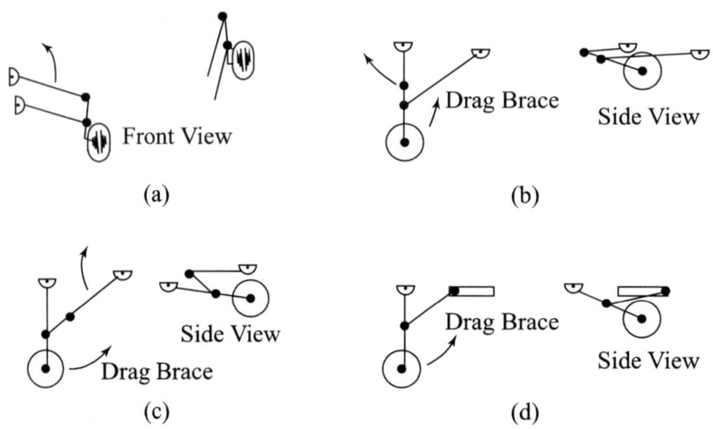

| 그림 8.8 | 인입식 착륙장치의 접개기구

8.3 세부 계통

8.3.1 세부 계통 설계 시 고려사항

항공기에 장착되는 세부계통에는 비행조종계통, 항공전자계통, 연료계통, 유공압계통, 전기계통, 환경제어계통, 이차동력계통, 무장 및 외부장착물계통 등이 있다. 항공기 개념설계에서의 세부 계통설계는 각 계통별 개념 설계와 세부 계통 통합으로 구성된다. 항공기 설계 요구로부터 계통별 설계 요구조건을 설정하고 부품공급업체(Vendor)의 자료를 토대로 설계항공기에 적용할 구성품을 선정하여 항공기 초기설계를 위한 각 부 계통의 설계개념을 정립한다. 또한 각 계통별 비교분석 연구(Trade Study) 항목을 선정하고 이에 대한 연구를 수행하여 각 계통 구성도(Schematic Diagram)을 작성한다. 계통설계 결과는 전체 항공기 개념 설계를 위하여 무게 및 균형(Weight and Balance) 추정, 획득단가(Flyaway Cost) 추정 등과 항공기 내부 형상 및 외부 형상 설계에 반영된다.

8.3.2 비행조종 계통

비행조종 계통은 항공기의 등급을 결정할 정도로 중요한 항공기의 세부 계통이므로 개념설계 동안 계통의 무게, 체적, 항공기의 조종 성능, 양/항력 특성에 미치는 영향, 조작용이성(Handling Qualities), 전력 소모, 유압계통, 항공기 신뢰도, 안전성 등의 측면과 획득가격을 면밀히 비교 분석하여 비행조종 개념을 정립하도록 한다. 비행조종 계통은 크게 수동식, 유압식 그리고 전기식으로 구분할 수 있다.

1. 수동식 비행조종 계통

수동식 비행조종 계통은 제2차 세계 대전 때까지 대부분 비행기의 조종 계통으로 사용되어 왔으며 장치가 간단하고, 경량이며 신뢰성이 높아서 현재도 소형기 및 중형기의 일부에서 사용되고 있다. 기계적 조종 계통의 설계 고려사항은 작동시의 마찰력, 케이블의 인장, 시스템 무게, 조작 용이성 등이 있다. 그림 8.9는 기계식 비행조종 계통의 구성도를 보여주고 있다.

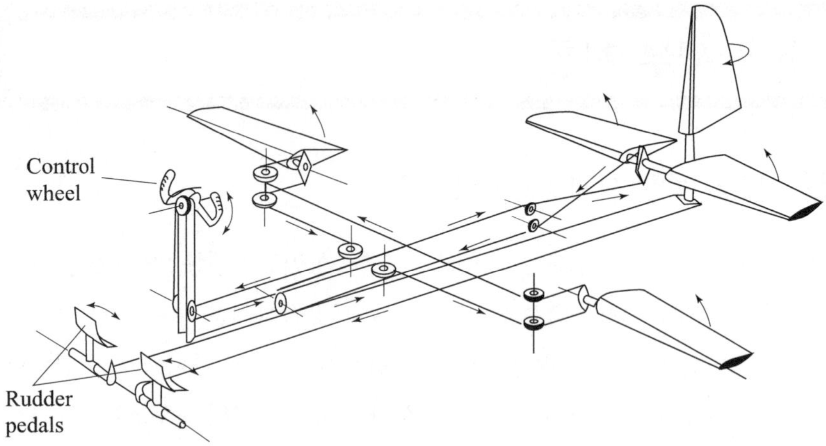

| 그림 8.9 | 수동식 비행조종 계통 구성도

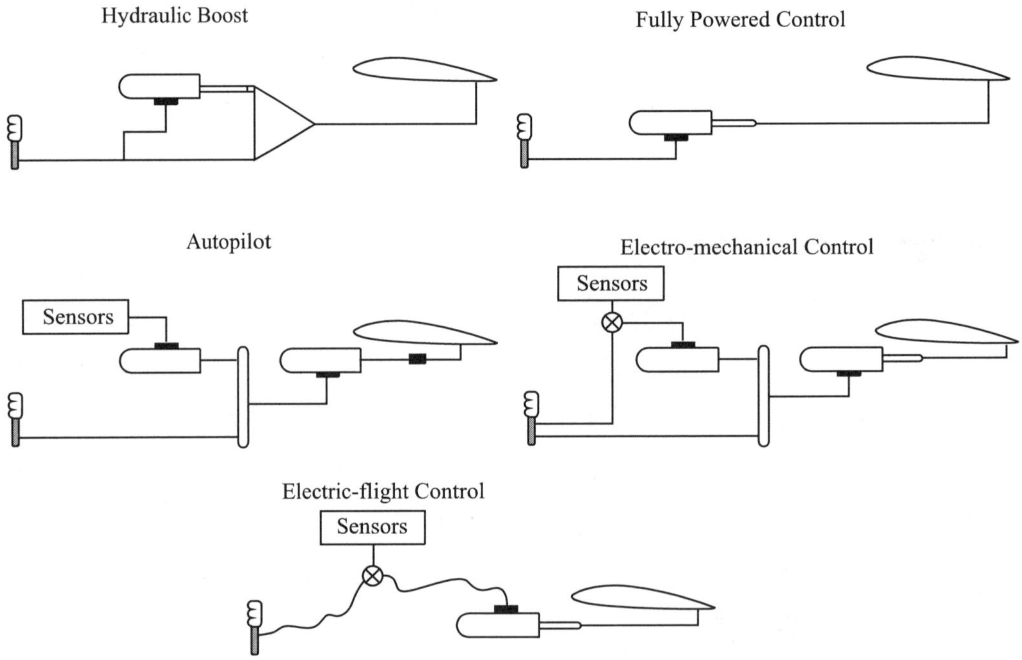

| 그림 8.10 | 여러 조종 계통의 작동 개념도

2. 유압식 비행조종 계통

유압식 비행조종 계통은 조종간이나 방향타 페달의 움직임을 유압 액추에이터를 통하여 조종면에 전달하는 방식이며 조종력 전달 방법 및 특성에 따라 여러 가지가 있다. Power Boost System은 조종간과 조종면의 직접 연결되어 있으며 자동차의 Power Steering,

Power Window와 동일한 개념으로서 F-100, F-101, F-105 등의 항공기에 장착되었다. Fully Powered Control은 조종간과 조종면이 직접 연결되지 않으며 조종면의 작용 힘에 관계 없이 같은 느낌을 갖도록 되어 있으며 B-47, B-52 등에 사용되었다. 항공기 진동을 줄여주는 안정성 증대계통(Stability Augmentation System, SAS)을 추가한 자동조종(Autopilot) 개념의 조종 계통이 F-4에 장착 운용되고 있다. 한편 조종성 증대 계통(Command Augmentation System, CAS)은 전기적-기계적 조종(Electro-Mechanical Control)의 혼합형으로서 조종간의 변위가 감지되는 계통으로 전기식 조종 계통의 바로 전 단계라고 볼 수 있으며 A-7, F-111A, XB-70, B-1A, F-15 등에 채용되고 있다. 그림 8.10은 전술한 여러 조종계통의 작동 개념도를 보여주고 있으며, 그림 8.11은 한국공군에서 기본 비행교육에 사용하고 있는 KT-1 항공기의 유압식 비행조종계통을 보여주고 있다.

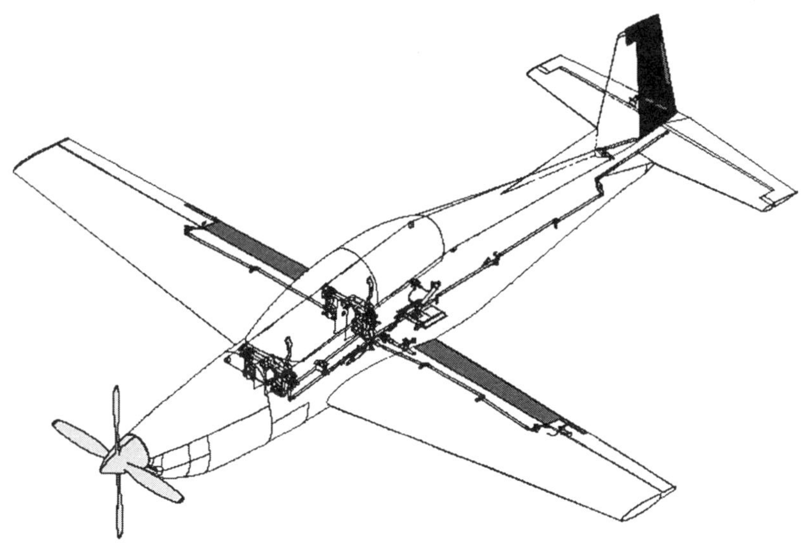

| 그림 8.11 | KT-1 비행조종 계통 구성도(수동식 + 유압식)

3. 전기식 비행조종 계통

조종사의 조종 변위를 전기적 양으로 변환하여 유압 작동기(Actuator)를 구동하는 방식으로 전선(Electric Wire)이 조종간과 조종면의 기계적 연결을 대체하는 조종 방식으로서 조종간이나 방향타 페달 등의 조작은 전기적 변환기(Electric Transducers)를 통하여 전기적 신호로 변환되며, 증폭되어 비행 조종면과 연결되어 있는 작동기를 구동한다. 비행조종 컴퓨터(Flight Control Computer)는 전기식 비행조종 계통의 핵심이 되는 구성품으로서 조종사의 입력(조종간 변위 등)과 조종면 변화에 따른 항공기의 움직임을 센서를 통하여 감지하여 부가적인 조종력을 계산한다. 그림 8.12는 전기적 비행조종 계통의 구성도를 보여주고 있다.

기계적 백업 계통을 제거하기 위해서 높은 신뢰성 유지가 필요하며 3중(Triplex), 4중

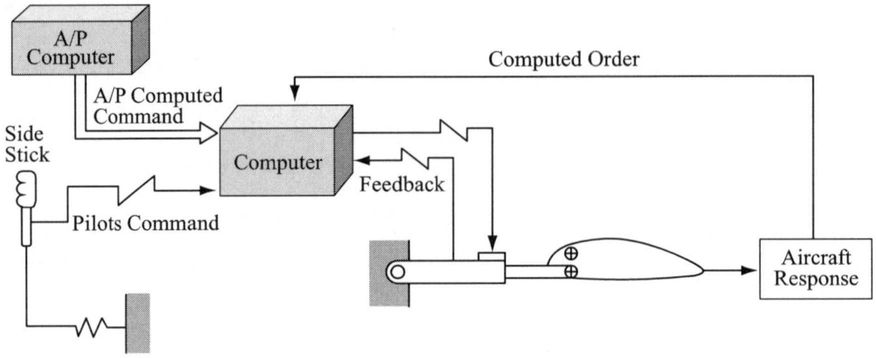

| 그림 8.12 | 전기식(Fly-By-Wire) 비행조종 계통 구성도

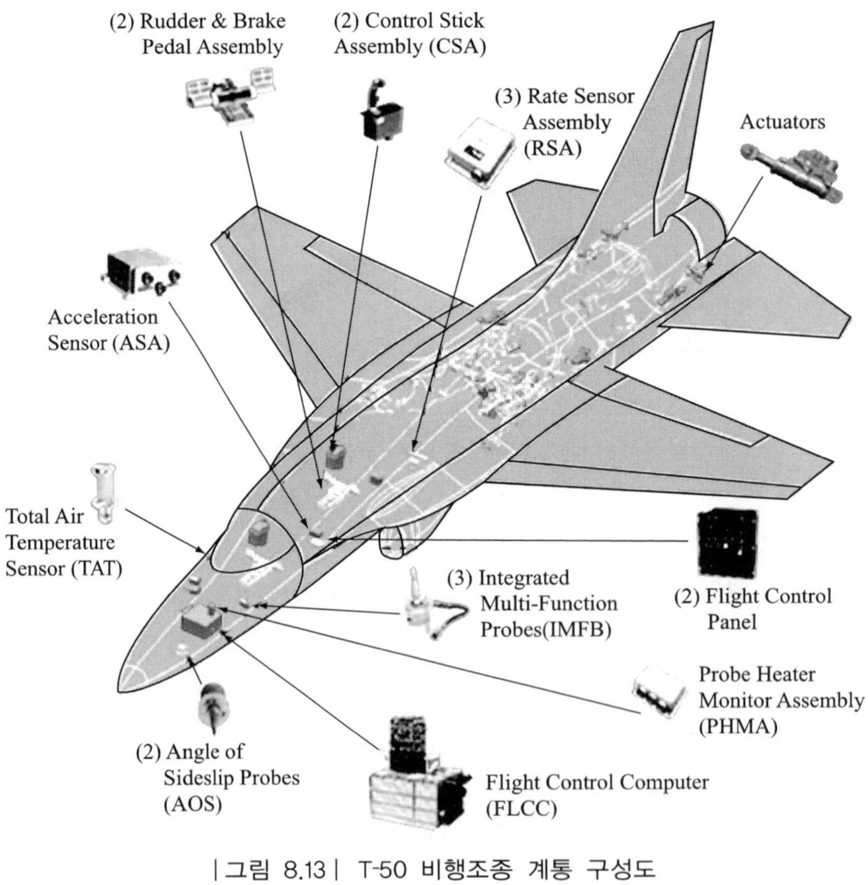

| 그림 8.13 | T-50 비행조종 계통 구성도

(Qudraplex) 중복 시스템을 채용하며 한 두 계통의 고장에도 안전하게 작동하도록 되어 있다. F-16 전투기는 최초의 Full(No Mechanical Backup) FBW(Analog 방식) 적용항공기이며 1988년부터 디지털화되었다. Tornado, X-29, Space Shuttle 등과 최근의 전투기 그리고 A-330, 340, B-777 등의 민간여객기는 전기식 비행조종 계통을 채용하고 있다. 그림 8.13은 한국공군에서 고등훈련기로 사용하는 T-50 항공기의 비행조종 계통을 보여준다.

8.3.3 항공전자 계통

항공전자(Avionics)는 항공(Aviation)과 전자(Electronics)의 합성어로서 항공기 또는 항공우주 관련 전자장비 및 체계의 총칭이다. 현용 항공기들(군용, 상용)의 안전성, 신뢰성 등은 탑재된 항공전자 장비에 크게 좌우되며 점차로 항공전자 장비 없이는 비행이 불가능한 상태가 되고 있다. 항공기의 대당 가격은 개략적으로 기체(Airframe) 가격 35%, 추진계통 30%, 항공전자 및 비행조종 계통 가격 35%로 구성되고 있으며, S/W의 비중 증가 등으로 항공전자 및 비행조종 계통의 비중은 더욱 증대되고 있다. 따라서 항공기의 설계에서도 공력, 안정성, 성능 등의 기본적 해석뿐만 아니라 항공전자 및 세부 계통에 대한 관심과 이해가 더욱 요구되고 있다.

항공전자 계통에 대한 설계도 다른 세부 계통의 설계와 유사한 설계 과정을 거친다. 항공기의 임무 요구로부터 항공전자 계통을 구성하며 형상설계 및 해석에 필요한 각 구성품의 무게, 체적, 위치 등의 정보와 계통 설계결과로부터 항전장비 일람(Avionics Suites)을 작성한다. 초기 설계시에는 각 항공기 형태별로 항공기 공허중량에 따른 항공전자계통의 무게를 예측할 수 있다. 표 8.1은 각 항공기별 공허중량에 대한 항공전자 장비의 무게비를 보여주고 있다.

임무수행을 위한 항공전자 장비로는 탐색, 식별장비(Search & Identification), 시현장비(Display), 항법 보조 장비(Navigation Aids), 통신 장비(Communication), 전자전장비(Electronic Warfare), 공격장비(Attack) 등을 들 수 있다. 표 8.2는 대상 항공 장비의 종류를 보여주고 있다.

| 표 8.1 | 각 항공기별 공허중량에 대한 항공전자 장비의 무게비

Class	$\frac{W_{avionics}}{W_e}$
General Aviation - Single	0.01 ~ 0.03
Light Twin	0.02 ~ 0.04
Turboprop Transport	0.02 ~ 0.04
Business Jet	0.04 ~ 0.05
Jet Transport	0.01 ~ 0.02
Fighters	0.03 ~ 0.08
Bombers	0.06 ~ 0.08
Jet Trainers	0.03 ~ 0.04

| 표 8.2 | 항공 장비의 종류

탐색, 식별장비	Radar
	Radar Altimeter 레이더 고도계
	IFF(Identification of Friend or Foe) 피아식별 장비
시현 장비	HUD(Head Up Display) 전방 시현 장비
	HDD(Head Down Display) 하방 시현 장비
	HMD(Helmet Mounted Display) 헬멧 장착 시현 장비
	MFD(Multi Function Display) 다기능 시현 장비
항법 보조 장비	TACAN(Tactical Air Navigation Equipment) 전술공중항법 장비
	ILS(Instrument Landing System) 계기 착륙 장비
	INS(Inertial Navigation System) 관성 항법 장치
	GPS(Global Positioning System) 위성 항법 장치
통신 장비	VHF(Very High Frequency)
	UHF(Ultra High Frequency)
	Intercomm
전자전 장비 (Electronic Warfare)	ECM(Electronic Counter Measures) 전자방해책 장비
	ECCM(Electronic Counter Counter Measures) 전자방해 방어책
	ESM(Electronic Warfare Support Measures) 전자전 지원책
공격장비(Attack)	FLIR(Forward Looking Infra Red) 전방탐시 적외선 장비
	Laser 장비: －Laser Designator(레이저 조사기) －Laser Range Finder(레이저 거리측정기)
	Mission Computer 임무컴퓨터

8.3.4 연료 계통

항공기의 연료 계통은 연료와 연료탱크, 연료이송 계통, 벤트 및 가압 계통, 급유/배출계통, 폭발/진화 계통, 연료량 측정 계통 등으로 구성되며, 전 비행 영역에서 정해진 유량, 압력, 온도의 연료를 엔진에 공급하고, 항공기의 조종과 안정성 유지에 필요한 무게중심 위치를 갖도록 연료를 이송하며, 엔진 시동, 보조동력 계통과 비상동력 계통에 연료를 공급하고, 항공기의 다른 계통의 냉각원(Heat Sink)의 역할을 담당한다. 연료는 항공기 작동에 필수적이며 대단히 인화성이 강하기 때문에 안전성과 중복성 등이 고려되어야 한다.

연료는 항공기 전체 무게의 상당한 부분을 차지하고 있고(경비행기의 경우 약 10 ~ 15%, 제트여객기의 경우 30 ~ 45%, 전투기를 포함한 군용기의 경우 약 20 ~ 30%), 연료의 종류에 따라 같은 무게에 대한 연료의 체적이 다르므로 연료 공간의 확보가 중요시되는 경우는 이를 고려해야 한다. 항공기에 사용되는 연료는 Kerosene 계열과 Kerosene과 가솔린을 같은 양씩 섞은 Wide Cut계로 구분된다. 표 8.3은 항공기용 제트연료의 종류와 특성을 보여주고 있다.

현재 JP 연료는 JP-4에서 JP-8으로 교체된 상황이며 JP-8은 인화성, 연료공간 등에서 장점을 가지고 있다. 현재 군용 규격으로는 JP-8, 민간 규격으로는 Jet A-1이 많이 쓰이고 있다.

| 표 8.3 | 항공기용 제트연료의 종류와 특성

계	특 성	민간 규격	군용 규격	결빙점	Mil-spec 규정 평균밀도(lb/gal)
Kerosene	휘발성이 낮고 인화점이 높다	Jet A	JP-5	−40℃	6.8
		Jet A-1	JP-8	−47℃	6.7
Wide Cut	Kerosene보다 가볍고 저온 고공에서 착화성이 우수하다	Jet B	JP-4	−50℃	6.5

연료탱크는 전체 항공기의 내부 배치에 영향을 미치는 중요한 구성품이다. 그림 8.14는 수송기의 가능한 연료탱크 위치를 나타낸다. 진한 회색 부위는 일반적인 연료탱크의 위치이며 흐린 회색 부위는 불가피할 경우의 연료탱크 위치이다.

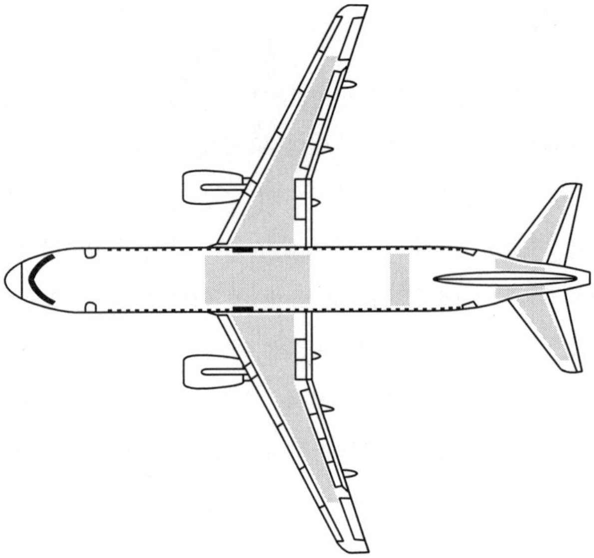

| 그림 8.14 | 수송기의 연료탱크 위치

연료탱크의 종류로는 기체통합 연료탱크(Integral Tank), 독립식 연료탱크(Discrete Tank), 블래더형 연료탱크(Bladder Tank)를 들 수 있다. 기체통합 연료탱크는 항공기 기체 자체를 연료탱크로 이용하는 방식으로서, 연료의 이용률이 높고, 무게가 가벼우며 정비성 측면에서 유리하여 널리 사용되고 있으나 연료의 누수 방지를 위한 고도의 기술이 필요하며, 연료의 누수가 치명적일 수 있는 엔진, 내부 기총(Internal Gun)부, 공기흡입구 근처, 조종실 및 객실 근처에서는 사용이 제한된다. 기체통합 연료탱크는 주로 날개에 장착되는 연료탱크에 많이 사용된다. 블래더형 연료탱크는 탱크 구조물 속에 고무백을 탱크 모양으로 성형하여 장착하는 것으로서 연료 용적이 기체 통합식에 비하여 3 ~ 10%까지 손실을 가지나, 자체밀폐(Self-Sealing)의 효과가 있으므로 항공기 동체에 장착되는 연료탱크에 주로 사용된다. 특히 전투기의 경우 블래더형 연료탱크는 총알이 관통한 경우에도 누수를 방지할 수 있어 항공기의 생존성을 크게 높일 수 있다.

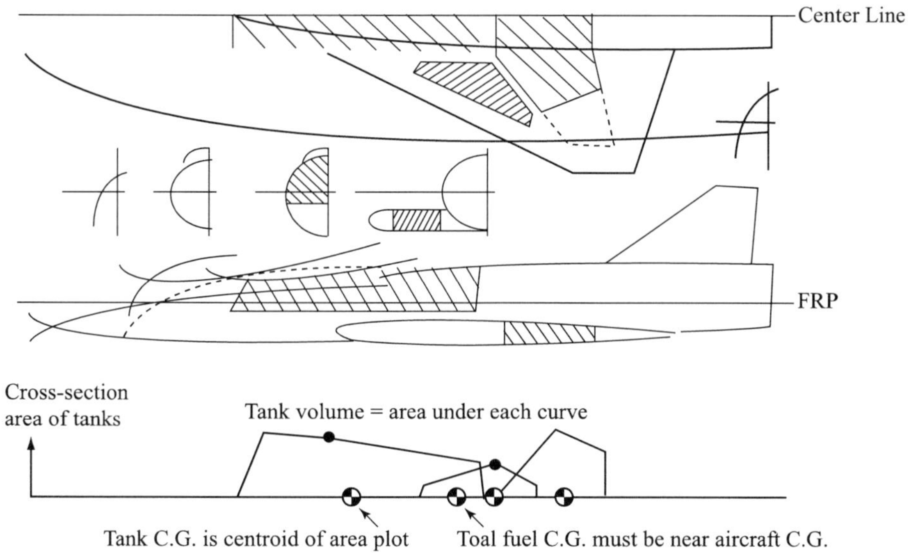

| 그림 8.15 | 연료탱크의 배치 및 연료체적도

독립형 연료탱크는 자작(Homebuilt) 항공기 등 소형기에 주로 쓰이는 독립된 연료통(Fuel Container)으로서 날개 안쪽에 익형의 앞전 형태로 만들어 장착하거나 엔진 뒤쪽 동체 안쪽에 장착된다.

연료탱크는 연료의 온도변화에 따른 팽창을 고려하여 3% 정도의 여유를 갖도록 설계된다. 탑재 연료의 체적은 간단한 형태의 연료탱크의 경우는 직접 계산으로 구하며, 복잡한 현상의 경우는 연료-체적도(A Fuel-Volume Plot, 그림 8.13)를 그려서 계산한다. 개략적으로 날개의 경우, 기체통합 연료탱크는 탱크 외부 용적의 85%, 블래더형 연료탱크는 77% 정도를 차지하며, 동체 장착의 경우는 기체통합 연료탱크와 블래더형 연료탱크 각각 92%와 83%를 차지한다. 항공기에 따라서는 수평 미익 등에 연료탱크를 설치하고 비행 중 연료를 이송하여 항공기의 무게중심을 조절하기도 한다. 그림 8.15는 항공기에 장착된 연료탱크의 배치와 연료체적도를 보여주고 있다.

8.3.5 유공압 계통

유압 계통은 항공기의 주 조종면의 작동뿐만 아니라 플랩, 착륙장치, 스포일러, 속도제동기(Speed Brake), 무장의 구동 등에 사용되며 항공기의 작동에 필수적인 계통이라고 할 수 있다. 고정된 착륙장치를 채용한 소형항공기에는 유압 계통이 장착되지 않으며 플랩 작동에 필요한 동력은 전기적 동력을 이용한다. 착륙장치를 접게 되는 경우(Retractable)에는 유압 계통이 필요하게 되며 가장 간단한 경우가 착륙장치와 플랩만을 구동하는 경우로서, 유압펌프, 밸브와 유압저장용기(Reservoir) 및 작동기로 구성된다.

유압을 이용하여 주 조종면을 작동하는 중·대형항공기 및 군용기 등에서는 유압 계통의 고장은 치명적일 수 있으므로 중복성을 유지한다. 민항기의 경우에는 3중 유압 계통을 채용하며 전투기 등의 군용기에는 사출좌석이 탑재되어 있으므로 통상적으로 이중 유압계통을 채용한다. 유압 계통은 작동유(Hydraulic Fluids), 유압펌프, 유압저장용기(Reservoir), 축압기(Accumulator), 유압작동기, 유압밸브로 구성되어 있다.

일반적으로 사용되는 작동유는 Kerosene 계통의 제품으로 윤활성이 좋고 화학적으로 안정되나 연소성이 있다. 주로 소형기에 많이 사용되며 대형기의 Shock Absorber의 작동 유체로도 이용된다. 대형기의 경우에는 화재의 위험성 때문에 합성유인 Skydrol 500A, 혹은 Hijet IV를 사용한다.

핸드 유압펌프는 압력이 낮아 비상용으로 사용한다. 베인펌프, 기어펌프, Gerotor 펌프 등의 유압펌프는 발전기 혹은 엔진에 의해 구동되며 1500 psi 이하의 저압을 발생하며 주로 소형기에 사용된다. 가변 토출형(Variable Displacement) 유압펌프는 3000 psi의 고압을 발생하며 대형기 및 전투기 등의 군용기에 사용된다.

축압기는 쇼크를 완화시키며 작동유를 저장하는 통으로서 정상적으로 작동할 때 압력을 보관하고 있다가 유압 계통 고장시 저장된 압력을 이용하여 제한적으로 계통을 작동시킨다. 유압작동기는 유압을 일로 변환시키기 위한 장치이며 조종면과 착륙장치 등을 작동시킨다. 유압밸브는 유압흐름을 선택하고 조절하는 역할을 하며 선택 밸브(Selector Valve), 시퀀스 밸브(Sequence Valve), 프라이오리티 밸브(Priority Valve), 첵 밸브(Check Valve), 릴리프 밸브(Relief Valve) 등이 있다. 비행조종 계통의 제어 밸브로는 전기 유압 밸브(EHV: Electro-Hydraulic Valve)와 직접구동 밸브(DDV: Direct-Drive Valve)가 있다. 간단한 비행조종 계통의 구동을 위해서는 중량, 체적 등에서 EHV가 유리하나 전기제어 비행조종 계통에서는 EHV는 시스템이 복잡해지므로 DDV가 유리하다.

공압 계통은 객실 및 필요부분에 여압 및 공기조화를 위한 공기를 공급하고, 결빙제거 및 엔진시동 등에 필요한 압축공기를 공급한다. 압축공기의 주 공급원은 엔진 압축기의 추출공기(Bleed Air)이다.

8.3.6 전기 계통

전기 계통은 항공전자 계통, 유압 계통, 환경제어 계통, 비행조종 계통 등에 전력을 공급하는 역할을 한다. 전기 계통은 축전지, 주발전장치 및 비상발전장치로 구성되는 전원공급계통과 전기적인 케이블이 통합된 어셈블리 형태인 와이어 하네스(Wire Harness) 그리고 조명등(Lights)으로 구성된다. 개념설계 단계에는 군사규격(Mil-Spec.) 및 연방 비행 규정(Federal Aviation Regulation) 등의 요구조건과 동급 항공기의 설계 개념을 참조한다.

전기 공급을 위하여 항공기 종류에 따라 직류전원 또는 교류전원을 사용한다. 직류전원은 발전기가 간단하고 축전지와의 연결이 쉬우나 저 전압을 사용하므로 전선이 굵어져서 교류장치보다 무게가 30% 정도 늘어난다. 소형기는 대부분 저전력을 소모하므로 직류전원을 주 전력으로 채택하고 교류를 사용하는 장치는 인버터(Inverter)를 이용한다. 중, 대형기 및 군용기 등은 전력 소모량이 많고 교류전원을 사용한다.

주 발전장치는 항공기에 주전원을 공급하는 엔진 혹은 이차동력계통과 연결되며 최대부하에서 제시된 최대전력을 기준으로 설계한다. 비상발전장치는 엔진이 작동하지 않을 때 주 전원을 대신하여 전원을 공급하며 비상 전력 공급량에 따라 용량을 결정한다. 축전지는 지상, 혹은 비행 중 필수적인 직류 전원을 안정적으로 공급하며 비행조종장치 등에도 비상전원을 공급한다. 축전지의 용량은 공중에서 엔진 3회 이상 시동 가능 용량 및 확장성 등을 고려하여 채택한다.

8.3.7 환경제어 계통

환경제어 계통은 항공기의 전 비행영역에서 승무원, 승객의 안전 비행 및 여러 장비들의 안전한 작동을 위해 요구되는 환경을 제공한다. 환경제어 계통은 항공기의 압력, 온도, 습도 등을 조절하는 장치로서, 여압(Pressurization) 계통, 공기조화(Air Conditioning) 계통, 산소 계통, 공압(Pneumatic) 계통과 서리제거, Ice/Rain 방지계통 등을 포함한다.

여압 계통의 목적은 고고도 비행 중 객실과 조종실에 안락함을 유지할 수 있는 충분한 공기압을 제공하는 데에 있다. 군용기의 경우 고도 약 8000 ft까지는 여압을 하지 않으며 25,000 ft까지는 일정 압력을 유지하다가 그 이상의 고도에서는 대기압과 일정한 차압(Differential Pressure)을 유지하도록 한다. 민간여객기의 경우는 객실의 압력 고도가 8,000 ft를 넘지 않도록 규정되어 있으며, 일정 압력 유지 고도가 순항 고도까지로 높게 책정한다.

항공기를 여압하기 위해서는 여압에 의해 발생하는 응력을 견딜 수 있도록 동체 구조가 충분한 구조강도를 가져야 한다. 최대 차압이 클수록 기체 구조는 강해져야 하고 최대 운항고도에 따라 기체강도는 달라진다. 보잉 747-400의 최대 차압은 8.9 psia이며 최대 상승고도는 45,000 ft로 제한되고 이때 가해지는 힘은 약 1,000만 lbs (4,530,000 kgf)가 되고, 안전계수 약 1.33을 곱하여 구조 설계를 하게 된다.

공기조화 계통은 객실 및 조종실을 운용에 적합한 환경으로 만들기 위하여 온도가 조절된 공기를 기내에 공급하는 장치로서, 냉·난방용 공기의 공급, 객실의 환기 및 공기 순환, 기내 온도 및 습도의 조절, 그리고 항공전자 장비의 냉각을 담당한다. 온도조절은 경비행기에서는 객실히터(Cabin Heater)를 이용하며 제트 엔진을 장착한 항공기는 공기사이클머신(Air Cycle Machine)을 사용한다. 공기조화 사이클은, 구조가 간단한 단순 사이클(Simple Cycle), 전투기 등에 많이 사용되는 부스트랩 사이클(Bootstrap Cycle), 대형 민간여객기에 많이 사용되는 3휠 부스트랩 사이클(3 Wheel Bootstrap Cycle) 등으로 구분할 수 있다. 그림 8.16은 B-767의 환경제어 계통을 보여주고 있다.

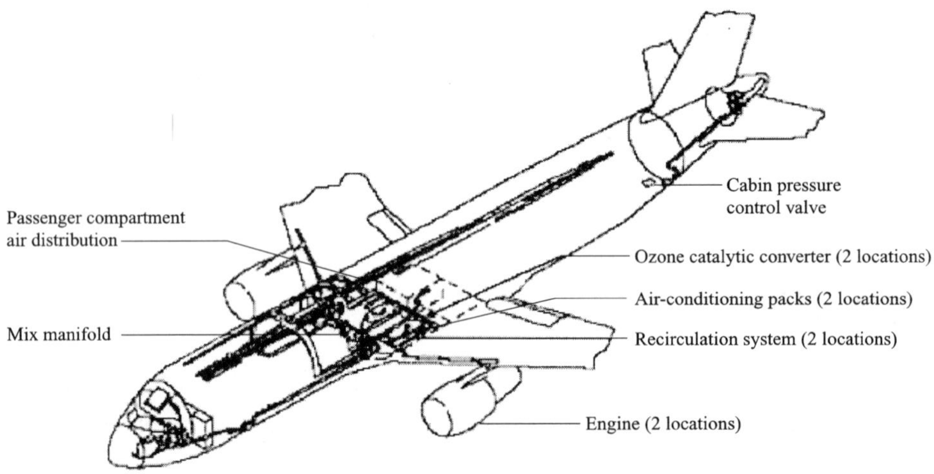

| 그림 8.16 | B-767의 환경제어 계통

항공기는 고도가 상승함에 따라 필요한 산소의 양은 점점 감소하며, 따라서 객실여압 계통의 고장 등에 대비하여 산소공급 계통이 구비된다. 산소통은 객실과 조종실에 비치하며, 고압의 산소를 저장하고 보통 녹색을 띠고 있다. 승무원용 산소 계통은 압력조절기가 부착된 산소통이 동체, 혹은 조종실에 내장되어 있다. 소형기와 훈련기 등에는 주로 기체산소를 이용한 산소 계통을 많이 사용하며, 대부분의 군용기는 액체산소 계통을 사용하고

있다. 액체산소 계통은 무겁고 위험할 수 있기 때문에 대형여객기 객실 및 최근의 전투기 등을 중심으로 기내 산소 발생 장치(OBOGS: On-Board Oxygen Generating System)가 탑재되고 있다.

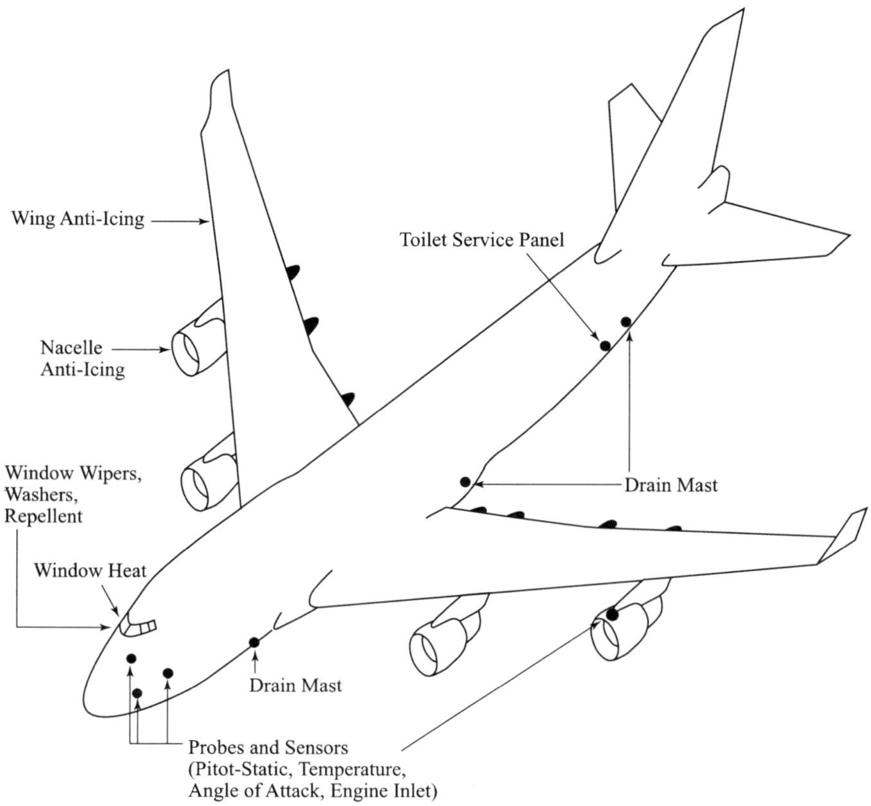

| 그림 8.17 | Ice/Rain 방지 계통

항공기의 결빙은 주로 날개의 앞전에서 발생하며, 양력의 손실과 항력의 증가를 야기한다. 결빙을 제거하는 방법으로는 사전에 예방하는 방빙(Anti-Icing)과 결빙을 제거하는 제빙(De-Icing)으로 나눌 수 있다. 제빙은 중·소형기에서 주익과 미익의 앞전에 제빙 부트(De-Icing Boot)를 장착하며, 대형항공기는 엔진의 추출공기(Bleed Air)를 이용하거나 전기 가열 방법, 알코올을 분사하여 빙점을 낮추는 방법 등이 사용된다. 방빙은 결빙되기 쉬운 부분에 미리 엔진의 추출공기(Bleed Air)나 전기가열선을 작동시켜 결빙을 방지하는 방법이다. 경비행기는 최소한 피토관 정도는 전기로 가열하며, 대형 항공기에는 그림 8.17과 같이 여러 부위를 방빙한다.

8.3.8 이차동력계통

이차동력계통은 보조동력장치(APU, Auxiliary Power Unit)와 비상동력계통(Emergency Power System)으로 구성된다. 보조동력장치는 항공기 각 계통에 유압 및 공압 그리고 보조 전력을 제공하기 위하여 설치된 소형 가스터빈 엔진으로서, 동력구동축(Power Take-Off Shaft), 액서서리 구동 기어박스(Accessory Drive Gearbox), 엔진시동기(Engine Starter) 등으로 구성된다. APU는 지상 정비 및 점검을 위한 동력과 에어컨 구동 그리고 조명등에 동력을 공급하며 비행 중, 혹은 지상에서 주엔진시동을 위한 동력을 공급한다. 또한 비행 중 주엔진 고장시에 유압펌프, 발전기 등에 동력을 공급하게 된다. APU는 소형 제트 엔진이므로 자체의 흡입구 및 배기구가 필요하고 내/외부 형상에 미치는 영향이 크기 때문에 설계 초기 단계에 장착 및 설계개념의 정립이 요구되며 높은 정비성이 요구되므로 사용 중에 접근이 용이해야 한다. 소음수준을 낮추기 위해서 APU의 흡·배기구는 위쪽을 향하도록 하며, 흡입구는 높은 압력 부분, 배기구는 낮은 압력부에 설치한다. APU는 지상에서도 작동하므로 배기가스는 지상 정비요원이나 항공기 구조물에 닿지 않도록 설치한다. 여객기에서는 APU를 미익부에 장착하여 객실과 분리되도록 하며, 군용수송기에는 착륙장치 수납공간에 장착하여 지상에서의 접근을 용이하게 한다. 전투기에서는 엔진 재시동 그리고 다른 액세서리의 구동이 필요하므로 유압펌프, 발전기 그리고 엔진 근처에 장착한다. 그림 8.18은 APU 장착 위치의 예를 보여주고 있다.

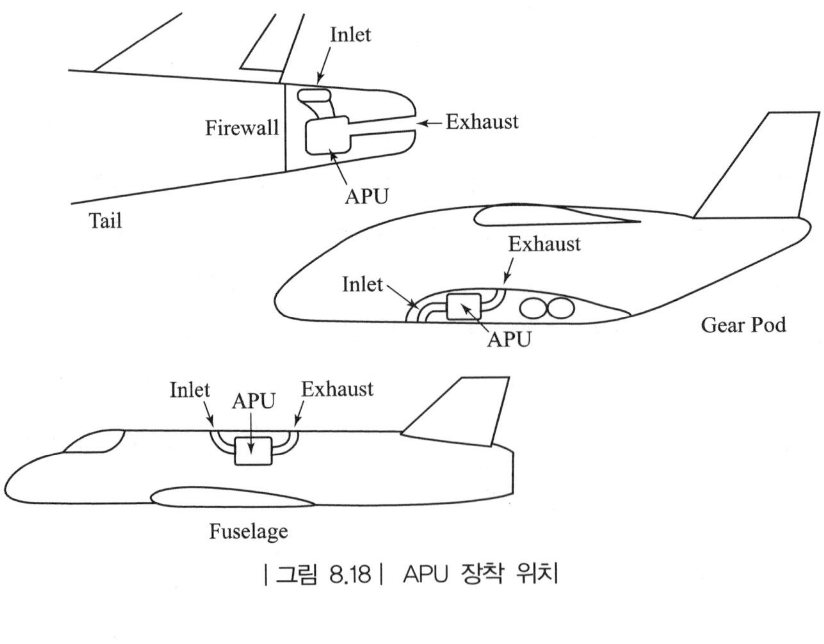

| 그림 8.18 | APU 장착 위치

비상동력계통은 유압펌프의 고장, 엔진의 고장 등 비상 상태에서 항공기의 안전한 귀환에 필요한 최소한의 동력과 전력을 공급한다. 비상동력계통은 비상동력장치(EPU)와 비상기어박스, 비상유압펌프 및 비상 발전기로 구성된다.

8.3.9 무장 및 외부 장착물 계통

무장 및 외부 장착물 탑재능력은 전투항공기의 능력 평가의 기준이 되며 무장은 항공기의 임무에 따라 달라진다. 무장 및 외부 장착물 계통의 설계에서 고려되어야 할 사항은 무장의 선정, 무장 장착 계통의 설계, 외부 연료탱크의 설계 및 기총의 항공기 내부 장착을 위한 기초 설계 등이다.

1. 외부 장착물의 종류

(1) 기총

기총은 전투기의 가장 기본적인 무장이며 1 km 이내의 표적에 효과를 발휘할 수 있다. 기총의 발사시간은 약 2 ~ 4초이며, 구경은 5.5 mm, 7.6 mm, 20 mm, 23 mm, 27 mm, 30mm 등 다양하다. 총렬은 1 ~ 7이다. 미국의 전투기들은 회전식 다중 총렬(Gatling Gun)을 채용하며, 20 mm(공대공)와 30 mm(공대지)의 구경을 많이 사용한다. 유럽의 기총은 단일 총렬(Revolver Type)로, 30 mm 및 27 mm, 25mm 구경이 있다. 러시아는 23 mm 구경 단일 총렬로 표준화되고 있다. 기총의 종류로는 미국의 경우M61A1, M197, XM195, XM188, XM301, M230EI 등이 있으며, 유럽은 30 mm DEFA, 27 mm Mauser, 25 mm Aden 등이 사용되며, 러시아는 NR-23, NS-37 등이 사용되고 있다.

(2) 폭탄

항공기용 폭탄에는 500 lb, 1000 lb, 2000 lb(MK82, 83, 84)의 일반용 폭탄과 M117, M118 등의 파괴 폭탄(Demolition Bomb), 넓은 지역을 무력화하는 분산형 폭탄(Cluster Bomb), 철갑/반철갑 관통 폭탄, 세열 폭탄(Fragmentation Bomb), 연막 폭탄, 소이 폭탄 등의 화학 폭탄(Chemical Bomb) 그리고 GBU 계열의 유도 폭탄(Guided Bomb Unit)과 연습용 폭탄(Practice Bomb), 낙하산 조명탄(Parachute Flare), 적외선 섬광탄(Infrared Flare) 등이 있다.

(3) 로켓

로켓은 로켓모터, 탄두 및 발사대로 구성되며 유도장치가 없고 미사일보다 월등히 저렴하며, 미사일에 준하는 사정거리와 정확도 및 파괴력을 보유하고 있다.

(4) 미사일

미사일이란 외부의 지령이나 자체 내부의 기계적 작동에 의해 목표에 명중하도록 설계, 제작된 물체의 총칭이다. 자체 추진력 보유 측면에서는 로켓과 유사하며 자체 조종면을 가지고 목표를 향하여 유도된다는 면에서는 유도 폭탄과 유사하다. 미사일은 추진제, 모터, 점화기, 노즐로 구성된 추진기관과 목표물에 직접 피해를 주는 부분인 탄두 그리고 미사일의 두뇌에 해당되는 유도조종장치로 구성된다.

미사일은 사정거리에 따라 단거리(10 km 이내), 중거리(40 km 이내), 장거리 미사일로 구분되며, 용도에 따라 지대지, 지대공, 공대지, 공대공, 공대함, 함대함 등으로 분류된다. 항공기에 장착되는 공대공 미사일(AAM)로는 AIM-9. Magic, Python 3, AIM-130 (ASRAAM) 등의 열추적(Infrared) 미사일, 반능동 추적(Semi-Active) 미사일인 AIM-7 (Sparrow) 그리고 Sky-flash, AIM-120(AMRAAM) 등의 복합추적 능동 미사일(Active)이 있다. 공대지 미사일(ASM)로는 AGM-65(MAVERICK), AGM-84(Harpoon), AM-39 (Exocet), AGM-109 (Tomahawk) 등을 들 수 있다.

항공기 장착 혹은 적재용으로 현재 사용되는 기총, 폭탄, 로켓, 미사일 등의 제원을 “Avidtion Week & Space Technology” 연감(Source Book)이나 “JANE’S” 연감 등에서 구할 수 있다.

2. 무장장착 계통

(1) 무장장착성

무장장착성 연구는 항공기에 장착, 운용하고자 하는 무장을 설계된 파이런에 직접 장착하거나 한 개의 장착점에 여러 개의 폭탄을 장착할 수 있는 TER(2개 장착)와 VER(3개의 폭탄 장착)에 장착하여 항공기의 여러 조건에 대한 장착성을 점검한다. 주로 이착륙시 지면과 이격거리를 측정하여 장착가능 여부를 판단한다. 각 무장에 대한 장착 결과를 토대로 설계항공기의 무장배치를 결정한다. 무장장착성 검토에 대한 예가 그림 8.19에 있다.

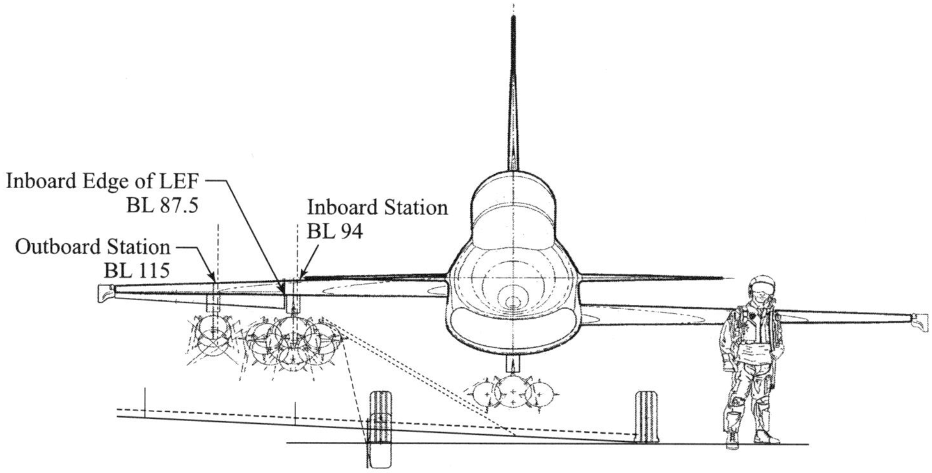

(a) Front View

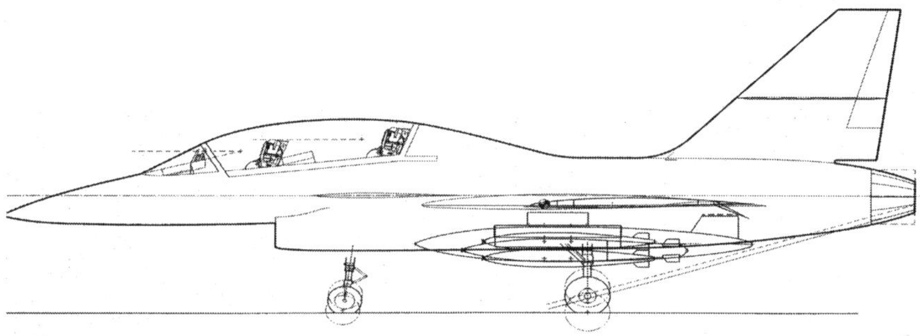

(b) Side View

| 그림 8.19 | 무장장착성의 예

(2) 무장장착 방식

네 가지 정도의 무장장착 방식을 고려할 수 있으며 각 방식들은 각기 장·단점을 가지고 있다. 외부 장착 방식은 가장 가볍고 단순하며 여러 무장을 장착할 수 있는 유연성을 가지고 있으나 높은 항력을 갖는다. 따라서 초음속 전투기 등에서는 적용되기 어렵다. 항력특성을 개선하기 위하여 Semi-Submerged, Conformal 그리고 내부 탑재 방식 등이 이용될 수 있다. 이러한 방식들은 상당한 항력을 줄일 수 있으나 무장 탑재가 제한되며 항공기 무게가 늘어나는 단점이 있다. 그림 8.20은 무장장착 방식을 보여주고 있다.

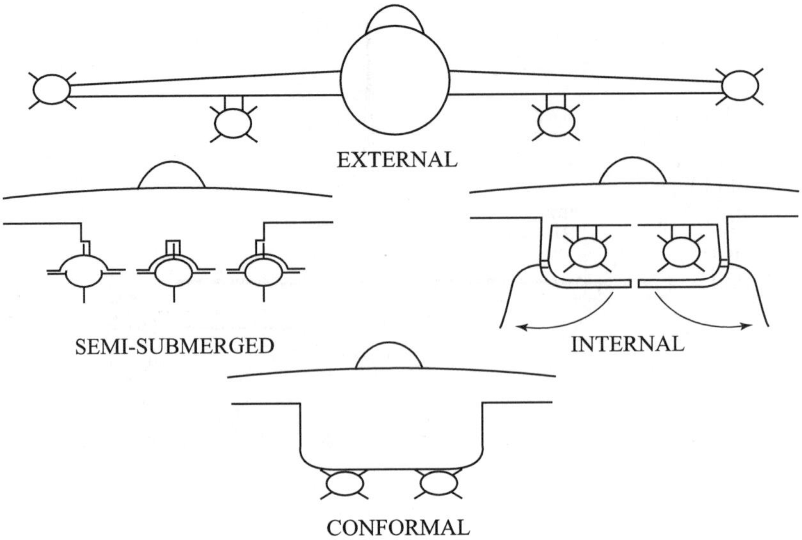

| 그림 8.20 | 무장장착 방식

(3) 파이런 설계

파이런은 동체 중앙, 또는 날개에 장착하여 무장을 부착할 수 있도록 설계된 구조물로서 비행특성에 많은 영향을 주므로 외형 설계시 크기와 무게를 가능한 최소화하고 항공기 무게중심선에 가깝게 위치시킨다. 파이런의 최대하중은 설계 항공기의 무장 배열에 따라 정해지며, 날개 안쪽, 날개 바깥쪽 그리고 동체 파이런 중 연료탱크 장착 가능 파이런을 정하여 연료선 배치를 고려한다(그림 8.21).

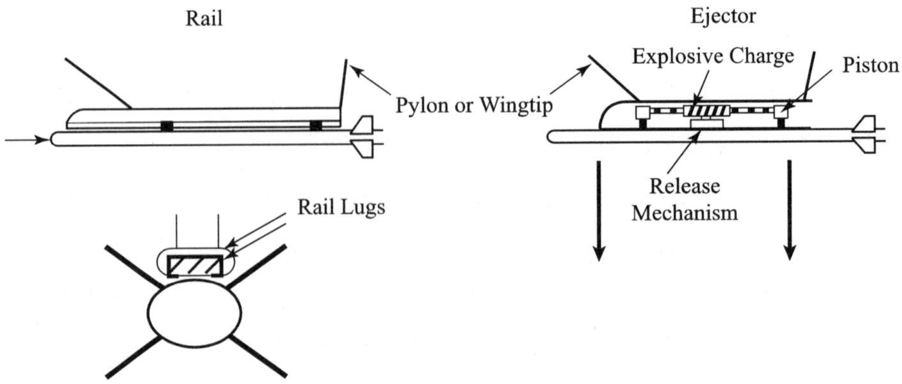

| 그림 8.21 | 파이런 및 미사일 장착대

(4) 기총의 장착

기총은 내부 장착 기총과 외부 장착물 형태로 파이런에 Pod 형태로 장착하는 외부 Gun Pod로 구분할 수 있다. Gun Pod는 항공기 내부 배치에 복잡성을 고려할 필요가 없고 정비성 등에서 유리하나 고속에서 상당한 항력의 증가를 유발하므로 주로 저속 항공기에 사용된다.

내부 장착 기총은 고속에서 항력을 줄이고 기총의 성능을 최대로 발휘하면서 안정된 사격을 할 수 있는 장점이 있으나 내부 형상 배치가 상당히 복잡해진다. 동체 내부에 기총을 장착하기 위해서는 기총의 선정과 함께 장착위치의 선정과 항공기 기골과의 연관성, 실탄 보급장치, 가스 배출 장치 및 Port 등의 설계가 포함되어야 한다. 장착위치는 항공기 진동을 최소화하며, 진동에 의한 전자장비의 영향이 최소인 지점 그리고 배출가스의 엔진흡입이 방지될 수 있는 위치를 선정한다. 또한 총구 부분에서 발생하는 금속가루의 확산을 방지하기 위하여 Port를 설치한다.

(5) 외부연료탱크의 설계 및 장착성

외부연료탱크는 체공시간 연장을 위해 항공기의 동체 및 날개의 파이런에 장착하며 보통 150 ~ 600gal의 탱크 용량을 가진다. 외부연료탱크는 무장보다는 상당히 큰 외형을 가지고 있으므로 공기역학적 측면에서 항력을 줄일 수 있도록 설계되어야 하며, 또한 이착륙 시의 장착성 검토가 수반되어야 한다. 주로 풍동시험을 통하여 장착점을 찾는다.

(6) 무장장착점(Hard points) 및 장착무장의 배열

그림 8.22는 FA-50의 임무별 무장배열을 보여주고 있다.

		7	5	5	4	3	2	1

			7	6	5	4	3	2	1
공대공 무장	AIM-9 L/M/N/P/S/X		●						●
	AMRAAM			●				●	
공대지 무장	정밀 유도 무기	JDAM		●	●	●	●	●	
		SDB		●●●●	●●●●		●●●●	●●●●	
		GBU-10, 12(Paveway II)		●	●		●	●	
		JSOW		●	●	●	●	●	
	공대지 미사일	AGM-65(Maverick)		●	●●		●●	●	
		AGM-88(HARM)		●	●		●	●	
	공대함 미사일	AGM-84(Harpoon)		●	●		●	●	
	일반 폭탄	MK-82		●	●		●	●	
		MK-83,84		●	●	●	●	●	
	관통탄	BLU-109		●	●	●	●	●	
	로켓탄	LAU-3		●	●		●	●	
	디스펜서	MK-20		●	●		●	●	
		CBU-58, 87, 89, WCMD		●	●		●	●	
연료탱크(150, 275, 300 Gal)					●	●	●		
포드(ECM, NAV, Target, RECON)					●	●	●		

밑줄 글씨: 미래 장착 무장

그림 8.22 FA-50 무장배치

KC-100 (나라온)

한국항공우주산업이 개발한 4인승 단발엔진 항공기이다. 이 항공기를 개발함과 동시에 우리나라는 미국연방항공청(FAA)과의 한미 상호 항공안전협정(BASA, Bilateral Aviation Safety Agreements)를 체결하였다. 이로써 우리나라는 FAR-23급 민간항공기를 수출할 수 있는 길이 열렸다. 또한, 파생형인 KT-100은 KC-100을 기본형상으로 하여 피아식별 장비와 영상·음성기록 장비를 부착한 공군의 비행실습용 훈련기이다. 이로써 KT-100, KT-1, T-50와 TA-50으로 이루어지는 공군 전투 조종사의 훈련을 국산 항공기를 사용할 수 있게 되었다.

AIRCRAFT CONCEPTUAL DESIGN

제 3 편

항공기 설계해석

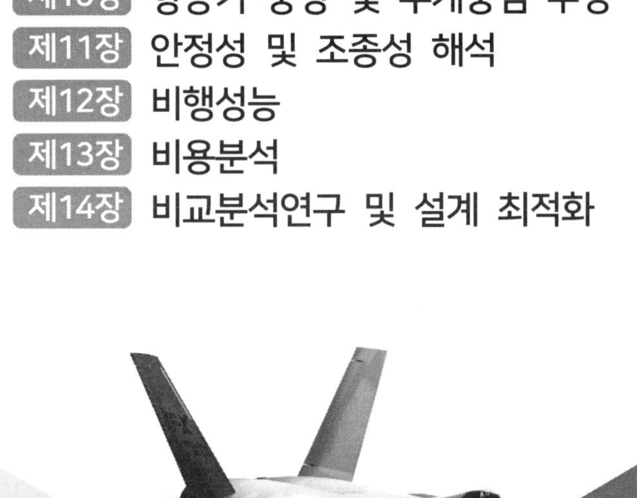

제9장

항공기 공력해석

9.1 개 요

설계된 항공기의 공기역학적 특성 해석은 '설계된 항공기가 날 수 있어야 한다'는 관점에서 가장 기본적이면서도 중요한 사항이다. 제1편, 제2편의 절차에 의해 설계된 항공기가 요구하는 성능과 임무 등을 만족하는지 알아보기 위하여 양력, 항력 및 모멘트 등 공력특성을 해석하고 필요하면 외부 형상을 수정하게 된다. 설계된 외부 형상에 대한 공력해석은 특히 항공기의 개념/기본 설계 단계에서 중요하게 다루어지며, 공기역학적 해석결과는 항공기의 조종 안정성 및 성능해석에 이용되고 구조 설계 및 해석을 위한 기본 자료로 이용된다. 뿐만 아니라 전체 항공기의 형상설계 및 수정과 엔진의 선정 등에 직접적인 영향을 미친다.

항공기 개념/기본 설계 단계에서 적용되는 공력설계 및 해석의 범위는 크게 풍동시험을 통한 양력, 항력 및 조종/안정성 특성의 확인, 주요 외형에 대한 공기 역학적 설계, 설계된 항공기에 대한 공력특성(주로 양력, 항력, 모멘트) 해석, 그리고 공력하중(Air Load)의 계산으로 구분할 수 있다

설계된 항공기는 여러 가지 크기의 모형으로 제작하여 풍동시험을 수행하고 공력 특성을 확인하며 그 결과는 형상 수정에 반영된다. 공력하중해석은 경험식과 수치적 해석 방법을 이용하여 항공기 표면의 압력 분포를 예측하는 것이나 자세한 것은 본 장의 수준을 넘기 때문에 다루지 않는다. 또한 주요 외형에 대한 공력설계와 관련된 내용은 제2편의 형상설계에서 다루었으므로 여기에서는 설계된 항공기의 공력특성해석방법을 중심으로 설명하도록 한다. 복잡한 수식이나 이론의 전개를 지양하고 간결한 경험식과 그래프를 이용하여 설계된 항공기의 양력 및 항력특성을 개략적으로 빠른 시간 내에 해석할 수 있도록 하고 끝 부분에서 공력해석 예제를 통하여 이해를 돕도록 한다.

9.2 양력해석

항공기의 성능을 좌우하는 두 가지 중요한 힘 중의 하나인 양력은 날개의 면적 S, 동

압 q에 비례하며 다음과 같이 정의한다.

$$L = C_L \cdot q \cdot S \tag{9.1}$$

그림 9.1과 같이 양력 곡선은 날개의 가로세로비와 캠버 효과 등에 의하여 그 기울기와 양력계수에 관련된 인자들이 영향을 받는다. 가로세로비가 무한대인 경우는 2차원 날개로 이상적인 경우이며, 실제 날개는 가로세로비가 유한하기 때문에 이상적인 경우에 비해서 양력곡선의 기울기는 가로세로비가 작아질수록 감소한다. 또한 에어포일에 캠버가 있는 경우 캠버의 영향으로 양력계수의 값이 증가한다. 양력곡선은 가로세로비와 캠버 이외에도 마하수, 날개의 후퇴각 등에 의해서도 영향을 받는다.

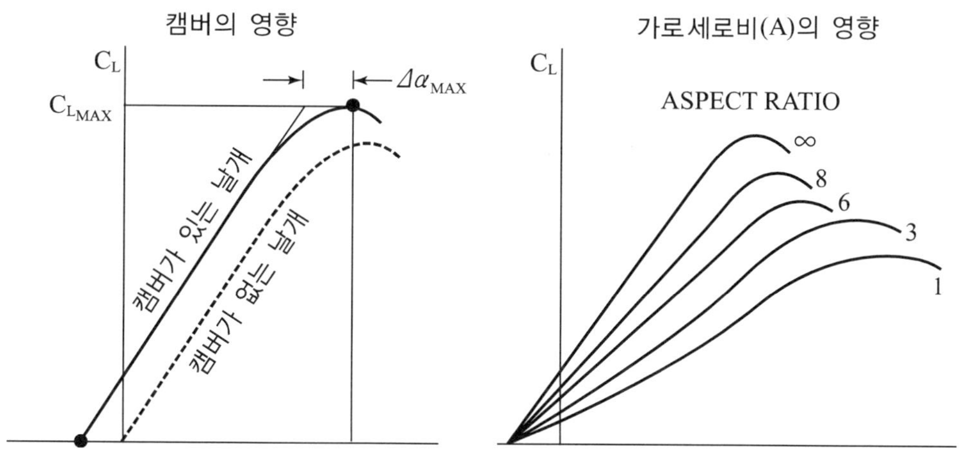

| 그림 9.1 | 전형적인 양력곡선

양력곡선을 구성하는 인자들은 영 양력 받음각(Zero Lift Angle of Attack, $\alpha_{L=0}$), 양력곡선 기울기(Lift Curve Slope, $C_{L\alpha} = dC_L/d\alpha$), 최대 양력계수($C_{Lmax}$), 최대 양력(실속) 받음각($\alpha_{max}$), 양력 곡선 기울기가 일정한 받음각 범위(α^*) 등이며 이들 값들을 구하기 위해서 개념 설계 단계에는 기존의 여러 항공기의 설계 및 실험 데이터에 기초한 경험식들을 이용한다.

9.2.1 양력곡선 기울기

양력곡선 기울기 $C_{L\alpha} = dC_L/d\alpha$는 받음각의 변화에 따른 양력계수의 변화를 의미한다. 양력곡선 기울기에 영향을 주는 인자로는 날개의 후퇴각, 가로세로비, 마하수 등이며, 항공기 전체의 양력 곡선 기울기는 비행 속도가 아음속일 경우 다음과 같이 된다.

$$C_{L\alpha} = (C_{L\alpha})_{W-B} + \Delta(C_{L\alpha})_T + \Delta(C_{L\alpha})_C \tag{9.2}$$

여기서 $\Delta(C_{L\alpha})_T$는 수평 꼬리날개로 인한 양력곡선 기울기 증가분이고 $\Delta(C_{L\alpha})_C$는 카나드 날개에 의한 양력곡선 기울기 증가분이다. 그리고 동체-날개 조합의 양력곡선 기울기 $(C_{L\alpha})_{W-B}$는 날개만의 양력곡선 기울기 $(C_{L\alpha})_W$와 동체의 양력영향인자(fuselage lift factor, K_B)의 곱으로 다음과 같이 표현한다.

$$(C_{L\alpha})_{W-B} = (C_{L\alpha})_W K_B \tag{9.3}$$

그리고 동체의 양력영향인자 K_B의 경험식은 다음과 같다.

$$K_B = (1 + d/b)(1 - d/b)^f \tag{9.4}$$

여기서 d는 동체의 지름, b는 날개 길이(Span)이고, f는 다음과 같은 식으로 주어진다.

$$f = (16 + 3A^2)/(8 + 5A^2)$$

여기서 A는 날개의 가로세로비(aspect ratio)이다.

초음속 항공기의 양력곡선 기울기는 동체와 주날개의 영향만을 고려하여 다음과 같이 구한다.

$$C_{L\alpha} \approx (C_{L\alpha})_{W-B} = (C_{L\alpha})_W K_B \tag{9.5}$$

여기서 $(C_{L\alpha})_W$의 계산 방법은 다음에 설명할 것이다. 또한 초음속 영역에서 동체의 양력영향인자, K_B의 경험식은 다음과 같다.

$$K_B = 1.07(1 + d/b)^2 \tag{9.6}$$

1. 날개의 양력곡선 기울기

날개만의 양력곡선 기울기 $(C_{L\alpha})_W$는 아음속, 천음속, 초음속의 3가지 속도 영역에 따라 각각 다른 경험식을 적용한다.

(1) 아음속 속도 영역

날개 주위의 유동이 순수한 아음속일 경우 양력곡선 기울기는 다음의 경험식으로 구한다.

$$(C_{L\alpha})_W = \frac{\pi A_{effective}}{1+\sqrt{1+[1-(M\cos\Lambda_{c/2})^2]\left(\frac{A}{2\cos\Lambda_{c/2}}\right)^2}} \tag{9.7}$$

여기서 A는 날개의 가로세로비이고, $A_{effective}$는 날개끝 판(wing tip plate)이나 윙렛이 있는 경우 유효 가로세로비이며 다음과 같이 구한다.

날개 끝판에 대하여 $A_{effective} = A(1+1.9h/b)$ (h: 익단 판의 높이) (9.8)

윙렛에 대하여 $A_{effective} \approx 1.2A$ (9.9)

(2) 초음속 속도 영역

날개 전체의 유동이 순수한 초음속 유동인 경우 양력곡선 기울기는 2차원 선형 이론에 기초한 단순한 다음의 경험식으로 구한다.

$$(C_{L\alpha})_W = \frac{4}{\sqrt{M^2-1}} \quad (\text{단, } M > 1/\cos\Lambda_{LE}) \tag{9.10}$$

그러나 실제의 항공기에 대하여 이러한 단순한 선형 이론을 적용하는 것은 무리가 있기 때문에 여기서는 미 공군의 DATCOM Method를 이용하여 초음속 영역의 양력곡선 기울기를 구하는 방법을 소개한다. 일반적으로 받음각이 작은 경우에는 양력과 수직력의 기울기가 거의 같다($C_{L\alpha} \approx C_{N\alpha}$)고 가정하여 그림 9.2의 수치를 그대로 이용한다. DATCOM Method의 적용 순서는 다음과 같다.

① 그림 9.2에서 해석하고자 하는 항공기 날개의 테이퍼 비에 해당하는 그림을 이용하며, 만일 원하는 테이퍼 비에 해당하는 그림이 없을 경우에는 보간법에 의하여 구한다.

② 비행 마하수와 날개의 앞전 후퇴각(Λ_{LE})으로부터, $\beta = \sqrt{M^2-1}$ 라고 하여

$\tan\Lambda_{LE}/\beta$를 구한다. 만일 $\tan\Lambda_{LE}/\beta$가 1.0보다 큰 값인 경우에는 역수 $\beta/\tan\Lambda_{LE}$를 사용한다.

③ 항공기의 날개 형상으로부터 $A \cdot \tan\Lambda_{LE}$를 구하고 $\tan\Lambda_{LE}/\beta$(혹은, $\beta/\tan\Lambda_{LE}$)와 만나는 점을 찾는다.

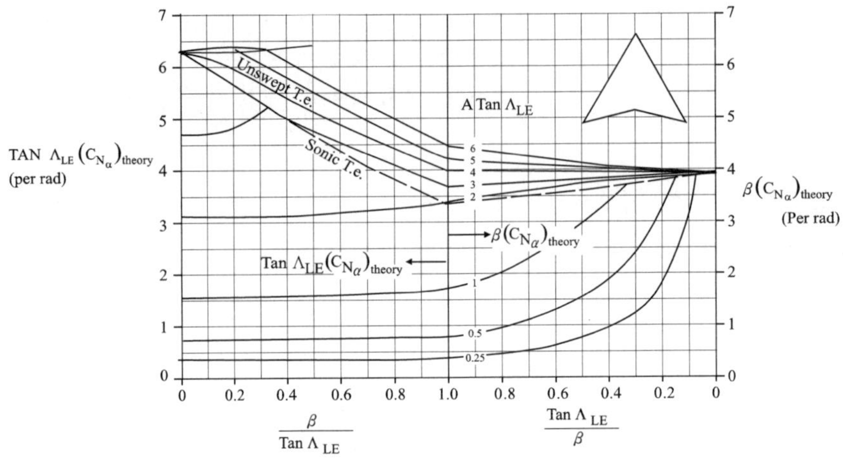

(a) $\lambda = 0$

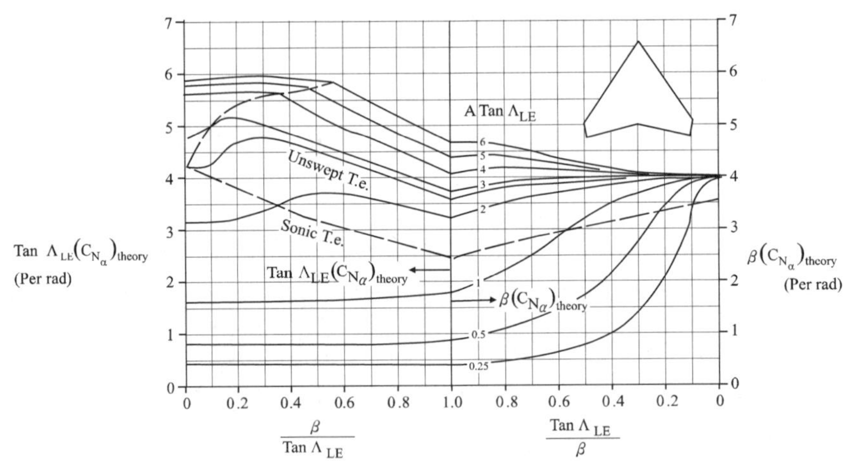

(b) $\lambda = 1/5$

| 그림 9.2 | 초음속 날개의 수직력 곡선 기울기

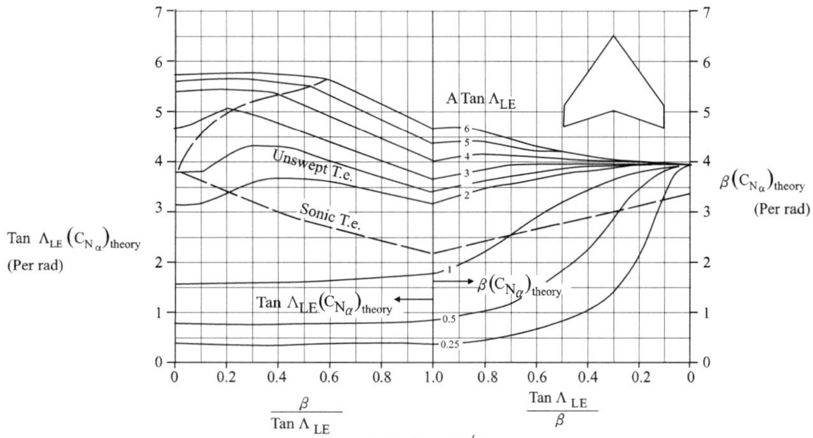

(c) $\lambda = 1/4$

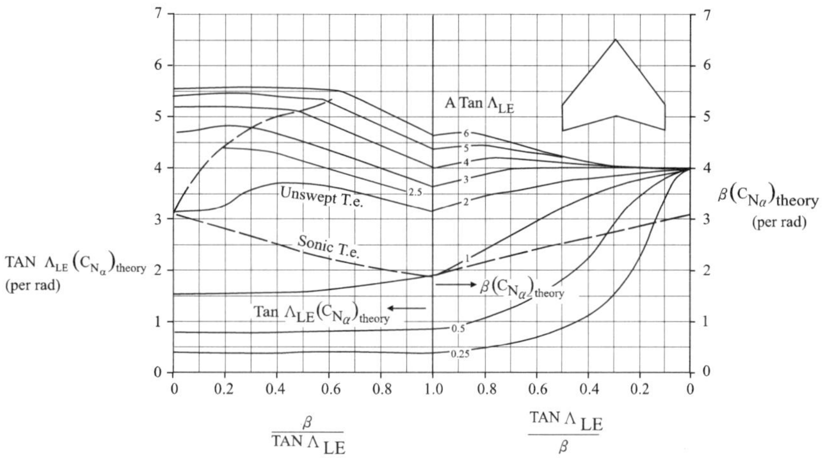

(d) $\lambda = 1/3$

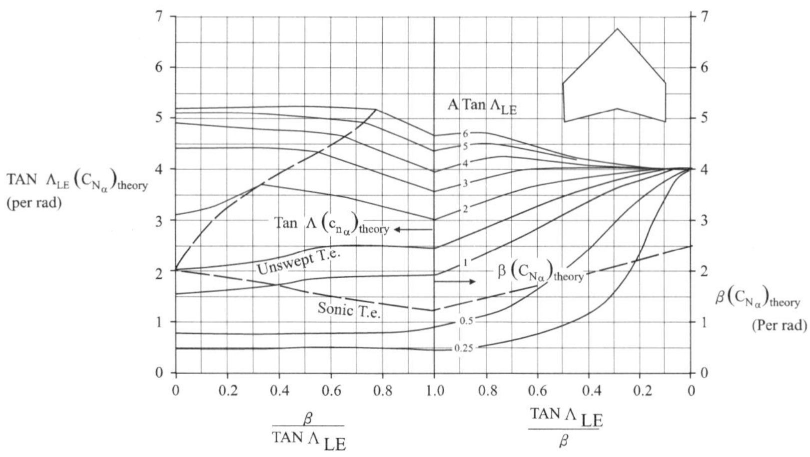

(e) $\lambda = 1/2$

| 그림 9.2 | 초음속 날개의 수직력 곡선 기울기(계속)

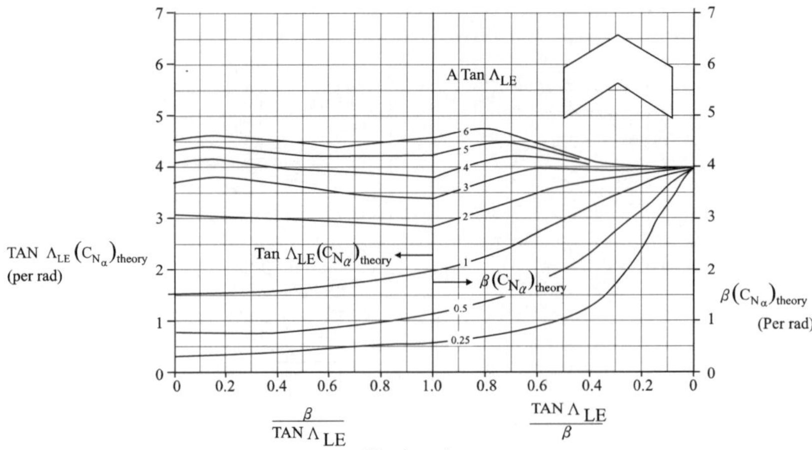

(f) $\lambda = 1$

| 그림 9.2 | 초음속 날개의 수직력 곡선 기울기(계속)

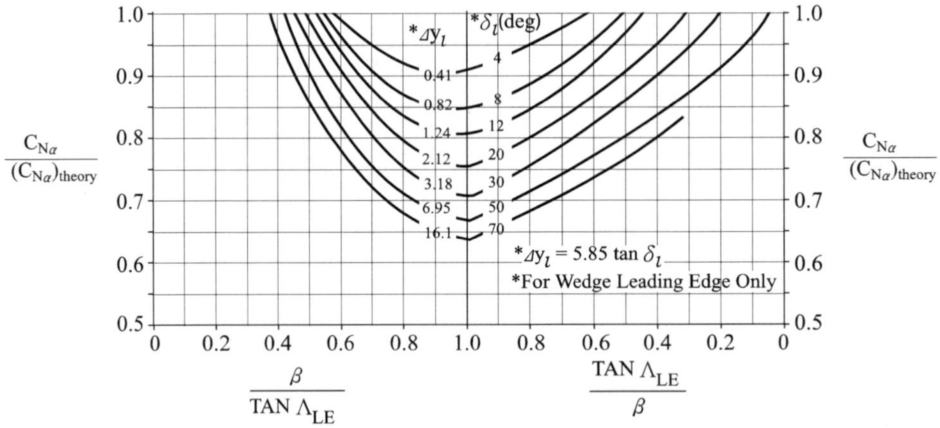

| 그림 9.3 | 앞전에서 유동이 초음속인 날개에 대한 양력곡선 기울기 보정인자

④ 그림에서 구한 $\tan\Lambda_{LE}(C_{N_\alpha})_{theory}$을 이용하여 $(C_{N\alpha})_{theory}$를 구하고, 그림 9.3에서 앞전 두께인자(Leading Edge Sharpness Parameter) Δy와 $\tan\Lambda_{LE}/\beta$의 관계에서 $((C_{N\alpha})/(C_{N\alpha})_{theory})$를 구한다. 그리고 $(C_{N\alpha})$를 다음과 같이 구한다.

$$(C_{N_\alpha}) = (C_{N_\alpha})_{theory} \cdot ((C_{N\alpha})/(C_{N\alpha})_{theory}) \tag{9.11}$$

여기서 앞전 두께인자(Leading Edge Sharpness Parameter) Δy는 그림 9.4와 같이 정의되며, 그리고 표 9.1은 일반적인 NACA 계열 에어포일의 앞전 두께 인자 Δy를 두께 비(t/c)의 함수로 나타낸 것이다.

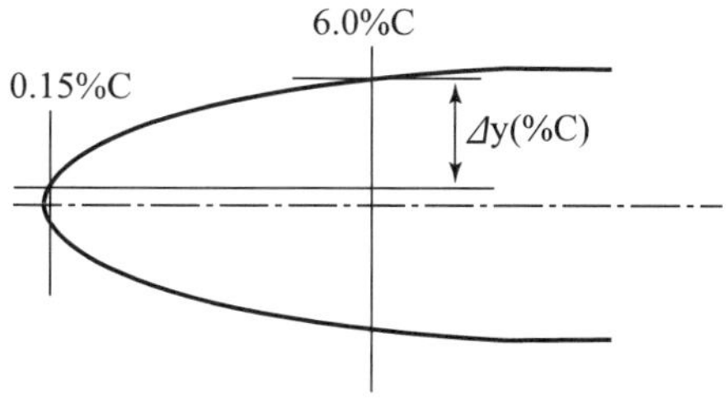

| 그림 9.4 | 앞전 두께인자, Δy의 기하학적 정의

| 표 9.1 | 일반적인 에어포일에 대한 앞전 두께인자

에어포일 계열	Δy
4계열	26% of t/c
5계열	26% of t/c
64계열	21.3% of t/c
65계열	19.3% of t/c
Biconvex	11.8% of t/c

(3) 천음속 속도 영역

천음속 영역($M = 0.85 \sim 1.2$)의 경우 양력곡선 기울기 추정에 적절한 경험식은 존재하지 않는다. 그러므로 앞에서 구한 아음속과 초음속에서 양력곡선 기울기를 그림 9.5와 같이 아음속에서 구한 값과 초음속에서 구한 값 사이를 부드러운 곡선으로 연결한다.

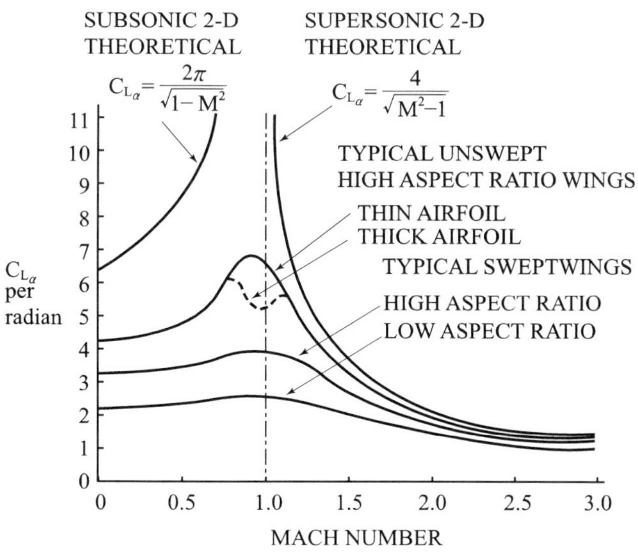

| 그림 9.5 | 마하수에 따른 양력곡선 기울기의 변화

2. 수평꼬리날개 또는 카나드에 의한 양력곡선 기울기 증가

주날개 이외에 항공기의 양력곡선 기울기에 영향을 미치는 요소로는 수평꼬리날개 또는 카나드와 같이 양력이 발생하는 보조날개들이 있다. 수평꼬리날개나 카나드의 공력을 해석할 경우에는 그림 9.6과 같이 주날개에 의한 올려흐름(Up-wash) 또는 내리흐름(Down-wash)에 의한 유효 받음각의 증가 및 감소 효과를 고려하여야 한다.

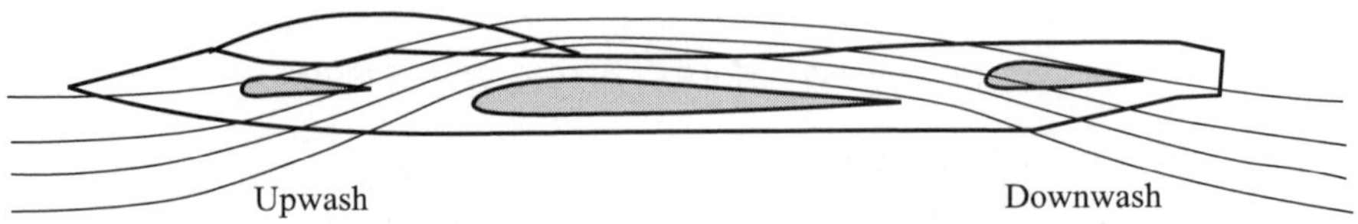

| 그림 9.6 | 항공기의 올려흐름과 내리흐름의 효과

수평꼬리날개의 경우에는 주날개에 의한 내리흐름의 영향을 받으며 이 영향은 받음각 변화에 대한 내리흐름각의 변화율인 $\partial\varepsilon/\partial\alpha$으로 표현한다.

카나드의 경우는 반대로 올려흐름의 영향을 받으므로 받음각 변화에 대한 올려흐름각의 변화율 $\partial\varepsilon_u/\partial\alpha$이 카나드의 양력곡선 기울기의 증가분에 영향을 미친다.

수평꼬리날개에 의한 양력곡선 기울기 증가분 $\Delta(C_{L\alpha})_T$은 다음과 같이 구한다.

$$\Delta(C_{L\alpha})_T = (C'_{L\alpha})_T\left(1-\frac{\partial\epsilon}{\partial\alpha}\right)\frac{q_t}{q_\infty}\frac{S_T}{S_{ref}} \tag{9.12}$$

여기서 $(C'_{L\alpha})_T$는 수평꼬리날개의 투영 면적에 대한 양력곡선 기울기(Exposed-Area Lift Curve)로 날개만의 양력곡선 기울기 $(C_{L\alpha})_W$을 구하는 방법에 준하여 구한다. 여기서 $\dfrac{\partial\epsilon}{\partial\alpha}$은 저속 내리흐름 기울기(Low Speed Downwash Gradient)로 경험식은 다음과 같다.

$$\frac{\partial\epsilon}{\partial\alpha} = \frac{21(C_{L\alpha})_W}{A^{0.725}}\left(\frac{\overline{C}}{l_h}\right)_0\left(\frac{10-3\lambda}{7}\right)\left(1-\frac{h_t}{b}\right) \tag{9.13}$$

단, $(C_{L\alpha})_W$는 날개만의 양력곡선 기울기이며 1/deg.의 단위를 갖는다. 그리고 기하학적 크기 변수의 정의는 그림 9.7과 같다.

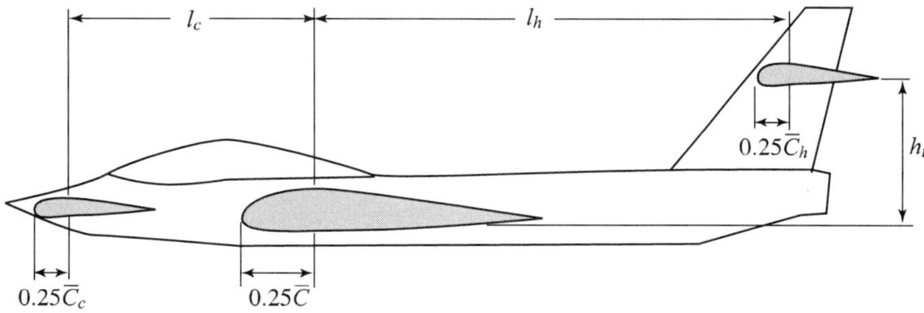

| 그림 9.7 | 수평꼬리날개 및 카나드에 관련된 기하학적 변수의 정의

꼬리날개에서 동압 q_t/q_∞는 개념설계 단계에서는 흔히 0.9로 주어진다.

카나드에 의한 양력곡선 기울기 증가분은 수평꼬리날개에서와 비슷한 형태로 나타나며 올려흐름에 의해 유효 받음각이 증가하기 때문에 전체적으로 양력곡선 기울기가 증가하는 것으로 나타난다. 여기서 순수한 카나드의 양력곡선 기울기인 $(C_{L\alpha}^{'})_C$는 수평꼬리날개의 경우와 마찬가지로 날개의 양력곡선 기울기 $(C_{L\alpha})_W$를 구하는 방법을 사용하여 구할 수 있다. 카나드에 의한 양력곡선 기울기 증가분 $\Delta(C_{L\alpha})_C$은 다음과 같이 구한다.

$$\Delta(C_{L\alpha})_C = (C_{L\alpha}^{'})_C\left(1+\frac{\partial\epsilon_u}{\partial\alpha}\right)\frac{S_C}{S_{ref}} \tag{9.14}$$

여기서, 저속 올려흐름 기울기 $\dfrac{\partial\epsilon_u}{\partial\alpha}$의 경험 식은 가로세로비 A에 따라 다음과 같다.

$$\frac{\partial\epsilon_u}{\partial\alpha} = (0.3A^{0.3}-0.33)\left(\frac{l_c}{\bar{c}}\right)^{(1.04+6A^{-1.7})} \tag{9.15}$$

3. 스트레이크의 양력곡선 기울기

현용 군용기에 많이 장착되는 스트레이크는 날개 뿌리 앞쪽에 장착되며 이것은 날개 위에 강한 와류를 발생시키기 때문에 스트레이크가 없는 항공기에 비해서 전체적으로 양력이 증가한다. 그러므로 선형 이론에 의한 양력곡선 기울기보다 양력곡선 기울기가 크다. 스트레이크에 의한 비선형적인 양력의 증가를 구하는 방법에는 여러 가지가 있으나 단순히 스트레이크와 날개를 합친 면적의 비율만큼 양력곡선 기울기가 비례하여 증가한다고 가정하여 스트레이크(strake)가 있는 경우 동체-날개 조합 양력곡선 기울기를 다음과 같이 구한다.

$$(C_{L\alpha})_{W-B} = (C_{L\alpha})_W K_B \frac{(S_{ref} + S_{strake})}{S_{ref}} \tag{9.16}$$

여기서 S_{strake}는 스트레이크의 투영 면적이다.

9.2.2 최대 양력계수

최대 양력계수는 항공기의 공력성능을 나타내는 중요한 인자이다. 유한 날개를 갖는 실제 항공기의 최대 양력계수는 무한 날개로 가정되는 에어포일의 최대 양력계수보다 작다. 후퇴각이 없는 직사각형 평판 날개의 최대 양력계수는 보통 에어포일의 최대 양력 계수의 약 90% 정도이므로 아음속 항공기의 최대 양력계수는 후퇴각 효과를 포함하여 다음과 같이 추정할 수 있다.

$$C_{L\max} = 0.9 \cdot C_{l\max} \cos \Lambda_{c/4} \tag{9.17}$$

여기서 $C_{l\max}$는 에어포일의 최대 양력계수이다.

최대 양력계수는 가로세로비에 따라 그 특성을 지배하는 인자가 달라진다. 가로세로비가 큰 날개의 최대 양력계수는 에어포일의 성능에 크게 영향을 받으며, 날개의 평면형상은 2차적인 요인으로 작용한다. 이와는 반대로 가로세로비가 작은 날개의 경우는 날개의 평면형상과 앞전 와류로 인한 영향이 지배적이기 때문에 이들이 최대 양력계수에 주도적인 영향을 미친다.

여기서는 마하수 0.2에서 0.6 사이의 저 아음속 항공기에 대해서 기준 가로세로비 A_{LOW}의 값에 따라 가로세로비가 클 때(High Aspect Ratio Method)와 가로세로비가 작을 때(Low Aspect Ratio Method)로 나누어 최대 양력계수와 그 때의 받음각을 구한다. 기준 가로세로비 A_{LOW}는 다음과 같이 정의한다.

$$A_{LOW} = \frac{3}{(C_1 + 1)\cos \Lambda_{LE}} \tag{9.18}$$

여기서 C_1은 테이퍼 비의 함수로 나타나며 다음 그림 9.8에서 구할 수 있다.

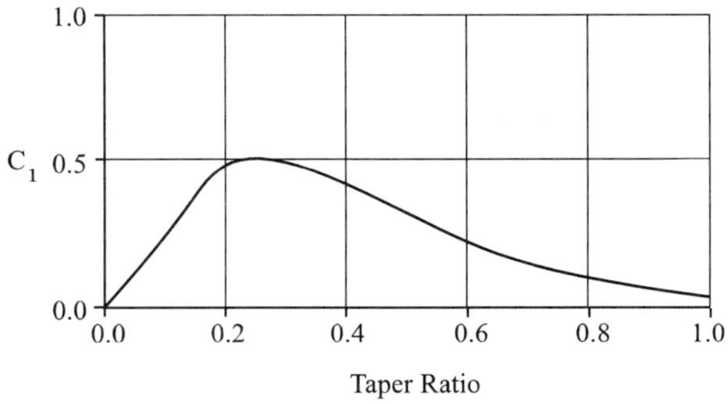

| 그림 9.8 | 테이퍼 비와 인자 C_1의 관계

1. 큰 가로세로비(High Aspect Ratio Method, $A > A_{LOW}$)

가로세로비가 기준보다 클 경우($A > A_{LOW}$)에는 다음과 같이 최대 양력계수 및 그때의 받음각을 구한다.

$$C_{L\max} = \left(\frac{C_{L\max}}{C_{l\max}}\right) C_{l\max} + \Delta C_{L\max}, \quad \alpha_{\max} = \frac{C_{L\max}}{C_{L\alpha}} + \alpha_{L=0} + \Delta\alpha_{\max} \tag{9.19}$$

여기서 $C_{l\max}$는 $M=0.2$일 때 에어포일의 최대 양력계수, $\Delta C_{L\max}$는 $M=0.2$ 이상의 마하수 영역에서 최대 양력계수의 증가분, $\alpha_{L=0}$는 영 양력받음각(Zero Lift Angle of Attack)으로 보통 에어포일의 값을 사용하고 $\Delta\alpha_{\max}$는 마하수 증가에 따른 최대 양력받음각의 증가분이다.

식 (9.19)에서 $(C_{L\max}/C_{l\max})$의 값은 다음과 같이 계산할 수 있다.

$$\left(\frac{C_{L\max}}{C_{l\max}}\right) = A - B \cdot \Delta y' \tag{9.20}$$

여기서

$$A = 0.895 + 0.0028\Lambda_{LE} + 6.57\times10^{-5}(\Lambda_{LE})^2 : \Lambda_{LE} \text{ 단위는 deg.} \tag{9.21}$$

$$B = 0.0011 + 0.0053\Lambda_{LE} + 0.00011(\Lambda_{LE})^2 : \Lambda_{LE} \text{ 단위는 deg.} \tag{9.22}$$

$$\begin{aligned} \Delta y' &= 0 & &: \Delta y < 1.4 \\ &= \Delta y - 1.4 & &: 1.4 \le \Delta y \le 2.5 \\ &= 1.1 & &: \Delta y > 2.5 \end{aligned} \tag{9.23}$$

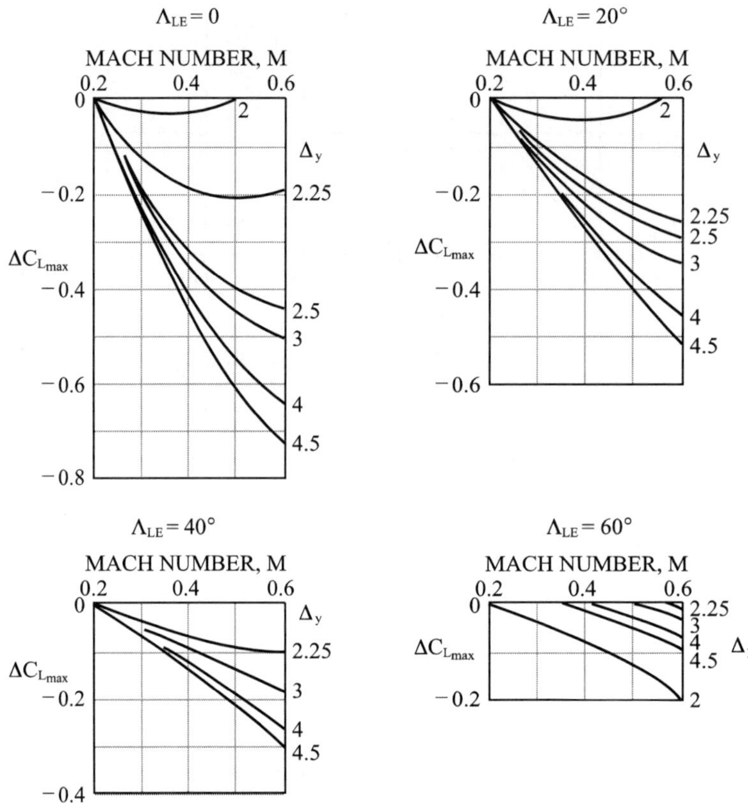

| 그림 9.9 | 마하수의 변화에 대한 최대 양력계수의 보정인자

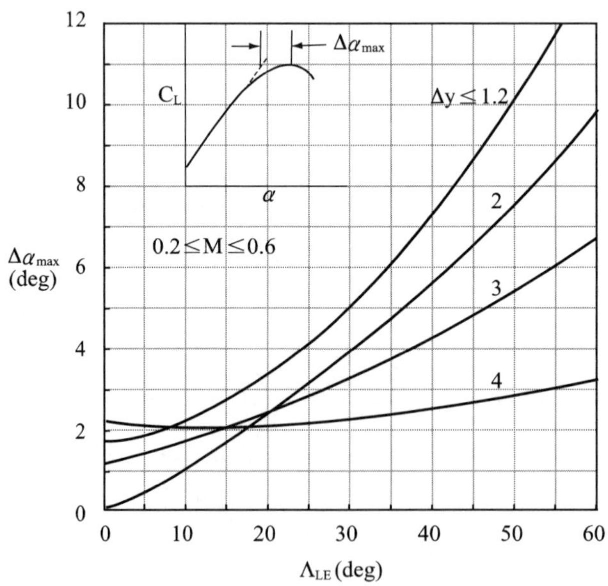

| 그림 9.10 | 큰 가로세로비 날개의 아음속에서 최대 양력계수의 받음각 증가분

그리고 $\Delta C_{L\max}$의 값은 그림 9.9에서 구할 수 있다.

최대 양력받음각 $\alpha_{\max}$는 위에서 구해진 $C_{L\max}$를 이용하여 식 (9.19)로부터 구한다. 이때 날개의 앞전 후퇴각 $\Lambda_{LE}(\deg)$과 그림 9.3과 같이 정의되는 표 9.1의 앞전 두께인자 Δy를 사용하여 그림 9.10으로부터 $\Delta\alpha_{\max}$를 구한다.

2. 작은 가로세로비(Low Aspect Ratio Method, $A < A_{LOW}$)

가로세로비가 기준보다 작은 경우($A < A_{LOW}$)에는 다음과 같이 최대 양력계수 및 그 때의 받음각을 구한다.

$$C_{L\max} = (C_{L\max})_{base} + \Delta C_{L\max}, \quad \alpha_{\max} = (\alpha_{\max})_{base} + \Delta\alpha_{\max} \tag{9.24}$$

여기서 $(C_{L\max})_{base}$는 $\beta = \sqrt{1 - M^2}$를 이용하여 그림 9.11에서 구한다. 그리고 마하수에 대한 최대 양력계수의 증가분인 $\Delta C_{L\max}$의 값은 그림 9.12로부터 구할 수 있다.

최대 양력계수시의 받음각 $\alpha_{\max}$는 저속 ($M = 0.2$ 부근)에서 $\alpha_{\max}$인 $(\alpha_{\max})_{base}$와 마하수의 증가에 대한 보정 항, $\Delta\alpha_{\max}$의 합이며 경험적 방법으로써 그림 9.13 및 그림 9.14를 이용하여 구한다.

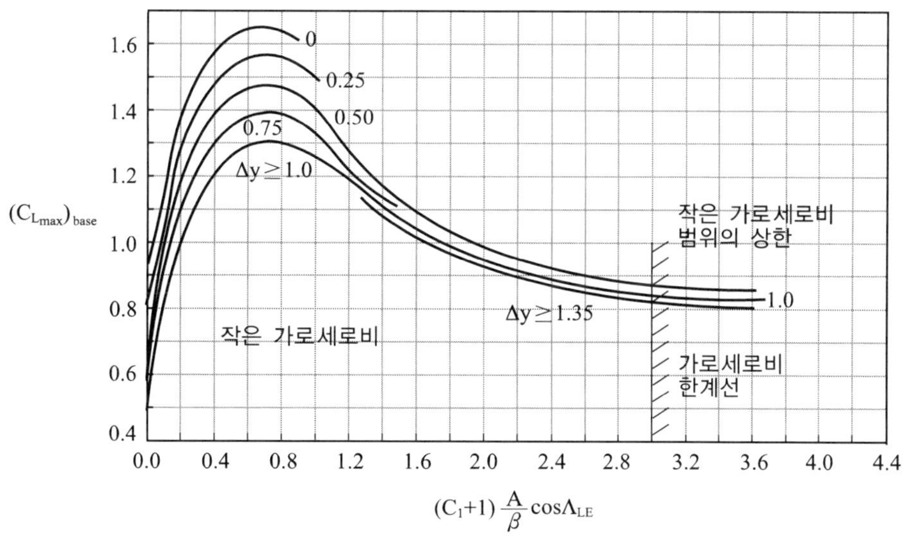

| 그림 9.11 | 가로세로비가 작은 아음속 날개의 최대 양력계수

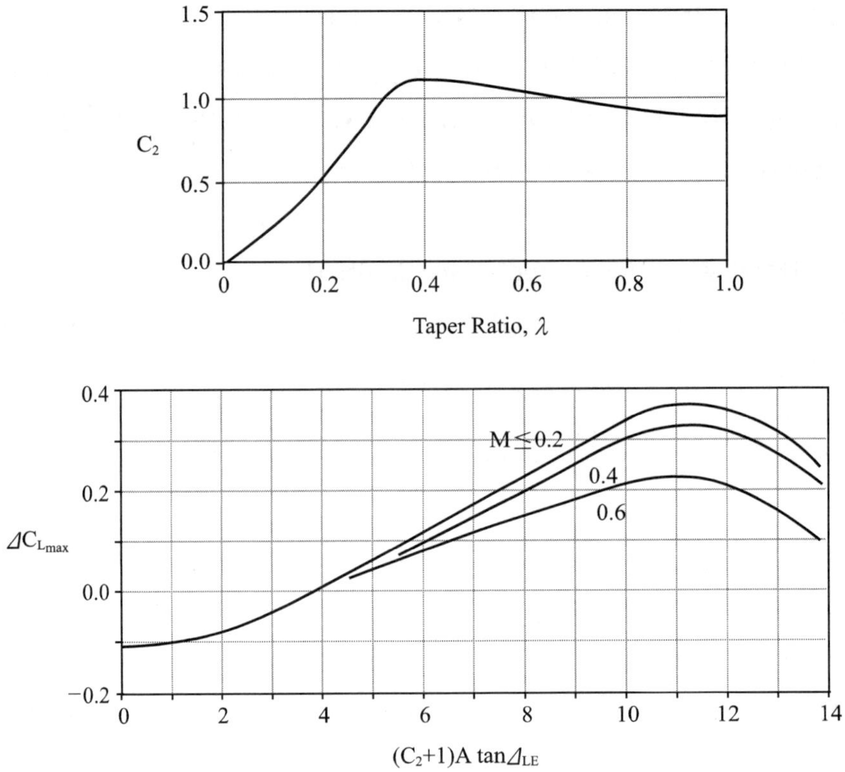

| 그림 9.12 | 가로세로비가 작은 아음속 날개의 최대 양력계수의 보정

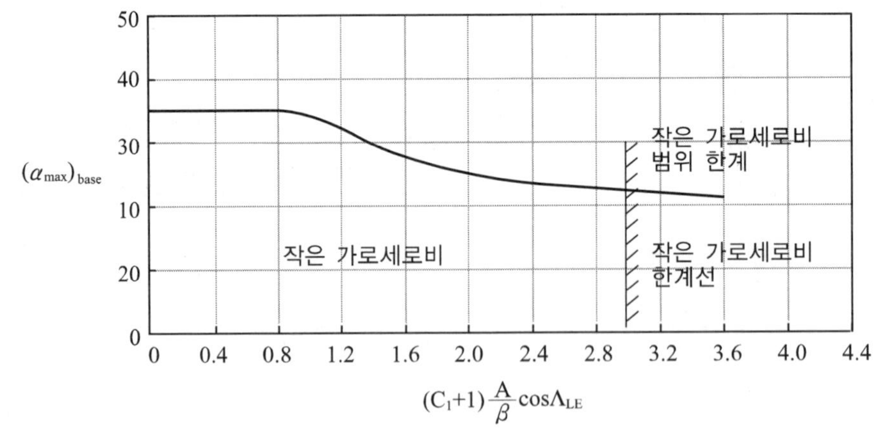

| 그림 9.13 | 가로세로비가 작은 아음속 날개의 최대 양력받음각

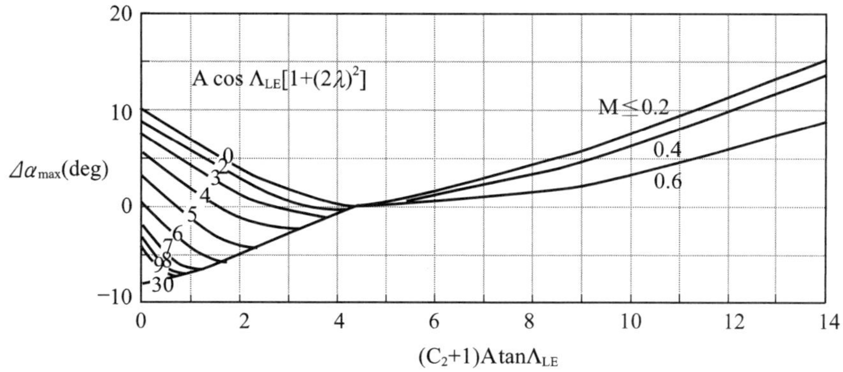

| 그림 9.14 | 최대 양력계수일 때의 받음각 추정

3. 전체 항공기의 최대 양력계수

지금까지 날개에서 얻어지는 최대 양력계수를 구하는 방법에 대하여 알아보았다. 그러나 실제의 경우에는 날개 이외의 꼬리날개와 같은 보조 양력면이 양력에 미치는 효과를 더하여 주어야만 항공기 전체의 최대 양력계수를 구할 수 있다. 그러므로 전체 항공기의 최대 양력계수는 지금까지 구한 날개의 최대 양력계수에 꼬리날개 혹은 카나드에 의한 최대 양력계수의 증가분을 더하여 다음의 식으로 얻어진다.

$$C_{L\max} = (C_{L\max})_w + (\Delta C_{L\max})_T \tag{9.25}$$

여기서 꼬리날개의 양력 발생에 의한 최대 양력계수의 증가분 $(\Delta C_{L\max})_T$는 다음과 같이 구한다.

$$(\Delta C_{L\max})_T = (C_{L\alpha})_T \cdot \sin\alpha_{\max} \cdot \cos^2\alpha_{\max} \tag{9.26}$$

$(C_{L\alpha})_T$ 는 꼬리날개의 양력곡선 기울기로 앞서의 $(C_{L\alpha})_W$를 구하는 방법에 준하여 구할 수 있다.

4. 전체 항공기의 양력곡선

지금까지 구한 각 인자들을 이용하여 무장, 보조 연료 탱크 등의 외부 장착 물이 없고 착륙장치 등이 접힌 상태에서 항공기 전체의 양력을 다음과 같은 순서로 그릴 수 있다.

① 순항 등 구하고자 하는 비행 조건에서 항공기의 양력곡선 기울기 $C_{L\alpha}$를 구한다.

② 영 양력받음각, $\alpha_{L=0}$을 추정한다. 보통 개념설계 단계에서는 에어포일의 영 양력 받음각으로 간주하거나 양력곡선 기울기와 설계 양력계수의 관계로부터 구한다.

③ 양력곡선의 직선 부분이 끝나는 받음각 α^*, 즉 개념설계 단계에서는 에어포일의 α^*를 찾아서 $\alpha_{L=0}$로부터 α^*까지 기울기 $C_{L\alpha}$인 직선을 그린다.

④ 최대 양력계수 $C_{L\max}$와 그때의 받음 각 $\alpha_{\max}$를 구한다. 이 구간은 비선형구간이므로 α^*와 $\alpha_{\max}$ 사이에서 양력곡선이 부드럽게 이어지도록 곡선 접합(Curve Fitting)한다.

이렇게 완성된 양력곡선으로부터 해석하고자 하는 항공기의 양력 특성을 추정해 낼 수 있으며, 만약 플랩이 내려진 경우에는 그 영향에 대해 $C_{L\alpha}$와 $C_{L\max}$의 변화량을 가감하여 위와 같은 순서로 양력곡선을 그린다.

9.2.3 고양력장치에 의한 양력곡선의 변화

항공기 날개는 각 임무 상태에 대하여 최적의 공력성능을 발휘할 수 있도록 설계되어야 한다. 순항 비행 시와 같이 고속 비행을 위해서는 날개의 두께비가 작고 캠버가 작은 것이 효과적이나 이는 저속 비행 영역, 특히 이착륙시의 성능을 저하시키는 문제를 발생한다. 따라서 저속에서 큰 양력을 얻기 위해서는 고양력장치의 사용이 필수적이다.

1. 고 양력발생 방법

고양력장치는 다음의 세 가지 방법을 이용하여 큰 양력을 발생하도록 하는 장치이다.

(1) 날개의 시위 길이 증가 방법: 날개 평면 면적이 증가됨에 따라 항공기의 전체적인 양력이 커지고 따라서 항공기의 양력계수가 증가된다.

(2) 날개의 캠버 증가 방법: 플랩이 내려오게 되면 날개의 캠버가 증가되어 날개 주위의 순환이 커진다. 따라서 뒷전 플랩을 사용하면 양력곡선 전체가 위쪽으로 이동하고, 앞전 플랩을 사용하면 실속 받음각이 증가하여 최대 양력계수를 증가시킨다.

(3) 날개 윗면에서 경계층 제어 방법: 날개 윗면에서 경계층을 제어하여 분리를 지연시킴으로 실속 받음각을 크게 한다.

여기서는 경계층 제어에 대한 내용은 다루지 않고 다른 두 가지 방법을 이용한 고양력장치의 종류와 이들이 공력성능에 미치는 영향에 대하여 설명한다.

고양력장치를 사용하여 얻어지는 항공기의 최대 양력계수와 영 양력받음각 $\alpha_{L=0}$의 증가량은 다음과 같이 구한다.

$$\Delta C_{L\max} = \Delta C_{l\max}\left(\frac{S_{flapped}}{S_{ref}}\right)\cos\Lambda_{H.L.} \tag{9.27}$$

$$\Delta\alpha_{L=0} = (\Delta\alpha_{L=0})_{airfol}\left(\frac{S_{flapped}}{S_{ref}}\right)\cos\Lambda_{H.L.} \tag{9.28}$$

여기서 $S_{flapped}$는 그림 9.14와 같이 날개에 고양력장치가 설치되어 있는 부분의 날개 면적을 말하며, $\Lambda_{H.L.}$은 플랩 힌지선의 후퇴각이다.

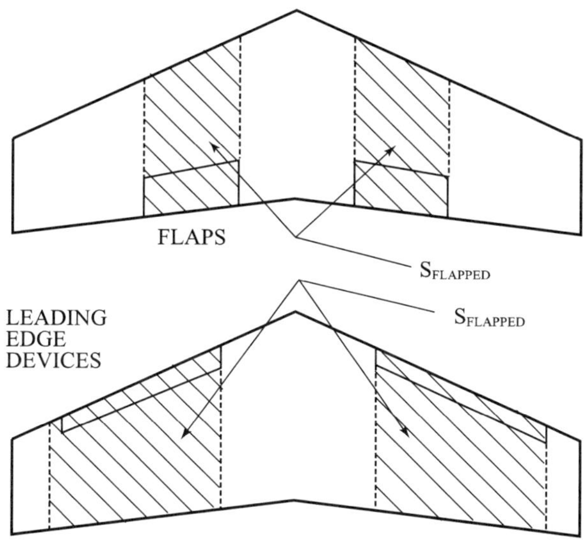

| 그림 9.15 | 플랩을 포함하는 날개 면적(Flapped wing area)

2. 고양력장치의 성능 추정

여러 가지 고양력장치의 종류에 따른 성능은 다음 절차에 따라 구한다.

‖1단계‖ 우선 항공기 종류에 따른 최대 양력계수 $C_{L\max}$, 이륙 최대 양력계수 $C_{L\max TO}$, 착륙 최대 양력계수 $C_{L\max L}$을 정한다.

‖2단계‖ 실제 항공기 날개에서 손실을 고려하여 1단계에서 정한 $C_{L\max}$값보다 여유를 갖도록 다음과 같은 식에 의하여 실제 날개에서 발생시켜야 할 최대 양력계수값 $C_{L\max_W}$

을 계산한다.

$$C_{L\max_W} = 1.05 \sim 1.1\ C_{L\max} \tag{9.29}$$

이때 $L_h/\bar{c} > 5.0$ 이면 1.05를 사용하고 $L_h/\bar{c} < 3.0$ 이면 1.1을 사용한다. L_h는 항공기 무게중심에서 수평 꼬리 날개 또는 카나드의 공력 중심까지의 거리이다.

‖ **3단계** ‖ 후퇴각이 있는 경우(35° 이하)는 다음 식을 사용하여 양력계수를 조절한다.

$$C_{L\max_{W},swpt} = C_{L\max_{W},unswpt}\ \cos\Lambda_{c/4} \tag{9.30}$$

후퇴각이 0°인 경우에 사용할 에어포일의 최대 양력계수값을 다음과 같은 근사식을 통하여 검증한다.

$$\begin{aligned} C_{L\max_W} &= k_\lambda (C_{l\max_{Root}} + C_{l\max_{Tip}})/2 \\ k_\lambda &= 0.88 \ \text{ for } \ \lambda = 1.0 \\ k_\lambda &= 0.95 \ \text{ for } \ \lambda = 0.4 \end{aligned} \tag{9.31}$$

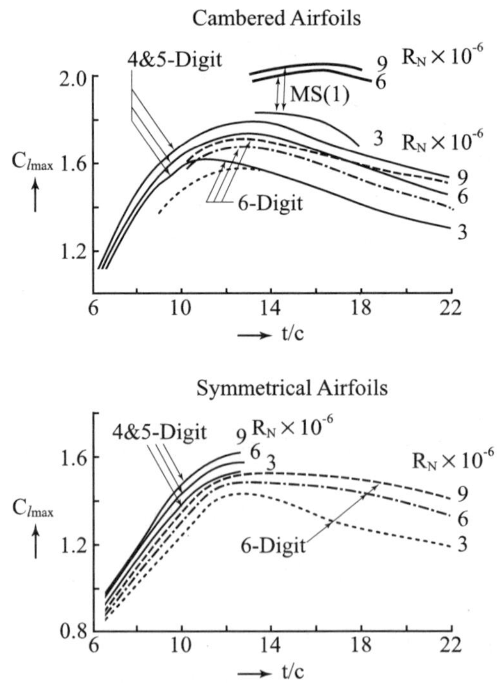

| 그림 9.16 | 두께비와 레이놀즈 수가 최대 양력계수에 미치는 영향

에어포일의 최대 양력계수 $C_{l\max}$는 그림 9.16에서 구한다. 이때 사용할 레이놀즈 수는 다음 식으로 구한다.

$$R_{nr} = \rho V c_r / \mu \text{ at the root} \tag{9.32}$$

$$R_{nt} = \rho V c_t / \mu \text{ at the tip} \tag{9.33}$$

‖ **4단계** ‖ 고양력장치로 발생시키고자 하는 양력계수의 증가량을 다음 식으로 구한다.

$$\Delta C_{L\max TO} = 1.05(C_{L\max TO} - C_{L\max}) \tag{9.34}$$

$$\Delta C_{L\max L} = 1.05(C_{L\max L} - C_{L\max}) \tag{9.35}$$

여기서 1.05는 플랩을 사용함에 따른 모멘트를 상쇄하기 위한 트림(trim) 손실을 보상하기 위한 것이다. 양력계수의 증가량을 구했으면 이를 이용하여 에어포일의 최대 양력계수 증가 요구량을 다음의 식으로 구한다.

$$\Delta C_{l\max} = (\Delta C_{L\max} / K_\Lambda)(S_{ref} / S_{flapped}) \tag{9.36}$$

위 식에서 $S_{flapped}$는 그림 9.15와 같고 K_Λ는 다음의 식으로 구한다.

$$K_\Lambda = (1 - 0.08\cos^2 \Lambda_{c/4})\cos^{3/4} \Lambda_{c/4} \tag{9.37}$$

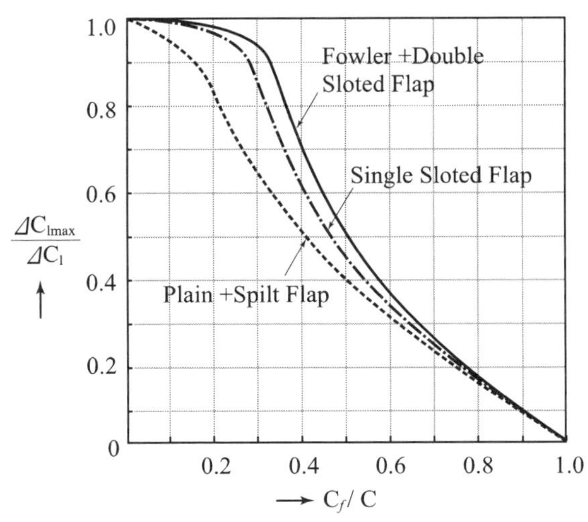

| 그림 9.17 | 플랩 시위비와 플랩 형식에 따른 양력증가비 $K = \Delta C_{L\max} / \Delta C_l$

K_Λ는 플랩이 내려졌을 때 후퇴각의 영향을 반영한다.

에어포일의 최대 양력계수 증가량, $\Delta C_{l\max}$를 사용하여 받음 각 0에서 에어포일의 양력계수 증가량 ΔC_l을 다음의 식으로 구한다.

$$\Delta C_l = (1/K)\Delta C_{l\max} \tag{9.38}$$

여기서 K는 플랩 시위 비(Flap to Chord Ratio, c_f/c) 및 플랩의 종류에 따라 그림 9.17에서 구할 수 있다.

에어포일의 양력계수 증가량 ΔC_l은 플랩 시위비, 플랩의 종류, 플랩 내림각에 따라 변하며 4가지 종류의 뒷전 플랩(trailing edge flap)에 대한 양력계수 증가량 ΔC_l은 다음과 같이 구한다.

(1) Plain Flap에 대한 양력증가량 ΔC_l은 다음과 같다.

$$\Delta C_l = C_{l\delta_f}\delta_f K' \tag{9.39}$$

여기서 플랩 각 양력선 기울기 $C_{l\delta_f}$과 계수 K'는 그림 9.18 및 그림 9.19에서 구할 수 있다.

(2) Split Flap에 대한 양력증가량 ΔC_l은 다음과 같다.

$$\Delta C_l = k_f(\Delta C_l)_{c_f/c\,=\,0.2} \tag{9.40}$$

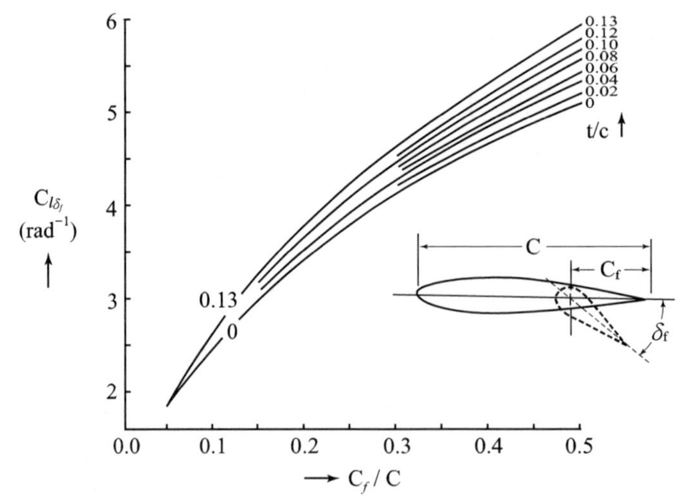

| 그림 9.18 | 두께비와 플랩 시위비에 따른 $C_{l\delta_f}$에 미치는 영향

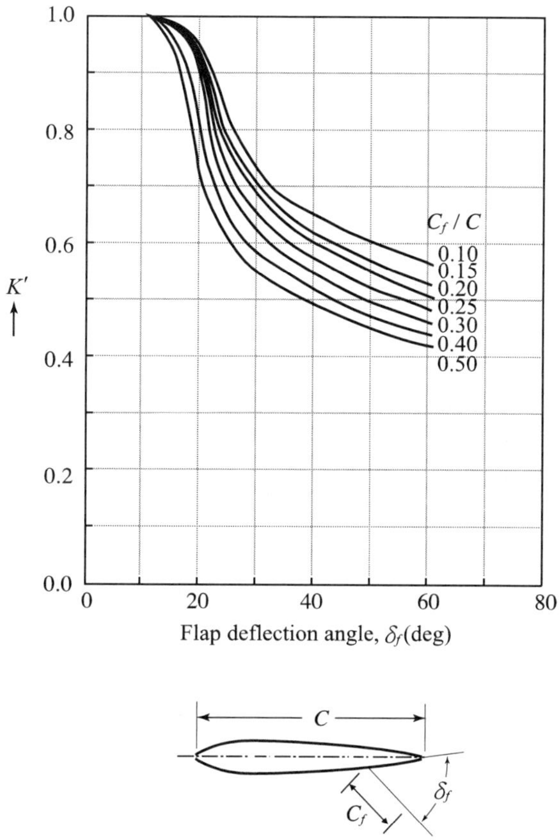

| 그림 9.19 | 플랩 시위비와 플랩 내림각에 따른 K'의 변화

이때 k_f와 $(\Delta C_l)_{c_f/c=0.2}$는 그림 9.20에서 구한다.

(3) Single Slotted Flap에 대한 양력증가량 ΔC_l은 다음과 같다.

$$\Delta C_l = C_{l\alpha_f}\alpha_{\delta_f}\delta_f \tag{9.41}$$

이때 α_{δ_f}는 그림 9.21에서 구할 수 있다. 플랩 부분의 에어포일 양력선 기울기, $C_{l\alpha_f}$는 다음과 같이 구한다.

$$C_{l\alpha_f} = C_{l\alpha}(c'/c) \tag{9.42}$$

여기서

$$c'/c = 1 + 2(z_{fh}/c)\tan(\delta_f/2) \tag{9.43}$$

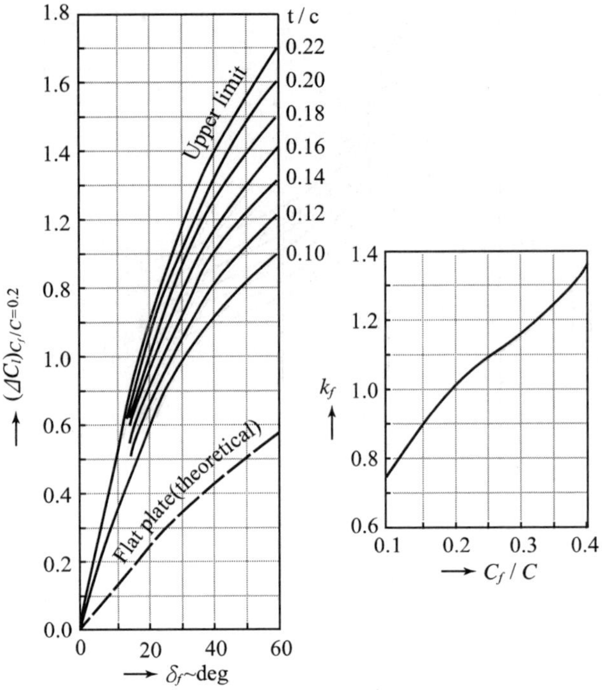

| 그림 9.20 | split flap의 양력계수 증가 영향

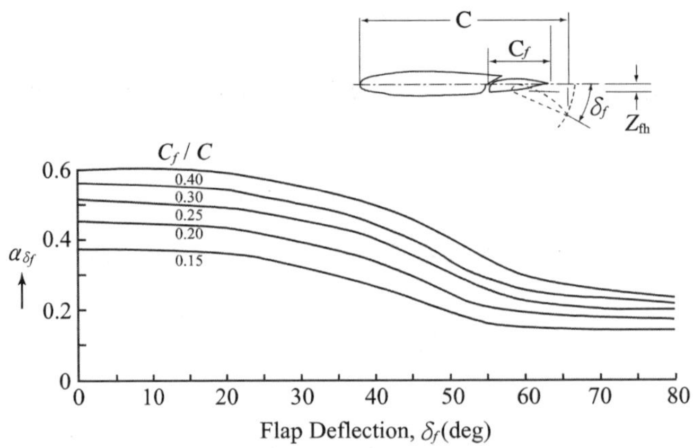

| 그림 9.21 | single slotted flap의 플랩각에 따른 α_{δ_f}의 변화

그리고 z_{fh}는 슬롯의 크기로 그림 9.21의 정의와 같다.

(4) Fowler Flap에 대한 양력증가량 ΔC_l은 Single Slotted Flap과 같이 식 (9.41)을 사용한다. 이때 플랩 부분 에어포일의 양력선 기울기(lift curve slope) $C_{l\alpha_f}$는 다음과 같다.

$$C_{l\alpha_f} = C_{l\alpha}(1 + c_f/c) \tag{9.44}$$

앞전 플랩(leading edge flap)이 에어포일의 양력계수에 미치는 영향은 실험 자료 또는 앞전 플랩이 있을 경우와 없을 경우에 대하여 다음과 같이 구한다.

$$c_{l\max(with\ L.E\ flap)} = (c''/c)c_{l\max(without\ L.E\ flap)} \tag{9.45}$$

여기서 c''는 그림 9.22의 정의와 같다.

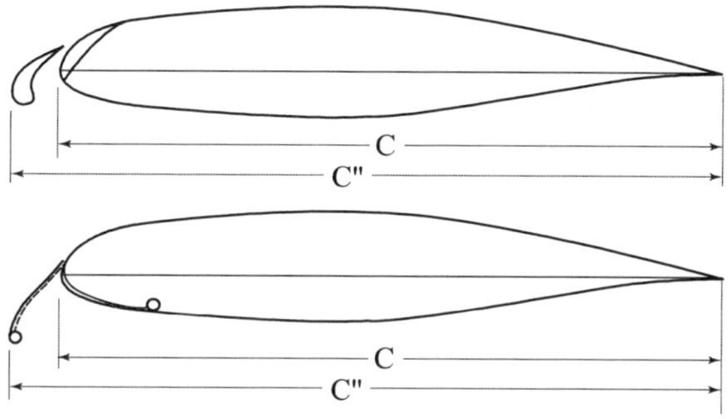

| 그림 9.22 | 앞전 플랩 시위

9.3 항력해석

항공기가 공기 중을 빠른 속도로 비행할 때 항공기가 앞으로 나아가지 못하게 방해하는 힘이 공기에 의하여 발생하게 된다. 이 방해하는 힘을 항력이라 부르며 비행 중인 항공기의 경우 크게 양력발생과 직접적으로 관련된 유도항력(Induced Drag)과 이를 제외한 나머지 항력 성분인 유해항력(Parasite Drag)으로 구분된다. 유도항력은 날개와 같은 양력 발생 요소(Lifting Element)들에 의해 발생되는데, 날개끝 와류에 의한 내리흐름(Downwash)이 날개 주위의 공기 흐름을 변화시킴으로써 발생하는 항력이며 유해항력은 주로 공기의 점성에 의해 발생된다.

9.3.1 항력의 종류

항력을 양력 발생 유무에 따라 분류하면 그림 9.23과 같다.

항공기의 전체 항력은 다음과 같이 양력과 관련된 것과 그렇지 않은 항으로 나누어 표현할 수 있다.

$$C_D = C_{Dp} + K(C_L - \Delta C_L)^2 \tag{9.46}$$

전체항력은 양력의 제곱에 비례하며 양력과 항력의 관계를 그래프로 나타낸 것을 양항곡선(Drag Polar)이라고 한다. 그림 9.24는 일반적인 고아음속 여객기의 양항곡선을 보여주고 있다. 그림 9.23에서 항공기 전체 항력은 유해항력(Parasite Drag) C_{Dp}, 양력 관련 항력 ΔC_{Dp}, 유도항력(Induced Drag) C_{Di}, 그밖에 간섭항력, 조파항력 등이 포함되는 기타 항력 ΔC_{D_M} 등으로 구성되어 있음을 볼 수 있다.

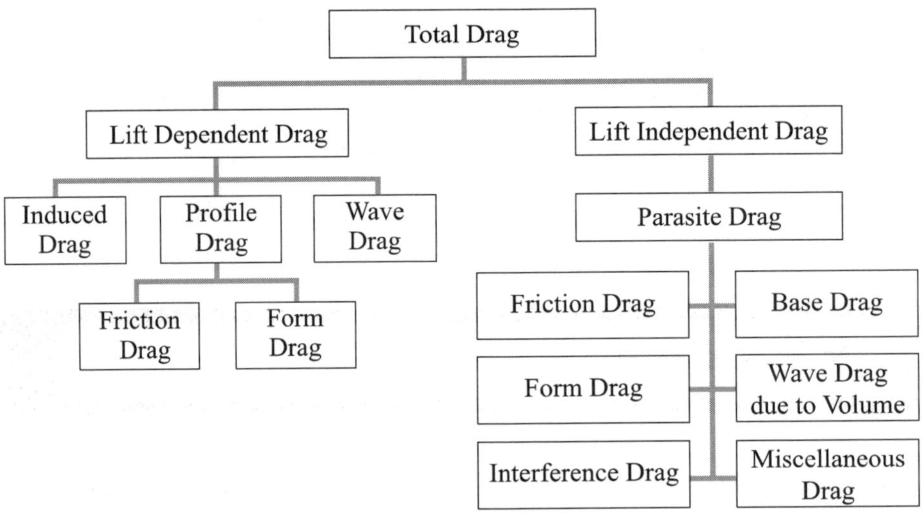

| 그림 9.23 | 항력의 종류

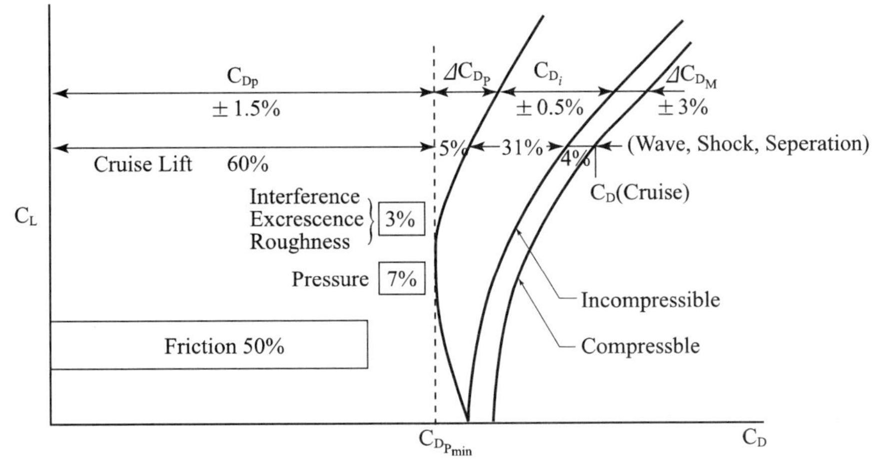

| 그림 9.24 | 고 아음속 여객기의 양항곡선

9.3.2 항력해석 방법

1. 유해항력(Parasite Drag)

유해항력에는 마찰항력(friction Drag), 형상항력(Form Drag) 또는 압력항력(Pressure Drag) 외에도 날개와 동체의 상호 간섭에 의한 간섭항력(Interference Drag), 그리고 천음속 또는 초음속 항공기의 경우 충격파에 의해 발생되는 조파항력(Wave Drag) 등이 있다.

항공기의 항력 예측을 위해서 이들 항력을 항공기의 각 구성요소별로 계산하는 방법(Component Build Up Method)을 주로 사용한다. 유동의 마하수에 따른 각 속도 영역별로 유해항력의 구성이 달라지며 전 비행영역에 걸쳐 비교적 정확한 항력계수의 예측이 항공기 형상설계 및 성능예측을 위해서 필요하다.

유해항력은 다음의 식 (9.47)과 같이 표현할 수 있다.

$$C_{Dp} = \sum(C_{f_c} \cdot FF_c \cdot Q_c \cdot S_{wet_c})\frac{1}{S_{ref}} + C_{Dwave} + C_{Dbase} + C_{Dmisc} \tag{9.47}$$

여기서 C_f는 평판의 마찰항력계수(Flat Plate Skin Friction coefficient), FF는 형상 계수(Form Factor), Q는 간섭인자(Interference Factor), C_{Dwave}는 조파항력계수, C_{Dbase}는 기저항력계수, C_{Dmisc}는 기타 항력계수, S_{ref}는 항공기의 기준 면적, S_{wet}는 항공기 구성품의 표피 면적(Wetted Area) 그리고 아래 첨자 c는 구성 요소(Component)들을 의미한다.

일반적으로 형상계수의 구성 요소는 날개 형태 즉 주날개, 카나드, 수평/수직꼬리날개, 스트레이크 등에 따라서, 그리고 동체 형태는 동체, 캐노피, 나셀, 파일론, 경계층 분리기 등에 따라서 구분될 수 있다.

(1) 마찰, 형상 및 간섭 항력(Skin Friction, Form and Interference Drag)

식 (9.47)의 첫 번째 항의 마찰항력계수, 형상계수 및 간섭인자는 다음과 같이 구한다.

① 마찰계수(Skin Friction Coefficient)

공기의 점성에 의해 항공기 표면에 경계층이 형성되고 경계층 내 물체 표면에서 전단응력에 의해 발생하는 항력으로 점성마찰 항력계수는 레이놀즈 수, 마하수, 압력분포 그리고 표면 거칠기의 함수로 표현되며 동일한 표면 면적을 갖는 평판의 점성마찰계수를 구하여 이를 항공기 표면에서의 마찰항력계수로 간주한다. 여러 가지 방법 중 간단하게 사용할 수 있는 방법은 다음과 같다.

평판마찰계수 C_f는 레이놀즈 수 및 마하수의 함수로 표현하면 다음과 같다.

$$C_f = \frac{0.455}{(\log_{10}\mathrm{Re}_L)^{2.58}(1+0.144M^2)^{0.65}} \tag{9.48}$$

여기서 레이놀즈 수는 다음과 같이 구한다.

$$\mathrm{Re}_L = \mathrm{Re}\cdot\overline{L}\cdot M \tag{9.49}$$

여기서 고도 $h(\mathrm{ft})$에 따라 변하는 1 ft당, 마하수 $M=1$에 대한 레이놀즈 수(Reynolds number per foot per Mach number) Re는 다음과 같다.

$$\mathrm{Re}=10^6\exp\left[\ln(7.1)-(h/1000)^{\frac{1.1}{4.6}}\right],\ 0<h\le 36000\,\mathrm{ft} \tag{9.50}$$

$$\mathrm{Re}=10^6\exp\left[\ln(2.3168)-(h/1000-36)^{\frac{0.99}{19.97}}\right],\ h>36000\,\mathrm{ft} \tag{9.51}$$

그리고 $\overline{L}$는 면적 평균 특성 길이(Area Weighted Characteristic Length)로 다음과 같이 정의된다.

$$\overline{L}=\frac{\sum(l_c\cdot S_{wetc})}{\sum S_{wetc}} \tag{9.52}$$

여기서 l_c는 구성품의 특성길이 S_{wet}는 구성품의 표피 면적(Wetted Area), 그리고 아래첨자 c는 구성 요소(Component)들을 의미한다.

② **형상계수**(Form Factor)

공기의 점성 효과로 인해 항공기 표면에서 흐름의 분리가 발생하고 이로 인하여 물체의 앞쪽 부분보다 뒤 부분에서 압력이 낮아져 항력이 발생하는데 이를 형상항력 또는 압력항력이라고 한다. 항공기의 형상항력의 예측은 경험적인 방법으로 형상계수를 사용하여 계산하는데, 여기서는 레이머의 경험식을 사용하기로 한다.

(i) 단면이 에어포일 형태인 날개, 꼬리날개, 스트러트 또는 파이런 등과 같이 유선형 물체에 대한 형상계수는 다음과 같다.

$$FF = \left[1 + \frac{0.6}{(x/c)_{t\,\max}}(t/c) + 100(t/c)^4\right][1.34M^{0.18}(\cos\Lambda_m)^{0.28}] \tag{9.53}$$

여기서 $(x/c)_{t\,\max}$는 최대 두께 시위 방향 위치로 일반적으로 단면이 저속형 에어포일인 경우에는 $(x/c)_{t\,\max} \approx 0.3$ 그리고 고속형 에어포일인 경우에는 $(x/c)_{t\,\max} \approx 0.5$ 정도이다. 그리고 Λ_m은 최대 두께 선의 후퇴각이다. 힌지로 연결된 방향키(Hinged Rudder)나 승강키(Elevator)가 있는 꼬리날개의 경우 꼬리날개면과 조종면 사이의 틈새로 인해 식 (9.53)로부터 구해진 형상계수에 10% 정도를 더 추가한다.

(ii) 동체와 유선형 캐노피에 대한 형상계수는 다음과 같다.

$$FF = 1 + \frac{60}{f^3} + \frac{f}{400} \tag{9.54}$$

위 식에서 세장비(sharpness) f는 다음과 같이 정의한다.

$$f = \frac{l}{d} = \frac{l}{\sqrt{(4/\pi)\cdot A_{\max}}} \tag{9.55}$$

여기서 l은 물체의 특성길이고, d는 구성 요소의 지름으로 단면이 원이 아닌 경우에는 단면의 최대 넓이 $A_{\max}$를 이용하여 구한다.

(iii) 나셀 또는 유선형의 외부 장착물에 대한 형상계수는 다음과 같다.

$$FF = 1 + \frac{0.35}{f} \tag{9.56}$$

(iv) 그림 9.25와 같은 기관 흡입구와 동체 사이의 경계층 분리기(diverter)에 대한 형상 계수는 다음과 같다.

$$FF = 1 + (d/l) \text{ for double wedge type} \tag{9.57}$$

$$FF = 1 + (2d/l) \text{ for single wedge type} \tag{9.58}$$

③ **간섭계수**(Interference Factor)

항공기의 각 구성 요소 상호간에 흐름의 간섭으로 항력이 발생되며 간섭항력의 예측은 경험적인 방법으로 간섭계수를 사용한다. 각 구성요소별 간섭계수 Q_C는 표 9.2와 같다.

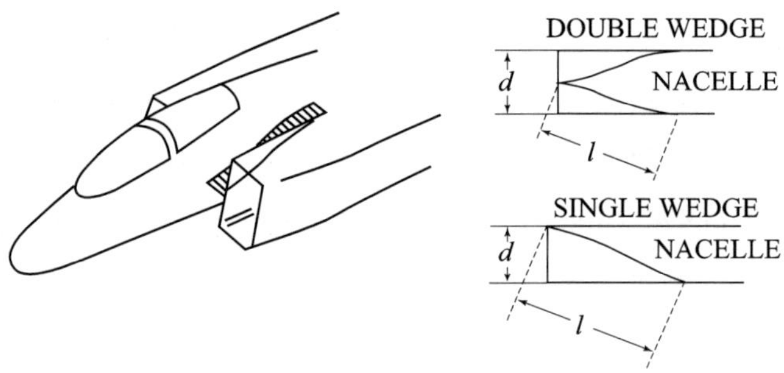

| 그림 9.25 | 경계층 분리기

| 표 9.2 | 항공기 구성요소 별 간섭계수

구성요소		간섭계수 Q_C
정형되지 않은(unfilleted) 저익기 고익, 중익 및 정형된 저익기		1.1 ~ 1.4 1.0
수직꼬리날개 수평꼬리날개 V-형 꼬리날개		1.03 1.08 1.04 ~ 1.05
나셀 등 외부 장착물	직접 부착된 경우 장착거리가 지름보다 작을 경우 장착거리가 지름보다 클 경우 날개 끝 장착	1.5 1.3 1.0 1.25

(2) 기저항력(Base Drag)

기저항력은 물체의 뒤 쪽에서 단면적의 급격한 감소 또는 불연속에 의한 유동의 분리 현상으로 발생되는 압력항력이다. 일반적으로 아음속에서 일정하게 유지되다가 천음속 영역에서 $M=1.0$까지는 서서히 증가하고 $M=1.0\sim1.8$에서는 상대적으로 일정한 값을 가지며 $M=1.8$ 이후에는 서서히 감소한다. 다음과 같은 고다드(Goddard)의 실험 자료에서 유추한 경험식에 의해 구할 수 있다.

$$C_{D\,base}=(0.1+0.1222M^8)\frac{A_{base}}{S_{ref}}\quad \text{for}\ \ M\le 1 \tag{9.59}$$

$$C_{D\,base}=0.2222\frac{A_{base}}{S_{ref}}\quad \text{for}\ \ 1.0<M\le 1.8 \tag{9.60}$$

$$C_{D\,base}=\left(1.42\frac{A_{base}}{S_{ref}}\right)/(3.15+M^2)\quad \text{for}\ \ M\ge 1.8 \tag{9.61}$$

여기서 A_{base}는 물체 뒤 급격한 단면 변화 부분의 투영 단면적이다.

(3) 기타 항력(Miscellaneous Drag)

① **착륙장치항력**(Landing Gear Drag)

다음의 착륙장치계수는 각 항공기별 시험자료를 비교해서 얻어진 자료이며 착륙장치의 각 요소에 대한 값을 더해서 구할 수 있다. 각 착륙장치의 요소간 간섭을 고려할 경우 각 요소의 항력의 합에 1.2를 곱하고, 접개들이식 착륙장치일 경우 착륙장치 격실이 열려 있으므로 부가적으로 7%를 추가한다.

$$C_{Dlanding-gear}=\sum_c C_{DLc}\cdot\frac{A_{landing-gear,c}}{S_{ref}} \tag{9.62}$$

여기서 $A_{landing-gear}$는 착륙장치 부품의 전면 면적이고 착륙장치 항력계수 C_{DLc}는 표 9.3과 같다.

② **스피드 브레이크 항력**(Speed Brake Drag)

스피드 브레이크에 의한 항력은 그 장착 위치에 따라 다르며, 동체에 장착된 경우 다음과 같이 구할 수 있다.

| 표 9.3 | 착륙장치의 종류별 착륙장치 항력계수

	착륙장치 항력계수(C_{DLc})
Regular wheel and tire	0.25
Second wheel and tire in tandem	0.15
Streamlined wheel and tire	0.18
Wheel and tire with fairing	0.13
Streamline strut $(1/6 < t/c < 1/3)$	0.05
Round strut or wire	0.30
Flat spring gear leg	1.40
Fork, bogey, irregular fitting	1.0 ~ 1.4

$$C_{D_{speed-brake}} = 1.0 \times \frac{A_{speed-brake}}{S_{ref}} \tag{9.63}$$

그리고 날개에 장착(0.6 chord 위치)된 경우에는 다음과 같다.

$$C_{D_{speed-brake}} = 1.6 \times \frac{A_{speed-brake}}{S_{ref}} \tag{9.64}$$

여기서 $A_{speed-brake}$는 스피드 브레이크 전면 면적이다.

③ **플랩항력**(Flap Drag)

이착륙시 고 양력을 위해 사용하는 플랩은 흐름의 분리로 인하여 항력이 발생한다. 이로 인한 항력은 다음 식으로 구한다.

$$C_{Dflap} = 0.0023 \frac{flap\ span}{wing\ span} \delta_{flap} \tag{9.65}$$

여기서 δ_{flap}은 플랩 변위각(deg.)으로 착륙시 60 ~ 70°, 이륙시 20 ~ 40° 정도이다.

④ **누출 및 거칠기**(Leakage and Protuberance Drag)

항공기의 안테나, 전조등, 항공기 표면에서의 리벳이나 표면 자체의 거칠기, 또는 항공기 표면을 구성하는 평판 등의 부적절한 결합과 돌기에 의한 항력(Protuberance Drag)과 압력이 높은 부분에서 항공기 내부로 틈새나 구멍으로 공기 유입에 의한 운동량 손실, 또는 항공기 내부에서 압력이 낮은 부분으로 공기 분출에 의한 흐름의 분리로 인해 발생하는 항력을 누출항력(Leakage Drag)이라고 하고 이들은 표 9.4와 같이 항공기 유형에 따라 전체 유해항력의 백분율로 계산된다.

| 표 9.4 | 누출 및 거칠기 항력

제트수송기 및 폭격기	2 ~ 5%
프로펠러항공기	5 ~ 10%
현용전투기	10 ~ 15%
신개념전투기	5 ~ 10%
가변익항공기	위의 값에 3% 추가

(4) 조파항력(Wave Drag)

항공기 주변에 초음속 영역이 형성되면 충격파가 발생하는데 충격파로 인해 발생하는 조파항력은 전압력 손실에 의한 일종의 압력항력이며 항공기의 체적과 수직력 분포는 조파항력에 큰 영향을 미친다. 일반 항공기의 경우 Sears-Haack body의 면적 분포를 가지도록 면적 법칙(Area Rule)을 적용한다. Sears-Haack body는 그림 9.26과 같은 면적 분포를 갖는 형상이며 다음 식과 같이 정의된다.

$$\frac{r}{r_{\max}} = \left[1 - \left(\frac{x}{l/2}\right)^2\right]^{0.75} \tag{9.66}$$

여기서 r은 단면 반지름(the cross-section radius)이고 l은 물체 형상의 전체 길이 (the longitudimal dimension)이며 변수 x는 $-l/2 \le x \le l/2$인 관계에 있다.

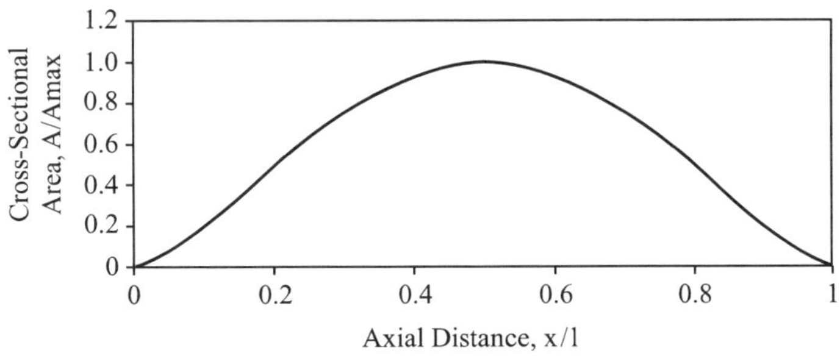

| 그림 9.26 | Sears-Haack body 면적 분포

Sears-Haack body의 조파항력은 다음과 같다.

$$C_{Dwave} = \frac{4.5\pi}{S}\left(\frac{A_{\max}}{l}\right)^2 \tag{9.67}$$

면적 법칙을 적용한 항공기의 경우 조파항력은 위의 식을 변형하여 $M > 1.2$인 경우 다음과 같이 구할 수 있다.

$$C_{Dwave} = \frac{4.5\pi}{S_{ref}}\left(\frac{A_{\max}}{l}\right)^2 E_{WD}(0.74 + 0.37\cos\Lambda_{LE})\left[1 - 0.3\sqrt{M - M_{C_{D0_{\max}}}}\,\right] \tag{9.68}$$

여기서 S_{ref}는 항공기 기준 면적, $A_{\max}$는 물체의 최대 단면적 그리고 E_{WD}는 경험적 조파항력계수(Sears-Haack body)와 실제 면적 분포의 경우에 대한 비로 완전한 Sears-Haack body는 $E_{WD} = 1.0$, 부드러운 면적분포를 갖는 정형된 항공기의 $E_{WD} = 1.2$, 일반적인 초음속 항공기의 $E_{WD} = 1.4 \sim 2.0$, 울퉁불퉁한 면적 분포를 갖는 초음속 항공기의 $E_{WD} = 2.0 \sim 3.0$이고 조파항력 최대 마하수 $M_{C_{D0\max}}$는 다음과 같다.

$$M_{C_{D0\max}} = \frac{1}{\cos^2\Lambda_{LE}} \tag{9.69}$$

(5) 천음속($M_{CR} \le M \le 1.2$) 항력 발산

일부 항공기 표면에서 충격파가 발생하기 시작하는 천음속으로부터 비행 속도가 증가함에 따라 초음속 흐름 부분이 확대되고 조파항력이 급격히 증가한다. 이와 같이 천음속 비행시 항력이 급격하게 증가하는 현상을 항력발산(Drag Divergence)이라고 한다. 항력발산을 예측하기 위해서는 항공기에 처음으로 초음속 영역이 생기기 시작할 때의 비행 마하수인 임계 마하수 M_{CR}의 예측이 선행되어야 한다. 또한 비행 속도가 증가하여 항공기 표면에 생성된 충격파가 항력에 직접적인 영향을 미치기 시작하여 항력이 급격하게 증가하기 시작할 때의 마하수를 항력발산 마하수(Drag Divergence Mach number, M_{DD})라고 하는데, 미국 보잉(Boeing) 사에서는 항력계수가 $C_{D_{M_{DD}}} = C_{D_{M_{CR}}} + 0.002$이 되는 비행 마하수로, 그리고 더글러스(Douglas)사에서는 마하수에 따른 항력계수 변화율이 $dC_{D_0}/dM = 0.10$이 되는 비행 마하수로 정의한다.

캠버가 없는 에어포일인 경우, 보잉사의 항력발산 마하 수 정의를 이용한 'Egbert Torenbeek'의 경험식은 다음과 같으며 비선형 방정식의 해법을 이용하여 M_{DD}를 구한다.

$$(t/c)_n = \frac{0.3}{M_{DD}}\left(\frac{1}{M_{DD}\cos\Lambda_{c/4}} - M_{DD}\cos\Lambda_{c/4}\right)^{1/3}\left[1-\left(\frac{5+(M_{DD}\cos\Lambda_{c/4})^2}{5+(M^*)^2}\right)^{3.5}\right]^{2/3} \tag{9.70}$$

여기서 $(t/c)_n = \dfrac{t/c}{\cos\Lambda_{c/4}}$이고, $\Lambda_{c/4}$는 날개의 $c/4$선의 후퇴각, M^*는 초임계 유동(Supercritical Flow)을 표현하기 위한 변수로 다음과 같이 구한다.

$$M^* = M^{**} - 0.25\,C_L \cdot \cos^{-2}\Lambda_{c/4}$$

여기서 M^{**}는 상용 에어포일(Conventional Airfoil)에 대하여 $M^{**}=1.0$, 고속 에어포일(Peaky Airfoil)에 대하여 $M^{**}=1.05$이고, 초임계 에어포일(Supercritical Airfoil)에 대해서는 $M^{**}=1.12 \sim 1.15$이다.

항력발산 마하수가 구해지면 천음속 영역에서 항력을 예측하기 위해서 천음속 영역을 $M_{CR} \le M \le M_1$인 영역과 $M_1 \le M_{M_{C_{D\max}}}$인 두 부분으로 나누며, 이때의 M_1은 $M_{DD}+0.1$과 0.95 중에서 작은 값으로 하고 고 아음속 항공기일 경우는 구간 분할 없이 다음의 식 (9.71)을 이용한다.

- $M_{CR} \le M \le M_1$인 속도 영역에서 항력 증가량

Love의 경험식에 의하면 항력발산은 $M_{CR} = M_{DD} - 0.04$에서 발생한다. 이 속도영역에서의 항력발산은 주로 양력면(Lifting Surface)에 의해 발생하며 항력 증가량은 다음과 같이 구한다.

$$\Delta C_{Drise} = P_L \cdot (M - M_{CR})^2 \tag{9.71}$$

여기서

$$P_L = 5.4(t/c + 2f/c)^{1/3} \cdot \cos\Lambda_{c/2} \tag{9.72}$$

이고 f/c는 최대 캠버값, $\Lambda_{c/2}$는 날개의 $c/2$인 선의 후퇴각이다.

- $M > M_1$인 속도 영역에서 항력 증가량

이 속도 영역에서는 항력이 마하수에 선형 비례하는 것으로 하여 다음 식으로 항력 증

가를 구한다.

$$\Delta C_{Drise} = C_{D_{W_{M_1}}} + G(M - M_1) \tag{9.73}$$

여기서 $C_{D_{W_{M_1}}}$는 식 (9.71)에서 비행 마하수가 $M = M_1$일 때의 조파항력이고 비례상수 G는 다음과 같이 정의한다.

$$G = \frac{C_{D_{WM_{C_{D0max}}}} - C_{D_{WM_1}}}{M_{C_{D0max}} - M_1} \tag{9.74}$$

그리고 $C_{D_{WM_{C_{D0max}}}}$는 식 (9.68)에서 $M = M_{C_{D0max}}$일 때의 조파항력계수이다.

위와 같은 방법으로 천음속인 임계 마하 수로부터 초음속까지 각 구간의 조파항력을 구하여 그림으로 표현하면 그림 9.27과 같다.

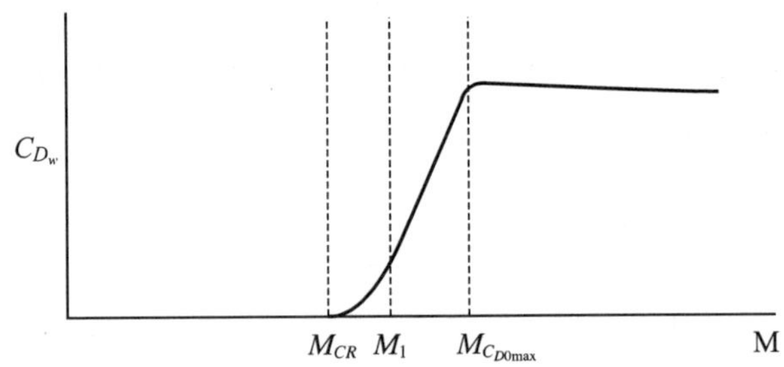

| 그림 9.27 | 천음속 영역 조파항력 변화 예

(6) 전체 유해 항력곡선

위의 절차들을 따라서 계산된 마찰, 형상, 간섭, 기저, 기타 및 조파항력들을 전 속도영역에 걸쳐 그림으로 표현하면 그림 9.28과 같이 된다.

그림 9.28과 같이 전 속도영역에 걸쳐 큰 비중을 차지하는 항력은 마찰항력과 조파항력이다. 속도가 증가하면 레이놀즈 수(Re)가 커지고 따라서 경계층이 난류가 되어 분리가 지연된다. 따라서 압력항력이 감소되기 때문에 마찰항력은 속도가 증가함에 따라 서서히 감소한다. 조파항력은 항공기 표면에서 충격파가 발생하는 천음속 구간에서 항력이 가장 크게 되고, 초음속 비행시 마하수 증가로 수직 충격파들이 경사충격파로 바뀌기 때문에 초음속 구간에서는 서서히 감소한다.

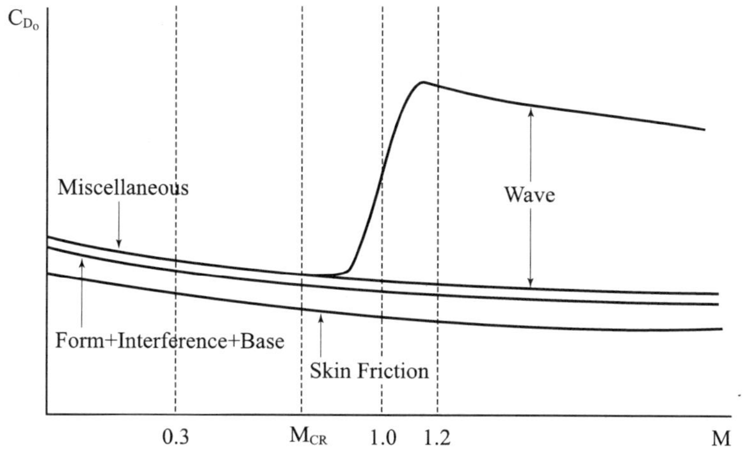

| 그림 9.28 | 마하수에 따른 최소 항력의 변화

2. 유도항력(Induced Drag)

유도항력은 날개에서 양력이 발생하면 필연적으로 발생하는 날개 끝 와류에 의한 항력으로 유도항력 계수 C_{D_i}는 양력계수의 제곱에 비례하며 다음과 같이 쓸 수 있다.

$$C_{D_i} = KC_L^2 \tag{9.75}$$

따라서 유도항력을 계산하기 위해서는 비례상수인 K값을 구하여야 하고, 이를 구하기 위해서 일반적으로 쓰이는 두 가지 방법은 Oswald 스팬 효율계수법(Oswald Span Efficiency Method)과 앞전 흡입법(Leading Edge Suction Method)이 있다.

(1) Oswald 스팬 효율계수법

유한날개의 유도항력은 타원형 양력분포를 가지는 경우 가장 작으며 이때 유도항력은 이상적인 $C_{D_{i,\,elliptic}} = C_L^2/\pi A$이 된다. 그러나 실제의 경우 이상적인 타원형 양력분포를 갖지 않으므로 유도항력에 관련된 날개의 효율을 나타내는 스팬 효율 계수를 $e = C_{D_{i,\,elliptic}}/C_{D_i}$로 정의하여 이상적인 타원형 양력분포에 대한 실제 날개의 유도항력의 비를 나타낸 것으로, 즉 식 (9.75)에서 비례상수를 $K = 1/(\pi e A)$로 표현할 수 있다. 스팬 효율계수 e는 $0.7 \sim 0.85$의 값의 범위를 가지며 아음속 항공기에 대하여 다음과 같은 경험식을 이용하여 그 값을 구할 수 있다.

$$e = 1.78(1-0.045A^{0.68}) - 0.64, \ \ (\Lambda_{LE} \le 30°) \tag{9.76}$$

$$e = 4.61(1-0.045A^{0.68})(\cos\Lambda_{LE})^{0.15} - 3.1, \ \ (\Lambda_{LE} \ge 30°) \tag{9.77}$$

초음속 비행시 상수 K의 값은 아음속에 비해서 크게 증가하며, $M \approx 1.2$에서 $e = 0.3 \sim 0.5$의 값을 갖는다. 마하 수에 따른 K값을 구하는 경험식은 다음과 같다.

$$K = \frac{A(M^2 - 1)}{4A\sqrt{M^2 - 1} - 2} \cos \Lambda_{LE} \tag{9.78}$$

(2) 앞전 흡입법(Leading-Edge Suction Method)

유도항력을 구하기 위한 Oswald 스팬 효율계수법에서는 K를 상수로 간주하여 받음각이나 비행 속도 영역의 변화에 따른 효과를 고려하지 못하는 단점이 있다. 특히 받음각이 클 경우 점성 효과에 의한 유동의 분리로 인하여 단순히 K를 상수로 취급할 수가 없다. 이를 해결하기 위하여 앞전에서 흡입력을 고려해주는 방법이 앞전 흡입법이다.

두께비가 큰 날개인 경우 날개의 앞전 부근 윗면에서 공기 속도는 매우 빠르고, 따라서 압력은 아주 낮아 전방으로 흡입력을 생성하게 된다. 특히 점성에 의한 분리나 날개 끝 와류에 의한 내리흐름 등의 외부적 요인이 없는 이상적인 상태라면 전방으로의 흡입력과 날개 뒤 부분의 저압에 의한 수직력의 후방 성분이 동일하게 되어 항력이 발생하지 않는다. 이러한 이상적인 3차원 유한 날개의 스팬 효율계수는 $e = 1.0$이 되며, K는 $K \equiv K_{100} = 1/\pi A$이 된다. 이에 비하여 날개가 평판이거나 두께비가 작은 경우, 앞전 표면적의 전방 성분이 매우 작아 앞전 흡입력을 무시할 수 있는 "Zero Leading Edge Suction"의 상태로 가정할 수 있다. 이러한 경우의 K는 양력곡선 기울기의 역수에 비례하게 되고, $K \equiv K_0 = 1/C_{L\alpha}$과 같이 나타낼 수 있고, 이를 각각 K_{100} 및 K_0로 표시한다.

실제의 경우 K의 범위는 K_0과 K_{100}의 사이에 있다고 가정할 수 있고 이를 수식으로 나타내면 다음과 같다.

$$K = (1 - R)K_0 + RK_{100} \tag{9.79}$$

여기서 인자 R은 앞전 흡입계수(Leading Edge Suction Parameter)라고 하며 흡입력의 영향을 나타내어주는 인자이다. 앞전 반경이 큰 아음속 날개의 경우 R값의 변화는 그렇게 크지 않기 때문에 실속 받음각 이하에서는 앞서 언급한 Oswald 스팬 효율계수법을 사용하여도 충분히 이용 가능한 값을 얻을 수 있다. 이에 반해 얇은 두께 비와 후퇴각을 가지는 일반적인 초음속 항공기의 경우에는 앞전 흡입계수 R의 변화가 양력계수의 변화에 따라 매우 크게 변하기 때문에 그림 9.30을 이용하여 R값을 구한다.

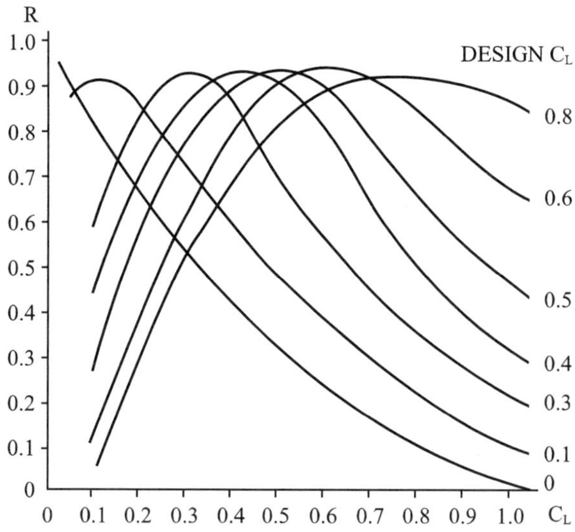

| 그림 9.29 | 설계 양력계수에 대한 앞전 흡입계수 R의 변화

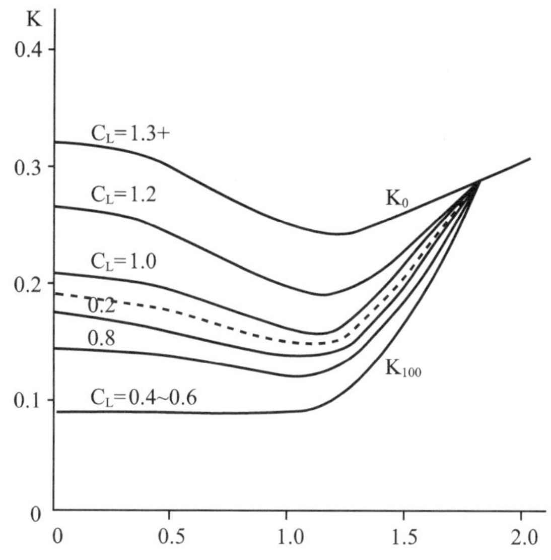

| 그림 9.30 | 마하수와 양력계수에 따른 초음속기의 K값의 변화 예

전형적인 초음속 항공기의 경우 앞전 흡입계수 R은 그림 9.29와 같이 설계 양력계수에 따라 양력계수 혹은 받음각의 함수 형태로 나타난다. 그림에서 볼 수 있듯이 R은 설계 양력계수에서 최대가 되어 거의 0.9의 값을 나타내며 그 전후로는 낮아진다.

비행 마하수가 $M \geq 1/\sin(90 - \Lambda_{LE})$인 초음속 비행 속도에서는 $K = K_0 = K_{100} = = 1/C_{L\alpha}$가 되며 비행 마하수가 이보다 적은 천음속에서는 식 (9.79)의 값과 $M=$

$1/\sin(90-\Lambda_{LE})$에서 $K=1/C_{L\alpha}$의 값을 부드럽게 연결하는 곡선 접합에 의하여 구한다. 그림 9.30은 초음속 항공기의 비행 마하수와 양력계수값에 따른 K값의 계산 예를 보여준다.

(3) 트림 항력(Trim Drag, $C_{D_{trim}}$)

비행 중 항공기의 자세 평형을 유지하기 위하여 조종면의 변위를 필요로 하는 경우가 발생하는데 이러한 조종면의 각도 변위로 유발되는 항력을 트림 항력이라고 한다. 이러한 트림 항력은 다른 항력 해석에서와 마찬가지로 발생 원인에 따라 트림 조종면(Trimming Surface)에 대한 형상항력(Profile Drag)과 발생하는 양력에 기인하는 유도항력(Induced Drag)의 두 가지 항목으로 구분할 수 있다.

즉 전체 트림 항력은 다음과 같이 표현할 수 있다.

$$C_{D_{trim}} = \Delta C_{D_{trim(lift)}} + \Delta C_{D_{trim(prof)}} \tag{9.80}$$

우선 양력에 의한 트림 항력(Trim Drag due to Lift) $\Delta C_{D_{trim(lift)}}$은 다음과 같이 구한다.

$$\Delta C_{D_{trim(lift)}} = \sum \frac{(\Delta C_{L_{ctrl}})^2}{\pi \cdot A_{ctl} e_{ctl}} \cdot \frac{S_{ctl}}{S_{ref}} \tag{9.81}$$

여기서 아래 첨자 ctl은 수평꼬리날개, 카나드 등 조종면을 나타내며, e_{ctl}은 수평꼬리날개 또는 카나드의 경우 0.5로 하고 수평꼬리날개가 T-tail인 경우 0.75로 한다. 그리고 양력 증가 $\Delta C_{L_{ctl}}$은 수평꼬리날개 또는 카나드의 양력선 기울기 $C_{L_{ih}}$, $C_{L_{ic}}$와 붙임각 i_h, i_c, 조종면의 각 변위 δ_e, δ_c 및 각 변위에 따른 양력 변화율 $C_{L_{\delta e}}$, $C_{L_{\delta c}}$의 함수로 다음과 같다.

$$\Delta C_{L_{ctl}} = C_{L_{i_h}} i_h + C_{L_{\delta_e}} \delta_e + C_{L_{c_h}} i_c + C_{L_{\delta_c}} \delta_c \tag{9.82}$$

다음 형상항력에 의한 트림 항력(Trim Drag due to Profile Drag) $\Delta C_{D_{trim(prof)}}$은 다음과 같이 구한다.

$$\Delta C_{D_{trim(prof)}} = \Delta C_{DP_{\Lambda c/4=0}} \cos\Lambda_{c/4} \left(\frac{S_{ef}}{S_h}\right)\left(\frac{S_h}{S_{ref}}\right) + \Delta C_{DP_{\Lambda c/4=0}} \cos\Lambda_{c/4} \left(\frac{S_{cf}}{S_c}\right)\left(\frac{S_c}{S_{ref}}\right) \tag{9.83}$$

여기서 S_{ef}, S_{cf}는 수평꼬리날개 또는 카나드의 조종면 면적, S_h, S_c는 전체 수평꼬리날개 또는 카나드 면적이다. 그리고 $\Delta C_{DP_{\Lambda c/4=0}}$는 후퇴각 $\Lambda_{c/4}=0°$인 수평꼬리날개 또는 카나드의 형상항력계수로 조종면을 평면 플랩으로 간주하는 경우 변위각에 따라 다음 그림 9.31로부터 구할 수 있다.

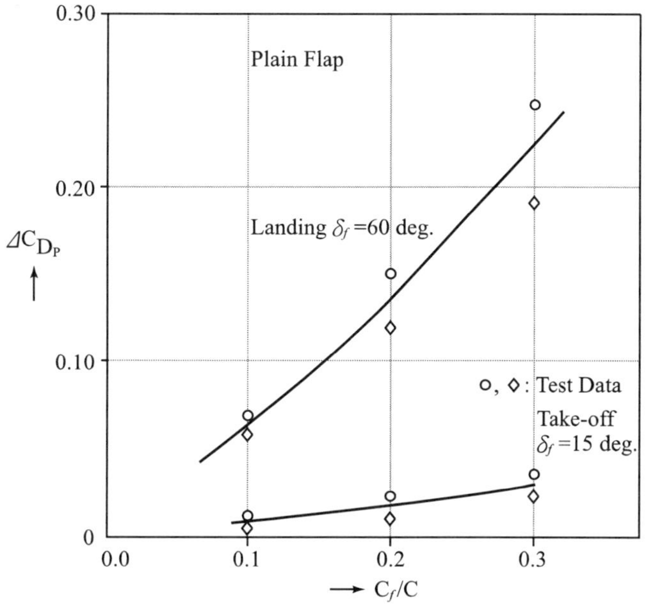

| 그림 9.31 | 조종면 변위에 따른 형상항력 증가($\Lambda_{c/4}=0°$인 경우)

(4) 캠버항력(Camber Drag, $C_{D_{camber}}$)

캠버항력은 에어포일의 캠버와 날개의 비틀림 각에 의해서 유발되는 항력으로 유도항력과 밀접한 관계를 가지고 있다. 그러므로 캠버항력은 캠버 양력 증가 ΔC_L, 유도 항력 비례상수 K의 함수로써 다음과 같이 되며 스팬 효율계수 $e<1$인 영역에서 적용된다.

$$C_{D_{camber}} = \frac{e}{1-e} K(\Delta C_L^2) \tag{9.84}$$

여기서,

$$\Delta C_L = \left(1 - \frac{1}{\pi \cdot A \cdot K}\right) C_{Lopt} \tag{9.85}$$

또한, 일반적인 에어포일에 대하여 f/c를 최대캠버와 날개시위의 비라 할 경우

$$C_{Lopt} = 0.8505\left(1 - e^{-18.728(f/c)}\right) \tag{9.86}$$

초 임계 에어포일에 대하여 C_{Ld}를 설계 양력계수라고 할 경우

$$C_{Lopt} = 0.5195(C_{Ld})^{0.75} \tag{9.87}$$

만일 $e = 1.0$이라면 아래와 같은 경험식을 사용한다.

$$C_{D_{camber}} = 0.7(\Delta C_L)^2 \frac{S_{\exp}}{S_{ref}} \tag{9.88}$$

9.3.3 양항 곡선(Drag Polar)

항공기의 공력성능은 일반적으로 양력과 항력의 비인 양항비(L/D)로 나타나며 주어진 형상에서 최소의 항력과 최대의 양력을 얻는 것이 항공기의 공력설계에 있어서 가장 중요한 요소라고 할 수 있다. 이러한 최대 양항비를 포함한 항공기의 공력특성은 양항 곡선으로 표현할 수 있으며 그 형태는 다음과 같이 양력계수 C_L에 대하여 2차 식으로 표현된다.

$$C_D = C_{D_{\min}} + K(C_L - \Delta C_L)^2 \tag{9.89}$$

전형적인 항공기의 양항 곡선은 다음 그림 9.32와 같다. 왼쪽 그림은 캠버가 없는 날개

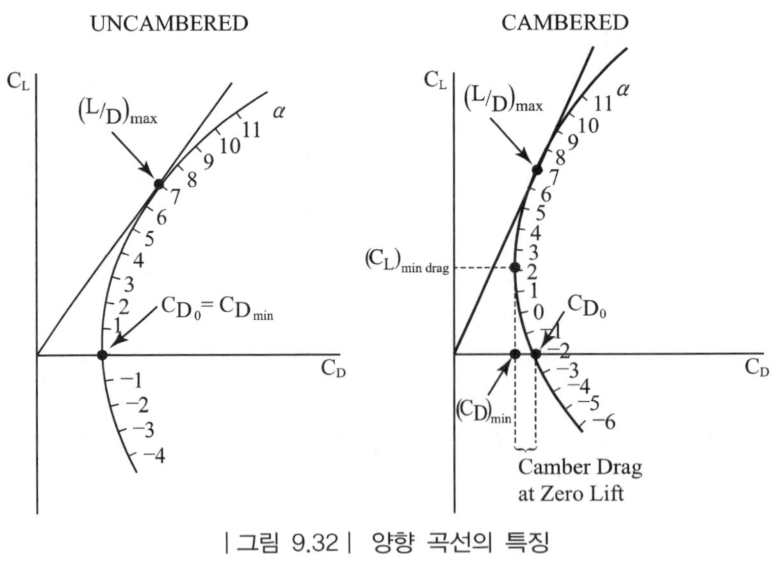

| 그림 9.32 | 양항 곡선의 특징

의 양항 곡선이고 오른쪽의 그림이 캠버가 있는 날개의 양항 곡선이다.

특히 캠버가 없는 날개의 경우 $C_{D_{\min}} = C_{D_0}$이며 $\Delta C_L = 0$이고, 캠버가 있는 경우에는 $C_{D_{\min}} \neq C_{D_0}$, $\Delta C_L \neq 0$으로 캠버 효과에 의해서 양항 곡선의 형태가 C_L에 대해서 위쪽으로 편향되어 있음을 보인다. 그러나 실제 항공기의 경우, 받음각이 커지면 날개에서 분리가 발생하여 항력이 급격하게 증가하기 때문에 단순한 포물선 형태의 곡선으로써 나타나지는 않는다.

그러나 개념 설계 단계에서는 위와 같이 공력계수의 비선형적인 거동까지 고려할 필요는 없기 때문에 여기서는 다루지 않는다. 비선형 구간에서의 좀더 자세한 해석에 관해서는 Schemensky 등이 제안한 방법을 적용하는 것이 바람직하다.

양항 곡선의 형태는 항공기의 각 비행조건에 따라 크게 변하며 동일항공기에 대해서도 비행 조건, 조종면의 변위, 착륙장치의 개폐, 외부 장착물의 유무에 의해 다른 모양을 보이게 된다. 그 예로써 같은 마하수일 때 그림 9.33은 항공기 형상에 따른 양항 곡선의 변화를 보여주고 그림 9.34에서는 비행 조건의 변화에 따른 양항 곡선의 형태를 보여주고 있다.

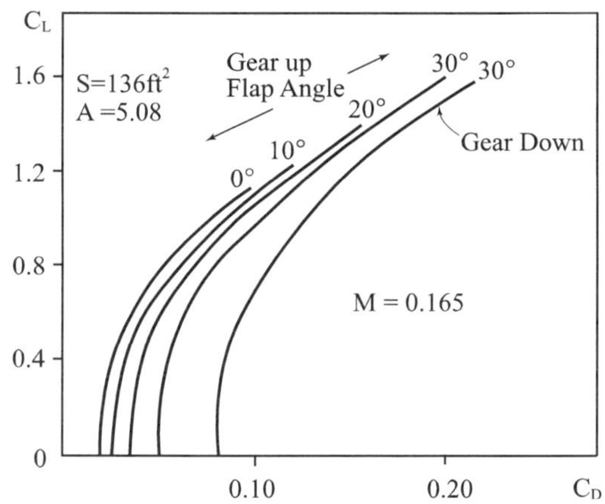

| 그림 9.33 | 양항 곡선의 변화 예: SIAI-Marchetti S-211

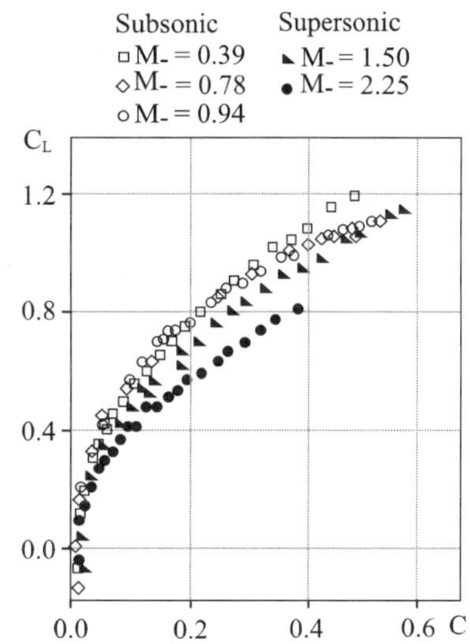

| 그림 9.34 | 마하수에 대한 양항 곡선의 변화

9.4 피칭 모멘트 해석

설계된 비행기의 세로 안정성 및 조종 성능을 알아보기 위하여 피칭모멘트의 해석은 중요하다. 여기서는 설계된 비행기의 세로안정성 해석을 위해 필요한 피칭모멘트와 관련된 사항들을 알아보고 이들을 구하기 위한 경험식들을 소개한다.

9.4.1 에어포일의 피칭모멘트

에어포일에 작용하는 힘은 아래 윗면의 압력차에 의하여 발생한다. 받음각이 작은 경우 에어포일에 작용하는 압력 힘은 양력과 거의 같으며, 분포된 압력 힘에 의하여 모멘트도 발생한다. 분포된 압력 힘에 의한 양력의 작용점을 압력 중심(center of pressure, x_{cp})이라고 하며, 공력 계수로서 나타내면 앞전으로부터 압력중심까지 거리 x_{cp}는 다음과 같다.

$$\frac{x_{cp}}{c} = \frac{C_{m,L.E}}{C_l} \tag{9.90}$$

여기서 $C_{m,L.E}$는 앞전중심 피칭모멘트 계수이다. 압력중심은 받음각 증가로 앞으로 이동한다. 그러나 받음각이 변해도 피칭모멘트가 변하지 않는 모멘트 중심이 존재하며 이점을 에어포일의 공력중심(aerodynamic center, x_{ac})이라고 하고 이점에 대한 피칭모멘트를 공력중심 피칭모멘트라고 한다. 즉, 공력중심 피칭모멘트계수는 다음과 같이 된다.

$$\frac{dC_{m,ac}}{d\alpha} = 0$$

대칭 날개의 공력중심은 $0.25c$이고 공력중심 모멘트는 $C_{m,ac} = 0$ 이다. 캠버가 있는 에어포일은 대부분 음(-)의(앞전 내림) 공력중심 피칭모멘트 값을 가지며 공력 중심은 NACA 4자리 및 5자리계열 에어포일은 대략 $0.25c$ 보다 작고, NACA 6자 계열은 0.25c 보다 크다.

이들 사이에는 다음의 관계가 성립한다.

$$x_{cp} = x_{ac} - \frac{C_{m,ac}\, c}{C_l} \tag{9.91}$$

$$C_{m,ac} = -C_l(x_{cp} - x_{ac})/c \tag{9.92}$$

공력 중심 피칭모멘트 계수 $C_{m,ac}$는 부록. 3과 같은 에어포일 실험 자료 또는 공력해석 프로그램들로부터 구할 수 있다. 에어포일의 공력중심은 에어포일의 두께와 뒷전 각에 따라 달라지며 뒷전 각이 감소할수록, 두께가 증가할수록 대략 0.24c로부터 0.27c까지 뒤로 이동한다.

임계 마하수 이상의 천음속에서 공력중심 및 피칭모멘트계수에 대한 자료는 실험 또는 공력해석 프로그램을 이용하여 구하여야 한다. 초음속에서는 이론적으로 매우 얇고 작은 양력계수일 경우 압력중심은 0.5c이며, 받음각과 두께 비 및 마하수에 따라 약 0.40c로부터 0.45c까지 변한다. 양력선기울기가 선형인 받음각 범위($dC_l/d\alpha = const.$)에서는 양력계수의 변화에 따라 공력중심 피칭모멘트 계수도 변하지 않는다.

임의의 모멘트 중심 x_{ref}에 대한 피칭모멘트 계수는 다음과 같이 쓸 수 있다.

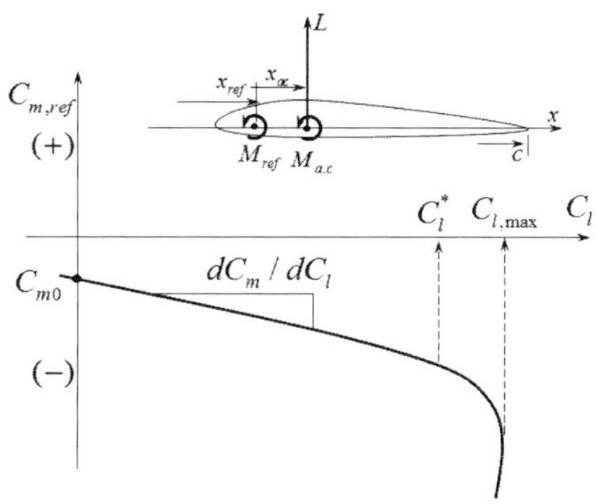

| 그림 9.35 | 에어포일의 양력계수와 피칭모멘트계수 관계

$$C_{m,ref} = C_{m,ac} + C_l(x_{ref} - x_{ac})/c$$

따라서 영 양력(zero lift) 피칭모멘트 계수를 C_{m0}라고 할 경우 다음과 같이 공력중심 피칭모멘트 계수와 같아진다.

$$C_{m,ac} = C_{m0}$$

이를 받음 각 또는 양력계수로 미분하면 다음과 같이 된다.

$$\frac{dC_m}{d\alpha} = C_{l_\alpha}(x_{ref} - x_{ac})/c = C_{l_\alpha}(\overline{x}_{ref} - \overline{x}_{ac}) \tag{9.93}$$

$$\frac{dC_m}{dC_l} = (x_{ref} - x_{ac})/c = \overline{x}_{ref} - \overline{x}_{ac} \tag{9.94}$$

이들 관계는 양력선 기울기 $C_{l_\alpha} = dC_l/d\alpha = const.$ 인 구간에서만 성립한다.

9.4.2 날개의 피칭모멘트

유한 날개의 피칭모멘트는 에어포일의 피칭모멘트계수에 기초하여 날개의 평면형상에 따라 달라진다. 유한날개의 피칭모멘트를 계산하는데 기본 변수는 식 (7.1) 및 그림 7.1과 같이 정의되는 날개의 평균 공력 시위길이(mean aerodynamic chord, MAC)와 이것의 날개 길이방향 위치 $\overline{y}_{MAC}$이다.

후퇴각이 $\Lambda_{c/4} < 45°$ 이고 가로세로비가 $A > 2.5$인 앞, 뒷전이 직선인 테이퍼 날개에 대하여 아음속에서 공력중심 피칭모멘트 계수 또는 영 양력 피칭모멘트 계수는 다음과 같이 구한다.

$$(C_{M,ac})_W = \frac{A\cos^2\Lambda_{c/4}}{A + 2\cos\Lambda_{c/4}} \frac{(C_{m,ac,r} + C_{m,ac,t})}{2} + (\Delta C_{m,ac}/\epsilon_t)\epsilon_t \tag{9.95}$$

여기서 A는 날개의 가로세로비, $C_{m,ac,r}$ 및 $C_{m,ac,t}$는 날개뿌리 및 끝에 사용된 에어포일의 공력중심 피칭모멘트 계수이고, $(\Delta C_{mac}/\epsilon_t)$는 날개의 비틀림 각 효과를 나타내며 선형 비틀림일 경우 다음과 같이 구한다.

$$\frac{-\beta(\Delta C_{m,ac}/\epsilon_t)}{(C_{L_\alpha})_W(\beta A)(\tan\Lambda/\beta)} = 0.006 + 0.029\lambda - 0.3\lambda^2 + 0.0273(\lambda - 0.095)(\beta A) \tag{9.96}$$

여기서 $\beta = \sqrt{1 - M^2}$ 이고 $(C_{L_\alpha})_W$는 식 (9.7)로부터 구한다. 임계 마하수 보다 낮은 고아음속에서는 다음과 같이 마하수에 따라 수정한다.

$$(C_{M,ac})_{W\ at\ M} = K_m \cdot (C_{M,ac})_{W\ at\ M=0} \tag{9.97}$$

$$K_m = 1 - 0.00436M - 0.0362M^2 + 0.6377M^3$$

앞, 뒷전이 직선인 테이퍼 날개에 대하여 아음속에서 양력에 대한 피칭모멘트 기울기는 다음과 같이 구한다.

$$\left(\frac{dC_M}{dC_L}\right)_W = \left(\frac{C_{M,ac_\alpha}}{C_{L_\alpha}}\right)_W = \left(\frac{\xi_{ref} - \xi_{ac}}{c_r}\right)\frac{c_r}{\bar{c}} \tag{9.98}$$

그림 9.37에서 보이는 것처럼 여기서 ξ_{ref}는 날개 뿌리 앞전으로부터 모멘트 중심까지 거리이고 ξ_{ac}는 날개 뿌리 앞전으로부터 평균공력시위(MAC)의 공력중심까지의 거리이다. 일반적으로 가로세로비가 $A > 5$이고 후퇴각이 $\Lambda_{c/4} < 35°$인 경우 다음과 같다.

$$\xi_{ac} = \xi_{MAC} + 0.25\bar{c}$$

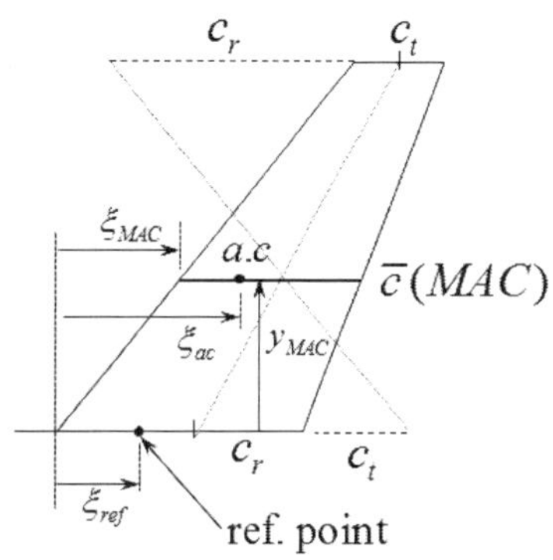

| 그림 9.37 | 평균공력시위

큰 마하수이거나 작은 가로세로비 및 후퇴각이 클 때에는 그림 9.38을 이용한다.

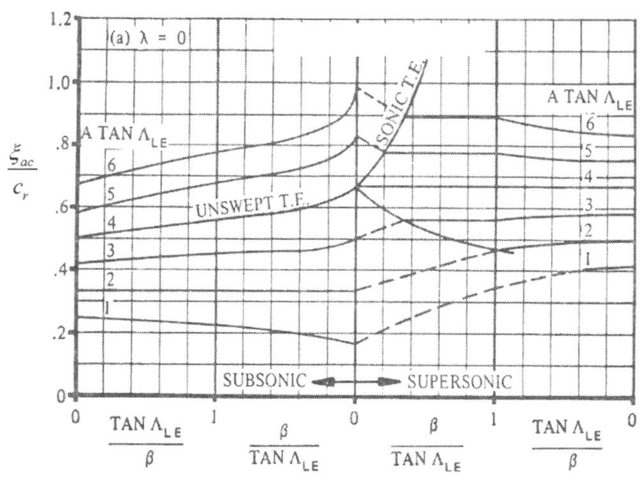

| 그림 9.38 | (a) $\lambda = 0$, 공력중심 위치

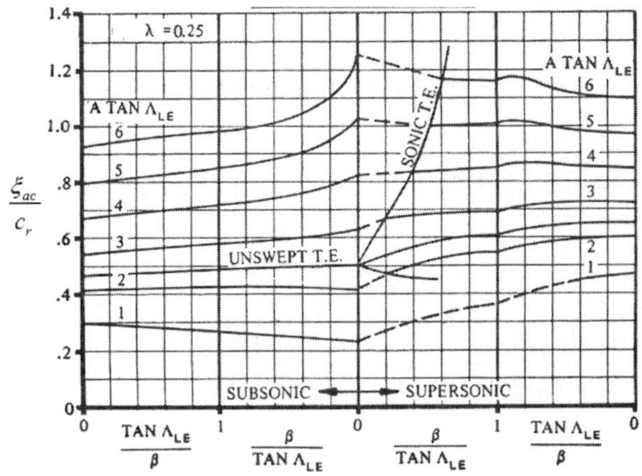

| 그림 9.38 | (b) $\lambda = 0.25$, 공력중심 위치

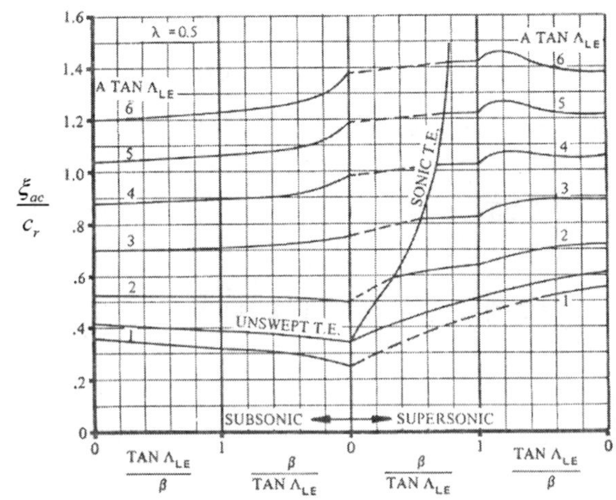

| 그림 9.38 | (c) $\lambda = 0.5$, 공력중심 위치

플랩을 사용할 경우 피칭모멘트는 다음 식과 같이 플랩에 의해 증가된 양력과 무게중심으로부터 압력 중심까지 거리의 곱만큼 증가한다.

$$\triangle C_{m,\delta_f} = C_{m_{\delta_f}} \delta_f = K' C_{L_{\delta_f}} (\bar{x}_{cp} - \bar{x}_{cg}) \delta_f \tag{9.99}$$

$$\frac{\partial C_L}{\partial \delta_f} = C_{L_{\delta_f}} = 0.9\, C_{l_{\delta_f}} \frac{S_{flaped}}{S_{ref}} cos \Lambda_{H.L}$$

여기서 $C_{l_{\delta_f}}$ 및 K'은 각각 그림 9.18 및 9.19로부터 구하고, $\bar{x}_{cp} = x_{cp}/c'$ 는 다음과 같다.

$$\text{slotted flaps} \; ; \; x_{cp}/c' \approx 0.44$$
$$\text{plain flaps} \; ; \; x_{cp}/c' \approx 0.50 - 0.25(c_f/c) \tag{9.100}$$

9.4.3 비행기의 피칭모멘트

비행기의 무게중심에 대한 피칭모멘트는 주로 날개, 동체, 꼬리날개 및 추진 계통에 의하여 발생한다. 주 날개에 의한 피칭모멘트는 공력중심에 작용하는 양력에 의한 것과 공력중심 피칭모멘트가 있다. 아음속에서 주 날개의 공력중심은 일반적으로 평균공력시위(MAC)의 25%이다. 주 날개와 꼬리날개의 항력도 피칭모멘트에 영향을 끼치나 이들은 무시할 정도로 크기가 작다. 또한 꼬리날개의 공력중심에 작용하는 꼬리날개의 공력중심 피칭모멘트도 상대적으로 작아서 무시할 수 있다.

한편, 꼬리날개의 긴 모멘트 암으로 인하여 여기에 꼬리날개의 작은 양력을 곱하면 큰 피칭모멘트를 발생시켜 비행기를 안정되게 하고 조종할 수 있게 된다. 그림에서는 꼬리날개 양력이 위로 발생하는 것으로 되어 있으나, 많은 경우 주 날개의 피칭모멘트를 상쇄시키기 위하여 아래로 작용하기도 한다.

카나드 날개는 음(−)의 모멘트 암을 가지기 때문에 모멘트 방정식에서 꼬리날개와 동일하게 적용한다. 꼬리날개가 없는 비행기는 비행기의 조종을 위해 주 날개에 플랩이 사용되어야 한다. 이러한 경우 짧은 모멘트 암으로 인하여 큰 플랩의 변위가 필요하고, 압력중심 위치의 변화로 큰 트림 항력을 발생시킨다.

동체와 나셀에 의한 피칭모멘트는 풍동실험 자료가 없이는 예측하기가 어렵다. 이들은 날개에 의한 내리흐름 및 올려 흐름의 영향을 많이 받는다.

추진 장치는 피칭모멘트에 3가지 요인에 의하여 영향을 미친다. 주요한 것은 추력 선으로부터 무게중심까지 거리와 추력의 곱에 의한 모멘트이고, 그 다음은 프로펠러 또는 제트 기관의 공기 흡입에 의하여 자유유동의 방향변화에 기인한 운동량 변화에 의한 모멘트이다. 추가로 프로펠러 후류 또는 제트 기관의 배기 제트에 의한 유동의 변화에 기인하여 주 날개 및 꼬리 날개의 받음 각이 변함으로 모멘트가 달라지기도 한다.

비행기의 무게중심에 작용하는 이들 모멘트들을 합하면 다음 식과 같이 된다.

$$\begin{aligned} M_{cg} = \; & L(x_{cg} - x_{ac,w}) + M_{w,ac} + M_{w,\delta_f}\delta_f + M_{fus} - L_h(x_{ac,h} - x_{cg}) \\ & + T z_P + F_P(x_{cg} - x_P) \end{aligned}$$

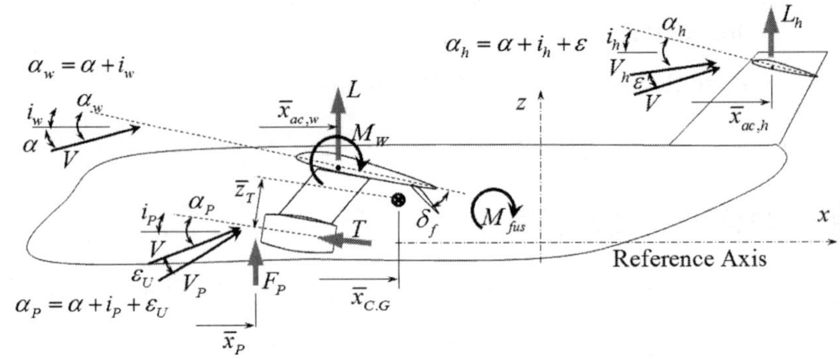

| 그림 9.39 | 비행기에 작용하는 힘과 모멘트

이 식을 계수화하고, 여기서 $\eta_h = \dfrac{q_h}{q}$로 하고, 길이 차원을 $\bar{x} = \dfrac{x}{\bar{c}}$와 같이 평균공력시위(MAC)길이 $\bar{c}$로 무차원화 하면 다음과 같다.

$$\begin{aligned} C_{M,cg} = \; & C_{L,w}(\bar{x}_{cg} - \bar{x}_{ac,w}) + C_{Mw,ac} + C_{mw,\delta_f}\delta_f + C_{m,fus} \\ & - \eta_h \frac{S_h}{S_w} C_{L,h}(\bar{x}_{ac,h} - \bar{x}_{cg}) + \frac{T}{qS_w}\bar{z}_P + \frac{F_P}{qS_w}(\bar{x}_{cg} - \bar{x}_P) \end{aligned} \tag{9.101}$$

정적 트림 상태에서 무게중심에 대한 피칭모멘트는 $C_{M,cg} = 0$이어야 한다.

비행기가 정적으로 안정하기 위해서는 비행기의 받음각이 변할 때 받음각 변화에 반대되는 모멘트가 발생하여야 한다. 즉, 받음각에 대한 피칭모멘트의 미분 값이 음(−)의 값을 가져야 한다. 위식을 받음각 α로 미분하면 다음과 같이 된다. 이때 날개의 공력중심 피칭모멘트 및 추력 T에 의한 모멘트는 받음각 변화로 변하지 않으므로 0이 된다.

$$\begin{aligned} C_{M_\alpha} = \; & C_{L_\alpha}(\bar{x}_{cg} - \bar{x}_{ac,w}) + C_{m_{\alpha,fus}} - \eta_h \frac{S_h}{S_w} C_{L_{\alpha h}} \frac{\partial \alpha_h}{\partial \alpha}(\bar{x}_{ac,h} - \bar{x}_{cg}) \\ & + \frac{F_{P_\alpha}}{qS_w}\frac{\partial \alpha_P}{\partial \alpha}(\bar{x}_{cg} - \bar{x}_P) \end{aligned} \tag{9.102}$$

피칭모멘트 미계수 $C_{M_\alpha} = dC_M/d\alpha$는 무게중심 위치 $\bar{x}_{cg}$에 따라 달라진다. 일반적으로 피칭모멘트 미계수 $C_{M_\alpha} = 0$인 무게중심 위치가 존재하는데, 이러한 비행기의 공력중심을 비행기의 중립 점(Natural Point, x_{np})이라고 한다. 세로 안정성 조건($C_{M_\alpha} < 0$)에 의하여 중립 점은 무게중심보다 뒤에 있어야 한다. $C_{M_\alpha} = 0$인 조건으로부터 중립 점을 구하면 다

음과 같다.

$$\bar{x}_{np} = \frac{(C_{L_\alpha})_w \bar{x}_{ac,w} - C_{m_{\alpha,fus}} + \eta_h \frac{S_h}{S_w} C_{L_{\alpha h}} \frac{\partial \alpha_h}{\partial \alpha} \bar{x}_{ac,h} + \frac{F_{P_\alpha}}{qS_w} \frac{\partial \alpha_P}{\partial \alpha} \bar{x}_P}{(C_{L_\alpha})_w + \eta_h \frac{S_h}{S_w} C_{L_{\alpha h}} \frac{\partial \alpha_h}{\partial \alpha} + \frac{F_{P_\alpha}}{qS_w} \frac{\partial \alpha_P}{\partial \alpha}} \tag{9.103}$$

$$C_{M_\alpha} = -C_{L_\alpha}(\bar{x}_{np} - \bar{x}_{cg}) \tag{9.104}$$

무게중심으로부터 중립 점까지의 거리를 MAC로 나눈 백분율을 정적여유(Static Margin, SM)라 하며 다음과 같다.

$$SM = (\bar{x}_{np} - \bar{x}_{cg}) \times 100\% \tag{9.105}$$

일반적으로 수송기인 경우 $SM = 5 \sim 10\%$ 정도이고, 전투기인 경우는 $SM < 5\%$이다.

무동력(power off) 비행인 경우 중립 점에 관한 식에서 F_P항은 무시될 수 있고, 이때 중립 점은 아음속 영역에서 비행속도(동압 q)에 독립이다.

카나드 또는 꼬리날개의 올려흐름 및 내리흐름에 대한 받음각 미계수는 다음과 같다.

$$\text{Up-wash} \quad : \frac{\partial \alpha_u}{\partial \alpha} = 1 + \frac{\partial \epsilon_u}{\partial \alpha} \tag{9.106}$$

$$\text{Down-wash} \quad : \frac{\partial \alpha_h}{\partial \alpha} = 1 - \frac{\partial \epsilon_h}{\partial \alpha} \tag{9.107}$$

여기서 $\frac{\partial \epsilon_h}{\partial \alpha}$ 및 $\frac{\partial \epsilon_u}{\partial \alpha}$는 각각 식 (9.13)과 식 (9.15)를 이용하여 구할 수 있다.

1. 동체 및 나셀의 피칭모멘트

동체 및 나셀의 피칭모멘트는 날개 앞쪽에서는 올려 흐름 및 뒤쪽에서는 내리흐름의 영향으로 기수 올림 모멘트가 발생한다. 따라서 받음 각에 의하여 영향을 받으며 이의 피칭 모멘트 미계수는 다음의 경험식(NACA TR 711)으로 구한다.

$$C_{m_{\alpha.fus}} = \frac{K_f W_f^2 L_f}{\bar{c} S_w} \; (\;/\,\text{deg.}) \tag{9.108}$$

여기서 W_f는 동체 또는 나셀의 최대 폭, L_f는 길이이고 K_f는 다음과 같이 구한다.

$$K_f = 0.0006 - 0.01713\,\tilde{x}_{c_r/4} + 0.06655\,\tilde{x}^2_{c_r/4} + 0.1251\,\tilde{x}^3_{c_r/4}$$

위 식에서 $\tilde{x}_{c_r/4} = x_{c_r/4}/L_f$ 으로, 동체 맨 앞부분으로부터 날개 뿌리(wing root) 시위의 25% 점까지의 거리와 동체 길이의 비이다.

2. 추력 효과

피칭모멘트에 미치는 추력의 영향은 3가지가 있다. 우선 추력에 의한 직접적인 모멘트는 추력과 무게중심과 추력 선까지 거리를 곱함으로 쉽게 구할 수 있다. 프로펠러 또는 흡입구에서 유동방향 변화에 기인한 수직력 F_P에 의한 모멘트는 유동의 운동량 변화에 기인한다. 이 수직력은 프로펠러 또는 흡입구로 들어가는 질량유량과 수직방향 속도를 곱한 것과 같다. 따라서 유동방향의 변화(α_P)가 작다면, 수직력은 다음 식으로 쓸 수 있다.

$$F_P = \dot{m} V \tan\alpha_P \approx \dot{m} V \alpha_P$$

여기서 흡입 공기량을 알 수 없을 경우에는 근사적으로 $\dot{m} \approx \rho V A_{inlet}$ 을 사용한다. 따라서

$$F_{P_\alpha} = \dot{m} V \tag{9.109}$$

모멘트 방정식에서 나타나는 $\partial\alpha_P/\partial\alpha$의 값은 흡입구가 날개 전방에 있을 때에는 올려흐름 미계수 식 (9.106)을 사용하고 날개 뒤에 있을 경우에는 내리흐름 미계수 식 (9.108)을 사용한다. 흡입구가 날개 아래에 있을 경우에는 날개에 의해 받음각에 따라 유동방향이 변하지 않는다고 볼 수 있으므로 $\partial\alpha_P/\partial\alpha = 0$ 이라고 할 수 있다.

프로펠러 비행기인 경우에는 프로펠러 앞에서 유동방향은 프로펠러축과 일치하지 않기 때문에 확실히 알 수가 없다. 다음 식은 프로펠러의 수직력을 구하는 경험식이다.

$$F_{P_\alpha} = q N_B A_P \frac{\partial C_{N,balde}}{\partial\alpha} f(T) \tag{9.110}$$

여기서 N_B는 프로펠러 깃 수, A_P는 프로펠러 회전면의 면적이고, 0 추력일 때 미분 항은 진행률 $J = \dfrac{V}{nD}$ 의 함수로 터보프롭과 같이 넓은 깃일 경우 다음과 같고,

$$\frac{\partial C_{N,balde}}{\partial \alpha} = 0.847\,J - 2.126\,J^2 + 1.916\,J^3$$

일반적인 좁은 프로펠러 깃일 경우에는 다음과 같다.

$$\frac{\partial C_{N,balde}}{\partial \alpha} = 0.503\,J - 1.001\,J^2 + 0.7165\,J^3$$

추력의 영향 $f(T)$는 다음과 같이 추력계수 $c_T = T/(\rho V^2 D^2)$ 의 항으로 구할 수 있다.

$$f(T) = 1.0 + 0.738\,c_T - 0.205\,c_T^2 + 0.03\,c_T^3$$

프로펠러 후류는 꼬리날개의 내리흐름에 영향을 주어 꼬리 날개 효율을 감소시킨다. 다음 식으로부터 이러한 프로펠러 후류의 영향이 꼬리날개의 내리흐름 미계수에 추가되는 미계수를 계산 할 수 있다.

$$\frac{\partial \epsilon_P}{\partial \alpha} = K_1 + K_2 N_B \frac{\partial C_{N,balde}}{\partial \alpha}\left(\frac{\partial \alpha_P}{\partial \alpha}\right) \tag{9.111}$$

여기서 상수항은 다음과 같이 추력계수 c_T 의 항으로 다음의 경험식과 같다.

$$K_1 = 0.551\,c_T - 0.249\,c_T^2 + 0.0506\,c_T^3$$
$$K_2 = 0.252 - 0.0049\,c_T - 0.02159\,c_T^2 + 0.0035\,c_T^3$$

프로펠러 후류에 의하여 꼬리날개에서 유동의 동압은 다음과 같이 증가한다.

$$\eta_h = \frac{q_h}{q} = \eta_{h,\,T=0}\left(1 + \frac{T}{qA_P}\right) \tag{9.112}$$

여기서 0 추력에 대한 동압 비는 일반적으로 $\eta_{h,\,T=0} \approx 0.9$ 정도이다. 꼬리 날개가 부분적으로 프로펠러 후류에 들어갈 때에는 위 식은 비례적으로 감소한다. 이 식은 주 날개가 프로펠러 후류에 영향을 받을 때에도 사용할 수 있고, 특히 플랩 작동에 기인한 피칭모멘트 영향을 고려할 때 유효하다.

꼬리날개의 동압이 증가하면 일반적으로 기수내림 모멘트를 발생하는 꼬리날개의 양력이 증가하여 동력의 변화에 따라 기수올림 트림작동이 필요하다. 따라서 통상적으로 단발 프로펠러 비행기는 추력 선을 몇도 정도 하향으로 설계하여 이러한 동력변화에 의한 모멘트를 상쇄 시키기도 한다.

9.4.4 트림(trim) 해석

비행기의 무게중심 피칭모멘트 $C_{M,cg}=0$인 상태를 트림(trim)조건이라고 한다. 주어진 비행 조건에 대하여 모멘트 방정식에 필요한 변수들을 구할 수 있고, 그들의 합이 0인지를 판단해 보아야 한다. 만일 $C_{M,cg}=0$이 아니라면 승강키(elevator)를 작동하여 꼬리날개의 양력을 변화시킴으로 트림 상태가 되도록 해야 한다.

그렇지만 꼬리날개의 양력이 변하면 비행기 무게와 같아야 하는 전체 양력도 변한다. 따라서 꼬리날개 양력이 변하면 비행기 전체 받음각도 변해야 한다. 이러한 과정은 복잡한 반복계산을 수행함으로 트림 상태를 구할 수 있다. 통상적으로 트림 해석은 도식적(graphical) 방법을 많이 사용한다. 이 방법은 임의의 비행기 받음각과 승강키 변위 각(δ_e)에 대하여 무게중심에 대한 전체 피칭모멘트 계수($C_{M,cg}$)를 식 (9.101)을 사용하여 구한다. 이때 꼬리날개 양력계수 및 전 양력계수는 다음 식으로부터 구할 수 있다.

$$C_{Lh}= C_{L_{\alpha,h}}\left[(\alpha+i_w)\left(1-\frac{\partial\epsilon}{\partial\alpha}\right)+(i_h-i_w)-\Delta\alpha_{L=0,h}\right] \tag{9.113}$$

$$C_{L,total}= C_{L_\alpha}[\alpha+i_w]+\eta_h\frac{S_h}{S_w}C_{Lh} \tag{9.114}$$

여기서 플랩처럼 작동하는 승강키의 각 변위로 인한 영 양력 받음각 변화 $\Delta\alpha_{L=0}$는 식 (9.39)로부터 $\Delta\alpha_{L=0}=\Delta C_l/C_{l_\alpha}$ 이다.

이들 관계로부터 몇 개의 일정한 승강키 변위 각에 대하여 받음각을 변화시키면서 $C_{M,cg}$ 및 $C_{L,total}$을 구하여 그림 9.40과 같이 그래프를 그린다.

그림에서 정해진 비행기 무게와 비행 상태에 따라 요구되는 양력계수에 대한 트림을 위한 승강키 변위 각 δ_e은 $C_{M,cg}=0$이 되는 점을 보간법으로 구한다.

트림 항력을 포함한 트림 승강키 변위 각 및 받음각에서 전체 유도항력계수는 식 (9.75)를 사용하면 다음과 같이 구할 수 있다.

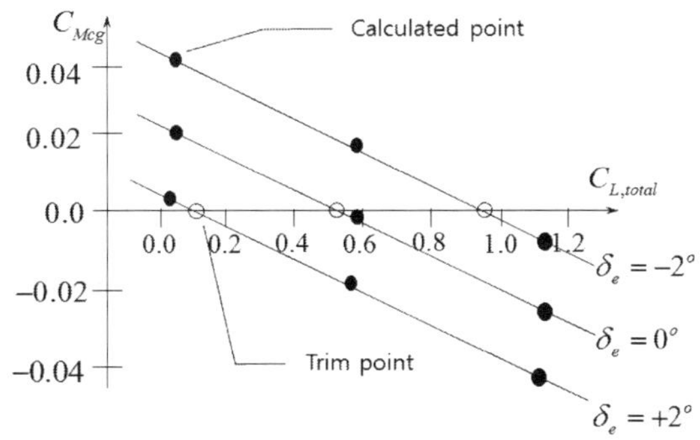

| 그림 9.40 | 승강키 각도와 트림점

$$C_{D,induced} = K[C_{L_\alpha}(\alpha + i_w)]^2 + \eta_h \frac{S_h}{S_w} K_h [C_{L,h}]^2$$

초기 개념설계 단계에서 추력선이 무게중심으로부터 아주 멀지 않다면 트림 해석 시에 추력의 영향은 제외한다.

이착륙 시에 지면효과는 피칭모멘트 및 양력계수에 크게 영향을 미친다. 비행기가 지면으로부터 날개 길이의 20% 보다 작게 떨어져 있을 때 주 날개 및 꼬리날개의 양력선 기울기는 약 10% 정도 증가하며, 내리흐름도 거의 절반 정도로 감소하기 때문에 이때에는 승강키 변위 각을 증가시켜야 한다. 따라서 이, 착륙 시에 전 플랩의 작동, 무게중심의 최대 이동 위치 및 최대 동력 또는 무동력 상태에서도 충분한 트림 상태를 유지하기 위하여 충분한 승강키 효율을 가져야 한다.

9.5 전산 공력해석 기법

항공기 개발 초기 단계에서 설계 사이클이 반복됨에 따라, 수시로 변하는 항공기 형상에 대한 공력특성을 풍동시험과 전산 해석을 통하여 최적화시키는 것이 필요하다. 그러나 풍동시험은 측정 가능한 정보량에 한계가 있으며 실제 비행 상태와 동일한 조건으로 실험하는 것은 매우 어려운 일이므로 이에 대한 보완책으로 컴퓨터를 이용한 전산 공력해석 기법이 개발, 발전되고 있다. 이러한 전산 공력해석 기법으로는 유동의 지배 방정식을 선형화하여 항공기 주위 유동을 해석하는 포텐셜 유동 해석 기법과 좀더 정확한 공력해석을 필요로 할 경우에 적용되는 비선형 유동 해석 기법이 사용되고 있다.

9.5.1 전산 유체역학(Computational Fluid Dynamics, CFD)

항공기 설계에 있어서 1970년대 초반까지는 직접적인 풍동시험을 거치는 것이 설계에 반영되는 공기 역학적 자료를 구하는 유일한 방법이었다. 1970년대 중반 이후로는 유체 운동의 지배 방정식들을 컴퓨터를 이용하여 수치적으로 해석하는 전산 유체역학(CFD)의 이용이 여러 가지 프로그램의 개발과 더불어 본격화 되었다. 초기 CFD의 응용은 제한된 범위 내에서 부수적인 자료를 구하는 정도였으나 알고리즘의 개선과 컴퓨터 환경의 발전으로 기존의 풍동시험의 역할을 상당 부분 대신하거나 보충할 수 있게 되었다. 풍동시험과 CFD의 장단점은 표 9.5와 같으며 상호 보완적임을 알 수 있다.

| 표 9.5 | 풍동시험과 CFD의 특징 비교

풍동시험	CFD
장점 • 복잡한 형상에 대한 실험 가능 • 유동 분리와 같은 복잡한 현상의 제한 없이 정확한 예측 • 설계와 CFD code 검증을 위한 data base 제공	장점 • 실제 비행 조건에서의 계산 가능 • 유동장의 세밀한 분석 가능 • 다양한 기초 형상에 대하여 비용 및 시간 면에서 효율적인 해석 가능
단점 • 실제 비행 조건에 대한 실험 한계 • 세밀한 유동장 분석 필요시 비용과 소요시간 급증 • 풍동 벽면 및 모델 지지대에 의한 간섭 효과 • 문제 발생시 문제의 근원은 정확히 파악하기 어려움 • 실험 계획과 모델 제작 등의 난점	단점 • 문제의 특성에 맞는 code의 가용성 여부 • 계산된 해의 정확도 • code검증을 위한 data base 필요 • 복잡한 형상이나 유동 현상을 어느 정도 단순화함이 없이 해석하기 어려움

전산 유체역학의 기법들을 항공기 공력해석에 적용함에 있어서 궁극적으로는 일반적인 유체의 운동 형태를 제약 조건이나 단순화 과정 없이 전체의 Navier-Stokes 방정식을 푸는 것이 목적이지만 현재까지는 이를 수행하기 위해 들여야 하는 노력과 비용을 감당하기 어려운 실정이다. 그렇지만 이러한 문제는 수치 해석 기법과 컴퓨터 성능의 개선으로 차차 극복되어가고 있다.

개념 설계 단계에서 많이 이용되는 전산 유동 해석 방법 중 하나인 패널 법(panel method)은 저속, 비점성 유동의 지배 방정식인 라플라스(Laplace)방정식을 적분 형태의 방정식으로 변형하여 물체 표면에 특이점(Source, Sink, Doublet)을 분포시켜 유동 장을 해석하는 기법이다. 패널 법은 점성과 압축성 효과를 고려하지 않는 포텐셜 유동(Potential Flow)을 해석하기 때문에 비교적 적은 컴퓨터 기억 용량으로 복잡한 형태의 물체에 대한 유동 해를 빠른 시간에 얻을 수 있는 장점이 있다. 현재 항공기 설계에 많이 사용되고 있는 패널 법은 비압축성 유동뿐만 아니라 압축성 효과의 보정, 초음속 유동에의 적용 그리고 경계층 방정식과의 연계를 통한 점성 유동에까지 적용되도록 확장 발전 되고 있다. 항공기의 개념설계 단계에서는 빠른 해석 및 설계가 요구되기 때문에 앞에서 다룬 경험식들에 의한 예측 기법과 더불어 선형 방정식에 의한 전산 공력해석 기법을 병용하여 양력, 항력 등의 공력특성 등을 해석하는 것이 일반적이다.

9.5.2 선형 전산 공력해석 기법

1. 패널 법(Panel Method)

패널 법은 다른 전산 해석 방법에 비해 비교적 적은 컴퓨터 기억용량으로 복잡한 형상 주위의 유동에 대한 만족할 만한 정확도의 해를 빠른 시간 안에 얻을 수 있으며 또한 복잡한 계산 격자를 형성할 필요가 없는 장점이 있다. 즉 패널 법은 타 방법에 비해 계산 비용과 계산 시간이 적어 경제적이며 그 신뢰성 또한 우수하다. 최근 30년간 3차원 패널 법을 이용한 많은 프로그램들이 개발되었으며 이 프로그램들은 각각 다른 유형의 표면 패널, 특이점의 종류와 차수 그리고 경계조건 등을 가지고 있다.

(1) Hess와 Smith의 패널 법

공학적으로 처음 응용된 일정 강도의 Source와 Doublet의 분포를 이용하는 패널 법이다. Doublet의 강도가 날개의 시위 방향으로 각 양력 패널에서 일정하고, Kutta조건을 뒷전의 압력과 근처의 패널의 중심점 위의 압력을 같게 함으로써 만족시킨다. 물체의 외부 유동장의 속도와 경계층 해석을 할 수 있는 특징이 있다. 최초의 무양력 날개와 동체만을 해석할 수 있었던 것에서 양력의 해석으로 확장되었다(Hess I(1972), Hess II(1981)).

(2) Woodward

초음속 영역의 유동을 해석하는데 주로 쓰이며 패널 형상은 평면이며 Source는 일정하게, Doublet은 선형적으로 분포시킨다. 해석 모듈과 함께 설계 최적화 모듈이 포함되어 있는 것이 특징이며 최초의 Woodward I으로부터 USSAERO(Woodward II, 1973), W12SC3(1983)으로 확장되어 왔다.

(3) VSAERO/QUADFAN(Low Order Method)

VSAERO(Vortex Separation Aerodynamics Program)/QUADFAN(Quadrilateral Panel Aerodynamic Program)은 임의의 3차원 물체를 구현하기 위해 사각형의 패널을 사용하는 표면 특이점 패널 법(Surface Singularity Panel Method)이다. Source와 Doublet이 각 패널 위에 부분 연속적으로 일정하게 분포한다. 이 중 VSAERO는 후류의 형상, 제트 후류, 유선의 계산, 점성/비점성 상호작용, 물체 외부 유동 장에서 속도와 유선을 계산할 수 있는 특징이 있다. 그림 9.35는 VSAERO를 사용하여 계산한 F-18 전투기의 표면 마하수 분포와 후류의 형상이다. 그리고 그림 9.42 및 그림 9.43은 각각 VSAERO를 이용한 패널과 후류 모양 및 계산 결과를 보여준다.

| 그림 9.41 | F-18 전투기의 후류 형상과 마하 수 분포(VSAERO)

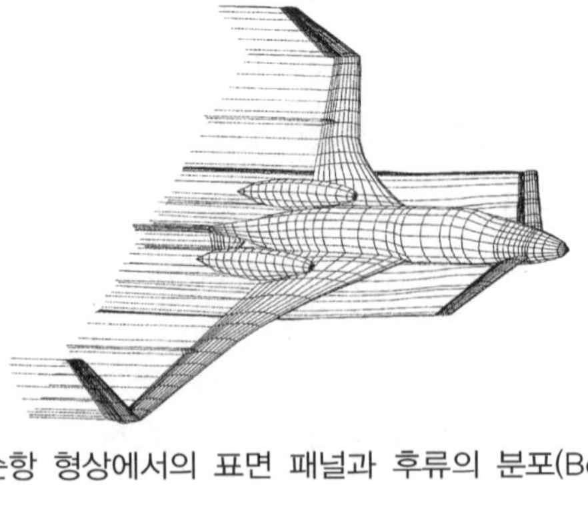

| 그림 9.42 | 순항 형상에서의 표면 패널과 후류의 분포(Beech Starship)

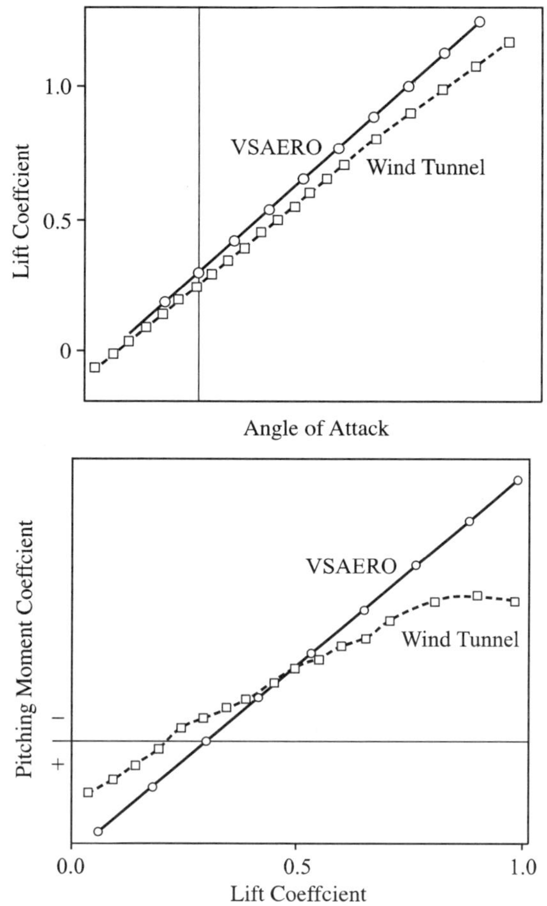

| 그림 9.43 | VSAERO와 풍동시험 결과와의 비교

(4) MCAERO/PAN AIR(Higher Order Method)

MCAERO은 8개의 삼각형으로 나누어지는 사각형 패널을 사용하며, 각 패널 위에 강도가 2차 분포를 가지는 Doublet과 일정한 Source 분포를 사용한다. 보잉사에서 개발되어 항공기 설계에 널리 사용되고 있는 PAN AIR는 임의의 물체 주위의 선형화된 초음속, 아음속 유동을 해석할 수 있는 프로그램이다. PAN AIR는 사용자가 경계 조건을 입력하여 사용할 수도 있고, 표준적인 경우도 다룰 수 있도록 여러 개의 기본적인 경계조건을 가지고 있으며, 물체 외부 유동 장에서 속도 계산, 날개 앞전에서의 추력계산, 제한적인 설계능력 등의 특징을 가지고 있다.

(5) PMARC(1988)

NASA Ames 연구소에서 개발한 패널 코드이다. 낮은 차수(Lower order) 패널 법을 사용하고 있으며 정상 유동 및 비정상 유동 모두의 해석이 가능한 것이 가장 큰 특징이다. 패널 형상은 평면을 사용하며 일정 세기의 Source와 Doublet 분포를 사용한다. VSTOL 항공기의 고양력장치와 제트 배기에 대하여 모사하는데 사용된 사례가 있다. 아음속 영역의 해석을 위주로 하며 또한 후류의 위치 등을 알 수 있다. 여러 가지 일반적인 형상에 대한 해석을 수행하는데 매우 효과적이다.

(6) AAD의 패널 법

대부분의 비정상 공력 문제의 경우 양력면(날개)이 공력 발생의 가장 기본이 되므로 공력해석시 가장 중요한 사항은 양력면에 작용하는 압력 분포를 계산하는 것이다. 비평면 양력면 방법은 첨단 항공기 설계(Advanced Aircraft Design, AAD) 프로그램에서 채용한 방법으로 1940년 Küssner가 양력면에 작용하는 압력분포를 계산하기 위해 적분 방정식을 정립한 이후 비평면 양력면 방법은 진동이나 돌풍(Gust)에 의해서 발생하는 힘을 계산하기 위한 비행기의 공탄성 해석에 주로 쓰여 왔다. 비평면 양력면 방법은 선형 압축성 양력면 이론(Linear Compressible Lifting surface theory)에 기초하고 있으며 여러 가지 방법 중 가장 많이 이용되는 방법으로 Vortex나 Doublet Lattice 등을 이용하는 이산 요소 법(Discrete Element Method)을 들 수 있다. 이러한 이산 요소 법의 가장 대표적인 것은 Doublet Lattice 방법으로, 이 방법은 원래 정상 유동과 비정상 유동 모두에 적용할 수 있는 Vortex Lattice 방법을 발전시킨 것이다.

비평면 양력면 패널 법은 ① 아음속 유동과 초음속 유동 모두에 대해서 적용할 수 있고, ② 양력면이 기하학적으로 대칭인 경우 대칭성을 이용하여 비정상 커널 함수를 계산함으로써 계산시간을 단축할 수 있으며, ③ 비평면 요소, 즉 캠버 또는 비틀림 등을 올려 흐름에서 간단히 조절할 수 있다. 그리고 ④ T-Tail과 같이 상호 작용하는 2개의 양력면에 발생하는 공력에 대한 해석이 가능하며 비정상 유동에 대한 해석이 가능한 특징을 가지고 있다.

2. 와류 격자 법(Vortex Lattice Method)

와류 격자 법은 비틀림과 캠버를 가진 날개를 경계 조건으로 가지는 여러 개의 선형 패널로 나누고 각 패널인 요소 날개를 말굽 와(Horseshoe Vortex)로 대치한다. 그리고 Biot-Savart법칙을 이용하여 각 제어 점에서 말굽 와에 의해서 유도되는 속도를 구한 다음 경계 조건을 만족시키는 말굽 와의 강도를 구하는 방법이다.

이러한 와류 격자 법을 이용한 대표적인 코드로는 John Lamar[14]의 VLMpc (Ver2.0)가 있다. 이 코드는 ① 항공기의 형상을 2차원 평면으로 간주하여 최대 200개의 말굽 와를 분포시켜 해석하고, ② 복잡한 격자의 생성 과정 없이 신속한 해석이 가능하며, 그리고 ③ 아음속 영역에서 약 10% 이내의 오차로 실험값과 잘 맞는 결과를 얻을 수 있다는 특징을 가지고 있다.

그림 9.45 및 9.46은 한국형 고등 훈련기의 형상에 대하여 항공기 전체 형상을 두 개의 평면으로 간주하여 시위 방향으로 22개, 스팬 방향으로 9개로 총 198개의 말굽 와를 가지고 해석을 수행한 결과로 그림 9.38은 VLMpc 해석을 위하여 기체를 와류 격자로 모

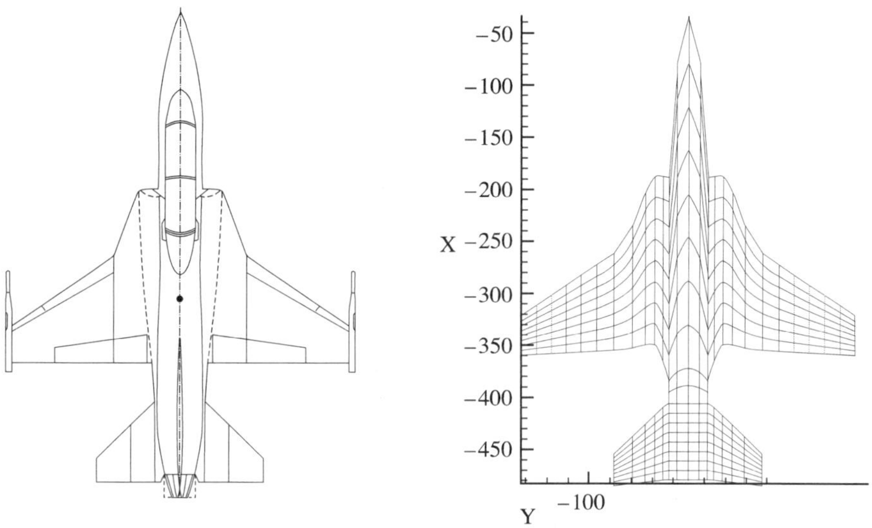

| 그림 9.45 | VLM을 이용한 공력해석 모델링

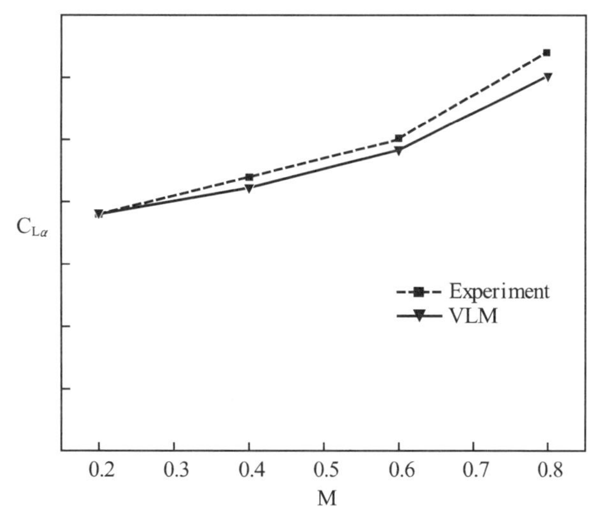

| 그림 9.46 | VLM 해석 결과와 풍동시험결과의 비교(양력곡선기울기)

델링 한 것이며 그림 9.39는 $M = 0.2 \sim 0.8$에서 해석 결과인 양력곡선 기울기를 풍동시험 결과와 비교한 것이다. 전체적으로 풍동 시험 값에 상당히 근접하는 결과를 보여주고 있음을 알 수 있으며 그 결과는 약 3%의 오차를 보이는 것으로 나타났다.

9.5.3 전산 유체역학 기법(Computational Fluid Dynamics, CFD)

1. Potential flow solver

선형 유동 장만을 다루었던 기존의 패널 법으로부터 비선형 항의 효과를 고려하기 시작한 것은 포텐셜(Potential) 방정식을 풀기 시작하면서이다. 비점성, 비회전 유동장의 가정을 통하여 속도 포텐셜의 개념을 도입함으로써 한 개의 포텐셜 방정식을 풀면 되기 때문에 해를 구하는 시간이 오일러(Euler) 방정식을 푸는 경우에 비해 매우 짧다는 장점을 가지고 있다.

이러한 포텐셜 방정식은 천음속 유동 영역에서 속도의 교란이 작다는 가정을 추가하여 더 간략한 TSD(Transonic Small Disturbance) 방정식으로 나타낼 수 있는데 이러한 TSD 방정식을 푸는 경우 천음속 영역에서 정확도와 우수한 계산 효율로 비정상 유동의 계산이 중요시 되는 공탄성 해석에 많이 사용되었다.

비점성, 비회전, 충격파의 강도가 큰 곳에서는 잘 맞지 않는다는 포텐셜 유동 해의 기본적인 한계에도 불구하고 3차원의 전 기체 주위 유동 해석에 있어서는 비용과 시간이라는 관점에서 아직도 많이 이용되고 있다. 포텐셜 유동 해 코드로서 대표적인 것들은 NASA Langley의 CAP-TSD, 보잉사의 TRANAIR 등이 있다.

2. Euler solver

Navier-Stokes 방정식에서 비 점성이라는 가정만을 사용한 오일러 방정식을 해석하는 Euler solver의 경우 초음속 전투기의 고 받음각 비행시에 생성되는 와면(vortex sheet)이 주익 및 조종면에 미치는 영향을 해석하기 위하여 고려되었다. Euler solver의 경우 상당한 시간이 격자 형성에 소요되나, 일단 주요 격자계가 생성된 이후에는 다른 요소의 추가나 제거 등의 변경에는 많은 시간을 요구하지 않으며 풍동시험 결과와도 비교적 잘 일치하는 결과를 보이고 있다. Euler solver는 3차원 비행체의 공기 역학적 설계에 많이 적용되고 있다.

3. Parabolized/Reynolds-Averaged Navier-Stokes solver(PNS/RANS solver)

Navier-Stokes 방정식을 거의 그대로 사용하면서도 실제 항공기의 설계에 적용되는 기법으로 정상유동에 있어 특정 방향으로의 속도성분이 다른 방향에 비해 지배적이고 유동의 분리가 생기지 않는 경우에 주 속도의 방향으로 진행해가면서 해를 구하는 기법인 PNS와 평균화 과정을 통하여 난류 스케일에서의 진동을 없애고 그 대신의 난류의 효과는 다른 여러 가지의 모델링을 통하여 고려해주는 RANS 기법이 있다. 위의 방법들은 정확성은 보장하지만 계산에 소요되는 시간이 매우 길기 때문에 현재로써는 3차원 형상에 대한 설계 보다는 주어진 형상에 대한 공기역학적 해석에 주로 사용되고 있다.

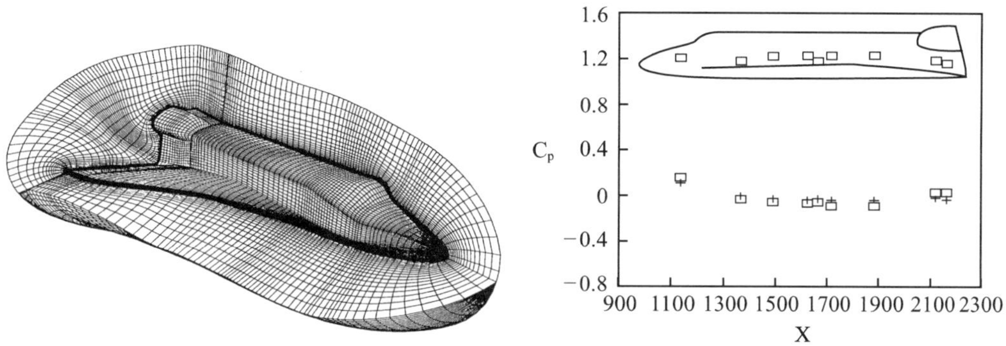

(a) 계산 격자계 (b) 계산 결과(+)와 비행 시험(□)과의 비교

| 그림 9.47 | 전산 유체역학을 이용한 Space Shuttle의 해석 결과 ($M = 2.5$, $\alpha = 3\,\text{deg.}$, $Re = 3.6 \times 10^6/ft$)

그림 9.47은 RANS 방법을 이용하여 Space shuttle 주위 유동을 해석하기 위한 계산 격자 계와 해석 결과와 비행 시험 결과를 비교한 것이다.

9.6 공력해석 예

9.6.1 초음속 훈련기

표 9.6, 9.7 및 9.8과 같은 항공기의 형상자료를 이용하여 앞에서 다루었던 내용들을 이

용하여 초음속 훈련기의 공력에 관련된 사항을 해석한다. 이들 해석은 대부분 마하수와 같은 한 가지 변수의 변화에 따라 동일한 공식을 이용하여 반복 계산이 필요하므로 마이크로소프트사의 엑셀과 같은 스프레드시트 프로그램을 이용하여 계산하는 것이 편리하다.

| 표 9.6 | 날개 형상 자료

구성요소	$S(\mathrm{ft}^2)$	S_{wet} (ft^2)	$\overline{C}(\mathrm{ft})$	A	Λ_{LE} (deg)	$\Lambda_{c/4}$ (deg)	$\Lambda_{c/2}$ (deg)	Λ_m (deg)	λ	b (ft)
주날개	235	221.1	9.22	3.5	35	27.7	19.3	24.15	0.241	28.67
스트레이크	8.825	98.3	14.9					15		
수평꼬리날개	45.2	90.8	4.95	2.48	44.56	36.4	26.21	26.57		
수직꼬리날개		73.5	6.92					22.52		

| 표 9.7 | 날개 단면 형상자료

구성요소	t/c	f/c	Δy	$(x/c)_{t,\max}$	C_{Ld}
주날개	0.05	0.0065	1.065	0.4	0.2
스트레이크	0.048	–	–	0.3	–
수평 꼬리날개	0.039	–		0.5	
수직 꼬리날개	0.04	–		0.5	

기타 수평꼬리날개 자료: $l_t = 14.55\,\mathrm{ft}$, $h_t = 0.304\,\mathrm{ft}$

| 표 9.8 | 동체 형상자료

구성요소	$S_{wet}(\mathrm{ft}^2)$	$l(\mathrm{ft})$	f(날씬비)
동체	366.5	42.0	8.45
나셀	173.0	21.32	14.7
캐노피	83.1	21.48	8.8

1. 양력 해석

(1) 양력곡선 기울기($C_{L\alpha}$)

초음속 항공기의 경우 그 속도영역에 따라 적용하는 방법이 다르므로 적용되는 범위에 따라 구간을 나누어 해석한다.

• 아음속 구간(M 0.2 ~ M 0.9)

아음속 영역에서 전체 항공기 양력곡선 기울기는 식 (9.2)로부터 다음과 같이 정의된다.

$$C_{L\alpha} = (C_{L\alpha})_{W-B} + \Delta(C_{L\alpha})_T + \Delta(C_{L\alpha})_C$$

① 동체-날개 조합 양력곡선 기울기, $(C_{L\alpha})_{W-B}$는 스트레이크가 있는 항공기이므로 식 (9.16)을 사용하여 구한다.

$$(C_{L\alpha})_{W-B} = (C_{L\alpha})_W K_B \frac{S_{ref} + S_{strake}}{S_{ref}}$$

여기서 날개 만의 양력곡선 기울기 $(C_{L\alpha})_W$는 식 (9.7)을 이용한다.

$$(C_{L\alpha})_W = \frac{\pi A_{effective}}{1 + \sqrt{1 + [1 - (M\cos\Lambda_{c/2})^2]\left(\frac{A}{2\cos\Lambda_{c/2}}\right)^2}}$$

동체의 양력영향인자 K_B는 식 (9.4)로부터

$$K_B = (1 + d/b)(1 - d/b)^f = (1 + 0.173)(1 - 0.173)^{0.7617} = 1.015$$

여기서 $d = l/f|_B = 42/8.45 = 4.97$

$$f = (16 + 3A^2)/(8 + 5A^2) = (16 + 3 \cdot 3.5^2)/(8 + 5 \cdot 3.5^2) = 0.761$$

마하수에 따라 식 (9.7) 및 식 (9.16)을 계산하면 표 9.9와 같이 된다.

| 표 9.9 | 설계 항공기(초음속 훈련기)의 동체-날개 조합 양력곡선 기울기

M	$(C_{L\alpha})_W$		K_B	$(C_{L\alpha})_{W-B}$	
	(1/deg.)	(1/rad)		(1/deg.)	(1/rad)
0.2	0.062	3.57	1.015	0.066	3.76
0.4	0.064	3.68	〃	0.068	3.88
0.6	0.068	3.89	〃	0.072	4.10
0.8	0.075	4.27	〃	0.079	4.50
0.9	0.080	4.58	〃	0.084	4.83

② 수평 꼬리날개의 효과로 인한 양력곡선 기울기 증가분 $\Delta(C_{L\alpha})_T$은 식 (9.12) 및 (9.13)에 의하여 구한다.

$$\Delta(C_{L\alpha})_T = (C'_{L\alpha})_T\left(1-\frac{\partial\epsilon}{\partial\alpha}\right)\frac{q_t}{q_\infty}\frac{S_T}{S_{ref}} \quad \text{및}$$

$$\frac{\partial\epsilon}{\partial\alpha} = \frac{21(C_{L\alpha})_W}{A^{0.725}}\left(\frac{\overline{C}}{l_h}\right)_0\left(\frac{10-3\lambda}{7}\right)\left(1-\frac{h_t}{b}\right)$$

개념 설계 단계에서는 $q_t/q_\infty = 0.9$로 간주하여 마하수에 따라 수평꼬리날개의 효과로 인한 양력곡선 기울기 증가분 $\Delta(C_{L\alpha})_T$를 구하면 표 9.10과 같이 된다.

| 표 9.10 | 설계 항공기(초음속 훈련기)의 꼬리날개의 양력곡선 기울기 증가분

M	$(C_{L\alpha}')_T$		$\frac{\partial\epsilon}{\partial\alpha}$	$1-\frac{\partial\epsilon}{\partial\alpha}$	$\Delta(C_{L\alpha})_T$	
	(1/deg.)	(1/rad)			(1/deg.)	(1/rad)
0.2	0.051	2.90	0.439	0.561	0.0049	0.282
0.4	0.052	2.96	0.452	0.547	0.0049	0.281
0.6	0.054	3.07	0.477	0.522	0.0048	0.278
0.8	0.057	3.26	0.525	0.475	0.0047	0.269
0.9	0.059	3.40	0.563	0.437	0.0045	0.257

③ 전체 항공기의 양력곡선 기울기

아음속 영역에서 전체 항공기 양력곡선 기울기는 식 (9.2)로부터 다음 표 9.11과 같이 된다.

| 표 9.11 | 마하수에 따른 양력곡선 기울기(아음속 영역)

M	$(C_{L_\alpha})_{W-B}$	$\Delta(C_{L_\alpha})_T$	(C_{L_α})
0.2	0.066	0.0049	0.071
0.4	0.068	0.0049	0.073
0.6	0.072	0.0048	0.077
0.8	0.079	0.0047	0.084
0.9	0.084	0.0045	0.089

• 초음속 구간(M 1.2 ~ M 1.8)

초음속 영역에서 전체 항공기의 양력곡선 기울기는 스트레이크가 있을 경우 식 (9.16)에 의하여 구한다.

$$(C_{L\alpha})_{\text{total}} \approx (C_{L\alpha})_{W-B} = (C_{L\alpha})_W \frac{S + S_{strake}}{S_{ref}} K_B$$

여기서 $(C_{L\alpha_W} \approx C_{N\alpha})$로 간주하며 K_B는 식 (9.6)으로부터 구한다.

$C_{N\alpha}$는 그림 9.2 (a) 및 그림 9.2 (b)로부터 구할 수 있다. 우선 $(C_{N\alpha})_{theory}$를 구하기 위하여 마하수에 따라 그림을 이용하기 위한 계산된 자료들과 테이퍼 비 $\lambda = 0.241 \approx 1/4$인 경우 그림 9.2 (a), (c)에서 읽은 값들은 표 9.12와 같다.

| 표 9.12 | DATCOM Method를 통한 $C_{N\alpha}$의 계산

M	β	$\tan\Lambda_{LE}$	$\frac{\tan\Lambda_{LE}}{\beta}$	$\frac{\beta}{\tan\Lambda_{LE}}$	$A\tan\Lambda_{LE}$	$\tan\Lambda_{LE}(C_{N\alpha})_{theory}$	$\beta(C_{N\alpha})_{theory}$
1.2	0.663	0.7	–	0.947	2.45	3.50(1/rad)	–
1.4	0.978	〃	0.716	–	–	–	3.82(1/rad)
1.6	1.249	〃	0.560	–	–	–	3.91(1/rad)
1.8	1.50	〃	0.467	–	–	–	3.94(1/rad)

다음의 식 (9.11)에 필요한 자료 $(C_{N\alpha})/(C_{N\alpha})_{theory}$의 값을 그림 9.2 (b)에서 읽어 최종적으로 계산된 양력곡선 기울기 $C_{N\alpha}$의 값들은 표 9.13과 같다.

$$(C_{N\alpha}) = (C_{N\alpha})_{theory} \cdot ((C_{N\alpha})/(C_{N\alpha})_{theory})$$

| 표 9.13 | DATCOM Method를 통한 $C_{N\alpha}$의 계산(계속)

M	$(C_{N\alpha})_{theory}$		Δy	$\frac{(C_{N\alpha})}{(C_{N\alpha})_{theory}}$	$(C_{N\alpha})$		K_B	$(C_{L\alpha})$
	(1/rad)	(1/deg.)			(1/rad)	(1/deg.)		
1.2	5.0	0.087	1.065	0.850	4.25	0.074	1.427	0.1095
1.4	3.91	0.068	〃	0.875	3.42	0.060	〃	0.088
1.6	3.13	0.055	〃	0.925	2.90	0.051	〃	0.075
1.8	2.63	0.046	〃	0.980	2.58	0.045	〃	0.066

이와 같이 구해진 전체 항공기의 마하수 변화에 대한 양력곡선 기울기의 계산 결과는 그림 9.47과 같다.

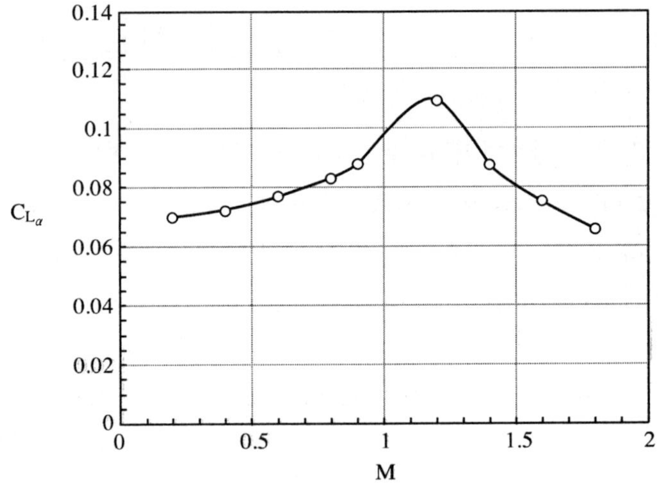

| 그림 9.47 | 설계 항공기(초음속 훈련기)의 양력곡선 기울기의 변화

(2) 최대양력계수

① 최대양력계수의 계산을 위한 기준 가로세로비를 식 (9.18)에 의하여 구한다.

$$A_{Low} = \frac{3}{(C_1+1)\cos \Lambda_{LE}} = \frac{3}{(0.5+1)\cos 35} = 2.44$$

이 경우, $A_{LOW} < A$이므로 'High Aspect ratio Method'을 적용한다. High Aspect ratio Method에서 최대양력계수와 그때의 받음각은 식 (9.19)로부터 구한다.

$$C_{L_{\max}} = \left(\frac{C_{L_{\max}}}{C_{l_{\max}}}\right) C_{l_{\max}} + \Delta C_{L_{\max}},\ \ \alpha_{\max} = \left(\frac{C_{L_{\max}}}{C_{l_\alpha}}\right) + \alpha_{L=0} + \Delta\alpha_{L_{\max}}$$

② 여기서 에어포일과 항공기의 최대양력계수비 $C_{L_{\max}}/C_{l_{\max}}$를 구하기 위하여 식 (9.20) $(C_{L_{\max}}/C_{l_{\max}}) = A - B\Delta y'$을 사용한다.

$$A = 0.895 + 0.0028 \times 35 + 6.57 \times 10^{-5} \times (35)^2 = 1.255$$
$$B = 0.0011 + 0.0053 \times 35 + 0.00011 \times (35)^2 = 0.3214$$

그리고 $\Delta y < 1.4$이므로 $\Delta y' = 0$이 되고 따라서,

$$(C_{L_{\max}}/C_{l_{\max}}) = 1.255$$

③ $C_{l_{\max}} = 1.0$으로 가정하고 마하수에 따라 $\Delta C_{L_{\max}}$의 값을 그림 9.9에서 읽어 $C_{L_{\max}}$을

계산한 결과는 표 9.14와 같다.

| 표 9.14 | 최대양력계수

M	$\Delta C_{L_{max}}$	$C_{l_{max}}$	$C_{L_{max}}$
0.2	0	1.0	1.255
0.4	−0.058	1.0	1.197
0.6	−0.054	1.0	1.201

④ 실속 받음각 α_{max}는 식 (9.19)로부터 다음과 같이 구한다. 영 양력받음각 $\alpha_{L=0}$은 에어포일의 설계 양력계수 C_{ld}와 앞에서 구한 양력곡선 기울기 관계에서 구하고, 또한 날개의 후퇴각에 대한 보정값 $\Delta\alpha_{max}$는 그림 9.10으로부터 구할 수 있다. 실속 받음각 α_{max}를 구한 결과는 표 9.15와 같다.

| 표 9.15 | 실속 받음각 계산 결과

M	$C_{L_{max}}/C_{L\alpha}$	$\alpha_{L=0}$	$\Delta\alpha_{max}$	α_{max}
0.2	17.14	−2.83	6.2	21.14
0.4	16.625	−2.75	〃	19.93
0.6	15.60	−2.61	〃	19.30

⑤ 에어포일 자료로부터 양력계수가 선형인 받음각 범위 α^*을 구하고, 영 양력받음각 $\alpha_{L=0}$을 이용하여 양력곡선을 그리면 그림 9.48과 같다.

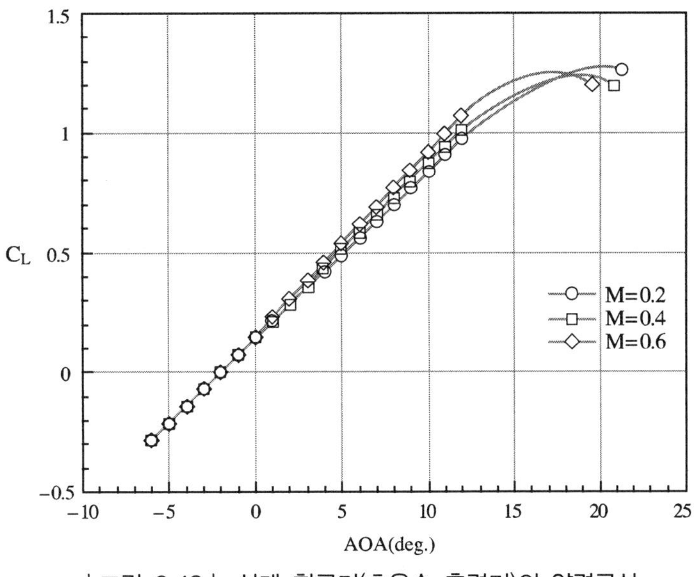

| 그림 9.48 | 설계 항공기(초음속 훈련기)의 양력곡선

2. 유해항력(Parasite Drag)의 계산

비행 조건으로 고도 $h = 35000$ ft에서 마하수의 변화에 따라 유해항력을 계산한다.

(1) 마찰항력, 형상항력, 간섭항력의 계산

① 형상 자료에 따른 형상인자, 간섭인자를 식 (9.53 ~ 58)의 경험식을 이용하여 구하면 표 9.16과 같이 된다.

| 표 9.16 | 마하수에 따른 각 구성요소의 형상인자 및 간섭인자

구성요소		동체	나셀	캐노피	스트레이크	날개	수평꼬리 날개	수직꼬리 날개
FF	0.4	1.13	1.02	1.12	1.23	1.19	1.15	1.16
	0.6	1.13	1.02	1.12	1.33	1.28	1.24	1.25
	0.8	1.13	1.02	1.12	1.40	1.35	1.31	1.32
Q		1.0	1.0	1.0	1.25	1.0	1.08	1.03

② 마찰항력계수를 구하기 위하여 다음과 같이 비행 고도에서 식 (9.49)에 의하여 레이놀즈 수를 구한다.

$$\mathrm{Re} = 10^6 \exp\left[\ln(7.1) - (h/1000)^{\frac{1.1}{4.6}}\right] = 683860.62$$

$$\overline{L} = \sum(l_c \cdot S_{wetc})/\Sigma S_{wetc}, \quad \mathrm{Re}_L = \mathrm{Re} \cdot \overline{L} \cdot M$$

③ 마찰 항력을 식 (9.48)에 의하여 구하고 형상항력, 간섭항력의 합은 식 (9.47)의 첫 번째 항으로 다음과 같이 계산된다. 적용항공기의 기준 면적은 $S_{ref} = 235\ \mathrm{ft}^2$ 이므로 각 구성요소에 대하여 구하면 표 9.17과 같이 된다.

$$C_{Dfric+\mathrm{form}+int} = \sum(C_f \cdot FF_c \cdot Q_c \cdot S_{wet_c})/S_{ref}$$

여기서, $C_f = \dfrac{0.455}{(\log_{10}\mathrm{Re_L})^{2.58}(1+0.144\mathrm{M}^2)^{0.65}}$

(2) 기저항력(base drag)

적용항공기의 기저 단면적은 $A_{base} = 0.095\ \mathrm{ft}^2$ 으로 하면 식 (9.59) 및 식 (9.60)에 의하여

| 표 9.17 | 마찰항력계수 및 형상항력, 간섭항력계수의 합

	M	동체	나셀	캐노피	스트레이크	날개	수평꼬리날개	수직꼬리날개	$\sum$	Re_L	C_f	C_{Df}
$FF_c \cdot Q_c \cdot S_{wet_c}$	0.4	414	177	194	152	263	113	88	1401	6.26	3.19	1.90
	0.6	414	177	194	163	283	121	95	1447	9.39	2.93	1.81
	0.8	414	177	194	172	298	128	100	1483	12.52	2.73	1.73

$$C_{Dbase} = (0.1 + 0.1222M^8)\frac{A_{base}}{S_{ref}} = 0.00004 \ \text{ for } \ M \leq 1$$

$$C_{Dbase} = 0.2222\frac{A_{base}}{S_{ref}} = 0.00009 \ \text{ for } \ 1.0 < M \leq 1.8$$

(3) 조파항력

항공기의 속도가 $M > M_{CR}$일 때부터 고려되어야 한다. 식 (9.69)에서

$$M_{C_{D0\max}} = \frac{1}{\cos^{0.2}\Lambda_{LE}} = \frac{1}{\cos^{0.2}35°} = 1.04$$

$M > M_{C_{D0_{\max}}}$ 일 때는 식 (9.68)

$$C_{Dwave} = \frac{4.5\pi}{S_{ref}}\left(\frac{A_{\max}}{l}\right)^2 E_{WD}(0.74 + 0.37\cos\Lambda_{LE}\left[1 - 0.3\sqrt{M - M_{C_{D0\max}}}\,\right]$$

에서 최대단면적은 $A_{\max} = 23.35\,\mathrm{ft}^2$로 하고 $E_{WD} = 2.0$로 하여 마하수에 따른 조파항력을 구해보면 다음과 같다.

M	1.04	1.1	1.2	1.3	1.4
C_{Dwave}	0.0388	0.0360	0.0342	0.0329	0.0318

(4) 천음속 영역 항력발산

① 항력발산 마하수 M_{DD}는 식 (9.70)에 의하여 구할 수 있다. 그 전에 필요 자료를 우선 구한다.

$$\Lambda_{c/4} = 27.7° \text{이므로 } (t/c)_n = \frac{t/c}{\cos\Lambda_{c/4}} = 0.565$$

설계 양력계수로 비행하고 있다고 가정하면 $C_L = 0.2$일 때

$$M^* = 1. - 0.25\,C_L \cdot \cos^{-2}\Lambda_{c/4} = 0.936$$

이므로 식 (9.70)에서

$$(t/c)_n = \frac{0.3}{M_{DD}}\left(\frac{1}{M_{DD}\cos\Lambda_{c/4}} - M_{DD}\cos\Lambda_{c/4}\right)^{1/3}\left[1-\left(\frac{5+(M_{DD}\cos\Lambda_{c/4})^2}{5+(M^*)^2}\right)^{3.5}\right]^{2/3}$$

을 방정식의 근을 구하는 방법을 이용해서 풀면 항력발산 마하수는 다음과 같이 된다.

$$M_{DD} = 0.927$$

그리고 임계 마하수와 항력발산 마하수 관계에서 임계 마하수는 다음과 같이 된다.

$$M_{CR} = M_{DD} - 0.04 = 0.887$$

② 천음속 영역 항력은 식 (9.71) 및 식 (9.73)으로부터 구한다. 이때 M_1은 $M_{DD}+0.1$과 0.95 중에서 작은 값이므로 $M_1 = 0.95$로 한다.
$M_{CR} \le M \le M_1$인 마하수 영역에서

$$f/c = 0.00665,\ \Lambda_{c/2} = 19.3°$$

이므로 식 (9.72)에서 $P_L = 5.4(t/c+2f/c)^{1/3} \cdot \cos\Lambda_{c/2} = 2.03$, 식 (9.71)에서 $\Delta C_{Drise} = P_L \cdot (M-M_{CR})^2$을 이용 조파항력계수를 구하면 다음과 같다.

M	0.887	0.927	0.936	0.94	0.95
ΔC_{Dwave}	0.0	0.00325	0.00486	0.00569	0.00806

③ $M_1 \le M \le M_{C_{D0\max}}$인 마하수 영역에서 식 (9.74)에서

$$G = \frac{C_{D_{W_{M_{CD0max}}}} - C_{D_{W_{M_1}}}}{M_{C_{D0max}} - M_1} = \frac{0.0388 - 0.00806}{1.04 - 0.95} = 0.342$$

이므로 식 (9.73)에서 $\Delta C_{Drise} = C_{D_{WM_1}} + G(M - M_1)$을 이용 조파항력계수를 구하면 다음과 같이 된다.

M	0.95	1.0	1.04
ΔC_{Dwave}	0.0080	0.0250	0.0388

(5) 기타 항력 계산

항공기가 순항하고 있다고 가정하면 착륙장치나 Speed Brake, 플랩은 고려하지 않아도 되므로 Leakage and Porturbulence 항력만 고려하면 된다. 신개념 전투기의 경우 다음과 같이 전체 유해항력의 합의 7% 정도를 부가 항력을 가정할 수 있다.

$$C_{Dmisc} = 0.07 \times C_{Dfric + fom + int + base + wave}$$

(6) 총 유해항력

위의 (1)에서 (5)의 과정을 전 속도 영역에서 종합하면 다음 표 9.18과 같고 그림 9.49는 구해진 총 유해항력을 마하수에 따라 표시한 그림이다.

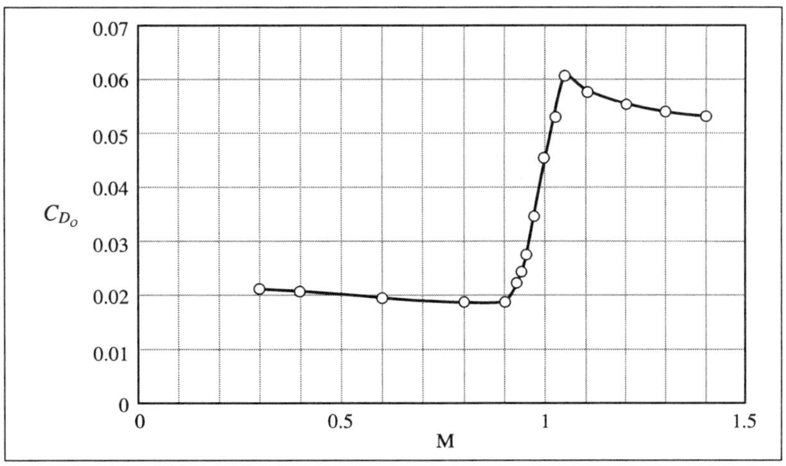

| 그림 9.49 | 설계 항공기(초음속 훈련기)의 유해 항력

| 표 9.18 | 설계 항공기(초음속 훈련기)의 유해항력 계산결과 종합

M	Re_L	C_f	C_{Dform}	C_{Dbase}	C_{Dwave}	ΣC_D	C_{Dmisc}	C_{Dp}
0.3	4696893	0.00337	0.01966	4.04$E-$05		0.0197	0.0014	0.0211
0.4	6262524	0.00319	0.01904	4.05$E-$05		0.0191	0.0013	0.0204
0.6	9393786	0.00294	0.01809	4.13$E-$05		0.0181	0.0013	0.0194
0.8	12525048	0.00274	0.01727	4.87$E-$05		0.0173	0.0012	0.0185
0.887				5.94$E-$05	0	0.0174	0.0012	0.0186
0.927				6.74$E-$05	0.0032	0.0206	0.0014	0.0221
0.95				7.32$E-$05	0.0080	0.0254	0.0018	0.0272
1				8.98$E-$05	0.0250	0.0424	0.0030	0.0454
1.041				8.98$E-$05	0.0388	0.0562	0.0039	0.0601
1.1				8.98$E-$05	0.0360	0.0534	0.0037	0.0571
1.2				8.98$E-$05	0.0341	0.0516	0.0036	0.0552
1.3				8.98$E-$05	0.0329	0.0503	0.0035	0.0538
1.4				8.98$E-$05	0.0318	0.0492	0.0034	0.0527

3. 유도항력 및 양항 극 곡선

(1) 유도항력 계산

항공기의 유도항력은 식 (9.46)으로부터 유도항력계수 인자 K를 이용하여 표현하면 다음과 같다.

$$C_{D_i} = K(C_L - \Delta C_L)^2$$

설계 항공기는 초음속 비행 속도에 대한 사항이 포함되어야 하므로 유도항력 해석은 다음과 같은 식 (9.79)의 '앞전 흡입법'을 사용한다.

$$K = (1 - R)K_0 + RK_{100}$$

여기서 $K_0 = 1/C_{L\alpha}$, $K_{100} = 1/\pi A$로 주어지며 각 속도별, 양력계수에 대한 유도항력계수를 구하기 위한 앞전 흡입계수 R은 설계 양력계수 $C_{Ld} = 0.2$로 하여 그림 9.29로부터 읽으면 다음 표 9.19와 같다.

또한 캠버에 의한 양력 증가량 ΔC_L은 다음 식 (9.85)으로부터 구한다.

$$\Delta C_L = \left(1 - \frac{1}{\pi \cdot A \cdot K}\right) C_{Lopt}$$

| 표 9.19 | 마하수와 양력계수에 대한 흡입계수 R

M	K_0	K_{100}	R				
			C_L=0.2	0.4	0.6	0.8	1.0
0.2	0.247	0.09094	0.91	0.75	0.5	0.32	0.2
0.4	0.241	〃	〃	〃	〃	〃	〃
0.6	0.229	〃	〃	〃	〃	〃	〃
0.8	0.210	〃	〃	〃	〃	〃	〃
0.9	0.197	〃	〃	〃	〃	〃	〃

여기서 일반적인 익형의 경우이므로 식 (9.86)을 적용하여 구한다.

$$C_{Lopt} = 0.8505 \cdot (1 - \exp(-18.728 \cdot (f/c))$$

$C_{ld} = 0.2$일 때 각 마하수에 대한 캠버 양력 증가 ΔC_L은 다음 표와 같이 계산된다.

| 표 9.20 | 각 조건에 대한 유도항력계수 인자 K

M	K					ΔC_L
	$C_L = 0.2$	0.4	0.6	0.8	1.0	
0.2	0.1050	0.1300	0.1691	0.1972	0.2160	0.0133
0.4	0.1044	0.1283	0.1657	0.1927	0.2106	0.0128
0.6	0.1033	0.1254	0.1598	0.1845	0.2011	0.0119
0.8	0.1016	0.1207	0.1504	0.1718	0.1860	0.0105
0.9	0.1005	0.1174	0.1438	0.1629	0.1755	0.0094

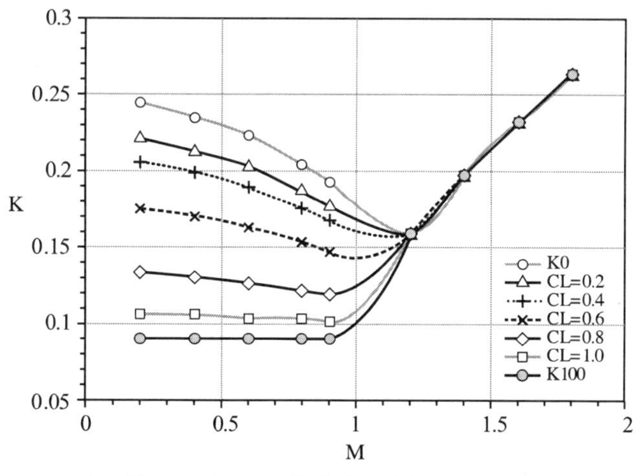

| 그림 9.50 | 유도항력계수 K의 해석 결과

최종적으로 각 마하수와 양력계수에 대하여 유도항력을 계산하면 다음 표 9.21과 같다.

| 표 9.21 | 설계 항공기(초음속 훈련기)의 유도항력

M	C_i				
	$C_L=0.2$	0.4	0.6	0.8	1.0
0.2	0.00366	0.01944	0.0582	0.1221	0.2103
0.4	0.00366	0.01924	0.0571	0.1194	0.2052
0.6	0.00365	0.01888	0.0552	0.1146	0.1963
0.8	0.00365	0.01831	0.0523	0.1071	0.1821
0.9	0.00365	0.01791	0.0502	0.1018	

(2) 양항 곡선

항공기의 전체 항력은 식 (9.46)의 $C_D = C_{DP} + K(C_L - \Delta C_L)^2$과 같이 유도항력과 유해항력의 합으로 나타나게 된다. 앞서 과정에서 구한 각 마하수에서 유해항력과 여기서 구한 유도 항력을 더하여 전체 항력계수를 구한 결과는 표 9.22와 같고, 구해진 항력계수와 양력계수의 관계에서 양항 곡선을 그리면 그림 9.51과 같다.

| 표 9.22 | 설계 항공기(초음속 훈련기)의 전체 항력계수

M	$C_{D_{\min}}$	C_D				
		$C_L=0.2$	0.4	0.6	0.8	1.0
0.2	0.0217	0.0254	0.0412	0.0799	0.1438	0.2320
0.4	0.0204	0.0241	0.0397	0.0776	0.1398	0.2257
0.6	0.0194	0.0231	0.0383	0.0746	0.1340	0.2157
0.8	0.0185	0.0222	0.0368	0.0708	0.1256	0.2007
0.9	0.0197	0.0234	0.0376	0.0699	0.1215	0.1920

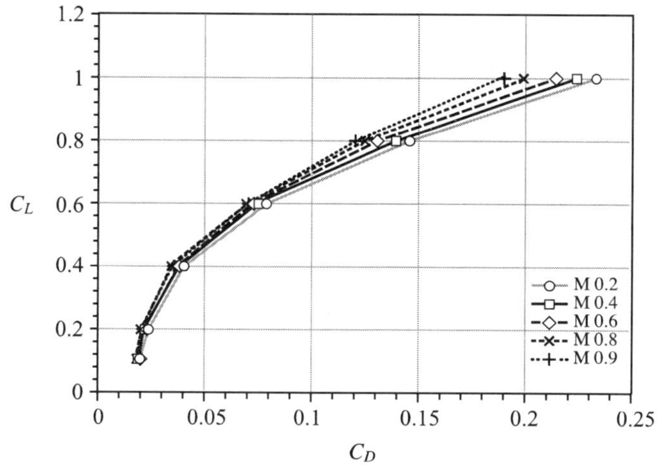

| 그림 9.51 | 설계 항공기(초음속 훈련기)의 양항 곡선

9.6.2 아음속 곡예기

1인승 아음속 곡예기의 형상설계결과 다음과 같은 설계 조건 및 형상이 정해졌다.
순항속도 ; $V_{cruise} = 115knots \approx 195ft/s$, 이륙무게 $W_{T.O} = 1200\ lbs$

| 표 9.23 | 날개 형상자료

구성요소	$S(\text{ft}^2)$	$S_{wet}(\text{ft}^2)$ ($S_{\exp}$)	$\bar{c}$(ft) (c_{root})	A	Λ_{LE} (deg)	$\Lambda_{c/4}$ (deg)	$\Lambda_{c/2}$ (deg)	Λ_m (deg)	λ	b (ft)
주날개	118	197.5 (99)	4.67 (6.3)	6	4.06	0	-4.06	0	0.4	26.6
수평꼬리날개	25.5	51	2.67	4	18.1	12	5.9	12	0.4	10.1
수직꼬리날개	11.6	23	2.97	1.5	16.33	8	-0.33	8	0.4	4.1

| 표 9.24 | 날개 단면 형상자료

구성요소	t/c	f/c	Δy	$(x/c)_{t,\max}$	C_{Ld}
주날개	0.135	0.009	2.54	0.3	0.2
수평 꼬리날개	0.12	0		〃	
수직 꼬리날개	0.12	0		〃	

| 표 9.25 | 동체 형상자료

구성요소	$S_{wet}(\mathrm{ft}^2)$	l(ft)	$f=l/d$	d
동체	164	21.8	6.38	3.42

* 기타 데이터: 기수로부터 날개뿌리 앞전까지 거리 - $x_{L.E,main\ root}=44''$
기수로부터 수평꼬리날개 앞전까지 거리 - $x_{L.E,H.tail\,root}=189''$

여기서 그림 7.1로부터 테이퍼비 $\lambda=0.4$ 인 경우

$$c_r = \frac{2.1}{1.56}\bar{c} \qquad \frac{y_{ac}}{(b/2)} = 0.643$$

수평꼬리날개의 뿌리 앞전으로부터 공력중심까지 거리

$$x_{ac,h} = 0.25c_{r,h} + b/2\,\bar{y}\,\tan\Lambda_{c/4} = 0.25\frac{2.1}{1.56}2.67 + 5.05\cdot 0.643\tan 12° = 1.59\,ft$$

주 날개 공력중심으로부터 꼬리날개 공력중심까지 거리

$$l_h = \frac{189-44}{12} + 1.59 - 0.25c_{r,w} = 12.1\,ft$$

1. 양력해석

(1) 양력선 기울기

아음속기이므로 비행 마하수는 $M=0.2$로 가정하여 전체 항공기의 양력곡선 기울기는 아음속 영역에 해당하는 식 (9.2)를 적용한다.

$$C_{L\alpha} = (C_{L\alpha})_{W-B} + \Delta(C_{L\alpha})_T + \Delta(C_{L\alpha})_C$$

① 동체-날개 조합 양력곡선 기울기 $(C_{L\alpha})_{W-B}$

스트레이크가 없는 항공기인 경우 동체-날개 조합 양력곡선 기울기는 식 (9.3)으로부터 구한다. 여기서 동체의 양력 영향 인자 K_B는 식 (9.4)를 이용하면 다음과 같다.

$$f = (16+3A^2)/(8+5A^2) = (16+3\times 6^2)/(8+5\times 6^2) = 0.660$$

$$d/b = 3.42/26.6 = 0.1285$$
$$K_B = (1+d/b)(1-d/b)^f = (1+0.1285)(1-0.1285)^{0.660} = 1.031$$

아음속일 경우 날개만의 양력곡선 기울기는 식 (9.7)로 구하면,

$$(C_{L\alpha})_W = \frac{\pi \cdot 6}{1+\sqrt{1+[1-(0.2\cdot\cos(-4^o))^2]\left(\dfrac{6}{2\cos(-4^o)}\right)^2}}$$
$$= \frac{\pi \cdot 6}{1+3.112} = 4.584/rad = 0.08/\deg.$$
$$(C_{L\alpha})_{W-B} = (C_{L\alpha})_W K_B = 4.584 \cdot 1.031 = 4.724/rad = 0.0825/\deg.$$

② 꼬리 날개의 효과로 인한 양력계수 증가분 $\Delta(C_{L_\alpha})_T$

수평 꼬리날개의 효과에 의한 양력계수 증가는 식 (9.12)로부터 구하기 위해

식 (9.7)로부터 $$(C_{L\alpha})_T = \frac{\pi \cdot 4}{1+\sqrt{1+[1-(0.2\cdot\cos(5.9^o))^2]\left(\dfrac{4}{2\cos(5.9^o)}\right)^2}}$$
$$= \frac{\pi \cdot 4}{1+2.210} = 3.915/rad = 0.0683/\deg.$$

식 (9.13)으로부터 $$\frac{\partial\epsilon}{\partial\alpha} = \frac{21\cdot 0.08}{6^{0.725}}\left(\frac{4.67}{12.1}\right)\left(\frac{10-3\cdot 0.4}{7}\right)\left(1-\frac{0.7}{26.6}\right) = 0.217$$

$$\Delta(C_{L\alpha})_T = 3.915(1-0.217)(0.9)(25.5/118) = 0.597/rad = 0.0104/\deg$$

③ 전체 항공기의 양력곡선 기울기는 위의 두 값의 합이므로

$$C_{L_\alpha} = (C_{L_\alpha})_w + \Delta(C_{L_\alpha})_T = 4.724 + 0.597 = 5.32/rad = 0.0929/\deg$$

(2) 최대양력계수

최대양력계수의 계산을 위한 기준 가로세로비를 다음과 같이 식 (9.18)에 의하여 구한다.

$$A_{Low} = \frac{3}{(C_1+1)\cos\Lambda_{LE}} = \frac{3}{(0.4+1)\cos(4°)} = 2.15$$

여기서 C_1은 그림 9.8에서 설계 항공기의 테이퍼 비 $\lambda = 0.4$에 대하여 $C_1 \approx 0.4$이다.

이 경우, $A_{Low} < A$이므로 "High Aspect ratio Method" 적용한다. High Aspect ratio Method에서 최대양력계수와 그때의 받음각은 다음과 같이 식 (9.19)로부터 구한다.

$$C_{L_{max}} = \left(\frac{C_{L_{max}}}{C_{l_{max}}}\right) C_{l_{max}} + \Delta C_{L_{max}}, \quad \alpha_{max} = \left(\frac{C_{L_{max}}}{C_{L\alpha}}\right) + \alpha_{L=0} + \Delta\alpha_{L_{max}}$$

여기서 에어포일과 항공기의 최대양력계수비 $C_{L_{max}}/C_{l_{max}}$를 구하기 위하여 식 (9.20)에서 $(C_{L_{max}}/C_{l_{max}}) = A - B\Delta y'$을 사용한다.

$$A = 0.895 + 0.0028 \times 4.06 + 6.57 \times 10^{-5} \times (4.06)^2 = 0.9075$$
$$B = 0.0011 + 0.0053 \times 4.07 + 0.00011 \times (4.07)^2 = 0.0244$$

그리고 $\Delta y = 2.54 > 2.5$이므로 $\Delta y' = 1.1$

$$\therefore \left(\frac{C_{L_{max}}}{C_{l_{max}}}\right) = 0.9075 - 0.0244 \times 1.1 = 0.8806$$

NACA 6자 계열 에어포일에 대하여 레이놀즈수가 약 $Re = 3 \times 10^6$ 정도에서 최대양력계수 $C_{l_{max}} = 1.35$으로 가정하고 그림 9.9에서 마하수 $M = 0.2$에 대한 $\Delta C_{L_{max}} = 0$이므로

$$C_{L_{max}} = \left(\frac{C_{L_{max}}}{C_{l_{max}}}\right) C_{l_{max}} + \Delta C_{L_{max}} = 0.8806 \cdot 1.35 = 1.189$$

④ 실속 받음각 α_{max}는 식 (9.19)로부터 다음과 같이 구한다.

영 양력받음각 $\alpha_{L=0}$은 에어포일의 설계 양력계수 $C_{ld} = 0.2$와 앞에서 구한 양력곡선 기울기 관계로부터

$$\alpha_{L=0} = -C_{ld}/C_{L_\alpha} = -0.2/0.0925 = -2.16°$$

또한 그림 9.10으로부터 날개의 후퇴각에 대한 보정값 $\Delta\alpha_{max} \approx 1.0°$이므로 실속 받음각 α_{max}는 다음과 같고 운용 받음각 범위에 대한 양력계수는 그림과 같다.

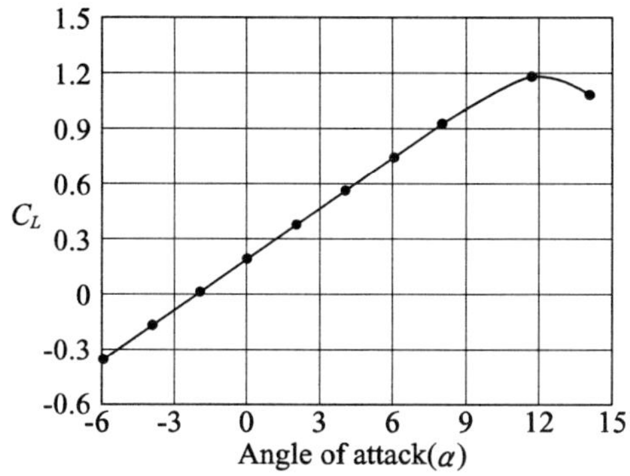

| 그림 9.52 | 양력계수 변화

$$\alpha_{\max} = \left(\frac{C_{L_{\max}}}{C_{L\alpha}}\right) + \alpha_{L=0} + \Delta\alpha_{L_{\max}}$$

$$= 1.189/0.0925 - 2.16 + 1 = 11.7^o$$

곡예 급 비행기이므로 플랩은 사용하지 않는다. 따라서 고양력장치에 의한 최대양력 변화는 없는 것으로 가정한다.

2. 항력 계산

비행 조건으로 해면 고도에서 마하수 $M = 0.2$에 대한 유해항력을 계산한다.

(1) 마찰항력, 형상항력, 간섭항력의 계산

해면고도에서 1ft 당, $M = 1$에 대한 레이놀즈수는 식 (9.50)으로부터 $Re = 7.1 \times 10^6$ 따라서 동체에 대하여 식 (9.49)로부터

$$Re_L = Re \cdot \overline{L} \cdot M = 7.1 \times 10^6 \cdot 21.8 \cdot 0.2 = 31 \times 10^6$$

동체의 마찰계수는 식 (9.48)에 의하여

$$C_f = \frac{0.455}{(\log_{10}\mathrm{Re}_L)^{2.58}(1+0.144M^2)^{0.65}} = \frac{0.455}{(\log_{10}\mathrm{Re}_L)^{2.58}(1+0.144 \cdot 0.2^2)^{0.65}}$$

$$= \frac{0.4533}{(\log_{10}[31 \times 10^6])^{2.58}} = 0.00251$$

주 날개의 마찰계수는

$$Re_L = Re \cdot \overline{L} \cdot M = 7.1\times 10^6 \cdot 4.67 \cdot 0.2 = 6.63\times 10^6$$

$$C_f = \frac{0.4533}{(\log_{10}[6.63\times 10^6])^{2.58}} = 0.0032$$

수평꼬리날개의 마찰계수는

$$Re_L = Re \cdot \overline{L} \cdot M = 7.1\times 10^6 \cdot 2.67 \cdot 0.2 = 3.8\times 10^6$$

$$C_f = \frac{0.4533}{(\log_{10}[3.8\times 10^6])^{2.58}} = 0.00351$$

수직꼬리날개의 마찰계수는

$$Re_L = Re \cdot \overline{L} \cdot M = 7.1\times 10^6 \cdot 2.97 \cdot 0.2 = 4.22\times 10^6$$

$$C_f = \frac{0.4533}{(\log_{10}[4.22\times 10^6])^{2.58}} = 0.00345$$

형상자료에 따른 형상인자, 간섭인자를 식 (9.53 ~ 58)의 식을 이용하여 구하면

동체의 형상인자 ; $FF = 1 + 60/f^3 + f/400 = 1 + 60/6.38^3 + 6.38/400 = 1.247$

간섭인자 ; $Q_C = 1.0$

날개 ; $FF = \left[1 + \frac{0.6}{(x/c)_{t\max}}(t/c) + 100(t/c)^4\right][1.34M^{0.18}(\cos\Lambda_m)^{0.28}]$

$$= \left[1 + \frac{0.6}{0.3}(0.135) + 100(0.135)^4\right][1.34 \cdot 0.2^{0.18}(\cos 0)^{0.28}] = 1.307$$

간섭인자 ; $Q_C = 1.0$ [표 9.2]

수평꼬리날개 ;

$$FF = \left[1 + \frac{0.6}{0.3}(0.12) + 100(0.12)^4\right][1.34 \cdot 0.2^{0.18}(\cos 12^o)^{0.28}] = 1.257$$

간섭인자 ; $Q_C = 1.08$

수직꼬리날개 ;

$$FF = \left[1 + \frac{0.6}{0.3}(0.12) + 100(0.12)^4\right][1.34 \cdot 0.2^{0.18}(\cos 8^o)^{0.28}] = 1.261$$

간섭인자 ; $Q_C = 1.03$

따라서 동체, 날개 및 꼬리날개의 유해항력계수는 식 (9.47)에 의하여

$$C_{D_P} = \sum(C_{f_c} \cdot FF_c \cdot Q_c \cdot S_{wet,c})/S_{ref}$$

$$= [0.00251 \cdot 1.247 \cdot 1.0 \cdot 164 + 0.0032 \cdot 1.307 \cdot 1.0 \cdot 197.5$$

$$+ 0.00351 \cdot 1.257 \cdot 1.08 \cdot 51 + 0.00345 \cdot 1.261 \cdot 1.03 \cdot 23]/118 = 0.0143$$

(2) 착륙 장치 항력

휠 + 타이어 ; 전면 면적 $A_f \approx 1ft^2$, 덮개가 있을 경우 $C_{D_{LG}} = 0.13$
strut ; $A_f \approx 0.6ft^2$, $C_{D_{LG,st}} = 0.05$
요소 간 간섭항력 인자 1.2 사용 하면

$$C_{D,landing\,gear} = 1.2\left(\frac{1 \cdot 0.13 + 0.6 \cdot 0.05}{118}\right) = 0.0016$$

(3) 기저항력

동체 단면적 d^2 의 1/3을 동체의 기저 면적으로 고려하면 식 (9.59)로부터

$$C_{D_{base}} = 0.1 \cdot \frac{3.42^2/3}{118} = 0.0033$$

(4) 누출 및 거칠기

프로펠러 항공기에 대하여 표 9.4로부터 전체 항력의 최대 10% 추가하므로 따라서 전체 유해항력은

$$C_{DP} = 1.1(0.0143 + 0.0016 + 0.0033) = 0.0211$$

(5) 유도항력

식 (9.76)으로부터 Oswald 스팬효율계수를 구하면

$$e = 1.78(1 - 0.045A^{0.68}) - 0.64$$

$$= 1.78(1 - 0.045 \cdot 6^{0.68}) - 0.64 = 0.87$$

따라서

$$C_{Di} = \frac{C_L^2}{e\pi A} = 0.061 C_L^2$$

(6) 설계 양력계수 $C_{L_D} = 0.2$ 이므로 양항 곡선은 그림과 같다.

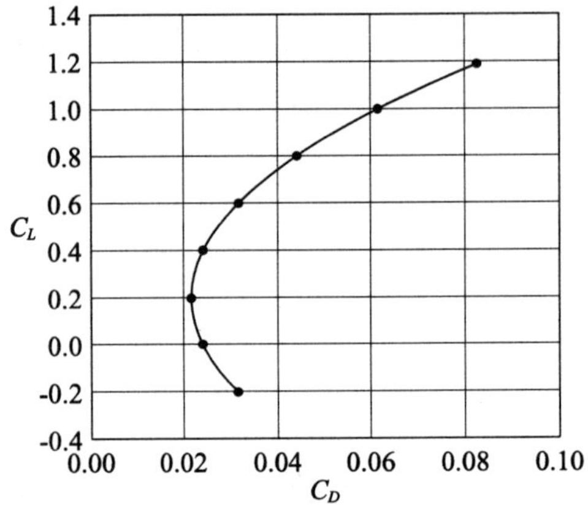

| 그림 9.53 | 양항 극곡선

3. 피칭모멘트 및 트림 계산

(1) 날개의 피칭모멘트

사용된 에어포일을 $NACA$ 63−212로 가정하면 공력중심 피칭모멘트계수는 $C_{m,ac} \approx -0.025$ 이고, 식 (9.95)로부터 날개의 비틀림은 없다고 하면

$$(C_{M,ac})_W = \frac{A\cos^2\Lambda_{c/4}}{A + 2\cos\Lambda_{c/4}} \frac{(C_{m,ac,r} + C_{m,ac,t})}{2} + (\Delta C_{m,ac}/\epsilon_t)\epsilon_t$$

$$= \frac{6}{6+2}(-0.025) = -0.0188$$

(2) 동체의 피칭모멘트

미계수는 식 (9.108)로부터 $\tilde{x}_{c_r/4} = x_{c_r/4}/L_f \approx 0.25$ 라면

$$K_f = 0.0006 - 0.01713 \cdot 0.25 + 0.06655 \cdot 0.25^2 + 0.1251 \cdot 0.25^3 = 0.00243$$

$$C_{m_{\alpha.fus}} = \frac{K_f W_f^2 L_f}{\bar{c} S_w} = \frac{0.00243 \cdot 3.42^2 \cdot 21.8}{4.67 \cdot 118} = 0.00113/\text{deg.} = 0.0645/rad$$

추진 장치에 의한 피칭모멘트는 개념설계 단계이므로 고려하지 않는다. 추후 상세 설계 단계에서는 고려하여야 한다.

(3) 비행기의 중립 점은 식 (9.103)으로부터

위의 양력 계산으로부터

$$(C_{L\alpha})_W = 4.584/rad,\ (C_{L\alpha})_T = 3.915/rad,\ C_{L_\alpha} = 5.301/rad,$$
$$\partial\alpha_h/\partial\alpha = 1 - \partial\epsilon/\partial\alpha = 0.782\ .$$

모멘트 기준 점을 주 날개 뿌리 앞전으로 하면

$$\bar{x}_{ac,w} = (0.25 \cdot c_r)/\bar{c} = 0.25 \cdot 6.3/4.67 = 0.337$$
$$\bar{x}_{ac,h} = l_h/\bar{c} = 12.1/4.67 = 2.591$$
$$(C_{m_\alpha})_h = \eta_h \frac{S_h}{S_w} C_{L_{\alpha h}} \frac{\partial\alpha_h}{\partial\alpha}\, \bar{x}_{ac,h} = 0.9\left(\frac{25.5}{118}\right)3.915 \cdot 0.782\, \bar{x}_{ac,h} = 0.5954\, \bar{x}_{ac,h}$$
$$\bar{x}_{np} = \frac{4.584 \cdot 0.337 - 0.0645 + 0.5954 \cdot 2.591}{4.584 + 0.5954} = 0.584$$

비행기의 무게중심은 정적 여유를 $SM = 5\%$로 하면

$$\bar{x}_{cg} = \bar{x}_{np} - SM = 0.584 - 0.05 = 0.534$$

무게중심 위치는 다음 장의 중량 추정 과정에서 다시 검토해야 한다.

(2) 트림 해석

트림 상태는 식 (9.101)에서 $C_{M,cg} = 0$인 상태이므로, 추진 장치의 영향 고려하지 않으면

$$C_{M,cg} = C_L(\bar{x}_{cg} - \bar{x}_{ac,w}) + C_{M,ac,w} + C_{mw,\delta_f}\delta_f + C_{m,fus} - \eta_h \frac{S_h}{S_w} C_{L,h}(\bar{x}_{ac,h} - \bar{x}_{cg})$$
$$= 4.584(\alpha + i_w + \alpha_{L=0})(0.534 - 0.337) - 0.0188 + 0 + 0.0645\alpha$$

$$-0.9\frac{25.5}{118}C_{L,h}(2.591-0.534)$$

에어포일의 받음각 $\alpha = 0°$에서 양력계수는 $C_{l,d} \approx 0.2$이므로 $i_w + \alpha_{L=0} = 0.2/4.584 = 0.0436\,(rad)$로 가정하면

$$C_{M,cg} = 0.903\alpha + 0.0086 - 0.0188 + 0.0645\alpha - 0.400C_{L,h}$$
$$= 0.9675\alpha - 0.0102 - 0.4C_{L,h}$$

승강키를 plain flap으로 $c_f/c = 0.3$ 으로 하면, 식 (9.39)로부터 수평 꼬리날개 에어포일의 $\Delta C_l = 4.8 \cdot 1.0\delta_f$ 이므로 식 (9.27)과 같이 승강키에 대하여

$$\Delta C_{L,h} = \eta_h(\Delta C_l)\frac{S_{flapped}}{S_{ref}}\cos\Lambda_{H.L} = 0.9(4.8\delta_e)\frac{25.5}{118}(1) = 0.934\delta_e$$

따라서

$$\Delta\alpha_{L=0} = (\Delta C_L / C_{L_\alpha})_h = 0.934/3.915\delta_e = 0.238\,\delta_e$$

개념설계 단계에서 $i_h = 0$ 으로 하면 식 (9.113)으로부터

$$C_{Lh} = 3.915[0.782(\alpha + 0.0436) - 0.0436 - 0.238\,\delta_e]$$

식 (9.114)로부터 전체 양력은

$$C_{L,total} = 4.584\,(\alpha + 0.0436) + 0.9\frac{25.5}{118}C_{Lh}$$

승강키 변위 각 $\delta_e = -2°,\ 0°,\ 2°,\ 4°$ 에 대하여 위 식들의 관계로부터 받음각 변화에 따라 양력계수 및 무게중심 피칭모멘트 계수를 구한 그래프는 아래 그림과 같다.

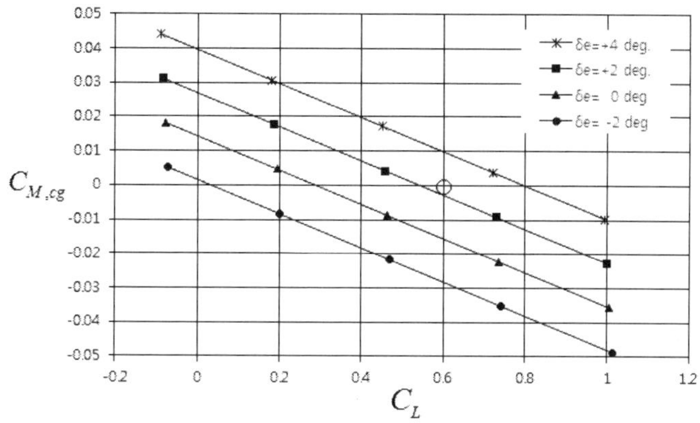

| 그림 9.54 | 트림 해석

대체적으로 $(dC_{M,cg}/d\alpha) < 0$이므로 세로 안정성은 확보되며, 양력계수 $C_L = 0.6$ 으로 비행할 경우 트림을 위한 승강키 변위 각은 $\delta_e \approx 2.5°$ 이다.

9.6.3 중형수송기

표 9.26, 9.27 및 9.28과 같은 항공기의 형상자료를 이용하여 앞에서 다루었던 내용들을 이용하여 중형수송기의 공력에 관련된 사항을 해석한다.

| 표 9.26 | 날개 형상자료

구성요소	S (ft^2)	S_{wet} (ft^2)	$\bar{c}$ (ft)	A	Λ_{LE} (deg)	$\Lambda_{c/4}$ (deg)	$\Lambda_{c/2}$ (deg)	Λ_m (deg)	λ	b (ft)
주날개	1092	1782.25	12.68	8.5	28.17	24.37	20.32	26.75	0.239	96.40
수평꼬리날개	250.1	381.73	9.51	4.5	35.15	32.26	29.17	32.2		
수직꼬리날개		443.08	13.86					35.1		

| 표 9.27 | 날개 단면 형상자료

구성요소	t/c	f/c	Δy	$(x/c)_{t,\max}$	C_{Ld}
주날개	0.136	0.009	2.54	0.3	0.24
수평 꼬리날개	0.11			〃	
수직 꼬리날개	0.11			〃	

* 기타 데이터: $l_t = 47.78\,\text{ft}$, $h_t = 7.78\,\text{ft}$

| 표 9.28 | 동체 형상자료

구성요소	$S_{wet}(\text{ft}^2)$	l(ft)	f(날씬비)
동체	3282.26	103.92	8.59
나셀	463.88	14.83	2.45

1. 양력해석

(1) 양력곡선 기울기

설계하고자 하는 항공기는 아음속 속도 범위만을 비행하므로 전체 항공기의 양력곡선 기울기는 아음속 영역에 해당하는 다음의 식 (9.2)를 적용한다.

$$C_{L\alpha} = (C_{L\alpha})_{W-B} + \Delta(C_{L\alpha})_T + \Delta(C_{L\alpha})_C$$

① 동체-날개 조합 양력곡선 기울기 $(C_{L\alpha})_{W-B}$

스트레이크가 없는 항공기인 경우 동체-날개 조합 양력곡선 기울기는 다음의 식 (9.3)으로부터 구한다.

$$(C_{L\alpha})_{W-B} = (C_{L\alpha})_W K_B$$

여기서, 동체의 양력 영향 인자 K_B는 식 (9.4)를 이용하면 다음과 같다.

$$f = (16+3A^2)/(8+5A^2) = (16+3\times 8.5^2)/(8+5\times 8.5^2) = 0.630$$
$$d = l/f = 103.92/8.59 = 12.098\ \text{ft},$$
$$d/b = 12.098/96.4 = 0.1255$$
$$K_B = (1+d/b)(1-d/b)^f = (1+0.1255)(1-0.1255)^{0.630} = 1.034$$

아음속일 경우 날개 만의 양력곡선 기울기는 다음의 식 (9.7)으로 구하면 표 9.29와 같이 된다.

$$(C_{L\alpha})_W = \frac{\pi A_{effective}}{1+\sqrt{1+[1-(M\cos\Lambda_{c/2})^2]\left(\frac{A}{2\cos\Lambda_{c/2}}\right)}}$$

| 표 9.29 | 설계 항공기의 동체-날개 조합 양력계수

M	$(C_{L\alpha})_W$		K_B	$(C_{L\alpha})_{W-B}$	
	(1/deg.)	(1/rad)		(1/deg.)	(1/rad)
0.2	0.084	4.80	1.034	0.087	4.97
0.4	0.088	5.02	〃	0.091	5.19
0.6	0.096	5.47	〃	0.099	5.66
0.8	0.112	6.42	〃	0.116	6.64

② 꼬리 날개의 효과로 인한 양력계수 증가분 $\Delta(C_{L_\alpha})_T$

꼬리날개의 효과에 의한 양력계수 증가는 다음의 식 (9.12)로부터 구하고, 그 결과는 표 9.30과 같다.

$$\Delta(C_{L\alpha})_T = (C'_{L\alpha})_T\left(1-\frac{\partial\epsilon}{\partial\alpha}\right)\frac{q_t}{q_\infty}\frac{S_T}{S_{ref}}$$

| 표 9.30 | 설계 항공기의 수평꼬리날개에 의한 양력곡선 기울기 증가분

M	$(C'_{L\alpha})_T$		$\frac{\partial\epsilon}{\partial\alpha}$	$1-\frac{\partial\epsilon}{\partial\alpha}$	$\Delta(C_{L\alpha})_T$	
	(1/deg.)	(1/rad)			(1/deg.)	(1/rad)
0.2	0.0662	3.793	0.121	0.879	0.0120	0.688
0.4	0.0683	3.912	0.126	0.874	0.0123	0.705
0.6	0.0723	4.143	0.138	0.862	0.0129	0.737
0.8	0.0797	4.564	0.161	0.839	0.0138	0.789

③ 전체 항공기의 양력곡선 기울기는 위의 두 값의 합이므로 다음의 표 9.31과 같고 이를 그림으로 표현하면 그림 9.55와 같이 된다.

| 표 9.31 | 설계 항공기의 마하수에 따른 양력곡선 기울기

M	$(C_{L\alpha})_{W-B}$	$\Delta(C_{L\alpha})_T$	$(C_{L\alpha})$
0.2	0.0867	0.0120	0.0987
0.4	0.0906	0.0123	0.1029
0.6	0.0988	0.0129	0.1117
0.8	0.1159	0.0138	0.1297

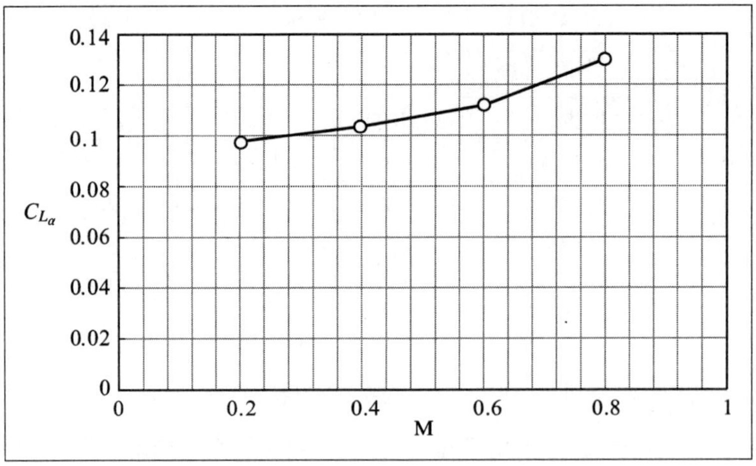

| 그림 9.55 | 설계 항공기(중형수송기)의 양력곡선 기울기

(2) 최대양력계수

① 최대양력계수의 계산을 위한 기준 가로세로비를 다음과 같이 식 (9.18)에 의하여 구한다.

$$A_{Low} = \frac{3}{(C_1+1)\cos\Lambda_{LE}} = \frac{3}{(0.5+1)\cos 28.17} = 2.269$$

여기서 C_1은 그림 9.7에서 설계 항공기의 테이퍼 비 $\lambda = 0.239$에 대하여 $C_1 = 0.5$이다.

이 경우, $A_{Low} < A$이므로 "High Aspect ratio Method" 적용한다. High Aspect ratio Method에서 최대양력계수와 그때의 받음각은 다음과 같이 식 (9.19)로부터 구한다.

$$C_{L_{\max}} = \left(\frac{C_{L_{\max}}}{C_{l_{\max}}}\right) C_{l_{\max}} + \Delta C_{L_{\max}}, \quad \alpha_{\max} = \left(\frac{C_{L_{\max}}}{C_{L\alpha}}\right) + \alpha_{L=0} + \Delta\alpha_{L_{\max}}$$

② 여기서 에어포일과 항공기의 최대양력계수비 $C_{L_{\max}}/C_{l_{\max}}$를 구하기 위하여 식 (9.20)에서 $(C_{L_{\max}}/C_{l_{\max}}) = A - B\Delta y'$을 사용한다.

$$A = 0.895 + 0.0028 \times 28.17 + 6.57 \times 10^{-5} \times (28.17)^2 = 1.026$$
$$B = 0.0011 + 0.0053 \times 28.17 + 0.00011 \times (28.17)^2 = 0.2377$$

그리고 $\Delta y = 2.54 > 2.5$이므로 $\Delta y' = 1.1$

$$\therefore \left(\frac{C_{L_{max}}}{C_{l_{max}}}\right) = 1.026 - 0.2377 \times 1.1 = 0.7646$$

③ 아음속 중형수송기이므로 $C_{l_{max}} = 1.6$으로 가정하고 마하수에 따라 $\Delta C_{L_{max}}$의 값을 그림 9.8에서 읽어 $C_{L_{max}}$을 계산한 결과는 표 9.32와 같다.

| 표 9.32 | 최대 양력계수

M	$\Delta C_{L_{max}}$	$C_{l_{max}}$	$C_{L_{max}}$
0.2	0	1.6	1.223
0.4	− 0.13	1.6	1.093
0.6	− 0.21	1.6	1.013
0.8	− 0.23	1.6	0.993

④ 실속 받음각 α_{max}는 식 (9.19)로부터 다음과 같이 구한다. 영 양력받음각 $\alpha_{L=0}$은 에어포일의 설계 양력계수 $C_{ld} = 2.54$와 앞에서 구한 양력곡선 기울기 관계에서 구하고, 또한 날개의 후퇴각에 대한 보정값 $\Delta\alpha_{max}$는 그림 9.9로부터 구할 수 있다. 실속 받음각 α_{max}를 구한 결과는 표 9.33과 같다.

| 표 9.33 | 실속 받음각 계산결과

M	$C_{L_{max}}/C_{L\alpha}$	$\alpha_{L=0}$	$\Delta\alpha_{max}$	α_{max}
0.2	12.40	− 2.43	3.5	13.46
0.4	10.62	− 2.33	3.5	11.79
0.6	9.07	− 2.15	3.5	10.42
0.8	7.66	− 1.85	3.5	9.31

⑤ 에어포일 자료로부터 양력계수가 선형인 받음각 범위 α^*을 구하고, 영양력 받음각 $\alpha_{L=0}$을 이용하여 양력곡선을 그리면 그림 9.56과 같다.

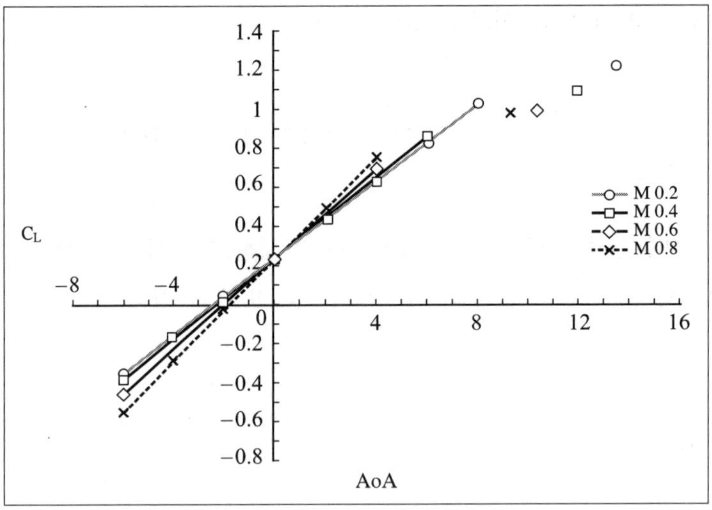

| 그림 9.56 | 아음속 중형수송기의 양력곡선

2. 유해항력(Parasite Drag)

비행 조건으로 고도 $h = 35000$ ft에서 마하수의 변화에 따라 유해항력을 계산한다.

(1) 마찰항력, 형상항력, 간섭항력의 계산

① 형상자료에 따른 형상인자, 간섭인자를 식 (9.53 ~ 58)의 식을 이용하여 구하면 표 9.34와 같이 된다.

표 9.34 설계 항공기의 형상인자 및 간섭인자

구성요소		동체	나셀	날개	수평꼬리날개	수직꼬리날개
FF	0.2	1.1256	1.1429	1.2692	1.1817	1.1706
	0.4	1.1256	1.1429	1.4379	1.3388	1.3262
	0.6	1.1256	1.1429	1.5468	1.4401	1.4266
	0.8	1.1256	1.1429	1.6290	1.5167	1.5024
Q		1.0	1.3	1.0	1.08	1.03

② 마찰항력계수

마찰항력계수를 구하기 위하여 다음과 같이 비행 고도에서 식 (9.49)에 의하여 레이놀즈 수를 구한다.

$$Re = 10^6 \exp\left[\ln(7.1) - (h/1000)^{\frac{1.1}{4.6}}\right] = 683860.62$$

$$\overline{L} = \sum (l_c \cdot S_{wetc}) / \Sigma S_{wetc},\ \ \mathrm{Re}_L = \mathrm{Re} \cdot \overline{L} \cdot M$$

③ 마찰항력을 식 (9.48)에 의하여 구하고 형상항력, 간섭항력의 합은 식 (9.47)의 첫 번째 항으로 다음과 같이 계산된다. 적용항공기의 기준 면적은 $S_{ref} = 1092\,\mathrm{ft}^2$ 이므로 각 구성요소에 대하여 구하면 표 9.35와 같이 된다.

$$C_{D fric + \mathrm{form} + int} = \sum (C_f \cdot FF_c \cdot Q_c \cdot S_{wet_c}) / S_{ref}$$

여기서, $C_f = \dfrac{0.455}{(\log_{10}\mathrm{Re}_L)^{2.28}(1 + 0.144M^2)^{0.65}}$

| 표 9.35 | 마찰항력계수 및 형상항력, 간섭항력계수의 합

	M	동체	나셀	날개	수평꼬리날개	수직꼬리날개	$\sum$	Re_L $\times 10^{-6}$	C_f $\times 10^3$	C_{Df+}
$FF_c \cdot Q_c \cdot S_{wet}$	0.2	3694	689.1	2262	487.2	534.2	7666.8	8.19	3.09	0.0217
	0.4	3694	689.1	2561	551.9	605.2	8103.1	16.4	2.74	0.0203
	0.6	3694	689.1	2757	593.7	651.1	8384.8	24.6	2.53	0.0194
	0.8	3694	689.1	2903	625.3	685.7	8597.5	32.8	2.36	0.0186

(2) 기저항력

적용항공기의 기저 단면적을 $A_{base} = 12.88\,\mathrm{ft}^2$ 으로 하면 식 (9.59)에 의하여

$$C_{Dbase} = (0.1 + 0.1222M^8)\frac{A_{base}}{S_{ref}} = 0.001204 \ \text{ for } M = 0.6 \le 1$$

(3) 천음속 영역 항력발산

① 항력발산마하 수 M_{DD}는 식 (9.70)에 의하여 구할 수 있다. 그 전에 필요 자료를 우선 구한다.

$$\Lambda_{c/4} = 24.37° \text{ 이므로 } (t/c)_n = \frac{t/c}{\cos\Lambda_{c/4}} = 0.149$$

설계 양력계수로 비행하고 있다고 가정하면 $C_L = 0.24$

$$M^* = 1. - 0.25\,C_L \cdot \cos^{-2}\Lambda_{c/4} = 0.928$$

이므로 식 (9.70)에서

$$(t/c)_n = \frac{0.3}{M_{DD}}\left(\frac{1}{M_{DD}\cos\Lambda_{c/4}} - M_{DD}\cos\ \Lambda_{c/4}\right)^{1/3}\left[1 - \left(\frac{5 + (M_{DD}\cos\Lambda_{c/4})^2}{5 + (M^*)^2}\right)^{3.5}\right]^{2/3}$$

을 방정식의 근을 구하는 방법을 이용해서 풀면 항력발산 마하수는 다음과 같이 된다.

$$M_{DD} = 0.723$$

그리고 임계 마하수와 항력발산 마하수 관계에서 임계 마하수는 다음과 같이 된다.

$$M_{CR} = M_{DD} - 0.04 = 0.682$$

② 천음속 영역항력은 식 (9.71) 및 식 (9.73)으로부터 구한다. 이때 M_1은 $M_{DD} + 0.1$과 0.95 중에서 작은 값이므로 $M_1 = 0.823$으로 한다.
$M_{CR} \le M \le M_1$인 마하수 영역에서 $f/c = 0.009$, $\Lambda_{c/2} = 20.32°$이므로 식 (9.72)에서

$$P_L = 5.4(t/c + 2f/c)^{1/3} \cdot \cos\Lambda_{c/2} = 2.714$$

식 (9.71) $\Delta C_{Drise} = P_L \cdot (M - M_{CR})^2$을 이용 조파항력계수를 구하면 다음과 같이 된다.

M	0.682	0.723	0.8	0.823
ΔC_{Dwave}	0.0	0.00434	0.03724	0.05331

(4) 기타 항력 계산

항공기가 순항하고 있다고 가정하면 착륙장치나 Speed Brake, 플랩은 고려하지 않아도

되므로 Leakage and Porturbulence 항력만 고려하면 된다.

제트 수송기 및 폭격기의 경우 전체 유해항력 합의 5% 정도를 부가항력의 백분율로 가정할 수 있다.

$$M = 0.6 \text{에서 : } C_{Dmisc} = 0.05 \times C_{Dfric + form + int + base + wave} = 0.001030$$

(5) 총 유해항력

위의 (1)에서 (4)의 과정을 전 속도 영역에서 종합하면 다음 표 9.36과 같고, 그림 9.57은 구해진 총 유해항력을 마하수에 따라 표시한 그림이다.

| 표 9.36 | 설계 항공기(중형수송기)의 유해항력의 계산 결과

M	Re_L	C_f	C_{Dform+}	C_{Dbase}	C_{Dwave}	ΣC_D	C_{Dmisc}	C_{Dp}
0.2	$8.2E+06$	0.00309	0.0217	0.00118		0.0229	0.00114	0.0240
0.4	$1.6E+07$	0.00274	0.0203	0.00118		0.0215	0.00107	0.0226
0.6	$2.5E+07$	0.00253	0.0194	0.00120		0.0206	0.00103	0.0216
0.683	$2.8E+07$	0.00245	0.0191	0.00125	0	0.0203	0.00102	0.0213
0.723	$3.0E+07$	0.00242	0.0189	0.00129	0.0043	0.0245	0.00123	0.0258
0.8	$3.3E+07$	0.00236	0.0186	0.00142	0.0372	0.0573	0.00286	0.0601
	$3.4E+07$	0.00234		0.00148	0.0533	0.0548	0.00274	0.0575

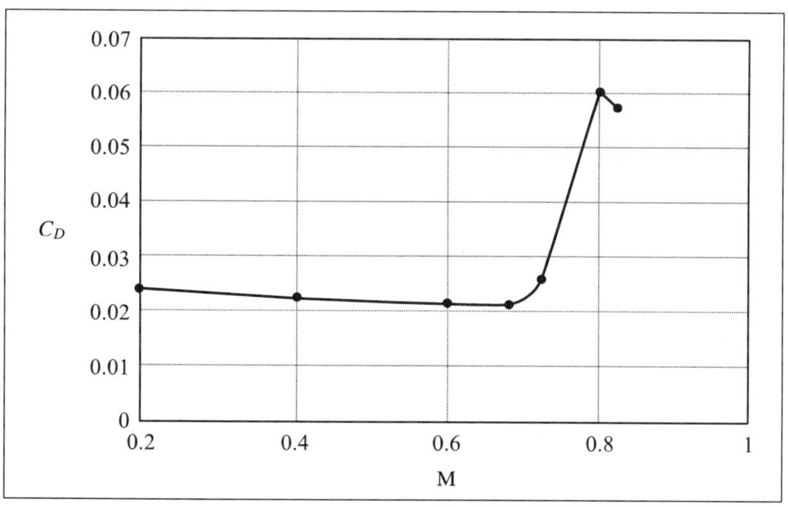

| 그림 9.57 | 설계 항공기(중형수송기)의 유해항력

3. 유도항력 해석 및 양항 극 곡선

(1) 유도항력 계산

항공기의 유도항력은 식 (9.46)으로부터 유도항력계수 인자 K를 이용하여 표현하면 다음과 같다.

$$C_{D_L} = K(C_L - \Delta C_L)^2$$

설계 항공기는 천음속 비행 속도에 대한 사항이 포함되어야 하므로 유도항력 해석은 다음과 같은 식 (9.79)의 '앞전 흡입법'을 사용한다.

$$K = (1-R)K_0 + RK_{100}$$

여기서 $K_0 = 1/C_{L\alpha}$, $K_{100} = 1/\pi A$로 주어지며 각 속도별, 양력계수에 대한 유도항력계수를 구하기 위한 앞전 흡입계수 R은 설계 양력계수 $C_{Ld} = 0.4$로 하여 그림 9.30으로부터 읽으면 다음 표 9.37과 같다.

| 표 9.37 | 마하수와 양력계수에 대한 흡입계수 R

M	K0	K100	R				
			$CL=0.2$	0.4	0.6	0.8	1.0
0.2	0.1769	0.03745	0.73	0.95	0.8	0.5	0.32
0.4	0.1696	〃	〃	〃	〃	〃	〃
0.6	0.1563	〃	〃	〃	〃	〃	〃
0.8	0.1346	〃	〃	〃	〃	〃	〃

또한 캠버에 의한 양력 증가량 ΔC_L은 다음의 경험 식 (9.85)으로부터 구한다.

$$\Delta C_L = \left(1 - \frac{1}{\pi \cdot A \cdot K}\right) C_{Lopt}$$

여기서 C_{Lopt}는 일반적인 익형의 경우이므로 식 (9.86)을 적용하여 구한다.

$$C_{Lopt} = 0.8505 - (1 - \exp(-18.728 \cdot (f/c)))$$

$C_{ld} = 0.4$일 때 각 마하수에 대한 캠버양력 증가 ΔC_L은 다음 표 9.38 및 그림 9.58과

같이 계산된다.

| 표 9.38 | 각 조건에 대한 설계 항공기의 유도항력계수 인자, K

M	K					ΔC_L
	C_L=0.2	0.4	0.6	0.8	1.0	
0.2	0.0751	0.0444	0.0653	0.1072	0.1323	0.0661
0.4	0.0731	0.0441	0.0639	0.1035	0.1273	0.0644
0.6	0.0695	0.0434	0.0612	0.0969	0.1183	0.0609
0.8	0.0637	0.0423	0.0569	0.0860	0.1035	0.0543

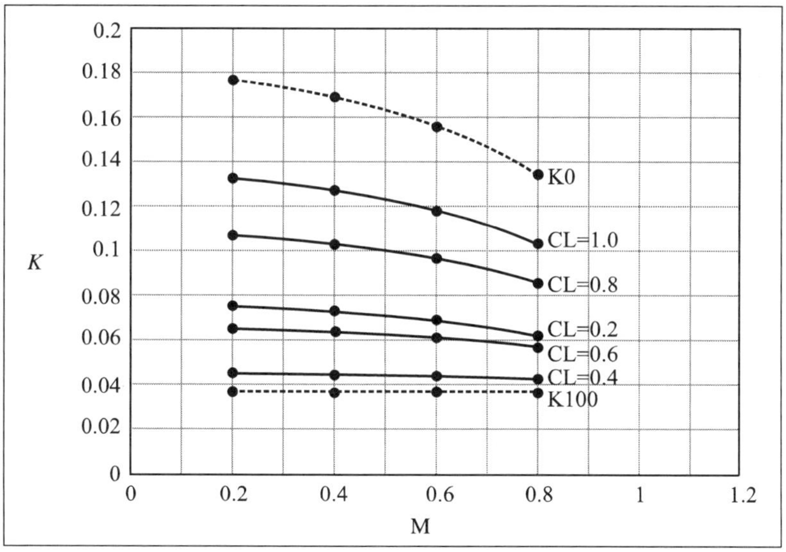

| 그림 9.58 | 설계 항공기의 유도항력계수 K의 해석 결과

최종적으로 각 마하수와 양력계수에 대하여 유도 항력을 계산하면 다음과 같다.

| 표 9.39 | 각 조건에 대한 설계 항공기의 유도항력

M	C_{Di}				
	$C_L = 0.2$	0.4	0.6	0.8	1.0
0.2	0.001346	0.004951	0.01862	0.05772	0.11536
0.4	0.001345	0.004963	0.01833	0.05601	0.11143
0.6	0.001346	0.004990	0.01779	0.05292	0.10430
0.8	0.001351	0.005055	0.01694	0.04783	0.09257

(2) 양항 곡선

항공기의 전체 항력은 식 (9.46) $C_D = C_{Dp} + K(C_L - \Delta C_L)^2$과 같이 유도항력과 유해항력의 합으로 나타나게 되므로 앞서 과정에서 구한 각 마하수에서 유해항력과 여기서 구한 유도항력을 더하여 전체 항력계수를 구한 결과는 표 9.40과 같고, 구해진 항력계수와 양력계수의 관계에서 양항 곡선을 그리면 그림 9.59와 같다.

| 표 9.40 | 양력계수에 대한 설계 항공기(중형수송기)의 전체 항력계수

M	C_{Dmin}	C_D				
		$C_L = 0.2$	0.4	0.6	0.8	1.0
0.2	0.0240	0.0254	0.0290	0.0426	0.0817	0.1394
0.4	0.0226	0.0239	0.0275	0.0409	0.0786	0.1340
0.6	0.0216	0.0230	0.0266	0.0394	0.0746	0.1259
0.8	0.0601	0.0615	0.0652	0.0771	0.1080	0.1527

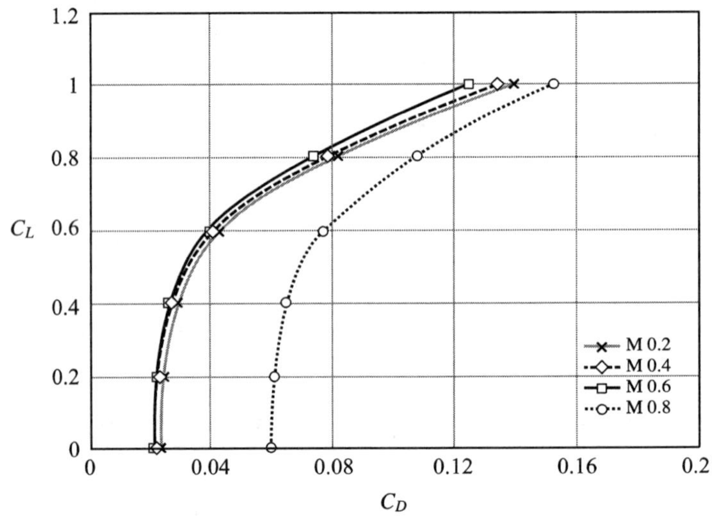

| 그림 9.59 | 설계 항공기(중형수송기)의 양항 극 곡선

제10장

항공기 중량 및 무게중심 추정

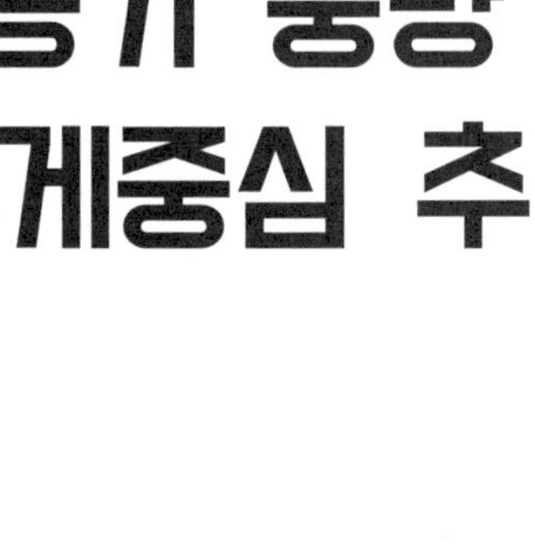

10.1 개 요

항공기 설계 과정에서 항공기의 정확한 중량에 대한 예측은 중량이 항공기의 비행성능, 안정성 및 조종 거동 특성을 결정하기 때문에 매우 중요한 부분이다. 항공기 중량의 추정은 개념설계 단계에서 결정하게 되는 항공기의 형상이나 주요 시스템의 중량 분포 및 무게중심의 위치결정 등에 많은 영향을 미친다. 따라서 항공기의 중량해석 그룹은 모든 타 분야의 설계 및 해석 그룹들과 지속적인 정보교환을 하면서 중량 통제의 관점에서 각 분야를 조정하는 역할을 담당하게 된다.

중량추정은 그 정확도에 따라 여러 가지 수준으로 구분할 수 있다. 특히 초기 사이징에 사용되는 방법은 매우 간단한 방법이므로 이보다 더 정확한 중량 예측을 하려면 실제 항공기의 제원에 근접하도록 설계 자료를 사용하는 것이 필요하다.

중량추정은 현재까지 개발 운용되는 항공기의 자료들을 기초로 하여 데이터 베이스를 만든 후에 성능, 형상 그리고 이륙중량 등에 대해서 모델링을 통한 통계적인 계산식을 만들어 이용해 오고 있다. 이러한 방식은 주로 항공기의 전체 중량을 기초로 하여 각 부분이 차지하는 중량을 통계적으로 예측하는 지수 형태의 식을 사용하여 계산한다. 대부분의 항공기 구성부의 중량은 이러한 통계적인 예측의 사용으로 거의 정확하게 추정이 가능하다. 기체의 구조중량을 예측하는 경우는 실제 운항 시의 하중조건에 의해 영향을 많이 받기 때문에 이러한 점을 고려하여 구할 수 있어야 한다. 하중을 고려하여 구하는 방법에는 전응력구조설계(Full-stressed structural design) 방법이 있는데, 이 방법은 항공기의 운항 시 기체의 자중을 고려한 하중조건에 대하여 그 하중을 견딜 수 있는 부재의 무게를 구하는 방법이다. 그러나 개념설계 단계의 중량 해석에서는 이러한 방법을 사용하지 않고 있으며, 전체 중량에 대한 부분 비율을 가지고 예측하는 방법을 주로 사용하고 있는 것이 일반적이다. 최근에는 CATIA나 CAD 등의 소프트웨어를 이용하여 설계된 항공기의 중량을 더욱 정확하게 예측할 수 있게 되었다.

이 장에서는 일반적으로 많이 사용되는 항공기 중량에 대한 정의와 여러 종류의 항공기들을 표 10.1과 같이 구분하여 항공기 개념설계 과정에서 사용할 수 있는 중량과 무게중심의 추정방법, 무게중심 포위선도에 대하여 기술하고자 한다.

표 10.1 항공기의 종류와 중량추정 범주 구분

항공기 종류	중량식 사용을 위한 항공기의 범주
1. 자가용 경항공기 2. 단일엔진 프롭 항공기 3. 쌍발엔진 프롭 항공기 4. 농업용 프롭 항공기 5. 사업용 제트 항공기	일반 항공기
6. 수송기 및 대형 폭격기 7. 여객기 및 사업용 제트기	수송기, 여객기
9. 전투기, 요격기/공격기 10. 전폭기/고속 훈련기	전투기, 공격기

10.2 항공기 중량의 정의 및 구분

항공기 설계 문서와 설계과정에서 사용되는 다양한 계산 문서 및 운용계획표 등에는 여러 가지 중량에 관한 용어들이 사용되고 있다. 이 때문에 항공기 중량에 관한 용어들에 대하여 명확한 정의를 알아두지 않으면 혼동하기 쉽다. 항공기의 중량은 크게 항공기의 주요 구성 부분별 중량과 설계나 운용 중에 사용되는 중량으로 구분할 수 있다. 본 절에서는 이러한 중량들에 대한 정의와 구분에 대하여 기술한다.

10.2.1 주요 구성 부분별 중량 구분

항공기의 중량 추정식으로 통계식을 적용하기 위해 구성부별로 매우 상세하게 세분할 수도 있으나, 형상설계 단계에서는 표 10.2에 나와 있는 주요 구성 부분별 중량 요약서(Summary Group Weight Statement)를 사용하는 것이 좋다. 항공기의 설계중량은 공허중량(Empty Weight)과 유효탑재하중(Useful Load)의 합으로 나타낸다. 공허중량은 기체구조 그룹, 추진장치 그룹, 고정장착장비 그룹 등으로 분류하여 구분할 수 있다.

- **기체구조 그룹**(Airframe Structure Group) : 날개, 꼬리날개, 동체, 착륙장치, 조종면, 나셀이나 엔진마운트 등은 기체구조 그룹에 포함시킨다.

- **추진장치 그룹**(Propulsion Group) : 장착엔진 및 엔진보기류, 연료계통/연료탱크, 역추진장치, 프로펠러 계통, 배기 및 냉각계통, 시동장치 등을 포함한다.
- **고정장착장비 그룹**(Fixed Equipment Group) : 조종계통, 계기계통, 보조동력계통, 유공압계통, 전기계통, 항공전자계통, 무장계통, 내장재/승객편의시설, 공기조화/ECS, 방빙 및 제빙계통, 비상장비, 화물적재장치 등으로 분류한다.
- **유효탑재하중 그룹**(Useful Load Group) : 승객 및 승무원, 수화물, 화물, 사용 불가능한 연료, 윤활유, 음식, 음료수, 서비스용품, 이동용 비상장비, 컨테이너, 패릿트, 연료 등을 이 그룹에 포함시킬 수 있다.

10.2.2 설계 및 운용상의 중량 구분

항공기의 설계 및 운영 특성에 따라 구분할 수 있는 항공기의 중량에 대한 구분은 표 10.2와 같이 항공기의 주요 구성부별 중량 요약서로 나타낼 수 있다.

- **제작사 공허중량**(Manufacturer's Empty Weight, MEW): 기체구조 중량, 추진장치, 고정 탑재장비 및 특수 임무 항공기에 포함된 장비 등의 중량과 기타 항공기내의 배출 불가능한 액체류 등을 포함한 항공기 구조 중량을 말한다.
- **운용 공허중량**(Operational Empty Weight, OEW): 제작 시 공허중량에 기준 항목(Standard Items)인 사용 불가능한 연료와 엔진오일, 비상장비, 화장실용 액체, 취사실 구조물 등과 운용항목(Operational Items)인 승무원, 승무원 수화물, 비행지침서, 객실과 취사실용 탈착 가능한 서비스 장비, 음식과 음료, 화물 컨테이너 중량 등을 포함한 중량이다.
- **최대 무연료중량**(Maximum Zero Fuel Weight, MZFW): 항공기의 강도와 감항성(Airworthiness) 요구조건을 만족할 수 있는 중량으로 연료탱크에 연료를 탑재하기 전에 최대로 허용되는 중량이다. 대부분의 경우 MZFW는 운용공허중량인 OEW에 최대 유효탑재하중(승객, 수화물, 화물 등)을 합한 것과 같다.
- **최대 유도중량**(Maximum Taxi Weight, MTW): 견인없이 지상 유도로를 이동하는 동안과 시동 후 대기상태 중에 소모된 연료의 감소분을 고려하지 않은 연료 중량 및 유효탑재하중을 모두 포함한 항공기의 최대 중량이다. MTW는 구조적 강도와 비행 요구조건을 만족하는 중량인 최대 중량을 초과할 수 없다.

| 표 10.2 | 주요 부분별 중량 요약서

AIRFRAME STRUCTURES GROUP(A)	EQUIPMENT GROUP(C)
Wing Tail-horizontal/canard Vertical tail Body Alighting gear - main Auxiliary gear Arresting gear Catapult gear Nacelle/engine section Air induction system	Flight controls APU(Auxiliary power unit) Instruments Hydraulic Pneumatic Electrical Avionics Armament Furnishings Air conditioning/ECS Anti-icing Photographic Load and handling
PROPULSION GROUP(B)	**TOTAL WEIGHT EMPTY(D=A+B+C)**
Engine installed Accessory gearbox and drive Exhaust system Cooling provisions Engine controls Starting system Fuel system/tanks	**USEFUL LOAD GROUP(E)**
	Crew Fuel - usable/ - trapped Oil Passengers Cargo/baggage Guns Ammunition Pylons and racks Expendable weapons Flares/chaff
	TAKEOFF GROSS WEIGHT(F=D+E)
	Flight design gross weight Landing design gross weight

- **최대 이륙 총중량**(Maximum Takeoff Gross Weight, MTGW): 최대 이륙 총중량은 활주로에서 이륙하기 위해 브레이크 제동을 제거하는 시점까지 지상 유도로 활주와 시동 후 엔진 대기상태 동안 소모된 연료를 제외한 연료와 최대 유효탑재하중을 포함하는 항공기의 총중량으로 정의된다.
- **최대 비행중량**(Maximum Flight Weight, MFW): 항공기의 강도 또는 감항성 요구조건에 의해 제한된 비행조건(다른 언급이 없을 경우에는 플랩을 올린 상태)을 만족할 수 있는 최대중량이다.

• **최대 착륙중량**(Maximum Landing Weight, MLW): 항공기의 강도나 인증 규정에 의해 제한되는 착륙조건을 만족할 수 있는 최대 착륙 가능 중량을 말한다.

10.3 항공기 중량추정 방법

항공기의 중량추정 방법에는 부분별 근사적인 중량추정 방법과 통계적 중량추정 방법이 있다. 근사적인 중량추정법에서는 과거 항공기의 중량 특성 데이터를 기본으로 계산한다. 날개와 꼬리날개의 중량은 날개의 단위 노출면적당 중량 값에 해당 면적을 곱하여 구한다. 동체의 중량은 동체의 단위 외부 면적당 중량 값에 외부면적을 곱하여 구할 수 있다. 착륙장치는 최대 이륙중량에 대한 비율로 계산할 수 있다. 항공기 장착엔진의 중량은 엔진 자체의 중량에 특정 상수를 곱하여 구한다. 공허중량의 잔여 부분에 대한 중량은 이륙중량의 몇 %에 해당된다고 가정하여 구한다. 아래 표 10.3은 근사적인 방법으로 공허중량을 계산할 때 필요한 상수들을 제시하고 있다. 이러한 상수들을 사용하는 근사적 추정방법에 의한 결과는 개념설계 초기단계에서 항공기의 무게중심의 선정 및 초기 날개 위치를 결정하는데 활용할 수 있다.

| 표 10.3 | 근사적 공허중량추정 방법

목록	전투기	수송기/폭격기	일반 항공기	Multiplier(인수)	CG 근사치
주 날개	9.0	10.0	2.5	노출날개면적(Sexp) ft^2	40% MAC
수평꼬리날개	4.0	5.5	2.0	노출날개면적(Sexp) ft^2	40% MAC
수직꼬리날개	5.3	5.5	2.0	노출날개면적(Sexp) ft^2	40% MAC
동체	4.8	5.0	1.4	표피면적(Swet) ft^2	40~50% 길이
착륙장치	0.033 0.045(Navy)	0.043	0.057	TOGW(lb)	
장착엔진	1.3	1.3	1.4	엔진중량(lb)	-
기타 공허중량	0.17	0.17	0.10	TOGW(lb)	40~50% 길이

* TOGW: Take-Off Gross Weight(이륙총중량)

다음으로 통계적인 방법은 과거 개발된 항공기들에 대한 통계 자료들에 의존하므로 충분히 많은 자료들을 바탕으로 구성된다. 일반적으로 항공기 제작사들은 자체적으로 경험적

자료가 반영된 고유의 중량추정 방법들을 개발하여 활용하고 있다. 학부 과정에서 많이 활용되고 있는 항공기 설계관련 서적(Nicolai, Raymer, Roskam, Torenbeck, Corke의 저서들)에서는 약간의 차이는 있으나 학생 교육용의 유사한 중량추정 방법들을 소개하고 있기 때문에 이들을 참고할 필요가 있다.

항공기의 중량 예측은 여러 가지 통계식들을 이용하여 구한 다음 그들의 평균값을 택하는 것도 좋은 방법이 될 수 있다. 통계적인 데이터베이스를 통해 얻어진 식들은 각 요소에 대한 합리적인 중량을 추정할 수 있어야 한다. 일단 이러한 통계적인 부분별 중량추정 방법에 의해 각 구성요소의 중량이 얻어지면 표 10.2와 같은 형식으로 전체 공허중량(Empty Weight)을 결정한다. 유효탑재하중과 승무원의 중량이 계산되면 공허중량, 유효탑재하중, 승무원 중량 및 연료 중량으로 구성된 이륙중량에 적합하도록 연료의 중량을 결정할 수 있다. 전체 공허중량이 예상치보다 클 경우에는 항공기의 주어진 임무를 수행하기에 충분한 연료를 탑재할 수 없는 경우도 발생할 수 있다. 이러한 경우에는 단순히 연료중량을 증가시킬 수 없으며 항공기를 재설계하든지 최적화하여야만 한다.

지금부터 항공기 개념설계 과정에서 손쉽게 활용할 수 있는 통계적인 접근방법에 의한 중량 추정 방법을 표 10.1에서 제시한 바와 같이 일반 항공기, 여객 및 수송기, 전투기 등으로 구분하여 중량을 추정할 수 있는 식들을 소개한다. 이들 그룹 중에서 학생들이 설계하고자 하는 항공기와 유사한 그룹에 적합한 추정식을 이용하여 중량을 예측해 볼 수 있을 것이다.

항공기의 총 중량에 대한 추정은 항공기의 각 구성부분별로 구분하여 개별적으로 중량을 추정한 후에 전체 항공기의 중량을 추정하게 되면 보다 정확한 중량 예측이 가능해진다. 항공기의 구조물의 총 중량은 다음과 같은 방식으로 구분하여 구할 수 있다.

$$W_{total} = W_{wing} + W_{htail} + W_{vtail} + W_{fuse} + W_{main\_L/G} + W_{nose\_L/G} + W_{eng} + W_{other}$$

위의 식에서 알 수 있는 것처럼 항공기의 총 중량은 날개 중량, 수평 및 수직꼬리날개 중량, 동체 중량, 주착륙장치 및 보조착륙장치의 중량, 엔진 중량 및 기타 부수적인 중량 등을 합산하여 추정할 수 있다.

10.3.1 날개의 중량추정

항공기 주 날개의 중량에 대한 추정은 아래 식으로 주어진 통계적인 식을 이용하여 추정할 수 있으며, 학생들은 스프레드쉬트(Spreadsheet)를 이용하여 단계적으로 계산하도록 구성하면 아주 편리하게 계산 및 수정이 가능할 것이다.

$$W_{wing} = 0.0103 K_{dw} K_{vs} W_{dg}^{0.5} n^{0.5} S_w^{0.622} A^{0.785} (t/c)^{-0.4} \cdot \\ \cdot (1+\lambda)^{0.05} (\cos\Lambda)^{-1.0} S_f^{0.04} \tag{10.1a}$$

$$W_{wing} = 0.0051 W_{dg}^{0.557} n^{0.57} S_w^{0.649} A^{0.5} (t/c)^{-0.4} (1+\lambda)^{0.1} (\cos\Lambda)^{-1.0} S_f^{0.1} \tag{10.1b}$$

$$W_{wing} = 0.009 W_{dg}^{0.49} n^{0.49} S_w^{0.758} A^{0.6} (t/c)^{-0.3} (\lambda)^{0.004} (\cos\Lambda)^{-0.90} q^{0.006} W_{fw}^{0.0035} \tag{10.1c}$$

위의 식 (10.1a)는 전투기, 식 (10.1b)는 수송기, 식 (10.1c)는 일반 항공기의 날개 중량을 추정하는 식이다. 위의 식 (10.1)에 사용된 변수들에 대한 정의는 다음과 같다.

- A : 날개의 가로세로비(Aspect Ratio)
- K_{dw} : 계수, 델타날개의 경우 0.768이며 기타의 경우는 1.0
- K_{vs} : 계수, 가변후퇴날개의 경우 1.19이며 기타의 경우는 1.0
- n : 설계하중계수(Design Load Factor)
- q : 순항조건에서 동압(lbs/ft^2)
- S_w : 주날개의 평면면적(Planform Area, ft^2)
- S_f : 주날개 플랩부분의 평면면적(Planform Area, ft^2)
- t/c : 주날개의 최대 두께비(Thickness-to-Chord ratio)
- W_{dg} : 설계 총 중량(lbs)
- W_{fw} : 날개에 저장된 연료중량(lbs)
- Λ : 날개의 최대 두께선(Maximum Thickness Line)의 후퇴각(°)
- λ : 테이퍼 비(Tapered Ratio)

10.3.2 수평꼬리날개의 중량추정

수평꼬리날개의 중량을 추정하는 일반적인 식은 아래 식과 같이 주어진다.

$$W_{h\_tail} = 0.5503 (1+K_{Fb})^{-2} W_{dg}^{0.26} n^{0.26} S_{ht}^{0.806} \tag{10.2a}$$

$$W_{h\_tail} = 0.0379 (1+K_{Fb})^{-0.25} W_{dg}^{0.639} n^{0.1} S_{ht}^{0.75} L_{ht}^{-1} K_y^{0.704} (\cos\Lambda_{ht})^{-1} A_{ht}^{0.116} \tag{10.2b}$$

$$W_{h\_tail} = 0.0092\, W_{dg}^{0.414} n^{0.414} S_{ht}^{0.896} (\cos \Lambda_{ht})^{0.034} A_{ht}^{0.043} (t/c)^{-0.12} \lambda^{-0.02} q^{0.168} \tag{10.2c}$$

위의 식에서 식 (10.2a)는 전투기, 식 (10.2b)는 수송기, 식 (10.2c)는 일반 항공기의 수평꼬리날개 중량을 추정하는 식이다. 다음은 수평꼬리날개의 중량 추정식 (10.2)에 사용된 여러 가지 변수에 대하여 설명한 것이다.

- A_{ht} : 수평꼬리날개의 가로세로비(Aspect Ratio)
- K_{Fb} : 인수, F_w/b_{ht}, 여기서 F_w: 수평꼬리날개 위치에서 동체의 폭(ft), b_{ht}: 수평꼬리날개의 가로길이(ft)
- K_y : 세로운동(피칭)의 회전반경(Pitching Radius of Gyration) 약 $0.3L_{ht}$(ft)
- L_{ht} : 주날개의 1/4 MAC 위치와 수평꼬리날개 사이의 거리(ft)
- n : 설계하중계수(Design Load Factor)
- q : 순항조건에서 동압(lbs/ft^2)
- S_{ht} : 수평꼬리날개의 평면면적(Planform Area, ft^2)
- t/c : 수평꼬리날개의 최대 두께비(Thickness-to-Chord Ratio)
- W_{dg} : 설계 총 중량(lbs)
- Λ_{ht} : 수평꼬리날개 최대 두께선(Maximum Thickness Line)의 후퇴각(°)
- λ_{ht} : 수평꼬리날개의 테이퍼 비(Tapered Ratio)

10.3.3 수직꼬리날개의 중량추정

$$W_{v\_tail} = 0.452 K_{rht} (1 + H_{h/vt})^{0.5} W_{dg}^{0.488} n^{0.488} S_{vt}^{0.718} M^{0.341} L_{ht}^{-1} \left(1 + \frac{S_r}{S_{vt}}\right)^{0.348} A_{Vt}^{0.223} (1 + \lambda_{vt})^{0.25} (\cos \Lambda_{vt})^{-0.323} \tag{10.3a}$$

$$W_{v\_tail} = 0.0026 K_{rht} (1 + H_{h/vt})^{0.225} W_{dg}^{0.556} n^{0.536} S_{vt}^{0.5} L_{vt}^{-0.5} A_{vt}^{0.35} (\cos \Lambda_{vt})^{-1} (t/c)^{-0.5} K_z^{0.875} \tag{10.3b}$$

$$W_{v\_tail} = 0.0076 K_{rht} (1 + 0.2 H_{h/vt}) W_{dg}^{0.376} n^{0.376} S_{vt}^{0.873} A_{ht}^{0.357} \lambda_{vt}^{0.039} (\cos \Lambda_{vt})^{-0.224} (t/c)^{-0.49} g^{0.122} \tag{10.3c}$$

위의 식에서 식 (10.3a)는 전투기, 식 (10.3b)는 수송기, 식 (10.3c)는 일반 항공기의 수직꼬리날개 중량을 추정하는 식이다. 위의 통계식 (10.3)에 사용된 변수들에 대한 정의는 다음과 같이 설명된다.

- A_{vt} : 수직꼬리날개의 가로세로비
- $H_{h/vt}$: 동체 중심선 위로 수평안정판과 수직안정판의 높이의 비(H_{ht}/H_{vt}).
  여기서 H_{ht}는 동체 중심선으로부터 위쪽의 수평안정판의 높이(ft)를 나타내며 (재래식 항공기 0), H_{vt}는 동체 중심선 위로 수직안정판의 높이(ft)로 정의된다.
- K_z : 방향운동(Yawing)의 회전반경(Radius of Gyration) (ft)$\cong L_{vt}$
- K_{rht} : 계수, 롤링(Rolling or 'Flying') 꼬리날개인 경우 1.047, 기타는 1.0
- L_{vt} : 주 날개의 1/4 MAC 위치와 수직꼬리날개 사이의 거리(ft)
- M : 순항 마하수(Cruising Mach Number)
- n : 설계하중계수(Design Load Factor)
- q : 순항조건에서 동압(Dynamic Pressure, lbs/ft^2)
- S_T : 수직꼬리날개 러더의 평면면적(Planform Area, ft^2)
- S_{vt} : 수직꼬리날개의 평면면적(Planform Area, ft^2)
- t/c : 수평꼬리날개의 최대 두께비(Thickness-to-Chord Ratio)
- W_{dg} : 설계 총 중량(lbs)
- Λ_{vt} : 수직꼬리날개 최대 두께선(Maximum Thickness Line)의 후퇴각(°)
- λ_{vt} : 수직꼬리날개의 테이퍼 비(Tapered Ratio)

10.3.4 동체의 중량

항공기 동체의 중량을 예측하는 일반적인 통계식은 아래와 같이 주어진다.

$$W_{fuse} = 0.499 K_{dwf} W_{dg}^{0.35} n^{0.25} L^{0.5} D^{0.849} W^{0.685} \qquad (10.4a)$$

$$W_{fuse} = 0.328 K_{door} K_{\mathrm{lg}} W_{dg}^{0.5} n^{0.5} L^{0.35} D^{-0.1} S_f^{0.302} (1 + K_{ws})^{0.04} \qquad (10.4b)$$

$$W_{fuse} = 0.052 W_{dg}^{0.177} n^{0.177} L^{-0.072} L_t^{-0.051} D^{0.072} S_f^{1.086} q^{0.241} + W_p \qquad (10.4a)$$

위의 식 (10.4a)는 전투기, 식 (10.4b)는 수송기, 식 (10.4c)는 일반 항공기의 동체 중량을 추정하는 식을 나타낸다. 위의 식 (10.4)에 사용된 변수들은 다음과 같이 설명된다.

b_w : 주 날개의 스팬 길이(ft)

D : 동체의 구조 두께(Depth, ft)

K_{ws} : $0.75[(1+2^{\lambda})/(1+\lambda)][(b_w/L)\tan\Lambda_{vt}]$

K_{dwf} : 삼각날개(Delta Wing)인 경우 0.774, 다른 날개의 경우는 1.0

K_{door} : 화물도어가 없거나 한쪽만 있는 경우 1, 양쪽에 있거나 단일 클램쉘도어(Clam Shell Door)인 경우 1.12, 도어가 두 개와 한 개의 클램쉘 도어인 경우는 1.25

K_{lg} : 착륙장치가 동체에 장착된 경우 1.12, 다른 모든 경우 1.0

L : 동체의 길이(ft)

L_t : 주 날개의 평균 1/4 MAC 위치와 꼬리부 사이의 거리로 정의된 동체-꼬리 길이(ft)

n : 설계하중계수(Design Load Factor)

q : 순항조건에서 동압(lbs/ft^2)

S_F : 동체의 노출면적(Wetted Area, ft^2)

S_{vt} : 수직꼬리날개의 평면면적(ft^2)

W : 동체 구조물의 폭(ft)

W_P : 여압동체로 인한 중량 결손(Penalty) $W_P = 11.9 + (V_{pr}\Delta p)^{0.271}$ (lbs)
여기서, V_{pr}는 여압부분의 체적(ft^3), Δp는 압력차이로 약 8 psf.

W_{dg} : 설계 총 중량(lbs)

Λ : 주 날개 최대 두께선(Maximum Thickness Line)의 후퇴각(°)

λ : 주 날개의 테이퍼 비(Tapered Ratio)

10.3.5 주 착륙장치의 중량

주 착륙장치의 중량을 예측하는 일반적인 공식은 아래와 같이 주어진다.

$$W_{main\_LG} = K_{cb}K_{tpg}W_l^{0.25}n^{0.25}L_m^{0.973} \qquad (10.5a)$$

$$W_{main\_LG} = 0.0106K_{mp}W_l^{0.888}n^{0.25}L_m^{0.4}N_{mw}^{0.321}N_{mss}^{-0.5}V_s^{0.1} \qquad (10.5b)$$

$$W_{main\_LG} = 0.0344W_l^{0.768}n^{0.768}L_m^{0.409} \qquad (10.5a)$$

위의 식에서 (10.5a)는 전투기, (10.5b)는 수송기, (10.5c)는 일반 항공기의 주 착륙장치 중량을 추정하는 식으로 이 식들에 사용된 변수들은 다음과 같다.

K_{cb} : 가로보형 착륙장치(cross-beam gear)인 경우 2.25(예: $F-111$과 유사). 기타의 경우는 1

K_{mp} : 닐링형 착륙장치(kneeling gear)인 경우 1.126, 기타의 경우 1

K_{tpg} : 삼각대형 착륙장치(Tripod Gear)인 경우 0.826(A-7과 유사), 기타 1

L_m : 주 착륙장치의 길이(in)

N_{mw} : 주 바퀴의 수

N_{mss} : 주 착륙장치의 충격 지주(Strut)의 수

V_s : 실속속도(ft/s)

W_l : 착륙설계 총중량(lbs)

10.3.6 보조 착륙장치(Nose Landing Gear)의 중량

보조 착륙장치의 중량에 대한 예측은 아래와 같은 일반적인 공식을 이용하여 계산할 수 있다.

$$W_{nose\_LG} = W_l^{0.29} n^{0.29} L_n^{0.5} N_{nw}^{0.525} \quad (10.6a)$$

$$W_{nose\_LG} = 0.032 K_{np} W_l^{0.646} n^{0.2} L_n^{0.5} N_{nw}^{0.45} \quad (10.6b)$$

$$W_{nose\_LG} = 0.0153 W_l^{0.566} n^{0.566} L_n^{0.845} \quad (10.6b)$$

위의 식에서 (10.6a)는 전투기, (10.6b)는 수송기, (10.6c)는 일반 항공기에 대한 보조 착륙장치의 중량을 추정하는 식을 나타낸다. 위의 식 (10.6)에 사용된 변수들에 대한 설명은 아래와 같다.

K_{np} : 계수로서 닐링 착륙장치(kneeling gear)인 경우 1.15, 기타의 경우는 1을 사용

W_l : 착륙 설계 총 중량(lbs)

L_n : 보조착륙장치(Nose landing gear)의 길이(in.)

n : 설계하중계수

N_{nw} : Nose wheel의 수

10.3.7 기타 주요 중량에 대한 추정

앞서 기술되지 않은 항공기의 주요 중량 요소들 중에는 엔진 중량과 연료 중량이 있다. 항공기에 장착된 항공기 엔진의 중량은 엔진 미장착 중량에 하나의 인수를 곱하여 추정하는 방법을 사용할 수 있다. 이들 중량을 추정할 경우 사용할 수 있는 인수들은 표 10.4에 제시되어 있다.

| 표 10.4 | 항공기의 기타 중량 그룹 추정 인수

구 분	엔진 W_{inst}/W_{unist}	W_{remain}/W_{TO}
전투기	1.3	0.17
수송기	1.3	0.17
일반 항공기	1.4	0.14

모든 다른 구성품들의 총 중량은 이륙중량에 고정된 인수를 곱하여 간단하게 추정할 수도 있다. 이러한 인수들은 표 10.4에 항공기 그룹별로 나타내고 있는데, 이들은 이륙중량의 약 14%에서 17% 정도에 이르는 것으로 알려져 있다. 무게(중량)중심의 위치 추정을 정확히 하기 위해서 잔여 중량(W_{remain})의 최종 하중은 동체 길이의 중간인 $x/L=0.5$ 위치에 작용하는 것으로 가정한 후에 고려할 수 있다.

앞에서 중량추정을 위하여 사용하였던 식들은 통계적인 자료를 바탕으로 얻어진 식들이다. 이러한 식들은 실제로 자료에 포함되어 있는 항공기들과 유사한 항공기의 설계에는 매우 유용한 결과를 제공할 수 있다. 그러나 아주 새로운 형태의 형상이나 복합재료를 사용하는 항공기의 설계에는 그다지 좋은 결과를 주지 못한다. 새로운 구조 재료와 같은 사항들을 고려할 때는 통계적 지수식들에 의해 구한 결과들을 보정해 줄 필요가 있다. 표 10.5는 중량 보정이 필요한 각 경우에 대해서 필요한 보정계수 값들을 제시하고 있다. 중량 보정을 적용하는 절차는 먼저 새로운 항공기 설계과정에서 먼저 통계적인 부분별 중량추정 방법을 통해 각각의 중량을 추정하고 그 값에 여기서 제시된 보정계수들을 곱하여 주게 되면 보정된 중량을 추정할 수 있다. 표 10.5에서 볼 수 있는 것처럼 보정계수는 항공기 기체 구조물에 사용하는 재료의 중량특성이 크게 영향을 미치게 되므로 이에 대한 고려가 필요하다.

| 표 10.5 | 각 재료별 보정계수값 k

범주	중량그룹	인수(Fudge Factor)
고성능 복합재료	날개	0.78
	꼬리날개	0.75
	동체/나셀	0.85
	랜딩기어	0.88
	공기유도시스템	0.75
지주식 날개	날개	0.82
목재 동체	동체	1.60
강관 동체	동체	1.80
수상착륙동체	동체	1.25

10.4 무게중심 추정과 포위선도

중량해석 그룹은 항공기 초기 형상 결정을 위한 항공기의 중량과 균형에 대한 정보를 제공하여야 한다. 형상설계도면이 완성되기 전에 항공기 형상에 대한 정의 및 기술적인 데이터를 위하여 많은 작업들이 필요하므로 중량해석 그룹에서는 다음과 같은 운용중량, 최대 설계중량, 연료탱크의 용량 및 운용 방식, 항공기의 균형과 무게중심의 제한 영역, 승객, 화물, 연료의 이동에 따른 무게중심의 변화 등에 대한 평가를 해주어야 한다.

운용 공허중량: 형상설계에서 정의된 항공기를 토대로 중량해석 그룹에서는 운용공허중량(OEW)를 계산하여야 한다. 기존 항공기의 제원을 이용한 중량 추정식으로 항공기의 구성 부분별 중량을 추정하고 이들을 합한 운용중량을 결정할 수 있다. 운용중량이 결정되면 탑재중량, 항속거리, 이륙거리 등 항공기의 성능을 평가할 수 있다.

최대 설계중량: 항공기의 중량과 무게중심 선도를 만들기 위하여 최대 설계중량과 무게중심의 제한영역에 대한 것을 결정하여야 한다. 이러한 두 가지 항목은 항공기의 기본적인 강도요구조건을 결정하고 공허중량에 직접적인 영향을 주기 때문에 항공기의 성능에 영향을 미친다.

연료탱크 용량 및 운용: 대부분의 항공기는 날개 구조물에 부과되는 하중을 경감할 수 있도록 날개 구조물 안에 연료를 탑재한다. 연료에 의한 하중의 경감 정도는 연료탱크를 어떻게 배치하고 연료를 어떤 식으로 급유하고 사용할 것인지에 따라 크게 좌우된다. 중량해석, 구조하중해석, 연료시스템 그룹들이 연료탱크의 위치 및 사용 순서에 관하여 함께 논의하여 결정하여야 한다. 중량해석 그룹은 연료의 부피를 계산하고 하중해석 그룹이나 다른 그룹에서 필요로 하는 여러 곳에 배치된 연료탱크의 연료 분포에 대한 정보를 제공하여 준다. 또한 연료의 사용 계획(Schedule)에 따른 항공기의 무게중심에 대한 영향을 결정해 주어야 한다. 무게중심의 이동이 크면 클수록 무게중심의 제한영역이 넓어지고 이로 인하여 수평꼬리날개의 넓이가 재조정되어야 한다. 항공기 무게중심의 제한은 연료를 어떤 순서로 사용하느냐에 따라 결정될 수 있다.

비행 중에 무게중심의 이동은 연료 중량의 변화만을 고려해서 되는 것은 아니다. 군용기의 경우에는 공정대원의 투하, 화물의 탑재 및 투하, 탑재무장의 사용에 따른 무게중심의 변화도 고려되어야 할 것이다.

10.4.1 무게중심의 추정

항공기의 무게중심(Center of Gravity, CG)은 일반적으로 평균공력시위(MAC)의 25%에 해당하는 공력중심의 근처에 위치하지만 항공기의 형상에 따라 다르다. 여러 가지의 유효탑재하중과 연료중량의 조합으로 발생되는 무게중심의 이동에 대한 정보를 제공함으로써 항공기 무게중심의 제한 영역이 결정된다. 항공기의 중량 균형은 동체를 따라서 날개의 위치를 이동함으로써 조정할 수 있다.

중량해석 그룹은 운용중량을 추정하는 것과 같은 방법으로 항공기의 주요 구성부분에 대한 무게중심을 예측하고 전체 항공기의 운용중량에 대한 무게중심을 구할 수 있다. 제한된 무게중심 범위 내에 무게중심이 위치할 수 있도록 유효탑재하중이나 연료를 적재한다. 항공기는 비행하중조건에서 안정성과 조종특성이 적합하도록 설계되어야 한다. 항공기의 안정성 및 조종성을 보장하기 위하여 항공기의 무게중심 위치는 하중조건에 따라 앞 또는 뒤로 이동하는 범위를 기준으로 안정성을 판별하며 감항성 기준에 따라 그 범위와 조종성의 특성이 규정되어 있다. 무게중심의 위치는 항공기 구성부분의 중량과 위치에 따라 다르고 항공기의 형상과 배치에 따라 달라지므로 항공기의 배치도(Layout)를 참고하여 무게중심을 구하는 것이 필요하다.

무게중심의 위치는 일반적으로 동체의 좌우가 대칭이므로 동체 기준축의 수평축(x)과 수직축(z)의 좌표로서 표시가 가능하며 다음의 식으로 구할 수 있다.

$$x_{C.G.} = \frac{\sum_i x_i W_i}{\sum_i W_i}, \quad i=1, \cdots, n, \quad z_{C.G.} = \frac{\sum_i z_i W_i}{\sum_i W_i}, \quad i=1, \cdots, n \tag{10.7}$$

무게중심의 계산은 항공기의 배치도에서 기준선(Datum line)을 기준으로 하여 각 구성부분의 무게(W_i) 중심까지의 거리(x, z)를 곱하여 모멘트를 구한다. 무게중심은 전체 구성부의 총 모멘트를 전체 중량으로 나눈 값으로 결정할 수 있다.

그림 10.1은 개념설계의 초기 계산에서 활용할 수 있는 각 구성부분의 무게중심을 개략적으로 나타낸 것이다. 설계 항공기의 세로방향 무게중심 및 수직축의 무게중심은 각 구성부별로 무게중심을 먼저 구한 후에 식 (10.7)을 이용하여 전체 항공기의 무게중심을 구할 수 있다. 표 10.6은 식 (10.7)을 적용하여 어떤 임의의 항공기에 대하여 중심을 구한 예이므로 무게중심의 계산에 참고할 수 있다.

| 표 10.6 | 무게중심 위치의 계산(식 10.7의 적용 예)

항 목	중량(W, kg)	x(m)	모멘트(Wx)	z(m)	모멘트(Wz)
동체	9,300	7	63,240	1.6	14,880
날개	8,640	8	67,392	1.0	8,640
수직꼬리날개	630	14.0	8,820	8.0	5,040
수평꼬리날개	1,240	25.0	31,000	3.0	3,720
나셀/파일런	2,120	10.2	21,624	8.0	16,960
동력장치	1,060	11.0	11,660	3.0	3,180
장비(system)	1,045	6.5	6,793	0.4	418
내부장식품	618	6.0	3,708	0.5	309
제작공허중량(MEW)	24,653				
승무원	1,200	3.0	3,600	1.4	1,680
소모품	700	4.3	2,975	1.5	1,050
운용공허중량(OEW)	26,553				
탑재중량	11,000	6.0	66,000	1.1	12,100
연료	16,000	8.5	136,000	1.0	16,000
총 중량 및 모멘트	53,553		422,812		83,977
	Xc =	7.9	Zc =	1.6	

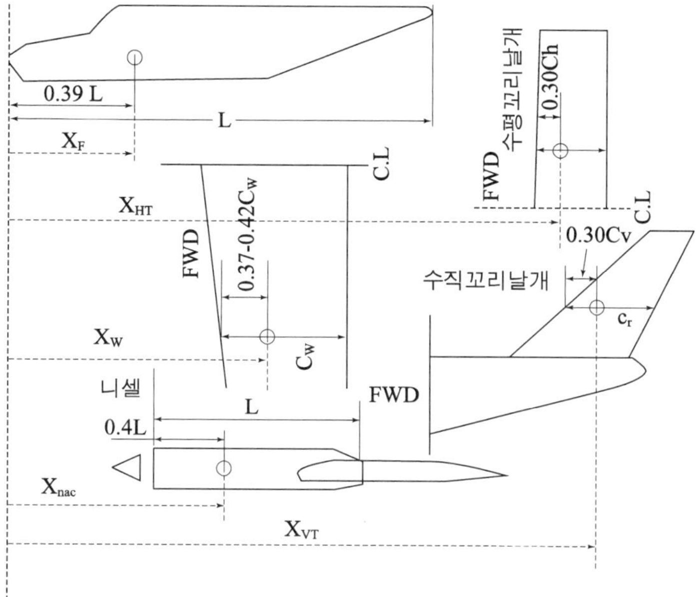

| 그림 10.1 | (a) 주요 요소별 무게중심의 위치-날개, 꼬리날개, 나셀

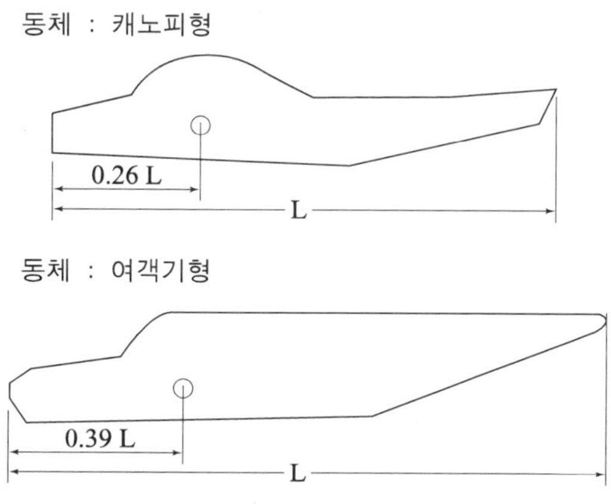

| 그림 10.1 | (b) 주요 요소별 무게중심의 위치-동체

10.4.2 무게중심 포위선도

항공기의 무게중심은 비행 중 연료의 사용, 탑재체의 투하, 무장의 투하 등으로 인해 변할 수 있다. 무게중심 포위선도는 임무를 수행하는 동안 항공기의 무게중심이 안정성 해석에서 결정된 영역 내에 존재하는지를 해석할 수 있게 해준다. 그림 10.2는 소형 제트기의 비행 임무 수행에 따라 변화되는 무게중심의 이동 경로를 나타낸 무게중심 포위선도의 예를 보여준다.

무게중심 포위선도는 항공기의 공허중량에서부터 탑재중량과 연료 무게를 포함한 총 중량까지의 무게중심 위치 변화를 나타낸 선도이다. 이 선도는 주어진 중량(승객, 화물, 연료)을 항공기의 중량 변화와 무게중심의 위치 변화와 연계하여 그래프 상에서 복합된 결과를 바로 알 수 있게 해준다. 항공기의 무게중심은 세로 안정성과 조종성에 대해서 중요한 설계변수이다. 항공기는 항상 중량이 변화하는 화물(예를 들어 승객, 화물, 연료, 무기 등)을 싣게 되므로 무게중심이 일정하지 않다. 그러므로 여러 가능한 상황에서도 무게중심 위치 변화는 최소가 되도록 고려해야 한다. 무게중심의 위치 변화를 최소화하는 문제는 종종 어려운 문제가 된다. 때때로 무게중심 위치 변화의 문제는 해결되지 못할 수 있으므로 항공기 내의 중량변화에 의한 무게중심 위치의 변화 범위를 제한할 필요가 있다.

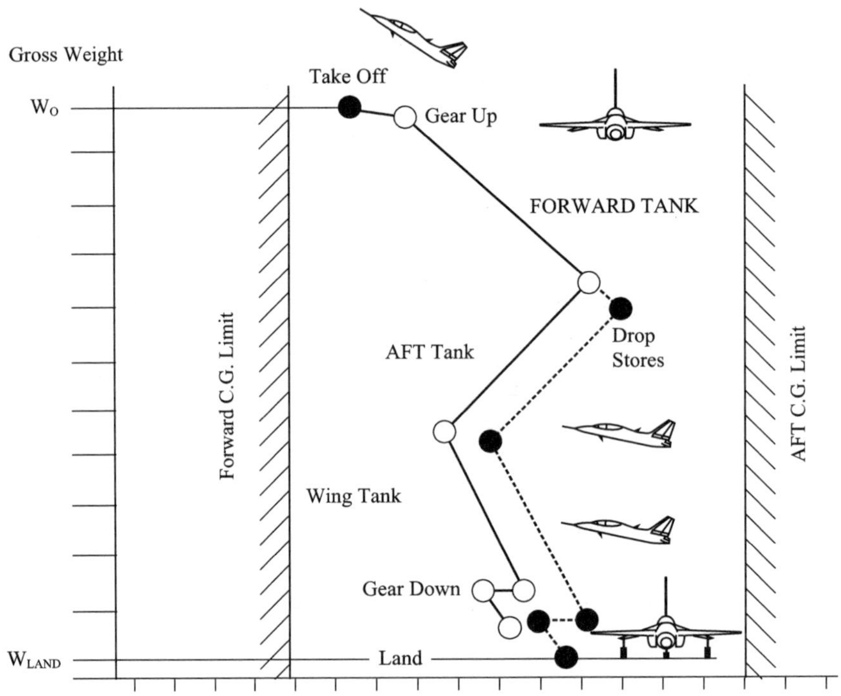

| 그림 10.2 | 무게중심 포위선도(소형 제트기)

그림 10.2에서 후방 무게중심한계(AFT C.G. Limit)는 무게중심이 뒤로 이동할 수 있는 후방한계를 의미한다. 소형 제트기처럼 앞바퀴식 착륙장치의 경우에는 주 착륙장치가 장착된 위치가 기준이 된다. 무게중심의 후방한계는 일반적인 항공기에서 중립점(Neutral

Point, NP)에 해당하며 세로 정안정성을 보장하기 위하여 무게중심의 이동위치는 항공기가 세로 정안정성을 상실하게 되는 위치인 중립점 앞에 있어야 한다. 따라서 정적 세로안정성을 위하여 중립점의 위치는 무게중심이 이동할 수 있는 후방 한계가 되는 것이다. 이러한 사실은 무게중심의 위치가 중립점 앞에 있을수록 세로 정안정성이 향상된다는 것을 의미하지만, 무게중심의 전방이동은 조종성 및 트림조건을 저하시킬 수 있으므로 무게중심 위치가 더 이상 앞으로 이동하는 것도 제한되어야 한다. 그림 10.2에서 전방 무게중심 한계(Forward C.G. limit)는 무게중심이 앞으로 이동할 수 있는 한계 위치를 의미하며 지나친 조종력이 발생하지 않도록 하는 몇 가지 제한 조건을 만족할 수 있도록 설정한다. 소형 제트기처럼 앞바퀴식 착륙장치를 장착한 항공기에서 무게중심의 전방한계 기준위치는 앞바퀴 착륙장치의 장착위치로 설정하는 것이 일반적이다.

그림 10.3은 중형 여객기의 무게중심 포위선도의 예를 나타낸 것으로 무게중심의 역할은 앞서 설명한 것과 동일하다. 이 항공기는 중량의 변화에 따라 이동이 허용되는 무게중

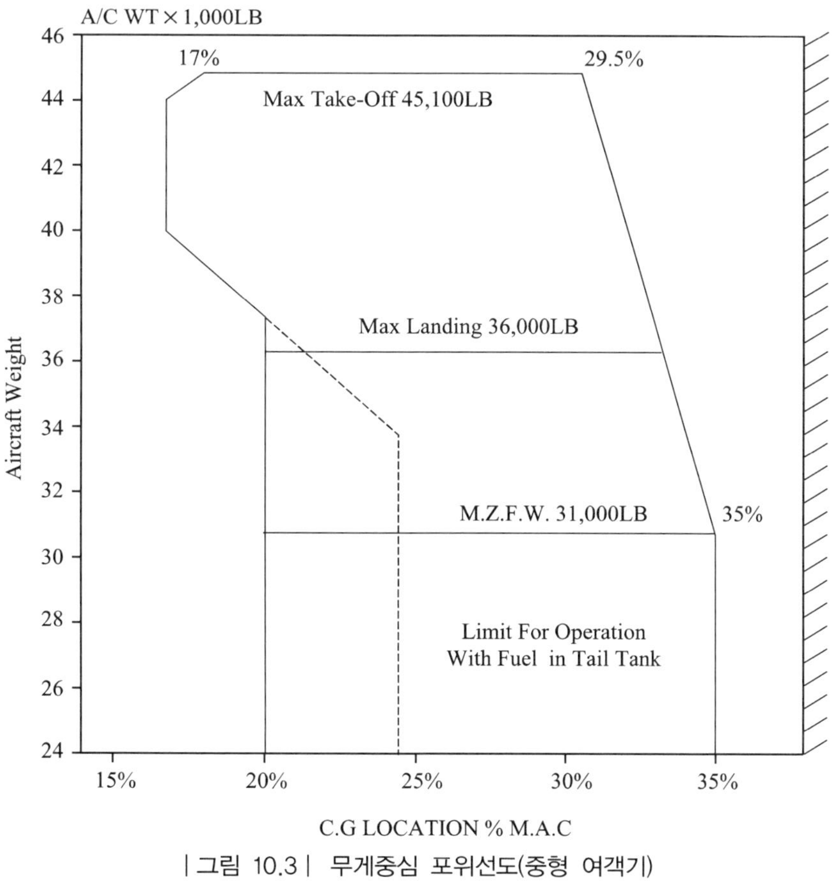

| 그림 10.3 | 무게중심 포위선도(중형 여객기)

심의 변화를 평균공력시위의 17%부터 35% 사이로 나타내고 있다. 이 항공기의 경우에도 무게중심의 변화가 소형 제트기처럼 후방 한계보다 뒤쪽으로 이동되는 것이 허용되지 않음을 보여 주고 있다.

실제로 현대 항공기의 안정성은 컴퓨터 기술을 적용하여 설계된 안정화 장치를 사용하여 어느 정도 인위적으로 증가시킬 수 있다. 이러한 안정성 증가를 위한 장치를 안정성증강장치(Stability Augmentation Systems, SAS)라고 하며 조종계통에 장착된다. 안정화 증강 시스템은 항공기의 안정성뿐만 아니라 조종성도 향상시킨다. 항공기의 기본설계는 다소 불안정하게 무게중심의 위치를 중립점보다 뒤로 이동할 수 있도록 설계하고 부족한 안정성을 보완하기 위하여 안정성 증강장치를 이용하는 것이다. 그러나 비행 중에 안정성증강장치(SAS)가 기능을 상실하게 될 경우를 대비하여 조종사가 항공기를 안정하게 조종할 수 있도록 무게중심이 중립점의 후방에 위치하지 않도록 설계함으로써 정적 안정성을 제공해주는 것이 바람직한 설계 방향이다.

제11장

안정성 및 조종성 해석

11.1 개 요

항공기 설계과정에서 요구되는 안정성 및 조종성을 만족하는 비행특성(Flying Qualities)을 확보하는 문제는 주어진 임무수행의 적합성을 다루는 임무적합성(Handling Qualities) 문제와 함께 항공기 설계의 성패를 결정하는 가장 중요한 설계과제이다. 항공기의 안정성과 조종성은 서로 상반되는 성질이 있어 안정성이 과도한 항공기는 조종성(또는 기동성)이 떨어지고, 반대로 조종성이 큰 항공기를 설계하기 위해서는 안정성이 적은(심지어는 불안정한) 형상이 되어야 하기 때문이다. 따라서 설계자는 설계대상 항공기의 운용용도 및 수행임무를 고려하여 서로 상충하는 안정성과 조종성의 관계에서 요구되는 안정성과 조종성을 모두 만족하는 설계해를 찾아야 한다.

전통적으로 소형 비행기급을 개발하는 개념설계는 정적 안정성까지만 고려하여 항공기 총중량의 변화에 따른 무게중심 위치를 고려하여 꼬리날개의 면적 및 조종면의 크기를 결정하였으나, 근래 대형항공기 개발 주체기관에서는 설계관련 데이터베이스의 전산화에 따라 6자유도 비행 시뮬레이션을 통해 초기부터 정적 안정성과 조종성의 해석은 물론이고 동적 안정성 및 조종성까지도 초기부터 설계에 반영하는 것이 일반적인 추세이다. 고성능 및 다양하고 정밀한 임무를 요구하는 경우, 임무수행여부를 판단하는 임무적합성의 확보는 항공기자체의 동적특성과 함께 임무수행을 위한 무장제어를 포함하는 항공전자까지 아우러지는 체계종합적인 공학설계가 된다. 이러한 어려운 기종의 설계과정은 설계단계에서는 Handling Quality Simulator급의 비행시뮬레이터가 가장 강력한 공학적인 수단이 되며, 개발단계에서는 시제기를 개발하여 비행시험을 수행하여 비행특성 및 임무적합성을 확인하고 검증하는 과정을 거치게 된다. 본 교재에서는 안정성의 문제는 정안정성만을 다루며 정안정성에 관련되는 안정미계수들에 대한 관련 식과 현용 항공기의 설계범위 제시를 통하여 세로 정안정성과 가로 정안정성을 판단하는 방법을 기술한다.

설계의 문제로서 항공기의 안정성과 조종성에 대한 해석을 통하여 결정되어야 할 설계변수는 안정성의 경우 수평/수직 꼬리날개의 면적과 무게중심으로부터 꼬리날개까지의 거리가 된다. 안정성과 조종성 설계의 통상적인 절차는 초기에는 수평/수직 꼬리날개 부피계수의 통계적 평균값에 근거하여 결정하며, 이차적으로 안정성 요구사항을 만족하는 각각의 적절한 미익의 크기 및 주익의 상반각 그리고 날개붙임각, 수평꼬리날개의 붙임각 등을 결정한다. 안정성의 정의로는 정상비행상태에서 외부 교란이 있을 때 발생하는 모멘트가 항공기를 평형상태로 되돌리려는 성질이 있는지 여부를 결정하는 정안정성이 있으나, 정안정성만으로 항공기의 안정성을 설명하는 것은 불충분하다. 실제로 정적으로는 안정하지만 평형상태를 중심으로 진동하는 경우가 있기 때문에 동안정성의 확인이 필요하다. 항공기는 이륙부터 임무를 수행하고 착륙까지 전과정에서 적절한 안정성이 보장되도록 설계되어야 한다. 또한 고기동 비행이 설계목적인 경우 조종성을 증대하기 위하여 안정성을 저하시켜야 하며 심지어는 불안정한 기체형상이 되기도 한다.

설계된 안정성을 만족하지 못하는 경우 이를 충족시키기 위해서는 비행기 형상의 변화가 필요한데 대표적으로는 꼬리날개 면적의 변화 및 무게중심에서 수평꼬리날개까지 거리 변화이다. 그러나 이렇게 형상을 변화시켰을 경우 비행기 성능의 저하의 결과를 초래하기 쉬운 경향이 있다. 또한 최신 전투기는 기동성 향상을 위해 기체 제작과정에서 불안정하게 한 후, 제어시스템를 도입하여 안정성을 확보하는 경우가 있는데 이를 RSS(Relaxed Static Stability)라 부른다. 그러나 제어시스템의 도입 여부를 불문하고 어떠한 경우에도 최종적으로는 항공기의 운항 전과정에서 적절한 안정성 보장은 절대적인 요구 사항이다.

본 장에서는 정안정성만을 다루며 정안정성에 관련되는 유도 계수들에 대한 관련식과 값의 범위를 제시하여 설계자가 참고할 수 있도록 각자 설계된 항공기의 형상 자료를 이용하여 계수들을 구하는 과정을 소개한다. 이들 중 몇몇 계수들은 그 값의 부호가 일정 조건을 만족해야만 하는데, 이는 정안정성에 큰 영향을 미친다.

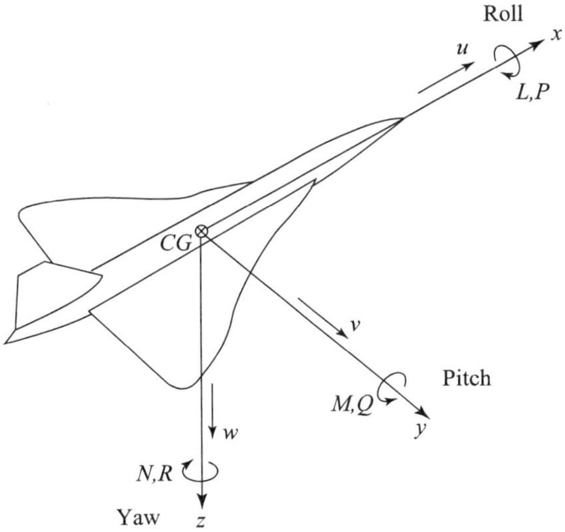

| 그림 11.1 | 항공기의 좌표축과 병진 및 회전운동

항공기는 비행시 트림조종(무게중심점에서 모멘트가 0임을 뜻한다)을 만족해야 하며 특히 한쪽 엔진이 꺼졌을 경우 요잉모멘트(Yawing Moment)를 영으로 할 수 있는 충분한 방향조종성이 확보되어야 한다.

또, 항공기의 꼬리 날개의 면적을 정안정성 관점에서 결정할 수 있다. 여기서는 이들에 대해 살펴본다. 그림 11.1은 항공기 안정성 해석을 하기 위하여 항공기의 좌표와 그 좌표축에 대한 병진 및 회전 운동을 정의하고 있다.

11.2 세로 정안정성

세로 안정성은 가장 중요한 정적 안정성으로 항공기 설계, 풍동시험, 비행시험에서 가로 및 방향 안정성보다 크게 고려한다.

강체로 간주되는 항공기가 조종면을 고정한 상태에서 정안정성을 보장하기 위한 받음각(α_a)에 따른 피칭 모멘트(Pitching Moment)계수 $C_{M_{cg}}$의 특성은 그림 11.2와 같다. 실속근처에서는 비선형이 되지만 이를 무시하면 피칭모멘트계수는 선형으로 간주되어 해석된다. 영 양력에서($\alpha_a = 0$에서) $C_{M,cg}$를 $C_{M,0}$이라 한다. $M_{cg} = 0$일 때 α_a를 평형, 혹은 트림(Trim) 받음각 α_e이라 정의한다.

그림 11.2와 같은 피칭 모멘트 특성을 가진 어떤 항공기가 트림 받음각 α_e로 정상 상태 비행을 하고 있다고 가정한다. 이때 갑자기 돌풍이 불어온다면 받음각이 변화할 것이다.

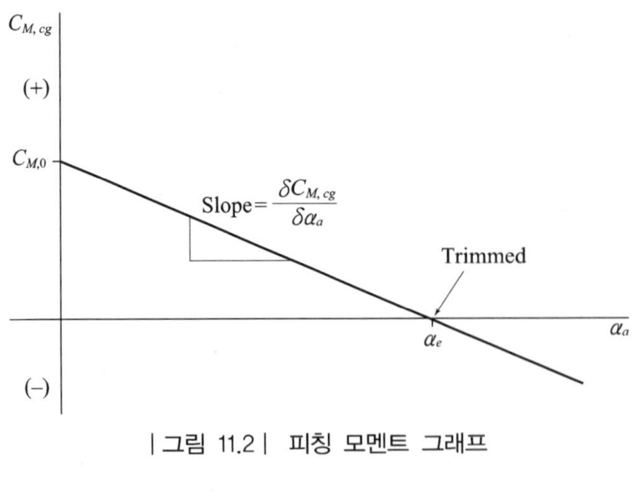

| 그림 11.2 | 피칭 모멘트 그래프

이때, 만약 항공기의 기수가 상승한다면 $\alpha_a > \alpha_e$가 되고 $C_{M,cg}$는 음(−)이 되어 항공기의 기수가 하강하도록 반대 방향의 모멘트가 발생되어 평형 상태로 되돌아 오는 복원성을 가지게 되며 이를 정안정하다고 한다. 반면 정적으로 불안정한 항공기는 기수가 하강하면 $\alpha_a < \alpha_e$가 되고 $C_{M,cg}$는 양(+)이 되어 항공기의 기수가 상승하도록 양(+)방향의 모멘트가 발생되어 평형 상태로 되돌아 오지 못하고 발산하게 된다. 그림 11.2에서 보는 바와 같이 항공기에 정적 안정성을 보장하기 위한 필요조건은 $C_{M,0}$는 양(+)이며 그래프 선도의 기울기인 $\partial C_{M,cg}/\partial\alpha_a$는 음(−)인 두 가지 조건이다.

세로 정안정성을 판단하기 위해서 다음과 같은 일정조건을 만족해야 한다.

- 실속속도 V_{stall}(α_a가 최대)와 최고 속도 $V_{\max}$(α_a가 최소) 범위 내에서 트림 받음각 α_e을 고정할 수 있어야 한다.
- $C_{M,0}$는 항상 양(+)이어야 한다.
- $\partial C_{M,cg}/\partial\alpha_a$는 항상 음(−)이어야 한다.

이런 값들은 주어진 항공기에 대해서 다음과 같이 계산할 수 있다.

$$C_{M,0} = C_{M,ac_{WB}} + V_H C_{L_{\alpha_t}}(i_t + \epsilon_0) \tag{11.1}$$

$$\frac{\partial C_{M,cg}}{\partial\alpha_a} = C_{L_{\alpha WB}}\left[(h - h_{ac_{WB}}) - V_H\frac{C_{L_{\alpha_t}}}{C_{L_{\alpha WB}}}\left(1 - \frac{\partial\epsilon}{\partial\alpha}\right)\right] \tag{11.2}$$

여기서

$C_{M,ac_{WB}}$: 주날개-동체의 공기역학적 중심에 대한 피칭 모멘트계수

$V_H \equiv \frac{l_t S_t}{cS}$: 주날개에 대한 보조날개의 부피비

l_t : 무게중심과 수평꼬리날개의 공기 역학적 중심 사이 거리

S_t : 수평꼬리날개 면적

c : 주날개의 평균공력시위(MAC; Mean Aerodynamic Chord) 길이

S : 주날개 면적

$C_{L_{\alpha_t}}$: 수평꼬리 날개의 양력곡선 기울기

$C_{L_{\alpha WB}}$: 주날개-동체의 양력곡선 기울기

i_t : 주날개-동체의 영양력선과 수평꼬리날개의 영양력선의 사이각

ϵ : 유도 받음각(Induced Angle of Attack) 또는 내리흐름각(Downwash Angle)

ϵ_0 : 영양력 상태에서의 유도 받음각

h : 주날개의 시위 길이에 대한 항공기의 무게중심 위치와 주날개 앞전까지의 길이의 비

$h_{ac_{WB}}$: 주날개의 시위 길이에 대한 주날개-동체의 공기역학적 중심 위치와 주날개 앞전까지의 길이의 비

식 (11.2)는 h에 의해 크게 영향을 받는다. 그러므로 $\partial C_{M,cg}/\partial\alpha_a < 0$이 되기 위해서는 무게중심을 적당하게 설정해야 한다. 이와 같은 성질을 이용하여 또 다른 무게중심을 설정할 수 있다. 즉 $\partial C_{M,cg}/\partial\alpha_a = 0$을 만족시키는 h를 계산할 수 있다. 이를 중립점(Neutral Point)이라 하며 h_n으로 표시한다. 식 (11.2)로부터 h_n을 구하면 다음과 같다.

$$h_n = h_{ac_{WB}} + V_H^{'} \frac{C_{L_{\alpha_t}}}{C_{L_{\alpha WB}}}\left(1 - \frac{\partial\epsilon}{\partial\alpha}\right) \tag{11.3}$$

중립점은 항공기의 고유 특성으로 무게중심이 중립점에 있다면 모든 받음각에 대해서 항상 일정한 피칭 모멘트가 발생된다. 그러므로 중립점은 전체 항공기의 공기역학적 공력 중심으로 간주할 수 있다. 식 (11.3)에서 중립점은 수평꼬리날개에 의해 크게 좌우된다. 즉, 중립점에서 주날개에 대한 수평꼬리날개의 부피비 $V_H^{'}$에 따라 중립점은 크게 달라진다. 중립점의 개념을 도입하면 정적 안정성 조건은 다음과 같이 기술되어진다.

세로 정안정성을 위하여 무게중심 위치는 항상 중립점 앞에 있어야 한다.

정적 안정성의 또 다른 개념은 중립점과 무게중심 사이의 거리를 의미하는 정적여유(Static Margin)이며 그림 11.3에는 중립점 np와 정적여유의 관계를 잘 나타내 주고 있다. 정적여유를 유도하기 위해 식 (11.3)을 $h_{ac_{WB}}$로 정리하여 식 (11.2)에 대입한다.

$$\frac{\partial C_{M,cg}}{\partial\alpha_a} = C_{L_{\alpha WB}}\left[(h - h_n) - (V_H - V_H^{'})\frac{C_{L_{\alpha_t}}}{C_{L_{\alpha WB}}}\left(1 - \frac{\partial\epsilon}{\partial\alpha}\right)\right] \tag{11.4}$$

위 식에서 대부분의 항공기는 무게중심점에서 수평꼬리날개비 V_H와 중립점에서의 수평꼬리날개비 $V_H^{'}$와의 차이가 일반적으로 작으므로 무시할 수가 있다. 그러므로 식 (11.4)

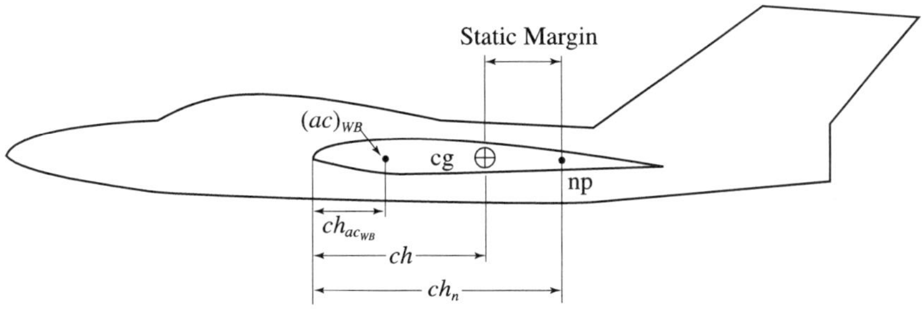

| 그림 11.3 | Static Margin과 중립점의 관계

는 다음과 같이 간략화가 되며 정적여유가 유도된다.

$$\frac{\partial C_{M,cg}}{\partial \alpha_a} = C_{L_{\alpha WB}}(h-h_n) = -C_{L_{\alpha WB}}(h_n - h) = -C_{L_{\alpha WB}} \times Static\ \ Margin \qquad (11.5)$$

식 (11.5)에서 정적여유는 세로 정안정성을 직접적으로 확인할 수 있는 인자임을 보여준다. 세로 정안정성 조건에 따라 정적여유는 항상 양(+)이어야 한다. 그러므로 큰 정적여유는 갖게 되면 그 항공기는 더욱 안정하게 된다. 그림 11.4는 정적여유와 수평꼬리날개 면적의 비례 관계를 보여주고 있다. 그러므로 수평꼬리날개 면적을 크게 하면 항공기의 세로 안정성이 커진다는 것을 알 수 있다. 그러나 날개가 커지게 되면 항공기의 무게와 항력이 커지게 되어 비행 성능이 저하될 수 있으므로 비행 목적에 알맞도록 적절한 크기의 수평꼬리날개를 설계해야 한다.

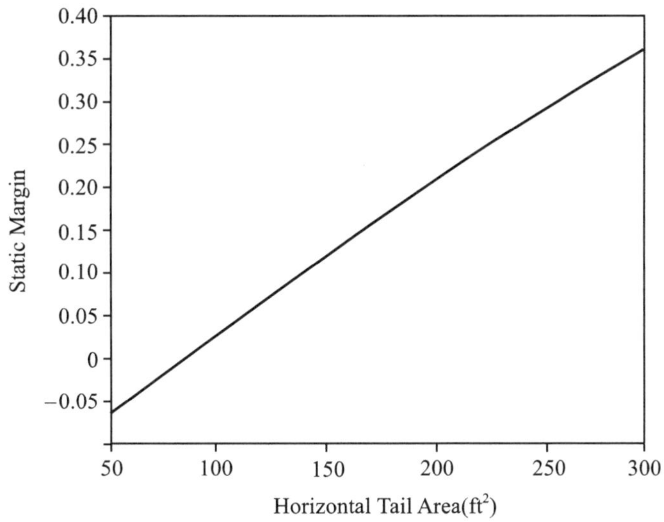

| 그림 11.4 | 수평꼬리날개 면적에 대한 Static Margin 값의 변화

항공기는 이착륙과 활공할 때의 받음각을 달리하며 비행하게 된다. 서로 다른 받음각으로 세로 정안정성을 유지하며 비행하기 위해서는 트림을 위한 승강타의 각을 계산하여 항공기 설계에 적용해야 한다.

기본식에서 비행경로각을 0으로 하고 정상상태, 직선비행, 무동력 활공으로 가정하면 다음의 식 (11.6)과 (11.7)을 얻는다.

$$mg = -(C_{L_0} + C_{L_\alpha} + C_{L_{i_H}} i_H + C_{L_{\delta_E}} \delta_E)\overline{qS} \tag{11.6}$$

$$0 = C_{m_0} + C_{m_\alpha}\alpha + C_{m_{iH}} i_H + C_{m_{\delta_E}} \delta_E \tag{11.7}$$

여기서 식 (11.6)을 만족하면 이 상태를 모멘트 트림조종이라고 한다. 위 식을 행렬 형태로 쓰면 식 (11.8)과 같다.

$$\begin{bmatrix} C_{l_\alpha} & C_{l_{\delta_E}} \\ C_{m_\alpha} & C_{m_{\delta_E}} \end{bmatrix} \begin{pmatrix} \alpha \\ \delta_E \end{pmatrix} = \begin{Bmatrix} \dfrac{mg}{\bar{q}S} - C_{L_0} - C_{L_{i_H}} i_H \\ - C_{m_0} - C_{m_{i_H}} i_H \end{Bmatrix} \tag{11.8}$$

또 위 식을 풀면 아래와 같이 α, δ_E를 구할 수 있다.

$$\alpha = \frac{(C_{L_1} - C_{L_0} - C_{L_{i_H}} i_H) C_{m_{\delta_E}} + (C_{m_0} + C_{m_{i_H}} i_H) C_{L_{\delta_E}}}{C_{L_\alpha} C_{m_{\delta_E}} - C_{m_\alpha} C_{l_{\delta_E}}} \tag{11.9}$$

$$\delta_E = \frac{- C_{L_\alpha}(C_{m_0} + C_{m_{i_H}} i_H) - C_{m_\alpha}(C_{L_1} - C_{L_0} - C_{L_{i_H}} i_H)}{C_{L_\alpha} C_{m_{\delta_E}} - C_{m_0} C_{L_{\delta_E}}} \tag{11.10}$$

여기서 $C_{L_1} = \dfrac{mg}{\bar{q}s}$ 이다.

이렇게 구한 α, δ_E가 기계적으로 항공기가 가질 수 있는 값의 범위 안에 있으면 타당하다고 본다. 그림 11.5의 예에서 보는 바와 같이 승강타의 변위가 -20도부터 10도로 정해진다면 트림조종비행은 A점과 D점 사이의 양력계수에서만 가능하다. 즉 이 비행기는 양력계수가 0.55부터 1 사이에서만 트림조종비행이 가능하다.

동력 비행일 경우는 위 식 (11.7)은 아래의 식 (11.11)과 같이 변형된다.

$$0 = (C_{m_0} + C_{m_\alpha}\alpha + C_{m_{i_H}} i_H + C_{m_{\delta_E}} \delta_E)\bar{q}S\bar{c} - Td_T \tag{11.11}$$

식 (11.7)의 경우와 비교하면 엔진의 추력 T와 무게중심선과 추력선의 거리 d_T의 곱만 이 추가되었다. 또 $C_{m\,T_\alpha}$ 항도 새로이 C_{m_α}에 추가된다. 그런데 보통의 항공기는 $C_{m\,T_\alpha}$를 0으로 간주하여도 무방하다.

그림 11.6은 무게중심의 변화에 따라 트림조종 조건이 어떻게 변화하는 것을 알아본 것이다. 그림에서 A_1은 무게중심 변화에 따른 새로운 트림조종 조건이다.

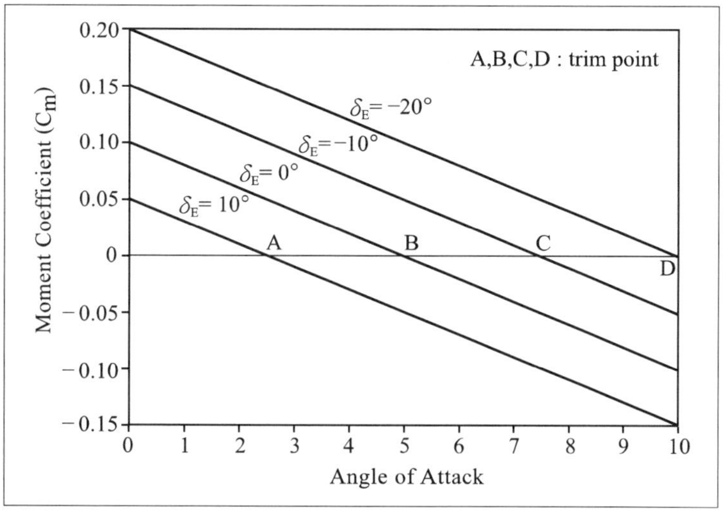

| 그림 11.5 | 받음각(Angle of attack)에 따른 모멘트 계수의 변화

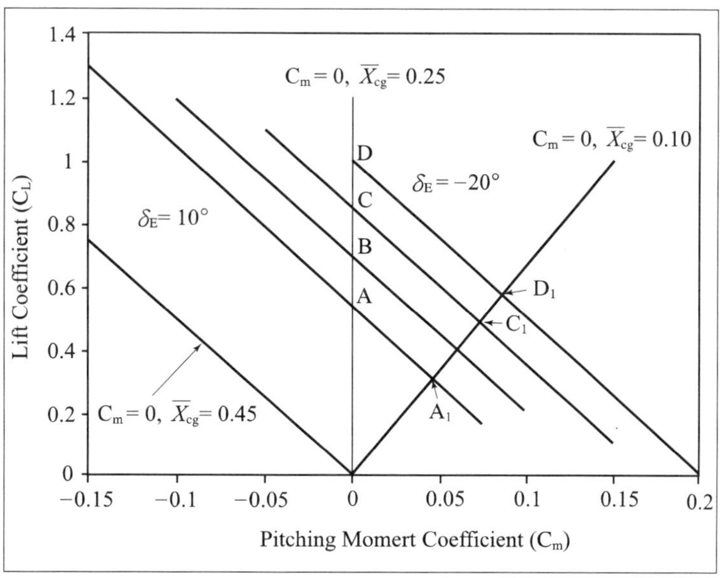

| 그림 11.6 | 무게중심 변화에 따른 트림조종 조건의 변화

수평꼬리날개의 설계에 있어서 Take-Off Rotation은 중요한 설계 요구사항 중 하나이다. Take-Off Rotation이란, 이륙속도에 이르기 전에 기수를 들어올려서 실제 이륙에 필요한 양력을 얻는 방법을 말한다. Take-Off Rotation을 수행하기 위해서 항공기는 실속근처의 강한 기수내림 피칭모멘트를 상쇄하는 기수올림피칭모멘트가 수평 꼬리날개에서 발생시킬 수 있어야 한다.

$$C_{mac_{WB}}\bar{q}S\bar{c} - T(Z_{MG} - Z_T) - W(X_{MG} - X_{CG}) + L_{WB}(X_{MG} - X_{ac_{WB}}) + D(Z_{MG} - Z_D) + \frac{W}{g}\dot{U}Z_{MG} - L_H(X_{ac_H} - X_{MG}) = 0 \qquad (11.12)$$

위 식은 Take-Off Rotation시에 주 착륙장치와 지면과의 접촉점을 중심에서의 모멘트 평형 방정식을 유도한 것이다. 주 착륙장치에 걸리는 하중과 그로 인한 지면과의 마찰력을 고려하면,

$$T - \mu R - D = \frac{W}{g}\dot{U} \qquad (11.13)$$

$$R + L_{WB} + L_H - W = 0 \qquad (11.14)$$

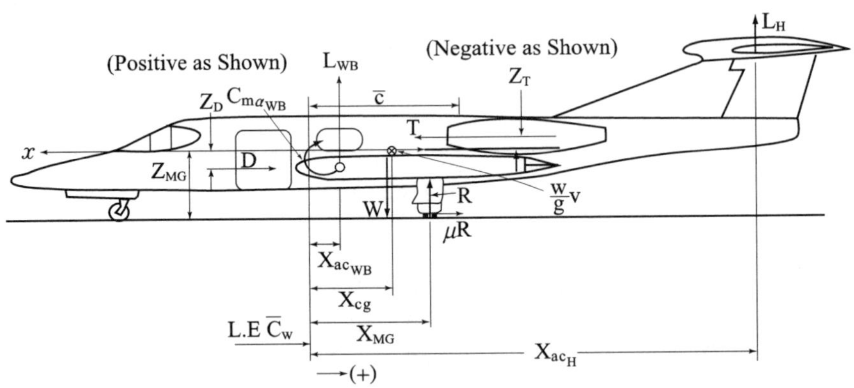

| 그림 11.7 | Take-Off Rotation시에 항공기에 걸리는 힘과 모멘트

위와 같은 관계를 유추해 낼 수 있다(단, R은 주 착륙장치에 걸리는 수직방향 하중, μ는 바퀴와 지면과의 마찰계수). 또한 Take-Off Rotation 순간에 수평꼬리날개가 최대의 양력을 발생시킨다고 가정할 수 있으므로

$$L_H = -C_{L_{H_{max}}}\bar{q}S_H \qquad (11.15)$$

로 나타낼 수 있으며, 이러한 관계와 식 (11.12)를 이용하여 수평꼬리날개 면적 S_H에 대하여 정리하면

$$S_H = \frac{-TZ_T + DZ_D + W(X_{MG} - X_{CG} + \mu Z_{MG}) - L_{WB}(X_{MG} - X_{ac_{WB}} + \mu Z_{MG}) - C_{m_{ac\,WB}}\bar{q}S\bar{c}}{C_{L_{H\max}}\bar{q}(X_{ac_H} - X_{MG} - \mu Z_{MG})} \tag{11.16}$$

으로 나타낼 수 있다. 다음 그래프는 위 식을 이용하여 Take-Off Rotation 속도와 Tail Moment Arm의 변화에 따른 수평꼬리날개의 면적 변화를 나타낸 것이다.

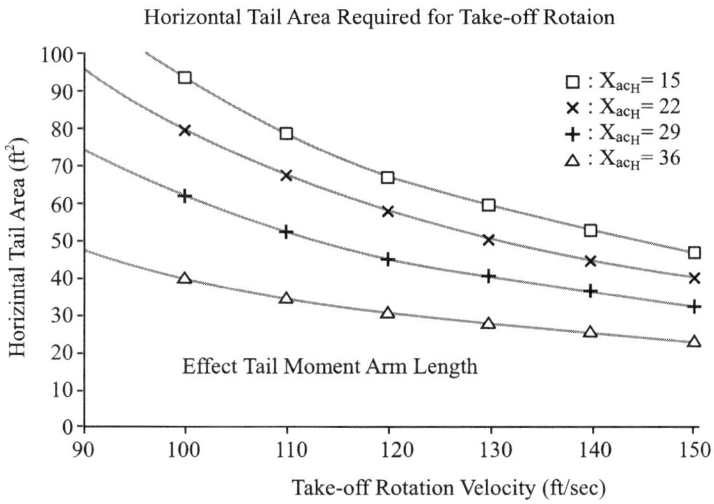

| 그림 11.8 | Take-Off Rotation 속도와 Tail Moment Arm의 변화에 따른 수평꼬리날개의 면적 변화

위의 결과에서 볼 수 있듯이 속도가 빠르고 Tail Moment Arm이 길수록 수평꼬리날개의 면적이 작아짐을 알 수 있다. 이 밖에도 일반적인 비행 조건과는 달리 지면효과에 의해 양력곡선 기울기나 내리흐름각을 변화시켜 Take-Off Rotation시의 항공기의 비행 특성에 영향을 미칠 수 있다.

| 표 11.1 | 수평꼬리날개 면적 계산에 사용된 데이터

$C_{L_{H\max}} = 1.0$	$T = 6{,}000\ \text{lb}$
$C_{L_{WB}} = 1.0$	$Z_T = -1.5\ \text{ft}$
$C_{m_{ac\,WB}} = -0.1$	$C_D = 0.07$
$U = 90 \sim 150\ \text{ft/sec}$	$Z_D = 0\ \text{ft}$
$W = 13{,}000\ \text{lb}$	$X_{MG} = 5.0\ \text{ft}$
$S_{CG} = 4.0\ \text{ft}$	$Z_{MG} = 3.5\ \text{ft}$
$S = 240\ \text{ft}^2$	$X_{ac_H} = 22.0\ \text{ft}$
$\bar{c} = 7\ \text{ft}$	$X_{ac_{WB}} = 0.5\ \text{ft}$
$\mu = 0.02$	

그림 11.9에는 현용 항공기의 세로 정적안정성의 정도를 도시하였다. 이 그림을 이용하여 설계자는 설계대상 항공기의 세로방향의 정적안정성의 크기를 결정할 수 있다.

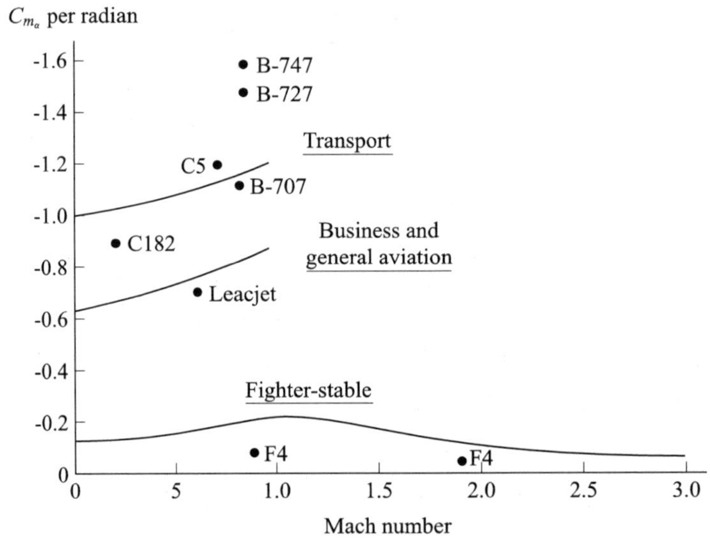

| 그림 11.9 | 일반적인 항공기의 정적 세로안정성의 경향

아울러

$$C_{m_\alpha} = \frac{dC_m}{d\alpha} = \frac{dC_m}{dC_L}\frac{dC_L}{d\alpha} = \left(C_{L_\alpha}\right)_{WB}\frac{dC_m}{dC_L} = \left(C_{L_\alpha}\right)_{WB}(h - h_n)$$

이므로 위에 제시한 수치와 정적안정성의 크기 사이의 상관관계를 잘 이해하고 설계에 반영하기를 바란다.

11.3 가로 정안정성

방향 안정성은 항공기의 z축에 대한 정적 안정성을 다룬다. 방향 정안정성을 가지려면 항공기는 옆미끄럼각(Sideslip Angle)을 영(Zero)으로 유지할 수 있는 요잉 모멘트를 발생시킬 수 있어야 한다. 그림 11.10은 설계된 항공기 2대에 대해서 요잉 모멘트계수 C_{n_β}와 옆미끄럼각 β의 관계를 나타내고 있다. 각각의 항공기는 평형 상태에서 비행하는 도중, 돌풍에 의해 양의 옆미끄럼각 β가 발생되었다고 가정한다. 이때 항공기 1은 다시 평형상태로 되돌아 오도록 요잉 모멘트가 발생하여 복원성을 가지게 되지만 항공기 2는 옆미끄럼각이 계속 증가하도록 요잉 모멘트가 발생하여 복원성을 가지지 못하고 발산할 것이다. 그러므로 설계항공기에 방향 정안정성을 부여하려면 요잉 모멘트계수는 $C_{n_\beta} > 0$이어야 한다. 방향 정안정성을 가진 항공기는 상대풍이 오는 방향으로 기수를 움직이기 때문에 이러한 의미에서 방향 안정성을 풍향계 안정성(Weathercock Stability)라고도 한다. 통상 요잉 모멘트계수 C_{n_β}는 주날개, 동체, 수직꼬리날개에 의한 기여부분으로 나누어 계산되어지며 다음 식과 같이 구해진다.

$$C_{n_\beta} = C_{n_{\beta_w}} + C_{n_{\beta_{fus}}} + C_{n_{\beta_v}} \tag{11.17}$$

여기서

$$C_{n_{\beta_w}} = c_L^2\left\{\frac{1}{4\pi AR} - \left[\frac{\tan\Lambda}{\pi AR(AR+4\cos\Lambda)}\right]\right.$$
$$\left.\cdot\left[\cos\Lambda - \frac{AR}{2} - \frac{AR^2}{8\cos\Lambda} + \frac{6(\overline{X}_{acw} - \overline{X}_{cg})\sin\Lambda}{AR}\right]\right\}$$

$$C_{n_{\beta_{fus}}} = -1.3\frac{volume}{Sb}\left(\frac{D_f}{W_f}\right)$$

$$C_{n_{\beta_v}} = C_{L_\alpha}\left(1-\frac{d\sigma}{d\beta}\right)\eta_v \frac{S_v}{S}\,\frac{X_{acv}-X_{cg}}{b}$$

$$1-\frac{d\sigma}{d\beta}=\frac{1}{\eta_v}\left(0.724+\frac{3.06\frac{S_v}{S}}{1+\cos\Lambda}-0.4\frac{Z_{wf}}{D_f}+0.0094AR_{wing}\right)$$

D_f : 동체의 직경

W_f : 동체의 길이

Λ : $c/4$에서의 날개 후퇴각(Sweepback Angle)

$AR=b^2/S$: 가로세로비(Aspect Ratio)

X_{acv} : 수직꼬리날개의 공기역학적 중심 위치(x축)

X_{cg} : 비행기의 무게중심 위치(x축)

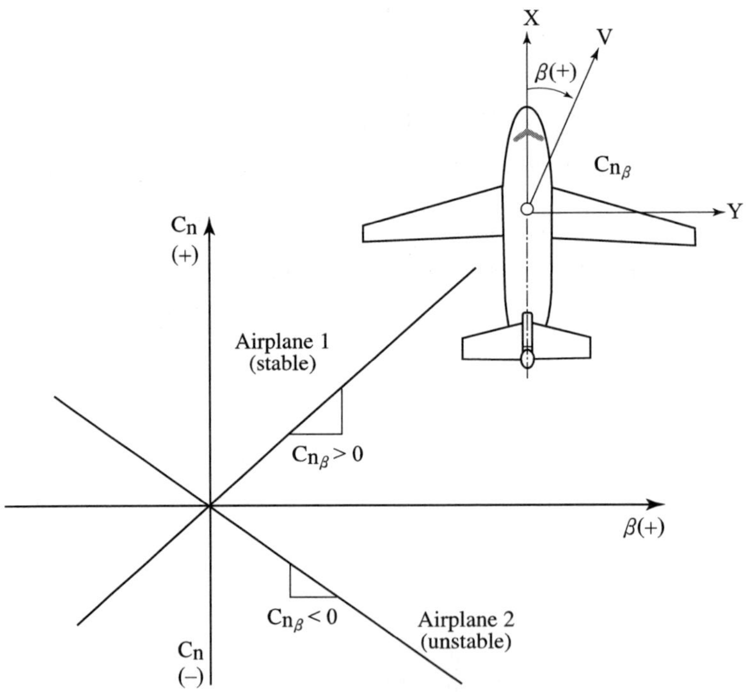

| 그림 11.10 | 방향 정안정성

그림 11.11에는 현용 항공기의 정적 방향 정적안정성을 도시하였다. 이 그림을 이용하면 설계자는 설계대상항공기의 동특성에 부합하는 정적 방향안정성의 정도를 결정하는데 도움이 될 것이다.

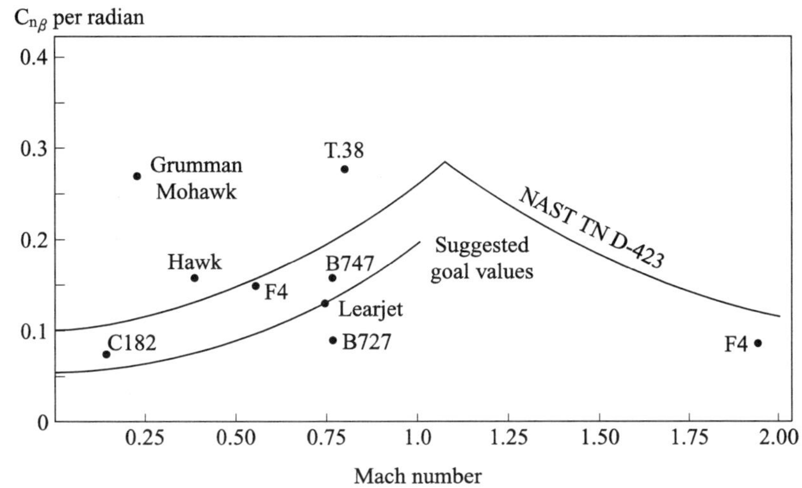

| 그림 11.11 | 일반적인 항공기의 정적 방향안정성의 경향

수평 비행하고 있는 항공기가 돌풍 등 외란에 의해 롤(Roll) 운동을 할 때, 평형 상태로 되돌아 오도록 반대방향의 롤모멘트가 발생하여 옆미끄럼각을 줄여주는 특성, 즉 롤복원성을 가지게 되면 항공기는 가로 정안정성 또는 롤 정안정성이 있다고 한다. 이때 발생되는 복원롤링(Rolling) 모멘트는 옆미끄럼 각 β에 대해 항공기의 상반각(Dihedral Angle)에 의해 주로 발생하며, 이 외에도 날개 후퇴각(Sweep Angle), 동체에 대한 날개의 위치, 및 수직꼬리날개에 의해서 발생된다. 이에 대한 개념을 돕기 위해 그림 11.12에 이를 표현하고 있다. 항공기가 가로 정안정성을 갖기 위해서 롤링 모멘트 계수는 $C_{l_\beta} < 0$이어야 한다. 상반각은 롤링 모멘트 계수에 큰 영향을 미치는 매개변수로서 수평선에 대한 날개 스팬(Span)의 꺽임각으로 정의된다. 날개끝이 날개뿌리보다 높으면 상반각은 양수이고, 낮으면 음수이다. 음의 상반각을 보통 하반각(Anhedral Angle)이라 한다.

그림 11.12에서 항공기가 수평 비행 도중에 돌풍이 불어 롤 운동을 하게 되면 돌풍이 불어온 반대방향으로 옆미끄럼을 시작하게 된다. 이때 상대풍이 불어오는 방향에 있는 주날개의 한쪽은 상반각에 의해 받음각이 증가하여 양력이 증가하게 되고, 다른 한쪽은 반대로 양력이 감소한다.

그러므로 주날개의 양쪽의 양력 차이로 발생되는 복원 롤모멘트에 의해 항공기는 원래의 평형 상태로 되돌아 가게 된다. 이를 상반각 효과(Dihedral Effect)라고 한다. 날개 후퇴각이나 날개 설치 위치에 의한 가로 정안정성 또한 롤링에 의한 옆미끄럼이 발생할 때에 날개 양쪽의 양력 차이를 이용한 것이다. 옆미끄럼할 때의 수직꼬리날개의 압력 중심은 일반적으로 항공기의 무게중심 위에 있으므로 수직꼬리날개도 또한 평형 상태로 되돌아 오도록 작지만 롤링 모멘트를 발생시킨다. 롤링 모멘트 계수 C_{l_β}는 주날개와 수직꼬리날개로 구성되어 있으며 다음 식과 같다.

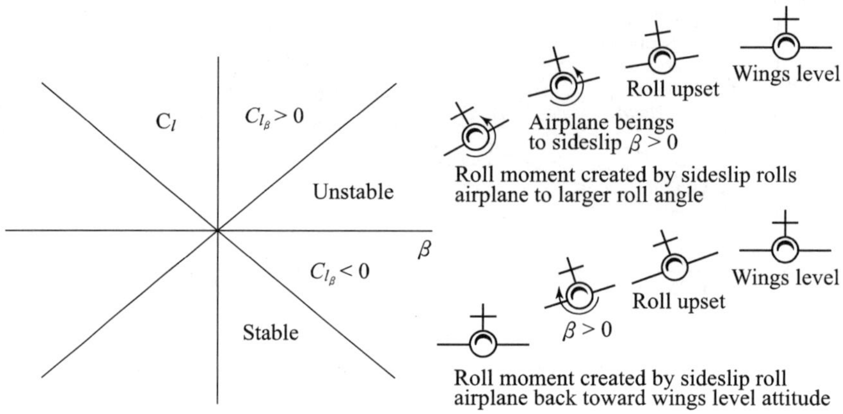

| 그림 11.12 | 가로 정안정성

$$C_{l_\beta} = C_{l_{\beta w}} + C_{l_{\beta v}} \tag{11.18}$$

여기서,

$$C_{l_{\beta w}} = \left(\frac{C_{l_{\beta w}}}{C_L}\right) C_L + (C_{l\beta})\Gamma + C_{l_{\beta wf}}$$

$$(C_{l_\beta})\Gamma = -\frac{C_{L_\alpha}\Gamma}{4}\left[\frac{2(1+2\lambda)}{3(1+\lambda)}\right]$$

$$C_{l_{\beta wf}} = -1.2\frac{\sqrt{AR}\,Z_{wf}(2D_f)}{b^2}$$

$$C_{l_{\beta v}} = -C_{L_{\alpha v}}\left(1-\frac{d\sigma}{d\beta}\right)\eta_v \frac{S_v}{S}\frac{Z_{vs}}{b}$$

Γ : 날개 상반각(Dihedral Angle)

Z_{wf} : 주날개의 공기역학적 압력중심 위치(z축)

Z_{vs} : 수직꼬리날개의 공기역학적 압력중심 위치(z축)

$\frac{d\sigma}{d\beta}$: Sidewash Parameter

η_v : 수직꼬리날개의 span efficiency factor

$\lambda = \dfrac{tip\ chord}{root\ chord}$: 테이퍼 비

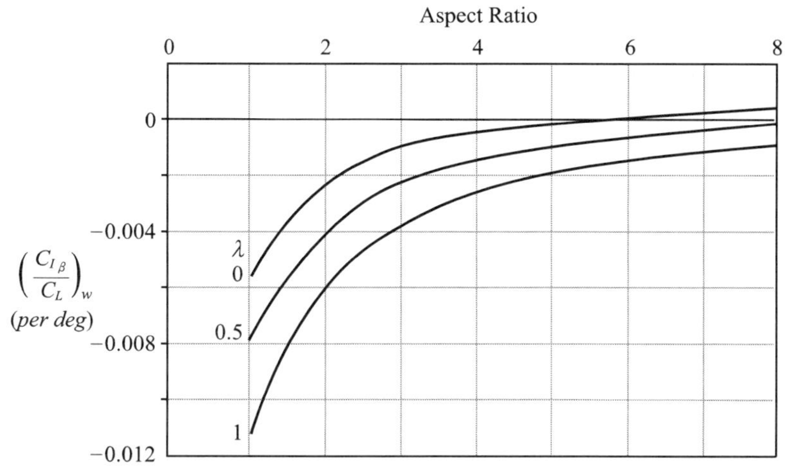

| 그림 11.13 | 날개 가로세로비와 날개 롤링 모멘트 계수 C_{l_β}

위 식들 중 $\left(\dfrac{C_{l_{\beta w}}}{C_L}\right)$비는 $C_{l_{\beta w}}$를 구하기 위해 중요한 파라미터로 주날개의 가로세로비와 테이퍼 비에 따라 그림 11.13에 의해 구한다.

항공기가 이착륙과 활공 비행 중에 가로 정안정성을 유지하기 위해서는 트림 조건을 고려하여 설계해야 한다. 특히 가장 극심한 경우는 쌍발 엔진인 경우에 한 쪽이 정지하고 다른 쪽 엔진만으로 비행하는 비대칭추력상태에서 옆미끄럼각을 영으로 유지할 수 있는 방향조종성을 부여하여야 한다. 그러므로 다음은 한쪽 엔진이 정지한 상태를 가정하여 방향타와 에일러론의 트림조건에 대해서 설명할 것이다.

항공기의 운동 방정식을 가로방향과 관계되는 것만을 유도하여 이 식을 행렬 형태로 표현하면 다음 식 (11.19)와 같이 나타난다.

$$\begin{bmatrix} C_{y_\beta} & C_{y_{\delta_A}} & C_{y_{\delta_R}} \\ C_{l_\beta} & C_{l_{\delta_A}} & C_{l_{\delta_R}} \\ C_{n_\beta} & C_{n_{\delta_A}} & C_{n_{\delta_R}} \end{bmatrix} = \begin{pmatrix} \beta \\ \delta_A \\ \delta_R \end{pmatrix} = \begin{bmatrix} \dfrac{mg\sin\phi\cos\gamma + F_{y_T}}{\bar{q}\,s} \\ -\dfrac{L_T}{\bar{q}sb} \\ \dfrac{-N_T - \Delta N_D}{\bar{q}\,sb} \end{bmatrix} \tag{11.19}$$

위 식을 풀어 값들이 항공역학적으로 이들이 가질 수 있는 값이 허용할 수 있는 범위 안에 있어야 한다.

여기서는 엔진 중 하나가 꺼졌을 때 발생할 수 있는 문제점과 이를 해결하기 위한 방법에 대해 살펴본다.

첫 번째 문제는 엔진에 의해 발생하는 요잉 모멘트이다. 다음 식은 이를 표현한 것이다.

$$C_{n_\beta}\beta + C_{n_{\delta_R}}\delta_R + \frac{N_T + \Delta N_D}{\bar{q}\,Sb} = 0 \tag{11.20}$$

여기서 $N_T = T_1 \times Y_T$ (그림 11.14 참조)이다.

δ_R에 관하여 정리하면 식 (11.21)이 된다. 즉, 이 방향키의 크기가 요잉 모멘트 없이 직진 비행을 하기 위해 필요한 양이다.

$$\delta_R = \frac{-C_{n_\beta}\beta - \dfrac{-(N_T + \Delta N_D)}{\bar{q}\,Sb}}{C_{n_{\delta_R}}} \tag{11.21}$$

β를 0으로 하면 다음의 식이 된다.

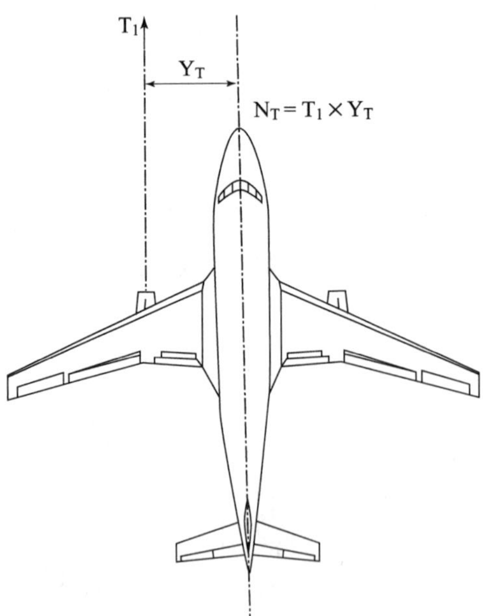

| 그림 11.14 | 엔진 하나가 꺼졌을 때 발생하는 힘

$$\delta_R = \frac{-(N_T + \Delta N_D)}{C_{n_{\delta_R}} \bar{q}\, Sb} \tag{11.22}$$

식 (11.21)과 (11.22)에서 알 수 있듯이 속도가 감소하면 방향키의 각도는 커지게 된다. 따라서 방향키의 최대값이 정해지면 엔진 하나가 꺼졌을 때 평행을 유지하기 위한 최저 속도가 정해진다. 이 속도 이하에서는 비행기의 평행을 유지할 수 없다. 그림 11.15에는 속도의 변화에 따라 필요한 방향키의 각을 나타낸 것이다. 그림에서 알 수 있듯이 만약 방향키가 기계적으로 $-25° \sim 25°$ 사이의 각을 갖도록 되어 있다면 어느 일정 속도 이하에서는 방향조종 능력을 상실하게 된다. 그림에서는 그 속도가 208.62 fps 이다. 보통 이 속도는 실속속도의 1.2배보다 작아야 한다.

엔진이 하나 꺼졌을 때 발생하는 또 하나의 문제는 가로 조종성이다. 옆미끄럼각에 의해 발생하는 롤링 모멘트를 소거하기 위한 충분한 가로 조종성이 있어야 한다.

엔진이 하나 꺼졌을 때 발생하는 최대 미끄럼각은 식 (11.23)과 같다.

$$\beta_{max} = \frac{-(N_{T_\Delta} N_D)}{\bar{C}_{n_\beta} \bar{q}\, Sb} \tag{11.23}$$

그리고 이 미끄럼각에 의해 발생하는 롤링을 막기 위한 가로 방향 조정, 즉 필요한 에일러론의 크기는 식 (11.24)와 같다.

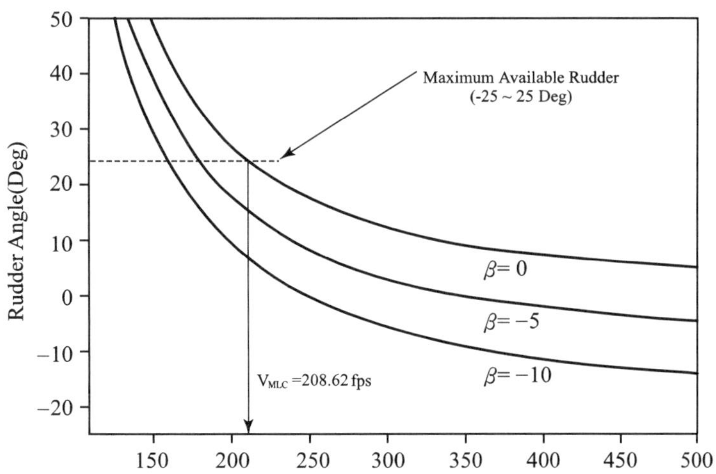

| 그림 11.15 | 엔진 하나가 꺼졌을 때 직선 비행을 하기 위한 방향키 각

$$\delta_A = \frac{-C_{l\beta} B_{\max}}{C_{l_{\delta A}}} \tag{11.24}$$

11.4 예 제

예제 1

어떤 전투기의 데이터가 다음과 같다. 이 데이터를 이용하여 정적여유를 구한 후 세로 정안정성을 판단하시오. (모든 데이터들은 $M = 0.8$인 순항시의 값)

$C_{L_{\alpha_{WB}}} = 1.079$

$C_{L_{\alpha_t}} = 0.044$

$h_{ac_{WB}} = 1.1167$

$h - h_{ac_{WB}} = 0.0573$

$V_H = 0.23$

$\left.\frac{\delta\epsilon}{\delta\alpha}\right|_M = 0.8 = 0.565$

풀이 다음 식에 주어진 데이터를 대입하여 중립점(Neutral Point)을 계산한다.
가정) $V_H \cong V_H{'}$

$$h_n = h_{ac_{WB}} + V_H{'} \frac{C_{L_{\alpha_t}}}{C_{L_{\alpha WB}}}\left(1 - \frac{\partial\epsilon}{\partial\alpha}\right) \tag{11.3}$$

$$= 1.1167 + 0.23 \times \frac{0.044}{0.079}(1 - 0.565)$$

$$= 1.1724$$

$h - h_{ac_{WB}} = 0.0573$에서 무게중심 위치는 다음과 같다.

$$h = 0.0573 + 1.1167$$

$$= 1.174$$

위에서 구한 값을 다음 식에 대입하여 정적여유를 계산한다.

$$\begin{aligned} Static\ \ Margin &= h_n - h \\ &= 1.1724 - 1.174 \\ &= -0.0016 \end{aligned}$$

세로 정안정성은 다음 식으로 계산한다.

$$\begin{aligned} \frac{\partial C_{M,cg}}{\partial \alpha_a} &= -C_{L_{\alpha_{WB}}} \times static\ \ margin \\ &= -1.079 \times (-0.0016) \\ &= 0.0001264 \end{aligned} \tag{11.5}$$

정적여유가 음수로 나왔다. 이는 항공기가 세로 정안정성이 불안함을 말하는데, 이를 해결하는 방법으로는 무게중심을 바꾸어 주는 방법이 있다. 세로안정성은 근본적으로 무게중심의 위치에 의해 결정되므로, 무게중심을 바꾸는 것이 중요하다. 일반적으로 무게중심의 위치는 날개 시위의 40% 이내에 위치한다. Static Margin이 음수라는 것은 무게중심이 날개 시위의 40% 이내보다 후방에 위치함을 뜻하므로 무게중심의 위치를 다시 잡아줌으로 이를 보완할 수 있다. 또한, 수평꼬리날개의 위치(높이, 주날개에서 떨어진 거리)나 면적 또한 이를 해결하는 방법이 된다. ■

예제 2

예제 1의 데이터를 이용하여 세로 정안정성을 판단하여라.

풀이 다음 식에 주어진 데이터를 대입하면,

$$\frac{\partial C_{M,cg}}{\partial \alpha_a} = C_{L_{\alpha_{WB}}} \left[(h - h_{ac_{WB}}) - V_H \frac{C_{L_{\alpha_t}}}{C_{L_{\alpha_{WB}}}} \left(1 - \frac{\partial \epsilon}{\partial \alpha} \right) \right] \tag{11.2}$$

$$\begin{aligned} &= 0.075 \times \left[0.0573 - 0.23 \times \frac{0.044}{0.075} \times (1 - 0.565) \right] \\ &= 0.000124 \end{aligned}$$

정적여유가 음수이고 받음각 변화에 대한 피칭 모멘트 변화율이 양수이므로 이 초음속 훈련기는 세로 정안정성 조건을 만족하지 않으므로 불안정한 세로 정안정성을 가지고 있다고 판단할 수 있다. 그러나 초음속 훈련기등 전투기종들은 세로 정안정성이 불안정한 경우가 많다. 따라서 수평꼬리 날개의 면적, 위치, 무게중심, 공력중심 등의 위치 등을 바꾸거나, 제어 시스템을 사용하여 세로 정안정성을 갖도록 하는 것이 필요하다. 그런데, 예제 1과 2의 $\dfrac{\partial C_{M,cg}}{\partial \alpha_a}$ 값이 서로 다른데 이는 $V_H \cong V_H'$라는 가정에서 오는 차이 때문에 생기는 것이나, 그 차이는 1.9%에 지나지 않으므로 세로 정안정성 판단에는 무리가 없다. ■

예제 3

예제 1, 2의 전투기의 데이터가 다음과 같다.

$C_{L_{M=0.8}} = 0.075$, $C_{L_{\alpha M=0.8}} = 4.3$, $C_{L_{\alpha v M=0.8}} = 3.8$,

$\Lambda_{c/4} = 27.70\,(\mathrm{deg})$, $S = 255\ \mathrm{ft}^2$, $S_v = 57.5\ \mathrm{ft}^2$,

$b = 29.88\ \mathrm{ft}$, $AR(=b^2/S) = 3.5$, $D_f = 58.1\ \mathrm{in}$,

$W_f = 511\ \mathrm{in}$, $Z_{wf} = 111.33\ \mathrm{in}$, $X_{acw} = 275.75\ \mathrm{in}$,

$X_{cg} = 289.8\ \mathrm{in}$, $X_{acv} = 431.02\ \mathrm{in}$, $Volume = 864.85\ \mathrm{ft}^2$

이때, 가로 정안정성인 C_{n_β}값을 구하여라.

풀이 다음 주어진 식에 데이터를 입력하여 계산한다.

$$C_{n_\beta} = C_{n_{\beta w}} + C_{n_{\beta fus}} + C_{n_{\beta v}} \tag{11.17}$$

$$C_{n_{\beta_w}} = C_L^2 \left\{ \frac{1}{4\pi AR} - \left[\frac{\tan\Lambda}{\pi AR(AR + 4\cos\Lambda)} \right] \cdot \left[\cos\Lambda - \frac{AR}{2} - \frac{AR^2}{8\cos\Lambda} + \frac{6(\overline{X}_{acw} - \overline{X}_{cg})\sin\Lambda}{AR} \right] \right\}$$

$$= 0.075^2 \left\{ \frac{1}{4\pi \times 3.5} - \left[\frac{\tan 27.70}{\pi \times 3.5 \times (3.5 + 4\cos 27.70)} \right] \times \left[\cos 27.70 - \frac{3.5}{2} - \frac{3.5^2}{8\cos 27.70} \times \frac{6 \times (275.75 - 289.8) \times \sin 27.70}{3.5} \right] \right\}$$

$$= 0.00065$$

$$C_{n_{\beta fus}} = -1.3\frac{Volume}{Sb}\left(\frac{D_f}{W_f}\right)$$

$$= -1.3\times\frac{864.85}{255\times 29.88}\times\left(\frac{58.11}{511}\right) = -0.01678$$

$$C_{n_{\beta v}} = C_{L_\alpha}\left(1-\frac{d\sigma}{d\beta}\right)\eta_v\frac{S_v}{S}\frac{X_{acv}-X_{cg}}{b}$$

$$= 3.38\times\left(0.724+\frac{3.06\times\frac{57.5}{255}}{1+\cos 27.7065}-0.4\times\frac{111.33}{58.1}+0.009\times 3.5\right)$$

$$\times\frac{57.5}{255}\times\frac{431.02-289.8}{29.88\times 12} = 0.1066$$

그러므로, 식 (11.17)에 대입하면, $C_{n_\beta} = 0.1066 + 0.00065 - 0.01678 = 0.09$이다. 이 값은 그림 11.9에 의하면 요잉에 대한 정안정성은 있다고 할 수 있다. 일반적인 동급 항공기와 값을 비교해보면 약간의 차이가 있으나 $C_{n_\beta} > 0$의 조건에 부합되고 일반적인 값의 범위에 포함되므로 가로 정안정성 중 요잉에 대한 안정이 있다고 말해도 무리가 없다. ■

예제 4

예제 3의 데이터와 다음의 데이터를 이용하여 C_{l_β}값을 구하여라.

$$Z_{vs} = 177.3\,\text{in},\ \Gamma = 0(\text{deg}),\ \lambda = 0.24$$

풀이 다음에 주어진 식에 데이터를 입력하여 계산한다.

$$C_{l_\beta} = C_{l_{\beta w}} + C_{l_{\beta v}} \tag{11.18}$$

$$C_{l_{\beta wf}} = -1.2\frac{\sqrt{A}\,Z_{wf}(2D_f)}{b^2}$$

$$= -1.2\frac{\sqrt{3.5}\times 111.33\times(2\times 58.1)}{(29.88\times 12)^2} = -0.2259$$

$$C_{l_{\beta v}} = -C_{L_{\alpha v}}\left(1-\frac{d\sigma}{d\beta}\right)\eta_v \frac{S_v}{S}\frac{Z_{vs}}{b}$$

$$= -3.38\times\left(0.724+\frac{255}{1+\cos 27.70}-0.4\times\frac{111.33}{58.1}+0.009\times 3.5\right)$$

$$\times\frac{57.5}{255}\times\frac{177.3}{29.88\times 12}$$

$$= -0.1338$$

$$C_{l_{\beta w}} = \left(\frac{C_{l_{\beta w}}}{C_L}\right)C_L + (C_{l\beta})\Gamma + C_{l_{\beta wf}}$$

여기서, $(C_{l_\beta})\Gamma = -\frac{C_{L_\alpha}\Gamma}{4}\left[\frac{2(1+2\lambda)}{3(1+\lambda)}\right] = 0 \quad (\Gamma = 0)$

$\left(\frac{C_{l_{\beta w}}}{C_L}\right)_{AR=3.5,\ \lambda=0.24}$ 의 값은 그림 11.12에서 λ와 AR의 관계에 의해서 -0.0012 (per degree), 즉 -0.0688(per rad)이다. 따라서

$$C_{l_{\beta w}} = (-0.0688\times 0.075) - 0.2259 = -0.231$$

이다. 식 (11.18)에 대입하면 $C_{l_\beta} = -0.231 - 0.1338 = -0.365$이다. 이 비행기는 롤링 모멘트 값을 음수로 가지므로 가로 정안정성을 갖는다고 할 수 있다. ■

본 예제의 결과로부터, 해석 대상 항공기는 가로 방향의 정안정성은 갖지만 세로방향으로는 불안정하다는 것을 알 수 있었다. 앞에서 언급했지만, 세로 정안정성이 더 강조되므로 이를 만족하도록 설계하는 것이 좋다. 보통 모든 정안정성을 만족하는 것이 바람직하겠지만, 항공기의 임무 요구도에 따라 어느 한 부분은 약간의 불안정성을 감수하는 경우도 있으니 항공기 설계자들은 설계시에 이러한 점을 신중히 반영하여야 한다. 그러므로, 예제 1과 2에서 밝힌 바와 같이 비행기의 형상을 보완 설계하면 세로 안정성을 만족시킬 수 있으므로, 개념설계 단계에서 여러 번의 수정 보완 작업을 위해 각 분야의 설계자들은 서로의 의견을 교환하여 최종적인 사이징을 해야 한다.

제12 장

비행성능

12.1 개 요

항공기는 양력, 항력, 추력, 중력의 4가지 힘의 상호 작용의 결과로서 대기 중을 비행할 수 있으며 이 4가지 힘이 어떻게 작용하는가에 따라 항공기가 얼마나 빠르게, 얼마나 높이, 혹은 얼마나 멀리 날 수 있는가가 결정된다. 이 장에서는 이 4가지 힘의 요소들을 바탕으로 항공기 운동방정식을 설명하고, 항공기가 이륙하여 상승, 순항, 선회, 하강, 그리고 착륙까지의 비행 전반에 대한 비행성능과 비행원리의 기본적인 물리적 개념들을 이해하고 실제 항공기 설계에 어떻게 적용되는지 살펴보기로 한다.

한국항공우주산업(주)에서 개발한 T-50 항공기는 초등훈련을 마친 훈련생을 대상으로 편대비행, 계기비행, 공중전투기동, 항법 및 야간 비행 등을 훈련하는 고등제트훈련기이다. 따라서 기총 및 레이더와 같이 전투와 관련된 장비는 장착되지 않았으나, 훈련 효과도를 높이기 위해 뛰어난 기동성능과 항속성능 및 높은 출격률을 가지도록 설계되었다.

T-50의 변형인 A-50은 공기역학적인 외형 상사성을 유지함과 동시에 공중전투기동, 대지사격, 공중사격, 공중요격, 저고도 항법 등의 전술능력과 고성능 비행훈련을 교육할 수 있도록 설계된 전술입문 훈련기 겸 경공격기이다. 정확도를 향상시킨 기총 알고리즘과 첨단 디지털 항공전자장비를 장착해 근접 공중전투를 수행할 수 있으며, 단거리 및 가시거

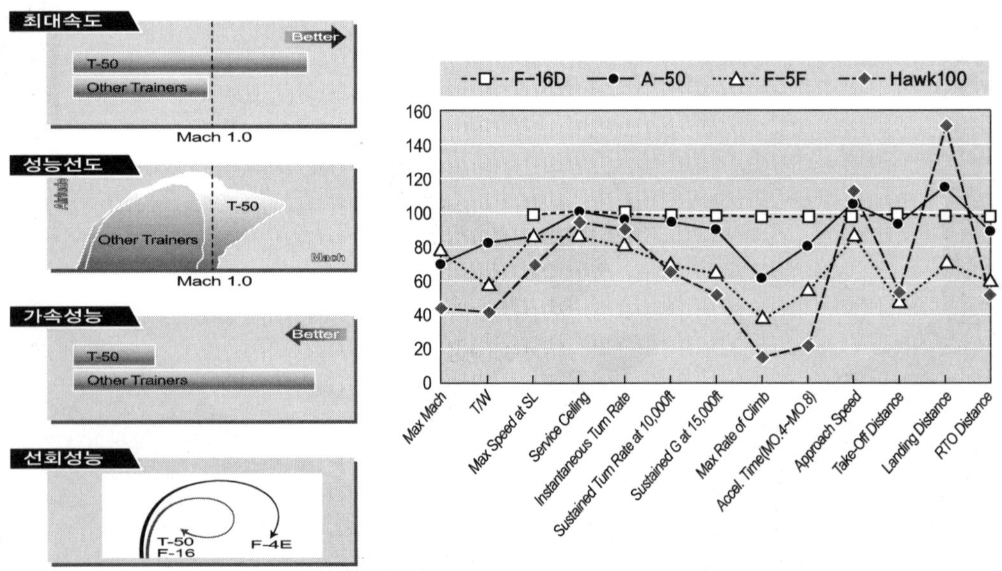

| 그림 12.1 | T-50, A-50의 주요성능 (그림 출처: 한국항공우주산업㈜)

리 미사일을 장착해 공대공 임무를 수행할 수도 있다.

그림 12.1에서 알 수 있듯이 T-50과 A-50은 동급 전투기와 비교시 여러 항목의 세부비행성능에 있어서 대등한 경쟁력을 보유하고 있다.

12.2 항공기 운동방정식

12.2절에서는 비행운동을 물리적으로 설명하는 비행역학에 대해 소개하며, 항공기에 작용하는 4가지 힘에 대하여 자세히 살펴보도록 한다. 그림 12.2는 비행성능계산을 위한 비행운동을 도식화한 그림이다.

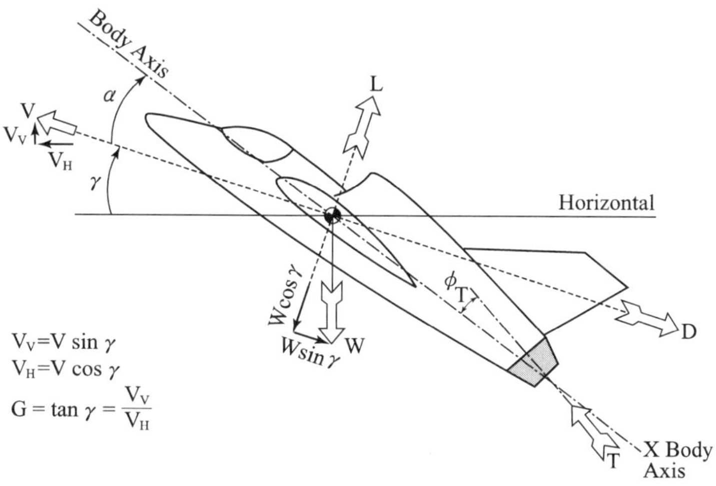

| 그림 12.2 | 비행성능계산을 위한 비행운동(진행방향을 x축으로 바꾸고 Z축 추가 필요)

항공기 진행축(wind axis) 방향인 X축과 이에 수직인 Z축에 대하여 식 (12.1)과 식 (12.2)와 같은 운동방정식이 성립한다.

$$\Sigma F_x = T\cos(\alpha + \phi_T) - D - W\sin\gamma \tag{12.1}$$

$$\Sigma F_z = T\sin(\alpha + \phi_T) + L - W\cos\gamma \tag{12.2}$$

여기서 T는 추력, D는 항력 그리고 W는 항공기에 작용하는 중력을 나타낸다.

식 (12.3)은 연료소비로 인한 항공기 중량의 시간변화율을 나타내며 이는 비연료소모율(C)와 추력(T)의 곱으로 표현된다.

$$\dot{W} = -CT \tag{12.3}$$

제트엔진일 경우 비연료소모율(SFC: Specific Fuel Consumption)은 1파운드의 추력을 내는데 1시간 동안 필요한 연료의 무게(파운드)를 나타내며 단위는 lb/hr/lb이다.

피스톤 프로펠러 엔진일 경우 비연료소모율은 C_{bhp}로 나타내는데, 이는 프로펠러축에서 1마력의 동력을 발생시킬 때 1시간 동안 필요한 연료의 무게(파운드)를 나타낸다. 또한 η_p는 프로펠러의 효율로서 프로펠러의 입력 단위마력당 추력으로 전환되는 마력으로 정의된다.

따라서 프로펠러 항공기의 경우 비연료소모율은 식 (12.4)와 같이 계산되며 식 (12.5)는 프로펠러의 추력을 나타낸다.

$$C = C_{bhp} \frac{V}{550\eta_p} \tag{12.4}$$

$$T = 550\, bhp\ \eta_p / V \tag{12.5}$$

이러한 간단한 수식들은 대다수 항공기 설계회사들이 사용하는 복잡한 프로그램들의 기초가 된다. 요구되는 총 양력(load factor를 포함)과 항공기의 기동 (수평비행, 상승, 하강, 선회)에 맞는 가속도를 얻기 위해서 필요한 받음각과 추력은 변하게 된다. 받음각과 양력은 최대 가능양력에 제약을 받고, 추력은 최대 가능추력에 제약을 받게 된다.

항공기의 사이즈 및 성능 해석프로그램들이 복잡해지는 이유는 받음각과 추력이 주어진 상태에서의 항공기의 반응을 계산하는 것이 아니라 항공기가 요구되는 특정 비행을 할 경우의 받음각과 추력을 결정해야 하기 때문이다.

대부분의 항공기는 거의 모든 비행조건에서 항공기 동체축과 추력축 사이에 약간의 편향각 ϕ_T이 존재하는데 $(\alpha + \phi_T)$가 작다고 가정하면 식 (12.1)과 식 (12.2)는 다음과 같이 간단하게 표현할 수 있다.

$$\Sigma F_x = T - D - W\sin\gamma \tag{12.6}$$

$$\Sigma F_z = L - W\cos\gamma \tag{12.7}$$

주의 성능계산에 있어서 단위계산에 매우 주의해야 한다. 각각의 방정식을 적용했을 경우 모든 단위는 지워지고 본인이 원하는 값의 단위만 남아야 한다. 특히 마력과 관련된 방정식을 주의해야 하는데, '550'이라는 숫자가 보이는 경우, 나머지 단위들은 모두 feet, pound, second로 환산해야 한다. (One bhp = 550ft-lb/s) 또한 비연료소모율(C)의 경우 대부분 $hour^{-1}$로 주어지는데 이는 3600으로 나누어 $second^{-1}$로 계산해야 한다.

12.3 순 항

순항은 최적 상태의 비행고도와 속도에서 항공기가 등속 수평비행하는 것을 뜻한다. 순항 특성은 항공기의 용도에 따라 다른데, 상업용 여객기는 반드시 경제적으로 운용되어야 하므로 주어진 비행경로에 걸쳐서 연료 사용량을 줄이는 것이 가장 중요한 사항이고, 정찰기와 같은 초계기의 경우는 항속시간이 중요시 고려되는 사항이다. 또한 전투기의 경우에는 요격을 위한 빠른 속도와 함께 수행할 임무에 따라 항속거리나 항속시간이 매우 중요한 요인이 된다.

항공기 개념설계에서 항속거리와 항속시간은 비행성능을 결정하는데 있어서 가장 기본이며 매우 중요한 요인으로서 개략적인 항공기 개념설계의 경우에는 이·착륙 및 상승, 하강, 선회 성능을 모두 생략하더라도 항속거리와 항속시간 성능만큼은 꼭 포함시키도록 한다.

12.3.1 순항고도와 대기

항공기의 운용에 있어서 대기와 관련된 가장 중요한 요인들은 밀도와 온도이다. 밀도는 공기력에 주요한 영향을 끼치고, 온도는 고속 항공기에 매우 중요한 인자인 음속에 큰 영향을 주기 때문에 중요하다. 그림 12.3은 고도에 따른 온도범위에 해당하는 대기상태를 나타내고 있으며 이것을 국제 표준대기(ISA)라고 한다. 그림 12.3을 살펴보면 대류권에서는 고도가 높아질수록 온도가 감소하며 성층권에서는 −56.5℃로 일정하다. 또한 압력과 밀도는 대류권과 성층권에서 고도가 높아질수록 감소한다.

12.3.2 등속 수평비행

만약 항공기가 등속 수평비행을 하고 있다면 그림 12.2에서 상승각 γ는 0이 되고 항공기에 작용하는 모든 힘의 합이 0이 되어야 한다. 이것으로부터 직선운동의 가장 간단한 형태인 식 (12.8)과 (12.9)를 유도할 수 있다. 이 식들은 등속으로 비행하는 수평비행에 있어서 추력은 항력과 같아야 하고 양력은 중량과 같아야 한다는 간단한 이론을 나타내고 있다.

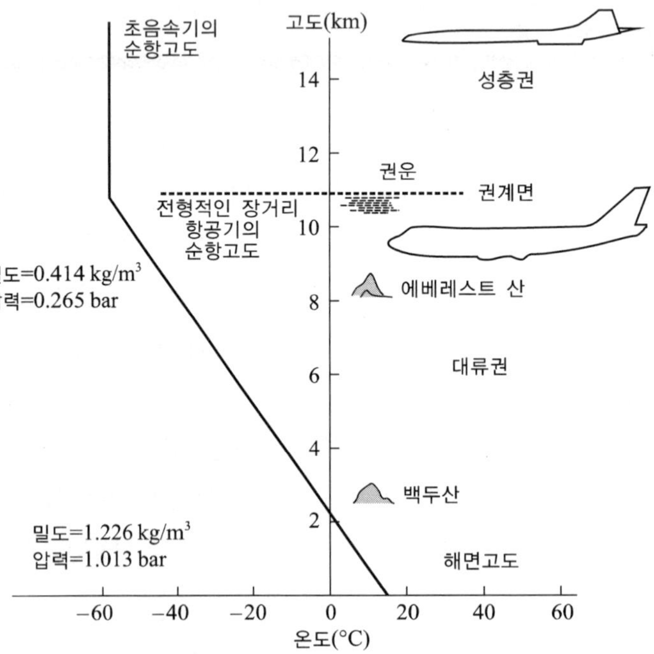

| 그림 12.3 | 표준 대기의 고도별 온도변화

$$T = D = qS(C_{D_o} + KC_L^2) \tag{12.8}$$

$$L = W = qSC_L \tag{12.9}$$

$$V = \sqrt{\frac{2}{\rho C_L}\left(\frac{W}{S}\right)} \tag{12.10}$$

수평비행속도는 식 (12.9)로부터 익면하중(W/S), 양력계수(C_L) 그리고 공기밀도의 함수로써 식 (12.10)과 같이 표현할 수 있다.

위의 식들은 수평비행에 있어서의 실제 추력 대 중량비(T/W)가 그 비행조건에서 양항비의 역수이어야 함을 나타내고 있다. 수평비행에서 추력 대 중량비와 양항비는 식 (12.9)를 식 (12.8)에 대입함으로써 다음 식 (12.11)과 같이 익면하중과 동압력으로 표현될 수 있다.

$$\frac{T}{W}=\frac{1}{L/D}=\frac{qC_{D_O}}{W/S}+\left(\frac{W}{S}\right)\frac{K}{q} \tag{12.11}$$

1. 항속거리(Range)와 항속시간(Endurance)

항공기가 정해진 연료를 적재하고 규정된 비행조건으로 비행할 수 있는 지면상의 거리를 항속거리(range)라 하고, 비행할 수 있는 시간을 항속시간(endurance)이라 정의한다.

항공기의 항속거리와 항속시간은 비행기의 속도, 자세, 고도, 중량, 탑재조건 그리고 엔진의 출력과 비연료소모율에 따라 달라진다. 일반적으로 항공기는 임무가 주어질 때마다 수행하는 비행형태가 다르기 때문에 항속거리와 항속시간에 관한 특성을 잘 이해하고 비행계획을 수립해야 한다. 최대 항속거리를 위해서는 비행거리당 연료소모를 최소화해야 하고, 항속시간을 최대로 하기 위해서는 시간당 연료를 적게 소모하는 비행을 해야 한다. 이처럼 항속거리와 항속시간에 가장 영향을 미치는 요소가 바로 항공기 엔진의 연료소모율이라 할 수 있다. 이제부터 최적 상태의 비행고도와 속도에서 등속수평 비행하는 항공기의 항속거리와 항속시간에 대한 성능을 알아보기로 한다.

2. 항속거리(Range)

항공기의 항속거리는 항공기의 속도와 항공기가 공중에 떠 있는 시간의 곱으로 계산된다. 또한 항공기가 공중에 떠 있는 시간은 그 동안 사용된 연료의 양(dW)을 연료소모율로 나누어줌으로써 구할 수 있으며 연료소모율은 비연료소모율(C)에 요구추력(T)을 곱한 값으로 구할 수 있다. 불행하게도 연료가 연소될수록 항공기의 중량이 감소한다는 사실 때문에 문제가 복잡해지며 위의 간단한 설명으로는 정확한 항속거리를 구하는데 무리가 있다. 일단 항공기의 중량이 감소하면 필요양력이 줄어들게 되고 이에 따라 항력도 감소하게 되고, 항력이 감소하면 요구추력 또한 감소하게 되어 결국 항공기는 더 멀리 날아가게 되지만 계산은 훨씬 복잡해진다.

하지만, '순간항속거리'는 식 (12.12)에 의해 구할 수 있으며 이 식은 비행 중 항공기가 연료를 사용한 만큼 추가적으로 날아간 거리를 나타내 주고 있다. 이는 또한 양항비에 관해서 나타낼 수 있다. 순간항속거리 식은 항속거리 성능을 측정하는데 널리 사용되는 방법이며 단위는 nautical mile/pound of fuel로 표현된다.

$$\frac{dR}{dW} = \frac{V}{-CT} = \frac{V}{-CD} = \frac{V(L/D)}{-CW} \tag{12.12}$$

$$R = \int_{W_i}^{W_f} \frac{V(L/D)}{-CW} dW = \frac{V}{C}\frac{L}{D}\ln\left(\frac{W_i}{W_f}\right) \tag{12.13}$$

식 (12.12)를 항공기의 중량변화에 대해 적분하면 항속거리를 계산하는 유명한 "Breguet range equation"이 된다. 식 (12.13) 적분식은 속도, 비연료소모율(C) 그리고 양항비가 모두 일정하다고 가정하고 사용하는데 이러한 가정들은 항공기의 양력계수가 일정해야 함을 뜻한다. 항공기의 중량 감소로 인한 필요양력의 감소상황 하에서 양력계수를 일정하게 하기 위해서는 동압력(q)을 줄여야 한다. 그런데 여기서 속도, 또한 일정하다고 가정하였으므로 동압력을 줄이기 위한 유일한 방법은 항공기의 고도 상승을 통해 공기의 밀도를 감소시키는 것이다. 이 결과 '순항-상승(cruise-climb)'이라고 알려진 계단식 비행경로가 결정되며 이는 항속거리를 최대화시키는 경로이다.

보통 순항상승은 단거리여객기에는 허용되지 않는데 이는 안전상 충돌회피를 위하여 모든 항공기의 고도와 속도를 주어진 값으로 일정하게 유지하도록 하는 항공교통제어시스템의 요구에 의한 것이다. 따라서 이 경우는 좀더 복잡한 항속거리 방정식이 요구된다.

하지만 항공기의 순항거리를 여러 단계로 나누고, 항공기의 중량이 감소함에 따라 구간별로 일정한 양항비 값을 사용하여 각 단계의 순항거리를 Breguet range equation을 이용하여 계산하고 합산하면 전체 순항거리를 비교적 높은 정확도로 계산할 수 있다.

한편 대륙간 장거리 항로의 비행에 있어서 항공교통제어시스템에서는 항공기의 계단식 비행경로를 허용하기도 하는데 이 경우는 순항 중에 연료가 어느 정도 줄어들 때마다 항공기를 최적의 고도로 상승시키는 것이다.

3. 항속시간(Endurance)

항공기가 공중에 떠 있을 수 있는 시간은 간단하게 연료의 양을 연료의 소모율($T \times C$)로 나누어주면 된다. 하지만 여기서도 연료소모로 인한 항공기 중량의 감소가 항속시간계산을 복잡하게 만든다.

식 (12.14)에서 정의된 '순간항속시간'은 다음 단계의 연료값이 사용되기 이전까지 항공기가 공중에 떠 있는 시간을 의미한다.

$$\frac{dE}{dW} = -\frac{1}{CT} = -\frac{1}{CW}\left(\frac{L}{D}\right) \tag{12.14}$$

$$E = \int_{W_i}^{W_f} \frac{1}{-CT} dW = \int_{W_f}^{W_i} \frac{1}{CW}\left(\frac{L}{D}\right) dW = \left(\frac{L}{D}\right)\left(\frac{1}{C}\right)\ln\left(\frac{W_i}{W_f}\right) \tag{12.15}$$

식 (12.15)는 총 항속시간 E를 구하기 위한 적분식이다. 프로펠러 항공기의 경우 항속시간은 식 (12.4)에서 구한 C값을 이용하여 계산하도록 한다.

그림 12.4는 터보제트 항공기의 속도에 따른 항력(추력)곡선으로서 항공기는 추력곡선과 항력곡선의 교점에서 정상 운용된다. 여기서 최대 항속거리와 최대 항속시간을 구하는 하나의 방법으로서 그래프를 이용할 수 있는데 원점에서 직선을 그어 접하는 곳에서의 속도로 항공기를 운항하는 것이 최대 항속거리를 얻는 방법이고 항력곡선의 최솟값에서의 속도로 항공기를 운항하는 것이 최대항속시간을 얻는 방법이다.

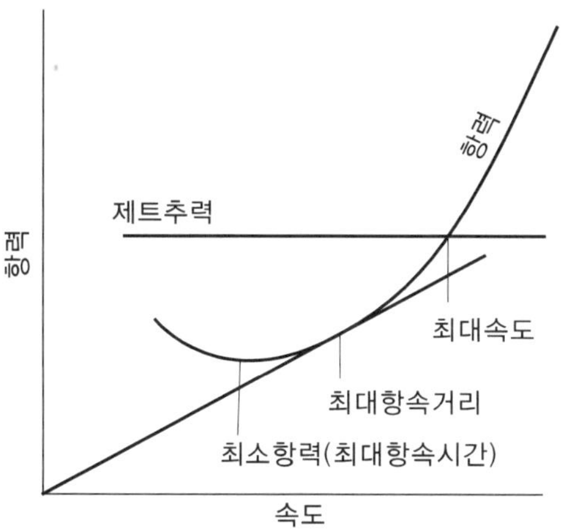

| 그림 12.4 | 터보제트 항공기의 항력곡선

12.4 이·착륙 및 상승, 하강, 선회

항공기 운항에서 특히 위험한 때가 바로 이륙과 착륙이다. 이륙시에 항공기는 운항 중 필요한 연료를 가득 싣고 있기 때문에 매우 무거울 뿐 아니라 가능한 이륙거리를 최소화하기 위해서 엔진은 최대출력을 내야 한다. 그림 12.5는 Boeing 747 항공기의 이륙하는 장면을 보여주고 있다.

12.4.1 이륙

(그림 출처: Google: Boeing 747)

| 그림 12.5 | 고양력장치인 앞전플랩과 뒷전 플랩들을 펼친 채로 이륙하는 Boeing 747

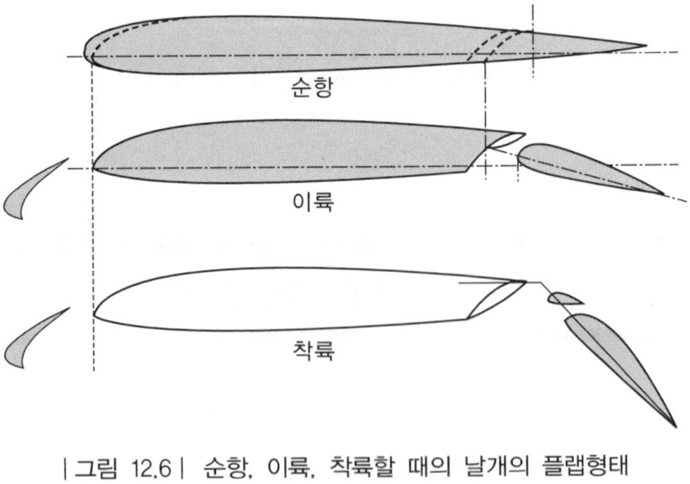

| 그림 12.6 | 순항, 이륙, 착륙할 때의 날개의 플랩형태

항공기가 이륙할 때나 착륙할 때 양력은 최대가 되어야 한다. 하지만 이륙할 때는 항공기의 가속을 위하여 항력은 최소가 되도록 고양력장치를 사용해야 하고 착륙할 때는 항공기의 감속을 위하여 항력이 최대가 되도록 해야 한다. 그림 12.6은 순항할 때는 플랩을 사용하지 않고 이륙할 때와 착륙할 때 플랩의 형태가 다름을 보여주고 있다.

그림 12.7은 항공기의 이륙성능을 해석하는 부분요소들을 나타내고 있다. 이륙과정은 보통 여러 단계로 나누어진다. 첫 단계는 초기 지상활주로서 이륙에 필요한 양력을 얻을 수 있는 속도에 빨리 도달하도록 항공기를 가속시킨다. 이때, 가속도를 최대로 하기 위해서는 항력이 작아야 하므로 받음각을 작게 한다. 속도가 충분히 빨라지면 이륙에 필요한 양력을 얻기 위해 항공기를 회전시켜 날개의 받음각을 증가시킨다. 그리고 나서 원호를 그려(transition) 최대 상승각으로 맞춘 후 상승하여 장애물을 피할 수 있도록 해야 한다.

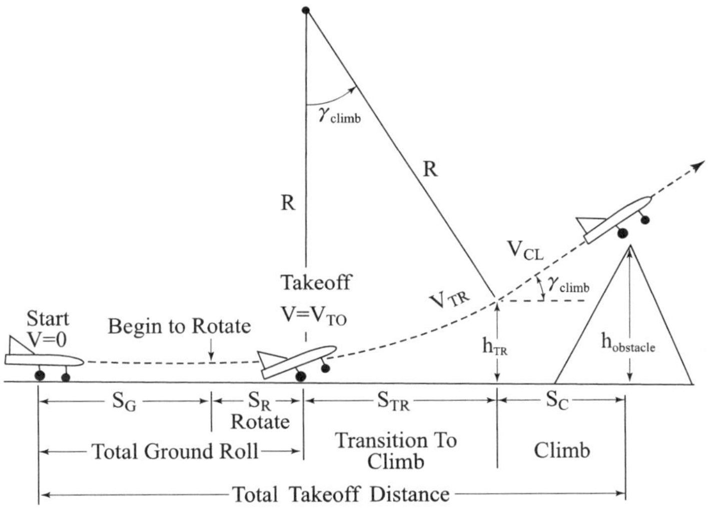

| 그림 12.7 | 항공기의 이륙성능 해석

1. 지상활주거리(Ground Roll Distance)

지상활주시 항공기에 작용하는 힘은 추력 T와 항력 D 그리고 바퀴의 회전마찰력이다. 회전마찰력은 지상활주로 면의 마찰계수 μ와 바퀴에 걸리는 실제 중량의 곱으로 나타난다. 일반적인 활주로의 회전 마찰계수는 0.03이며 다양한 활주로 면의 마찰계수는 표 12.1과 같다.

| 표 12.1 | 지상활주로 면의 회전마찰계수

Surface	μ-typical values	
	Rolling (Brakes off)	Brakes on
Dry concrete/asphalt	0.03 − 0.05	0.3 − 0.5
Wet concrete/asphalt	0.05	0.15 − 0.3
Icy concrete/asphalt	0.02	0.06 − 0.10
Hard turf	0.05	0.4
Firm dirt	0.04	0.3
Soft turf	0.07	0.2
Wet grass	0.08	0.2

지상활주 시 항공기의 가속도는 식 (12.16)과 같이 표현된다.

$$a = \frac{g}{W}[T - D - \mu(W - L)] = g\left[\left(\frac{T}{W} - \mu\right) + \frac{\rho}{2W/S}(-C_{D_O} - KC_L^2 + \mu C_L)V^2\right] \tag{12.16}$$

이때 양력계수와 항력계수는 지상효과와 착륙장치, 플랩의 효과를 고려한 값들로 주어져야 한다.

지상활주거리는 식 (12.17)과 같이 속도를 가속도로 나눈 식을 적분함으로써 구해진다. 여기서 이륙속도는 실속속도의 1.1배 이상되어야 한다.

$$S_G = \int_{V_i}^{V_f} \frac{V}{a} dV = \frac{1}{2}\int_{V_i}^{V_f} \frac{1}{a} d(V^2) \tag{12.17}$$

식 (12.17)은 다시 식 (12.18)에서와 같이 활주 초기속도 V_i에서 활주 최종속도 V_f까지 적분이 이루어진다.

$$S_G = \frac{1}{2g}\int_{V_i}^{V_f} \frac{d(V^2)}{K_T + K_A V^2} = \left(\frac{1}{2gK_A}\right)\ln\left(\frac{K_T + K_A V_f^2}{K_T + K_A V_i^2}\right) \tag{12.18}$$

여기서,

$$K_T = \left(\frac{T}{W}\right) - \mu \tag{12.19}$$

$$K_A = \frac{\rho}{2(W/S)}(\mu C_L - C_{D_o} - KC_L^2) \tag{12.20}$$

지상활주를 하면서 추력이 계속 변하기 때문에 추력항은 평균적인 값을 사용한다.

회전(S_R, rotate)에 걸리는 시간은 대형 항공기의 경우 약 3초, 소형항공기의 경우 1초로 가정한다. 즉 아주 짧은 시간이므로 회전에 의한 지상활주거리는 $S_R = 3 \times V_{TO}$로 표현된다.

2. 천이거리(Transition Distance)

천이(transition)동안 항공기는 이륙속도 $(1.1\,V_{stall})$에서 상승속도 $(1.2\,V_{stall})$로 가속한다. 따라서, 평균속도는 $1.15\,V_{stall}$이 된다. 천이 동안의 양력계수는 이륙시의 최대양력계수의 90%로 가정하면 식 (12.21)로부터 하중배수 n은 1.2가 된다.

$$n = \frac{L}{W} = \frac{1/2\rho S(0.9\,C_{Lmax})(1.15\,V_{stall})^2}{1/2\rho SC_{Lmax}V_{stall}^2} = 1.2 \tag{12.21}$$

$$n = 1.0 + \frac{V_{TR}^2}{Rg} = 1.2 \tag{12.22}$$

$$R = \frac{V_{TR}^2}{g(n-1)} = \frac{V_{TR}^2}{0.2g} \cong 6.61\frac{V_{stall}^2}{g} \tag{12.23}$$

수직 하중배수는 식 (12.22)와 같이 1 더하기 항공기가 원호를 그리며 운동하는데 필요한 원심력이다. 그리고 식 (12.23)으로부터 호 운동의 호 반지름을 계산할 수 있다. 천이운동의 마지막 단계에서의 상승각 γ은 식 (12.24)로부터 구할 수 있다. 상승각은 그림 12.7의 천이에서 호를 그리는 부분의 호의 중심각과 일치한다. 따라서 천이동안의 수평거리는 식 (12.25)로부터 구해진다. 또한 천이동안에 증가된 고도는 그림 12.7로부터 식 (12.26)으로 표현됨을 확인할 수 있다.

$$\sin\gamma_{\text{climb}} = \frac{T-D}{W} \cong \frac{T}{W} - \frac{1}{L/D} \tag{12.24}$$

$$S_{TR} = R\sin\gamma_{\text{climb}} = R\left(\frac{T-D}{W}\right) \cong R\left(\frac{T}{W} - \frac{1}{L/D}\right) \tag{12.25}$$

$$h_{TR} = R(1 - \cos\gamma_{\text{climb}}) \tag{12.26}$$

만약 천이과정이 끝나기 전에 장애물 고도를 벗어났다면 천이거리는 식 (12.27)로 계산된다.

$$S_{TR} = \sqrt{R^2 - (R - h_{TR})^2} \tag{12.27}$$

3. 상승거리(Climb Distance)

장애물 고도를 벗어나기 위한 상승 수평거리는 식 (12.28)로 계산된다. 장애물 고도는 군용항공기의 경우 50ft이며 민간항공기는 35ft이다.

$$S_C = \frac{h_{obstacle} - h_{TR}}{\tan\gamma_{\text{climb}}} \tag{12.28}$$

만약 천이과정 동안 장애물고도를 벗어났다면 S_C의 값은 0이다.

4. 균형활주거리(Balanced Field Length, BFL)

항공기가 이륙의 과정을 거치면서 결정속도에서 한 개의 엔진이 작동되지 않을 때 항공기가 다시 멈추거나, 계속적으로 이륙할 수 있는 거리를 포함한 이륙거리를 균형활주거리라고 하며 식 (12.29)에 의해 구해진다. 만약 결정속도 이전에 엔진 하나가 고장나면 조종사는 브레이크를 걸어 항공기를 멈춰야 하며 결정속도 이후에 엔진 하나가 고장난다면 조종사는 이륙을 계속 진행해야 한다.

$$BFL = \frac{0.863}{1 + 2.3G}\left(\frac{W/S}{\rho g C_{L_{\text{climb}}}} + h_{obstacle}\right)\left(\frac{1}{\frac{T_{av}}{W} - U} + 2.7\right) + \left(\frac{655}{\sqrt{\frac{\rho}{\rho_{SL}}}}\right) \tag{12.29}$$

$$JET: T_{av} = 0.75\, T_{\substack{taleoff \\ static}} \left[\frac{5 + BPR}{4 + BPR}\right] \tag{12.30}$$

$$PROP: T_{av} = 5.75 bhp \left[\frac{(\rho/\rho_{SL}) N_e D_p^2}{bhp}\right]^{1/3} \tag{12.31}$$

BFL = Balanced Field Length (ft)

G = $\gamma_{\text{climb}} - \gamma_{\min}$

γ_{climb} = $\arcsin[(T - D)/W]$, 1-engine-out, climb speed

γ_{min} = 0.024 2-engine; 0.027 3-engine; 0.030 4-engine

$C_{L_{climb}}$ = C_L at climb speed (1.2 V_{stall})

$h_{obstacle}$ = 35ft for commercial, 50ft for military aircraft

U = 0.01 $C_{L_{max}}$ + 0.02 for flaps in takeoff position

BPR = by pass ratio

bhp = engine brake horsepower

N_e = number of engines

D_P = propeller diameter (ft)

5. 실속성능(Stall Speed)

실속직전의 항공기는 식 (12.32)와 같이 최대양력계수 C_{Lmax}와 최대받음각 $\alpha_{C_{L_{max}}}$의 상태에서 비행을 하게 된다. 그러므로 항공기의 실속속도는 12.1절의 운동방정식을 이용하면 식 (12.33)과 같다.

$$W = L = \frac{1}{2}\rho V_{stall}^2 SC_{Lmax} \tag{12.32}$$

$$V_{stall} = \sqrt{2[W - T\sin(\alpha_{C_{L_{max}}} + \phi_T)]/[\rho C_{Lmax} S]} \tag{12.33}$$

여기에서 추력 T는 주로 0이 되나, 만약 0이 아닌 경우 반복계산을 통해 위의 실속속도에 대한 식을 풀어야 한다. 마지막으로 구해진 실속속도가 항공기의 임무 성능 요구 조건과 성능 규정을 충족시키는지 확인한다.

6. 이륙시의 안전도

이륙은 큰 위험이 수반되는 단계이므로 사고가 일어나지 않도록 필요한 조치들을 취해야 한다. 이러한 점에서 우선적으로 고려해야할 사항은 모든 기계 장치는 언젠가는 고장이 일어나며, 엔진도 예외일 수 없다는 점이다. 이륙시 엔진은 특히 격심한 상태에서 작동하므로 이륙의 전 과정에서 있을 수 있는 고장의 영향을 분석해야 하며, 이륙을 포기해야 할 경우에 대비하여 충분한 활주로가 확보되어야 한다.

다발 엔진 항공기는 엔진 하나가 고장나도 나머지 엔진을 이용하여 계속 이륙할 수 있도록 설계할 수 있는 장점이 있다. 그림 12.8처럼 한쪽 엔진이 고장난 경우 다른 쪽 엔진은 거의 최대출력으로 작동해야 하기 때문에 큰 요잉 모멘트가 발생하게 된다. 이러한 비정상적인 모멘트를 항공기 자체의 수직안정판이나 러더로 보정해줄 수 있도록 설계되어야 하며 더구나 이륙시의 저속에서 러더가 기능을 갖기 위해서는 수직안정판과 러더가 충분히 커야 한다.

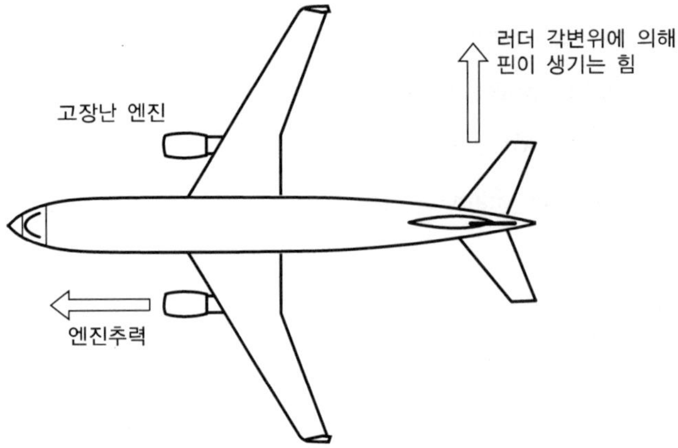

| 그림 12.8 | 이륙 중 엔진의 고장과 작용 힘

이륙시에 조종사는 해야 할 임무가 많기 때문에 안정성 조건에 부합되는지를 확인할 수 있는 비교적 간단한 방법을 사용하여야 한다. 다발 엔진 항공기의 경우에는 특정한 이륙조건에 대해 결정속도 V_1을 정의한다. 이 속도에 도달하기 전에 하나의 엔진이 고장나거나 다른 고장이 생기면 조종사는 남은 활주로에서 안전하게 정지할 수 있다. 만일 V_1보다 속도가 큰 경우에는 이륙을 강행한 후 나중에 착륙하는 것이 더 안전하다.

전형적인 제트 항공기가 이륙할 때 중요시되는 지점들이 그림 12.9에 표시되어 있다. 결정속도 V_1을 지나 항공기는 기수를 들 수 있는 지점인 '회전'속도, V_R에 도달한다. 항공기는 이륙속도 V_2에서 안전하게 이륙하여 초기상승을 시작한다. 마지막으로 고도가 35 ft(대략 11 m)의 장벽높이를 넘었을 때 이륙이 완료된 것으로 간주하며 이때의 속도를 V_3라고 한다.

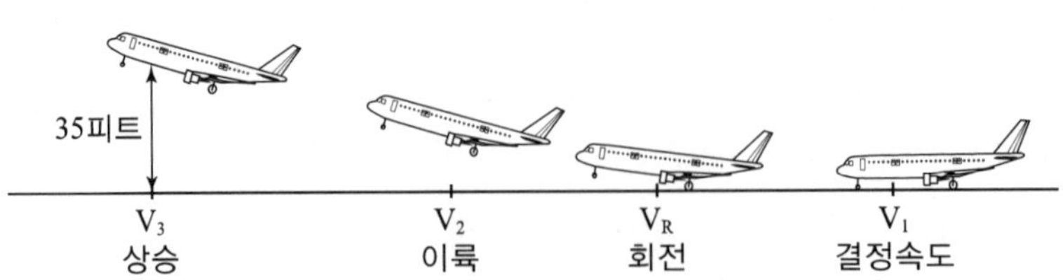

| 그림 12.9 | 결정속도, 회전속도, 이륙 속도 및 상승속도 정의

12.4.2 착륙

항공기가 비행임무를 끝내는 마지막 비행 형태는 목적하는 비행장에 안전하게 착륙하는 착륙비행이다. 항공기가 비행장에 가까워지면 규정된 비행절차에 따라 그림 12.10에서와 같이 접근, 플레어 그리고 지상활주를 통해 착륙하게 된다.

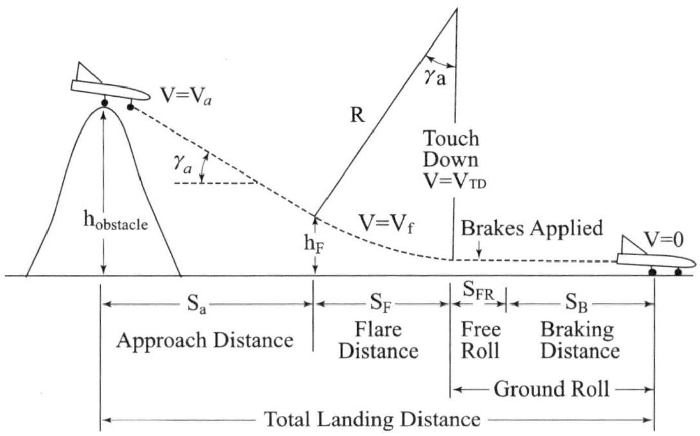

| 그림 12.10 | 항공기의 착륙성능 해석

1. 접근거리(Approach Distance)

접근거리는 장애물고도에서부터 시작되며 접근속도 V_a는 실속속도 V_{stall}의 1.3배로 가정한다. (군용기일 경우 1.2배) 가장 가파른 접근각도는 플랩을 모두 접은 상태로 엔진은 공회전 추력상태를 이루며 이륙에서와 같이 식 (12.24)에서 구할 수 있다.

여객기의 경우 접근각도는 공회전 추력보다 큰 추력을 요구하는 3°(0.052 rad)보다 큰 경우는 안 되며, 접근거리는 식 (12.34)로부터 구할 수 있다.

$$S_a = \frac{h_{obstacle} - h_F}{\tan\gamma_{approach}} \tag{12.34}$$

여기서 h_F는 플레어 높이(flare height)을 의미한다.

2. 플레어 거리(Flare Distance)

터치다운 속도인 V_{TD}는 V_{stall}의 1.15배이며(군용기일 경우 1.1배), 항공기는 플레어 동안에 V_a에서 V_{TD}로 감속한다. 따라서 플레어의 평균속도인 V_f는 V_{stall}의 1.23배(군용기일 경우 1.15배)가 된다. 플레어 원호의 반지름은 식 (12.35)로부터 구할 수 있으며, 전형적인 항공기의 경우 $n = 1.2$를 사용한다.

$$R = \frac{V_f^2}{g(n-1)} = \frac{V_f^2}{0.2g} \tag{12.35}$$

플레어 높이는 식 (12.26)으로 구해지며 플레어 수평거리는 식 (12.25)로부터 구할 수 있다.

플레어 동안에 V_a에서 V_{TD}로 감속하는 것은 추가적인 에너지와 추가적인 거리를 내포하고 있지만, 주로 조종사가 플레어가 시작되었을 때 남은 모든 접근 파워를 사용하므로 무시하도록 한다.

3. 지상활주거리(Ground Roll Distance)

접지 후에 항공기는 조종사가 브레이크를 작동하기 전까지 몇 초간 자유회전을 하게 된다. 이 동안의 거리는 식 (12.36)으로부터 구할 수 있다.

$$S_{FR} = V_{TD} \times \text{assumed delay}(1 \sim 3 \text{ sec}) \tag{12.36}$$

브레이크 거리는 이륙시와 같이 식 (12.18)로 구할 수 있으며, 초기속도값은 V_{TD}, 최종속도값은 0을 사용한다. 추력값은 공회전시 추력값을 사용하고, 만약 역추진장치가 장착된다면, 추력항은 음수값으로 최대 전방추력의 40 ~ 50%값을 가진다.

역추진장치는 매우 낮은 속도에는 사용할 수 없는데 이는 배출된 가스가 다시 흡입될 수 있기 때문이다. 역추진장치 사용의 경계가 되는 'cutoff speed'는 엔진 제작사에 의해 결정되는데, 보통 약 50knots(85ft/s)이다. 지상활주는 다시 식 (12.18)에 의해 두 부분으로 나뉠 수 있는데, 'cutoff speed' 이상에서는 역방향 추력이고 'cutoff speed' 이하에서는 정방향의 공회전시 추력값을 사용한다.

역추진이 가능한 프로펠러기의 경우는 정방향 추력의 약 40%를 발생(터보프롭의 경우 60%)하며, 지상활주 내내 사용된다.

항력항은 추가적으로 스포일러, 속도 제동기, 제동 낙하산 등의 항력을 포함할 수 있다. 제동 낙하산은 항공기 전방면적을 날개 면적으로 나눈 값의 1.4배의 항력계수를 가지고 있다.

활주거리 단축을 위한 장치와 역추력기의 예가 그림 12.11에 나타나 있다.

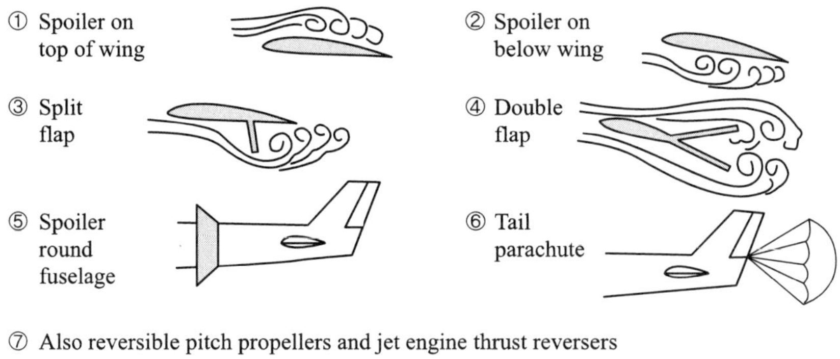

(a) 활주거리 단축을 위항 여러 장치 ①~⑦

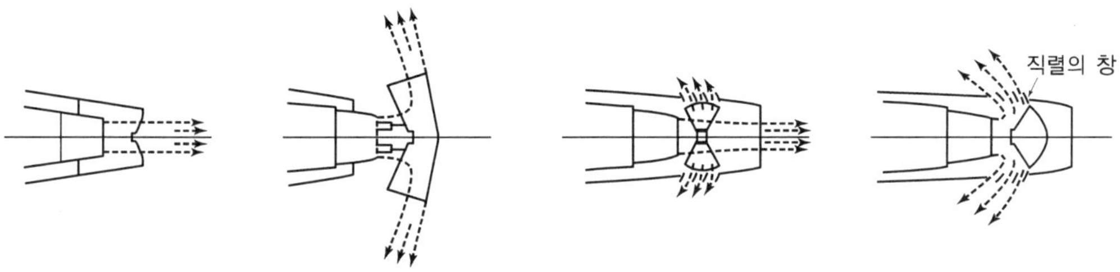

(b) 역추력기(thrust reversal) 버킷 형

(c) 역추력기 크램-쉘 형

| 그림 12.11 | 착륙시 활주거리 단축을 위한 장치와 역추력기

항공기 바퀴의 회전 저항은 브레이크를 작동하면 급격히 증가한다. 단단한 활주로 표면의 전형적인 마찰계수 μ값은 민항기의 경우 0.5, 군용기의 경우 0.3이다. 여러 가지 표면에 대한 마찰계수의 값은 표 12.1에 잘 나타나 있다.

FAA 규정은 조종사들의 숙련도를 고려하여 민간항공기의 경우 전체 착륙거리의 2/3를 추가적으로 더 요구한다. 따라서, 'FAR Field Length'는 접근거리, 플레어 거리 그리고 지상활주거리의 총합의 1.666배에 해당한다.

4. 착륙에 대한 바람의 영향

이상적으로 항공기는 바람을 맞으며 착륙하며, 또 대부분의 공항 활주로는 가능하면 바람의 방향과 맞추어 건설되고 있지만 날씨는 꼭 이에 따라주지 않는다. 따라서 항공기는 옆바람의 영향을 받으면서도 활주로에 평행하게 접근할 수 있어야 한다. 이를 위하여 두 가지 방법이 사용될 수 있는데 첫째는 바람이 불어오는 쪽의 날개를 낮추고 이에 따라 발생하는 회전은 러더를 조작하여 막아주는 방법이다. 일정한 옆미끄럼은 옆에서 불어오는

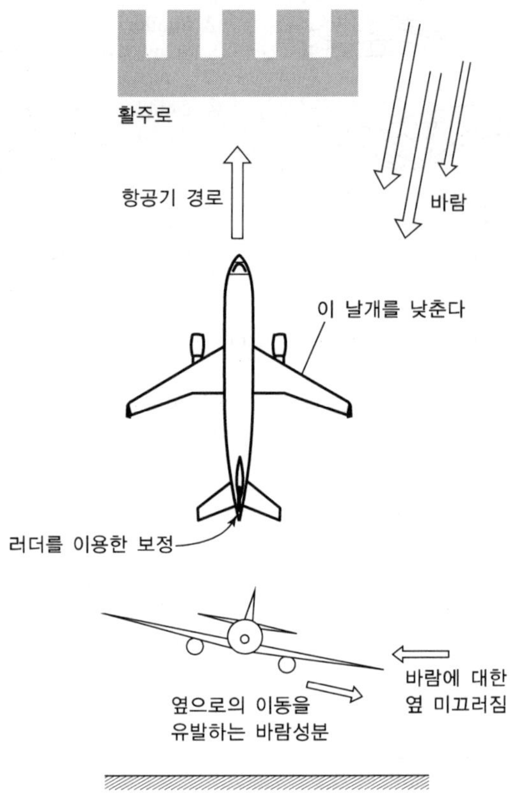

| 그림 12.12 | 옆으로의 이동을 보정하기 위한 옆미끄러짐의 이용

바람과 상쇄되어 항공기기가 활주로에 평행하게 접근할 수 있다. 이 과정을 그림 12.12에서 보여주고 있다.

두 번째 방법은 항공기의 방향을 바람 방향으로 돌리고 접지 전에 러더를 사용하여 항공기가 활주로와 평행하도록 하며 이것을 차떠오르기(kicking off drift)라고 한다. 이 방법은 그림 12.13에서 잘 보여주고 있다.

착륙에서 바람 때문에 생기는 문제는 옆으로의 이동 뿐만이 아니다. 지표면은 상당한 두께의 경계층을 가지고 있으므로, 바람의 속도는 고도가 낮아질수록 느려지며 이것을 전단풍(wind shear)이라 한다. 또한 돌풍도 무시할 수 없다. 따라서 착륙과정은 상당히 복잡해지며 정확한 하강률을 얻기 힘들며 비행속도가 실속속도에 가까울 경우에는 바람의 순간속도를 고려하면 순간적으로 실제로 실속이 일어날 위험성도 매우 크다.

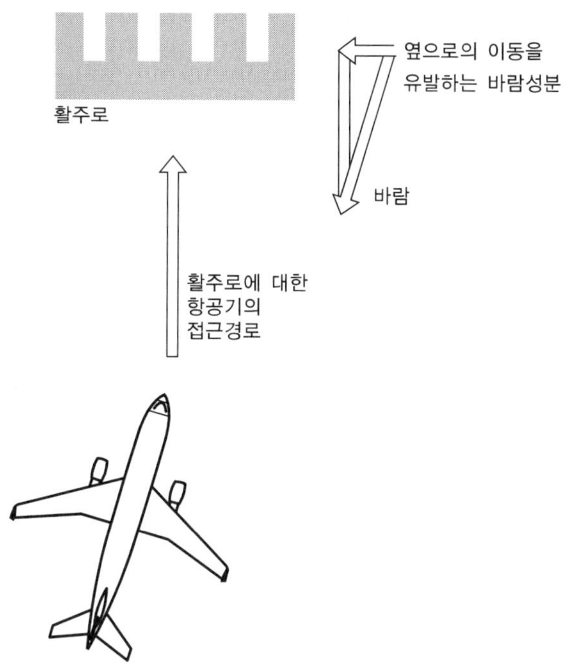

| 그림 12.13 | 바람의 영향

12.4.3 상승

상승에 관련된 대부분의 규정이 지상에 가까운 고도에서의 성능에 대한 것을 규정하고 있으므로 일정한 속도로 상승 운동하는 것을 가정한다.

1. 상승운동방정식

상승률은 보통 ft/min으로 표현되는 수직속도이다(다음 계산들을 위해서는 ft/sec으로 변환해야 한다). 상승기울기 G는 수직이동거리와 수평이동거리의 비율이다. 이것은 대략적으로 수직 상승률을 항공기의 속도로 나눈 값 또는 상승각 γ에 사인을 취한 값과 일치한다.

이것은 그림 12.2와 식 (12.1), (12.2)에서 γ값이 0이 아닌 경우에 해당한다. 힘 벡터들의 합을 0으로 두면 정상상태의 상승방정식에 해당하는 식 (12.37)과 (12.38)을 구할 수 있다.

$$T = D + W\sin\gamma \tag{12.37}$$

$$L = W\cos\gamma \tag{12.38}$$

여기서 식 (12.37)을 상승각 γ에 대해서 풀면, 식 (12.39)를 구할 수 있다. 일반적인 상승각(15° 이하)에 대해서는 코사인 항의 값은 약 1이다.

상승률 또는 수직속도는 식 (12.40)과 같이 속도와 상승각 γ에 사인을 취한 값과의 곱으로 나타난다.

$$\gamma = \sin^{-1}\left(\frac{T-D}{W}\right) = \sin^{-1}\left(\frac{T}{W} - \frac{\cos\gamma}{L/D}\right) \cong \sin^{-1}\left(\frac{T}{W} - \frac{1}{L/D}\right) \tag{12.39}$$

$$V_v = V\sin\gamma = V\left(\frac{T-D}{W}\right) \cong V\left(\frac{T}{W} - \frac{1}{L/D}\right) \tag{12.40}$$

정상상태의 상승비행 속도는 이제 양력 L의 정의와 식 (12.38)로부터 식 (12.41)로 표현된다.

추력 대 중량비는 더 이상 수평비행일 때와 같이 양항비의 역수가 아니다. 식 (12.39)를 T/W에 대해서 풀면 식 (12.42)와 같이 표현되며 추력 대 중량비를 구하기 위해서는 상승각 γ로의 정상상승을 필요로 한다.

$$V = \sqrt{\frac{2}{\rho C_L}\left(\frac{W}{S}\right)\cos\gamma} \tag{12.41}$$

$$\frac{T}{W} = \frac{\cos\gamma}{L/D} + \sin\gamma \cong \frac{1}{L/D} + \sin\gamma \tag{12.42}$$

2. 상승시간과 상승시 연료소모

원하는 고도까지 상승하는데 걸리는 시간은 고도의 변화를 상승속도 혹은 상승률로 나눠준 값이다(식 (12.43)). 또한 소모된 연료는 식 (12.44)와 같이 추력 T, 비연료소모율 C 그리고 상승하는데 걸린 시간의 곱으로 나타난다.

$$dt = \frac{dh}{V_v} \tag{12.43}$$

$$dW_f = -CTdt \tag{12.44}$$

상승하는 동안에는 공기밀도, 항공기 중량, 항력, 추력, 비연료소모율 그리고 최적상승률 등 많은 것들이 변하게 된다. 고도에 따른 작은 변화들을 수치적으로 근사화 하기 위한 좋은 방법은 주어진 중량에서의 상승률 그리고 고정된 추력과 속도가 고도가 높아짐에 따라 선형적으로 줄어든다고 가정하는 것이다. 이것이 식 (12.45)에 표현되어 있고 계수 a는 두 고도 h_1과 h_2에서의 상승률로부터 결정된다(식 (12.46)). 계수 a를 구하기 위해 사용되는 두 고도는 분석하고자 하는 시작과 끝의 두 고도에 가까워야 하나 꼭 일치할 필요는 없다.

$$V_v = V_{v_i} - a(h_{i+1} - h_i) \tag{12.45}$$

$$a = \frac{V_{v_2} - V_{v_1}}{h_2 - h_1} \tag{12.46}$$

만약 상승비행이 짧은 구간들로 나누어진다면 (고도 상승이 5000 ft 이하일 경우) 사용된 연료의 무게는 항공기 전체 중량에 비하여 매우 작기 때문에 시간적분에 있어서는 무시할 수 있다. 식 (12.45)를 식 (12.43)에 대입하여 적분을 수행하면 고도 i에서 $i+1$로 상승하는데 걸리는 시간을 나타내는 식 (12.47)을 구할 수 있는데 신기하게도 고도의 변화가 식 (12.47)에서 떨어져 나간 것을 확인할 수 있다. 그러나 고도의 변화는 내재적으로 상승률의 변화에 포함되어 있고 상승하는 동안 사용된 연료의 양은 식 (12.48)로부터 구할 수 있다.

$$t_{t+1} - t_i = \frac{1}{a}\ln\left(\frac{V_{v_i}}{V_{v_{i+1}}}\right) \tag{12.47}$$

$$\Delta W_f = (-CT)_{average}(t_{i+1} - t_i) \tag{12.48}$$

식 (12.47)의 정확도를 높이기 위해서는 반복법을 사용하는 것이 바람직하다. 초기 항공기 중량에서 감소한 항공기 중량을 뺌으로써 사용한 연료의 양 ΔW_f을 구하고, 상승비행의 마지막 구간에서의 상승률을 식 (12.48)을 통해 구해 다시 식 (12.47)에 적용함으로써 반복계산이 이루어진다.

12.4.4 하강

항공기의 하강비행은 추력을 0으로 하고 기수를 내려 무동력 상태로 하강하는 활공비행과 동력이 있는 상태로 하강하는 하강비행으로 구분한다. 여기서는 무동력 상태에서 일정한 속도로 하강 비행하는 활공비행에 대하여 알아보기로 한다.

1. 활공 및 하강운동방정식

활공 비행은 추력이 0인 것(식 (12.49)) 말고는 상승비행 때와 매우 비슷하다. 식 (12.37)과 식 (12.38)은 식 (12.49)와 식 (12.50)으로 변환되며 상승비행에서 사용되었던 상승각 γ는 아래방향으로의 활강각 γ로 가정한다.

$$T = 0 \tag{12.49}$$

$$D = W \sin\gamma \tag{12.50}$$

$$L = W \cos\gamma \tag{12.51}$$

$$\frac{L}{D} = \frac{W\cos\gamma}{W\sin\gamma} = \frac{1}{\tan\gamma} \cong \frac{1}{\gamma} \tag{12.52}$$

식 (12.52)와 같이 양항비는 활강각의 탄젠트(tangent)값의 역수로 표현된다. 장거리를 활강으로만 날아가는 글라이더의 경우 활강률이라는 것은 수평이동거리와 수직고도 하강거리의 비율이며 이는 양항비와 일치한다.

주어진 고도로부터 항속거리를 최대화하기 위해서는 활강률이 최대화되어야 한다. 이를 위해서는 식 (12.53)에서와 같이 최대양항비에서의 속도로 날아야 하며 이때 양력계수는 식 (12.54)로 표현된다. 결과적으로 최대 양항비, 즉 최대 활강률은 식 (12.55)로 표현된다.

$$V_{\max L/D} = \sqrt{\frac{2W}{\rho S}\sqrt{\frac{K}{C_{D_O}}}} \tag{12.53}$$

$$C_{L_{\max L/D}} = \sqrt{\frac{C_{D_O}}{K}} \tag{12.54}$$

$$\left(\frac{L}{D}\right)_{\max} = \frac{1}{2\sqrt{C_{D_O}K}} = \frac{1}{2}\sqrt{\frac{\pi ARe}{C_{D_O}}} \tag{12.55}$$

글라이더가 공중에 머무르는 시간은 'sink rate', 즉 수직속도 V_v에 의해서 결정되며 이 경우에는 음의 값을 가지게 된다. 수직속도 V_v는 식 (12.56)에서와 같이 항공기의 속도에 활공각의 사인(sine)값과의 곱으로 표현된다.

$$V_v = V\sin\gamma = \sin\gamma\sqrt{\left(\frac{W}{S}\right)\frac{2\cos\gamma}{\rho C_L}} \tag{12.56}$$

$$\sin\gamma = \frac{D}{L}\cos\gamma = \frac{C_D}{C_L}\cos\gamma \tag{12.57}$$

$$V_v = \sqrt{\frac{W}{S}\frac{2\cos^3\gamma C_D^2}{\rho C_L^3}} \cong \sqrt{\frac{W}{S}\frac{2}{\rho(C_L^3/C_D^2)}} \tag{12.58}$$

식 (12.56)은 사인 항과 코사인 항을 모두 가지고 있다. 식 (12.57)을 통해 활강각의 사인 값을 코사인 항으로 변환하여 주고 식 (12.56)에 대입하면 식 (12.58)을 얻을 수 있는데 여기서 매우 작은 활강각에 대한 코사인 값은 1로 가정하였다.

12.4.5 선회

선회비행은 항공기의 진행방향을 바꾸기 위한 비행운동이다. 선회비행에서는 고도를 일정하게 유지하며 수평면을 따라 선회하는 수평선회와, 수직면에서 고도의 변화를 가지며 하강자세에서 선회하는 하강선회, 그리고 상승자세에서 선회하는 상승선회가 있다. 여기서는 우선 선회비행을 하기 위해 필요한 조종의 기본 요구조건을 알아본 후 고도를 일정하게 유지하면서 선회하는 수평선회에 대해 알아보기로 한다.

1. 조종사에 의한 조종

항공기는 그림 12.14에 나타난 것처럼 서로 다른 여섯 방향(피치, 롤, 요, 가로방향, 세로방향, 수직방향)으로 움직일 수 있으며 이를 6자유도 운동이라고 한다. 원하는 운동을 하기 위해서는 각각의 자유도와 이에 해당하는 다른 성분들, 즉 속도, 가속도 등도 제어해야 한다.

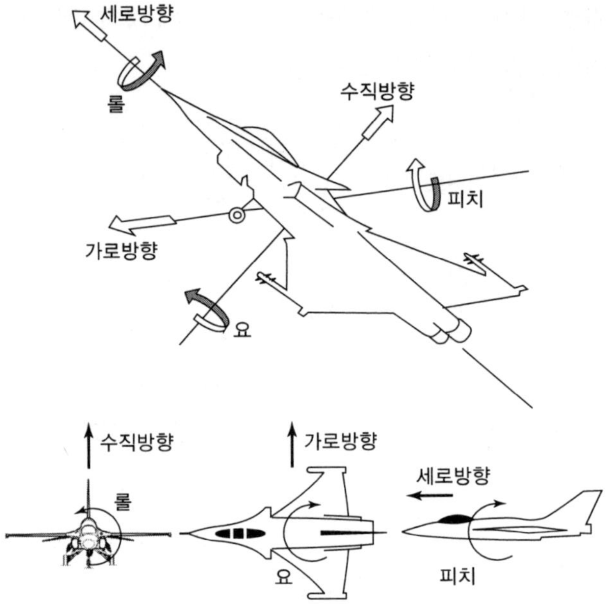

| 그림 12.14 | 항공기의 6자유도 운동

항공기가 수평선회비행을 하기 위해서는 요운동과 롤운동의 상호작용이 이루어져야 한다. 이때 사용되는 항공기의 기본적인 조종면이 그림 12.15에 나타나 있다.

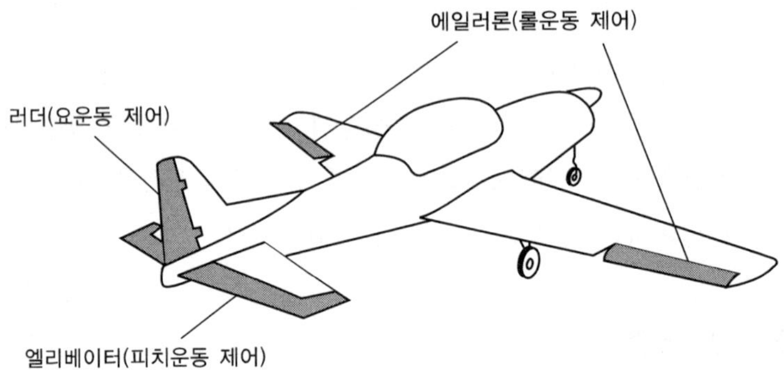

| 그림 12.15 | 일반형태 항공기의 기본적인 조종면

2. 수평선회비행

수평선회 비행에서는 날개에서 발생되는 양력이 회전중심방향쪽으로 기울어져서 양력의 수평방향성분이 회전을 위한 구심력역할을 해야 한다. 날개에서 발생하는 총 양력은 하중배수 n과 항공기의 중량 W의 곱으로 나타난다. 양력의 중력방향 수직성분은 반드시 항공기의 중량 W와 같아야 하므로 양력의 수평성분은 피타고라스 정리에 의해 W와

$n^2 - 1$의 제곱근과의 곱으로 표현된다. 수평선회비행의 형상이 그림 12.16에 잘 나타나 있다.

$$\dot{\Psi} = W\frac{\sqrt{n^2 - 1}}{(W/g)V} = \frac{g\sqrt{n^2 - 1}}{V} \tag{12.59}$$

선회율 ($d\Psi/dt$)는 식 (12.59)에 표현된 대로 구심가속도를 속도로 나누어준 것과 같다. 선회율은 보통 단위시간(sec)당 회전한 각도(degree)로 표현되는데 식 (12.59)의 결과는 단위시간(sec)당 회전한 라디안(radian) 값으로 나오므로 결과에 57.3을 곱해서 단위를 단위시간(sec)당 회전한 각도(degree)로 바꿔주어야 한다.

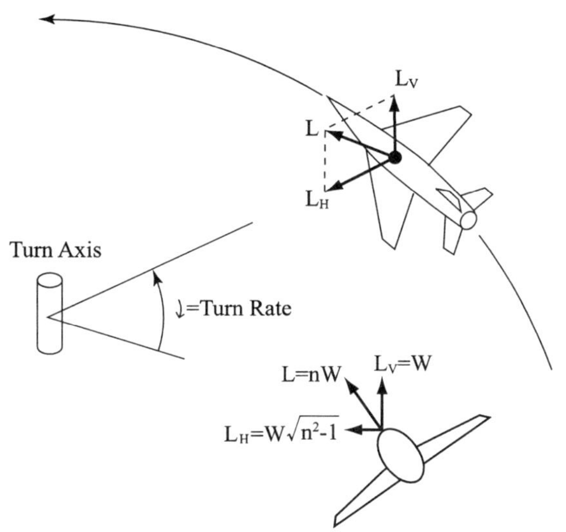

| 그림 12.16 | 수평 선회 비행

3. 순간선회율

만약 항공기가 선회하는 동안에 속도를 줄이는 것이 허용된다면, 하중배수 n은 오직 항공기의 최대 양력계수나 구조적 강도에 의해서만 제한을 받게 된다. 그림 12.17은 선회율 대 속도 그래프로서 전형적인 전투기의 실속한계와 구조적 한계를 보여주고 있다.

실속 한계와 구조적 한계가 만나는 교차점은 '코너속도'로서 최대 순간선회율을 위한 속도를 나타내고 있다. 전형적인 전투기의 코너속도는 약 300 ~ 350 knot이며 전투기들끼리의 공중전에 있어서 전투기들은 유리한 위치를 점유하기 위하여 되도록 빨리 그리고 자주 그들의 코너속도에 도달하도록 노력할 것이다.

4. 고도유지 선회율

선회율 유지를 위해서 항공기는 선회하는 동안 속도를 줄이거나 고도를 낮춰서는 안 된다. 또한 추력은 항력과 같아야 하며 양력은 하중배수 n과 항공기의 중량 W와의 곱과 일치해야 한다. 따라서 고도유지 선회율을 위한 최대 하중배수 n은 추력 대 중량 비와 양항비의 곱으로 표현된다(식 (12.60)). 여기서 추력축은 비행방향과 일치한다고 가정한다.

기본적인 공기역학적인 계수로 선회유지를 하기 위한 하중배수 n을 계산하기 위해서는 항력 항이 양력계수($C_L = nW/qS$)를 이용하여 확장된 후 추력과 같다고 놓아야 한다. 이로써 식 (12.61)을 유도할 수 있고, 주어진 비행 조건에서의 최대 가능유지 하중배수를 정의할 수 있다.

여기서 양력에 의한 항력계수 K는 양력계수의 함수이다. n 또한 양력계수의 함수이므로 식 (12.61)은 반복법을 사용하여 풀도록 한다.

$$n = (T/W)(L/D) \tag{12.60}$$

$$n = \sqrt{\frac{q}{K(W/S)}\left(\frac{T}{W} - \frac{qC_{D_O}}{W/S}\right)} \tag{12.61}$$

식 (12.60)은 고도유지 선회율을 위한 하중배수가 최대양항비의 양력계수로 비행할 때 최적화될 수 있음을 나타내고 있다. 따라서 이때의 양력계수를 사용하고 양력을 nW와 같게 둔다면 식 (12.62)가 얻어진다. 이 식은 고도유지 선회시 최대 하중배수를 구하기 위한 속도나 익면하중을 구하는데 이용된다.

$$L = nW = qS\sqrt{\frac{C_{D_O}}{K}} \tag{12.62}$$

그림 12.17은 '고도유지 선회율 envelope'을 나타내고 있다. 이 그래프는 식 (12.59)를 이용하여 그려진 것이며 다양한 비행조건에서 가능한 고도유지 하중배수에 의해 선회율을 결정하기 위한 도표이다.

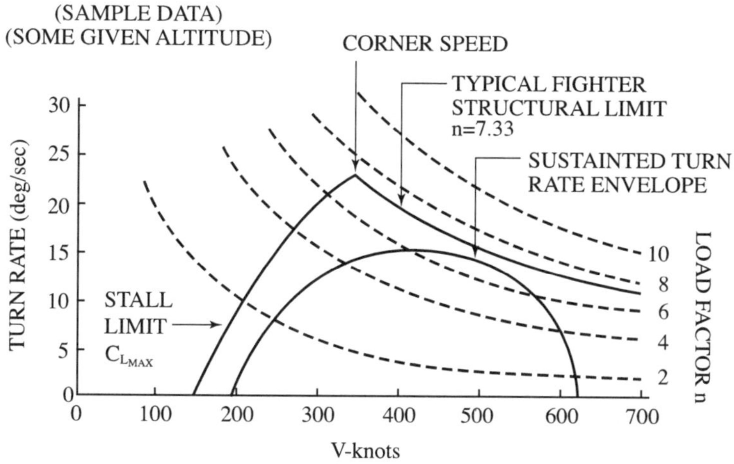

| 그림 12.17 | 선회비행 항공기의 선회율, 하중배수와 코너 속도

12.5 성능선도

12.5.1 에너지 방정식

항공기가 어느 위치에 있든지 그 항공기의 총 에너지 합은 위치에너지와 운동에너지의 합으로 나타난다(식 (12.63)). 총 에너지를 항공기 중량으로 나눈 것이 'specific energy' 또는 'energy height'(단위는 거리(feet))으로 정의된다(식 (12.64)). 왜냐하면 속도가 0일 경우 이것은 항공기의 고도와 일치하기 때문이다.

동력이라는 것은 단위시간당 한 일의 양, 즉 일률을 뜻하므로 'specific power' $(P_s)_{used}$는 항공기가 시간당 고도나 속도를 증가시킨 비율로 정의할 수 있다. 식 (12.65) Specific energy의 단위가 거리(feet)이므로 specific power의 단위는 단위시간당 거리(feet per second)이다.

$$E = Wh + \frac{1}{2}\left(\frac{W}{g}\right)V^2 \tag{12.63}$$

$$h_e = \frac{E}{W} = h + \frac{1}{2g}V^2 \tag{12.64}$$

$$P_{S_{used}} = \frac{dh_e}{dt} = \frac{dh}{dt} + \frac{V}{g}\frac{dV}{dt} \tag{12.65}$$

동력은 항공기가 고도나 속도를 높이는데 사용되며 어디로부터인가 공급받아야 한다. 요구동력과 가용동력 사이의 관계를 살펴보면, 가용동력에서 요구동력을 뺀 잉여동력이 항공기가 상승하거나 가속할 때 사용된다. 잉여동력은 잉여추력 (T-D)과 속도의 곱으로 표현되며 식 (12.66)과 같이 표현될 수 있다.

'specific excess power'(P_s)는 잉여동력을 항공기 중량으로 나눈 것으로서 식 (12.67)에서처럼 사용된 specific power ($(P_s)_{used}$)와 일치한다.

$$P = V(T - D) \tag{12.66}$$

$$P_s = \frac{V(T-D)}{W} = \frac{dh}{dt} + \frac{V}{g}\frac{dV}{dt} \tag{12.67}$$

$$P_s = V\left[\frac{T}{W} - \frac{qC_{D_0}}{W/S} - n^2\frac{K}{q}\frac{W}{S}\right] \tag{12.68}$$

P_s는 결국 항공기의 하중배수 n의 함수로 표현될 수 있으며 하중배수가 클수록 항력이 커지고 따라서 사용 가능한 잉여 동력은 감소하게 된다. 식 (12.67)은 식 (12.68)과 같이 하중배수와 공기역학적 계수에 관한 식으로 확장될 수 있다. 여기서 T/W와 W/S는 이륙시의 값이 아닌 주어진 비행조건에서의 값을 사용해야 한다.

P_s의 단위는 상승률과 같은 feet/second이다. P_s가 0이라는 것은 항공기의 항력과 추력이 일치해서 잉여동력이 없다는 것이지 이것이 반드시 항공기가 상승하지 않거나 가속하지 않다는 것을 의미하지는 않는다. 만약 에너지 사용의 총합이 0이라면 항공기는 수평비행을 하고 있거나 또는 상승하면서 감속하고 있거나 또는 하강하면서 가속하고 있는 것을 의미한다.

12.5.2 Operating Envelope

항공기의 설계에서 'operating envelope' 또는 'flight envelope'이라고 불리는 포위선도는 항공기가 견딜 수 있는 고도와 속도의 설계한계를 나타낸 도표이다. 그림 12.18은

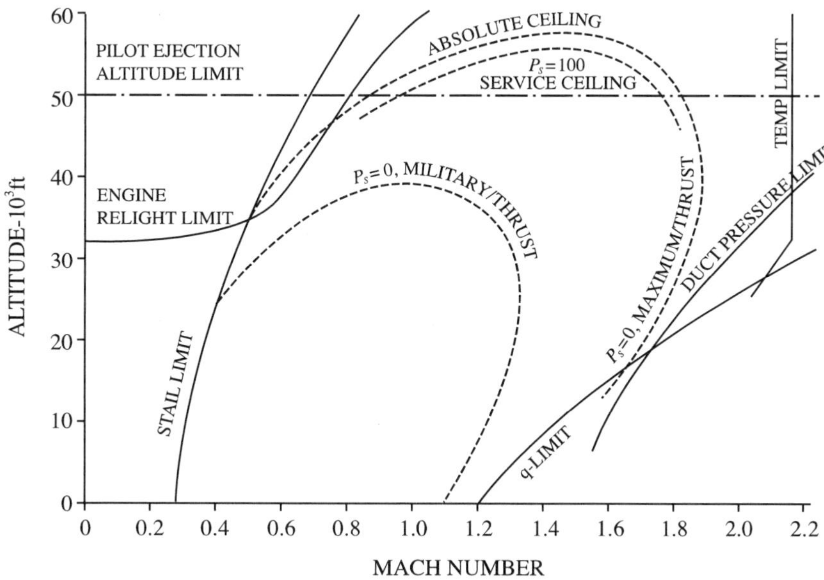

| 그림 12.18 | 전형적 전투기의 Operating Envelope

전형적인 전투기의 operating envelope을 보여주고 있으며 이는 다른 종류의 항공기의 operating envelope이 가지고 있는 모든 요소를 포함하고 있어서 가장 복잡하다.

수평비행의 operating envelope은 $P_s = 0$과 실속한계선으로부터 결정된다. $P_s = 0$ 한계는 보통 항공기가 최대출력을 낼 때나 군용규격 추력(military thrust ;no afterburning)을 낼 때 나타난다.

$P_s = 0$을 의미하는 선과 실속을 의미하는 선들은 항공기의 중량에 따라서 변하기 때문에 항공기 중량에 대한 몇 가지 가정이 필요하다. 전형적으로 operating envelope은 이륙시 중량, 순항시 중량 또는 전투시 중량으로 계산된다.

'absolute ceiling'은 $P_s = 0$일 때의 가장 높은 고도로 결정된다. 'service ceiling'에서는 약간의 상승능력을 필요로 하는데 FAR에서는 프로펠러 항공기에게는 100 fpm 이상을 제트항공기에게는 500 fpm의 상승률을 요구하고 있다.

몇몇 제트 항공기에 있어서는 조종사가 유용고도의 한계로 작용한다. 50,000 ft 고도 이상에서는 우주복 형태의 가압수트나 캡슐없이 조종사가 탈출할 경우 생존할 확률이 매우 낮다. 따라서 그림 12.18에서와 같이 조종사의 탈출 가능성이 유용고도의 한계로 작용하게 된다.

많은 제트항공기가 수평비행하는데 또 다른 한계로 작용하는 것이 바로 낮은 동압력(low-q)에서의 엔진운용 한계이다. 항공기가 매우 높은 고도에서 비행하거나 혹은 너무 낮은 속도로 비행할 경우 엔진의 불이 꺼진다면 재점화시키는데 필요한 충분한 양의 공기가 없을 수 있다. 혹은 후연소기를 점화하여 운용하는 것이 불가능할 수도 있다. 이러한 한계들은 엔진 제작사에 위해 제공된다(engine relight limit).

이제 그림 12.18에 남아 있는 한계선은 구조적인 한계선들이다. 식 (12.69)로 정의된 외부 유동의 동압력 q는 항공기의 구조적인 하중에 직접적인 충격을 준다. 최대 한계 q값은 설계요구조건에 의해 정해지고 구조설계자들은 응력 해석하는데 이를 이용한다. 전형적인 전투기의 한계 q값은 1800 ~ 2200 psf이며 이는 해수면 고도에서 천음속에 해당하는 값이다.

$$q = \frac{1}{2}\rho_\infty V_\infty^2 = 0.7 P_{static} M^2 \tag{12.69}$$

$$P_{total} = P_{static}[1 + 0.2M^2]^{3.5} \tag{12.70}$$

흡입구에 가해지는 공력하중 압력은 자유류의 압력보다 높은데 이는 흡입구가 공기의 흐름 속도를 낮추어 주기 때문이다(일반적으로 엔진 앞에서 약 Mach 0.4 ~ 0.5). 표준대기표로부터 해당고도의 정압력(P_{static})을 구하고 비행속도를 이용하여 흡입되는 공기의 전압력 P_{total}을 식 (12.70)으로부터 구할 수 있다.

흡입구 안의 전압력은 흡입구 외부의 전압력과 흡입구의 압력회복의 곱과 같다. 식 (12.70)은 흡입구 안에서 엔진 앞면의 마하수에 해당하는 정압력을 구하는데 다시 한번 사용 된다. 이 정압력은 흡입구 안에서 벽면에 작용하는 최대 압력이며 간단하게 외부 동압력의 3배로 계산될 수 있다. 그림 12.18에서 볼 수 있듯이 덕트 압력 한계(duct pressure limit)는 동압력 한계와는 기울기가 다르다.

Operating envelop에서 마지막으로 남아있는 제한조건은 항공기 표면에서의 공기역학적 가열에 의한 온도 한계이다. 이것은 구조재료에 의존하는 것으로서 항공기 표면재료와 밀접한 관련이 있다.

제13장

비용분석

13.1 개 요

항공운항사는 여객, 화물 등을 통한 수익과 운용하는데 필요한 직·간접 비용에 대하여 많은 관심을 갖고 있기 때문에 새로운 항공기의 개발비용(non-recurring & recurring cost)과 항공기의 단가예측은 항공기 제작사에게 매우 중요하다.

설계자는 제작비용을 줄일 수 있는 설계를 할 수 있을 뿐만 아니라, 항공운항사의 운용경비를 감소시켜 운항사의 수익과 제작사의 이익을 향상시키는데 가장 큰 영향을 미칠 수 있는 위치에 있다.

본 장에서는 항공기의 개발에서 폐기까지 발생할 수 있는 수명비용의 예측에 대한 개념을 소개한다. 비용분석 관계식을 통하여 항공기 개발비용 추정방법과 항공기 판매 단가를 계산할 수 있는 방법을 제시하였다. 항공운항사의 최대 관심사인 항공기 운용경비 산출방법을 직접 운용경비와 간접 운용경비 부분으로 나누어 소개한다.

항공기 설계는 항공기의 단가와 운용비용에 상당한 영향을 미치기 때문에 항공기의 제작과 운용에서의 비용이 내포하고 있는 의미를 정확히 이해하는 것과 전 개발과정에 영향을 미칠 수 있는 비용측면에서 항공기의 형상 및 성능 등을 고려하는 것이 매우 중요하다.

유사기종과의 비교를 위하여 고객이 평가할 수 있는 비용평가방법을 이해하는 것도 필수적이다. 이러한 방법은 다른 형상에 대한 운용비용을 비교할 수 있고 주요 설계변수에 따른 최적의 선택을 할 수 있는 방법을 제공해준다. 운용비용중 간접 운용비용은 항공기 설계변수와 직접적인 관련이 적은 판매 및 영업과 관련된 비용들이기 때문에 여기서는 간략히 언급하고 직접운용비가 항공기 설계과정에서 비용계산식(CER : Cost Estimating Relationships)과 어떻게 관련되는지를 기술하여 비용평가의 중요한 특성과 프로젝트의 직접운용경비를 예측할 수 있는 방법을 소개한다.

제작사의 입장에서 설계된 항공기의 투자에 대한 회수(Return on Investment)가 어느 정도인지를 판단할 수 있어야 한다. 이러한 회수지수는 항공기 제작 및 운용 그리고 부수적인 투자 등이 섞여 있어 쉽지 않다. 회수지수는 상환기간과 상환조건 뿐만 아니라, 항공기의 기술적인 성능과 운용성 등에 달려 있다. 그럼에도 투자자들에게 확신을 주기 위하여 설계팀은 개발될 항공기가 세계시장에서 어떠한 관심을 유발시킬 수 있는지, 경쟁 유사기종과의 기술적 비교 등 여러 주요한 요소들을 투자자들에게 제시할 수 있어야 한다.

일반적으로 재정적인 실현가능성에 영향을 미칠 수 있는 요소는 긴 주기보다는 짧은 주기에서 고려되기 때문에 개발기간이 긴 항공기 개발프로젝트의 경제적인 성공 여부를 평가하는 것은 쉽지 않다. 이러한 여건에서는 새로운 투자를 찾기가 쉽지 않기 때문에 항공기 개발 프로젝트에 국가나 정부의 개입을 초래할 수 있으며 정치적 사안도 회계분석에 고려해야 한다.

항공기 제작사는 첨단 기술을 적용하기를 원하지만 재정적 제약으로 새로운 설계에 대하여는 보수적이다. 적용하고자하는 첨단기술이 기술적/운용적인 면에서 문제가 생긴다면 회사를 아주 곤경에 처하게 할 수도 있기 때문이다. 항공기 생산에 이러한 기술을 적용하기 전에 새로운 방법에 대한 확신을 확보하기 위하여 기술적으로 많은 노력이 필요하다.

13.2 순기비용

항공기의 순기비용(Life Cycle Cost)은 연구개발/시험평가, 생산비용, 운용비용, 폐기비용 등으로 구성된다.

그림 13.1은 총 순기비용의 요소들을 보여준다. 연구, 개발, 시험, 평가비용 (RDT&E: Research, Development, Testing & Evaluation)은 모든 기술연구, 설계, 시제기 생산, 비행시험, 지상시험, 운용평가 등을 포함한다. 그림 13.1의 상자들의 크기는 비용의 크기에 대략적으로 비례한다.

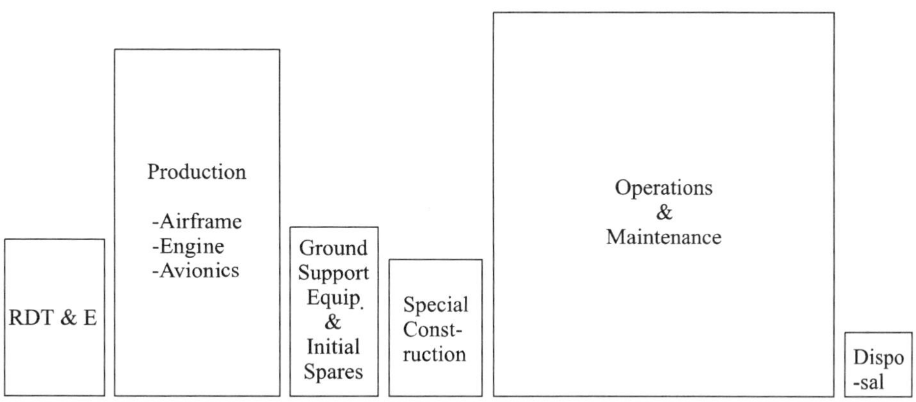

| 그림 13.1 | 항공기 총 순기비용의 구성요소

생산비용은 항공기를 생산함에 있어 소요되는 인건비, 재료비 등을 포함한다. 여기에는 기체, 엔진, 항공전자장비 구매비용 등도 포함된다. 항공기 구입비용(항공기 판매단가)은 위에서 설명한 RDT&E 비용과 생산비용을 합해서 산출된다. 감가상각비도 구입비용에 할당된다. 운영과 유지비용(O&M: Operations & Maintenance)은 항공기 구입비용보다 일반적으로 큰 비용이 요구된다. 운영유지비용은 연료, 윤활유, 항공승무원의 보수 등 다양한 간접비를 포함한다. 총 순기비용의 마지막 요소는 항공기의 폐기에 소요되는 비용으로 그다지 크지는 않으므로 폐기비용은 총 순기비용의 산출에서 무시되기도 한다.

13.3 항공기 비용

개념설계 단계에서 항공기의 비용은 크게 2가지로 나누어 생각할 수 있다. 항공기의 연구개발/시험평가(RDT&E)비용과 항공기의 대당 생산비용으로 구성된다. 새로운 항공기의 판매단가는 개발비용과 생산비용의 합으로 정의될 수 있다.

개념설계 단계에서 연구개발비용은 항공기의 양산전까지 수행하는 기술연구개발, 설계/해석, 제작, 지상시험 및 비행시험 등의 필요 비용으로 구성된다. 개발단계에서 제작되는 비행기의 댓수는 N_D로 표시되며 대략 1 ~ 6대 정도이며 최소한의 수로 하려는 것이 일반적이다.

연구개발비에 포함되는 주요항목으로는 기체 설계/해석비용, 개발지원비용, 엔진/항공전자 구매비용, 제작인건비, 제작재료비, 치공구비용, 품질관리비용, 비행시험비용 등이다.

양산단계에서 양산되는 항공기가 N_P일 때 대당 생산비용은 엔진/항공전자 구매비용, 제작인건비, 제작재료비, 치공구비용, 품질관리비용, 이윤 등을 포함하고 있으며 생산비용 중의 기체설계/해석 비용은 양산중의 설계 수정보완이나 제품향상 등의 일을 수행하는데 필요한 비용이다.

13.3.1 비용계산식

생산비용이나 양산비용을 예측하는 관계식을 비용계산식(Cost Estimating Relationships:

CERs)이라고 한다. 항공기의 비용계산식은 항공기의 다양하고 복잡한 특성들을 간단한 모델식으로 구현하였다. 이러한 식은 이미 양산하여 운용되는 항공기의 비용특성을 분석하여 간단한 모델식의 계수를 활용한다. 가장 대표적인 CERs는 RAND사가 활용한 방법이다. 1945년부터 1970년대까지 개발된 항공기의 비용데이터를 분석하여 비용계산식을 만들었다. 최근의 1987년판 (R-3255-AF)은 현대적 설계에 의해 제작된 좀더 많은 항공기의 비용데이터를 갖고 있다. RAND사의 비용분석보고서의 주요 비용요소 변수는

구조무게 : W_s(kg, lb)
최대 비행속도 : V_{max}(knot), M_{max}
항공기 제작댓수 : N_P, N_D
생산율 : R

등이다. 항공기의 구조무게와 최대비행속도는 항공기의 설계의 복잡성과 난이도와 직접 관련되므로 비용에 상당한 영향을 준다. 생산대수는 학습곡선(learning curve)과 관련되므로 생산시간 및 비용과 관련된다. 생산율은 치공구비용과 관련되며 잘 설계된 치공구는 생산율을 증대시켜 생산비용을 줄일 수 있다.

비용계산식에 사용된 데이터들은 특정연도에서의 값이므로 인건비나 경제성장율 등을 고려하여 실제 사용할 연도로 변환할 필요가 있다. 대표적인 환산방법은 기준년도와 당해년도의 소비자 물가지수(CPI)를 이용하는 것이다.

가령, 1998년, 1986년, 1970년의 달러화의 가치를 비교해보면

$$\frac{\$_{'70}}{\$_{'98}} = 3.95, \quad \frac{\$_{'86}}{\$_{'98}} = 1.49$$

이다. 즉 1970년대 기준으로 연구개발비용을 계산하였다면 1998년 현재 개발비용은 1970년대 개발비용의 3.95배 정도가 된다.

1. 항공기체 설계/해석 개발비용(Airframe Engineering Cost)

항공기체의 설계/해석은 연구개발비용과 항공기 제작비용과 관련되어 있다. 항공기체 설계/해석, 풍동시험, Mock-up, 개발시험 및 평가/분석 등에 관련한 비용이며 양산단계에서는 설계 수정/변경 관련 해석, 재료 및 공정, 신뢰성 해석 등을 포함한다. 항공기체 설계/해

석비용은 먼저 필요한 엔지니어링 시간으로 표현되고 엔지니어링 시간에 시간당 임율을 곱하여 전체 비용을 계산한다.

$$H_E = C_1 W_S^{C_2} V_{\max}^{C_3} N^{C_4} \tag{13.1}$$

여기서, 계수는 표 13.1에 나와있으며 N은 개발단계에서는 N_D이고 양산단계에서는 N_P이다. 항공기체의 구조무게, W_S는 AMCR(또는 DCPR)무게이며 공허중량에서 바퀴, 엔진, 계기, 전기/전자장비 등을 제외한 무게이며 AMPR(Aeronautical Manufacturer's Planning Report) 무게는 0.62 W_S 정도 된다.

2. 개발지원비용(Development Support Cost)

개발지원비용은 연구개발단계의 회수불가능한(non-recurring) 제작비용으로 정의된다. 항공기체의 설계와 개발을 위한 시험시편, Mock-up, 기타 부분품을 포함한다.

$$C_D = C_1 W_S^{C_2} V_{\max}^{C_3} N^{C_4} \tag{13.2}$$

여기서 개발지원비용 C_D를 계산할 때의 $N = N_D$로 하고 계수는 표 13.1에 나와 있다.

3. 엔진/항공전자 비용

일반적으로 엔진이나 항공전자장비는 구매품목으로 가정하여 해당 제작사의 비용정보를 활용한다. 예를 들면 1971년형 기준으로 터보제트 엔진의 가격은 해면에서의 최대 정지추력과 관련된다.

$$C_{EN} = C_1 T_{\max - SL}^{C_2} \tag{13.3}$$

1987년 보고서에는 엔진비용은 최대추력($T_{\max - SL}$)뿐만 아니라 최대 마하수($M_{\max}$) 그리고 터빈입구온도(Θ_I; Rankin)의 함수로 표시되었다.

$$C_{EN} = C_1 [C_2 T_{\max - SL} + C_3 M_{\max} + C_4 \Theta_I - C_5] \tag{13.4}$$

4. 제작인건비(Manufacturing Labor Cost)

제작인건비는 항공기 개발단계와 양산단계 모두 관련되어있으며 항공기 주요 구조물의 제작 및 조립에 필요한 시간을 기본으로 산출한다. 여기에는 외부에서 장착이나 제작된 구매품목의 장착, 그리고 2차 계약자가 제작하는 구성품에 필요한 인건비도 포함된다. 비용 예측식에서는 제작에 필요한 시간으로 표현되며 시간당 임율을 곱하면 제작인건비를 구할 수 있다.

$$H_{ML} = C_1 W_S^{C_2} V_{\max}^{C_3} N^{C_4} \tag{13.5}$$

여기서, $N = N_P$ 또는 N_D이다.

5. 제작재료비(Manufacturing Materials Cost)

제작재료비는 항공기 개발단계와 양산단계 모두 관련되어 있으며 원재료, 항공기체 제작과 조립에 필요한 하드웨어와 장비들도 포함된다.

$$C_{MM} = C_1 W_S^{C_2} V_{\max}^{C_3} N^{C_4} \tag{13.6}$$

6. 치공구비용(Tooling Cost)

치공구는 항공기체의 제작에 사용되는 Jig, Fixtures, Die 그리고 특수한 장비들이다. 치공구 비용은 치공구설계, 제작 그리고 운영에 필요한 시간으로 표현할 수 있으며 치공구 시간당 임율을 곱하여 치공구 비용을 계산할 수 있다. 생산율, 치공구의 마모나 파손 등과 관계되므로 생산계획도 고려하여 계산하여야 한다.

$$H_{TL} = C_1 W_S^{C_2} V_{\max}^{C_3} N^{C_4} R^{C_5} \tag{13.7}$$

여기서, R은 생산율이며 한달에 생산되는 항공기 대수이다.

7. 품질관리비용(Quality Control Cost)

품질관리비용은 제작되거나 구매한 부품과 제작공정의 부합여부와 결함에 대한 검사업무에 필요한 비용이다. 품질관리 비용은 제작에 필요한 시간과 관계가 있으며 품질관리 임율을 곱하여 비용을 산출할 수 있다.

$$H_{QC} = C_1 H_{ML} \tag{13.8}$$

8. 비행시험비용(Flight Test Cost)

비행시험비용은 비행시험을 수행하기 위하여 필요한 비행시험계획, 데이터분석, 계측장비장착, 연료, 시험비행조종사 봉급, 시설비, 보험료 등을 포함하고 있다. 비행시험은 비행운용선도와 비행특성 등을 확보하는데 필수적인 시험이다.

$$C_{FT} = C_1 W_S^{C_2} V_{\max}^{C_3} N^{C_4} \tag{13.9}$$

9. 이윤

이윤은 연구개발단계와 양산단계 총 비용에 대하여 일정한 비율을 곱하여 계산할 수 있다. 일반적인 이윤값(PV)은 10% 정도이고 총 이윤은 다음과 같다.

$$C_P = PV \sum (C_{RDT\&E} + C_A) \tag{13.10}$$

10. 인건비 임율(Hourly Rate)

비용예측식에서 직접적인 비용으로 표시하거나 필요한 시간으로 표시한 후 해당 임율을 곱하여 비용을 산출할 수 있다. 시간당 임율, 봉급, 간접경비, 보험, 행정비용, 기타 직접경비 등은 기준년도의 소비자 물가지수를 근거로 선형보간법으로 개발년도 이후의 임율을 예측한 식을 사용한다. 그림 13.2는 연도별 시간당 임율을 나타낸 그래프이다.

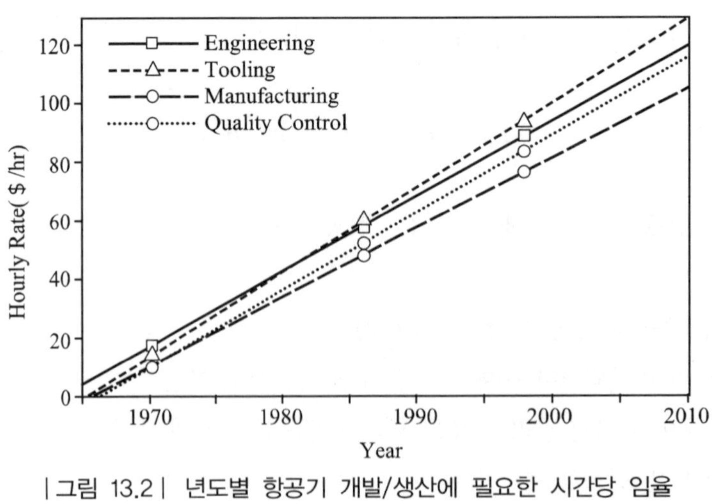

| 그림 13.2 | 년도별 항공기 개발/생산에 필요한 시간당 임율

| 표 13.1 | 비용계산식에 사용된 계수(년도별)

	Year	C_1	C_2	C_3	C_4	C_5
Eq.(13.1)	1970	0.027	0.791	1.526	0.183	–
	1986	4.860	0.777	0.894	0.163	–
Eq.(13.2)	1970	0.00549	0.873	1.89	0.346	–
	1986	45.42	0.630	1.300	0	–
Eq.(13.3)	1970	109(turbo-jet) 130(turbofan)	0.836	–	–	–
	1986	–	–	–	–	–
Eq.(13.4)	1970	–	–	–	–	–
	1986	1548.0	0.043	243.25	0.969	2228.0
Eq.(13.5)	1970	20.348	0.740	0.543	0.524	–
	1986	7.370	0.820	0.484	0.641	–
Eq.(13.6)	1970	18.47	0.689	0.624	0.792	–
	1986	11.00	0.921	0.621	0.799	–
Eq.(13.7)	1970	2.79	0.764	0.899	0.178	0.066
	1986	5.99	0.777	0.696	0.263	0
Eq.(13.8)	1970	0.13	–	–	–	–
	1986	0.13(0.076 for cargo)	–	–	–	–
Eq.(13.9)	1970	0.000714	1.160	1.371	1.281	–
	1986	1243.03	0.325	0.822	1.210	–

13.3.2 항공기 단가계산

항공기의 대당 가격(구입비용)은 연구개발비용과 양산비용의 합으로 구성된다. 일반적으로 연구개발비용은 자금 상환기간에 상환된다. 상환기간(t_{am})은 생산율과 생산대수로 나타낼 수 있다. 예를 들면 일년에 생산대수가 10대이고 상환기간이 4년이면 40대의 항공기가 제작되고 판매된 후에 연구개발비용은 회수될 수 있다. 일반적으로 연구개발비를 상환할 수 있는 기간을 포함할 경우, 항공기의 대당 가격은 다음과 같이 나타낼 수 있다.

$t \le t_{am}$ 인 경우,

$$unit\ price_{A/C}(\$) = \frac{1}{N_P}\sum(C_E + C_{ML} + C_{MM} + C_T + C_{QC} + C_{EN} + C_P)_A + \frac{1}{N_{am}}\sum(C_E + C_D + C_{ML} + C_{MM} + C_T + C_{QC} + C_{FT} + C_{EN} + C_P)_{RDT\&E} \tag{13.11a}$$

$t > t_{am}$ 인 경우,

$$unit\ price_{A/C}(\$) = \frac{1}{N_P}\sum(C_E + C_{ML} + C_{MM} + C_T + C_{QC} + C_{EN} + C_P)_A \qquad (13.11b)$$

그림 13.3은 운용공허중량(OEM)과 항공기 대당 가격관계를 1995년 가격기준으로 나타낸 대표적인 그래프이다. 그림 13.4와 13.5는 생산 대수에 따른 항공기의 평균단가와 총비용을 신기종과 파생기로 나누어 나타낸 그래프이다. 생산 대수가 증가함에 따라 항공기의 평균단가가 낮아짐을 알 수 있다. 그림 13.6에는 개발 항공기의 대당 가격의 주요비용에 대한 구성비가 나와 있다.

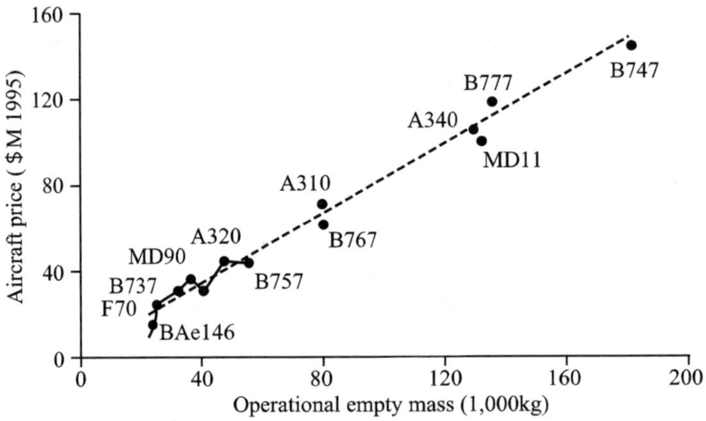

| 그림 13.3 | 항공기 대당 구매가격과 운용공허중량(OEM)(1995)

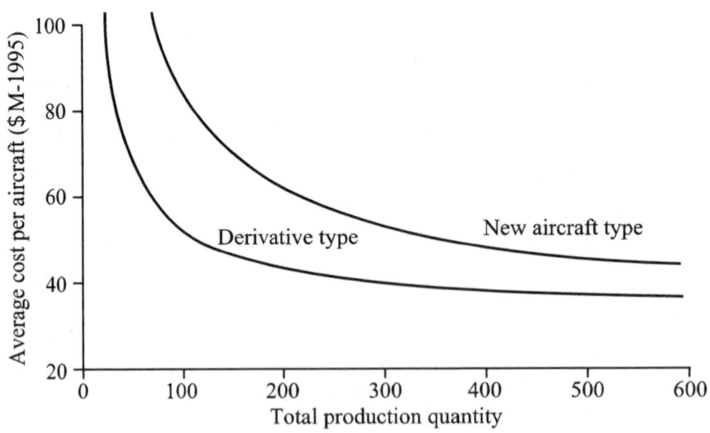

| 그림 13.4 | 생산 대수와 항공기 대당 가격 관계곡선(data AIAA-86-2667)

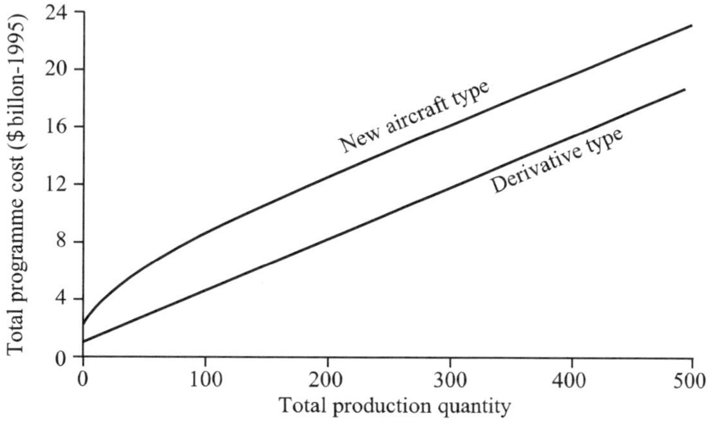

| 그림 13.5 | 항공기 개발프로그램 총 비용과 생산 대수

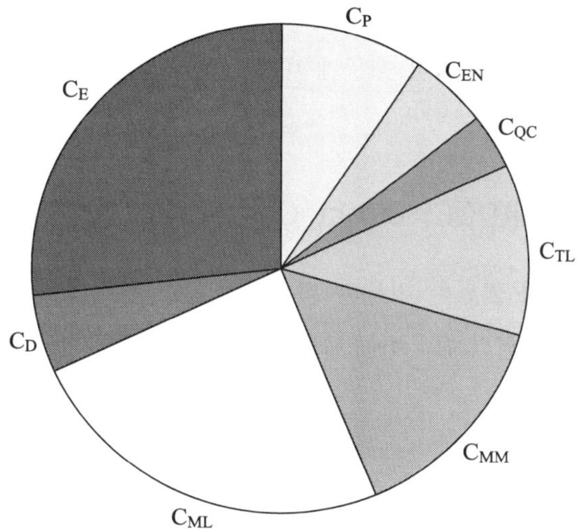

(1987 CERs Cost Estimation)

| 그림 13.6 | 개발 항공기의 대당 가격의 주요비용 구성비(예)

13.4 직접 운용비/간접 운용비

각각의 항공사는 특정한 운용형식, 비행형태, 보유 항공기군과 회계절차 등과 관련된 각자의 운용경비를 계산하는 방법을 개발해왔다. 항공기 제작사는 잠재적인 고객인 항공운항사에 경쟁기종과의 비교를 위하여 개발 중인 항공기에 대한 비용정보를 제공해야 한다. 이러한 방법은 운항사에 따라 천차만별이므로 기본적인 운용과 설계변수에 대한 값을 선택하여 어느 방법을 사용한 실제적인 비용분석보다는 서로 다른 설계에 대한 상대적인 비용차이를 보여 주는 것이 중요하다. 설계팀은 비용분석을 위한 표준화된 방법을 설계초기단계에서 제시해야 한다.

항공기 전체 운용비용은 직접 운용비와 간접 운용비로 나눌 수 있으며 일반적으로 직접 운용비 분석만을 수행한다.

비용은 시간-종속적인 값이기 때문에 물가상승시 전체 운용비용을 구성하는 다양한 요소에 대하여 현재의 비용을 반영할 수 있는 방법으로 자료가 발표된 후의 지난 비용은 계수를 곱하여 새로운 가격을 예측하는 것이다. 이러한 계수는 물가상승지수 등을 사용하지만 정확한 비용예측보다는 상대적인 비용예측이 목적이기 때문에 상대적으로 덜 민감하다. 예측된 비용은 발표일자가 중요하기 때문에 비용이 예측된 연도를 반드시 표시해야 한다.

13.4.1 직접 운용비(DOC: Direct Operating Cost)

직접 운용비용은 비행에 필요한 비용과 직접적인 운용/정비에 필요한 비용으로 구성된다. 그림 13.7에서와 같이 직접 운용비는 소유비용관련, 비행관련 그리고 정비운용관련 비용 등으로 구성된다.

1. 소유관련 비용(Standing Charges)

보험료, 감가상가비용, 이자비용 등 항공기 운항시 비행비용과 직접적으로 연관되지 않지만 비행관련 간접 경비로 간주될 수 있으며 투자한 항공기의 감가상각비, 투자금에 대한 이자 그리고 항공기 관련 보험 등으로 구성된다. 감각상각비나 이자는 소유비용이라고도 하며 보험금과 이자는 감각상각비에 비하여 불확성 요인이 많아 비용계산시 일반적인 값을 사용한다.

(1) 보험비용

항공기의 손실과 관련된 잠재적 위험에 대한 보장요구로서 기술적인 위험의 경우와 기술적 위험요소가 아닌 경우로 나누어질수 있다. 기술적인 위험요소는 감항기준에 의하여 항공기 전체에 대한 파괴확률을 감항당국으로부터 쉽게 얻을 수 있으므로 기본적인 보험금을 부과할 수 있다. 그러나 테러나 자연재해 등의 위험요소와 이에 대한 개인적인 보상

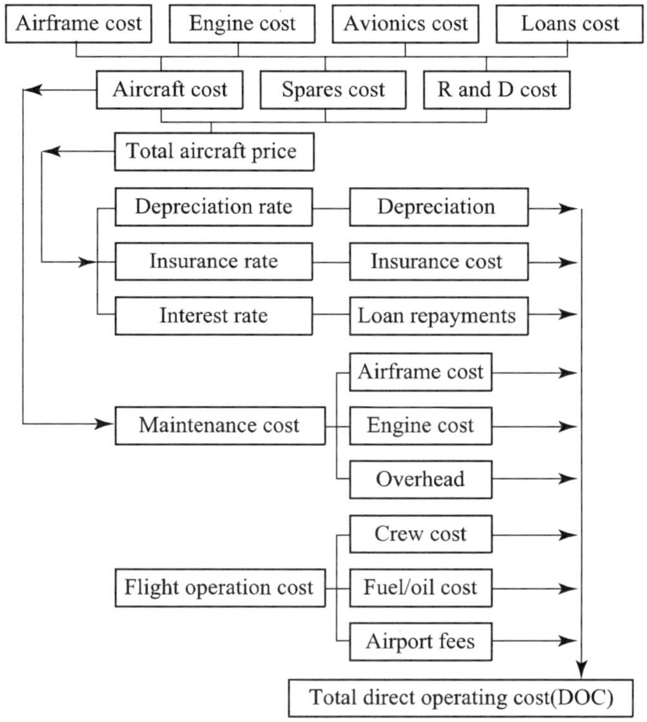

| 그림 13.7 | 직접운용비의 구성

요구 같은 비기술적인 위험요소에 대한 보험료를 산정하는 것은 쉽지 않다. 이러한 위험요소는 시간과 관련된 것일 수 있기 때문에 보험사는 운항사의 비행지역이나 보안점검시스템에 따라 차등적으로 보험료를 청구한다. 일반적으로 항공기 보험료는 항공기 가격의 1~3% 정도이며 비용계산식에서 보험료를 고려할 경우, 1.5%가 대표적인 값이다.

(2) 이자비용

이자비용을 일반식으로 정량화하는 것은 거의 불가능하다. 세계경제나 지역적인 이자율, 수출입에 대한 정부당국의 규제나 장려와 관련하여 국가나 금융기관이 항공기 제작사나 운항사들에 대하여 다른 이자율을 적용할 수 있기 때문이다. 그리고 이러한 요소들 대부분은 항공기 제작사 외부요인이기 때문에 설계 관련한 비용항목에서는 무시하지만 사업계획서상에는 국가의 기본 금리를 반영하여 이자비용에 대한 항목을 포함시킨다.

(3) 감가상각비

항공기도 시간이 지남에 따라 가치가 줄어든다. 이러한 감가상각은 항공기를 구매하였을 때의 여러 가지 여건, 국제경제, 자금대출 회사와의 계약, 구매시 계약조건 등에 영향을 받는다. 항공기는 사용 수명기간에 감항성이 보장/유지되어야 하기 때문에 판매시 잔여가치(residual value)가 명시되어야 한다. 잔여가치는 항공기의 기령이 많아짐에 따라 줄어든다. 감각상각 기간은 운항사의 회계규정과 구매한 항공기의 운항 가능한 항로의 개발 등과 관련있다. 대표적으로 항공기의 기령이 유용기간 15 ~ 20년 정도 후에는 잔여가치가 없어지는 것으로 간주한다. 현재의 민간항공의 경우 발전된 제작기술로 운항 유용기간이 점진적으로 20 ~ 30년 정도까지 연장할 수 있으며 향후 십년 후에는 이러한 운용기간이 보편화될 것이다. 감가상각은 운용기간과 운용기간후의 잔여가치를 바탕으로 구매 운항사에 의하여 결정된다.

초기 항공기 가격은 제작사의 판매가격과 여분의 부속품가격(항공기 가격의 10 ~15%)을 포함하며 이 가격을 기준으로 감가상각에 관련한 주요변수를 평가한다. 예상 운용기간과 기간후의 잔여가격이 정해지면 항공기의 초기 가격에 대한 연간 감가상각비율을 계산할 수 있다.

$$[(\text{항공기 초기가격} - \text{잔여가격})/\text{초기가격}]/(\text{감가상각 기간}/100)$$

이 식에서 기체, 엔진, 시스템과 장비 등을 포함하는 항공기 제작사의 초기가격에 대한 정확한 추정은 매우 복잡하다. 왜냐하면 항공기 판매시, 시장 및 경쟁 환경, 정치적 여건, 제작사와 운항사의 오프셋 계약 그리고 생산 관련 국제협력 등 엔지니어링 요소가 아닌 것들에 의하여 항공기의 초기가격이 결정되기 때문이다. 어느 항공기 제작사 회장의 말처럼 '항공기의 가격은 항공기의 설계나 생산비용과 매우 직접적인 관계가 있지는 않다. 그럼에도, 항공기의 판매가격은 제작사에게는 적절한 이익을 얻을 수 있을 정도로 높아야 하며 운항사에게는 구매투자에 대한 충분한 이익이 돌아갈 수 있도록 낮아야 한다.' 일반적으로 항공기 제작사는 초기판매가격을 새로운 시장진입을 위하여 낮게 책정한다. 그리고 시간이 흘러 양산된 항공기 모델이 경쟁기종에 비하여 구형일 경우에도 가격은 낮아진다. 심지어 운항사는 제작사와의 구매 오프셋 조건과 엔진을 항공기체와 별도로 주문하여 구매할 수도 있어 초기판매가격의 추정은 쉽지 않다. 이러한 항공기 가격에 대한 불확실성과 복잡한 요소때문에 항공기의 판매가격을 추정하는 방법으로 운용공허중량(OEW)에 대한 비용계산 통계식을 이용하는 것이 오히려 적합할 수 있다.

항공기 가격은 설계의 기술적 난이도와 관련된 설계개발비용과 생산대수와 관련되지 않는 간접경비, 그리고 생산비용(생산 대수, 설계의 복잡성, 협력제작사의 수 등)으로 구성되어 있다. 설계개발비용과 간접비용은 개발초기단계에서 항공기가격에서 큰 비중을 차지하며 설계와 판매가 안정화되어감에 따라 판매가격에서의 비중은 작아진다. 생산비용은 설계의 복잡성과 제작방법 등의 영향을 받고 처음에는 높은 값에서 시작하지만 일정한 값으로 안정화된다. 간접경비는 충분한 대수가 생산되고 판매된다면 전체가격에서 작은 부분이 된다. 설계개발, 생산, 간접경비 등 전체비용을 생산 대수로 나누면 평균단가(aircraft break-even price)를 구할 수 있다. 실제로 항공기의 평균단가는 생산이 거의 종료될 시점에서 생산 대수를 구체적으로 알 수 있을 때 가능하다. 개발초기에는 생산될 항공기의 대수를 정확히 알 수 없기 때문에 평균단가를 초기항공기의 단가로 결정하는데 사용되지는 않는다. 새로운 개발 항공기의 목표 판매가를 결정하면 최소생산판매 대수(break-even production value)를 예측할 수 있다. 일반적으로 최소생산 대수는 현재 판매대수보다 100대 이상은 여유를 두어야 한다.

직접운용비용과 관련된 항공기 최적설계 측면에서 항공기 엔진가격은 항공기 가격에서 분리하여 계산할 수도 있다. 엔진가격은 이륙시 추력과 비연료소모율과 직접적인 관련이 있으며 추력과 직접적인 관련이 없는 부수적인 간접경비로 구성된다. 다음은 1995년 기준의 엔진가격과 순항시 추력과 비연료소모율과의 통계적인 식의 예이다. 그림 13.8은 엔진비용 예측에 대한 그래프이다.

$$Cost_{engine} = \frac{(cruise\ \ thrust)^{0.88}}{(SFC)^{2.58}} \tag{13.12}$$

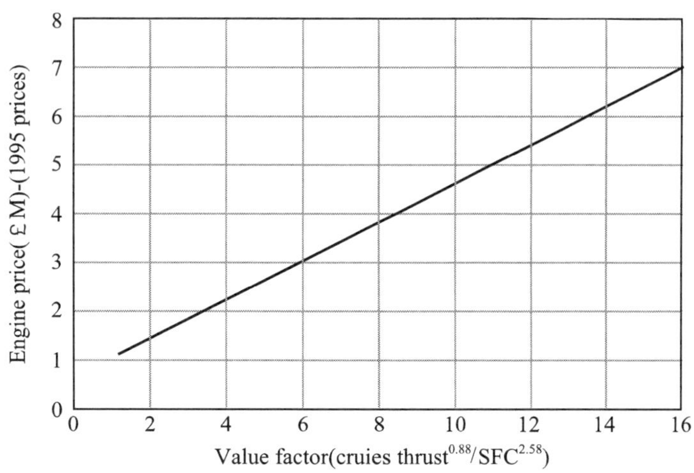

| 그림 13.8 | 엔진비용 예측곡선

항공운항사의 재무나 회계방침에 따라 세금 등의 문제로 항공기를 구매하기보다 대여하는 경우가 유리할 수 있으며, 비용예측법에서는 보유관련비용에서 이 항목을 없애고 DOC 항목에서 현금 DOC로 반영한다.

2. 정비관련 비용

정비비용의 예측 또한 포함시켜야 할 항목의 불확실성 때문에 매우 복잡하다. 정비시설을 확보하는 것은 항공운항사에게 매우 큰 비용이 든다. 이러한 시설은 운항사와 독립적 사업으로 운영되기도 한다. 건물비용, 행정비용 그리고 특수장비비용 등은 전체 정비비용에서 간접비용으로 간주될 수 있다. 이러한 방법은 항공기 제작사의 DOC 비용을 줄여줄 수 있다. 정비간접 부대비용을 어떻게 산출하느냐에 따라 DOC를 계산하는데 차이가 날 수 있다. 어떤 항공운항사는 정비를 별도의 정비업체와 계약을 해서 정비비용을 지출하는데 이럴 경우, 정비비용은 특정 항공기에 대한 직접 운용비용에 포함된다. 정비비용은 일상적인 기본검사와 수리 그리고 항공기기체, 엔진, 전자장비, 시스템 및 부속품에 대한 총정비 등과 관련된 인건비와 재료비로 구성되어 있다. 다른 항공기와 다른 운항형태에 따라 정비내용의 변화가 크기 때문에 정비비용 전체를 평가하는 일반화된 방법을 제시하기는 쉽지 않다.

정비비용은 크게 항공기체 정비, 엔진 정비 그리고 정비 관련된 간접경비 등으로 구성되며 기체 정비나 엔진 정비는 인건비와 재료비로 분류할 수 있다. 각 요소별 비용은 비행당 또는 비행시간당 비용의 합으로 계산될 수 있다. 다음 기체정비 비용 중 인건비이다.

Airframe labor cost

$$= (\text{labor cost per stage} + \text{labor cost per flying hour} + \text{stage time}) \times \text{labor rate} \quad (13.13)$$

정비관련 간접비용은 정비관련 소유비용과 시간당 부과 비용으로 구성된다. 정비비용의 구성요소는 다음과 같다.

항공기체 정비비용: 정비인건비/stage, 정비인건비/비행시간, 정비비/비행시간, 재료비/stage

항공엔진 정비비용: 인건비/stage, 정비인건비/비행시간, 정비비/비행시간, 재료비/비행시간

정비 간접경비: 정비관련소유비용, 정비간접경비/비행시간

3. 비행관련 비용: 비행승무원, 연료

비행 관련 비용은 승무원 비용과 연료와 윤활유 비용 그리고 착륙과 관제비용 등 비행에 직접 관련된 비용이며 비행시간당 비용으로 계상된다.

(1) 승무원 비용

승무원 비용은 비행승무원과 객실승무원의 봉급을 포함한다. 지난 십년간 승무원들의 생산성과 항공기술이 향상되어 2명의 조종사로도 비행할 수 있게 허용되었다. 승무원 수는 감항인증기준과 승무원 노조 협약에 의하여 결정된다. 단거리 소형비행기의 경우 2명의 조종사가 필요하며 중대형항공기는 3명의 조종사가 요구되며 장거리인 경우 교대조를 필요로 하기도 한다. 객실승무원은 승객 30 ~ 50명당 1명 정도가 대표적인 값이다. 연간 승무원의 근무시간은 계약조건에 따라 달라질 수 있지만 중단거리 중형항공기급은 800시간이 대표적인 값이다. 승무원의 연간 근무시간은 비행승무원이 객실 승무원보다 일반적으로 적은 편이다. 급료는 운항사와 탑승하는 기종에 따라 달라질 수 있어 승무원 비용을 일반적으로 평가하기는 쉽지 않다.

Crew cost
= (annual cost of flight crew member × number of flight crew + annual cost of cabin staff member × number of cabin staff) × (flight block hour) / (crew utilization per year) (13.14)

승무원 비용 중 장거리 비행일 경우 중간 경유지에서의 비용도 승무원 비용에 포함된다. 이 비용은 일반 운용비용으로 간주하여 간접 운용경비에 포함될 수도 있다.

(2) 연료, 윤활유 비용

정확한 유가가 제공되면 연료비는 비교적 정확하게 예측할 수 있다. 감가상각비 다음으로 연료비는 중요한 항공기 설계변수이다. 그러나 지난 20년간 유가의 변동이 너무 커서 미래의 유가를 예측하기가 쉽지 않고 이에 따른 연료비용 예측은 불확실성을 많이 포함하고 있다.

4. 비용변수

직접 운용경비의 예측은 비행시간당 비용으로 계산된다. 특정한 노선에서의 비행비용은 노선운항에 필요한 시간(block time)에 시간당 DOC를 곱하여 구할 수 있다. 노선비용을 해당 노선의 거리(block distance)로 나누면 단위거리당 비용(Mile Cost)이 계산된다. 이 값을 이 노선에서의 최대 승객수로 나누면 좌석당 마일당 비용(Seat mile cost)이 산출된다.

어떤 항공기 제작사는 비용변수를 현금 비용으로 산출하는데 이때에는 소유 관련 비용을 포함시키지 않는다. 이렇게 하는 이유는 물론, DOC가 줄어들기도 하지만 운항사가 항공기를 임대하는 것이 많이 보편화되었고 이럴 경우 비용계산식이 달라진다. 항공기 제작사나 항공관련 문서에서 제시하는 직접 운용비가 보유비용을 포함한 전체 비용인지 아니면 현금비용만을 고려한 것인지를 알아야 한다.

항공기개발 설계자는 항공기의 기본형상(시스템의 복잡성, 항공기 크기, 엔진 크기)과 성능(순항속도, 항속거리 등)에 의하여 항공기의 비용에 직접적으로 영향을 준다고 알고 있다. 이러한 요소는 비용 계산식에 보유비용, 연료량, 정비비용 등의 입력값으로 사용되는 주요 변수들이다. 설계자들은 항공운항사의 경제성(운항시장 크기, 항공권의 가격, 성능, 승객 편의사항) 등을 통하여 항공기 비용에 간접적으로 영향을 줄 수 있다. 이러한 간접적 요소는 잠재적 수입과 관련하여 요구되는 항공기 형태, 시장의 개발과 궁극적으로 필요한 공용성과 형태의 파생기 등에 대한 비용분석에 활용된다. 설계자는 설계항공기가 잠재적 시장을 충족할 수 있고 개발프로젝트의 최대 성공을 위하여 항공기 개발 초기단계에서의 영향을 잘 이해하고 있어야 한다.

여러가지 변수에 따른 가능성 여부에 대한 분석이 필요하며 설계에서 여러가지 경쟁성 있는 가능한 면을 고려해야 한다. 설계팀은 하나의 시장 또는 요구조건에 맞는 설계보다는 장래의 시장을 고려하여(유상하중과 운항거리의 변화) 파생형이나 확장기, 축소기 등을 고려하여 적절하게 타협된 설계가 필요하다.

13.4.2 간접 운용비(IOC: Indirect Operating Cost)

간접 운용비용(IOC)는 특정한 운용의 비행비용이나 특정 항공기에만 적용되지 않는 비용들이다.

항공기와 공항관제서비스 관련비용, 홍보 및 판매비용, 여객서비스 비용, 일반행정 관리 간접비용, 지상시설물과 장비의 운영 및 감가상각비 등이 간접 운용비용의 주요항목이다. 간접 운용경비는 항공운항사의 운용형태나 행동에 따라 매우 큰 차이를 보일 수 있는 비용이다. 항공기 설계가 간접 운영비에 중요한 영향을 줄 수도 있다. 예를 들어 새로운 지상장비 시설도입이나 기술의 발전으로 새로운 기능이 필요할 경우 추가적인 비용이 요구된다. 이럴 경우, 정확한 상관관계를 통한 비용산출은 쉽지 않다. 항공운항사의 경영방식이나 운용방식이 간접비용에 주요한 영향을 미치므로 이것은 설계의 범주에서 벗어난다. 항공기 설계변수에서 간접 운용비용의 영향을 무시해버리는 것이 일반적이다. 경쟁기종과 항공운항사의 직접 운용비용 차이가 작아질수록 간접 비용에 대한 중요성은 증대되어지며 항공기 판매팀은 자사의 항공기가 경쟁기종에 비하여 간접 경비를 줄일 수 있다는 것을 보여준다. 간접 경비는 개념설계시 상대적으로 중요하지 않으며 전체 운용비용의 15 ~ 50%를 차지한다. 즉 직접 운용경비와 같은 정도의 비용이다. 다음은 간접 운용비의 주요 구성요소이다.

- Aircraft and traffic servicing
- Promotions and sales
- Passenger services
- General administrative overhead
- Ground property and equipment maintenance and depreciation expenses

제14장

비교분석연구 및 설계 최적화

14.1 개 요

항속거리, 유상하중, 순항속도와 고도, 날개종횡비, 엔진 비추력비, 구조요소 등 항공기의 성능과 기하학적, 기술적 특성으로 특징지어진 항공기 형태에 대한 제안으로부터 설계는 시작된다. 이러한 설계변수들은 제안된 항공기와 유사한 기종의 특징들로부터 고려하여 산출하였다. 이것들을 바탕으로 간단한 이론식과 기존의 경향들에서 빠진 것들과 함께 이륙부터 착륙까지 비행임무 각 단계에 따른 개념설계된 항공기의 중량을 예측할 수 있었다. 설계에서의 중요한 것은 항공기의 요구조건에 주요하게 영향을 미칠 수 있는 설계변수의 결정이다.

개념설계의 초기단계에서는 항공기 형식과 항공기의 성능 요구조건을 포함하는 제안서를 작성하는 것이다. 그리고 제안서에는 경쟁 비교 기종의 목록과 개념설계에서 확인해야 할 중요한 특징뿐만 아니라, 유사기종의 성능을 초과할 수 있는 계기나 동기들을 이용할 수 있는 주요한 특징들이 포함된 경쟁기종의 목록이 제안서에 기술되어야 한다. 최종적으로 초기의 임무 요구조건 중 몇 개는 만족할 수가 없을 수도 있다. 반면에 다른 몇 개는 임무 요구조건을 초과할 수 있다(후자는 변수들간의 상관관계가 더 작용하기 때문에 더 좋은 예가 된다).

우리는 지금까지 제1편의 제 3장을 통해 설계하고자 하는 항공기의 중요한 설계 및 성능변수, 즉 추력 대 중량비(T/W), 익면하중(W/S) 등을 매우 간단한 해석을 통하여 결정하였다. 이러한 'Quick and Dirty Sizing'은 주어진 임무사양을 달성하기에 필요한 연료중량과 항공기 전체 중량을 1차적으로 결정하기 위한 것이다.

위의 결과와 제2편의 제4장부터 제8장에 기술된 방법으로 항공기 설계에 있어서 실제적으로 각 부분을 고려하여, 설계하고자 하는 항공기의 기본도면을 작성할 수 있다. 이렇게 설계된 항공기는 모든 성능과 주어진 임무사양을 만족할 수도, 또는 그렇지 않을 수도 있다. 따라서, 'Design Layout' 상의 항공기는 제3편의 제9장부터 제13장에 소개된 좀더 정확한 방법에 의해서 해석이 수행된다.

항공기의 모든 성능면에서 최적의 값을 갖는 것이 설계의 궁극적 목표이지만 한쪽의 성능을 최적화하면 다른 하나는 성능저하를 초래할 수 있는 것이 일반적이다. 가령, 익면하중을 증가시키면 순항성능은 향상되지만 이착륙거리는 증가한다. 고속비행에서 조파항력 감소를 위하여 후퇴각을 크게 할 경우, 고양력장치(Flap, Slats)의 효과가 저하된다. 그러므로 최종적인 설계는 주요한 몇 개의 설계변수의 선택의 결과에 따라 달라진다.

이때 해석방법의 정확도가 증가하였으므로 초기에 결정된 파라미터들, 즉 T/W, W/S, 가로세로비, 후퇴각, 테이퍼 비 등은 최적의 값이 아닐 가능성이 높다. 또한, 도면상의 항공기는 1차적으로 구한 전체 중량의 값을 가진다고 말할 수 없다.

제14장에서는 설계 항공기의 사이징(Sizing)을 다시 수행하여 전체 중량, 성능 등의 최적화를 수행할 수 있다. 개념설계된 항공기의 특징과 유사기종의 비교를 통하여 최종적으로 새로운 설계에 대한 최종적인 특징을 고찰해보는 것이 중요하다. 이륙중량, 공허중량, 연료, 유상하중 등과 같은 중량에 대한 비교가 기본이고 이륙중량의 평가에 있어서 중요한 요소는 공허중량비(W_E/W_{TO})이다. 날개의 경우 익면하중이 낮을 경우, 저속에서의 기동성능이 우수하고 높을 경우 장거리 순항에 유리하다. 종횡비는 3차원 양력분포에 영향을 줄 수 있으며 유도항력과 관계가 있다. 종횡비가 작을 경우, 날개의 구조중량이 작아지는 장점이 있다. 날개길이, 테이퍼 비 또한 중요한 변수가 될 수 있다. 동체의 길이 관련한 세장비(d/l)가 작을수록 천음속, 초음속 영역에서의 조파항력을 최소화할 수 있다. 그러나 너무 작은 세장비는 점성저항의 증대를 초래할 수 있다. 항공기가 항력을 최소화할 수 있도록 최적 설계되어 있다면 필요로 하는 전체 요구추력이 최소화되고 엔진의 지름도 작아져 날개 아래 장착시 지상과 여유 공간 확보도 가능할 수 있다. 이착륙거리는 익면하중, 비추력과 같은 주요한 설계변수과 관련된 중요한 성능변수이다.

본 장에서 소개하려고 하는 여러 가지 최적화 방법들은 새롭게 수행된 결과들을 가지고 모든 성능과 임무사양을 만족하면서 최적의 항공기 중량과 성능 특성들을 결정할 수 있게 해준다. 항공기의 설계에 있어서 최적화의 목적함수는 설계 요구자에 의해 결정되는데, 실제의 경우에 주로 항공기 중량과 직접 운용비용 등을 최소로 하는 것이다.

본 장에서는 공력, 구조, 추진, 제어 등의 다분야가 밀접하게 서로 연관되어 있는 항공기의 설계변수와 구속조건 등을 고려하여 각 설계변수의 변경에 따른 성능결과를 비교분석할 수 있는 기법인 Parametric study와 비교분석연구(Trade study) 등을 소개한다. 항공기 설계에서 대표적인 최적화 방법인 Sizing matrix와 Carpet Plot 기법, 민감도 해석 기법(Gradient Based Method), 설계최적화 기법(Optimization Algorithm) 등도 간략히 소개한다.

끝으로 설계된 항공기의 설계요약과 설계보고서에서 기술되어야 할 항공기의 형식제원 등과 보고서 형식, 중요한 그림과 표들에 대하여 기술하였다.

14.2 설계변수 비교분석연구

초기설계에서는 설계변수 변화에 따른 결과 변화를 고찰하기를 원한다. 전체 설계에 미치는 이러한 설계변수의 영향에 대한 고찰을 비교분석 연구(Trade Study)라고 한다.

비교분석 연구는 항공기의 임의 설계변수의 변화에 따른 요구조건의 만족도와 성능이 어떻게 될 것인가에 대한 결과와 더 좋은 설계로의 방향을 추구하는 방법이다. 표 14.1에 흔히 수행되는 비교분석 연구항목들을 정리하였다.

설계 비교분석(Design Trades)은 주요 설계변수가 주어진 임무와 성능 요구조건을 만족시키면서 비용과 항공기 중량에 어떠한 영향을 미치는가를 분석하는 것이다. 이것은 표 14.1에서 보는 바와 같이 형상에 대한 것과 날개의 기하학적 변수, 추력의 변화 등을 포함한다.

요구조건 비교분석(Requirement Trades)은 설계 요구조건에 대한 항공기의 민감도를 결정하는 것이다. 만약 어떤 하나의 요구조건이 항공기의 중량이나 비용의 많은 증가를 가지고 올 때, 수요자는 그 요구조건을 낮출 수 있다.

| 표 14.1 | 대표적 비교분석 항목

Design trades	Requirements trades	Growth sensitivities
T/W and W/S	Range / Payload / Passengers	Dead weight
A, Λ	Loiter Time, Range	C_{D0} and K
t/c, λ, airfoil	Speed, Cruise Time	C_{Dwave}
High-lift devices	Turn-rate, Ps, $n_{\max}$	$C_{L\max}$
BPR, OPR, TIT, etc.	Runway length S_{TO} and S_L	Installed thrust and SFC
Materials	Time-to-climb	Fuel price
Configuration	Design-to-cost	Static Margin Range & Payload
Tail type		
Variable sweep		
Number and type of engines		
Maintainability features		
Observables		
Passenger arrangement		
Advanced technologies		

설계변수 증가분에 따른 민감도 비교분석(Growth-sensitivity Trades)은 만약 항력, SFC와 같은 다양한 변수들이 증가해야만 한다면, 항공기의 전체 중량에 얼마나 영향을 줄 것인가에 대한 것과 익면하중, 항속거리, 유상하중 등이 항공기의 단위가격에 어떻게 영향을 미치는가 하는 것이다.

추력대 중량비는 비추력 연료소모율이(TSFC)에 영향을 미치기 때문에 항속거리와 유상하중에 영향을 미친다. 높은 T/W는 비행임무 수행시 연료의 양을 증대시킬 수 있으므로 같은 이륙중량일 경우, 추가 연료의 중량으로 항속거리와 유상하중을 줄여야 한다. 항속거리나 유상하중의 TSFC에 대한 의존도가 지수함수 형태이므로 결과 차이는 매우 크다.

정해진 이륙중량에 대하여 익면하중값은 날개면적을 결정한다. 날개면적이 커질수록 점성저항 또한 증가한다. 특히, 종횡비가 큰 날개의 경우, 날개에서 전체 항력의 비중이 커질 수 있다. 항력증가는 필요추력의 증가를 초래하고 이는 곧 연료중량의 증가를 초래하여 결국 항속거리와 유상하중의 감소를 감수해야만 한다. 날개의 종횡비(AR)와 후퇴각은 날개의 항력에 영향을 미친다. 초기 이륙중량 계산시 종횡비는 연료중량비에 대한 항속거리식에 있는 L/D에 대한 영향을 미친다. 후퇴각은 날개위에서의 유효 Mach수에 영향을 미친다. 이것은 날개에 작용하는 점성항력에 직접적으로 영향을 미치고 양력에 의한 유도항력이 최소인 높은 종횡비 날개에서는 특히 크다. 날개의 특성은 항력에 영향을 미치며 고속 요격기의 경우, 과도한 추력이 요구된다. 아음속 항공기의 경우 최적의 익형 두께비(t/c)는 12 ~ 14%이다. 초음속 항공기에서는 조파항력을 줄이기 위해서는 작은 값이 필요하다. 효과적인 순항을 위하여 캠버가 있는 익형이 선택되는데 설계 양력계수가 Drag Bucket 안에 있어야 한다. 최적의 설계에서는 양력계수 전체가 순항의 시작부터 끝까지 Drag Bucket에 남아 있다. 익형 특성의 선택에 대한 비교분석연구는 이러한 성능에 대한 관점에서 행해진다. 고양력장치는 날개의 최대 양력계수를 증가시키기 위한 것이다. 이러한 장치는 이착륙성능이나 고기동성능에 큰 영향을 미치지만 플랩(Flap), Slat 같은 고양력장치의 도입은 복잡성, 중량 그리고 주익의 비용 등을 증가시킬 수 있다. 그러므로 고양력장치의 도입에 의한 최대 양력계수 증가분이 성능에 어느 정도 민감한지, 비용에는 어떤 영향을 미치는지 비교분석 연구가 필요하다. 최대 양력계수 $C_{L\max}$뿐만 아니라, 이착륙거리에 영향을 미치는 것이 T/W이다. 너무 높은 T/W의 선택은 효율적인 순항에는 불리하다. 높은 TSFC를 갖는 엔진의 경우 순항시 엔진추력을 낮추어야 하고, 이럴 경우 효율성이 감소한다. 그러나 엔진의 숫자와 Bypass 비, 압력비, 추진방식개념(터보제트, 터보팬, 터보프롭)에 대한 비교분석 연구도 필요하다.

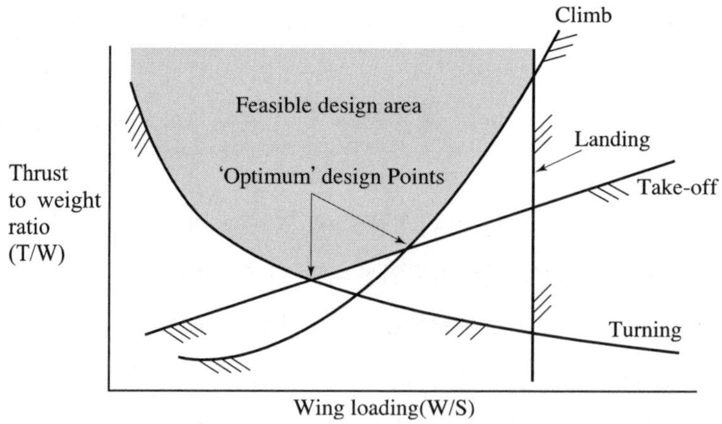

| 그림 14.1 | 대표적 설계구속조건에 따른 비추력-익면하중 곡선

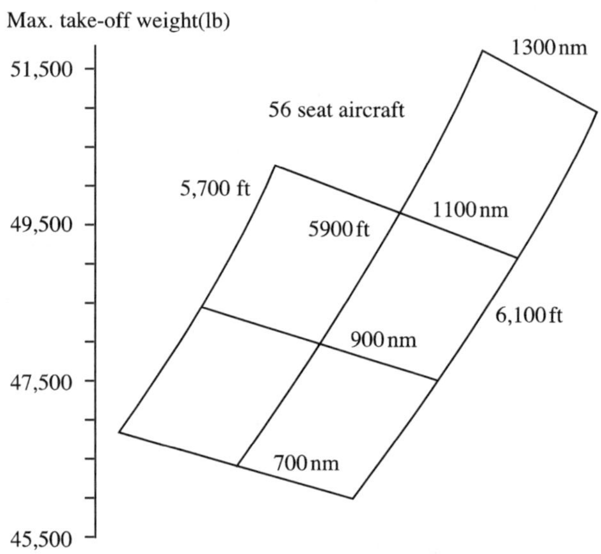

| 그림 14.2 | 이륙중량 매개변수 비교연구(이륙거리, 항속거리)

세로안정성에 대한 양의 정적여유를 갖는 것이 일반적이지만 일반적인 꼬리날개 형태 항공기의 너무 큰 정적여유는 큰 트림 항력을 초래하여 항속거리의 감소와 유상하중의 감소를 초래할 수 있다. 특별한 설계에 대한 이러한 특성에 대한 정적여유의 민감도에 대한 합리적인 비교분석 연구가 이루어져야 한다. 마지막으로 설계에 있어서 여러 형상의 선택은 일반적으로 비교분석 연구 후반에 검토될 수 있다. 수직미익의 설계, 수평미익의 설계 및 장착위치(꼬리날개 또는 귀날개) 동체에서 날개의 위치, 동체의 높이와 폭 등이 포함되어 이러한 것들은 항공기 성능, 중량 그리고 비용에 영향을 준다. 이러한 평가검토는 많은

변수들이 서로 연관되고 포함되어 있어 매우 복잡하다. 이러한 많은 설계변수들에 대한 평가검토를 위하여 자동화된 계산이 필요하다.

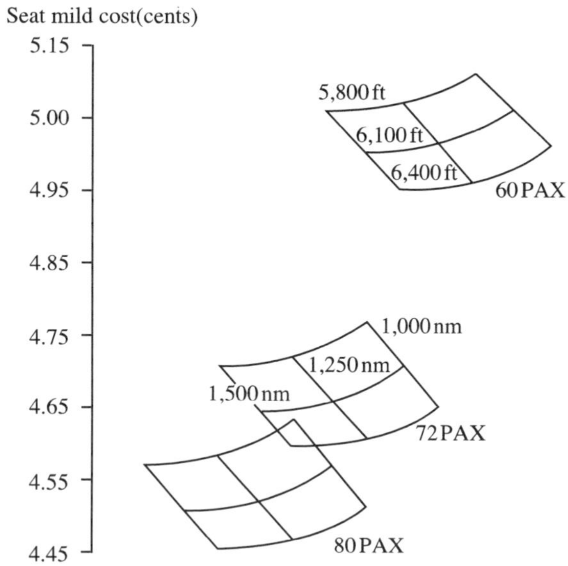

| 그림 14.3 | 좌석당 거리당 운용비용 변수 비교연구(좌석수, 이륙거리, 항속거리)

14.3 사이징 매트릭스/카펫 선도 기법

14.3.1 사이징 매트릭스 기법

사이징 매트릭스(Sizing Matrix) 방법에서는 항공기의 중요한 설계 및 성능 변수인 추력 대 중량비와 익면하중, 가로세로비, 후퇴각, 테이퍼 비 등을 임의적으로 변화시키고, 이 변수들 중에서 2가지의 값을 택해서 수행한다. 초기 사이징 과정을 통해 얻어진 기준값에서 ±20%정도 설계 및 성능 변수들을 변화시킨다. 각각의 변수들의 조합은 다른 성능을 가지는 항공기를 나타내며, 이들 항공기에 대한 사이징과 성능계산을 수행한다. 그 결과 사이징 매트릭스를 구성하는 설계 및 성능변수의 값들이 각 항공기에 대해서 구해진다. 표 14.2는 구성된 사이징 매트릭스의 한 예를 보여준다.

| 표 14.2 | 사이징 매트릭스(Sizing Matrix)

	$W/S=50$	$W/S=60$	$W/S=70$
T/W= 1.1	$W_O=56{,}000$ lb $P_S=700$ fps $S_{TO}=340$ ft $a=46$ s	$W_O=49{,}000$ lb $P_S=330$ fps $S_{TO}=430$ ft $a=42$ s	$W_O=46{,}000$ lb $P_S=30$ fps $S_{TO}=660$ ft $a=39$ s
T/W= 1.0	$W_O=48{,}500$ lb $P_S=430$ fps $S_{TO}=450$ ft $a=50.5$ s	AS-DRAWN $W_O=43{,}700$ lb $P_S=30$ fps $S_{TO}=595$ ft $a=47$ s	$W_O=42{,}000$ lb $P_S=-190$ fps $S_{TO}=800$ ft $a=45$ s
T/W= 0.9	$W_O=44{,}000$ lb $P_S=140$ fps $S_{TO}=670$ ft $a=56$ s	$W_O=39{,}000$ lb $P_S=-230$ fps $S_{TO}=810$ ft $a=53$ s	$W_O=36{,}000$ lb $P_S=-320$ fps $S_{TO}=1070$ ft $a=51$ s

14.3.2 사이징 매트릭스 선도

2개 파라미터에 대한 최적화는 사이징 매트릭스 데이터들의 교차 선도가 필요하다. 여기에서는 추력 대 중량비(T/W)와 익면하중(W/S)의 2개 파라미터를 가지고 설명하기로 한다. 그림 14.4를 참고하면 일정한 크기의 임의의 항공기 중량에 대한 익면하중의 값이 결정된다. 예를 들면 항공기 중량을 50,000 lb로 선택하면. 이 값에 대응되는 익면하중의 값이 흰색 원으로 표시되어 있다.

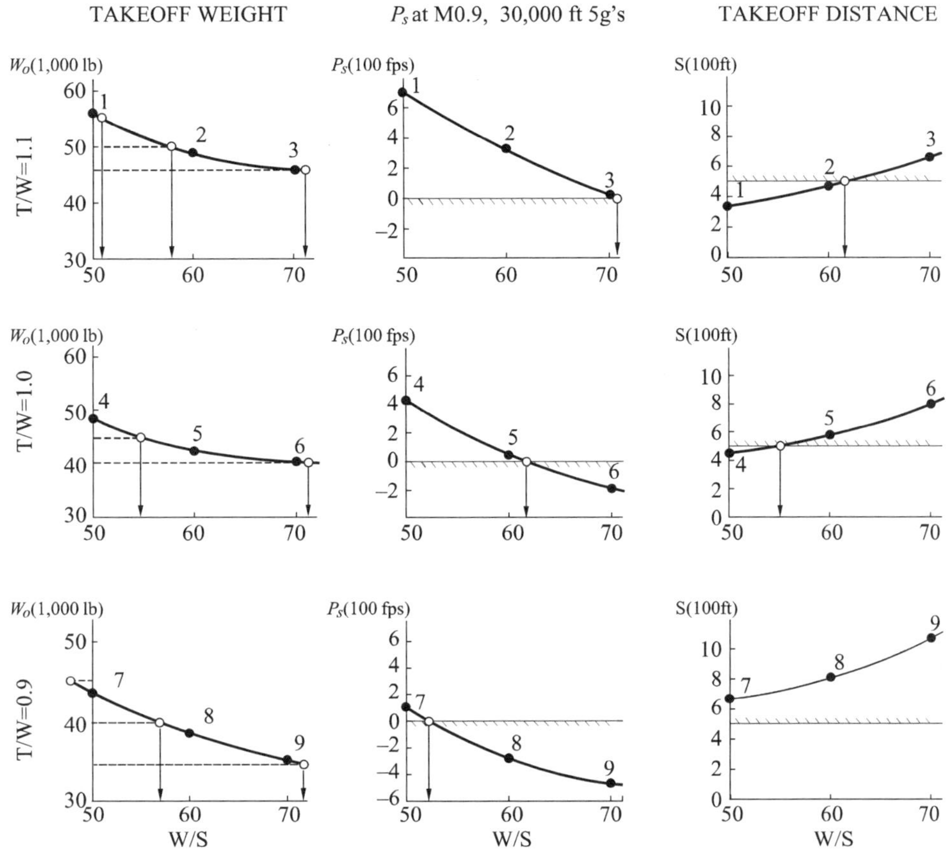

| 그림 14.4 | 사이징 매트릭스 교차 선도

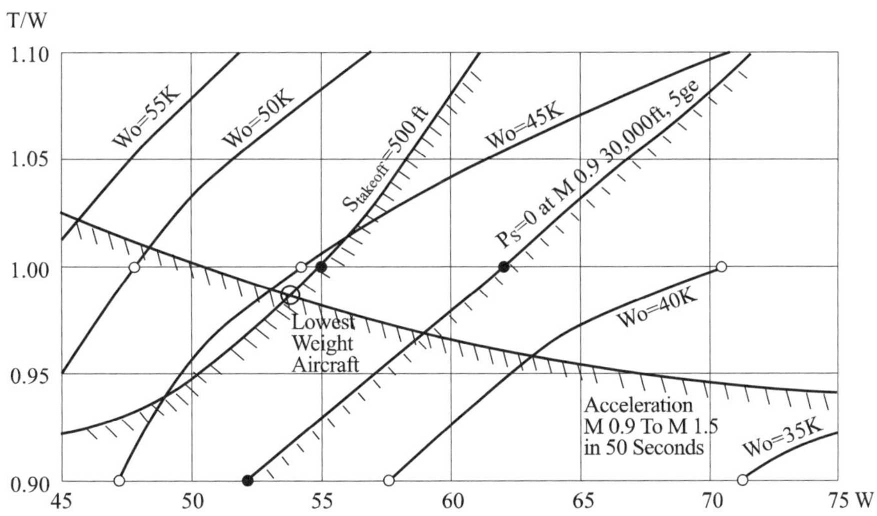

| 그림 14.5 | 사이징 매트릭스 선도

임의의 항공기 중량 증가분에 대한 익면하중과 추력 대 중량비의 변화값들은 그림 14.5와 같은 전체 사이징 매트릭스 선도(Sizing Matrix Plot)로 옮겨지게 된다. 선도상에서 일정한 항공기 중량 궤적을 부드러운 곡선으로 연결해준다. 이러한 곡선을 통해 어떠한 추력 대 중량비와 익면하중의 조합에 있어서도 쉽게 항공기의 중량을 구할 수가 있다.

그림 14.5에서 빗금친 부분은 성능을 만족하지 못하는 영역을 의미하며 최적화된 파라미터들의 값은 그래프를 통한 직관에 의해 결정된다. 이러한 방법으로 다른 모든 성능조건에 대해서도 같이 수행하면 최종적인 그림 14.5와 같은 사이징 매트릭스 선도를 완성하게 된다. 최적화된 결과로 모든 성능 요구조건을 만족하면서 중량이 가장 작은 항공기를 얻는다.

위의 예는 단지 3×3 사이징 매트릭스에 대한 것이다. 더 좋은 정확도를 위해서는 더 넓은 범위의 변수 변화를 고려하여야 한다. 일반적인 항공회사들은 상당히 큰 사이징 매트릭스를 구성하여 사용하고 있다.

14.3.3 카펫 선도 기법

사이징 매트릭스 선도와 유사한 방법으로 카펫 선도(Carpet Plot)를 사용할 수 있는데 이는 설계목적함수인 항공기 중량축을 기준으로 그려진다. 이는 그림 14.6과 같은 방식으로 수행된다.

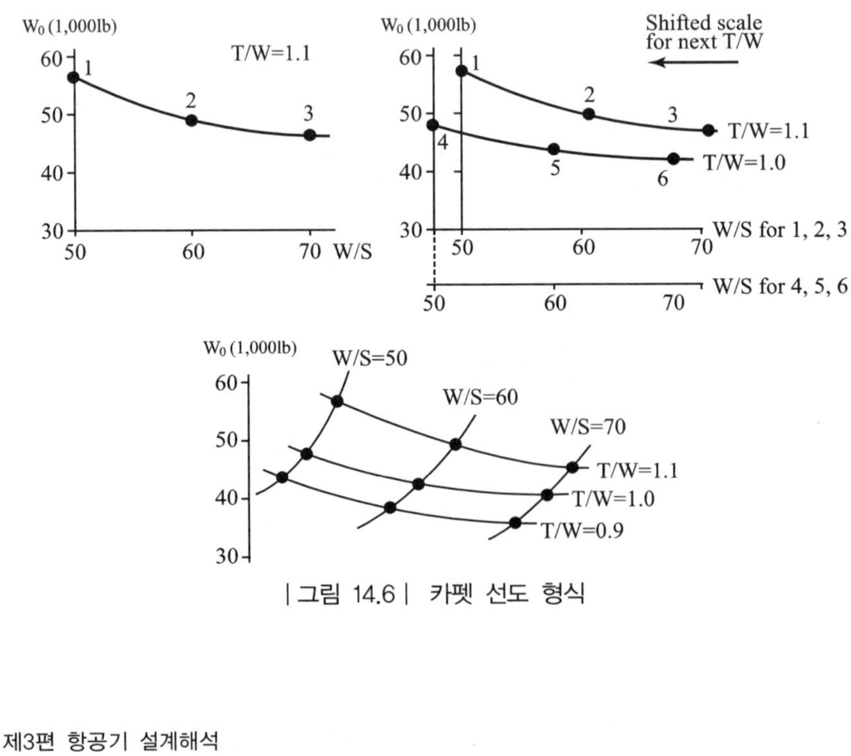

| 그림 14.6 | 카펫 선도 형식

그림 14.7은 최종적인 카펫 선도를 보여주는데 그림에서 확인할 수 있듯이 카펫 선도와 사이징 매트릭스 선도는 같은 결과를 나타낸다. 카펫 선도의 장점은 최소 항공기 중량을 쉽게 구할 수 있다는 점이고, 사이징 매트릭스 선도의 장점은 최적 추력 대 중량비와 익면하중의 값을 쉽게 찾을 수 있다는 점이다. 두 방식을 모두 일반적으로 카펫 선도라고 부른다.

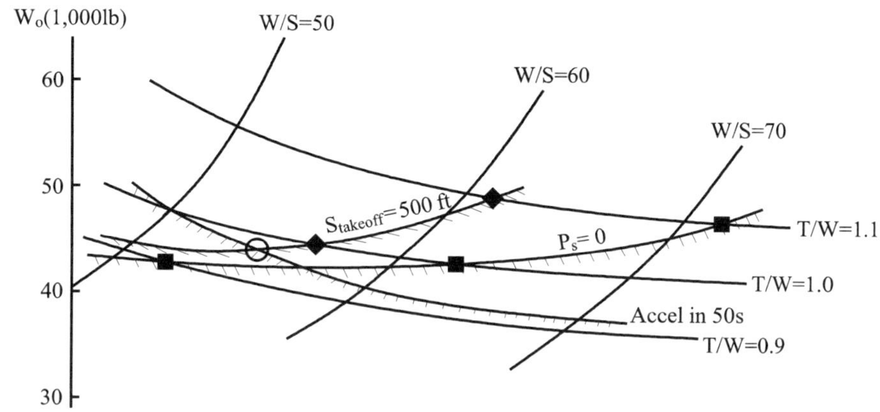

| 그림 14.7 | 완성된 카펫 선도

14.3.4 사이징 매트릭스 기법을 통한 데이터 추정

추력 대 중량비와 익면하중의 변화에 대한 사이징 매트릭스의 구축을 위해서는 많은 양의 계산이 필요하다. 일반적인 항공기 회사들은 이러한 설계 및 성능 변수들의 변화에 대한 해석을 전산화하여 그 변화가 반영되도록 하고 있다. 이러한 전산화는 항공기를 설계하는 초보자에게 어려우므로 설계 및 성능 변수들의 변화에 대한 해석은 항공기가 영향을 받는 부분에 대해 기본계산결과에 대한 변화량을 취함으로써 추정하는 방법을 사용한다. 사실상 이는 설계자에게 상당한 공학적인 지식을 요구하는 것이다. 예를 들면, 익면하중의 변화는 표면적과 조파항력, Drag-due-to-lift, 항력 등에 영향을 준다. 또한 추력 대 중량비는 나셀의 면적, 엔진의 중량 등에 영향을 준다. 무양력시 항력의 변화는 날개 면적과 나셀의 면적 변화에 비례하는 것으로 가정되고, 날개의 표면적은 날개 형상의 변화에 직접적으로 변화한다. 나셀의 표면적은 추력의 변화에 따른다.

초음속 항공기에 대해서 조파항력은 반드시 재계산이 되어야 한다. Drag-due-to-lift는 동체의 크기와 직접 관계가 없으므로 무시된다. 항공기의 중량은 통계적인 산술식으로부터 재계산된다. 엔진 장착시의 추진성능은 직접적으로 추력의 변화에 대한 비로 가정한다. 사이징 분석(Sizing Analysis)과 카펫 선도 작성(Carpet Plotting)을 위해서 이와 같은 합리적인 추정을 통해 각 분야의 해석에서 그 결과들이 산출될 수 있다.

14.4 설계 최적화 기법

14.4.1 최적 설계 기본개념

공학적인 설계 해석의 문제는 단일 분야나 단일 해석 기법의 적용으로는 최적설계가 불가능한 것들이 대부분이다. 항공기 설계의 문제도 마찬가지의 경우라고 할 수 있다. 항공기의 경우 설계자, 또는 수요자가 원하는 성능에 영향을 미치는 많은 수의 설계 변수들이 있다. 예를 들어서 항속거리를 생각해보자. 항공기가 비행을 하는데 필요한 힘인 양력은 항공기의 양력면으로부터 발생하는데, 그 효율은 양력면의 모양에 의해서 결정이 된다. 또한 공력적인 저항에 대하여 양력을 발생시키기 위한 전진속도를 얻기 위해서는 추력이 필요하게 되는데, 이 경우 두 가지의 관점이 존재하게 된다. 항력을 줄이는 것과 추력을 늘리는 방법이다. 항력을 줄이려면 노출되는 면적이나 항공기의 공력적 형상을 변화시킴으로써 가능하다. 그리고 더 많은 추력을 낼 수 있는 더 큰 엔진을 사용함으로써 추력을 증가시킬 수 있다. 그러나 실제적으로는 이와 같이 간단하지가 않다. 먼저 양력을 증가시키기 위해서 양력면의 모양을 변화시킬 경우, 항력이 일정하거나 또는 감소하지 않는 한, 두 파라미터간의 상호 간섭을 고려해야 한다. 이와 같이 상호간의 관계들 중에서 양력면의 공력적인 성능 향상을 위한 설계와 중량이 가벼운 구조설계의 경우가 다분야간 최적화의 경우라고 볼 수 있다. 항공기 설계시에 판단해야 하는 많은 성능들은 대체로 이와 같이 여러 분야의 설계 인자들 상호간에 영향을 주는 경우가 많다. 대체로 공력과 추진 해석은 항공기의 성능에 영향을 주고, 구조적인 해석은 항공기의 구현 가능성을, 안정성 해석의 경우는 비행 가능성을 말해준다. 이러한 항공기에서의 다분야간 최적화의 관계를 나타내면 그림 14.8과 같다.

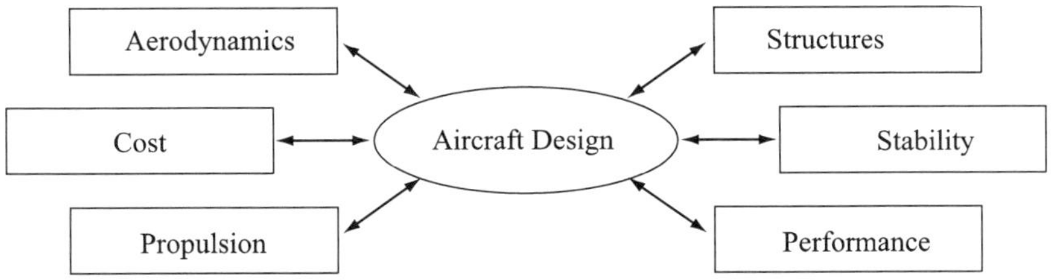

| 그림 14.8 | 항공기 설계의 기본개념

14.4.2 민감도 해석

설계자가 항공기를 설계하는 과정에서 현재의 항공기의 성능 특성 또는 제한 조건을 충족, 또는 개선하기 위해서는 항공기를 구성하는 각 부분을 이루는 설계변수들의 성능 또는 제한조건의 특성을 알아야 한다. 즉 각 변수의 변화에 대해서 주어진 항공기의 특성의 변화를 알아야 하는 것이다. 이러한 특성을 해석하는 것을 민감도 해석이라고 하는데, 특히 설계 최적화를 수행하는 과정에서 중요하게 된다. 설계 최적화를 수행하기 위해서는 최적화에 사용될 설계 변수와 범위를 지정하여야 하는데, 이때 설계자는 설계변수로 하고 싶은 변수를 찾거나 또는 결정된 변수의 범위의 지정을 위해서, 혹은 지정된 범위를 축소하여 설계의 효율을 높이기 위해서 민감도 해석을 수행하게 된다.

항공기 설계 해석 시스템에서 이러한 민감도 해석이 중요한 또 다른 이유는 각각의 해석 기법들이 단독으로 수행되는 경우에 보이는 설계변수들의 개선 방향과 전체 시스템에 통합되어 전체 항공기의 형태로 되었을 경우에 설계변수들이 나타내는 개선 방향이 다른 경우가 많기 때문이다. 예를 들어서 항속거리를 늘리기 위해서는 양항비를 개선시키는 것이 최선의 방법이다. 이를 위해서는 양력면의 가로세로비를 늘리면 쉽게 개선이 된다. 이 관계는 다음의 그림 14.9에 잘 나타나 있다. 그러나 이러한 무분별한 증가는 항공기의 하중을 증가시키게 되어 결국 많은 구조중량이 증가하기 때문에 다시 양항비를 늘려야 하는 악순환이 반복될 우려가 있다. 이와 같은 경우는 일반적으로 많이 알려져 있기 때문에 많은 설계자들이 주의 깊게 고려하고 있다. 그러나 다음의 예를 생각해보자. 항공기의 항속거리가 증가하기 위해서 순항속도를 높이는 것이 유리하다. 그러나 이를 위해서는 양력면의 후퇴각이 증가하여야 하는데 이는 항공기가 이륙 또는 착륙을 하는 경우에 영향을 주게 된다. 이 관계를 살펴보면 그림 14.10과 같다. 이러한 경우는 민감도 해석을 수행해보지 않고서는 알기 힘든 것으로 전체 항공기 시스템 내에서 결합된 각각의 해석 방법들이 단독으로 실행되는 것과는 다른 특성을 보이는 예라고 할 수 있다. 특히 설계자가 직접 항공기의 성능을 조절하는 경우에는 이러한 민감도 해석을 수행하여 현재 변화시키는 항공기 설계 변수가 다른 성능에 어떠한 영향을 미치게 되는지를 미리 알고 설계해야 한다.

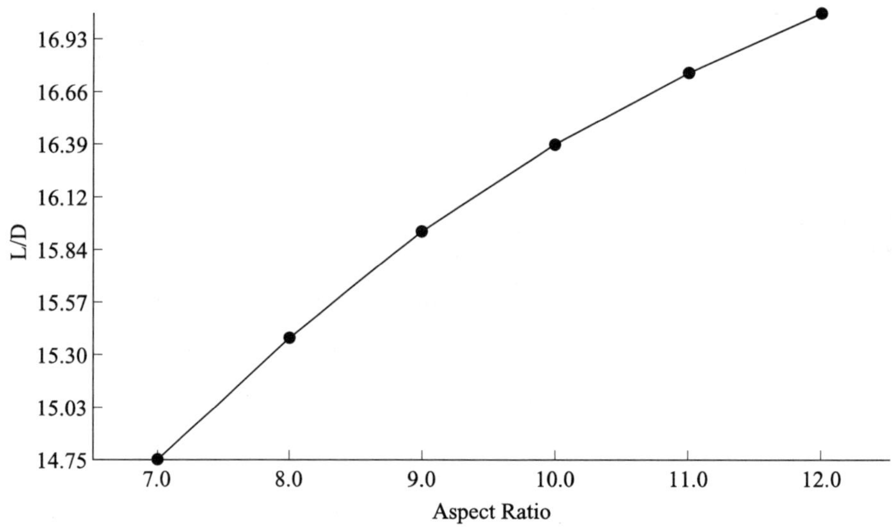

| 그림 14.9 | 항공기의 가로세로비와 성능의 관계

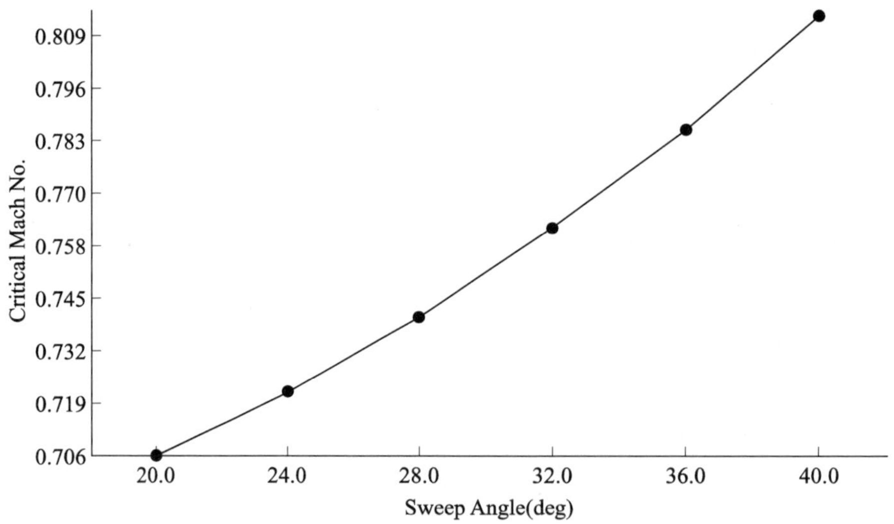

그림 14.10 후퇴각과 항공기의 임계 마하수(Mcr)

또한 2개의 변수에 대한 민감도 해석은 상반되는 변수의 효과를 동시에 고려하여 설계자가 원하는 성능을 만족시킬 수 있는 적절한 지점을 찾을 수 있게 해준다. 위의 예에서 보는 것처럼 항공기의 가로세로비와 후퇴각을 동시에 변화를 시켜서 만족스러운 설계를 하고자 하는 경우, 1개의 변수를 변화시키는 민감도 해석을 수행하면 다른 하나의 변수를 고정한 상태로 수행하는 것이 되어 두 개를 동시에 변화시키는 효과를 고려할 수 없는 문제가 있다. 2개의 변수에 대한 민감도 해석을 수행하는 경우 2개의 설계 변수쌍의 가장 적절한 조합을 찾는 것이 더 나은 설계가 될 것이다.

설계자는 현재 설계가 진행 중에 있는 항공기의 전체적인 성능이 과연 설계자가 지정한 모든 제한 조건과 성능을 만족시키는지를 알아야 할 필요가 있다. 이를 위해서는 설계자가 이미 지정한 목적함수에 대해서 설계 변수의 변화가 어떠한 특성을 가지는지를 알아야 하는데, 이때에는 목적함수에 대한 민감도 해석을 수행하는 것이 바람직하다.

14.4.3 설계 최적화 기법

항공기 설계 과정을 설계자가 지정한 성능과 제한 조건에 대해서 이것을 만족시키는 설계변수의 집합을 구하는 문제로 생각할 수 있다. 이러한 해집합을 구하는 방법으로는 설계자가 직접 민감도 해석에 의한 정보를 이용하여 설계 변수를 변화시키면서 해집합을 구하는 방법이 있을 수 있고, 최적화 알고리즘을 이용하여 해집합을 찾는 과정을 자동화하는 방법이 있을 수 있다. 실제로 적절한 설계는 설계자가 직접 구하게 되고, 여기서부터 최적화 알고리즘을 이용하여 최적의 해를 찾는 방법을 사용하는 방법이 많이 사용되고 있다. 흔히 사용되는 설계 최적화 알고리즘은 유전적 알고리즘으로 목적 함수의 기하학적인 정보를 이용하는 알고리즘과는 달리 임의 탐색 계열의 최적화 알고리즘이다. 이러한 계열의 최적화 알고리즘의 장점으로는 기하학적인 정보를 이용하지 않으므로 목적 함수의 형상이나 미분 가능성과 관계가 없고, 노이즈 등에 영향을 받지 않으므로 많은 설계변수에 의한 최적화의 경우 더욱 효율적인 최적화의 수행이 가능하다. 또한 초기값의 영향을 받지 않으므로 전역적인 최적화를 수행할 수 있다는 것이다. 이러한 유전적 알고리즘은 특히 항공기의 개념설계와 같이 많은 설계변수와 넓은 범위의 가변성을 가지는 문제에 대해서 효율적인 성능을 발휘할 수 있기 때문에 많이 사용이 되고 있다.

설계시 최적화를 자동화하기 위해서는 설계자가 민감도 해석을 통해 설계변수를 결정하여 설계변수의 집합과 범위를 결정하고 설계 최적화 알고리즘, 즉 유전적 알고리즘에 대한 파라미터를 결정하도록 하면 된다.

유전적 알고리즘은 Steady State Genetic Algorithm으로써 기본적인 유전적 알고리즘과는 달리 각 세대에서 다음 세대로의 전이가 모든 개체에 대해서 일어나지 않는다. 각 개체의 수명은 각기 다르며 각 개체가 생존성, 즉 성능이 나쁜 경우에 사망하게 되는 과정을 거치는 알고리즘으로 기본적인 알고리즘에 비하여 수렴성이 좋은 것으로 알려져 있다.

그러나 기하학적인 정보에 의존하는 알고리즘의 설계변수가 많은 경우 각 변수의 개수에 제한 조건과 목적함수의 수를 곱한 것 만큼의 해석이 매 최적화 단계에서 일어나게 되고, 또한 초기값이 영향을 많이 받아 비효율적으로 수행이 될 뿐만 아니라 최적화의 결과를 검증하기 위해서 후 최적화 과정을 거쳐야 하는 단점이 있다.

14.4.4 다분야간 최적화 설계

항공기술 개발의 초창기에는 설계자가 항공기의 공력설계 뿐만 아니라 구조설계, 조종성, 추진, 제작에 이르기까지의 모든 분야의 기술들을 독자적으로 담당하였다. 그러나 개개의 단위 기술들의 기반이 확립되고 전문화, 세분화됨에 따라 설계자 개인으로서는 여러 단위 기술의 전문가들로부터 전달된 제반의 정보를 종합 분류하는 것만도 많은 어려움이 뒤따르게 되었다. 또한, 비용으로 직접 연결되는 현대의 경쟁적인 개발과정에서 이런 재래적인 설계과정을 거치는 것은 더 이상 경쟁력과 효율의 측면에서 곤란한 상황을 맞게 되었다. 이런 상황에서 재래적 의미의 단위 기술을 순차적으로 배열하는 데에서 벗어나 동시적인 개념으로 재배열하려는 노력으로 다분야간 최적화 설계(Multidisciplinary Design Optimization; MDO)라는 방법론이 제시되었고, 1990년대부터 현재까지는 학술적으로 개념설계와 선행 설계를 한 번에 수행하는 연구가 진행되고 있는데 이의 한 예로서 HSCT (High-Speed Civil Transport) 사업의 한 일환으로서 미국에서 연구되고 있는 내용은 다음과 같다.

그림 14.11은 기본형상 항공기의 Planform 형상에서 시작하여 최적의 Planform형상을 얻는 과정과 해석 그래프를 보여주고 있다. 여기서 설계 변수는 날개의 Planform에 관련된 변수 이외에도 비틀림 각, 두께비의 분포, 나아가서는 스파의 위치에 대한 변수를 고려하여 항공기의 성능, 즉 순항 거리 등을 계산하는 과정을 보여준다. 예전에는 분리되어 순차적으로 해석하였던 분야들이 한 번에 정해진 시스템 환경하에서 수행되고 있는 것이다. 이와 같은 방법을 도입하면 초기개념 설계단계에서 선행 단계에서의 피드백이 없는 어느 정도 보장받는 기본형상을 설정할 수 있게 된다.

위의 예에서 보여진 다분야간 최적화 설계의 수행의 핵심 구성 요소는 크게 6부분으로 나누어 볼 수 있다. 시스템 모델링(Mathematical Modeling of a System), 디자인 기반 해

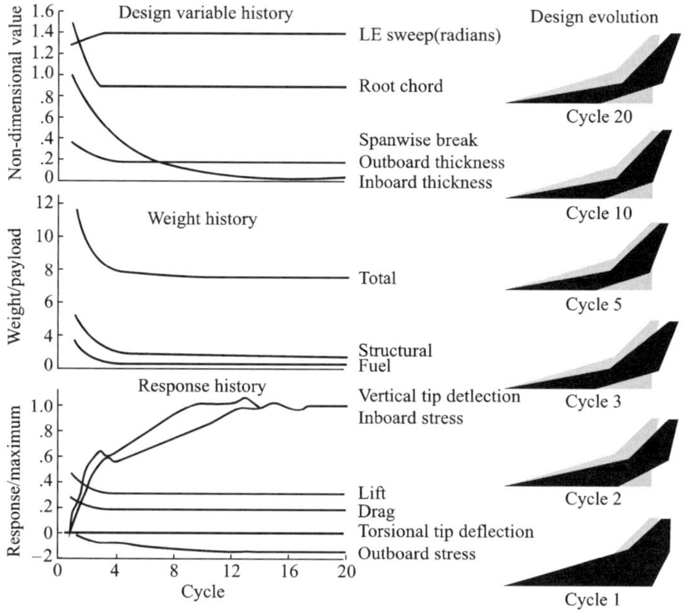

| 그림 14.11 | HSCT에서의 MDO

석(Design-Oriented Analysis), 근사 개념(Approximation Concepts), 시스템 민감도 해석(System Sensitivity Analysis), 최적화 과정(Optimization Procedure with Approximations and Decomposition)과 휴먼 인터페이스(Human Interface)로 이루어져 있다. 이 구성요소에서도 알 수 있듯이 MDO는 독립적이면서도 실제로는 상호 관련이 많은 시스템의 설계 방법이다. MDO라는 방법론을 항공기 설계과정에 적용시 상호 긴밀한 연관성이 있는 다양한 세부 기술 분야들을 포함하는 설계 대상인 복합시스템에 대해서 동시 설계를 통하여 설계 효율을 극대화하여 개발주기의 단축과 단위기술별 최적화에서 얻을 수 없는 시스템의 최적화된 설계를 할 수 있다. 항공기 설계단계 중 개념 설계단계에서는 이미 전통적으로 MDO적 접근이 이루어지고 있었다. 그러나 이 과정에서 대수식이나 테이블 등을 이용한 간단한 해석만이 이루어지는 단계이기에 진정한 의미의 MDO라고 보기에는 어려울 것이다. 따라서 더욱 세밀한 해석이 이루어지는 기본설계 단계와 상세설계 단계로까지 MDO의 적용이 대두되고 있다. 이런 높은 수준의 해석 기법들을 뒷받침하기 위해서 고성능 프로세서와 병렬연산 시스템의 연구가 같이 이루어지고 있다. 이렇게 단위기술 간의 요구와 상호작용에 대한 조정과 촉매제로서의 MDO의 역할이 항공공학의 발달적 측면에서 새로운 전기를 맞고 있는 것이다.

14.5 설계요약 및 보고서 작성

초기설계 단계가 완성되면 항공기에 대한 알려진 모든 항목들은 '항공기 보고서 양식'이라고 불리는 보고서에 요약된다. 이 보고서 작성에 책임이 있는 사람은 프로젝트 매니저이다. 그는 데이터의 정확성을 설명할 수 있고, 그것의 타당성을 보증할 수 있어야 한다. 항공회사의 경우, 판매부와 법무부는 계약 협상시 이 문서를 사용할 것이다. 그러므로 기술적인 설명서는 그 회사가 고객에게 제공할 보증과 그것에 따르는 책임을 정의하고 그것은 항공기와 시스템을 구매하고 사용하는 계약에서 인정한다. 그러므로 이러한 보고서는 설계 조직에서 중요하게 다루어져야 한다. 이론적인 수식이나 증명할 수 없는 데이터는 포함시키지 않는다. 보고서는 조직상의 정의, 그림, 도표, 수치적인 데이터, 그래프, 표로 구성된다. 설계 과정의 나중 단계들을 통해 항공기 개발의 설계로서 그 문서는 조직적으로 검토되고 최신 정보를 포함하도록 갱신될 것이다.

프로젝트 관리는 항공기의 특성을 정의하는 문서의 제작을 필요로 하고 프로젝트는 더 자세한 내용들이 보고서에 추가될 수 있도록 완성하기 때문에 이 과정을 시뮬레이션 하는 것은 학생들에게 좋은 연습이 될 수 있다.

설계교육과정에서 다루는 학생 디자인 팀 보고서가 항상 다음에 나오는 전문적인 보고서 예제에 제시되는 목록들의 전부를 포함할 필요는 없지만 그 목록은 최종 팀 보고서를 작성하는데 고려할 수 있는 중요한 내용들이다.

14.5.1 설계요약 및 보고서 작성

각 설계팀이 수행한 설계항공기의 특성을 요약한 것과 유사기종과 비교분석한 내용을 간략하게 정리한 표로 설계결과를 요약한다

보고서에 포함된 정보는 개발 항공기의 종류에 따라 다양할 것이다. 아래의 목록은 전문적인 문서에 포함되는 대표적인 항목들이다.

(1) Introduction

(2) General design requirements

(3) Geometric characteristics

(4) Aerodynamics and structural criteria

(5) Weight and balance
(6) Performance
(7) Airframe
(8) Landing gear
(9) Powerplant (and systems)
(10) Fuel system
(11) Hydraulic / Pneumatic systems
(12) Electrical system
(13) Avionics
(14) Instruments and communication
(15) Flight controls
(16) Interior accommodation
(17) Environmental control
(18) Safety systems
(19) Weapon systems (armament)
(20) Servicing
(21) Exceptions to regulations
(22) Definition and abbreviations

14.5.2 그림, 표 등

보고서 양식에는 그림이나 표, 그래프 등이 포함된다. 다음 목록은 꼭 필요하지는 않지만, 보조적으로 보고서 본문을 이해하는데 도움을 줄 수 있는 설계자료들이다.

Aircraft three-view general arrangement	Fin structure
Inboard fuselage profile	Undercarriage (main and nose)
Fuselage sections	Nosewheel steering
Fuselage internal plan view (cabin arrangement)	Engine installation
	Engine power
Aircraft geometry	Engine controls
Mission profiles	Fuel system and tankage
Flight envelopes	Electrical system
Fatigue spectrum	Antenna and sensor location
Undercarriage vertical velocity spectrum	Avionics
Runway loading	Hydraulics system
Weight and C.G. diagram	Pneumatic system
Fuselage structural framework	Flight control systems
Fuselage cross-section	Environmental control system
Floor loading	Cabin pressurization schedule
Cockpit view diagram	Instrumentation
Wing structural framework	Ejector seat installation
Wing/fuselage joint	Auxiliary power unit
Flap details	Access panels
Tailplane structure	Ground service

분명, 앞의 목록들 중 전문적이고 상세한 것들은 개념설계 단계에서 알 수 없는 것도 있다. 그것들은 다음 기본 설계단계에서 수행될 세부 양식의 목록에 포함된다.

14.6 사이징 매트릭스 선도를 이용한 개념설계 예

다음은 사이징 매트릭스 선도를 이용하여 전투기 최적설계를 한 예이다.

① 설계하고자 하는 전투기는 전체 중량을 최소화하면서, 다음의 설계 요구조건을 만족시켜야 한다.

| 표 14.3 | 설계 요구조건

Takeoff Ground Roll	Landing Ground Roll	Ps (M= 0.9 & 1.4 at n= 5)	Ps (M= 1.4 & 1.8 at n= 1)	Accel Time
1000 ft 이하	1000 ft 이하	0 fps 이상	0 fps 이상	30 sec 이하

② 공기역학적 특성값들의 통계 추정치와 단순화한 식 그리고 장착된 엔진의 특성을 이용하여 초기 사이징(Initial Sizing)를 수행한 결과 얻어진 값이 T/W= 0.98, W/S = 56이다. 이들 값에 ±20%를 더해서 얻어진 T/W가 1.18, 0.98, 0.784이고 W/S 값이 44.8, 56, 67.2으로 모두 3×3= 9가지 경우이다. 각기 다른 추력 대 중량비와 익면하중의 값을 갖는 항공기는 저마다 다른 공기역학적 특성, 비잉여 동력(Specific Excess Power), 중량값을 갖는다. 이 값들이 표 14.4에 주어져 있다. 이렇게 작성된 사이징 매트릭스로 사이징 매트릭스 선도를 그려 모든 설계 요구조건을 만족하면서 이륙중량이 최소인 항공기를 찾아보자.

③ 표 14.4의 데이터를 가지고 사이징 매트릭스 교차선도를 작성하고 사이징 매트릭스 선도를 그려본다. 각기 다른 추력 대 중량비와 익면하중 값에 대해서 이륙중량, 이착륙거리 그리고 4가지 다른 경우의 P_s값에 대해서 사이징 매트릭스 선도를 작성해보면 그림 14.12와 같다.

| 표 14.4 | 사이징 매트릭스

T/W	W/S	W_e^* as drawn, lb	W_0 resized, lb	Takeoff groundroll, ft	Landing groundroll, ft	Ps M.9 $n=5$	Ps M1.4 $n=5$	Ps M1.8 $n=1$	Ps M1.4 $n=1$	Accel times, s
1.18	44.8	11,647	31,688	546	749	243	376	794	146	30.6
1.18	56.0	11,324	25,188	659	914	122	341	922	210	29.2
1.18	67.2	11,102	22,060	771	1071	−13	302	1027	261	28.0
0.98	44.8	11,271	21,232	629	811	137	122	446	11	41.5
0.98	56.0	10,947	17,302	763	990	16.5	87	573	74	39.0
0.98	67.2	10,725	15,396	896	1168	−120	48	680	127	37.0
0.78	44.8	10,896	15,548	756	888	33	−126	106	−122	64.3
0.78	56.0	10,572	12,854	922	1086	−88	−161	234	−158	58.0
0.78	67.2	10,350	11,560	1087	1281	−224	−200	340	−6	54.0
Required:				≤1000	≤1000	≥0	≥0	≥0	≥0	≤30

* where W_0 = 16,480 lb

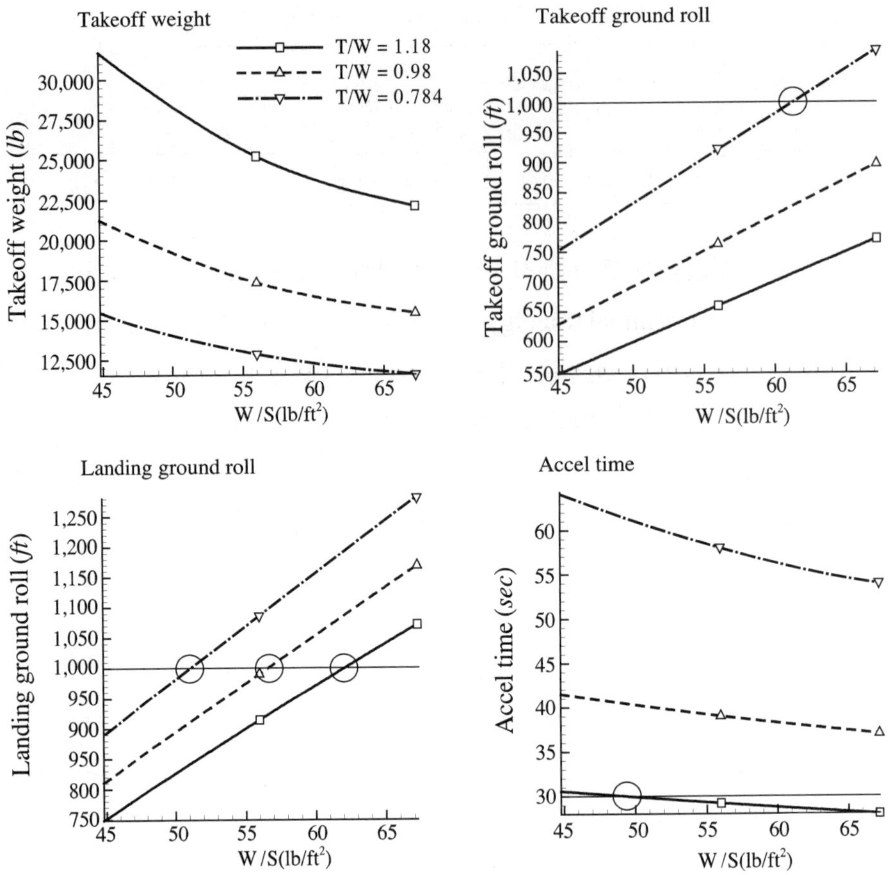

| 그림 14.12 | 사이징 매트릭스 교차선도

나머지 사이징 매트릭스 교차선도는 다음과 같다.

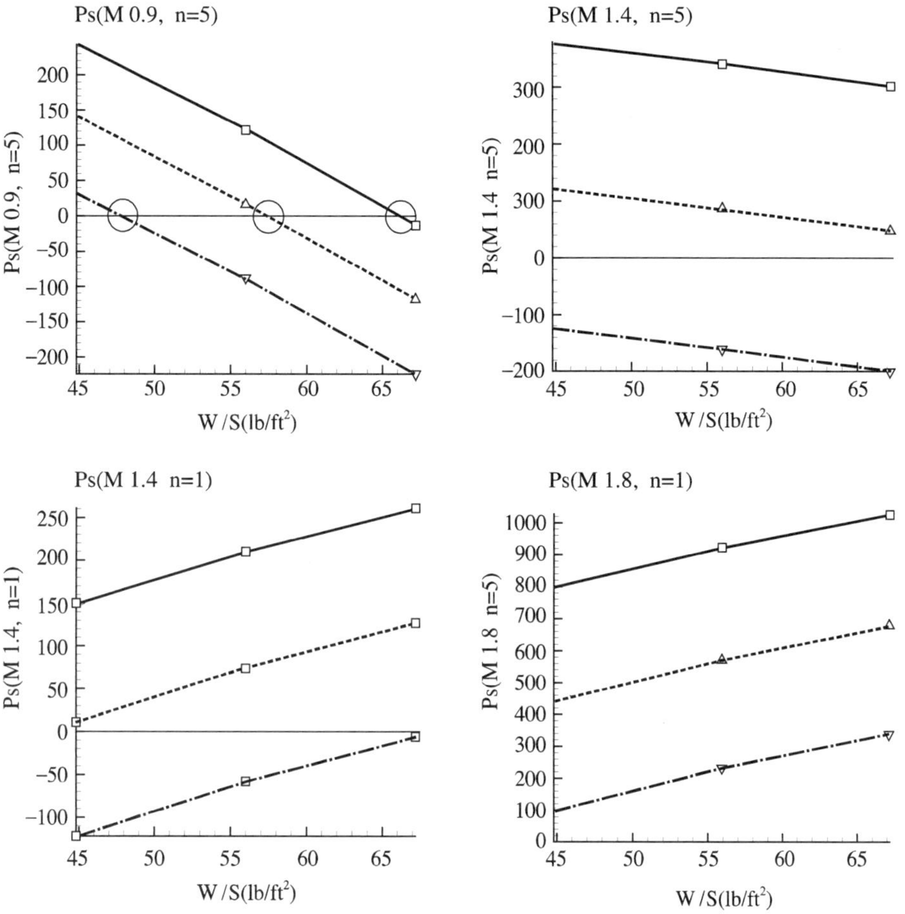

| 그림 14.12 | 사이징 매트릭스 교차선도(계속)

표 14.4의 데이터를 가지고 보간법을 이용하여 곡선을 그린 그림 14.12 사이징 매트릭스 교차선도를 이용하여 사이징 매트릭스 선도에서 그려질 수 있는 데이터를 얻어낼 수 있다. 표 14.5는 그림 14.12 사이징 매트릭스 교차선도에서 얻어진 설계이륙 총중량에 대한 추력 대 중량비와 익면하중값이다.

| 표 14.5 | 추력 대 중량비와 설계이륙총중량에 대한 익면하중 사이징 매트릭스

	Wo = 30,000 lb	Wo = 25,000 lb	Wo = 20,000 lb
T/W = 1.18	W/S = 47.06	W/S = 57.5	W/S = 74.04
T/W = 0.98	W/S = 23.11	W/S = 35.78	W/S = 47.89
T/W = 0.784	W/S = 17.8	W/S = 28.6	W/S = 31.1

위 데이터를 보간법을 이용하여 익면하중이 x축이고 추력 대 중량비가 y축인 사이징 매트릭스 선도에 그려보면 그림 14.13과 같다.

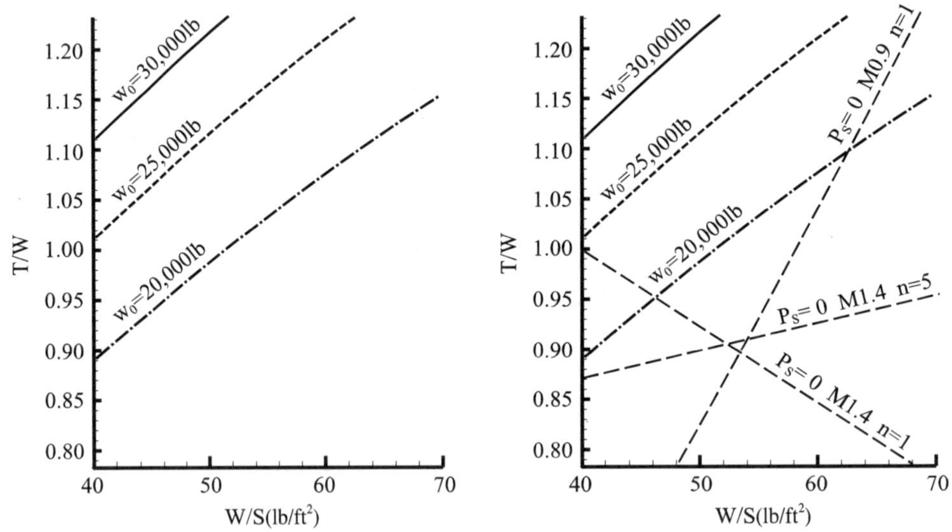

| 그림 14.13 | 익면하중–추력대 중량비의 사이징 매트릭스 선도

다음으로 설계 요구조건에서 P_s값이 항상 0 이상이어야 한다. $P_s = 0$일때 4가지 경우가 그려진 그림 14.13 사이징 매트릭스 선도를 살펴보면 $M = 1.4$, $n = 5$, $M = 1.4$, $n = 1$인 경우는 T/W값이 0.784일 때 요구조건을 만족하지 않았다. 따라서 설계 요구조건을 만족하기 위해서 T/W 값이 최소 0.8 이상으로 주어져야 한다. 또 $M = 1.8$, $n = 1$인 경우는 항상 P_s값이 큰 양의 값을 가져 따로 고려할 필요는 없다. 위와 마찬가지로 보간법을 이용해 $P_s = 0$인 곡선을 그려보면 다음과 같다. 마찬가지로 이착륙거리와 가속시간에 대한 설계 요구조건을 위 사이징 매트릭스 선도에 첨가한 후 설계 요구조건을 만족하는 최적의 추력 대 중량비와 익면하중값을 찾

아보자.

④ 위의 사이징 매트릭스를 이용하여 완성된 사이징 매트릭스 선도는 그림 14.14와 같다. 그림 14.14에서와 같이 모든 설계 요구조건을 만족하는 최적의 익면하중과 추력 대 중량비를 갖는 곳은 1 번으로 표시된 가속시간 30초(Accel Time)곡선과 착륙거리(Landing Ground Roll) 1000 ft 곡선이 만나는 곳이다. 하지만 하나의 설계 요구조건을 완화시켜 더 나은 추력 대 중량비와 익면하중 값을 갖을 수 있다. 그래서 설계요구조건인 가속시간을 30초에서 50초로 완화시키면 추력 대 중량비와 익면하중 값이 줄어든 2번으로 표시된 $P_s = 0$, $M = 0.9$, $n = 5$와 $P_s = 0$, $M = 1.4$, $n = 5$인 곡선이 만나는 곳을 찾을 수 있다. 즉 가속시간의 설계요구조건을 완화시켜 가속시간에 대한 성능은 떨어졌지만 최적의 익면하중과 추력 대 중량비 값은 더 최적의 값을 얻을 수 있었다.

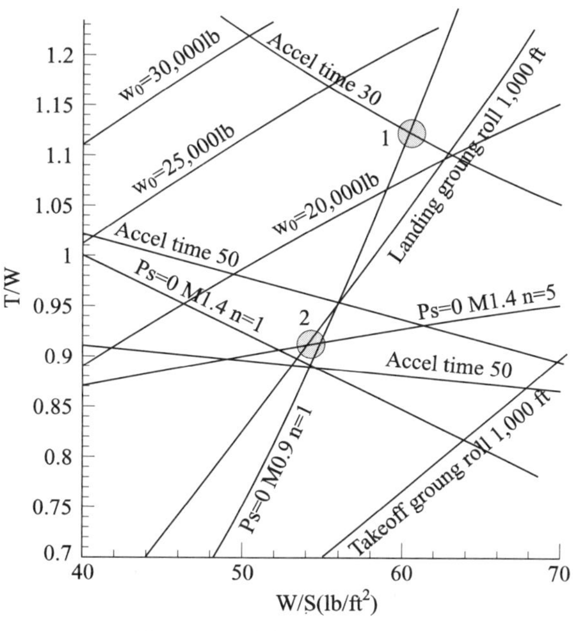

그림 14.14 사이징 매트릭스 선도

⑤ 위의 결과로부터 설계 항공기의 최적의 추력 대 중량비와 익면하중은 다음과 같다.

- T/W = 0.91
- W/S = 52.2

KUH-1 (수리온)

수리온은 우리 군의 노후한 헬리콥터를 대체하기 위하여 2006년부터 2012년의 6년의 체계개발을 거쳐 한국항공우주산업이 주관이 되어 개발한 국산 기동 헬리콥터이다. 개발에는 국방과학연구소와 항공우주연구원을 비롯한 190개 기관이 참여하였다. 수리온은 독수리의 용맹함과 기동성을 나타내는 수리와 숫자 100을 의미하는 온의 합성어이다. 1개 분대의 중무장 병력이 탑승하여 140노트 이상의 속도로 2시간 이상 비행할 수 있으며 분당 500ft이상의 상승할 수 있는 능력을 갖추었다. 또한, 경찰청 헬기인 KUH-1P와 해병대 상륙기동 헬기인 MUH-1의 파생형이 개발되었다.

AIRCRAFT CONCEPTUAL DESIGN

제 4 편

헬리콥터 설계해석

제15장

헬리콥터 공력해석

15.1 개 요

최초의 동력 비행은 활주이륙하는 고정익 항공기로 이루어졌지만, 항공기를 수직으로 이착륙시키려는 구상은 더욱 오래 전부터 존재했다. 단순 전진비행 위주로 운용되는 고정익항공기는 고속 대량 운송수단으로서는 가장 효과적인 방법이다. 그러나 인명구조, 환자수송, 산불진화, 레저/관광 비행뿐만 아니라 고층건축지원 등 보다 다양한 임무를 수행하기 위해서는 제자리 비행 및 수직이착륙 비행이 필요하다. 수직이착륙기(vertical take-off and landing, VTOL)는 제자리 비행과 수직이착륙 비행이 가능하기 때문에 보다 다양한 임무를 수행할 수 있는 장점을 가진다.

수직이착륙을 수행하기 위해서는 정지한 상태에서 자중보다 더 큰 양력을 발생시켜야 한다. 수직이착륙기는 이를 위한 여분의 동력과 장치가 있어야 하므로 순항성능면에서 고정익 항공기보다 불리하게 된다. 제자리비행성능과 순항성능 사이에는 서로 상충되는 특성이 있으므로 항공기의 용도에 따라 여러 가지 비행체 형태가 가능하지만 현재 사용되고 있는 수직이착륙기는 다음의 세 종류로 분류할 수 있다. 전진하는데 사용하는 제트추력의 분사방향을 이착륙할 때 수직 방향으로 바꾸는 추력 벡터방식(vectored thruster), 로터의 방향을 순항과 이착륙 시에 서로 다르게 바꾸는 틸트 로터(tilt rotor), 그리고 회전축이 기체에 고정된 로터로부터 양력과 추진력을 함께 얻는 헬리콥터다. 이 중에서 헬리콥터 이외의 항공기 형태는 고속비행을 위한 고정익을 장착하고 수직이착륙을 하기 위하여 추력의 방향을 일시적으로 바꾼다. 반면에, 헬리콥터는 양력을 발생시키기 위한 별도의 고정익을 가지고 있지 않은 것이 특징이다. 그러므로 헬리콥터는 수직이착륙을 비롯하여 순항하는 전체 비행영역에서 양력의 대부분을 회전하는 로터로부터 얻는 항공기로 정의된다.

이러한 헬리콥터는 수직이착륙기 중에서 제자리 비행 성능이 가장 우수하다. 효율적인 제자리 비행을 위해서는 많은 양의 공기를 최대한 천천히 이동시켜서 필요한 추력을 발생시키는 것이 유리하다. 앞에서 소개한 추력 벡터방식은 제트추력을 이용하여 수직이착륙하므로 공기가 이동하는 면적이 좁으면서 속도가 매우 빠르므로, 자체적인 효율성이 떨어지는 비행체 형태이다. 틸트 로터는 추력 벡터방식 보다 효율적이지만, 제자리 비행에 있어서 헬리콥터보다 효율성이 떨어진다. 헬리콥터는 다른 수직이착륙기와 비교했을 때 훨씬 넓은 로터의 회전면적을 가지고 느린 속도로 공기를 밀어내어 추력을 발생시킨다. 이와 같은 효율적인 제자리 비행 능력으로 헬리콥터는 다른 형태의 비행체가 수행할 수 없는 다양한 임무를 수행하여 왔으며 현재 대기 비행체의 세계에서 고유한 위치를 차지하고 있다.

본 장에서는 헬리콥터에 대한 이해를 돕고자, 현재 운용중인 대표적인 헬리콥터의 종류에 대해 먼저 소개한다. 그리고 성능해석의 기본이 되는 운동량 이론을 기반으로 기초적인 성능해석방법을 소개한다. 보다 상세한 이론적 배경은 부록 5에 수록하였다.

15.2 헬리콥터의 종류

헬리콥터의 기본 형태는 로터의 반작용 토크를 어떻게 상쇄시키는가에 따라 여러 가지 형태가 있으며, 각 형태마다 구동장치의 복잡성, 활용성, 안정성 및 공기역학적 효율성 등이 다르다.

15.2.1 단일 로터 헬리콥터

현재 사용되고 있는 헬리콥터 중에서 가장 널리 쓰이고 있는 형태는 그림 15.1과 같이 하나의 주 로터와 꼬리 로터로 구성되어 있는 단일 로터 헬리콥터(single rotor helicopter)이다. 이 형태는 로터가 하나이기 때문에 조종이나 동력전달이 비교적 간단하다는 장점이 있다. 주 로터는 비행체가 지면으로부터 상승하기 위해 추력을 내며, 이를 조정하여 수직방향으로 기체의 승강을 제어한다. 로터 디스크면을 기울여서 추력의 방향을 바꿈으로써 전/후/가로 방향 제어를 한다. 이러한 추력 벡터의 변화는 롤(roll)과 피치(pitch)의 조정도 가능하게 해준다. 꼬리 로터는 수직면에 위치하여 있으며, 주 로터 구동축 주위에서 동체로 전달되는 총 요(yaw) 모멘트를 조종사가 제어하도록 수평방향 힘을 발생시켜 준다. 이 형태는 반토크 문제를 해결하는 구조가 비교적 간단하여 기체중량을 줄일 수 있기 때문에 꼬리 로터에 의한 동력의 손실을 보상할 수 있다. 또한 꼬리부분에 수직 안정판을 설치하여 또한 전진 비행의 경우 꼬리부분에 수직 안정판을 꼬리 로터의 동력소모를 줄일 수 있으며, 동체의 피치 안정성을 확보하기 위하여 수평안정판을 설치하기도 한다. 이때 로터 조정과 위치 제어 방법은 다음과 같다.

수직방향(상하)	주 로터 추력
세로방향(전후)	주 로터를 앞/뒤로 기울임
가로방향(좌우)	주 로터를 옆으로 기울임
피치	주 로터를 앞/뒤로 기울임
롤	주 로터를 옆으로 기울임
요	꼬리 로터 추력/엔진 토크이용

| 그림 15.1 | 단일 로터 헬리콥터 Bell 206 JetRanger

15.2.2 이중 주 로터 형

역 토크 조정은 서로 반대 방향으로 회전하는 두 개의 주 로터를 장치함으로써 해결할 수 있다. 수직 방향 제어는 추력의 크기를 각각 변화시킴으로써 각 로터가 분담한다. 이렇게 하면 비행체는 5가지 자유도(전진/후진/롤/피치/요)를 가지게 된다.

1. 텐덤 로터

텐덤 로터(tandem rotor)는 그림 15.2와 같이 로터를 앞과 뒤에 하나씩 두고 서로 반대 방향으로 회전시킴으로써 토크를 상쇄시킨다. 이런 형태의 가장 큰 장점은 무게중심의 이

동범위가 크다는 것으로, 무게중심을 앞뒤 로터 사이의 어디에 위치시키더라도 평형을 유지할 수 있으며, 큰 중량을 운반할 때 매우 편리하다는 점이다. 그러나 동력 전달 장치가 복잡하여 전진 비행에서 양력을 발생시키는 효율이 저하된다는 단점이 있다.

후방 로터가 가능한 한 전방 로터에 의해 교란된 공기 속에서 비행하지 않도록 하기 위해서는 이를 약간 높은 쪽에 설치하여야 한다. 이것은 기체가 기수를 들고 속도를 줄일 때 문제가 된다. 후방 로터는 전방 로터에 의해 유도된 공기의 내리흐름에 잠겨 추력이 감소한다면 헬리콥터 동체는 더욱더 앞쪽이 들린 상태로 비행하게 될 것이다. 이 상태에서 착륙을 한다면 기체 꼬리 쪽이 땅과 부딪힐 위험이 있다.

| 그림 15.2 | 텐덤 로터 헬리콥터 CH-46 Sea Knight

로터와 비행체의 조정 방법은 다음과 같다.

수직방향	주 로터 추력
세로방향	주 로터를 앞/뒤로 기울임
가로방향	주 로터를 옆으로 기울임
피치	주 로터를 앞/뒤로 기울이거나 추력을 각각 달리함
롤	주 로터를 옆으로 기울임
요	주 로터의 기울기를 각각 달리함

텐덤 로터의 요 방향 회전을 위해서는 주 로터 면들이 서로 반대 방향으로 기울어져야 한다. 이러한 서로 반대의 가로 방향 로터 기움은 롤 모멘트를 만들어내며, 등위 회전을

하는데 악영향을 끼친다.

2. Side-by-side 로터

Side-by-side 로터는 그림 15.3과 같이 주 로터가 동체의 좌우에 달려있는 비행체를 말한다. 텐덤 로터 헬리콥터와 비교하여 로터가 달린 방향이 서로 수직이다.

| 그림 15.3 | 양측 로터 헬리콥터 Mil-Mi 12

로터 조정과 자세 제어 방법은 다음과 같다.

수직방향	주 로터의 추력(콜렉티브 피치 제어)
세로방향	주 로터를 앞/뒤로 기울임
가로방향	주 로터를 옆으로 기울임
피치	주 로터를 앞/뒤로 기울임
롤	주 로터를 옆으로 기울이거나 추력을 각각 달리함
요	주 로터의 기울기를 앞/뒤로 서로 달리함

좌우 로터 간격은 가로 방향으로 무게중심 위치에 광범위한 변화를 줄 수 있다. 이것은 앞뒤 방향 변화만큼 유용하지는 않지만, 무기가 양옆으로 탑재되었을 경우 그 중 하나를 투하했을 때 발생하는 무게의 비대칭을 제어할 때 유용하다. 주 로터들의 가로 배열은 상

호 간섭이 약간 줄어든다는 것을 의미한다.

전진 비행시에도 로터에는 동일한 공기역학 조건이 적용된다. 즉, 텐덤 로터에서와 같이 후방 로터가 전방 로터로부터 생성된 난류와 후류 등과 가깝게 비행할 때 발생하는 문제가 없어진다. 양측 로터의 단점으로는 각 로터를 지지하는 탑부에 의해 동체에 작용하는 추가적인 항력을 들 수 있다.

3. 동축 로터

동축 로터 헬리콥터(Coaxial Rotor Helicopter)는 그림 15.4과 같이 같은 축에 붙어 있는 두 개의 로터를 서로 반대 방향으로 회전시킴으로써 토크를 상쇄하게 된다. 로터의 조정과 자세 제어 방법은 다음과 같다.

수직방향	주 로터의 추력
세로방향	주 로터를 앞/뒤로 기울임
가로방향	주 로터를 옆으로 기울임
피치	주 로터를 앞/뒤로 기울임
롤	주 로터를 옆으로 기울임
요	각 로터의 토크를 다르게 함

동축 로터 헬리콥터는 토크 상쇄용 꼬리 로터가 필요하지 않으며, 전체 형상의 크기가 로터 직경에 의해 결정된다. 따라서 함정 위에서와 같이 좁은 갑판에서 운용하기 적절한 형태이다.

공기역학적으로는 아래 로터가 위 로터를 통과한 후류에 위치하게 되며, 따라서 실제 발생되는 양력은 두 개의 로터를 독자적으로 사용할 때보다 훨씬 감소한다. 그러나 위와 아래의 로터가 서로 반대 방향으로 돌고 있기 때문에 전진 비행에서 양력의 좌우 비대칭이 다소 ·완화되고 전진 속도의 범위를 증가시킬 수 있는 등의 단일 로터 헬리콥터에 비해 여러 가지 장점을 가지고 있다. 그러나 로터 중앙부와 조종계통이 복잡하게 되어 전체 중량이 커지기 때문에 성능이 떨어져 효율적인 헬리콥터로 설계하기가 어렵다.

| 그림 15.4 | 동축 로터 헬리콥터 Ka-32

4. 동기 로터 (Syncrotor)

동기 로터 헬리콥터는 그림 15.5와 같이 두 개의 로터 축이 매우 가깝게 위치하며 바깥쪽으로 기울어진 형태이다. 요 제어를 하는 방법에 있어서는 동축 로터와 비슷하지만 로터들이 같은 높이로 배치되면서 동축 로터보다 더 간단한 허브 배열을 갖게 된다. 깃 간격 유지를 위하여 로터가 대개 2개의 깃으로 이루어져 있다.

로터 조정과 자세 제어 방법은 다음과 같다.

수직방향	주 로터의 추력
세로방향	주 로터를 앞/뒤로 기울임
가로방향	주 로터를 옆으로 기울임
피치	주 로터를 앞/뒤로 기울임
롤	주 로터를 옆으로 기울임
요	주 로터의 토크를 다르게 함

주 로터축의 기울어짐에 의해 다양한 회전(롤/요/피치)과 수평 이동(가로/세로/수직) 자유도 사이에 상호 종속되는 요소가 존재한다. 이러한 로터 구동축의 기울어진 각도는 엔진 토크에 대한 로터 반작용이 피치 축 성분을 가진다는 것을 의미한다.

동기로터는 좌측 로터는 반시계 방향, 우측 로터는 시계 방향으로 회전한다. 로터 구동축이 바깥쪽으로 기울어져 있기 때문에, 로터에 작용하는 토크는 기수를 아래쪽으로 향하게 하는 성분을 가진다. 따라서 이때의 엔진 토크 반작용은 기수를 위쪽으로 향하게 하는 방향인 것이다. 헬리콥터의 자세 제어를 위해서 로터 디스크 면이 앞쪽으로 기울어져 로터로부터 발생하는 추력 벡터가 비행체의 무게중심 뒤쪽을 통과하여야 한다. 만약 헬리콥터가 상방으로 수직 돌풍과 만난다면, 로터 추력은 증가하게 될 것이다. 여기에서 헬리콥터에 걸리는 피치 모멘트는 기수를 낮추는 방향이 되어 자동적으로 추력 증가에 따른 상향 수직 이동을 수정하게 됨을 의미한다.

| 그림 15.5 | 동기 로터 헬리콥터 H-43B

15.2.3 복합로터(Compound helicopter)

모든 헬리콥터들은 로터회전에서 발생하는 공력의 차이로 인해 최대 전진비행속도의 한계가 있다는 단점이 있다. 전진속도가 증가할수록 헬리콥터의 항력을 극복하기 위해서는 로터가 훨씬 더 앞쪽으로 기울어져야 한다. 이로 인해 로터 후퇴면($\psi = 270°$)에서 실속영역이 증가한다. 그러나 추진력과 양력을 주 로터에서 동시에 얻을 필요가 없다면 이에 대한 문제는 해결될 수 있다. 기존의 헬리콥터 형태에 보조 추진장치 혹은 보조날개와 같이 별도의 추력 혹은 양력을 생성하는 장치를 장착하는 방법이 있다. 이렇게 보조양력(추력) 장치를 장착한 헬리콥터 형태를 복합 로터 헬리콥터라고 한다.

복합 로터에는 양력발생장치를 추가한 양력 혼합 로터와 보조추진장치를 추가한 추력 혼합 로터, 양력발생장치와 보조추진장치를 모두 장착한 완전 복합 로터가 있다. 그림 15.6은 완전 복합로터 헬리콥터의 예를 보여준다. 주로터 아래 동체 좌우에 별도의 추진 장치가 달려있다. 그리고 주 로터로부터 헬리콥터 전체의 무게를 지지하는 부담을 줄여주기 위하여 동체에 날개를 부착했다.

| 그림 15.6 | 복합 로터 헬리콥터 S-72

15.3 헬리콥터 성능 해석

헬리콥터의 공력성능해석은 전산유체해석을 비롯한 다양한 방법으로 수행가능 하지만, 초기설계 시에는 목표 성능과 제약조건을 만족하는 대략적인 사양과 비용을 빠르고 정확하게 도출해내는 것이 필요하기 때문에 운동량이론, 깃요소이론과 같은 비교적 간단한 해석 모델을 활용한다. 본 절에서는 운동량이론을 기반으로 하여 헬리콥터의 공력성능(주로 동력)을 계산하는 방법을 설명한다.

15.3.1 주요용어

헬리콥터 로터의 공력해석방법을 설명하기에 앞서, 해석에 필요한 주요용어와 계수에 대해 먼저 설명하고자 한다.

1. 추력, 동력 계수

각각 다른 로터의 성능을 공정하게 비교하기 위해서 추력 계수와 동력 계수가 사용된다. 이러한 값들은 고정익 항공기에서의 양력 계수와 항력 계수에 대응되는 양이라고 할 수 있다. 고정익 항공기에서 양력 계수와 항력 계수는 전진 비행 속력 및 날개 면적과 관계가 있다. 그러나 헬리콥터 로터에 있어서는 이것이 적용되지 않으며 기준 속력으로는 로터 끝단의 속력을 사용한다. 그리고 기준 면적은 완전한 로터 디스크의 면적으로 한다. 때로는 기준 면적을 전체 깃의 면적으로 사용하기도 한다.

추력 계수는 다음과 같이 정의된다.

$$C_T = \frac{T}{\rho A V_{tip}^2} = \frac{T}{\rho A \Omega^2 R^2} \tag{15.1}$$

동력 계수는 다음과 같이 정의된다.

$$C_P = \frac{P}{\rho A V_{tip}^3} = \frac{P}{\rho A \Omega^3 R^3} = \frac{T v_i}{\rho A \Omega^3 R^3} \tag{15.2}$$

여기에서 T는 추력, P는 동력을 의미한다. ρ는 밀도이고, V_{tip}는 로터 끝단의 속력을 나타내며, A는 로터 디스크의 면적, v_i는 유입류속도(induced velocity)를 나타낸다. Ω는 로터 회전각속도, R은 로터 반경이다.

유입류속도 v_i는 운동량이론을 통해 획득할 수 있으며 부록 5.1에 상세히 서술하였다. 위의 정의를 이용하여 유입류비(λ_i, induced ratio), 유도 동력 계수(C_{P_i}, induced power coefficient)를 다음과 같이 표현할 수 있다.

$$\lambda_h \equiv \lambda_i = \frac{v_i}{\Omega R} = \frac{1}{\Omega R}\sqrt{\frac{T}{2\rho A}} = \sqrt{\frac{T}{2\rho A(\Omega R)^2}} = \sqrt{\frac{C_T}{2}} \tag{15.3}$$

$$C_{P_i} = \frac{T v_i}{\rho A(\Omega R)^3} = \left(\frac{T}{\rho A(\Omega R)^2}\right)\left(\frac{v_i}{\Omega R}\right) = C_T \lambda_i = \frac{C_T^{3/2}}{\sqrt{2}} \tag{15.4}$$

2. Figure of Merit

제자리비행시 유입류가 균일하고 형상항력(profile drag)이 없는 경우의 이상적인 유도 동력 계수(ideal induced power coefficient)와 비교하여 실제 로터가 소비하는 동력을 나타내는 양이다. 그러므로 Figure of Merit은 이론적인 값으로서 실제 로터의 제자리 비행

성능의 척도이다.

Figure of Merit은

$$FM = \frac{Ideal\ power\ required\ to\ hover}{Actual\ power\ required\ to\ hover} < 1 \tag{15.5}$$

로 정의되고, 운동량 이론에 의해 아래와 같이 표현된다.

$$FM = \frac{Ideal\ power}{Induced\ power + Profile\ power} = \frac{P_{ideal}}{\kappa P_{ideal} + P_0} = \frac{\dfrac{C_T^{3/2}}{\sqrt{2}}}{\dfrac{\kappa C_T^{3/2}}{\sqrt{2}} + \dfrac{\sigma C_{d_0}}{8}} \tag{15.6}$$

식 (15.6)의 가장 우측항의 유도는 부록 5.1.5에 자세히 나와 있다.

낮은 추력이 발생하는 작동조건에서는 분모의 형상 동력 항이 분자에 비해 큰 값을 가지기 때문에 Figure of Merit이 작다. 그러나 추력이 증가하면, 형상 동력 항이 유도 동력 항에 비해 상대적으로 감소하기 때문에 FM이 증가한다. 그림 15.7과 같이 추력이 증가할수록 유도 동력 항이 지배적이고 FM은 점차 $1/\kappa$에 수렴한다.

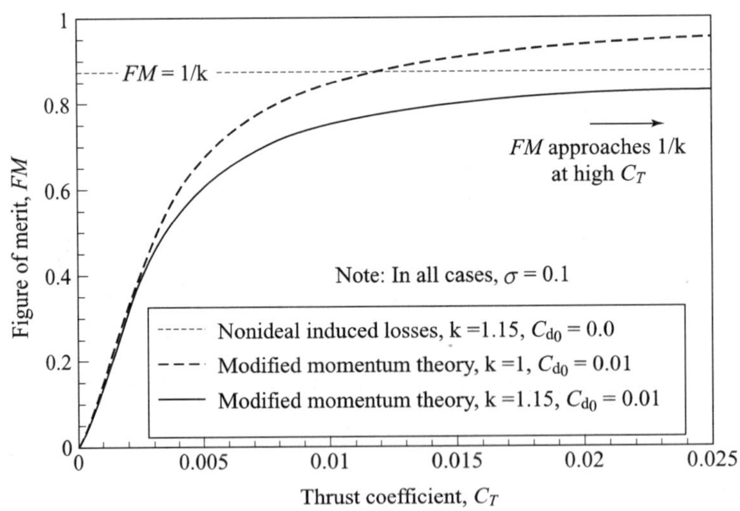

| 그림 15.7 | 추력 대비 로터 Figure of Merit의 효과

3. 로터고형비와 깃하중계수

직사각형 깃의 로터에서 고형비(solidity)는 로터 면적 대비 깃의 면적 비로 나타난다.

$$\sigma = \frac{blade\ \ area}{disk\ \ area} = \frac{A_b}{A} = \frac{N_b cR}{\pi R^2} = \frac{N_b c}{\pi R} \tag{15.7}$$

여기서 N_b는 깃의 개수, c는 코드길이, A_b는 깃의 면적이다.

고형비는 로터 깃의 숫자와 가로세로비의 정보까지 포함하기 때문에 로터면적보다 상세한 로터 형상에 대한 것을 나타낼 수 있다. 로터의 공력성능계수를 고형비로 나누면 단일 로터깃에 대한 공력성능을 나타낼 수 있다. 깃에 작용하는 양력 하중을 강조하기 위한 깃 하중 계수(C_T/σ, blade loading)는 아래와 같다.

$$\frac{C_T}{\sigma} = \frac{T}{\rho A(\Omega R)^2}\left(\frac{A}{A_b}\right) = \frac{T}{\rho A_b(\Omega R)^2} \tag{15.8}$$

15.3.2 제자리 비행시 성능

제자리 비행시 필요한 전체동력은 무차원화 하여 아래와 같이 나타낼 수 있다.

$$C_P = C_{P_i} + C_{P_o} = \frac{\kappa C_W^{3/2}}{\sqrt{2}} + \frac{\sigma C_{d_o}}{8} = \left(\frac{1}{FM}\right)\frac{C_W^{3/2}}{\sqrt{2}} \tag{15.9}$$

여기서 C_{P_o}는 형상동력계수, $C_W(\approx C_T)$는 무게계수이고, κ는 로터의 유도동력계수, C_{d_0}는 로터블레이드의 형상항력계수의 평균값이다.

15.3.3 전진 비행시 성능

전진비행시 헬리콥터 필요한 전체동력은 다음과 같이 표현할 수 있다.

$$P = P_i + P_0 + P_P + P_c \tag{15.10}$$

여기서 P_i는 유도동력(induced power)이고, P_o는 로터에서 점성에 의해 발생하는 손실에 필요한 형상동력(profile power), P_p는 헬리콥터 항력에 대한 유해동력(parasite power), P_c는 헬리콥터의 중력 위치에너지의 증가시 필요한 상승동력(climb power)이다. 식 (15.10)의 각항에 대한 보다 상세한 유도는 부록 5.3에 수록되어 있다.

상승전진 비행시 단일 로터 헬리콥터의 힘평형을 그림 15.8과 같이 고려할 수 있다. 그림에서 θ_{FP}은 비행경로각도로 통상비행에서는 $V_c = V_\infty \theta_{FP}$로 간주할 수 있을 만큼 작다고 가정할 수 있다. 이때, 수직 힘평형관계에서 아래의 식을 도출할 수 있다.

$$T\cos(\alpha_{TPP} - \theta_{FP}) = W \approx T \tag{15.11}$$

수평힘평형은 다음의 식을 유도한다. 이때 동체항력 D_{FP}는 상승각도와 독립으로 가정한다.

$$T(\alpha_{TPP} - \theta_{FP}) = D \tag{15.12}$$

로터면의 받음각, α_{TPP}에 대해 정리하면 아래와 같다.($D = D_{FP}$)

$$\alpha_{TPP} = \theta_{FP} + \frac{D}{W} \tag{15.13}$$

이제 상승을 위한 동력을 고려하면 이 부분의 동력은 아래와 같다.

$$TV_\infty \sin\alpha_{TPP} \approx TV_\infty \alpha_{TPP} = WV_c + DW_\infty \tag{15.14}$$

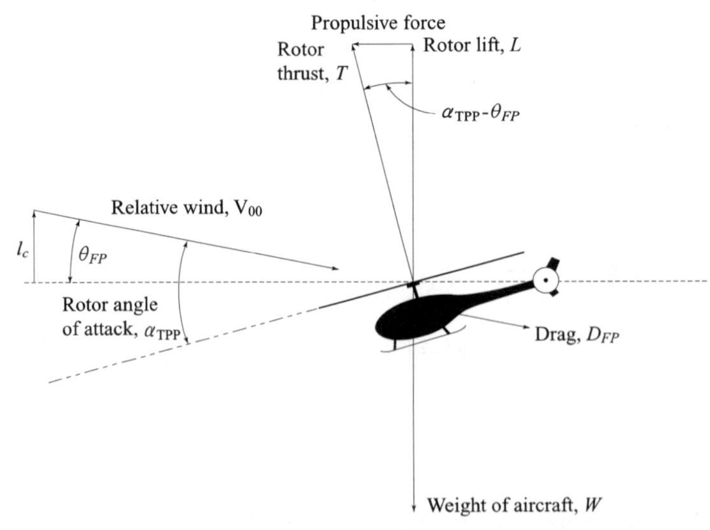

그림 15.8 전진비행시 헬리콥터의 힘평형

WV_c 항은 상승동력 P_c항이다. DV_∞는 점성효과에 의해 소실되는 유해동력 P_P이다.

1. 유도동력

만약 전진비행속도가 충분히 빠르다면($\mu > 0.1$, 전진비 $\mu = V_\infty / (\Omega R)$), 유입류속도는 Glauert의 비행식으로 간략히 하여 동력식을 아래와 같이 나타낼 수 있다.

$$P_i = \kappa T v_i \tag{15.15}$$

여기서 κ는 주로 비균일 유입류에 의한 공력효과를 고려하기 위한 실험적 계수이다. κ의 값은 전진비와 독립적이라 가정할 수 없지만 대략 1.15와 1.25 사이의 값을 취하여 초기 로터 동력 예측시 필요한 정확도는 충분히 획득할 수 있다. 유도동력의 계수형태 표현식은 아래와 같다.

$$C_{P_i} = \frac{\kappa C_T^2}{2\sqrt{\lambda^2 + \mu^2}} \approx \frac{\kappa C_T^2}{2\mu} \quad \text{for larger } \mu \tag{15.16}$$

2. 형상 동력

코드길이가 동일할 때 형상동력계수는 부록 5.1.5와 같이 깃요소이론을 통해 획득할 수 있다.

적분을 수행하고 간략화를 하면 다음과 같이 나타낼 수 있다.

$$C_{P_0} = \frac{\sigma C_{d_0}}{8}(1 + K\mu^2) \tag{15.17}$$

여기서 K값은 제자리비행시 4.5에서 $\mu = 0.5$일 때 5까지 변하며 다양한 가정 및 간략화에 따라 달라진다. 실제적으로 K는 전진비에 독립적으로 사용된다.

3. 유해 동력

유해동력, P_p는 동체와 로터 허브 등의 부분에서 점성효과와 박리에 의해 발생하는 동력손실이다. 헬리콥터 동체는 동일 하중을 가지는 고정익 항공기의 동체에 비해 공력성능이 매우 떨어지기 때문에 이러한 항력발생원은 매우 중요하다. 유해항력은 아래와 같이 나타낼 수 있다.

$$P_P = \left(\frac{1}{2}\rho V_\infty^2 S_{ref} C_{D_f}\right) V_\infty \tag{15.18}$$

여기서 A는 로터면적이고, S_{ref}는 참조면적, C_{D_f}는 동체항력계수이다.

보다 용이한 항력계산을 위해 등가평판면적(equivalent flat-plate area), f를 활용할 수 있다. 이 파라미터는 허브, 동체, 착륙장치의 항력을 모두 포함한다. 등가평판면적으로부터 항력계수를 다음과 같이 편리하게 도출할 수 있다.

$$f = \frac{D_f}{\frac{1}{2}\rho V_\infty^2} \tag{15.19}$$

f값은 작은 헬리콥터의 경우 10 ft^2 (0.93 m^2), 대형 다목적 헬리콥터의 경우 50 ft^2 (4.65 m^2)까지 분포하고 있다.

4. 상승 동력

상승동력은 위치에너지의 시간당 증가율과 동일하다. 만약 위치에너지를 E라고 한다면, $E = Wh$로 나타낼 수 있고, 위치에너지의 시간당 증가율은 $W\dot{h} = TV_c = WV_c$이다. 그러므로 상승동력 계수는 다음과 같다.

$$C_{P_c} = \lambda_c C_W \tag{15.20}$$

여기서 λ_c는 상승비행시 유입류비이다.

5. 꼬리 로터 동력

통상적으로 꼬리 로터에 필요한 동력은 주로터의 3~5%이고, 극단적인 경우 20%까지 증가한다. 꼬리 로터의 동력은 주로터 토크에 대한 반력에 필요한 만큼 추력을 내는 것으로 고려하여 주로터와 유사한 방식으로 계산할 수 있다. 수직미익은 비록 유해항력과 유도항력을 약간 증가시키지만, 전진비행시 측면에서 힘을 발생시켜 꼬리 로터에 필요한 동력을 감소시킨다. x_{TR}이 주로터 축과 꼬리 로터 축 사이의 거리라고 하면, 꼬리 로터 동력은 아래와 같다.

$$T_{TR} = \frac{(P_i + P_o + P_p)}{\Omega x_{TR}} \tag{15.21}$$

여기서 Ω는 주로터의 각속도이다. 꼬리측 미익에 의한 꼬리 로터의 하중변화는 없는 것으로 가정한다. 그리고 초기설계단계에서는 주로터와 꼬리 로터 사이의 간섭, 꼬리 로터와 수직미익사이의 간섭은 대부분 무시한다. 그러나, 주로터 후류의 효과는 꼬리 로터의 위치에서 유입류를 보다 비균일하게 만든다고 간주하여 유도동력계수 κ를 증가시키는 것으로 고려할 수 있다.

6. 전체 동력

전진비행시 동력계수를 모두 합하여 내타내면 다음과 같다. ($\lambda \ll \mu$ 가정)

$$C_P \equiv C_Q = \frac{\kappa C_T^2}{2\mu} + \frac{\sigma C_{d_0}}{8}(1 + K\mu^2) + \frac{1}{2}\left(\frac{f}{A}\right)\mu^3 + \lambda_c C_W + C_{P_{TR}} \qquad (15.22)$$

수평전진비행시 속도에 따른 헬리콥터 동력의 변화를 그림에 나타냈다. 기체총중량은 16,000 lb(7,256 kg)이고 운용고도는 5,200ft(1,585 m)로 가정하였다. 로터면 받음각은 수평 힘평형이 되도록 계산하였다. 등가평판면적, f는 20.0 ft^2 (2.137 m^2)이다. 주로터와 꼬리 로터 모두 $\kappa = 1.15$, $C_{d_0} = 0.008$로 가정하였다. 주로터 축과 꼬리 로터 축 사이의 거리, x_{TR}은 32.5 ft (9.9 m)이다.

그림 15.9에서 보면 유도와 추진동력을 합친 부분은 전진비행속도가 증가함에 따라 초기에는 감소하지만 로터면이 전진비행하면서 기울어짐에 따라 다시 증가한다. 이것은 로터의 형상항력과 동체의 유해항력을 극복하기 위해서 이다. 그리고 유해항력이 μ^3에 비례하여 증가하기 때문에 높은 전진비행속도에서 전체동력이 극적으로 증가한다. 따라서 허브의 내리흐름 방향을 유선형으로 만드는 것이나 페어링을 씌우는 것이 유효항력을 크게 감소시킬 수 있다.

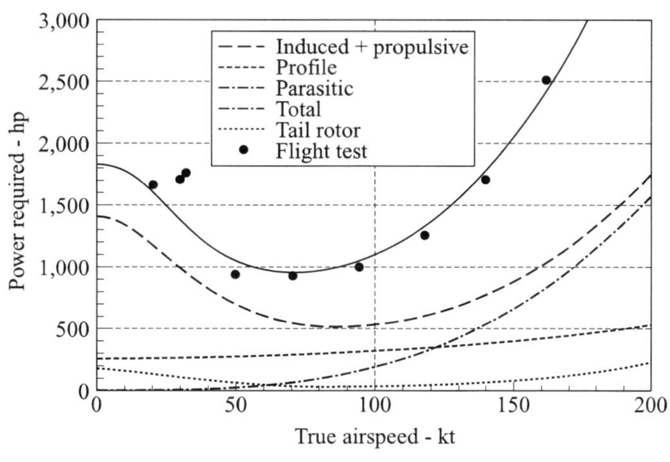

| 그림 15.9 | 전진비행 속도에 따른 동력의 변화

제16장

헬리콥터 개념설계 설계기법

16.1 개 요

헬리콥터 설계와 개발과정 중, 개념설계단계는 개발하고자 하는 헬리콥터의 전체적인 윤곽을 설정하는 매우 중요한 단계이다. 개념설계단계에서는 설계요구 조건에 부합하는 헬리콥터의 초기 형상, 크기, 무게, 가격, 성능을 제시하여야 한다. 이렇게 제시된 설계결과는 이후 예비설계, 상세설계에서 초기값 및 설계검증 결과로 활용된다.

그림 16.1과 같이 개발진행 과정에서 설계안 수정에 따른 비용증가가 크기 때문에 개념설계 시 여러가지 설계안을 비교, 검토하여 대략적인 형상을 확정함으로써 개발비용을 크게 절감할 수 있다. 개념설계단계에서 세부적인 형상이나 성능을 계산하기 보다는, 요구도를 만족시키면서 효율적인 개발이 가능한 다양한 설계안을 검토하는 것이 중요하다. 그러므로 헬리콥터의 목표 성능과 제약조건을 만족하는 대략적인 사양과 비용을 빠르고 정확하게 도출해내야 하며 이를 위해서는 비교적 간단한 해석 모델을 적용하여 효율적이고 빠른 순환율을 가지는 설계 도구가 필요하다.

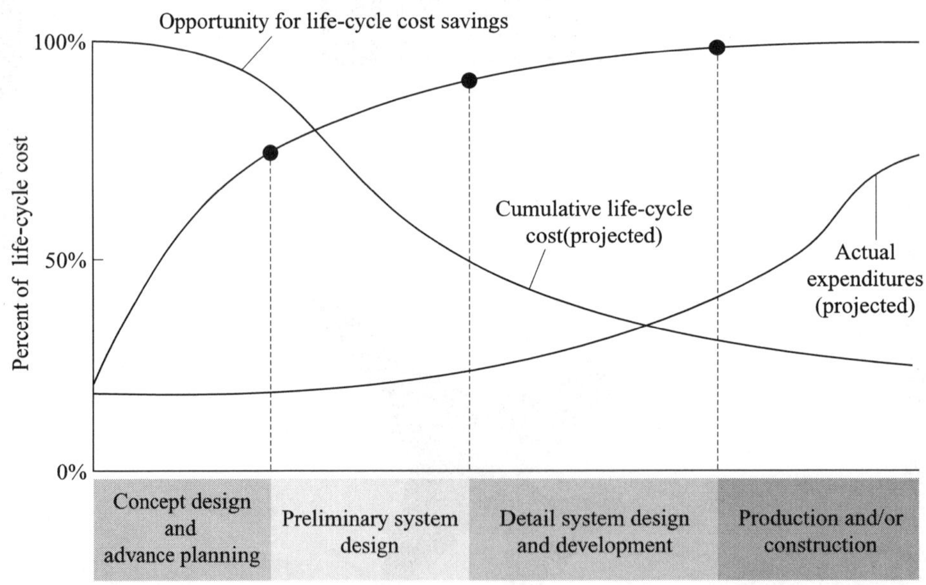

| 그림 16.1 | 각 개발단계에 따른 비용 변화

16.2 헬리콥터 개념설계 도구의 종류

이러한 필요성에 의해 국외에서는 NASA와 같은 국가연구소와 대학, 기업에서 상용화된 헬리콥터 개념설계도구를 개발하여 사용하고 있다. 여기서는 대표적인 개념설계도구에 대해서 간략하게 설명한다.

16.2.1 VASCOMP II (V/STOL Aircraft Sizing and Performance Computer Program)

VASCOMP는 1967년에 NASA에서 개발된 수직/단거리이착륙기(V/STOL Aircraft) 사이징과 성능해석 프로그램이다. 이후 항공기의 통계적 중량추정 데이터를 확장하고, 프로그램 사용성을 증대시킨 VASCOMP II가 1971년에 개발되었다. 다양한 형태의 수직/단거리 비행체를 다룰 수 있도록 특화된 프로그램이고, 요구되는 특정 임무에 적합한 기체의 크기와 동력, 중량과 같은 설계결과를 제공한다.

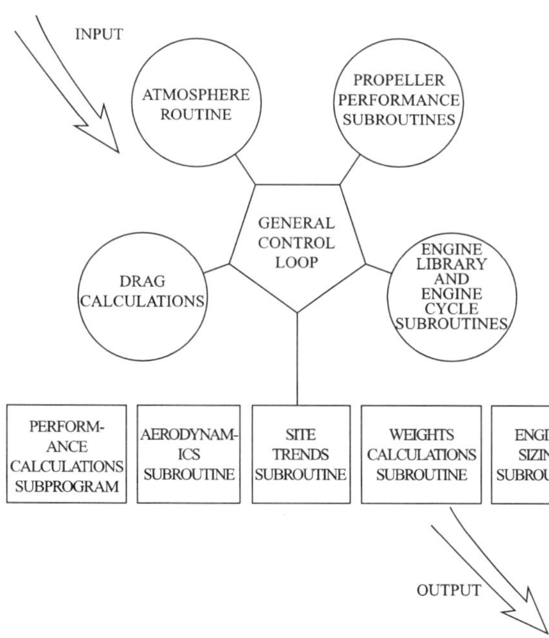

| 그림 16.2 | VASCOMP II의 구조

16.2.2 HESCOMP (Helicopter Sizing and Performance Computer Program)

HESCOMP는 헬리콥터의 1970년대 보잉사에서 개발한 헬리콥터 초기설계 도구이다. 헬리콥터의 사이징과 성능을 해석하는 프로그램으로 그 형태와 작동에 있어서 VASCOMP II와 매우 유사하다. VASCOMP II 다양한 형태의 수직/단거리이착륙기에 대한 설계 및 해석을 수행하지만, HESCOMP는 헬리콥터의 설계 및 해석 작업을 위해 특화되어 있다. 단일로터형태 외에도 동축반전로터, 텐덤로터, 복합형로터 형태에 대한 작업이 가능하다.

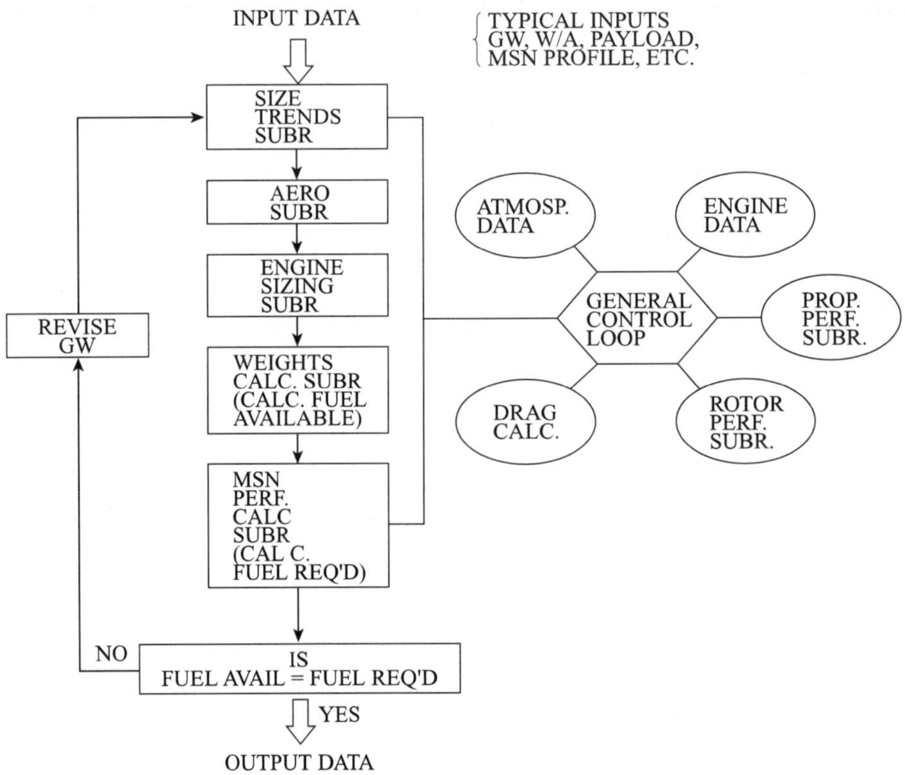

| 그림 16.3 | HESCOMP의 구조

16.2.3 SSP (Single Rotorcraft Sizing and Performance Analysis Program)

1977년 U.S. Army Air Mobility R&D Laboratory에서 개발한 단일로터 사이징 및 성

능해석 도구이다. 신속한 계산수행을 위해 운동량 이론을 이용하여 제자리 비행과 전진 비행 시의 주/꼬리 로터 성능 해석을 수행한다. 요구 유상하중과 임무형상에 적합한 기체총중량을 Newton-Raphson Iteration 방식으로 탐색한다. 때문에 초기치에 따라 설계값을 찾지 못하고 발산할 수 있는 단점이 있다. 그리고 단일로터 형상에 대한 작업만 가능한 한계가 있다.

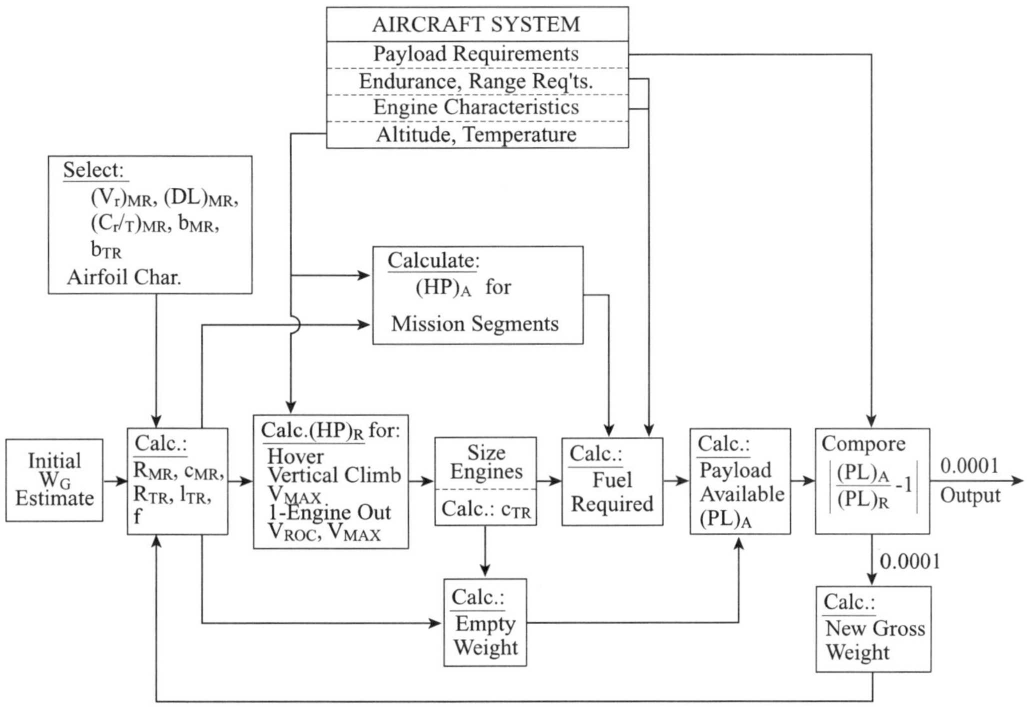

| 그림 16.4 | SSP의 흐름도

16.2.4 GTPDP(Georgia Tech Preliminary Design Program)

Georgia Institute of Technology에서 개발한 헬리콥터 개념설계도구이다. 단일로터, 동축반전, 복합형 등 다양한 헬리콥터 형상에 대한 설계가 가능하다. 동체와 익형, 엔진에 대한 데이터 라이브러리를 제공한다. 다양한 임무선도(mission profile)에 대한 예측이 가능하며, 경험식에 의한 소음예측 또한 가능하다.

16.2.5 NDARC (NASA Design and Analysis of Rotorcraft)

가장 최근 개발된(2007년 1월 시작 2009년 5월 완성) 회전익 설계 및 분석 도구로 다분

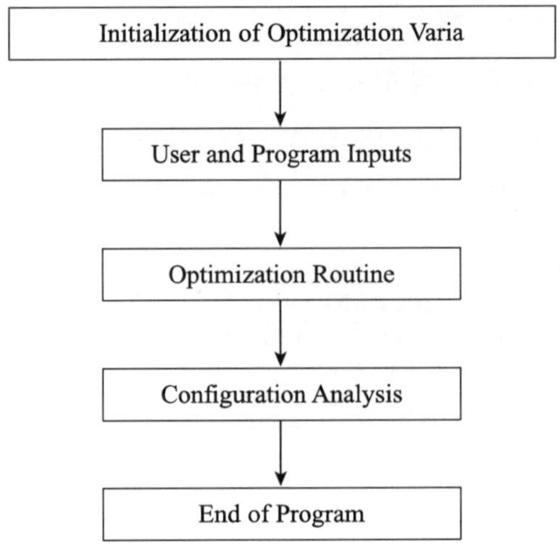

| 그림 16.5 | GTPDP의 흐름도

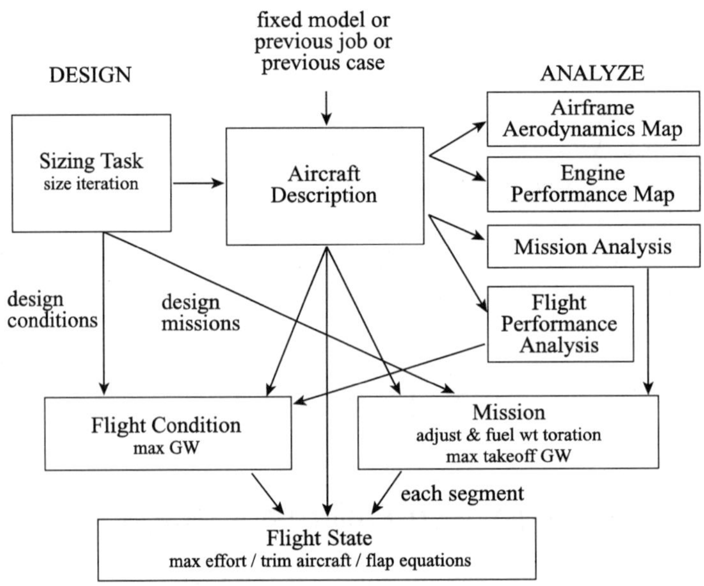

| 그림 16.6 | NDARC의 개요

야 통합 설계가 가능하도록 계층적으로 구성되어 있다. 동체형상이나 날개와 같은 외부장착물의 형상도 세부적으로 입력 가능하기 때문에 보다 향상된 헬리콥터 형상 개념의 해석 및 설계가 가능하다. 코드 아키텍처 구성의 유연성, 모델의 계층구조, 고정밀 분석(회전익 항공기 종합분석, 전산유체역학, 구조해석 등) 및 최적화를 수용한 고충실도(High Fidelity) 통합설계 도구이다. 형상 및 무게 정보, 기체 풍동 시험 데이터, 엔진 데크, 로터 성능 시험 및 종합 분석 결과를 이용하여 항공기용 NDARC 모델을 개발하였다.

16.2.6 RISPECT(Rotorcraft Initial Sizing and Performance Estimation Code and Toolkit)

서울대학교와 부산대학교 연구팀이 공동 개발한 회전익기 기본설계 및 성능예측 프로그램이다. 주어진 임무형상과 최대 성능 요구치에서 적합한 헬리콥터의 중량과 크기를 설계한다. 중량최소화 뿐만 아니라 최대속도, 상승률, 순항시간, 순항거리, 상승한도의 헬리콥터 성능을 설계목적으로 하고, 가용 연료중량, 유상하중 등을 제약조건으로 보다 실용적이고 탄력적인 설계가 가능하다. SSP 및 GTPDP에 적용된 중량추정식을 기반으로 최신 헬리콥터의 중량데이터를 업데이트하여 최신 헬리콥터의 경향을 반영하였다. 그리고 헬리콥터 개념설계도구에 사용되는 경험적파라미터를 보다 정확하고 논리적으로 산출하기 위한 기법을 적용하였다.

다음절에서 헬리콥터 개념설계의 예제로 RISPECT에 대해 상세히 서술하였다.

16.3 헬리콥터 개념설계도구 RISPECT

16.3.1 RISPECT 개요

RISPECT는 헬리콥터의 간략하고 신속한 개념설계와 성능예측을 위한 프로그램이다. 이러한 도구에는 로터블레이드의 형상이나 하중, 거동에 대한 상세한 정보는 포함하지 않는다. 계산과 설계과정의 복잡성, 요구입력정보의 최소화를 위해 운동량이론을 기반으로 한 수식이 활용되었다.

본 프로그램에 적용된 수학적 모델은 주로 헬리콥터의 제자리 비행과 수직 비행, 전진비행을 다룬다. 엔진 성능예측과 연료소모율, 기체중량 해석을 위한 모델은 헬리콥터 데이터에 대한 통계적 연구를 기반으로 도출하였다. 현재 프로그램은 단일로터, 동축반전, 텐덤, Side-by-Side 형태의 헬리콥터의 설계 및 해석에 적용 가능하다.

요구되는 유상하중과 임무형상에 적합한 헬리콥터의 형상과 총중량, 부품중량을 계산한다. 설계흐름도는 그림 16.7과 같다. 계산을 시작할 때 다음의 세가지 기본입력값을 필요로 한다.

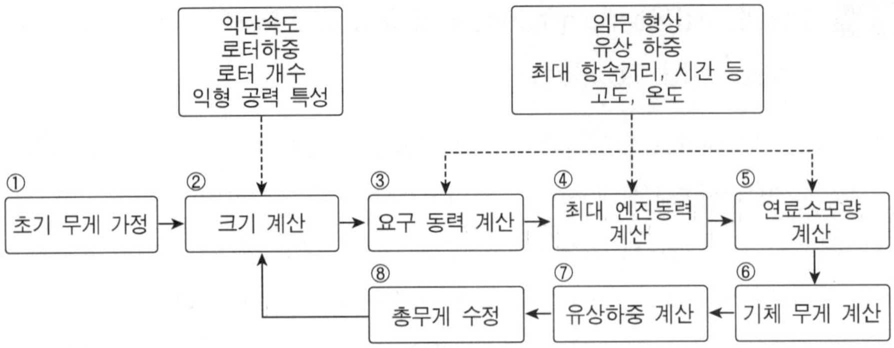

| 그림 16.7 | RISPECT의 설계순서도

(1) 기체 파라미터(형상, 공력특성치) : 주로터의 면하중, 주로터 깃하중계수(C_T/σ), 주로터 블레이드 개수(b), 주로터 익단속도(v_T)와 로터익형, 엔진 특성치, 요구 유상하중과 초기 추정 기체총중량, 여기서 기체총중량은 설계 반복과정을 통해 적합한 값을 찾게 된다.

(2) 임무형상 : 임무형상 단위별 지속시간과 요구되는 항공기 성능조건

(3) 운용대기조건 : 임무형상 단위에서 항공기가 운용되는 고도, 대기온도

주어진 유상하중과 임무형상에 적합한 헬리콥터의 사이징 과정은 그림 16.7과 같다. 초기에 가정한 기체총중량을 기준으로 주로터 길이, 코드길이 등의 형상을 계산한다. 그리고 엔진을 임무형상 중 제자리비행, 수직상승, 고속전진 비행 조건 중 가장 높은 동력을 요구하는 조건에 적합하게 사이징 한다. 이때 2개 이상의 엔진을 장착한 항공기의 경우 엔진 한 개가 작동하지 않는 경우까지 포함한다. 그 다음 연료중량과 항공기 부품별 중량을 계산한다. 계산한 중량값을 초기 기체총 중량에서 감하면 가용한 유상하중이 도출된다. 가용 유상하중과 요구 유상하중을 비교하여 기체총중량을 수정한다. 수정된 기체총중량으로 계산을 다시 시작하며, 가용 유상하중과 요구유상하중이 일치할 때까지 반복된다. 계산을 완료하면 헬리콥터의 중요 형상파라미터와 성능을 획득할 수 있다.

16.3.2 해석기법설명

RISPECT에서 사용되는 기법에 대해 상세하게 기재하였다. 그림 16.7의 순서도에 따라 각 과정을 서술하였다. 개념설계에서 활용되는 수식은 오래된 헬리콥터의 데이터로부터 통

계적으로 산출된 것이 많아서 U.K. 단위계가 주로 쓰인다. 여기서도 U.K. 단위계에 따라 길이는 ft(feet), 운항거리는 NM (nautical mile), 무게는 lb(pound), 속도에서 로터익단속도는 $ft/\sec$으로, 항공기 운항속도는 kt(knot), 동력은 마력(HP, horse power)으로 표시한다.

1. 초기 무게 가정

초기 기체총중량(W_G)을 가정한다. 기존 생산된 헬리콥터 데이터를 수집하여 설계하고자하는 요구성능과 유사한 급의 헬리콥터의 기체총중량을 초기치로 설정한다. 이후 설계기법에서 자세하게 설명하겠지만, RISPECT에서는 구배기반의 최적설계기법을 사용하고 있기 때문에 최적값 탐색에 실패(발산, 제약조건 위배 등)하는 경우 초기 무게를 수정하여 다시 수행할 필요가 있다.

2. 크기 계산

기체총중량(W_G)과 주로터 면하중(DL_{MR}), 주로터 깃하중계수($(C_T/\sigma)_{MR}$), 주로터 블레이드 개수($N_{b,MR}$)를 활용하여 주로터의 반경(R_{MR})과 코드길이(C_{MR})을 계산한다.

$$R_{MR} = \sqrt{\frac{W_G}{\pi DL_{MR}}} \tag{16.1}$$

$$C_{MR} = \frac{W_G}{\rho R_{MR} V_{tip,MR}^2 N_{b,MR}} \left(\frac{\sigma}{C_T}\right)_{MR} \tag{16.2}$$

꼬리 로터의 반경(R_{TR})과 코드길이(C_{TR})는 주로터에서 발생하는 토크를 상쇄하기에 충분한 반력을 가지도록 설계해야 한다. 주로터의 면하중(DL_{MR})과 최대엔진마력($HP_{\max}$)과 엔진개수($N_{b,Engine}$)가 고려된 경험식을 활용하여 식 (16.3)과 식 (16.4)을 도출한다.

$$R_{TR} = R_{MR}(7.25 - 0.27DL_{MR}) \tag{16.3}$$

$$C_{TR} = 0.1 + 0.0592\frac{HP_{\max}N_{b,Engine}}{2R_{MR}N_{b,TR}} \tag{16.4}$$

식 (16.3)은 부록 7의 그림 7.1과 같이 헬리콥터 데이터를 수집하여 통계적으로 도출하였다. 식 (16.4)는 수집한 헬리콥터 데이터에서 꼬리 로터의 코드길이와 주로터의 파라미터가 $c_{TR} \approx \dfrac{HP_{MR}}{R_{MR}N_{b,TR}}$ 의 관계가 있음(부록 7의 그림 7.2)을 확인하여 이를 보정하여 유도하였다.

헬리콥터 전체길이를 결정하는데 필요한 주로터의 허브와 꼬리 로터 허브사이의 거리는 식 (16.5)와 같이 계산한다. 주로터와 꼬리 로터의 간의 간격 0.5 ft를 경험적으로 고려하였다.

$$l_{TR} = R_{MR} + R_{TR} + 0.5 \tag{16.5}$$

기체총중량과 주로터, 꼬리 로터의 형상을 연동시켜서 간단하게 설계할 때는 위 수식을 활용하지만 주로터의 반경, 코드길이, 깃개수, 꼬리 로터의 반경, 코드길이, 깃개수를 설계변수로 선택하여 형상설계도 가능하다. 그리고 형상파라미터를 사용자로부터 직접 입력받아서 주어진 형상의 헬리콥터의 성능해석 수행 또한 가능하다. 이때는 반대로 형상파라미터로부터 주로터의 고형비(σ_{MR}), 면적(A_{MR})을 계산하여 주로터의 면하중(DL_{MR})과 깃하중계수($(C_T/\sigma)_{MR}$)을 계산한다.

$$\sigma_{MR} = \frac{N_{b,MR}C_{MR}}{\pi R_{MR}} \tag{16.6}$$

$$A_{MR} = \pi R_{MR}^2 \tag{16.7}$$

$$DL_{MR} = \frac{W_G}{A_{MR}} \tag{16.8}$$

$$\left(\frac{C_T}{\sigma}\right)_{MR} = \frac{W_G}{\rho A_{MR} V_{tip,MR}^2 \sigma_{MR}} \tag{16.9}$$

3. 요구 동력 계산

주어진 임무형상에서 헬리콥터 성능을 해석하거나 필요한 연료량 산출을 위해 각 비행조건에서 필요마력을 계산한다. RISPECT는 헬리콥터 비행조건 중 가장 중요한 수평전진비행과 제자리비행, 수직상승비행 세 가지를 고려할 수 있다.

(1) 수평전진비행

여기서 설명하는 수식과 계산과정은 수평 전진비행을 하는 헬리콥터에 요구되는 구동

시스템 혹은 축에 작용하는 마력을 예측하기 위한 것이다. 전진비행시 요구되는 축마력(SHP_R : required shaft horse power)은 아래와 같이 세가지 부분에 필요한 마력의 합으로 나타난다.

$$SHP_R = HP_{MR} + HP_{TR} + HP_{XMSN} \tag{16.10}$$

여기서 HP_{MR}는 주로터 마력, HP_{TR}는 꼬리 로터 마력, HP_{XMSN}는 트렌스미션 마력이다. 위 수식에서 표기된 순서에 따라 세 가지 부분의 각 요소별 마력의 계산방법을 설명한다.

① 주로터 마력

주로터 요구동력은 5가지 부분(Parasite, Profile, Induced, Compressible, Stall)으로 나누어 각각 도출하여 합산한다.

$$HP_{MR} = HP_p + HP_o + HP_i + HP_{cmp} + HP_s \tag{16.11}$$

식 (16.11)에서 HP_p은 유해마력(parasite horse power), HP_o은 형상마력(profile horse power), HP_i는 유도마력(induced horse power), HP_{cmp}은 로터 전진면에서 나타나는 압축성효과에 의한 마력, HP_s는 로터 후퇴면에서 발생하는 실속(stall)에 의한 마력을 의미한다.

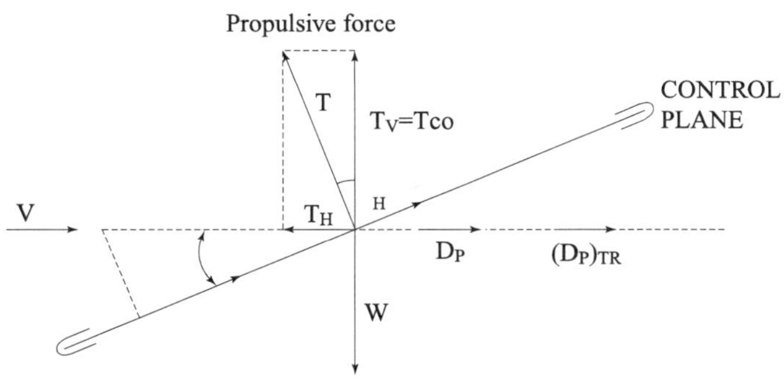

| 그림 16.8 | 전진비행시 주로터에 작용하는 힘 도해

유해마력(HP_p, parasite horse power)은 주로터에서 자유류 방향에 반대로 작용하는 힘인 H-Force(H) (그림 16.8)와 그 외의 기체에 작용하는 모든 항력의 합으로 나타나는 힘(T_H)을 상쇄하기 위해 필요하다. 전진비행 중이므로 식 (16.12)와 같이 T_H와 전진비행속도(V)의 곱으로 나타난다.

$$HP_p = \frac{T_H\,V}{550} \tag{16.12}$$

이때 헬리콥터의 등속전진비행을 위해서 주로터의 추력(T)의 비행속도방향 벡터크기가 전진비행시 추진력(T_H)과 일치해야 하고(식 (16.13)), 추력벡터의 수직방향성분은 기체총중량과 일치(식 (16.14))해야 하므로, 식 (16.13)과 식 (16,14)를 만족시킬 수 있는 주로터 로터면 기울임각(α: tip path plane의 기울임각)에 대한 간단한 트림해석이 필요하다.

$$T_H = D_P + H\cos\alpha + (D_P)_{TR} \tag{16.13}$$

$$W_G = T_V = T\cos\alpha \tag{16.14}$$

여기서 전진비행방향의 추진력(T_H)은 식 (16.13)와 같이 계산한다. D_p는 동체유해항력(fuselage parasite drag), H는 주로터 H-force, $(D_p)_{TR}$은 꼬리 로터 유해항력(tailrotor parasite drag)으로 다음과 같이 계산한다.

$$D_P = fq \tag{16.15}$$

$$H = \frac{3.65}{8}\pi\rho\sigma_{MR}\mu c_{d,MR} V_{tip,MR}^2 R_{MR}^2 \tag{16.16}$$

$$(D_p)_{TR} = H_{TR}\cos\alpha_{TR} + T_{TR}\sin\alpha_{TR} \tag{16.17}$$

식 (16.15)에서 f는 등가평판면적(equivalent flat drag plate)이고, q는 동압($1/2\rho V^2$)이다. 동체유해항력(parasite drag)은 등가평판면적(f)의 함수로 나타낸다. 계산의 편의성과 강건성을 위해 등가평판면적이 동체의 자세에 관계없이 일정하다고 가정하였다.

식 (16.16)에서 주로터의 고형비(σ_{MR})과 반경(R_{MR})은 앞의 절 형상 파라미터에서 획득하였다. 주로터 익단속도($V_{tip,MR}$)는 입력값으로 주어진다. 주로터의 H-force 계산을 위해서 주로터 항력계수($c_{d,MR}$)를 계산해야한다. 헬리콥터 전진비행시에는 로터 방위각과 스팬방향의 위치에 따라 항력값이 변하므로, 개념설계도구에서는 신속한 연산을 위해 전진비행시 로터전체에 작용하는 평균 항력계수를 활용한다.

이를 계산하기 위해서 먼저 로터추력값을 활용하여 평균양력계수를 식 (16.18)과 같이 계산한다.

$$\overline{c_{l,MR}} = \frac{6C_T}{\sigma_{MR}\left(B_{MR}^3 - X_{MR}^3 + 1.5\mu^2(B_{MR} - X_{MR})\right)} \tag{16.18}$$

여기서 B_{MR}은 주로터의 tip loss factor이고, X_{MR}은 주로터의 root cut이다. B_{MR}은 로터 블레이드가 유한날개이기 때문에 익단에서 양력이 급속히 감소하는 효과를 보정하기 위한 펙터이다. B_{MR}은 로터의 추력과 블레이드 개수에 따라 식 (16.19)와 같이 획득할 수 있다.

$$B_{MR} = 1 - \frac{\sqrt{2C_T}}{b} \tag{16.19}$$

식 (16.18)로 계산한 평균양력계수($\overline{c_{l,MR}}$)를 통해서 아래와 같이 주로터 평균항력계수 ($c_{d,MR}$)을 계산할 수 있다.

$$c_{d,MR} = c_{d_0,MR} + K_{MR}|\overline{c_l} + 2\pi\alpha_{0L}|^{2.7} \tag{16.20}$$

여기서 $c_{d_0,MR}$은 주로터 익형의 무양력시 항력계수이고, K_{MR}는 항력보정펙터, α_{0L} 무양력시 받음각이다. 이 값들은 익형에 따라 결정되고 프로그램 입력값으로 제공된다. 이렇게 계산한 $c_{d,MR}$을 식 (16.16)에 대입하여 주로터 H-force를 계산한다.

꼬리 로터 유해항력 계산식 (16.17)에서 H_{TR}은 꼬리 로터의 H-force, α_{TR}은 꼬리 로터 로터면기울기이다. 식 (16.17)의 꼬리 로터 H-force(H_{TR})와 추력(T_{TR})은 다음과 같이 계산한다.

$$H_{TR} = \frac{3.65}{8}\pi\rho\sigma_{TR}c_{d,TR}V_{tip,TR}^2 R_{TR}^2 \mu_{TR} \tag{16.21}$$

$$T_{TR} = \frac{550HP_{MR}}{l_{TR}\Omega_{MR}} \tag{16.22}$$

앞에서 꼬리 로터의 고형비(σ_{TR}), 반경(R_{TR})은 형상파라미터 계산에서 획득한 값이다. 꼬리 로터 익단속도 $V_{tip,TR}$는 프로그램 입력파라미터이고, 꼬리 로터 전진비 μ_{TR}은 식 (16.23)과 같이 계산한다.

$$\mu_{TR} = \frac{V\cos\alpha_{TR}}{V_{tip,\,TR}} \tag{16.23}$$

여기서 α_{TR}은 꼬리 로터면 기울기값으로 프로그램 입력값으로 주어진다.

식 (16.22)에서 주로터와 꼬리 로터의 거리(l_{TR})은 형상 파라미터 계산시 식 (16.5)에서 계산한 값이고, 주로터 회전속도(Ω_{MR})는 $V_{tip,MR}/R_{MR}$ 로 획득할 수 있다.

식 (16.22)로 꼬리 로터 추력(T_{TR})을 계산하기 위해서 주로터 마력(HP_{MR})이 필요하므로 반복계산을 수행하여야 한다. 초기에 주로터 기울임각과 주로터, 꼬리 로터 H-force $\alpha = H = H_{TR} = 0$로 설정하여 계산하고 이후 수렴할 때까지 식 (16.11) ~ (16.23)을 반복한다.

형상마력 (HP_o, profile horse power)은 전진비행시 주로터의 형상항력(profile drag)에 의해 발생하며 식 (16.24)와 같이 계산할 수 있다.

$$HP_o = \frac{\sigma_{MR} c_{d,\,MR} \rho A_{MR} V_{tip}^3 (1+\mu^2)}{4400} \tag{16.24}$$

형상항력에도 평균항력계수가 필요한데 앞의 식 (16.20)을 이용하여 계산할 수 있다.

유도마력 (HP_i, induced horse power)은 주로터 익단와류에 의해 생성된 유도속도효과로 발생하는 마력이다. 식 (16.25)와 같이 유도유입류와 주로터 추력의 곱으로 나타난다.

$$HP_i = \frac{\eta T V K_u}{550(V/u_h)} \tag{16.25}$$

전진비행시 주로터의 유도마력은 운동량이론을 토대로 계산한다. 운동량이론에서는 이상적인 조건으로 균일 유도속도(uniform induced velocity)분포를 가정한다. 보다 정확한 헬리콥터 유도마력 계산을 위해 부록 7의 그림 7.3과 같이 나타나는 블레이드 스팬방향으로 나타나는 유도속도의 변화를 경험적 펙터인 비균일 유도속도계수 η를 곱하여 계산하는데 적용하였다. 비균일 유도속도계수는 제자리비행에서 또한 프로그램의 입력값으로 반드시 제공되어야 한다.

η는 식 (16.26)과 같이 나타난다.

$$\eta = \eta_H + K_u (V/u_H)(1.038 - \eta_H) \tag{16.26}$$

여기서 제자리 비행시 비균일 유도속도계수인 η_H는 부록 7의 그림 7.3을 참조하여 프로그램의 입력값으로 처리한다. 주로터 tip loss factor에 의한 계수값 u_H와 전진비행속도에 따른 보정계수 K_u는 아래와 같이 계산한다.

$$u_H = \frac{1}{B}\sqrt{\frac{T}{2\rho A}} \tag{16.27}$$

$$K_u = \sqrt{-\frac{1}{2}\left(\frac{V}{u_H}\right)^2 + \frac{1}{2}\sqrt{\left(\frac{V}{u_H}\right)^4 + 4}} \tag{16.28}$$

HP_{cmp}는 로터 전진면의 압축성효과로 인해 요구되는 마력을 나타낸다.

$$HP_{cmp} = \frac{\rho A v_T^3}{550}(\Delta C_P)_{cmp} \tag{16.29}$$

주로터의 전진면에서 나타나는 압축성효과로 인한 동력증가치는 경험적으로 유도된 관계식을 활용하여 고려하였다. 그 관계식은 UH-1H 헬리콥터의 전진비행 실험데이터에서 유도되었다. 익형의 임계마하수와 전진면에서 로터속도의 차이를 아래와 같이 세 가지 영역으로 나누어 고려한다.

$$\begin{aligned}
&\Delta M = M_{AT} - M_C \\
&(\Delta C_P)_{cmp} = 0.009105(\Delta M)^{3.651} \quad \text{for}\,(\Delta M) \le .19 \\
&(\Delta C_P)_{cmp} = 0.009338(\Delta M)^{3.686} \quad \text{for}\ .19 < (\Delta M) \le .24 \\
&(\Delta C_P)_{cmp} = 0.1153(\Delta M)^{5.445} \quad \text{for}\,(\Delta M) > .24
\end{aligned} \tag{16.30}$$

HP_S는 로터 후퇴면에서 실속현상으로 인해 증가하는 마력을 의미한다.

$$HP_s = (HP_o/4)((\alpha_{tip})_{270^\circ} - \alpha_s) \tag{16.31}$$

주로터의 후퇴면에서 발생하는 실속으로 인한 동력증가치는 블레이드의 익단에서 익형의 정적실속각을 초과하는 받음각에 비례하는 것으로 가정하였다. 주로터의 양력이 블레이드 각도 증가에 따라 선형적으로 증가한다고 가정하였기 때문에, 블레이드 실속과 실속에 접근하면서 나타나는 양력감소 및 모멘트 변화와 같은 부분의 성능감소는 고려되지 않는다. 대신 깃하중계수 C_T/σ가 0.2 이상이면 경고 메시지가 나타나도록 하였다.

주로터 후퇴면에서 발생하는 실속에 의해 증가하는 동력을 계산을 위해서는 블레이드 플레핑 운동에 대한 2차와 고차의 조화함수가 필요하지만 본 프로그램에서는 무시하였다. 그리고 블레이드 스팬에 따른 로터 유입속도와 블레이드 질량은 균일한 것으로 간주하였다. 만약 블레이드 비틀림을 고려한다면 스팬방향으로 선형적으로 변화한다고 가정하였다.

② 꼬리 로터 마력

꼬리 로터 요구동력은 2가지 부분(profile, induced)으로 나누어 각각 도출하여 합산한다. 계산시 이용하는 변수가 꼬리 로터의 것이라는 점 외에 주로터의 유도마력, 형상마력 계산과 동일하다.

$$HP_{TR} = (HP_o)_{TR} + (HP_i)_{TR} \tag{16.32}$$

$(HP_o)_{TR}$는 꼬리 로터의 형상마력을 의미하고, 수식은 아래와 같이 표현된다.

$$(HP_o)_{TR} = \frac{\sigma_{TR} c_{d,\,TR} \rho A_{TR} V_{tip,\,TR}^3 (1 + \mu_{TR}^2)}{4400} \tag{16.33}$$

여기서 사용되는 파라미터 σ_{TR}, $c_{d,\,TR}$ 등은 주로터 마력에 사용된 것과 같은 식을 사용한다.

$(HP_i)_{TR}$은 꼬리 로터 유도마력을 나타내며, 수식은 아래와 같다.

$$(HP_i)_{TR} = \frac{\eta_{TR} T_{TR} V K_{u,\,TR}}{550(V/u_{H,\,TR})} \tag{16.34}$$

식 (16.34)는 주로터 유도마력 계산식 (16.25)와 동일하며 식에 사용되는 계수도 아래와 같이 주로터 계산식과 동일하다.

$$\eta_{TR} = \eta_{H,\,TR} + K_{u,\,TR}(V/u_{H,\,TR})(1.038 - \eta_{H,\,TR}) \tag{16.35}$$

$$u_{H,\,TR} = \frac{1}{B_{TR}} \sqrt{\frac{T_{TR}}{2\rho A_{TR}}} \tag{16.36}$$

$$K_{u,\,TR} = \sqrt{-\frac{1}{2}\left(\frac{V}{u_{H,\,TR}}\right)^2 + \frac{1}{2}\sqrt{\left(\frac{V}{u_{H,\,TR}}\right)^4 + 4}} \tag{16.37}$$

③ 트렌스미션(transmission) 마력

트렌스미션에서 주로터와 꼬리 로터로 동력을 전달할 트렌스미션에서 전달시 발생하는

loss를 계수(τ_{XMSN})로 처리하여 트렌스미션 계산한다. 엔진동력의 소산과 손실 (유입 입자 분리기, 항공기 환경제어 시스템 등에 의한)은 엔진의 전체 동력의 일정한 양의 백분율로 고려하였다. 경험적으로 5%정도의 손실을 고려한다.

$$HP_{XMSN} = \tau_{XMSN}(HP_{MR} + HP_{TR}) \tag{16.38}$$

각 부분의 마력을 합산하여 전진비행시 헬리콥터에 필요한 마력을 계산한다. 여기서 기술한 해석방법의 검증결과는 부록 8.1에 수록하였다.

(2) 제자리비행

전진비행과 같이 제자리 비행시 주로터, 테일로터, 트렌스미션의 요구동력을 합하여 계산한다.

$$SHP_R = HP_{MR} + HP_{TR} + HP_{XMSN} \tag{16.39}$$

① 주로터 마력

제자리 비행시에는 H-force와 동체에서 발생하는 유해항력이 없고, 일반적인 제자리비행 조건에서 실속, 압축성효과가 거의 없기 때문에, 식 (16.40)과 같이 형상마력과 유도마력만 고려한다.

$$HP_{MR} = \frac{\rho A V_{tip,MR}^3}{550}(C_{P_o} + C_{P_i}) \tag{16.40}$$

여기서 C_{P_o}는 주로터 형상마력계수, C_{P_i}는 주로터 유도마력계수 이고 각각 식 (16.41)과 (16.42)로 나타낼 수 있다.

$$C_{P_o} = \frac{\sigma_{MR} c_{d,MR}}{8} \tag{16.41}$$

$$C_{P_i} = \frac{\eta_H (C_T)^{3/2}}{B\sqrt{2}} \tag{16.42}$$

식 (16.41)에서 $c_{d,MR}$은 전진비행시 마력 계산과 같이 평균항력계수를 의미하며 식 (16.20)으로 계산한다. 제자리 비행시는 전진속도가 0이므로, 평균양력계수는 전진비행에서 사용된 식 (16.18)에서 $\mu = 0$을 대입하여 식 (16.43)으로 나타난다.

$$\bar{c}_{l,MR} = \frac{6C_T}{\sigma_{MR}(B_{MR}^3 - X_{MR}^3)} \tag{16.43}$$

식 (16.42)에서 비균일 유입류 인자 η_H는 전진비행과 동일한 방법으로 부록 7의 그림 7.3을 참조하여 입력한다. C_T는 추력계수인데 제자리 비행시는 식 (16.44)와 같이 동체의 수직항력을 고려하여 계산한다.

$$C_T = \frac{(1 + D_V/W_G)W_G}{\rho A_{MR} V_{tip,MR}^2} \tag{16.44}$$

기체총중량대 동체수직항력비 D_V/W_G는 프로그램 입력값이고, 설계시 기체총중량의 변화에 따라 동체수직항력도 비례해서 변하도록 D_V/W_G을 파라미터로 활용한다.

로터의 내리흐름에 위치한 동체의 수직항력은 기체 총중량의 일정한 백분율로 정의한다.

② 꼬리 로터 마력

꼬리 로터 마력도 주로터 마력과 동일하게 식 (16.45)와 같이 형상마력과 유도 마력의 합으로 나타낸다. $(C_{P_o})_{TR}$, $(C_{P_i})_{TR}$의 계산식은 주로터의 C_{P_o}와 C_{P_i}계산 방법과 동일하다.

$$HP_{TR} = \frac{\rho A_{TR} V_{tip,TR}^3}{550}((C_{P_o})_{TR} + (C_{P_i})_{TR}) \tag{16.45}$$

③ 트렌스미션 마력

트렌스미션에서 손실되는 마력을 고려하는데 전진비행시 계산방법과 동일하다.

$$HP_{XMSN} = \tau_{XMSN}(HP_{MR} + HP_{TR}) \tag{16.46}$$

각 부분의 마력을 합산하여 제자리 비행시 헬리콥터에 필요한 마력을 계산한다. 여기서 기술한 해석방법의 검증결과는 부록 8.2에 수록하였다.

(3) 상승비행

제자리 비행상태에서 상승률(VROC= V_{vc})을 가지고 헬리콥터가 상승비행할 때 요구되는 마력을 식 (16.47)과 같이 계산한다.

$$(HP_{MR})_{VC} = \frac{\rho A_{MR} V_{tip,MR}^3}{550}(C_{P_i} + C_{P_o} + C_{P_{vc}}) \tag{16.47}$$

유도마력계수와 형상마력계수(C_{P_i}, C_{P_o})는 제자리비행 계산시와 동일하고, 상승비행에 따른 추가동력 $C_{P_{vc}}$를 아래와 같이 계산하여 더하였다.

$$C_{P_{VC}} = \frac{u_H T[(V_{vc}/u_H) + \eta_H (K_{vc} - 1)]}{\rho A V_{tip,MR}^3} \tag{16.48}$$

식 (16.48)에서 비균일 유입류 인자 η_H는 제자리 비행과 동일하고, 상승비행속도에 따른 효과를 보정하기 위해 u_H와 K_{vc}를 식 (16.49)와 식 (16.50)을 적용하였다.

$$u_H = \frac{1}{B_{MR}}\sqrt{\frac{T}{2\rho A_{MR}}} \tag{16.49}$$

$$K_{VC} = \sqrt{\left(1/2\frac{V_{vc}}{u_H}\right)^2 + 1} - 1/2\frac{V_{vc}}{u_H} \tag{16.50}$$

(4) 헬리콥터 형상에 따른 마력계산

① 동축반전로터

유도마력계산시 위아래에 배치된 로터의 공력간섭효과를 식 (16.51)과 같이 계산한다.

$$P_i = \frac{\kappa_{int}\kappa(2T)^{1.5}}{\sqrt{(2\rho A)}}(\kappa = 1.15,\ \kappa_{int} = 1.16) \tag{16.51}$$

그리고 동축형태의 허브 항력과 무게 증가를 아래와 같이 고려한다.

- 기체전체의 등가평판면적 20%증가
- 트렌스미션 무게 50% 증가
- 동체무게 20%감소 (No Tail Rotor)

부록 8.3에 식 (16.51)를 적용한 동축반전로터 성능해석 검증결과를 수록하였다.

② 텐덤로터

유도마력계산시 전후로 인접한 로터의 공력간섭에 의한 효과를 식 (16.52)와 같이 계산한다.

$$P_i = \frac{\kappa(T_F)^{1.5}}{\sqrt{(2\rho A)}} + \frac{\kappa_{ov}\kappa(T_R)^{1.5}}{\sqrt{(2\rho A)}} \quad (\kappa = 1.15,\ \kappa_{ov} = 1.16) \tag{16.52}$$

텐덤로터 형태에서 추가로터 부분으로 인한 항력과 무게 증가를 아래와 같이 고려하였다.

- 기체전체의 등가평판면적 20%증가
- 트렌스미션 무게 100% 증가

부록 8.4에 식 (16.52)를 적용한 텐덤로터 성능해석 검증결과를 수록하였다.

③ Side-by-Side **로터**

Side-by-Side로터는 풍향에 대해 로터가 동체 좌우에 나란히 배치되므로 상호공력간섭이 거의 없다고 가정할 수 있다. 그러므로 고형비가 2배인 단일로터로 간주하여 계산한다. 설계시에는 단일로터에 비해 로터추가 부분으로 인한 무게증가를 고려하고 (트렌스미션 무게 50% 증가), 꼬리 로터가 없으므로 동체무게를 20% 감소시킨다.

4. 최대 엔진동력 계산

임무형상으로 주어진 비행조건 중에서 최대엔진마력을 계산하여 필요한 엔진의 크기를 계산한다.

$$HP_{MAX} = \frac{[SHP_R + (\Delta HP)_A](C_3)}{\left[1 - \frac{\xi}{100}\right](\%_{IPR})} \tag{16.53}$$

각 제자리비행, 전진비행, 상승비행에서 도출된 요구동력은 SHP_R이고, 사용자의 설계 고려에 따라 여유동력$(\Delta HP)_A$, 엔진운용 제한율$(\%_{IPR})$, 기타장비에서 사용하는 엔진파워 고려계수 ξ를 적용할 수 있다.

식 (16.53)에서 C_3는 엔진성능 조건, Intermediate Rated Power(30분간 최대출력), Maximum Continuous Power(시간 제한없이 최대출력)에 따라 아래와 같이 다른 엔진계수를 사용하여 계산한다.

• Intermediate Rated Power (IRP),

$$C_3 = \frac{HP_{SLS}}{HP_{Alt}} = \frac{\theta^{C_5}}{\delta^{C_4}} \tag{16.54}$$

• Maximum Continuous Power (MCP),

$$C_3 = \frac{HP_{SLS}}{HP_{Alt}} = \frac{\theta^{C_7}}{\delta^{C_6}} \tag{16.55}$$

식 (16.54)와 (16.55)에서 HP_{SLS}는 표준대기조건에서 계산한 마력이고 HP_{Alt}는 운용대기조건에서 마력이다. C_4, C_5, C_6, C_7는 엔진성능을 나타내는 계수이고 부록 7의 표 7.1을 참조하여 입력할 수 있다. 그리고 θ는 표준대기온도에 대한 운용 고도에서 대기온도의 비를 나타내고 δ는 표준대기압에 대한 운용고도에서 기압의 비를 나타낸다. 그러므로 엔진계수 C_3는 표준대기조건에서 산출된 마력을 운용대기조건으로 변환하는 계수를 의미한다.

RISPECT에서 다룰 수 있는 임무형상단위는 아래와 같이 10개가 있다. 각 임무형상단위 마다 운용고도, 운용시간, 비행속도를 입력한다. 임무형상 수행에 필요한 마력(SHP_R)을 계산하고 식 (16.53)으로 최대엔진마력을 도출한다.

1) Taxing : 지면에서 비행준비, 계류장에서 활주로로 이동
2) Takeoff hover : 제자리이륙
3) Outbound cruise : 목적지까지 순항비행
4) Loiter : 목적지 부근비행(예: 정찰, 항공촬영 등)
5) Hover : 목적지에서 제자리비행 (예: 산불진화, 인명구조 등)
6) Loiter : 목적지 부근비행
7) Inbound cruise : 목적지에서 귀환, 순항비행
8) Fuel reserve : 연료보존 (비상시 필요한 예비연료를 위한 미션)
9) Landing hover : 제자리착륙
10) Taxing : 활주로에서 계류장으로 이동

5. 연료소모량 계산

앞 절에서 계산한 각 임무단위의 요구마력을 활용하여 연료소모율을 계산한다.

$$\dot{W}_F = C_1 \delta \sqrt{\theta}\, HP_{MAX} + C_2 HP_{mission} \tag{16.56}$$

HP_{MAX}는 식 (16.53)으로 계산한 최대엔진마력이고 $HP_{mission}$은 임무단위의 요구마력이다. C_1과 C_2는 부록 7의 표 7.1에 기재된 엔진성능계수 이다. 각 임무단위별로 계산된 연료소모율을 임무단위별 수행시간으로 적분하여 헬리콥터의 연료중량(W_F)을 계산한다.

6. 연료소모량 계산

앞에서 계산한 주로터 크기, 꼬리 로터 크기, 최대엔진동력, 최대이륙중량을 활용하여 표16.1과 같이 부품별 중량을 계산하고 합산하면 기체무게를 획득할 수 있다.

| 표 16.1 | RISPECT의 중량추정식

Subsystem	중량추정식
주로터	$Y = 1.505\, b\, c\, R^{1.5}$
동체	$Y = 0.02665\, W_G^{0.943} R^{0.654}$
추진기관	$Y = 4.44 (HP_{MAX})^{0.86}\, W^{-0.098}$
트랜스미션	$Y = 196 (SHP/RPM)^{0.858}$
꼬리 로터	$Y = 0.428 \times 10^{-6} b^{0.728} c^{0.728} R^{3.184} (RPM)^{1.456}$
착륙장치	$Y = 0.038\, W_G$
비행조종	$Y = 0.5045\, W_G^{0.689} c^{0.659}$
유압·전기	$Y = 152.67 (HP_{MAX})^{0.846}\, W_G^{-0.399}$
계기	$Y = 0.000385\, W_G^{1.321}$
임무장비	$Y = 0.00161\, W_G^{1.298}$

7. 유상하중 계산

계산된 기체중량(공허중량, W_E)과 연료중량을 최대이륙중량에서 빼서 가용한 유상하중 $(W_P)_{AV}$을 산출한다.

$$(W_P)_{AV} = W_G - (W_E + W_F) \tag{16.57}$$

8. 총무게 수정

산출된 가용유상하중을 요구유상하중과 비교하여 값이 다를 경우 아래와 같이 Newton-

Rahpson법을 적용하여 최대이륙중량을 수정하여 재계산한다.

$$(W_G)_{i+1} = \frac{(W_P)_R}{(W_P)_{AV}}(W_G)_i \tag{16.58}$$

16.3.3 최적설계기법

1. RISPECT의 설계문제정의

헬리콥터 성능을 목적함수로 설정한 설계를 수행하기 위해 표 16.2의 설계변수, 제약조건, 목적함수를 다룰 수 있다.

- 설계변수 : 개발 개념설계 프로그램의 경우 주로터의 크기와 성능이 정해지면 이를 이용하여 꼬리 로터의 크기를 정하고 전체 헬리콥터의 크기를 예측, 그러므로 주로터의 주요 파라미터 4가지를 설계변수로 정의
- 제약조건 : 헬리콥터 설계시 제한을 부여할 수 있는 요소를 제약조건으로 정의
- 목적함수 : 헬리콥터의 주요 성능 파라미터 5가지를 목적함수로 선택할 수 있도록 프로그램 구성

| 표 16.2 | 설계문제정의

설계변수	제약조건	목적함수
주로터 익단속도	가용 연료중량	최대 속도
주로터 반경	유상하중	VROC
주로터 코드길이	C_T/σ	순항시간
주로터 비틀림각	전진면 익단 마하수	순항거리
	최대 엔진동력	HOGE ceiling altitude

목적함수에 따른 최적설계를 수행하기 위해 단일목적함수 제약최적설계기법을 선정하여 개발 개념설계 프로그램의 최적설계모듈로 추가한다. 설계영역 내에서 제약조건을 만족시키는 최적점을 강건하고 신속하게 탐색하는 널리 알려진 기법 중에 하나인 순차이차계획법(SQP : Sequencial Quadratic Programming)을 적용하였다.

2. SQP : Sequential Quadratic Programming

SQP기법은 비선형 제약조건 최적화 문제를 제한된 영역에서 이차부계획법으로 가정한

후 부계획법의 해에 따라 영역을 바꿔가며 순차적 반복을 통해 최적해를 도출한다.

비선형 제약최적화 문제를 아래와 같이 수식화한다.

$$\begin{aligned} &\text{목적함수} && : \min\ f(x) \\ &\text{부등호제약조건} && : b(x) > 0 \\ &\text{등호제약조건} && : c(x) = 0 \\ &\text{설계변수} && : x \end{aligned} \tag{16.59}$$

이 최적설계문제의 Lagrangian 함수는 아래와 같이 표현할 수 있다.

$$L(x,\ \lambda,\ \sigma) = f(x) - \lambda^T b(x) - \sigma^T c(x) \tag{16.60}$$

여기서 k번째 iteration에서의 설계변수를 x_k라고 하고, 탐색방향 d_k를 도입하여 아래와 같이 quadratic programming 부문제를 정의한다.

$$\begin{aligned} \min\ L(x_k, \lambda_k, \sigma_k) + \nabla L(x_k, \lambda_k, \sigma_k)^T d_k + \frac{1}{2} d^T \nabla_{xx}^2 L(x_k, \lambda_k, \sigma_k) d \\ b(x_k) + \nabla b(x_k)^T d > 0 \\ c(x_k) + \nabla c(x_k)^T d = 0 \end{aligned} \tag{16.61}$$

각 반복단계에서 quasi-Newton updating method를 사용하여 Lagrangian 함수의 Hessian 매트릭스를 근사적으로 도출한다. Hessian은 이차부프로그램을 생성하는데 쓰이고, 부프로그램의 해는 탐색방향을 결정한다.

해를 구할 때 Kunn-Tucker 방정식을 만족하게 되면 최적점으로 판단한다. 만족하지 못하면 최속강하법을 통해 이동거리를 결정하고 새로운 탐색점으로 이동한다.

이와 같은 기법으로 RISPECT는 설계목적함수에 적합한 헬리콥터 형상을 설계한다.

16.3.4 프로그램 사용 예제

1. 헬리콥터 크기추정 검증

- 참고문헌[71]의 예제 헬리콥터 크기추정
- 참고문헌[71]의 예제 헬리콥터의 데이터를 통해 아래 표와 같이 입력변수설정
- 임무형상이 정의되어 있지 않아서 140kts속도로 2시간 비행 입력

• 엔진출력 4,000 hp라고 기재되어 있어 이와 유사한 엔진(T64-GE-100)의 파라미터를 입력

예제 헬리콥터 설계를 위한 주요 입력변수

입력변수	값
MR disk loading	7.07
MR blade loading	0.0856
MR tip speed	650 fps
MR nonunifom inflow factor	1.131
Dv/Wg	0.04
Fuselage flat plate area	19.3 ft2
Engine parameter	T64-GE-100

기존 개념설계 프로그램의 크기추정 결과

		Prouty 예제 헬리콥터[71]	RISPECT	오차(%)
크기	MR radius	30 ft	30.39 ft	1.3
	MR chord	2 ft	2.28 ft	14
	TR Radius	6.5 ft	5.69 ft	12.5
	TR chord	1 ft	0.84 ft	16
	Distance (MR ↔TR)	35 ft	36.58 ft	4.5
중량	Empty weight	10000 lb	10457 lb	4.6
	Fuel weight	1485 lb	1548 lb	4.2
	Payload	8515 lb	8515 lb	0
	Gross weight	20000 lb	20520 lb	2.6

2. 기본헬기(MD500E) 설계

• MD500E의 데이터를 수집하여 표 16과 같이 입력변수를 설정하여 주어진 유상하중을 만족시키도록 초기설계 수행

MD500E 설계를 위한 주요 입력변수

입력변수	값
MR disk loading	5.47
MR blade loading	0.077
MR tip speed	680.5 fps
MR nonuniform inflow factor	1.17
Dv/Wg	0.0057
Fuselage flat plate area	6.5 ft2
Engine parameter	Allison 250-25B

MD500E에 대한 RISPECT 프로그램의 크기추정 결과

		MD500E	RISPECT	오차(%)
크기	MR radius	13.21 ft	13.26 ft	0.4
	MR chord	0.56 ft	0.62 ft	10.7
	TR Radius	2.25 ft	2.3 ft	2.2
	TR chord	0.4 ft	0.44 ft	10
	Distance (MR ↔TR)	15.9 ft	16.1 ft	1.3
중량	Empty weight	1481 lb	1497 lb	1.1
	Fuel weight	403 lb	410 lb	1.7
	Payload	1116 lb	1116 lb	0
	Gross weight	3000 lb	3022 lb	0.7

AIRCRAFT CONCEPTUAL DESIGN

부록

1. 단위환산표

속 도				
m/s	km/h	Knot	ft/s	mile/h
1	3.6	1.944	3.281	2.237
0.2778	1	0.5400	0.9113	0.6214
0.5144	1.852	1	1.688	1.151
0.3048	1.097	0.5925	1	0.6818
0.4470	1.609	0.8690	1.467	1

길 이				면 적			
cm	m	in	ft	cm^2	m^2	in^2	ft^2
1	0.01	0.3937	0.03281	1	0.0001	0.155	1.076×10^{-3}
100	1	39.37	3.281	1×10^4	1	1550	10.76
2.540	0.0254	1	0.08333	6.452	6.45×10^{-4}	1	6.944×10^{-3}
30.48	0.3048	12	1	929.0	0.09290	144	1

체 적				체 적			
cm^3	m^3	in^3	ft^3	m^3	gal(UK)	gal(US)	liter
1	1×10^{-6}	0.06102	3.531×10^{-5}	1	220.0	264.2	1000
1×10^6	1	61023	35.31	4.546×10^{-3}	1	1.201	4.546
16.39	1639×10^{-5}	1	5.787×10^{-4}	3.785×10^{-3}	0.8327	1	3.785
28320	0.02832	1728	1	1×10^{-3}	0.2200	0.2642	1
1 gal(US)=231 in^3, 1ft^3=7.48 gal(US)							

온 도			
화씨(°F) → 섭씨(℃)	℃ = (5/9) × (°F − 32)	섭씨(℃) → 화씨 (°F)	°F = (9/5) × ℃ + 32

질 량					밀 도			
kg	t	lb	ton	sh tn	g/m^3	kg/m^3	lb/in^3	lb/ft^3
1	1×10^{-3}	2.20462	9.842×10^{-4}	1.1023×10^{-3}	1	1000	0.03613	62.43
1000	1	2204.62	0.9842	1.1023	1×10^{-3}	1	3.613×10^{-5}	0.06243
0.45359	4.5359×10^{-4}	1	4.464×10^{-4}	5×10^{-4}	27.68	27680	1	1728
1016.05	1.01605	2240	1	1.12	0.01602	16.02	5.787×10^{-4}	1
907.185	0.907185	2000	0.89286	1				
t:톤, ton: 영국톤(long ton), sh tn :미국톤(short ton), $1g/cm^3$= $1t/m^3$								

힘				
N	dyn	kg_f	lb_f	poundal
1	1×10^{5}	0.101972	0.2248	7.233
1×10^{-5}	1	1.01972×10^{-6}	2.248×10^{-6}	7.233×10^{-5}
9.80665	9.80665×10^{5}	1	2.205	70.93
4.44822	4.44822×10^{5}	0.4536	1	32.17
0.138255	1.38255×10^{4}	0.01410	0.03108	1

압 력						
kg_f/cm^2	bar	Pa	atm	mH_2O	mHg	lb_f/in^2
1	0.980665	0.980665×10^{5}	0.9678	10.000	0.7356	14.22
1.0197	1	1×10^{5}	0.9869	10.197	0.7501	14.50
1.0197×10^{5}	1×10^{5}	1	0.9869×10^{-5}	1.0197×10^{-4}	7.501×10^{-6}	1.450×10^{-4}
1.0332	1.01325	1.01325×10^{5}	1	10.33	0.760	14.70
0.10000	0.09806	9.80665×10^{3}	0.09678	1	0.07355	1.422
1.3595	1.3332	1.3332×10^{5}	1.3158	13.60	1	19.34
0.07031	0.06895	6.895×10^{3}	0.06805	0.7031	0.05171	1
1 Pa = 1 N/m^2, 1 bar= 1×10^{5} Pa, $1lb_f/in^2$= 1 psi, 1 Pa = 7.5×10^{-3} torr						

2. 표준 대기표

(British units, fps)

Geo.altitude h, ft×10^3	Temperature T,°R	Pressure p, psf	Density ρ, sl/ft^3	Sound speed a, ft/s	Viscosity μ, sl/ft-s	Kinematic viscosity ν, ft^2/s
0	518.69	2116.2	0.23769×10^{-2}	1116.4	0.37373×10^{-6}	0.15723×10^{-3}
1	515.1	2041	0.2308	1112.6	0.3717	0.1611
2	511.6	1963	0.2241	1108.7	0.3697	0.1650
3	508.0	1897	0.2175	1104.9	0.3677	0.1691
4	504.4	1828	0.2111	1101.0	0.3657	0.1732
5	500.9	1761	0.2043	1097.1	0.3637	0.1776
6	497.3	1696	0.1987×10^{-2}	1093.2	0.3616×10^{-6}	0.1820×10^{-3}
7	493.7	1633	0.1927	1089.3	0.3596	0.1866
8	490.2	1572	0.1869	1085.3	0.3576	0.1914
9	486.6	1513	0.1811	1081.4	0.3555	0.1963
10	483.1	1456	0.1756	1077.4	0.3534	0.2013
11	479.5	1400	0.1701×10^{-2}	1073.4	0.3514×10^{-6}	0.2066×10^{-3}
12	475.9	1346	0.1648	1069.4	0.3493	0.2120
13	472.4	1294	0.1596	1065.4	0.3472	0.2175
14	468.8	1244	0.1546	1061.4	0.3451	0.2233
15	465.2	1195	0.1496	1057.4	0.3430	0.2293
16	461.7	1148	0.1448×10^{-2}	1053.3	0.3409×10^{-6}	0.2354×10^{-3}
17	458.1	1102	0.1401	1049.2	0.3388	0.2418
18	454.6	1058	0.1355	1045.1	0.3367	0.2484
19	451.0	1015	0.1311	1041.0	0.3346	0.2553
20	447.4	9733×10^{-1}	0.1267	1036.9	0.3325	0.2623

(British units, fps)

Geo.altitude h, ft $\times 10^3$	Temperature T,°R	Pressure p, psf	Density ρ, sl/ft^3	Sound speed a, ft/s	Viscosity μ, sl/ft-s	Kinematic viscosity ν, ft^2/s
21	443.9	9333×10^{-1}	0.1225×10^{-2}	1032.8	0.3303×10^{-6}	0.2697×10^{-3}
22	440.3	8946	0.1184	1028.6	0.3282	0.2772
23	436.8	8572	0.1144	1024.5	0.3260	0.2851
24	433.2	8212	0.1104	1020.3	0.3238	0.2932
25	429.6	7863	0.1066	1016.1	0.3217	0.3017
26	426.1	7527×10^{-1}	0.1029×10^{-2}	1011.9	0.3195×10^{-6}	0.3104×10^{-3}
27	422.5	7203	0.9931×10^{-3}	1007.7	0.3173	0.3195
28	419.0	6890	0.9580	1003.4	0.3151	0.3289
29	415.4	6588	0.9239	999.1	0.3129	0.3387
30	411.9	6297	0.8907	994.8	0.3107	0.3488
31	408.3	6016×10^{-1}	0.8584×10^{-3}	990.5	0.3085×10^{-6}	0.3594×10^{-3}
32	404.8	5746	0.8270	986.2	0.3063	0.3703
33	401.2	5485	0.7966	981.9	0.3040	0.3817
34	397.6	5235	0.7670	977.5	0.3018	0.3935
35	394.1	4993	0.7382	973.1	0.2995	0.4058
36	390.5	4761×10^{-1}	0.7103×10^{-3}	968.7	0.2973×10^{-6}	0.4185×10^{-3}
(a)	390.0	4727	0.7061	968.1	0.2969	0.4205
37	390.0	4539	0.6780	968.1	0.2969	0.4379
38	390.0	4326	0.6463	968.1	0.2969	0.4594
39	390.0	4124	0.6161	968.1	0.2969	0.4820
40	390.0	3931	0.5873	968.1	0.2969	0.5056

(British units, fps)

Geo.altitude	Temperature	Pressure	Density	Sound speed	Viscosity	Kinematic viscosity
h, ft $\times 10^3$	T,°R	p, psf	ρ, sl/ft^3	a, ft/s	μ, sl/ft-s	ν, ft^2/s
41	390.0	3743×10^{-1}	0.5598×10^{-3}	968.1	0.2969×10^{-6}	0.5304×10^{-3}
42	390.0	3572	0.5337	968.1	0.2969	0.5564
43	390.0	3405	0.5087	968.1	0.2969	0.5837
44	390.0	3246	0.4849	968.1	0.2969	0.6123
45	390.0	3095	0.4623	968.1	0.2969	0.6423
46	390.0	2950×10^{-1}	0.4407×10^{-3}	968.1	0.2969×10^{-6}	0.6738×10^{-3}
47	390.0	2812	0.4201	968.1	0.2969	0.7068
48	390.0	2681	0.4005	968.1	0.2969	0.7415
49	390.0	2556	0.3818	968.1	0.2969	0.7778
50	390.0	2436	0.3639	968.1	0.2969	0.8159
51	390.0	2214×10^{-1}	0.3307×10^{-3}	968.1	0.2969×10^{-6}	0.8978×10^{-3}
54	390.0	2012	0.3006	968.1	0.2969	0.9879
56	390.0	1829	0.2732	968.1	0.2969	0.1087×10^{-2}
58	390.0	1662	0.2482	968.1	0.2969	0.1196
60	390.0	1510	0.2256	968.1	0.2969	0.1316
62	390.0	1373×10^{-1}	0.2051×10^{-3}	968.1	0.2969×10^{-6}	0.1448×10^{-2}
64	390.0	1243	0.1864	968.1	0.2969	0.1593
66	390.0	1134	0.1694	968.1	0.2969	0.1753
68	390.0	1031	0.1540	968.1	0.2969	0.1929
70	390.0	9367×10^{-2}	0.1399	968.1	0.2969	0.2122

(British units, fps)

Geo.altitude	Temperature	Pressure	Density	Sound speed	Viscosity	Kinematic viscosity
h, ft $\times 10^3$	T,°R	p, psf	ρ, sl/ft^3	a, ft/s	μ, sl/ft-s	ν, ft^2/s
72	390.0	8514×10^{-2}	0.1272×10^{-3}	968.1	0.2969×10^{-6}	0.2335×10^{-2}
74	390.0	7739	0.1156	968.1	0.2969	0.2568
76	390.0	7035	0.1051	968.1	0.2969	0.2826
78	390.0	6394	0.9552×10^{-4}	968.1	0.2969	0.3108
80	390.0	5813	0.6683	968.1	0.2969	0.3420
(b)	390.0	5193×10^{-2}	0.7764×10^{-4}	968.1	0.2969×10^{-6}	0.3824×10^{-2}
85	394.3	4533	0.6771	973.4	0.2997	0.4426
90	402.5	3629	0.5253	983.5	0.3048	0.5803
95	410.6	2888	0.4094	993.4	0.3099	0.7565
100	418.8	2309	0.3211	1003.2	0.3150	0.9809
110	435.1	1495×10^{-2}	0.2001×10^{-4}	1022.5	0.3250×10^{-6}	0.1624×10^{-1}
120	451.4	9837×10^{-3}	0.1270	1041.5	0.3348	0.2637
130	467.6	6574	0.8190×10^{-5}	1060.1	0.3444	0.4206
140	483.9	4455	0.5364	1078.3	0.3539	0.6598
150	500.1	3060	0.3564	1096.3	0.3632	0.1019×10^{0}
(c)	508.8	2515×10^{-3}	0.2880×10^{-5}	1105.7	0.3682×10^{-6}	0.1278×10^{0}
160	508.8	2125	0.2433	1105.7	0.3682	0.1513
170	508.8	1479	0.1693	1105.7	0.3682	0.2175
(d)	508.8	1218	0.1395	1105.7	0.3682	0.2640
180	499.0	1027	0.1200	1095.0	0.3626	0.3023
190	473.0	7047×10^{-4}	0.8589×10^{-6}	1071.7	0.3505	0.4081
200	457.0	4754	0.6061	1047.9	0.3381	0.5580

(a) 36,152 ft (b) 82,346 ft (c) 155,348 ft (d) 175,344 ft
Data from "US Extension of the ICAO Standard Atmosphere", 1988.

(SI units, mks)

Altitude h, km	Temperature T, K	Pressure P, N/m^2	Density ρ, kg/m^3	Sound speed a, m/s	Viscosity μ, kg/m-s
0.0	288.16	101,325	1.225	340.3	1.79×10^{-5}
0.5	284.91	95,461	1.1673	338.4	1.77
1.0	281.66	89,876	1.1117	336.4	1.76
1.5	278.41	84,560	1.0581	334.5	1.74
2.0	275.16	79,501	1.0066	332.5	1.73
2.5	271.92	74,692	0.95696	330.6	1.71
3.0	268.67	70,121	0.90926	328.6	1.69×10^{-5}
3.5	265.42	65,780	0.86341	326.6	1.68
4.0	262.18	61,660	0.81935	324.6	1.66
4.5	258.93	57,752	0.77704	322.6	1.65
5.0	255.69	54,048	0.73643	320.5	1.63
5.5	252.44	50,539	0.69747	318.5	1.61×10^{-5}
6.0	249.2	47,217	0.66011	316.5	1.60
6.5	245.92	44,075	0.62431	314.4	1.58
7.0	242.71	41,105	0.59002	312.3	1.56
7.5	239.47	38,299	0.55719	310.2	1.54
8.0	236.23	35,651	0.52578	308.1	1.53
8.5	232.98	33,154	0.49575	306.0	1.51
9.0	229.74	30,800	0.46706	303.9	1.49
9.5	226.5	28,584	0.43966	301.7	1.48
10.0	223.26	26,500	0.41351	299.6	1.46

(SI units, mks)

Altitude h, km	Temperature T, K	Pressure P, N/m^2	Density ρ, kg/m^3	Sound speed a, m/s	Viscosity μ, kg/m-s
10.5	220.02	24,540	0.38857	297.4	1.44×10^{-5}
11.0	216.78	22,700	0.3648	295.2	1.42
11.5	216.66	20,985	0.33743	295.1	1.42
12.0	216.66	19,399	0.31194	295.1	1.42
12.5	216.66	17,934	0.28837	295.1	1.42
13.0	216.66	16,579	0.26659	295.1	1.42×10^{-5}
13.5	216.66	15,327	0.24646	295.1	1.42
14.0	216.66	14,170	0.22785	295.1	1.42
14.5	216.66	13,101	0.21065	295.1	1.42
15.0	216.66	12,112	0.19475	295.1	1.42
16.0	216.66	10,353	0.16647	295.1	1.42×10^{-5}
17.0	216.66	8,849.6	0.1423	295.1	1.42
18.0	216.66	7,565.2	0.12165	295.1	1.42
19.0	216.66	6,467.4	0.10399	295.1	1.42
20.0	216.66	5,529.3	0.08891	295.1	1.42
21.0	216.66	4,728.9	0.07572	295.1	1.42×10^{-5}
22.0	216.66	4,047.5	0.06451	295.1	1.42
23.0	216.66	3,466.9	0.05558	295.1	1.42
24.0	216.66	2,955.4	0.04752	295.1	1.42
25.0	216.66	2,527.3	0.04064	295.1	1.42
30.0	231.24	1,185.5	0.01786	295.1	1.42

3. Airfoil Data

NACA 0009 [Stations and ordinates given in percent of airfoil chord]

Upper surface		Lower surface	
Station	Ordinate	Station	Ordinate
0	0	0	0
1.25	1.42	1.25	−1.42
2.5	1.98	2.5	−1.98
5	2.67	5	−2.67
7.5	3.15	7.5	−3.15
10	3.31	10	−3.31
15	4.01	15	−4.01
20	4.3	20	−4.3
25	4.46	25	−4.46
30	4.5	30	−4.5
40	4.35	40	−4.35
50	3.97	50	−3.97
60	3.42	60	−3.42
70	2.75	70	−2.75
80	1.97	80	−1.97
90	1.09	90	−1.09
95	.60	95	−0.6
100	(.10)	100	−0.1
100	0	100	0

L.E. radius : 0.89

NACA 2415 [Stations and ordinates given in percent of airfoil chord]

Upper surface		Lower surface	
Station	Ordinate	Station	Ordinate
0	----	0	0
1.25	2.71	1.25	−2.06
2.5	3.71	2.5	−2.86
5	5.07	5	−3.84
7.5	6.06	7.5	−4.47
10	6.83	10	−4.9
15	7.97	15	−5.42
20	8.7	20	−5.66
25	9.17	25	−5.7
30	9.38	30	−5.62
40	9.25	40	−5.25
50	8.57	50	−4.67
60	7.5	60	−3.9
70	6.1	70	−3.05
80	4.41	80	−2.15
90	2.45	90	−1.17
95	1.31	95	−0.68
100	(.16)	100	(−.16)
100	----	100	0

L.E. radius : 2.48
Slope of radius through L.E : 0.10

NACA 4415 [Stations and ordinates given in percent of airfoil chord]

Upper surface		Lower surface	
Station	Ordinate	Station	Ordinate
0	----	0	0
1.25	3.07	1.25	−1.79
2.5	4.17	2.5	−2.48
5	5.74	5	−3.27
7.5	6.91	7.5	−3.71
10	7.84	10	−3.98
15	9.27	15	−4.18
20	10.25	20	−4.15
25	10.92	25	−3.98
30	11.25	30	−3.75
40	11.25	40	−3.25
50	10.53	50	−2.72
60	9.30	60	−2.14
70	7.63	70	−1.55
80	5.55	80	−1.03
90	3.08	90	−.57
95	1.67	95	−.36
100	(.16)	100	(−.16)
100	----	100	0

L.E. radius : 2.48
Slope of radius through L.E : 0.20

NACA 23015 [Stations and ordinates given in percent of airfoil chord]

Upper surface		Lower surface	
Station	Ordinate	Station	Ordinate
0	----	0	0
1.25	3.34	1.25	−1.54
2.5	4.44	2.5	−2.25
5	5.89	5	−3.04
7.5	6.90	7.5	−3.61
10	7.64	10	−4.09
15	8.52	15	−4.84
20	8.92	20	−5.41
25	9.08	25	−5.78
30	9.05	30	−5.96
40	8.59	40	−5.92
50	7.74	50	−5.50
60	6.61	60	−4.81
70	5.25	70	−3.91
80	3.73	80	−2.83
90	2.04	90	−1.59
95	1.12	95	−.90
100	(.16)	100	(−.16)
100	----	100	0

L.E. radius : 2.48
Slope of radius through L.E : 0.305

NACA 64-006 [Stations and ordinates given in percent of airfoil chord]

Upper surface		Lower surface	
Station	Ordinate	Station	Ordinate
0	0	0	0
.50	.494	.50	−.494
.75	.596	.75	−.596
1.25	.754	1.25	−.754
2.5	1.024	2.5	−1.024
5.0	1.405	5.0	−1.405
7.5	1.692	7.5	−1.692
10	1.928	10	−1.928
15	2.298	15	−2.298
20	2.572	20	−2.572
25	2.772	25	−2.772
30	2.907	30	−2.907
35	2.981	35	−2.981
40	2.995	40	−2.995
45	2.919	45	−2.919
50	2.775	50	−2.775
55	2.575	55	−2.575
60	2.331	60	−2.331
65	2.050	65	−2.050
70	1.740	70	−1.740
75	1.412	75	−1.412
80	1.072	80	−1.072
85	.737	85	− .737
90	.423	90	− .423
95	.157	95	− .157
100	0	100	0

L.E. radius : 0.2556

NACA 65(216)-415 **a**=0.5 [Stations and ordinates given in percent of airfoil chord]

Upper surface		Lower surface	
Station	Ordinate	Station	Ordinate
0	0	0	0
.244	1.236	.244	− .980
.469	1.498	.469	−1.110
.930	1.947	.930	−1.359
2.121	2.837	2.121	−1.801
4.564	4.175	4.564	−2.411
7.044	5.208	7.044	−2.832
9.540	6.073	9.540	−3.169
14.561	7.465	14.561	−3.673
19.608	8.518	19.608	−4.022
24.669	9.315	24.669	−4.267
29.742	9.900	29.742	−4.428
34.825	10.279	34.825	−4.507
30.915	10.467	30.915	−4.523
45.019	10.438	45.019	−4.446
50.153	10.131	50.153	−4.251
55.263	9.512	55.263	−3.940
60.305	8.645	60.305	−3.521
65.308	7.575	65.308	−2.995
70.281	6.373	70.281	−2.409
75.237	5.152	75.237	−1.848
80.180	3.890	80.180	−1.278
85.117	2.639	85.117	− .723
90.062	1.533	90.062	− .305
95.020	.606	95.020	− .030
100.000	0	100.000	0

L.E. radius : 1.498

Slope of radius through L.E : 0.233

NLF(1)-0215F Airfoil coordinate ($\delta_f = 0°$)

[c=60.960cm (24.000 in.)]

Upper surface		Lower surface	
X/C	Z/C	X/C	Z/C
.00240	.00917	.00000	−.00006
.00909	.01947	.00245	−.00704
.02004	.03027	.01099	−.01211
.03527	.04120	.02592	−.01656
.05469	.05201	.04653	−.02052
.07816	.06250	.07242	−.02399
.10546	.07247	.10324	−.02699
.13635	.08175	.13854	−.02954
.17050	.09019	.17788	−.03166
.20758	.09761	.22073	−.03334
.24720	.10389	.26654	−.03456
.28894	.10887	.31473	−.03531
.33237	.11240	.36468	−.03554
.37702	.11428	.41576	−.03519
.42253	.11427	.46731	−.03415
.46864	.11219	.51867	−.03225
.51524	.10784	.56920	−.02925
.56247	.10147	.61825	−.02441
.61010	.09373	.66662	−.01663
.65752	.08513	.71614	−.00705
.70408	.07603	.76645	.00167
.74914	.06673	.81565	.00804
.79206	.05746	.86198	.01155
.83222	.04844	.90359	.01198
.86902	.03983	.93862	.00990
.90193	.03175	.96588	.00655
.93044	.02428	.98504	.00323
.95409	.01737	.99630	.00086
.97285	.01082	1.00000	.00000
.98710	.00507		
.99658	.00126		
1.00000	.00000		

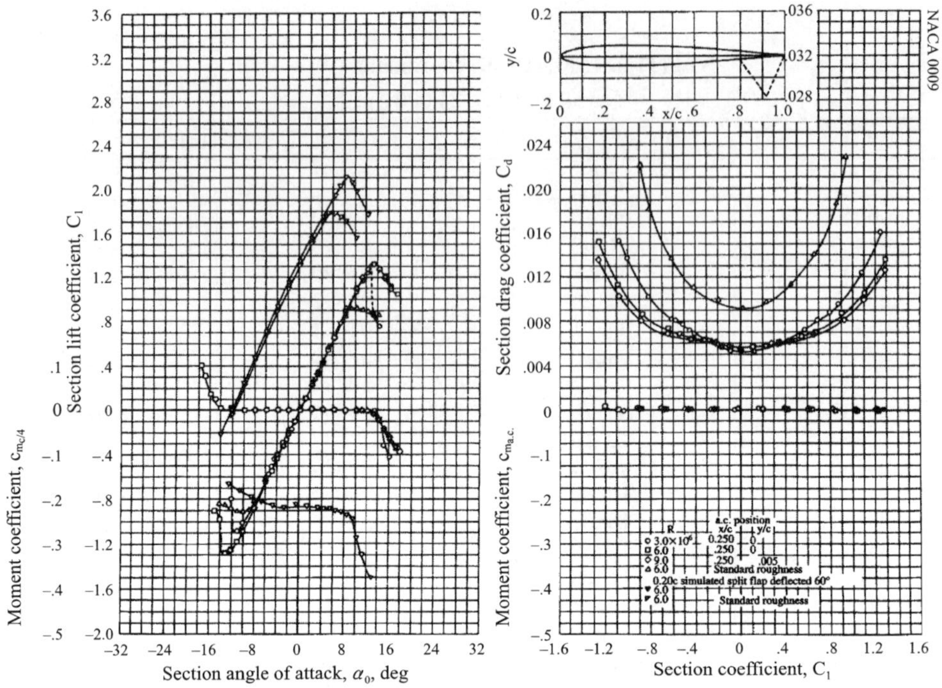

Aerodynamic characteristics of the NACA 0009 airfoil section, 24-inch chord.

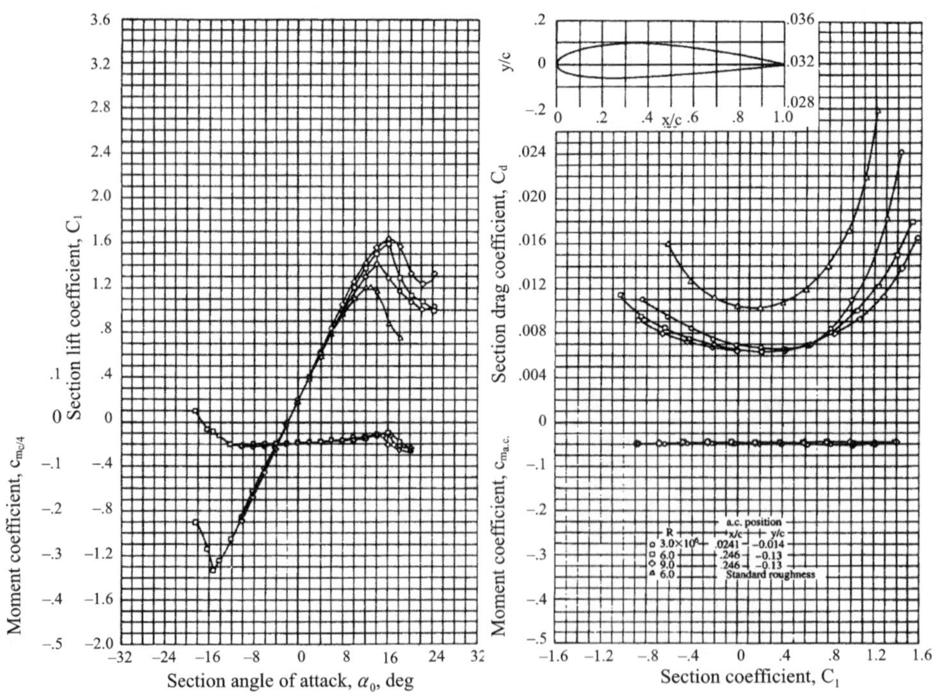

Aerodynamic characteristics of the NACA 2415 airfoil section, 24-inch chord.

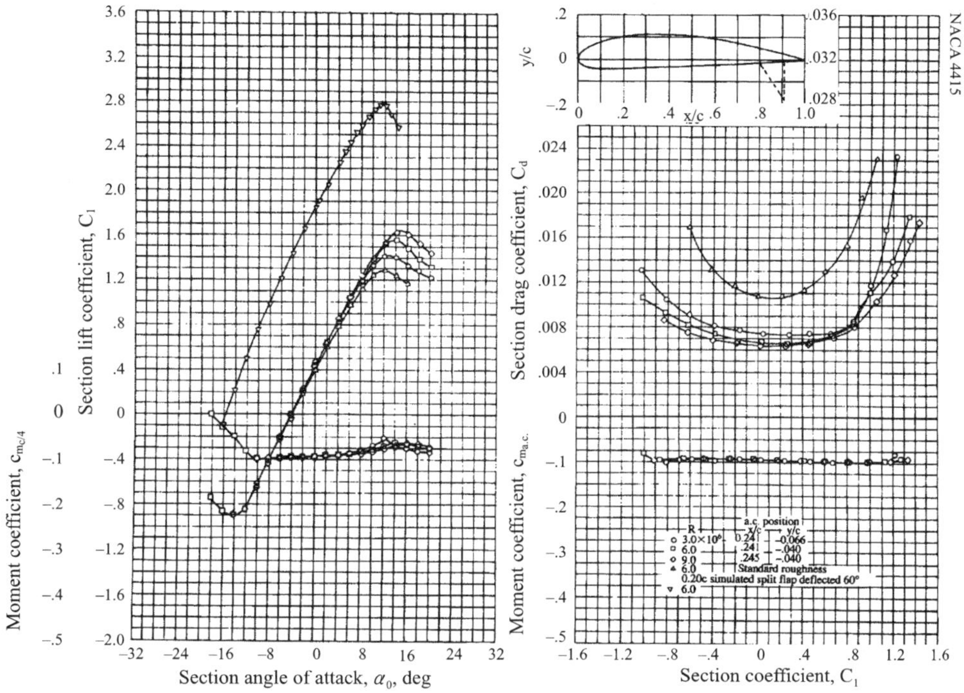

Aerodynamic characteristics of the NACA 4415 airfoil section, 24-inch chord.

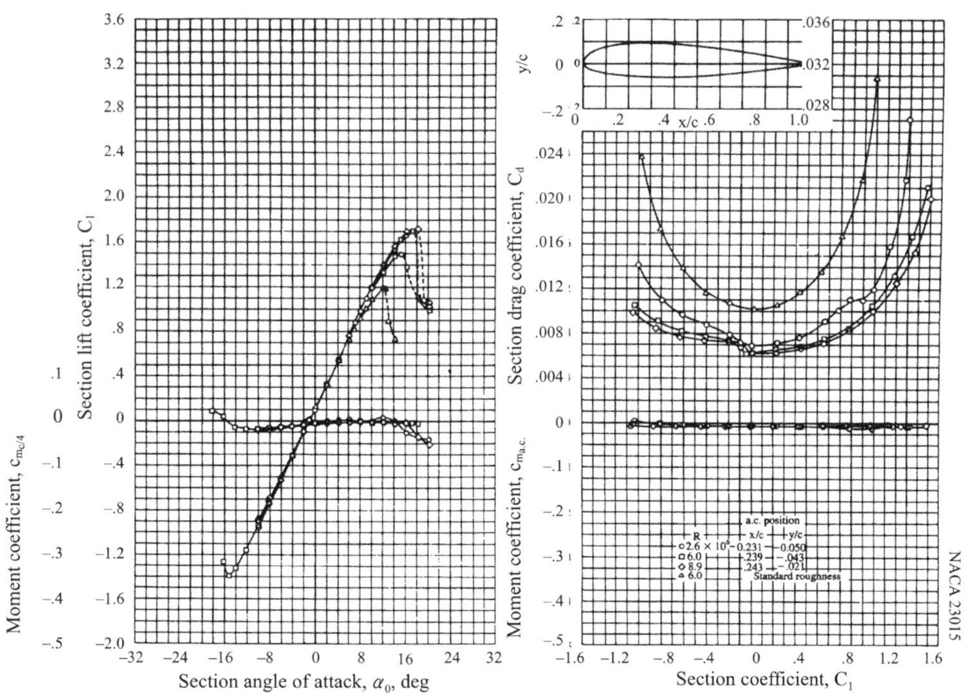

Aerodynamic characteristics of the NACA 23015 airfoil section, 24-inch chord.

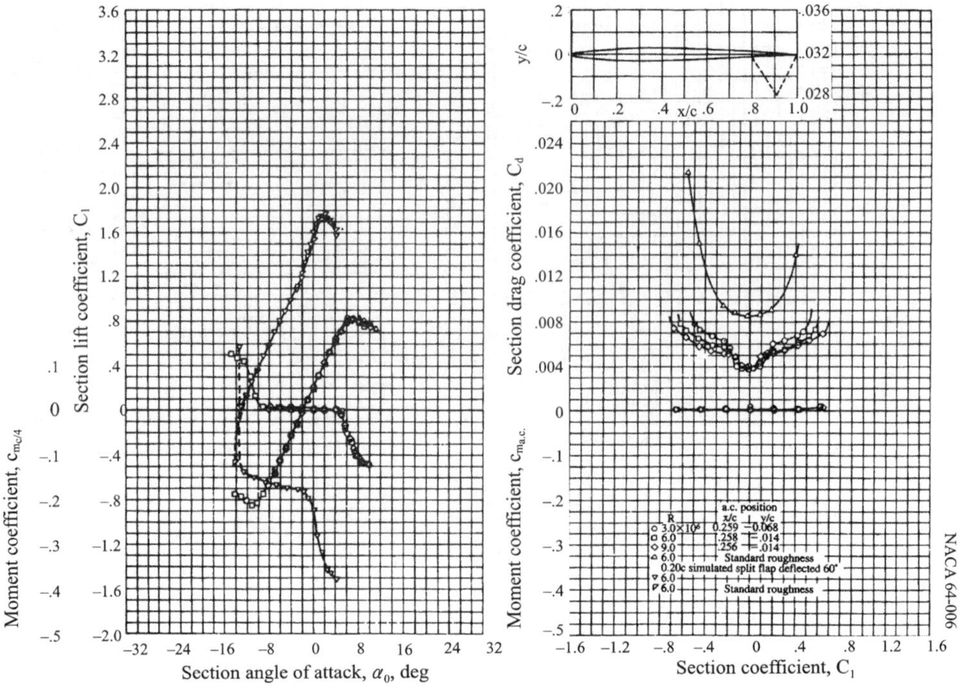

Aerodynamic characteristics of the NACA 64-006 airfoil section, 24-inch chord.

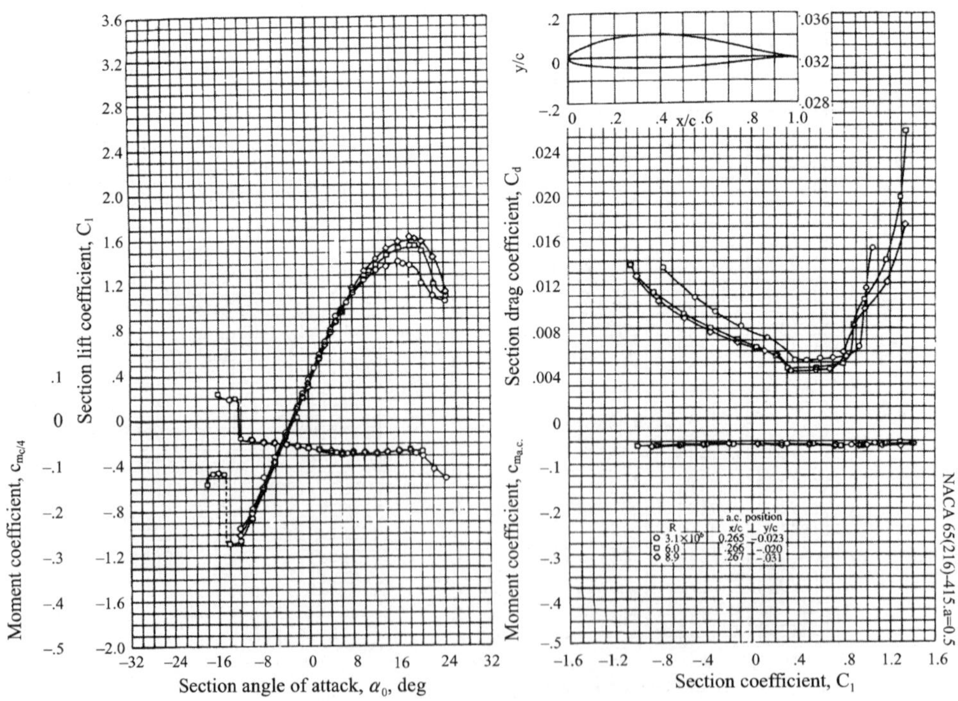

Aerodynamic characteristics of the NACA 65(216)-415.a=0.5 airfoil section, 24-inch chord.

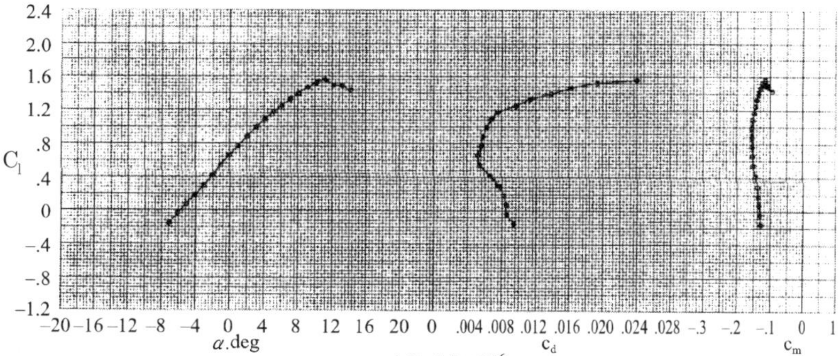

a) $R=3.0 \times 10^6$.

Section characteristics with $\delta_f=0°$ at M=0.10.

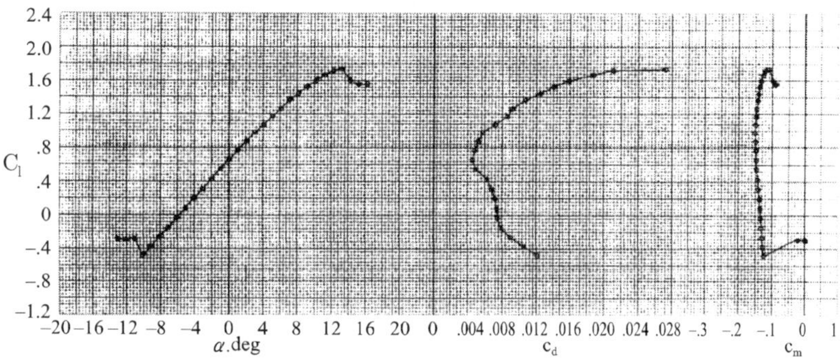

b) $R=6.0 \times 10^6$.

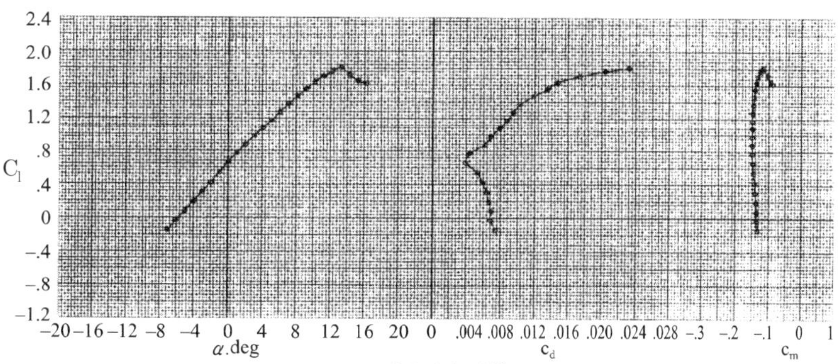

c) $R=9.0 \times 10^6$.

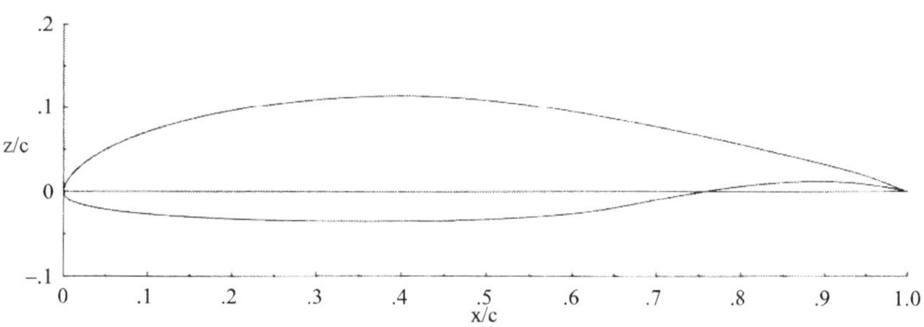

$\delta_f=0°$

.NLF(1)-0.215F airfoil shape.

4. 설계 요구조건

| Table 4.1 | Federal Aviation Regulation (FAR) – Applicability[a]

Category	Various[b]	Normal	Transport
A) Characteristics			
Maximum takeoff weight, lb	≤12,500	≤12,500	—
Number of engines	One or more	Two or more	Two or more
Type of engines	All	Propeller engine only	All
Minimum crew:			
Flight crew	One or more	Two	Two or more
Cabin attendants	None	< 20 Pass.: None ≥ 20 Pass. : One	< 10 Pass.: None ≥ 10 Pass. : One or more
Maximum number of occupants	10	11-23	Not restricted
Maximum operating altitude, ft	25,000	25,000	Not restricted
B) FAR Applicability			
Airworthiness standards airplanes	Part 23	Part 23	Part 25
Airworthiness standards engines	Part 33	Part 33	Part 33
Airworthiness standards propellers	Part 35	Part 35	Part 35
Noise standards	Part 36 : Prop-Driven, Appendix F		Part 36
General operation and flight rule	Part 91	Part 91	Part 91
Operation :			
Domestic, flag and supplemental comm. Operators of large aircraft	—	—	Part 121
Ari travel clubs using large aircraft	—	—	Part 123
Air taxi and comm. operators	—	Part 135	—
Agricultural aircraft	Part 137	—	—

[a]After E. Torenbeck (Ref. 68).
[b]Normal, utility, aerobatic, and agricultural.

| Table 4.2 | Takeoff specification[a]

Item	MIL-C5011A (Military)	FAR Part 23 (Civil)	FAR Part 25 (commercial)
Velocity	$V_{TO} \geq 1.1V_S$ $V_{CL} \geq 1.2V_S$	$V_{TO} \geq 1.1V_S$ $V_{CL} \geq 1.2V_S$	$V_{TO} \geq 1.1V_S$ $V_{CL} \geq 1.2V_S$
Climb	Gear up : 500fpm@S.L.(AEO)[b] 100fpm@S.L.(OEI)[c]	Gear up : 300fpm@S.L.(AEO)	Gear down : 1/2%@V_{TO} Gear up : 3%@V_{CL}(OEI)
Field-length definition	Takeoff distance over 50-ft obstacle	Takeoff distance over 50-ft obstacle	115% of takeoff distance with AEO over 35 ft or balanced field length
Rolling coefficient	μ=0.025	Not defined	Not defined

[a]After L. Nicolai (Ref. 45).
[b]AEO = all engines operating.
[c]OEI = one engine inoperative

| Table 4.3 | Landing specification[a]

Item	MIL-C5011A	FAR Part 23	FAR Part 25
Velocity	$V_A \geq 1.2V_S$ $V_{TD} \geq 1.1V_S$	$V_A \geq 1.3V_S$ $V_{TD} \geq 1.15V_S$	$V_A \geq 1.3V_S$ $V_{TD} \geq 1.15V_S$
Field-length definition	Landing distance over 50-ft obstacle	Landing distance over 50-ft obstacle	Landing distance over 50-ft obstacle divided by 0.6
Braking coefficient	μ=0.30	Not defined	Not defined

[a]After L. Nicolai (Ref. 45).

| Table 4.4 | Climb requirements for multi-engine aircraft

Turbine-Engine Aircraft : FAR 25

All segments with one engine stopped, except go-around in landing configuration, which has all engines operating. Engine power or thrust set at "maximum rated," except being "maximum continuous" for third-segments climb. Maximum thrust attained after 8s from flight idle for go around. AEO: all engines operating.

Operation	Speed	Flaps	Landing gear	Minimum climb gradient for aircraft with n engines, %		
				$n=2$	$n=3$	$n=4$
Takeoff climb						
First-segment	LOF[a]	Takeoff	Down	≥ 0	0.3	0.5
Second-segment	V_2[b]	Takeoff	Up	2.4	2.7	3.0
Third-segment	$\geq 1.25 b_s$[c]	Up	Up	1.2	1.4	1.5
Landing						
Go-around in approach configuration	$\leq 1.5 b_s$[c]	Approach	Up	2.1	2.4	2.7
Go-around in landing configuration	$\leq 1.5 b_s$[c] AEO	Landing	Down	3.2	3.2	3.2

[a]LOF = liftoff. [b]Climbout speed over 35-ft obstacle. [c]Stall speed in the pertinent condition

Reciprocating-Engine Aircraft: FAR 25

Power or thrust for operating engines set for takeoff on first and second segments and go-around and for "maximum continuous" during cruise and third segment. One engine windmilling propeller for first and second segments. If plane has automatic feathering, the propeller on an inoperative engine assumed to be feathered. One engine stopped (may be feathered) for third segment and go-around

Operation	Speed	Flap setting	Landing gear	Minimum steady-climb rate, ft/min
Takeoff climb				
First-segment	V_2[a]	Takeoff	Down	≥ 50
Second-segment	V_2[a]	Takeoff	Up	$\geq 0.046\, V_{S_1}^2$[b]
Third-segment	Best	Up[c]	Up	$\geq \left(0.079 - \frac{0.106}{n}\right) V_{S_0}^2$[f]
Landing go around (approach configuration)	$\leq 1.5\, V_{S_1}$[b]	Approach[d]	Up	$\geq 0.053\, V_{S_0}^2$[e]

[a] V_2 = climbout speed over 35-ft obstacle; out-of-around effect.
[b] V_{S1} = stall speed in a specified configuration for reciprocating-engine-powered airplanes, in knots. [c]Or most favorable. [d]But $V_{S_1}^2 \leq 1.1\, V_0$. [e] V_{S_0}= stall speed in landing configuration for reciprocating-engine-powered airplanes, in knots. [f]At 5000-ft altitude

| Table 4.4 | Climb requirements for multi-engine aircraft(continued)

Turbine or Reciprocating-Engine Aircraft: FAR 23

Multi-engine power at maximum continuous except for W < 6000 lb

Aircraft status	Speed	Flaps	Landing gear	Minimum steady-climb rate, ft/min
One engine out (prop feathered)[a]	Most favorable	Most favorable	Up	$\leq 0.27 V_{S_0}^2$ [c]
AEO,[b] W > 6000 lb	Most favorable	Takeoff	Up	≥ 300-ft/min climb gradient ≥ 0.0833 land plane ≥ 0.0667 seaplane
W < 6000 lb	Most favorable	Takeoff	Down	≥ 300-ft/min and $\geq 11.5 V_{S_1}$ [d]

[a]IF W < 6000 lb and $V_{S_0} < 61$ knots, there is no engine-out climb requirement

[b]AEO = all engines operating

[c] V_{S_0} = stall speed in landing configuration for reciprocating-engine-powered airplanes, in knots at 5000 ft.

[d] V_{S_1} = stall speed in a specified configuration for reciprocating-engine-powered airplanes, in knots.

5. 로터 공력성능해석(운동량이론)

5.1 제자리 비행 시 운동량 이론

5.1.1 유도속도 관계식

일반적인 유체의 질량, 운동량, 에너지 보존법칙은 다음과 같이 제자리 비행하는 헬리콥터에 적용된다. 그림 5.1에서 보듯이, 단면 0은 로터 위의 원방영역이고, 제자리 비행시 유체의 속도가 0인 영역이다. 로터 디스크의 면적은 A이고, 단면 1과 2는 로터 디스크의 윗면과 아랫면에 해당되며, 상대적으로 원방후류영역(완전 발달된 후류 영역)인 단면 ∞로 구분할 수 있다. 로터 면에서의 유도속도를 v_i라 정의하고, 속도가 증가하면서 원방후류영역에서의 속도는 w로 나타낸다.

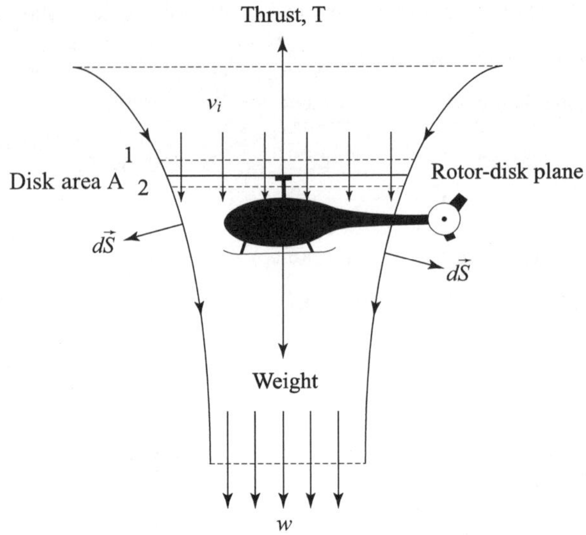

|그림 5.1| 제자리 비행시 운동량 이론의 유동조건

유체의 유동은 준정상상태이고 질량보존법칙을 만족한다는 가정으로부터, 질량유량($\dot{m}$)은 로터 후류의 경계 내부(control volume)에서는 동일하다. 그러므로 질량유량은 다음과 같이 표현된다.

$$\dot{m}=\iint_{\infty}\rho\overrightarrow{V}\cdot d\overrightarrow{S}=\iint_{2}\rho\overrightarrow{V}\cdot d\overrightarrow{S} \tag{5.1}$$

그리고 1차원 비압축성 유동이라 가정하면 식 (5.1)은 식 (5.2)와 같이 간소화된다.

$$\dot{m}=\rho A_{\infty}w=\rho A_2 v_i=\rho A v_i \tag{5.2}$$

Newton의 제 2법칙에 의해 유체 운동량 보존법칙은 로터추력(T)과 유체 운동량 변화율의 관계가 다음과 같이 성립된다.

$$-\overrightarrow{F}=T=\iint_{\infty}\rho(\overrightarrow{V}\cdot d\overrightarrow{S})\overrightarrow{V}-\iint_{0}\rho(\overrightarrow{V}\cdot d\overrightarrow{S})\overrightarrow{V} \tag{5.3}$$

제자리 비행시 로터 위 원방영역에서의 속도는 0이기 때문에, 식 (5.3)의 두 번째 항은 소거된다. 그러므로 제자리 비행시 로터추력은 다음과 같은 스칼라 식으로 표현된다.

$$T=\iint_{\infty}\rho(\overrightarrow{V}\cdot d\overrightarrow{S})\overrightarrow{V}=\dot{m}w \tag{5.4}$$

에너지 보존법칙으로부터 로터의 일량은 단위시간당 유체의 에너지 획득과 같다. 단위시간당 일량, 또는 로터에 의해 소모되는 동력은 Tv_i이고, 아래의 식으로 표현된다.

$$Tv_i = \iint_{\infty} \frac{1}{2}\rho(\overrightarrow{V} \cdot d\overrightarrow{S})\overrightarrow{V}^2 - \iint_{0} \frac{1}{2}\rho(\overrightarrow{V} \cdot d\overrightarrow{S})\overrightarrow{V}^2 \tag{5.5}$$

운동량 보존법칙과 같이, 제자리 비행에서는 두 번째 항은 소거되어 식 (5.6)으로 표현된다.

$$Tv_i = \iint_{\infty} \frac{1}{2}\rho(\overrightarrow{V} \cdot d\overrightarrow{S})\overrightarrow{V}^2 = \frac{1}{2}\dot{m}w^2 \tag{5.6}$$

식 (5.4)와 (5.6)으로부터 식 (5.7)과 같이 로터 디스크에서 유입류의 속도가 로터 아래의 원방후류영역에서 속도의 절반임을 유도할 수 있다.

$$v_i = \frac{1}{2}w \ \text{ 혹은 } \ w = 2v_i \tag{5.7}$$

5.1.2 로터 후류

로터 아래에서 유동의 속도가 증가하기 때문에, 연속방정식을 만족하기 위해서는 후류의 영역이 감소해야 한다. 유동의 질량 보존법칙에 의해 로터와 원방후류영역 사이의 관계는 식 (5.8)로 표현된다.

$$\rho A v_i = \rho A_{\infty} w = \rho A_{\infty}(2v_i) = 2\rho A_{\infty} v_i \tag{5.8}$$

식 (5.8)로부터 완전 발달된 후류영역의 단면적과 로터 디스크의 단면적 사이의 관계는 아래와 같이 식 (5.9)로 나타난다.

$$\frac{A_{\infty}}{A} = \frac{1}{2} \tag{5.9}$$

원방후류영역의 반경을 r_{∞}, 로터 디스크의 반경을 R이라고 하면

$$r_{\infty} = \frac{R}{\sqrt{2}} = 0.707R \tag{5.10}$$

로 표현된다. 여기서, 로터의 반경대비 후류의 반경 비율($1/\sqrt{2}$)은 후류 수축비율(wake contraction ratio)이라고 한다. 실제로, 실험에 의해 밝혀진 일반적인 로터의 후류 수축비율은 이론값보다 큰

0.78로 알려져 있다. 유동의 점성력과 비균일한 유입류 등에 의해 이론값과 실험값에 차이가 발생한다.

5.1.3 유도속도와 로터 동력

로터 디스크에서의 추력과 유도속도의 관계식은 운동량 이론에 의해 아래와 같이 변형된다.

$$T = \dot{m}w = \dot{m}(2v_i) = 2(\rho A v_i)v_i = 2\rho A v_i^2 \tag{5.11}$$

식 (5.11)을 풀면 로터 디스크에서의 유도속도는 다음과 같이 계산된다.

$$v_h \equiv v_i = \sqrt{\frac{T}{2\rho A}} = \sqrt{\left(\frac{T}{A}\right)\frac{1}{2\rho}} \tag{5.12}$$

여기서 T/A는 회전판하중(disk loading)이고, 헬리콥터 해석과 설계에 있어 중요한 파라미터이다. v_h는 제자리 비행시 유도속도를 의미한다.

식 (5.12)의 유도속도를 식 (5.7)에 대입하여 제자리 비행시 요구되는 동력을 식 (5.13)과 같이 계산한다.

$$P = Tv_i \equiv Tv_h = T\sqrt{\frac{T}{2\rho A}} = \frac{T^{3/2}}{\sqrt{2\rho A}} \tag{5.13}$$

5.1.4 로터면하중과 동력하중

헬리콥터 해석과 설계에서 흔히 사용되는 파라미터로는 로터면하중(disk loading, T/A, DL)이 있다. 제자리 비행시 단일 로터에 대한 로터추력(T)은 헬리콥터의 중량(W)과 같다. 회전판하중의 단위는 $lb\,f^{-2}$, $N\,m^{-2}$, $kg\,m^{-2}$이다.

동력하중(power loading, T/P, PL)의 단위는 $lb\,hp^{-1}$, $N\,kW^{-1}$, $kg\,kW^{-1}$이다. 제자리 비행시 요구되는 이상적인 유도동력은 $P = Tv_h$이다. 이상적인 동력하중은 디스크의 유도속도에 반비례한다는 것을 의미하며, 유도속도를 회전판하중과 동력하중의 관계식으로 나타내면 식 (5.14)와 같다.

$$v_h \equiv v_i = \sqrt{\frac{T}{2\rho A}} = \sqrt{\frac{DL}{2\rho}} = \frac{P}{T} = (PL)^{-1} \tag{5.14}$$

그림 5.2와 같이 회전판하중이 증가할수록 동력하중은 급격히 감소한다. 그러므로 낮은 회전판하중을 가진 수직이착륙 항공기는 상대적으로 단위 추력당 낮은 동력이 필요하고, 더 효율적인 경향이

있다. 그러나 실제 동력하중과 로터 효율은 점성에 의한 손실 효과를 고려해야 한다.

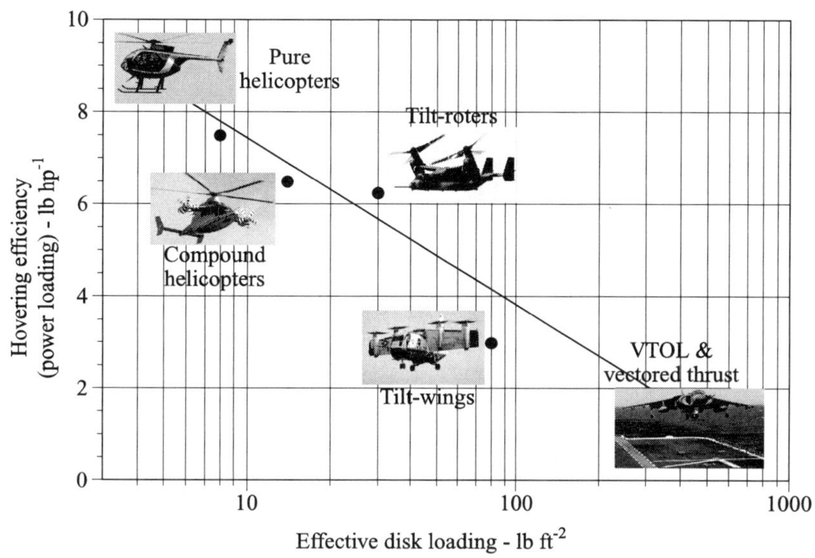

|그림 5.2| 수직이착륙 항공기의 회전판하중 대비 제자리 비행 성능

5.1.5 로터성능의 비이상적 효과(non-ideal effect)

제자리 비행시 운동량 이론에 의해 예측되는 유도동력에서 점성과 비균일유입류에 의한 손실효과를 고려하면 다음의 식으로 나타낼 수 있다.

$$C_{P_i} = \frac{\kappa C_T^{3/2}}{\sqrt{2}} \tag{5.15}$$

여기서 κ는 유도동력 보정계수 혹은 유도동력계수로서, 일반적으로 $\kappa = 1.15$의 값이 사용된다. 형상 동력은 블레이드에 작용하는 항력을 이용해 다음과 같이 구할 수 있다.

$$P_0 = \Omega N_b \int_0^R D y dy \tag{5.16}$$

여기서 N_b는 블레이드 개수, D는 블레이드의 y위치에서 작용하는 단위 스팬길이 당 항력이다. 항력은 보편적으로 다음과 같이 쓸 수 있다.

$$D = \frac{1}{2}\rho U^2 c C_d = \frac{1}{2}\rho (\Omega y)^2 c C_d \tag{5.17}$$

여기서 c는 블레이드 시위이다. 구간별 형상항력계수(C_d)가 레이놀즈수와 마하수에 관계없이 C_{d_0}로 일정하다고 가정하면 형상 동력은 다음과 같다.

$$P_0 = \frac{1}{8}\rho N_b \Omega^3 c C_{d_0} R^4 \tag{5.18}$$

위의 식 (5.18)을 $\rho A(\Omega R)^3$으로 나누면

$$C_{P_0} = \frac{1}{8}\left(\frac{N_b cR}{A}\right)C_{d_0} = \frac{1}{8}\left(\frac{N_b cR}{\pi R^2}\right)C_{d_0} = \frac{1}{8}\left(\frac{N_b c}{\pi R}\right)C_{d_0} = \frac{1}{8}\sigma C_{d_0} \tag{5.19}$$

여기서 고형비(σ, solidity)는 $N_b cR/A$ 또는 $N_b c/\pi R$ 이고, 로터 디스크 대비 블레이드의 면적 비율을 나타낸다. 일반적인 헬리콥터의 고형비는 0.05~0.12의 값을 가진다.

로터 요구동력은 운동량 이론에 의해 식 (5.20)과 같이 유도동력과 형상동력의 합으로 이루어진다.

$$C_P = C_{P_i} + C_{P_0} = \frac{\kappa C_T^{3/2}}{\sqrt{2}} + \frac{\sigma C_{d_0}}{8} \tag{5.20}$$

5.2 상승과 하강 비행 시 운동량 이론

5.2.1 상승 비행

제자리 비행하는 로터의 공기역학은 운동량 이론에 축방향의 속도를 더함으로써 축방향 비행에도 동일하게 확장될 수 있다. 수직 상승과 하강을 포함한 축방향 비행시, 축에 대한 대칭성이 유지되고 운동량 이론에서 이용된 가정들도 그대로 적용된다.

로터 위의 원방영역에서의 속도가 0인 제자리 비행과 달리, 상승 비행은 그림 5.3과 같이 로터 위의 원방영역에서의 속도가 V_c이다. 로터 면에서의 속도는 $V_c + v_i$이고, 원방후류영역에서의 속도는 $V_c + w$이다.

질량 보존법칙에 의해 질량 유량은 로터 후류의 경계 내부(control volume)에서는 동일하다. 그리고 1차원 비압축성 유동이라 가정하면 식 (5.21)과 같이 나타난다.

$$\dot{m} = \rho A_\infty (V_c + w) = \rho A (V_c + v_i) \tag{5.21}$$

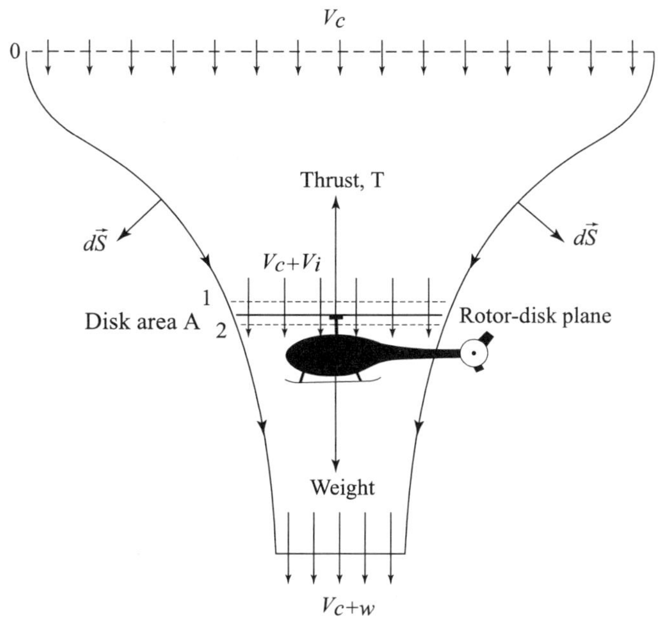

| 그림 5.3 | 상승 비행시 운동량 이론의 유동조건

운동량 보존법칙을 적용하면 다음과 같이 표현된다.

$$T = \iint_{\infty} \rho(\vec{V} \cdot d\vec{S})\vec{V} - \iint_{0} \rho(\vec{V} \cdot d\vec{S})\vec{V} \tag{5.22}$$

로터 위의 원방영역의 정상상승속도가 유한하기 때문에, 제자리 비행과 다르게 위 식의 두 항은 0이 아니다. 그러므로 상승 비행시 로터추력은 다음과 같은 스칼라 식으로 표현되지만 결과적으로 제자리 비행시 추력 식 (5.4)와 동일하다.

$$T = \dot{m}(V_c + w) - \dot{m}V_c = \dot{m}w \tag{5.23}$$

로터 상승에 의한 일량은 $T(V_c + v_i)$이기 때문에, 로터에 의해 소모되는 동력은 아래의 식으로 표현된다.

$$\begin{aligned} T(V_c + v_i) &= \iint_{\infty} \frac{1}{2}\rho(\vec{V} \cdot d\vec{S})\overrightarrow{V^2} - \iint_{0} \frac{1}{2}\rho(\vec{V} \cdot d\vec{S})\overrightarrow{V^2} \\ &= \frac{1}{2}\dot{m}(V_c + w)^2 - \frac{1}{2}\dot{m}V_c^2 = \frac{1}{2}\dot{m}w(2V_c + w) \end{aligned} \tag{5.24}$$

식 (5.23), (5.24)로부터, 제자리 비행과 같은 $w = 2v_i$라는 관계식이 나온다.

상승 비행시에는 식 (5.23)으로부터

$$T = \dot{m}w = \rho A(V_c + v_i)w = 2\rho A(V_c + v_i)v_i \tag{5.25}$$

$$\frac{T}{2\rho A} = v_h^2 = (V_c + v_i)v_i = V_c v_i + v_i^2 \tag{5.26}$$

식 (5.26)을 v_h^2으로 나누면 식 (5.27)이 된다.

$$\left(\frac{v_i}{v_h}\right)^2 + \frac{V_c}{v_h}\left(\frac{v_i}{v_h}\right) - 1 = 0 \tag{5.27}$$

이 된다.

v_i/v_h에 대한 2차 방정식을 풀면 아래와 같다.

$$\frac{v_i}{v_h} = -\left(\frac{V_c}{2v_h}\right) + \sqrt{\left(\frac{V_c}{2v_h}\right)^2 + 1} \tag{5.28}$$

2차 방정식의 해가 두 개이나, 유동의 가정을 만족하기 위해서 v_i/v_h는 항상 양의 값을 가진다.

5.2.2 하강비행

축방향 하강시에는 공기는 로터 디스크 위쪽을 향해 흐르게 되고, 로터 디스크를 지나면서 공기의 속도는 줄어들게 된다. 그리고 원반을 통과하여 위쪽 후류에서 공기의 속도는 더욱 줄어든다. 순 유도 흐름은 여전히 아랫방향이나, 추력은 위 방향이 된다.

하강 비행시 유동 조건은 그림 5.4와 같다.

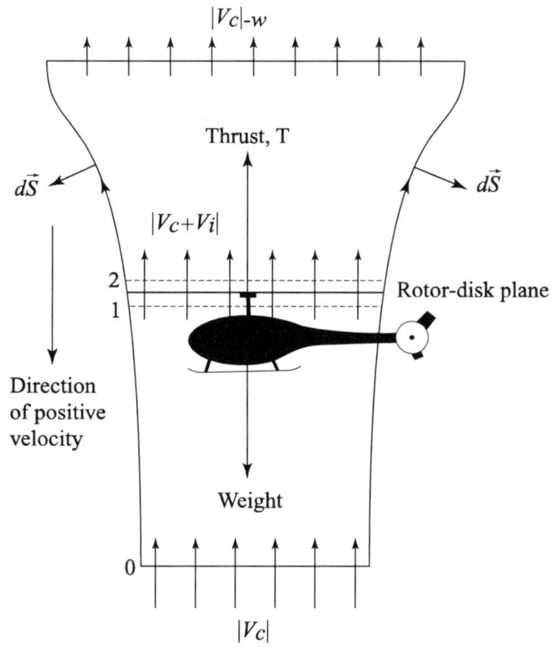

| 그림 5.4 | 하강 비행시 운동량 이론의 유동조건

로터 아래의 원방영역에서 $|V_c|$의 하강 속도를 갖는다. 로터 면에서의 속도는 $|V_c|-v_i$이고, 로터 위의 원방영역에서의 속도는 $|V_c|-w$이다.

질량 보존법칙에 의해 질량 유량은 다음과 같이 표현된다.

$$\dot{m}=\rho A_{\infty}(V_c+w)=\rho A(V_c+v_i) \tag{5.29}$$

운동량 보존법칙을 적용하면 다음과 같이 표현된다.

$$T=-\left[\iint_{\infty}\rho(\vec{V}\cdot d\vec{S})\vec{V}-\iint_{0}\rho(\vec{V}\cdot d\vec{S})\vec{V}\right] \tag{5.30}$$

상승 비행과 비교해 유동방향이 반대이기 때문에 추력은 음의 부호를 갖는다.

로터 아래의 원방영역의 정상 하강 속도가 유한하기 때문에, 위 식의 두 항은 0이 아니다. 그러므로 하강 비행시 로터추력은 다음과 같은 스칼라 식으로 표현된다.

$$T=(-\dot{m})(V_c+w)-(-\dot{m})V_c=-\dot{m}w \tag{5.31}$$

로터 하강에 의한 일량은 $T(V_c+v_i)$이기 때문에, 로터에 의해 소모되는 동력은 아래의 식으로 표현된다.

$$T(V_c+v_i)=\iint_0 \frac{1}{2}\rho(\overrightarrow{V}\cdot d\overrightarrow{S})\overrightarrow{V^2}-\iint_\infty \frac{1}{2}\rho(\overrightarrow{V}\cdot d\overrightarrow{S})\overrightarrow{V^2} \tag{5.32}$$
$$=\frac{1}{2}\dot{m}V_c^2-\frac{1}{2}\dot{m}(V_c+w)^2=-\frac{1}{2}\dot{m}w(2V_c+w)$$

일량이 음의 값을 가진다. 그러므로 로터는 공기흐름으로부터 동력을 얻고 있다. 이러한 상태를 windmill state라 한다. 식 (5.31), (5.32)로부터, 제자리 비행과 같은 $w=2v_i$라는 관계식이 나온다.

하강 비행시에는

$$T=-\dot{m}w=-\rho A(V_c+v_i)w=-2\rho A(V_c+v_i)v_i \tag{5.33}$$

$$\frac{T}{2\rho A}=v_h^2=-(V_c+v_i)v_i=-V_cv_i-v_i^2 \tag{5.34}$$

v_h^2으로 나누면 식 (5.35)가 된다.

$$\left(\frac{v_i}{v_h}\right)^2+\frac{V_c}{v_h}\left(\frac{v_i}{v_h}\right)+1=0 \tag{5.35}$$

v_i/v_h에 대한 2차 방정식을 풀면 아래와 같다.

$$\frac{v_i}{v_h}=-\left(\frac{V_c}{2v_h}\right)-\sqrt{\left(\frac{V_c}{2v_h}\right)^2+1} \tag{5.36}$$

5.3 전진 비행시 운동량이론

제자리 및 수직 비행에서 모두 로터를 통한 흐름과 깃에 가해지는 공기역학적 힘은 깃이 구동축을 중심으로 회전하는 경우 변하지 않는다. 그러나 헬리콥터가 전진 비행할 경우에는 로터가 진행 방향으로 따라 움직이게 되며 수직 비행 시 생기는 흐름과 깃 하중 변화의 축 대칭성이 없어지게 된다. 전진 속도는 동체를 고정시킨 좌표계에서 상대적으로 뒤 방향이고, 헬리콥터가 속도를 높일수록 동체의 영향은 파생 항력이라는 추가적인 저항력의 형태로 나타난다. 이는 주 로터에 의해 극복되어야 하며, 추가적인 고려가 필요하다. 비행체의 항력을 극복하기 위해서 조금 앞쪽으로 로터 디스크가 기울어져야 하고, 로터에 수직한 여분의 속도 성분을 겹쳐 놓게 된다.

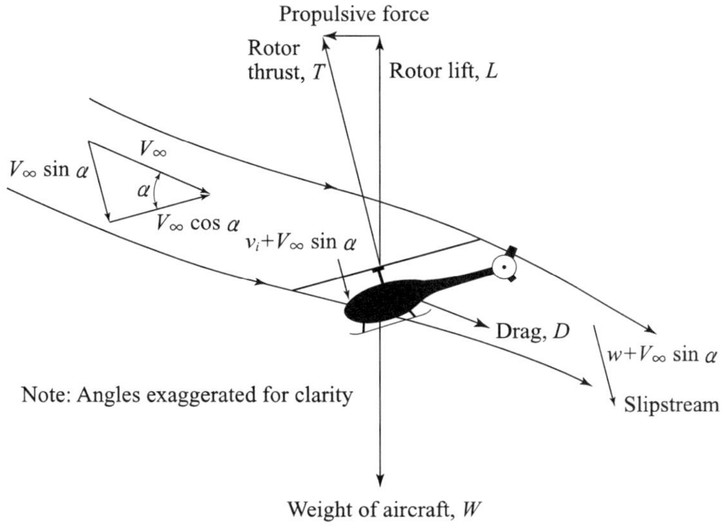

|그림 5.5| 전진 비행시 운동량 이론 유동조건

전진 비행시 운동량 이론의 유동조건은 그림 5.5와 같고, 로터 디스크를 통과하는 질량 유량($\dot{m}$)은 식 (5.37)로 표현된다.

$$\dot{m} = \rho A U \tag{5.37}$$

여기서 U는 로터 디스크에서의 합성 속도이다.

$$U = \sqrt{(V_\infty \cos\alpha)^2 + (V_\infty \sin\alpha + v_i)^2} = \sqrt{V_\infty^2 + 2V_\infty v_i \sin\alpha + v_i^2} \tag{5.38}$$

로터 디스크에 수직 방향의 운동량 보존법칙은 아래와 같다.

$$T = \dot{m}(w + V_\infty \sin\alpha) - \dot{m} V_\infty \sin\alpha = \dot{m} w \tag{5.39}$$

그리고 에너지 보존법칙에 적용하면 식 (5.40)과 같이 표현된다.

$$\begin{aligned} P &= T(v_i + V_\infty \sin\alpha) = \frac{1}{2}\dot{m}(V_\infty \sin\alpha + w)^2 - \frac{1}{2}\dot{m} V_\infty^2 \sin^2\alpha \\ &= \frac{1}{2}\dot{m}(2V_\infty w \sin\alpha + w^2) \end{aligned} \tag{5.40}$$

식 (5.39)와 (5.40)을 이용하면 $w = 2v_i$라는 관계식을 얻을 수 있으며, 이는 축방향 비행의 관계식과 동일함을 알 수 있다. $w = 2v_i$를 이용하여 추력을 식 (5.41)과 같이 다시 표현한다.

$$T = 2\dot{m}v_i = 2\rho A U v_i = 2\rho A v_i \sqrt{V_\infty^2 + 2V_\infty v_i \sin\alpha + v_i^2} \tag{5.41}$$

전진 비행시에는 $V_\infty \gg v_i$이기 때문에 식 (5.41)은 아래와 같이 간소화된다.

$$T = 2\rho A v_i V_\infty \tag{5.42}$$

5.3.1 전진 비행시 유도속도

전진 비행시 식 (5.41)에서 전진 비행시 유도속도를 아래와 같이 유도한다.

$$v_i = \frac{v_h^2}{\sqrt{(V_\infty \cos\alpha)^2 + (V_\infty \sin\alpha + v_i)^2}} \tag{5.43}$$

로터 면에 평행한 속도를 이용함으로써, 전진비(advance ratio) $\mu = V_\infty \cos\alpha / \Omega R$를 정의할 수 있다. 유입비는 $\lambda = (V_\infty \sin\alpha + v_i)/\Omega R$이다. 이 유입비는 다음과 같이 풀어 쓸 수 있다.

$$\lambda = \frac{V_\infty \sin\alpha}{\Omega R} + \frac{v_i}{\Omega R} = \mu \tan\alpha + \lambda_i \tag{5.44}$$

또한, 식 (5.44)는

$$\lambda_i = \frac{\lambda_h^2}{\sqrt{\mu^2 + \lambda^2}} \tag{5.45}$$

가 된다. 그러나 제자리 비행시 $\lambda_h = \sqrt{C_T/2}$를 이용하면

$$\lambda_i = \frac{C_T}{2\sqrt{\mu^2 + \lambda^2}} \tag{5.46}$$

최종적으로 로터디스크의 받음각(α)을 고려한 전진 비행시 유입비 λ는 다음과 같다.

$$\lambda = \mu \tan\alpha + \frac{C_T}{2\sqrt{\mu^2 + \lambda^2}} \tag{5.47}$$

식 (5.47)에 의해 주어진 유입비 방정식은 상승 혹은 하강 비행에도 적용가능한 일반적인 형태의 식이 필요하다. 일반적인 식으로 다시 쓰면 아래와 같다.

$$\lambda = \mu_x \tan\alpha + \frac{C_T}{2\sqrt{\mu_x^2 + \lambda^2}} + \mu_y \tag{5.48}$$

여기서 $\mu_x = V_\infty \cos\alpha / \Omega R$, $\mu_y = V_\infty \sin\alpha / \Omega R$이며 각각 로터 디스크에 평행한 성분과 수직인 성분으로 나뉜다.

5.3.2 전진 비행시 요구동력

전진 비행시 점성에 의한 손실이 없다고 가정하면 로터 동력은 다음과 같다.

$$P = T(V_\infty \sin\alpha + v_i) = TV_\infty \sin\alpha + Tv_i \tag{5.49}$$

우변 첫째 항은 로터 전진과 상승하기 위해 요구되는 동력이고, 둘째 항은 유도동력이다. 제자리 비행의 동력 대비 전진 비행의 동력은 다음과 같다.

$$\frac{P}{P_h} = \frac{P}{Tv_h} = \frac{T(V_\infty \sin\alpha + v_i)}{Tv_h} = \frac{V_\infty \sin\alpha + v_i}{v_h} = \frac{\lambda}{\lambda_h} \tag{5.50}$$

식 (5.50)을 디스크의 받음각까지 포함해서 아래와 같이 나타낸다.

$$\lambda = \mu \tan\alpha + \frac{C_T}{2\sqrt{\mu^2 + \lambda^2}} = \mu \tan\alpha + \frac{\lambda_h^2}{\sqrt{\mu^2 + \lambda^2}} \tag{5.51}$$

$$\frac{\lambda}{\lambda_h} = \frac{P}{P_h} = \frac{\mu}{\lambda_h} tan\alpha + \frac{\lambda_h}{\sqrt{\mu^2 + \lambda^2}} \tag{5.52}$$

식 (5.52)에서 우변의 첫째 항은 추력을 낼 수 있는 추가적인 동력이고, 둘째 항은 유도동력이다. 직선 수평 비행을 한다고 가정하면, 디스크의 받음각은 힘 평형 방정식으로부터 구할 수 있다. 수직 평형 방정식은 $T\cos\alpha = W$, 수평 평형 방정식은 $T\sin\alpha = D\cos\alpha \approx D$이다.

$$\tan\alpha = \frac{D}{W} = \frac{D}{L} \approx \frac{D}{T} \tag{5.53}$$

헬리콥터의 양항비로 표현된다. 그러므로 직선 수평 비행시 동력 방정식은 다음과 같이 표현된다.

$$\frac{P}{P_h} = \frac{\mu}{\lambda_h}\left(\frac{D}{T}\right) + \frac{\lambda_h}{\sqrt{\mu^2 + \lambda^2}} \tag{5.54}$$

여기서 D는 로터와 항공기 구조물에 대한 항력이고, 유해항력(parasitic drag)이라고 한다.

6. RISPECT 사용설명서

6.1 입력 파라미터

RISPECT는 두 개의 입력파일로 구성

design.inp	기본 입력파일, 헬리콥터 형상, 임무조건, 엔진 등 설정
optimum.inp	최적설계 목적함수, 제약조건 설정

(1) design.inp

RISPECT의 입력파일 design.inp의 내부의 순서대로 표시, 각 입력파라미터에 대한 설명이 주석의 형태로 삽입되어 있음.

Rotor configuration : 로터의 형태를 정의

(0: 단일로터, 1: 동축반전, 2: 텐덤(로터사이의 거리), 3: Side by Side)

MR tilt angle (Deg.) : 주로터축 기울기각

MR disk loading : 주로터 면하중

MR blade loading : 주로터 C_T/σ

MR tip velocity : 주로터 익단속도 (단위 fps : feet/sec)

MR radius : 주로터 반경(feet), 성능해석시 사용

MR chord : 주로터 코드길이(feet), 성능해석시 사용

MR root cut : 주로터 루트컷(로터반경을 1로 하였을 때 블레이드 시작 위치)

MR Cd0 : 주로터에 사용된 익형의 무양력시 항력계수(C_{d_0})

MR K : 주로터에 사용된 익형의 항력보정펙터

MR nonuniform induced velocity : 주로터에 유도유입류 보정펙터

MR zero lift angle of attack : 주로터에 사용된 익형의 무양력시 받음각(Deg)

MR slope of cl : 주로터에 사용된 익형의 양력기울기(/Deg)

MR stall angle : 주로터에 사용된 익형의 실속각(Deg)

MR twist angle : 주로터 비틀림각(Deg)

MR number of blade : 주로터 블레이드 개수

MR critical Mach number : 주로터에 사용된 익형의 임계마하수

Tail rotor configuration : 꼬리로터 형태 (0: Conventional, 1: Ducted Fan)

TR tip velocity : 꼬리로터 익단속도 (단위 fps : feet/sec)

TR radius : 꼬리로터 반경(feet), 성능해석시 사용

TR chord : 꼬리로터 코드길이(feet), 성능해석시 사용

TR root cut : 꼬리로터 루트컷(로터반경을 1로 하였을 때 블레이드 시작 위치)

TR Cd0 : 꼬리로터에 사용된 익형의 무양력시 항력계수(C_{d_0})

TR K : 꼬리로터에 사용된 익형의 항력보정펙터

TR nonuniform induced velocity : 꼬리로터에 유도유입류 보정펙터

TR zero lift angle of attack : 꼬리로터에 사용된 익형의 무양력시 받음각(Deg)

TR number of blade : 꼬리로터 블레이드 개수

Engine C1 : 엔진성능계수 C1

Engine C2 : 엔진성능계수 C2

Engine C4 : 엔진성능계수 C4

Engine C5 : 엔진성능계수 C5

Engine C6 : 엔진성능계수 C6

Engine C7 : 엔진성능계수 C7

Engine sizing : 엔진을 아래의 비행조건에 맞게 사이징할 것인지, 고정해서 계산할지 선택 (0: 사이징수행, 1: 엔진고정)

Intermediate Rated Power(HP) : 엔진 IRP (엔진 고정계산시 사용)

Maximum Continuous Power(HP) : 엔진 MCP (엔진 고정계산시 사용)

Transmission Limit (HP) : 엔진 Transmission 한계동력 (엔진 고정계산시 사용)

Transmission MCP (HP) : 엔진 Transmission 한계 MCP동력 (엔진 고정계산시 사용)

Number of engine : 엔진개수

IPR of engine : 엔진동력허용율

Xi of engine : 엔진에서의 손실(%)

Loss of transmission : 트렌스미션에서 손실

Delta HP : 여분의 동력고려

Hovering Engine Sizing, Altitude, Temperature, VROC : 엔진 사이징시 제자리비행 조건(고도, 온도, VROC)

Forward Flight Engine Sizing, Altitude, Temperature, Max. Speed : 엔진 사이징시 전진 비행 조건(고도, 온도, 최대비행속도)

Consider one engine inoperate (OEI) condition : 엔진 하나가 고장시 비행조건을 엔진사이징시 고려 (0 : No, 1: Yes)

OEI Hovering Sizing, Altitude, Temperature, VROC : 엔진 사이징시(OEI) 제자리비행

OEI Forward Flight Engine Sizing, Altitude, Temperature, Max. Speed : 엔진 사이징시(OEI) 전진 비행 조건(고도, 온도, 최대비행속도)

Cruise Altitude : 운항고도(feet)

Cruise Temperature : 운항고도에서 온도(°F)

Initial Gross Weight : 최대이륙중량 초기값(lb)

Empty Weight : 공허중량고려 (0 : 중량추정식으로 계산, 1 : 최대이륙중량에 대한 비율사용, 2 : 고정값 사용)

Fuel Weight : 연료중량(0 : 계산, 1: 고정값 사용)

Payload : 유상하중(lb)

Height on ground : 지면효과 고려시 높이(feet)

– 아래부터 미션입력, 미션은 각 세그먼트별로 미션수행시간과 속도를 입력

Mission1 Taxing : 미션세그먼트 1 입력, taxing은 지면에서 비행준비, 천천히 활주로로 이동하지만 속도가 매우 느려서 0을 입력

Mission2 Takeoff hover : 미션세그먼트 2 입력, 제자리이륙(속도 0)

Mission3 Outbound cruise : 미션세그먼트 3 입력, 목적지까지 순항

Mission4 Loiter : 미션세그먼트 4 입력, 목적지 부근비행(예: 정찰)

Mission5 Hover : 미션세그먼트 5 입력, 목적지에서 제자리비행(속도 0, 예: 짐을 싣거나, 내리는 임무수행, 산불진화, 인명구조)

Mission6 Loiter : 미션세그먼트 6 입력, 목적지 부근비행

Mission7 Inbound cruise : 미션세그먼트 7 입력, 목적지에서 귀환, 순항비행

Mission8 Fuel reserve : 미션세그먼트 8 입력, 연료보존 (비상시 필요한 예비연료를 위한 미션)

Mission9 Landing hover : 미션세그먼트 9 입력, 제자리착륙(속도 0)

Mission10 Taxing : 미션세그먼트 10 입력, taxing(속도 0)

Coefficient of fuselage : 0으로 설정시 중량에 대한 EFPA식을 이용하여 계산, 1은 고정값 사용

Dv/Wg : 0으로 설정시 최대이륙중량에 대한 수직항력의 비, 1일 때는 동체의 수직 EFPA

사용

Type of Aircraft : 기체형태 (0: 다목적, 1: 그 외)

Type of Hub : 로터허브형태 (0: teetering, 1: articulated)

Type of Landing gear : 착륙장치형태 (0: skid, 1: wheeled)

Type of equipment : 장착장비의 수준 (0: low end, 1: average, 2: high end)

Weight Estimation : 무게추정방법 (0: Original, 1: 개선식-US, 2: 개선식-EU)

Fuselage AOA effect : 동체자세각에 따른 항력보정(0: off, 1: on)

보정시 헬리콥터동체 타입(0: OH-6, 1: Wind Tunnel1, 2: Vertol 107, 3: Wind Tunnel2, 4: UH-1, 5: S-65)

(2) optimum.inp

RISPECT의 입력파일 optimum.inp의 내부의 순서대로 표시, 각 입력파라미터에 대한 설명이 주석의 형태로 삽입되어 있음.

Objectives : 설계목적함수(0: 초기사이징, 1: 최대비행속도 최대화, 2: VROC 최대화, 3: 항속시간 최대화, 4: 항속거리 최대화, 5: HOGE 고도 최대화, 6: 성능해석)

Lower limit of DV1 : 설계변수1의 하한값(초기사이징과 성능해석 시에는 최대이륙중량, 그 외에는 주로터 익단속도)

Upper limit of DV1 : 설계변수1의 상한값(초기사이징과 성능해석 시에는 최대이륙중량, 그 외에는 주로터 익단속도)

Lower limit of MR radius(DV2) : 설계변수2 주로터 반경의 하한값

Upper limit of MR radius(DV2) : 설계변수2 주로터 반경의 상한값

Lower limit of MR chord(DV3) : 설계변수3 주로터 코드의 하한값

Upper limit of MR chord(DV3) : 설계변수3 주로터 코드의 상한값

Lower limit of MR linear twist(DV4) : 설계변수4 주로터 비틀림각의 하한값

Upper limit of MR linear twist(DV4) : 설계변수4 주로터 비틀림각의 상한값

Constraint 1: Fuel available(<) : 제약조건1 허용연료량 설정

Constraint 2: Payload(>) : 제약조건2 유상하중의 하한 설정

Constraint 3: Blad loading(<) : 제약조건3 C_T/σ의 상한 설정

Constraint 4: Advanced tip Mach number(<) : 제약조건4 로터 전진면에서 익단마하수의 상한 설정

Constraint 5: Maximum HP(<) : 제약조건5 최대엔진출력의 상한 설정

6.2 출력 파라미터

RISPECT의 출력파일 results.out을 간단히 설명

<table>
<tr><th>구분</th><th>출력 파라미터</th></tr>
<tr><td rowspan="5">헬리콥터 크기</td><td>주로터 반경 (ft)</td></tr>
<tr><td>주로터 코드길이 (ft)</td></tr>
<tr><td>꼬리로터 반경 (ft)</td></tr>
<tr><td>꼬리로터 포드길이 (ft)</td></tr>
<tr><td>주로터와 꼬리로터 사이의 거리 (ft)</td></tr>
<tr><td>임무분석</td><td>각 임무단위에서의 연료소모율(lb/hour)과 연료량(lb)
design.inp의 Fuel weight input이 1(연료하중고정)일때는 출력되지 않음.</td></tr>
<tr><td rowspan="5">헬리콥터 중량</td><td>각 Subsystem별 중량
(주로터, 동체, 엔진, 트렌스미션, 꼬리로터, 착륙장치, 비행제어, 유압·전기계통, 공조·방빙, 기타)</td></tr>
<tr><td>공허중량 (lb)</td></tr>
<tr><td>연료중량 (lb)</td></tr>
<tr><td>유상하중 (lb)</td></tr>
<tr><td>최대이륙중량 (lb)</td></tr>
<tr><td rowspan="13">헬리콥터 성능</td><td>최대요구동력 (HP)</td></tr>
<tr><td>엔진 1개당 동력 (HP)</td></tr>
<tr><td>이륙시 요구동력 (HP)</td></tr>
<tr><td>최대속도 (knots)</td></tr>
<tr><td>VROC (fpm: feet per min, SLS조건)</td></tr>
<tr><td>최대운항시간 (hour)</td></tr>
<tr><td>최대운항거리 (nautical mile)</td></tr>
<tr><td>제자리비행시 Ceiling Altitude (feet)</td></tr>
<tr><td>설계비행조건에서 로터의 Tip path angle (Deg.)</td></tr>
<tr><td>설계비행조건에서 동체각도 (Deg.)</td></tr>
<tr><td>외부무장 장착각 (Deg.), 외부장착물 고려시</td></tr>
<tr><td>설계비행조건에서 동체 EFPA (ft^2)</td></tr>
<tr><td>설계비행조건에서 총 EFPA (ft^2)</td></tr>
</table>

7. RISPECT 경험적 파라미터

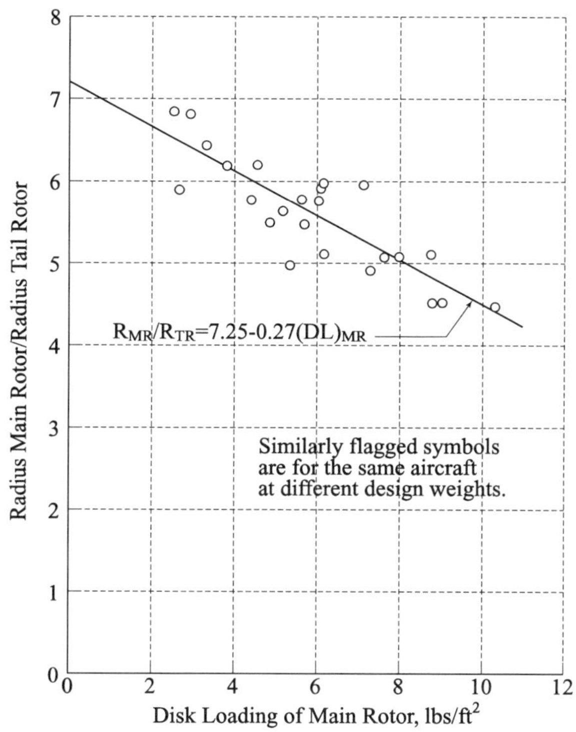

| 그림 7.1 | 꼬리로터 반경 관계식

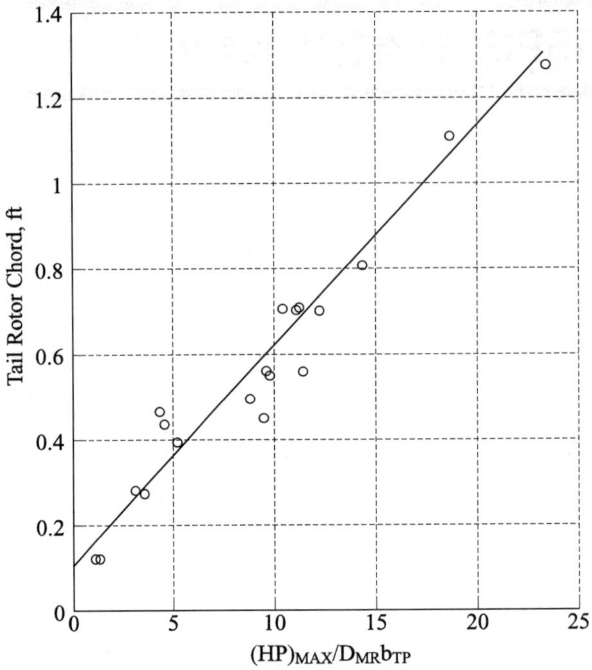

| 그림 7.2 | 꼬리로터 코드길이 관계식

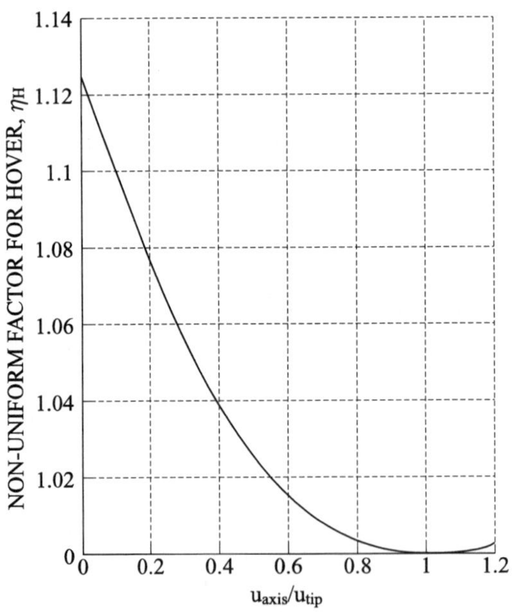

| 그림 7.3 | 비균일 유도속도계수 η

| 표 7.1 | 헬리콥터 엔진 데이터 베이스

순번	엔진	HP_{MAX}	C1	C2	C4	C5	C6	C7
1	ALLISON T63-A-720	317	0.172	0.509	1.2	2.6	1.22	3.2
2	ALLISON 250-C20B	420	0.13	0.5	1.1	1.51	1.1	2.16
3	ALLISON T63-A-5A	420	0.172	0.509	1.2	2.6	1.22	3.2
4	MCCULLOCH MC-101	420	0.091	0.87	1.397	2.635	1.397	2.635
5	ALLISON 250-C28C	550	0.13	0.5	1.1	1.513	1.1	2.16
6	TEXTRON LYCOMING T702-LD-700	579	0.16	0.424	1.004	2.362	1.004	3.374
7	SOCIETE TURBOMECA TU-A-14	590	0.091	0.87	1.397	2.635	1.397	2.635
8	TEXTRON LYCOMING LTS-101	592	0.16	0.43	1.1	2.43	1.1	3.46
9	ALLISON 250-C30R	650	0.122	0.376	1.1	1.51	1.1	2.26
10	PRATT & WHITNEY PT6B-36 (CANADA)	981	0.1556	0.4335	1	2.78	1	4.17
11	ALLISON T800-LHT-800	1382	0.156	0.458	1.01	2.137	1.034	2.405
12	TEXTRON LYCOMING T53-L13B SPEC LTC1K-4F	1400	0.152	0.437	1.119	2.854	1.072	3.336
13	TEXTRON LYCOMING T53-L703	1485	0.104	0.478	1.077	2.481	0.999	3.407
14	GE T58-GE-5	1500	0.115	0.464	1.14	2.1	1.142	2.336
15	GE T700-GE-700	1622	0.103	0.356	0.983	2.016	1.016	3.126
16	GE T700-GE-701	1698	0.103	0.356	0.983	2.016	1.016	3.126
17	ISOTOV TV3-117-3	2506	0.103	0.36	0.983	2.016	0.983	2.016
18	GE T64-GE-7A	3936	0.0816	0.4181	1.085	2.013	1.085	2.013
19	GE T64-GE-100	4330	0.0816	0.4181	1.085	2.013	1.085	2.013

8. RISPECT 검증결과

8.1 수평전진비행 검증

참고문헌[71]에 기재되어있는 예제헬리콥터의 전진 비행시 동력변화와 RISPECT 해석결과를 비교하였다. 계산시 사용한 주요 입력파라미터는 표 8.1과 같다.

표 8.1 전진 비행 검증시 주요 입력파라미터

DL	C_T/σ	η_h	b	f
7.07	0.0856	1.131	4	19.3 ft^2

해석결과 RISPECT의 총마력 및 부분별 마력은 참고문헌[71]의 해석결과와 유사하였다.

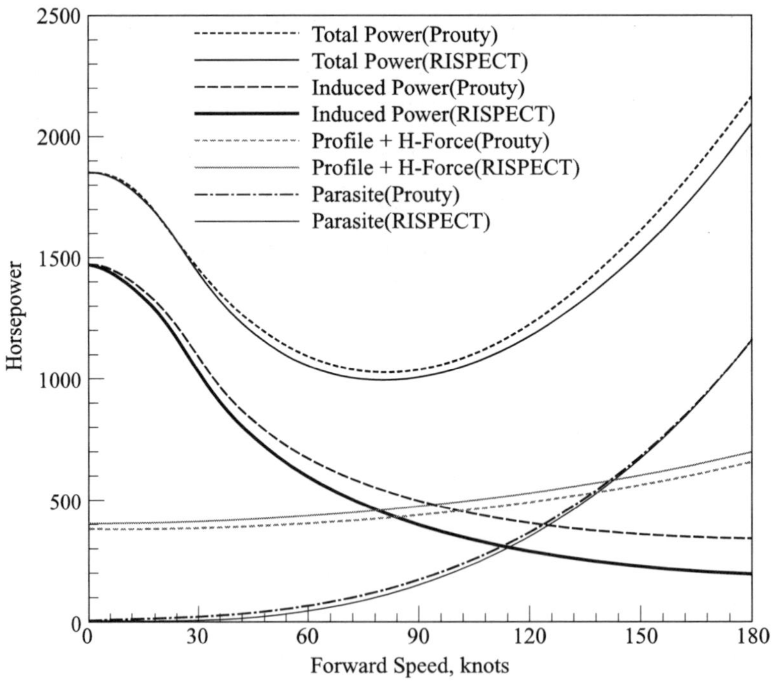

| 그림 8.1 | 수평전진비행 속도에 따른 마력변화

8.2 제자리비행 검증

참고문헌[71]에 기재되어있는 제자리 비행시 공력성능변화 실험치 및 수치해석결과를 RISPECT 해석결과와 비교하였다. 계산시 사용한 주요 입력파라미터는 표 8.2와 같다.

| 표 8.2 | 제자리비행 계산조건

σ	M_{tip}	θ_{twist}	b	Airfoil
0.0894	.523	-9.25	6	NACA0012

검증결과 RISPECT해석결과가 실험치 및 타해석기법과 유사함을 확인할 수 있었다.

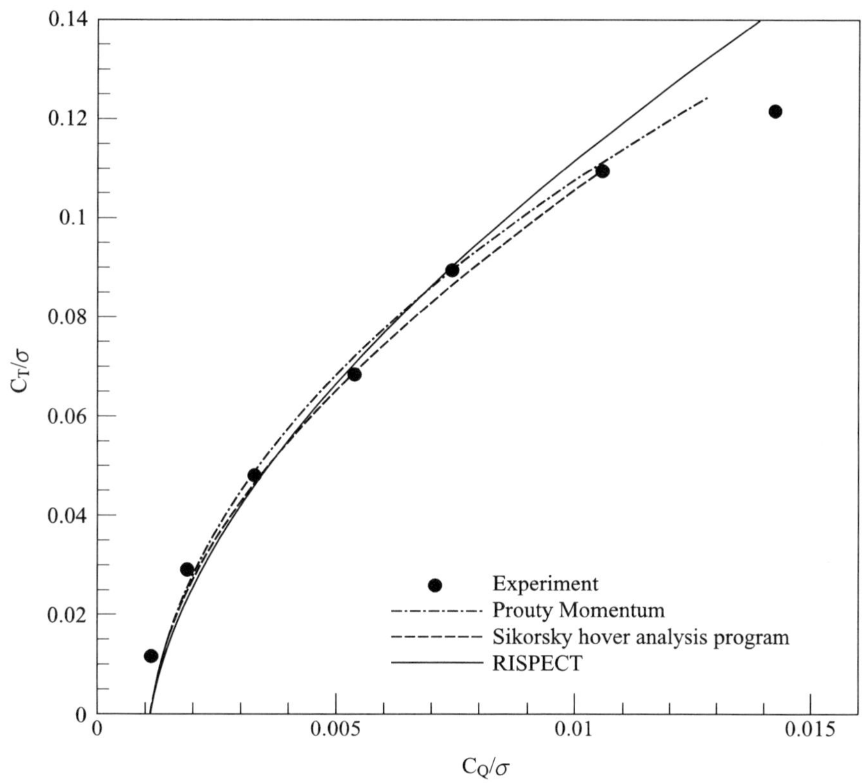

| 그림 8.2 | 제자리비행 성능 비교

8.3 동축반전로터 검증

RISPECT에서 동축반전로터 적용시 공력성능을 참고문헌의 실험치 및 해석결과와 비교 검증하였다. 검증조건은 표 8.3에 기재하였다.

| 표 8.3 | Coaxial Rotor 검증조건

Parameter	Value
C_T	0.0048
σ	0.054
Tip speed	469 feet/s
Radius	12.5 feet
f	10 ft^2

참고문헌의 실험치 및 해석결과와 RISPECT를 비교한 결과 그림 8.3과 같이 유사하였다.

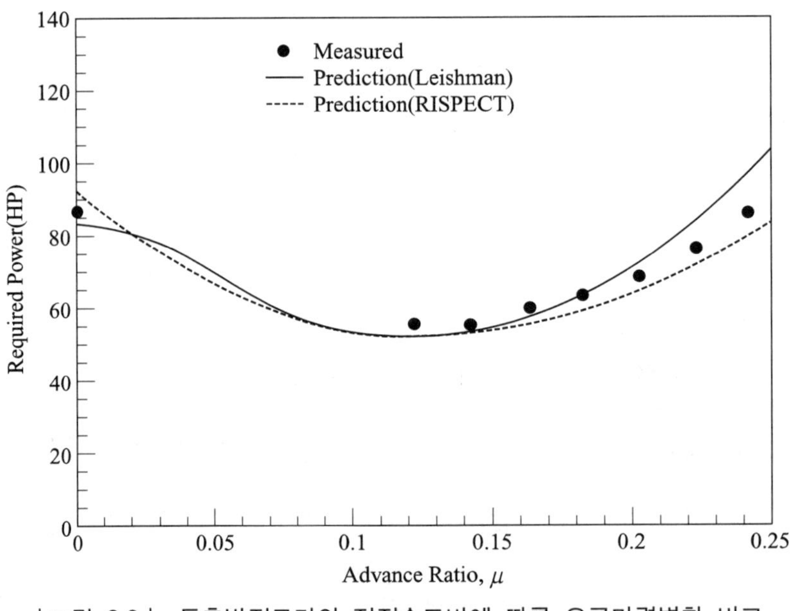

| 그림 8.3 | 동축반전로터의 전진속도비에 따른 요구마력변화 비교

8.4 텐덤로터 검증

RISPECT의 텐덤로터 성능해석결과를 검증하기 위해 참고문헌[72]에 기재된 실험치와 해석결과를 비교하였다. 계산조건은 표 8.4와 같다.

| 표 8.4 | 텐덤로터 검증조건

Parameter	Value
C_T	0.0034
σ	0.027
Tip speed	500 feet/s
Radius	7.5 feet
f	2 ft^2

검증결과 RISPECT의 텐덤로터 성능해석결과가 참고문헌의 실험치 및 해석결과의 경향과 유사함을 확인하였다.

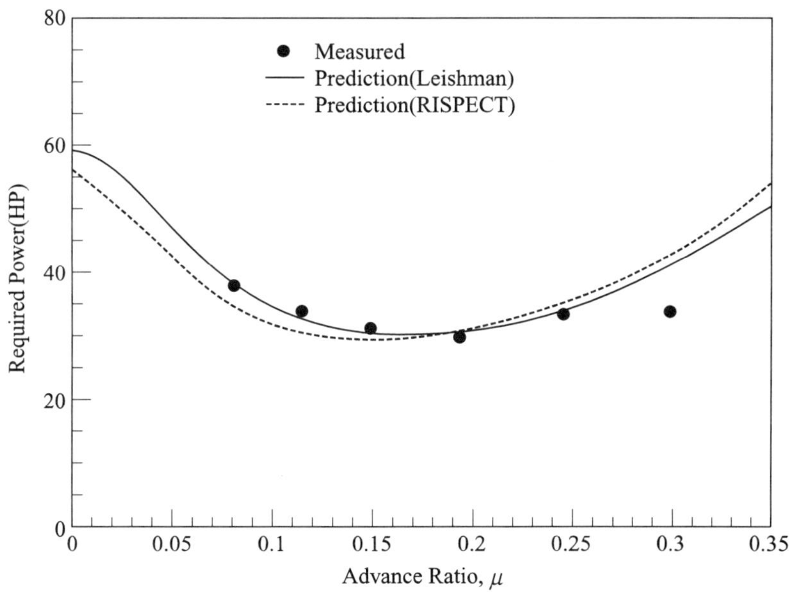

| 그림 8.4 | 텐덤로터의 전진속도비에 따른 요구마력변화 비교

9. Nomenclature

Symbol	Korean	English
A_{top}	평면 단면적	Top area
A_{side}	측면 단면적	Side area
A_{base}	기저 단면적	Aft-facing flat surfaces +projected aft-facing area for any portions of the aft fuselage
$A_{landing-gear}$	착륙장치 전면면적 (ft^2)	Landing-gear frontal area
A_p	타이어 접지 면적	Footprint area
A	가로세로비	Aspect ratio
b	주날개 스팬길이	Span
B	평판의 폭	Width
BPR	바이패스비	By-Pass Ratio
bhp	제동마력	Brake horse power
BFL	균형 활주로 거리	Balanced Field Length
c	날개시위	Chord
c_{root}	날개 뿌리 시위	Root chord
c_{tip}	날개 끝 시위	Tip chord
$\overline{C}$	평균시위	Mean chord length
c'	식 10.44 참조	
c''	그림 10.22 참조	
c_f	플랩의 시위	Flap chord
C	비연료소모율	Specific fuel consumption
C_{bhp}	프로펠러 항공기의 비연료소모율	(Propeller engine)SFC
C	가격	Cost
C_a	엔진을 제외한 항공기 가격	Aircraft cost less engine

Ce	엔진 대당 가격	Cost per engine
C_L	양력계수(3D)	Lift coefficient (3D)
$C_{L_{max}}$	최대양력계수(3D)	Maximum lift coefficient (3D)
C_{L_α}	양력곡선기울기	Lift Curve Slope
$(C_{L_\alpha})_{W-B}$	동체-날개 조합 양력곡선 기울기	Wing-Body C_{L_α}
$(C_{L_\alpha})_W$	날개의 양력곡선 기울기	C_{L_α} for wing
$(C_{L_\alpha}')_T$	수평 꼬리날개의 투영면적에 대한 양력곡선 기울기	Exposed-area lift curve
$\Delta(C_{L_\alpha}')_T$	수평 꼬리날개의 효과로 인한 양력곡선 기울기 증분	
$\Delta(C_{L_\alpha})_C$	커나드에 의한 양력곡선 기울기 증분	
$\Delta(C_{L_\alpha})_T$	수평 꼬리날개에 의한 양력곡선 기울기 증분	
$\Delta(C_{L_\alpha})_C$	커나드에 의한 양력곡선 기울기 증분	
C_{LPB}		Polar break lift coefficient
C_l	익형의 양력계수(2D)	Airfoil lift coefficient
$C_{l_{max}}$	익형의 최대양력계수	Airfoil maximum lift coefficient
$C_{l_\alpha f}$	플랩 부분 익형의 양력 기울기	Lift curve slope for flap's airfoil
$C_{l\delta f}$	플랩 각에 대한 양력계수의 기울기	
C_D	항력계수	Drag coefficient
C_{D_0}	유해항력계수	Parasite drag
C_f	(등가)평판의 마찰계수	(Equivalent) flat plate skin Friction coefficient
C_{Dwave}	조파항력 계수	Wave drag coefficient
C_{Dbase}	기저항력 계수	Base drag coefficient
C_{Dp}	압력항력 계수	Pressure drag
$C_{D_{camber}}$	캠버항력	Camber drag coefficient
$C_{D_{misc}}$	기타항력 계수	Miscellaneous Drag
$C_{D_{wm_1}}$	$M=M_1$일 때의 조파항력	Wave drag (at $M=M_1$)

C_{D_i}	유도항력 계수	Induced drag coefficient
$C_{D_{trim}}$	트림항력 계수	Trim drag coefficient
$\Delta C_{D_{trim(lift)}}$	양력에 의해 유발된 트림 항력계수 증분	Trim drag due to Lift
$\Delta C_{D_{trim(prof)}}$	형상항력에 의한 트림 항력계수 증분	Trim Drag due to Profile Drag
$\Delta C_{Dp_{\Lambda c/4=0}}$	승강타 혹은 커나드 조종면에 의한 형상항력계수 증분($\Lambda_{c/4}=0$ deg.인 경우)	
C_M	피칭 모멘트 계수	Pitching moment coefficient
$C_{M,0}$	받음각이 0일 때의 피칭 모멘트 계수	Pitching moment coefficient (at Zero-AOA)
C_{n_β}	요잉 모멘트계수	Yawing moment coefficient
C_{N_α}	수직력계수 기울기	Normal force curve slope
C_{N_a}	기축의 수직방향으로 항공기에 작용하는 총공력하중	
$C_{N_{max}}$	최대 수직하중계수	Maximum normal force coefficient
C_N	기축에 수직인 공력 계수	
C_T	수평 분력 계수	
C_t	주날개 면적으로 산출되는 꼬리날개 공력하중 계수	
C_{ram}	램 회복 수정 인자	Ram recovery correction factor
C.G	무게중심	Center of gravity
C_{HT}	수평꼬리 날개 부피 계수	Horizontal tail volume coefficient
C_{VT}	수직꼬리 날개 부피 계수	Verticaltail volume coefficient
D	항력	Drag
d	(등가)동체 직경	(Equivalent) Fuselage Diameter
d	전투소요 시간	
D	타이어 지름	Tire diameter

Dmin	타이어 최소 지름	Tire minimum diameter
Dp	프로펠러 지름	Propeller diameter (ft)
E	로이터시간	Time for Loitering
E	재료의 탄성 계수	Elasticity coefficient
E_{WD}	경험적 조파항력 효율인자 (Sears-Haack body와 실제항공기 면적분포의 경우에 대한 비)	Empirical wave drag efficiency factor
e	스팬 효율계수	Oswald span efficiency coefficient
FF	형상인자	Form factor
FTA	시험 항공기의 수	Number of flight test aircraft (typically 2-6)
f/c	최대캠버와 날개시위의 비	Maximum camber
f_m	항속계수	Range factor
G	상승구배	Climb gradient
H	고도	Altitude (feet)
h_{abs}	절대 상승한도	Absolutealtitude
h_{TR}	천이 고도	Transition to height
$h_{obstacle}$	장애물 고도	=50(ft) for military =35(ft) for commercial
h_n	중립점	Neutral point
h	주날개의 시위 길이에 대한 항공기의 무게중심 위치와 주날개 앞전까지의 길이의 비	
$h_{ac_{wb}}$	주날개의 시위 길이에 대한 주날개-동체의 공기역학적 중심 위치와 주날개 앞전까지의 길이의 비	
h_t	주날개와 수평꼬리날개 사이의 수직거리	
Hp	마력	Horse power

i_w	붙임각	Incidence angle
i_t	주날개-동체의 영양력선과 수평꼬리 날개의 영양력선의 사이각	
K	완충기 개수	Number of stroke
K_T	타이어 반지름 방향 강성 계수	
KE_B	제동 운동 에너지	Brake kinetic energy
KE_v	착륙 중 수직 강하 운동 에너지	
KE_{ab}	실제 완충기에 흡수되는 운동 에너지	
K_{VS}	(날개 무게 추정 시) 가변날개로 인한 효과 보정 계수	Variable sweep constant
K	$\Delta C_{l\max}/\Delta C_l$	
K_Λ	식 9.38 참조	
k_f	그림 9.20 참조	
K'	그림 9.19 참조	
K	유도항력인자	Induced drag factor
K_{100}	100% Leading Edge Suction 일 때의 유도항력계수	
K_0	Zero Leading Edge Suction일 때의 유도항력 계수	
K′	Polar Break 발생 이후 부가되는 유도항력계수	
K_{gt}	돌풍경감계수	Gust alleviation factor
K_B	동체의 양력영향인자	Fuselage lift factor
L	양력	Lift
L/D	양항비	Lift to drag ratio
$\overline{L}$	특성길이	Characteristic length
l_t	항공기 무게중심(C.G)에서 꼬리 날개의 공력중심점까지의 거리	
l/d	날씬비	Fineness Ratio

M	마하수	Mach number
M_{cr}	임계마하수	Critical Mach number
M_{DD}	항력발산 마하수	Drag divergence Mach number
M^*	초임계 유동(Supercritical Flow)을 표현하기 위한 변수	
M_{max}	최대 비행 마하 수	Maximum Mach number
M_{cg}	피칭 모멘트	Pitching moment
MAC	평균공력시위	Mean aerodynamic chord
N	하중배수	Load factor
n_{gear}	착륙장치 하중배수	Landinggear load factor
n_z	수직 하중 배수	Normal load factor
n_{lim}	한계기동하중배수	Limit maneuvering load factor
N_{en}	엔진 수	Number of engine
n	(엔진데이터에서 얻어진) 분당 회전율	rpm from engine data
P	압력	Pressure
P	타이어의 내압	
P	동력	Power
Q	동압	Dynamicpressure
Q	간섭인자	Interference factor
Q_p	생산량	Production quantity
R	순항거리	Cruise range
R	일정한 고도에서의 순항거리	Cruise range at constant altitude
R	일정한 속도에서의 순항거리	Cruise range at constant velocity
R_{GL}	활주거리	Ground roll
R	앞전흡입계수	Leading edge suction parameter
R_r	타이어 회전 반지름	
R	주 착륙 장치에 걸리는 수직방향	

	하중	
Re	레이놀즈 수	Reynolds number
RC	상승률	Rate of climb
RD	하강률	Rate of descent
S	날개면적	Wing area
S_{ref}	날개기준면적	Reference area
S_{wet}	표피면적	Wetted area
$S_{exposed}$	평면 면적, 투영 면적	Exposed area
S_{wet}/S_{ref}	표피면적 비	
S	완충기 스트로크(변위)	Stroke
S_T	타이어 스트로크	Tire stroke
S	돌풍에 진입한 후의 비행거리	
S	추진계통에서 배출되는 유체흐름의 단면적	
S_G	지상활주거리	Ground roll distance
S_R	(이륙 시) 회전 거리	Rotate distance
S_{TR}	(이륙 시) 천이 거리	Transition distance
S_C	상승 거리	Climb distance
S_a	접근거리	Approach distance
S_F	플레어 거리	Flare distance
S_{FR}	자유회전 거리	Freer oll distance
S_B	제동 거리	Break distance
SFC	비연료소모량	Specific fuel consumption [(lb/hr)/lb]
SFC_{maxT}	최대추력에서의 비연료 소모율	SFC(at maximum thrust)
SFC_{cruise}	순항 시의 비연료 소모율	SFC at cruise condition
SF	스케일 보정 계수	Scale factor
T	추력	Thrust
T_{max}	엔진 최대 추력	Engine maximum thrust (lb)

T/W	추력 대 중량비	Thrust to weight ratio
T	(평판의) 두께	Thickness
$(t/c)_w$	(날개)두께비	Thickness ratio
T	비행시간	Flight time
t_{cl}	최소 상승시간	Minimum climb time
$T_{turbine\ inlet}$	터빈 흡입구 온도	Turbine inlet temperature (Rankine)
U	수직 돌풍의 속도	
U_{de}	유효 돌풍속도(m/sec)	Derived gust velocity
V	등가 대기속도	Equivalent air speed
V_{stall}	실속속도	Stall speed
$V_{approach}$	접근 속도	Approach speed
V_{dive}	설계 급강하 속도	Design diving velocity
V_{cruise}	설계 순항 속도	Design cruise velocity
V_F	허용 최대 속도	Allowable maximum speed
V_P	Pull-up 속도	Pull-up speed
V_f	Mission phase에서의 최종 속도	Final velocity
V_i	Mission phase에서의 초기 속도	Initial velocity
V_{TD}	접지 속도	Touch down velocity
V_{max}	최대 속도	Maximum velocity (knots)
V_c	순항 속도 (단위 : knots)	Cruise velocity in knots
V_{Cmax}	최대 순항속도	Maximum cruise speed
V_S	Clean 상태의 실속속도	Stall speed (at clean condition)
V_C	설계 순항 속도	Design cruise Velocity
V_A	설계 기동비행 속도	Design maneuvering Velocity
V_V	수직 강하 속도	Diving speed
V_{Tip}	프로펠러 깃끝 속도	Propeller tip velocity
$(V_{tip})_{static}$	정지상태에서의 프로펠러 깃끝 속도	Propeller tip velocity (at static condition)
$(V_{tip})_{helical}$	진행중의 팁 속도	

V_{TR}	천이 속도	Transition velocity
V	엔진에서의 배출속도	Exit velocity
V_0	엔진으로 유입되는 속도(비행속도)	Flight velocity
V_H	엔진 최대출력(또는 추력)시의 최대 수평속도	Maximum Horizontal velocity
V_H	주날개에 대한 보조날개의 부피비	Tail Volume
W	무게, 중량	Weight
W_{TO}	이륙중량	Take-off weight
W_L	착륙 시 중량	Landing weight
W_o	총중량	Gross weight
W_{crew}	승무원 중량	Crew weight
$W_{payload}$	탑재 중량	Payload
W_{fuel}	연료 중량	Fuel weight
W_{empty}	자체 중량 또는 공허중량	Empty weight
W/S	익면하중	Wing loading
W_e/W_o	공허중량비	
W	타이어 폭	
W_f	동체의 폭	
W_w	타이어에 전달되는 중량	
X_{acv}	수직꼬리날개의 공기역학적 중심 위치 (x축)	
X_{cg}	비행기전체의 무게중심 위치(x축)	C.G(X-direction)
$(x/c)_m$	날개 시위방향의 익형 최대두께 위치	Maximum thickness location
X_T	익형의 최대두께위치	Maximum thickness location
Δ_y	앞전 두께 인자	Leading edge sharpness parameter
Z_{wf}	주날개의 공기역학적 압력중심 위치 (z축)	

Z_{vs}	수직꼬리날개의 공기역학적 압력중심 위치 (z축)	
Z_T	무게중심선과 추력선의 거리	
α	받음각	Angle of attack
α^*	양력곡선 기울기가 선형인 구간의 최대 받음각(박리가 발생하기 시작하는 받음각)	Linear range of lift AOA
α_e	평형, 트림 받음각	
α_{L_0}	영양력각	Zero lift angle of attack
$\alpha_{\max}$	최대양력계수에서의 받음각	AOA at maximum lift
$\Delta\alpha_{\max}$	마하 수 증가에 따른 최대양력계수 시의 받음각의 증분치	
$\alpha_{overnose}$	시계각	
$\alpha_{approach}$	접근 시계각	
β	옆미끄럼 각	Side slip angle
β	압축성 보정계수, $=\sqrt{1-M^2}$ (M은 Mach Number)	
δ_f	플랩 변위각	Flap deflection angel
E	승강타 변위각	Elevator deflection angel
ε	유도 받음각 또는 내리흐름각	Induced Angle of Attack or Downwash Angle
ε_0	영양력 상태에서의 유도 받음각	
ϕ	경사각	Bank angle
ϕ_T	Thrust inclination angle	
γ	비행경로각	Flight path angle
λ_w	테이퍼 비	Taper ratio
η	충격흡수율	
η_T	타이어의 충격흡수율	
$\eta_{Peffective}$	보정된 프로펠러 효율	
η_{PE}	추진 효율	Propulsion efficiency
η_P	프로펠러의 효율	Propeller efficiency

μ	굴림 마찰계수	rolling friction coefficient
μ_{gt}	중량비	Mass ratio
ν	푸와송비	Poisson's ratio
σ_{cr}	좌굴 임계 응력	Critical buckling stress
$\dot{\Psi}$	선회율	Turn rate
Γ_{w}	상반각	Dihedral angle
Λ_{w}	후퇴각	Sweep angle

10. Subscript

Symbol	Korean	English
actual	실제의	Actual
Avionics	전자장비	Avionics
C or canard	선미익 혹은 커나드	Canard
Climb	상승 조건	Climb condition
C_r	임계치	Critical condition
c_r	순항 조건	Cruise condition
Ctl	조종면	Control surface
C/2	날개 1/2 시위	Half chord of wing (or tail, canard)
C/4	날개 1/4 시위	Quarter chord of wing (or tail, canard)
d	지름	Diameter
eff	효율	Efficiency
en	엔진	Engine
end	마지막	End
Flapped	플랩을 내렸을 때	Flapped condition
H.L.	힌지 라인	Hinge line
HT	수평꼬리날개	Horizontal tail
initial	초기조건	Initial condition
L.E.	(날개) 앞전	Leading edge
L	착륙 조건	Landing condition
Max	최대	Maximum
Min	최소	Minimum
misc	기타	miscellaneous
neg	음의 값	Negative

req	필요	Required
pos	양의 값	Positive
strake	스트레이크	Strake
t	(수직, 수평)꼬리 날개	Tail
t	타이어	Tire
T.E.	(날개)뒷전	Trailing edge
TO	이륙 조건	Take-off
trim	트림	Trim
VT	수직꼬리날개	Vertical tail

참고문헌

1. 국방과학연구소 제3개발본부, 고등훈련기 탐색 개발 결과 보고서, ASDC-201-960240C, 1996.
2. 국방과학연구소 제3개발본부, KTX-2 개념설계 연구, ASDC-501-940796C, 1994.
3. 공군본부 편저, 현대 항공무기 총람, 군사문제연구소/월간평화, 1993.
4. 김두만, 임경호, 황재혁 등, 착륙장치 설계기법연구: 항공기 착륙장치의 최적설계기법 연구, 한국항공대학교 부설 항공문제연구소, 1994.
5. 김두만, 임경호, 황재혁, 이수용 등, 착륙장치 설계기법연구: 항공기 착륙장치의 완충기 특성연구, 한국항공대학교 부설 항공문제연구소, 1993.
6. 김원진, 채상현, 오세종, 김승범, 안이기, 이관중, "헬리콥터 개념설계에 사용하는 경험적파라미터의 체계적인 결정기법", 한국항공우주학회지, 제40권, 8호, pp. 703-710, 2012.
7. 대한항공 운항훈련원, Aircraft System Basics, 대한항공, 1997.
8. 서울대학교 정밀기계설계공동연구소, 첨단 기계 설계 및 엔지니어링 시스템 개발 제6세부과제: 첨단항공기 통합 설계 및 해석 시스템 개발, 통상산업부, 1996. 10.
9. 옥호남, 성봉주, "항공기 설계에 있어서 CFD응용", 한국항공우주학회지, 제22권, 제3호, 1994.
10. 윤성환, 날개기본형상의 다분야간 체적화 설계에 관한 연구, 공학석사논문, 서울대학교, 1998. 2.
11. 윤용현, 조옥찬, 최신비행역학, 경문사, 2006.
12. 이수갑, 최기영, 장세명, *헬리콥터 공학*, 도서출판 인터비젼, 서울, 2004.
13. 이재우, 박민우, "항공기 개념 및 기본 설계 과정에 관한 연구 - 한국형 초음속 훈련기 개발 경험을 중심으로", 한국항공우주학회 제24권, 제5호, 1996. 10.
14. 조용욱, 한병희, 최태원, 항공기기체, 청연, 1993.
15. 항공기 설계교육연구회, 항공기 개념설계, 2001.
16. Anderson, J. D., *Aircraft Performance and Design*, McGraw-Hill, 1999.
17. Anderson, J. D., *Introduction to Flight*, 3rd Edition, McGraw-Hill, 1989.
18. Arora, J. *Introduction to Optimum Design*, Academic Press, 3rd Edition, 2011.
19. Barnard, R. H., and Philpott, D. R., *Aircraft Flight*, World Scientific, 1989.
20. Bertin, J. J., and Michael L. S., "Aerodynamics for engineers", 1998.
21. Blakelock, J. H., *Automatic Control of Aircraft and Missiles*, 2nd Edition, John Wiley &

Sons.

22. Blanchard, B. S., Wolter J. F., and Walter J. F., *Systems engineering and analysis*, Vol. 4. Englewood Cliffs, NJ: Prentice Hall, 1990.
23. Brandt, S. A., and Bertin, J. J., *Introduction. to Aeronautics: A Design Perspective*, AIAA, 1997.
24. British Aerospace Ltd., "60 Series Hawk Aircraft Specification", BAe(B) 6106 Issue 2, 1990.
25. Corke, T. C., *Design of Aircraft*, Pearson Education, Inc. 2003.
26. Covert, E. E., James, C. R., Kimzey, W. F., Richey, G. K., and Rooney, E. C., (eds.), *Progress in Astronautics and Aeronautics: Thrust and Drag : Its Prediction and Verification*, Vol. 98, AIAA, New York, 1985.
27. Crane, F. A. A., and Charles, J. A., *Selection and Use of Engineering Material*, Butterworths & Co., London, 1984.
28. Currey, N. S., *Aircraft Landing Gear Design: Principles and Practices*, AIAA Education Series, Lockheed Aeronautical Systems Company Marietta, Georgia, 1988.
29. Davis, S. J., Rosenstein, H., Stanzione, K. A., and Wisniewski, J. S., "HESCOMP, The Heliocpter Sizing and Performance Computer Program, User's Manual – Revision 2", Boeing Vertol Company, 1979.
30. Dingeldein, R. C., "Wind Tunnel Studies of the Performance of Multirotor Configurations", NACA Technical Note 3236, 1954.
31. Anonymous, *F-16 Fighting Falcon*, General Dynamics Brochure, 1991.
32. Corning, G., *Supersonic and Subsonic CTOL & VTOL Airplane Design*, Maryland, 1976.
33. Henne, P. A., *Progress in Astronautics and Aeronautics : Applied Computational Aerodynamics*, Vol. 125, AIAA, New York, 1990.
34. Hoak, D., Ellison, D., et al., *USAF DATCOM*, Air Force Flight Dynamics Lab., Wright-Patterson AFB, OH., October 1960.
35. Hoskins, B. C., and Baker, A. A., *Composite materials for aircraft structures*, AIAA Educational Series, New York, 1986.
36. Huenecke, K., *Modern Combat Aircraft Design*, Naval Institute Press, 1987.
37. Jackson, A., "Preliminary Design Weight Estimation Program", AeroCommander Div., Report 511-009, 1971.
38. Johnson, W., "NDARC – NASA Design and Analysis of Rotorcraft", NASA TP-2009-

215402, 2009.

39. Lamer, J. E., and Margason, R. J., "Vortex-Lattice FORTRAN Program for Estimating Subsonic Aerodynamic Characteristics of Complex Planforms", NASA TN D-6142, 1971.
40. Leishman, G. J., *Principles of Helicopter Aerodynamics*, Cambridge University Press, New York, NY, 2006.
41. Loftin, L. K. Jr., "Subsonic Aircarft: Evolution and the Matching of Size to Performance", NASA-RP-1060, Langley Research Center, Hamption, Virginia, 1980.
42. Mattingly, J. D., Heiser, W. H. and Daley, D. H., *Aircraft Engine Design*, AIAA Education Series, AIAA, New York, 1987.
43. Anonymous, *MB-339C Technical Description*, Aermacchi, 1987.
44. Nicholas, W. U. Jr., "A Summary of Aerodynamic Methods for Use in Conceptual Design", General Dynamics Fort Worth Division Report ERR-FW-1576, 1974.
45. Nicolai, L. M., *Fundamentals of Aircraft Design*, University of Dayton, 1975.
46. Niu, M. C., *Airframe Structure Design*, Conmilit Press Ltd., 1988.
47. Noor, A. K., *Future aeronautical and space systems*, Vol. 172. AIAA, 1997.
48. Pallett, E. H., *Automatic Flight Control*, 3rd Ed., BSP Professional Books, 1987.
49. Payne, P. R., *Helicopter Dynamics and Aerodynamics*, The MacMillan Company, New York, NY, pp.90-98, 1959.
50. Peery, D. J., and Azar, J. J., *Aircraft Structures*, McGraw-Hill, 1982.
51. Prouty, R. W., *Helicopter Performance, Stability, and Control*, PWS Publishers, 1986.
52. Ramer, D. P., *Aircraft Design: A Conceptual Approach*, AIAA Education Series, 1992.
53. Raymer, D. P., *Aircraft Design: A Conceptual Approach 3rd Ed.*, AIAA Education Series, AIAA, New York, 1999.
54. Raymond, E. T., and Chenoweth, C. C., *Aircraft Flight Control Actuation System Design*, SAE Inc., 1993.
55. Roskam, J., *Airplane Design - Part I Preliminary Sizing of Airplanes*, Roskam Aviation and Engineering Corp., Ottawa, KS, 1985.
56. Roskam, J., *Airplane Design - Part II Preliminary Configuration Design and Integration of the Propulsion System*, DARcorporation, 1997.
57. Roskam, J., *Aircraft Design - Part IV Layout Design of Landing Gear and Systems*, Roskam Aviation and Engineering Corporation, 1986.

57. Roskam, J., *Airplane Design - Part V Component Weight Estimation*, Roskam Aviation and Engineer Corp., Ottawa, Kansas, 1985.

59. Roskam, J., *Airplane Design - Part VI*, Roskam Aviation and Engineering Corp., Ottawa, KS, 1987.

60. Roskam, J., *Airplane Design - Part VII*, Roskam Aviation and Engineering Corp.

61. Schemensky, R., and Howell, R., *Aerodynamic Accounting Techniques*, Lockheed, 1978.

62. Schoen, A. H., Rosenstein, H., Stanzione, K. A., and Wisniewski, J. S., "User's Manual for VASCOMP II: The V/STOL Aircraft Sizing and Performance Computer Program – Revision III", Boeing Vertol Company, May, 1980.

63. Schoen, A. H., "User's Manual for VASCOMP, The V/STOL Aircraft Sizing and Performance Computer Program", Boeing Vertol Company, Report D8-0375.

64. Schrage, D., Mavris, D., and Wasikowski, M., "GTPDP – A Rotary Wing Aircraft Preliminary Design and Performance Estimation Program Including Optimization and Cost," Vertical Lift Aircraft Design Conference, San Francisco, CA, Jan. 17-19, 1990.

65. Sears, W. R., "On Projectiles of Minimum Wave Drag", Quarterly of Applied Mathematics, Vol. 4, No. 4, Jan. 1947.

66. Schwartzberg, M. A., Smith, R. L., Means, J. L., Law, H. Y. H., and Chappell, D. P., "Single-Rotor Helicopter Design and Performance Estimation Programs, Volume 1, Methodology", U.S. Army Air Mobility R&D Laboratory, SRIO Report Number 77-1, 1977.

67. Staton, R., "Cargo/Transport Statistical Weight Estimation Equations", Vought Aircraft Report 2-59320/9R-50549, 1969.

68. Torenbeek, E., *Synthesis of Subsonic Airplane Design*, Delft University Press, 1976.

69. Staton, R., "Statistical Weight Estimation Method for Fighter/Attack Aircraft", Vought Aircraft Report 2-59320/8R-50475, 1968.

70. Whitford, R., *Design for Air Combat,* Jane's, 1989.

71. Wisniewski, J. S, "Weight Trends Data for VASCOMP, the V/STOL Aircraft Sizing and Performance Computer Program", Boeing Vertol Company, Report D8-3075.

72. 山名正夫, 中口傳 飛行機 設計論, 養賢堂, 1992.

73. 新澤順悅, 藤原源吉, 川島孝莘, 航空機の 構造力學, 産業圖書, 1991.

찾아보기

ㄱ

ㅇ

ㅈ

ㅊ

A

B

C

D

E

F

H

L

개정증보판

항공기 개념설계

지은이 항공기설계교육연구회
펴낸이 조경희
펴낸곳 경문사
펴낸날 2010년 3월 3일 1판 1쇄
2024년 3월 4일 개정증보판 5쇄
등 록 1979년 11월 9일 제1979-000023호
주 소 04057, 서울특별시 마포구 와우산로 174
전 화 (02)332-2004 팩스 (02)336-5193
이메일 kyungmoon@kyungmoon.com

값 34,000원

ISBN 978-89-6105-714-1